Josef Durm, Hermann Ende

Handbuch der Architektur

Vierter Teil: Entwerfen, Anlage und Einrichtung der Gebäude

Josef Durm, Hermann Ende

Handbuch der Architektur
Vierter Teil: Entwerfen, Anlage und Einrichtung der Gebäude

ISBN/EAN: 9783743653764

Hergestellt in Europa, USA, Kanada, Australien, Japan

Cover: Foto ©berggeist007 / pixelio.de

Weitere Bücher finden Sie auf **www.hansebooks.com**

HANDBUCH
DER
ARCHITEKTUR.

Unter Mitwirkung von

Geheimerat
Profeffor Dr. **Jofef Durm**
in Karlsruhe

und

Geh. Regierungs- u. Baurat
Profeffor Dr. **Hermann Ende**
in Berlin

herausgegeben von

Geheimer Baurat
Profeffor Dr. **Eduard Schmitt**
in Darmftadt.

Vierter Teil.
ENTWERFEN, ANLAGE UND EINRICHTUNG DER GEBÄUDE.

6. Halbband:
Gebäude für Erziehung, Wiffenfchaft und Kunft.

1. Heft:
Niedere und höhere Schulen.

Schulbauwefen im allgemeinen.
Volksfchulen und andere niedere Schulen.
Niedere technifche Lehranftalten und gewerbliche Fachfchulen.
Gymnafien und Reallehranftalten.
Höhere Mädchenfchulen. Sonftige höhere Lehranftalten.
Penfionate und Alumnate.
Lehrer- und Lehrerinnenfeminare.
Turnanftalten.

ZWEITE AUFLAGE.

ARNOLD BERGSTRÄSSER VERLAGSBUCHHANDLUNG (A. KRÖNER).
STUTTGART 1903.

ENTWERFEN, ANLAGE UND EINRICHTUNG DER GEBÄUDE.

DES HANDBUCHES DER ARCHITEKTUR
VIERTER TEIL.

6. Halbband:
Gebäude für Erziehung, Wiffenfchaft und Kunft.

1. Heft:
Niedere und höhere Schulen.

Schulbauwefen im allgemeinen.
Volksfchulen und andere niedere Schulen.
Von **Guftav Behnke**,
Stadtbaurat a. D. in Frankfurt a. M.

Niedere technifche Lehranftalten und gewerbliche Fachfchulen.
Von Dr. **Eduard Schmitt**,
Geh. Baurat und Profeffor an der technifchen Hochfchule zu Darmftadt.

Gymnafien und Reallehranftalten.
Von **Karl Hinträger**,
Profeffor und dipl. Architekt in Gries.

Mittlere technifche Lehranftalten.
Höhere Mädchenfchulen. Sonftige höhere Lehranftalten.
Von Dr. **Eduard Schmitt**,
Geh. Baurat und Profeffor an der technifchen Hochfchule zu Darmftadt.

Penfionate und Alumnate.
Von † Dr. **Heinrich Wagner**,
Geh. Baurat und Profeffor an der technifchen Hochfchule zu Darmftadt.

Lehrer- und Lehrerinnenfeminare.
Von
† **Heinrich Lang**, und Dr. **Eduard Schmitt**,
Oberbaurat Geh. Baurat
und Profeffor an der technifchen Hochfchule zu
Karlsruhe. Darmftadt.

Turnanftalten.
Von † **Otto Lindheimer**,
Architekt in Frankfurt a. M.

ZWEITE AUFLAGE.

Mit 373 in den Text eingedruckten Abbildungen, fowie 2 in den Text eingehefteten Tafeln.

STUTTGART 1903.
ARNOLD BERGSTRÄSSER VERLAGSBUCHHANDLUNG.
A. KRÖNER.

Das Recht der Überfetzung in fremde Sprachen bleibt vorbehalten.

Druck von BÄR & HERMANN in Leipzig.

Handbuch der Architektur.

IV. Teil.

Entwerfen, Anlage und Einrichtung der Gebäude.

6. Halbband, Heft 1.

(Zweite Auflage.)

INHALTSVERZEICHNIS.

Sechste Abteilung:

Gebäude für Erziehung, Wissenschaft und Kunst.

1. Abschnitt:

Niedere und höhere Schulen.

	Seite
Vorbemerkungen	3
Literatur: Bücher über „Schulbauwesen im allgemeinen" (einschl. „Schulgesundheitspflege")	8
A. Schulbauwesen im allgemeinen	11
1. Kap. Gesamtanlage des Schulhauses	11
a) Allgemeines	11
b) Bauliche Erfordernisse	12
c) Baustelle und ihre Umgebung	13
d) Bauliche Anordnung	14
e) Schulhausgruppen	18
f) Bauart und Konstruktion	19
g) Schmuck des Schulhauses	21
h) Bau- und Einrichtungskosten	22
2. Kap. Klassen	25
a) Raumbemessung und Gestaltung	25
b) Tagesbeleuchtung	30
c) Abendbeleuchtung	34
d) Lüftung und Heizung	35
Literatur über „Lüftung und Heizung der Schulhäuser"	42
e) Wände, Türen, Fußböden und Decken	43
f) Gestühl	45
Literatur über „Schulgestühl"	52
g) Einrichtungsgegenstände und Gerätschaften	53
h) Reinigung	55
3. Kap. Räume für besondere Unterrichtszwecke	55
a) Zeichensäle	55
b) Lehrsäle für Physik, Chemie und Naturkunde	57

	Seite
c) Säle für Handarbeiten	59
d) Schulküchen	59
e) Fest- und Singsäle	60
f) Räume für Lehrmittel	61
g) Karzer	61
4. Kap. Sonstige Räume und Teile des Schulhauses	62
a) Kleiderablagen, Wasch- und Badeeinrichtungen	62
Literatur über „Schulbäder"	65
b) Aborte und Pissoirs	65
c) Geschäftszimmer für die Lehrerschaft	69
d) Dienstwohnungen	70
e) Eingänge, Flure und Treppen	72
f) Schulhöfe, Schulgärten und Wege	75
g) Turnplätze und Turnhallen	77
B. Volksschulen und andere niedere Schulen	80
5. Kap. Volksschulhäuser	80
a) Allgemeines	80
Literatur über „Volksschulhäuser" (Ausführungen)	81
b) Beispiele	82
1) Dorfschulen und Schulen für kleine städtische Gemeinwesen	82
Sechzehn Beispiele	82
2) Größere Volksschulen	88
Vierzig Beispiele	88
c) Schulbaracken	115
Drei Beispiele	115
6. Kap. Mittelschulen	117
a) Allgemeines	117
b) Elf Beispiele	117
7. Kap. Kleinkinderschulen	124
Fünf Beispiele	125
Literatur über „Kleinkinderschulen" (Anlage und Einrichtung)	127
8. Kap. Niedere technische Lehranstalten und gewerbliche Fachschulen	128
Neun Beispiele	132
Literatur über „Niedere technische Lehranstalten und gewerbliche Fachschulen" (Ausführungen)	140
C. Höhere Schulen	141
9. Kap. Gymnasien und Reallehranstalten	141
a) Allgemeines	141
b) Erfordernisse und Anlage	144
c) Beispiele	162
1) Symmetrische Anordnungen	163
Zehn Beispiele	163
2) Unsymmetrische Anordnungen	180
Fünf Beispiele	180
Literatur über „Gymnasien und Reallehranstalten".	
α) Anlage und Einrichtung	190
β) Ausführungen	190
10. Kap. Mittlere technische Lehranstalten	191
Siebzehn Beispiele	194
Literatur über „Mittlere technische Lehranstalten" (Ausführungen)	221
11. Kap. Höhere Mädchenschulen	222
Elf Beispiele	225
Literatur über „Höhere Mädchenschulen" (Ausführungen)	240
12. Kap. Sonstige höhere Lehranstalten	241
a) Land- und forstwirtschaftliche Schulen	241
Sechs Beispiele	242
Literatur über „Land- und forstwirtschaftliche Schulen" (Ausführungen)	245

	Seite
b) Kaufmännifche Lehranftalten; Handelsakademien	245
Vier Beifpiele	246
Literatur über „Handelsfchulen und -Akademien" (Ausführungen)	253
c) Schiffahrtsfchulen	253
Drei Beifpiele	256
D. Sonftige Unterrichts- und Erziehungsanftalten	256
13. Kap. Penfionate und Alumnate	256
a) Allgemeines und Kennzeichnung	256
b) Haupterforderniffe und Gefamtanlage	258
c) Befondere Räume und Einrichtungen	268
1) Tagesräume, Schlaffäle und zugehörige Nebenräume	268
2) Speife- und Wirtfchaftsräume	275
3) Baderäume	279
4) Krankenräume	280
5) Räume zur Beforgung der Wäfche	281
6) Räume für allgemeine Benutzung und Verwaltung	282
7) Unterrichtsräume	283
d) Beifpiele	284
1) Deutfche Penfionate und Alumnate	284
Sechs Beifpiele	284
2) Fremdländifche Penfionate	291
Fünf Beifpiele	291
Literatur über „Penfionate und Alumnate".	
α) Anlage und Einrichtung	298
β) Ausführungen und Entwürfe	298
14. Kap. Lehrer- und Lehrerinnenfeminare	299
a) Allgemeines	299
b) Beftandteile und Einrichtung	303
1) Wichtigere Räume des Schulhaufes, bezw. der Schulabteilung	303
2) Wichtigere Räume des Wohn- und Verpflegungshaufes, bezw. der Wohn- und Verpflegungsabteilung	306
c) Sonftige Räumlichkeiten und Anlagen	312
d) Gefamtanlage und Beifpiele	317
Acht Beifpiele	317
Literatur über „Lehrer- und Lehrerinnenfeminare"	330
15. Kap. Turnanftalten	331
a) Allgemeines	331
b) Turnfaal	334
c) Sonftige Räume und Beftandteile	342
d) Zwanzig Beifpiele	346
Literatur über „Turnanftalten".	
α) Anlage und Einrichtung	358
β) Ausführungen und Projekte	359

Verzeichnis
der in den Text eingehefteten Tafeln.

Zu Seite 287: Fürften- und Landesfchule zu Grimma.
„   „   326: Lehrerinnenfeminar zu Auxerre.

Handbuch der Architektur.

IV. Teil:

ENTWERFEN, ANLAGE UND EINRICHTUNG DER GEBÄUDE.

SECHSTE ABTEILUNG.

GEBÄUDE
FÜR ERZIEHUNG, WISSENSCHAFT UND KUNST.

1. ABSCHNITT.

IV. Teil, 6. Abteilung:

GEBÄUDE FÜR ERZIEHUNG, WISSENSCHAFT UND KUNST.

I. Abschnitt.
Niedere und höhere Schulen.
Von Gustav Behnke.

1. Vorbemerkungen.

Die hervorragende Bedeutung für die Entwickelung des Volkes, die dem Schulwesen beigemessen wird, rechtfertigt vollkommen die gesetzgeberische Fürsorge, die es in allen Kulturstaaten längst gefunden hat. Um so mehr bleibt zu verwundern, daß einer der wichtigsten Zweige des Schulwesens, das Schulbauwesen, in seinem hohen Werte für die körperliche, geistige und sittliche Ausbildung der Kinder erst in jüngster Zeit, man darf sagen, in den drei letzten Jahrzehnten, richtig gewürdigt worden ist, und daß sich die Erkenntnis so spät Bahn gebrochen hat, wie große körperliche Nachteile der heranreifenden Jugend, die eine lange Reihe von Jahren der Schule anvertraut ist, durch mangelhafte und verkehrte bauliche Einrichtungen der letzteren erwachsen müssen.

Die Ursachen dieser Verspätung sind zahlreich.

In Deutschland haben zusammengewirkt die frühere gewohnheitsmäßige Unterschätzung des Wertes gesundheitlicher Verbesserungen, die rechtliche und administrative Ungewißheit, wem die Durchführung einer solchen Verbesserung, wenn sie wirklich als notwendig erkannt war, auferlegt werden sollte, der Mangel an ausreichenden Geldmitteln und nicht in letzter Reihe die Tatsache, daß der Aufschwung des Schulwesens, nach der Zahl der Schüler und nach der Bedeutung der Schulbauten beurteilt, dem obengenannten Zeitraume nur wenig vorangeeilt war, zum Teil mit ihm zusammenfällt.

In früher Zeit waren die deutschen Schulen eng mit der Kirche verbunden; Geistliche und Mönche waren die Lehrer. Die ältesten Schulen sind daher Dom- und Klosterschulen oder, wo solche fehlten, auch Parochial-Schulen, die von einzelnen Ortsgeistlichen gegründet und geleitet wurden. Im XIII. und XIV. Jahrhundert begannen die Städte eigene Schulen einzurichten, die teils Lesen und Schreiben und deutsche Sprache lehrten, sog. "Schriefschulen", teils eine gelehrte Bildung der Schüler anstrebten. Als seltene Ausnahmen kommen auch "Küsterschulen" vor, in denen die Bauernkinder im Lesen und Schreiben unterrichtet wurden; eine solche wird erstmals erwähnt in der Pfarrei Bigge bei Brilon in Westfalen 1270.

In Österreich entstammen die ältesten bekannten Stadtschulen, z. B. in Melk, Klosterneuburg, Krems und Wien, dem XIV. Jahrhundert.

Alle diese Schulen, abgesehen von den wenigen Küsterschulen, waren jedoch keine Volksschulen im eigentlichen Sinne des Wortes; sie waren vielmehr dazu beſtimmt, die gelehrte Bildung der Geiſtlichkeit und die Heranbildung der Söhne des Adels zu fördern, und es fand dieſes Beſtreben in der gleichzeitigen Gründung der Univerſitäten in Cöln, Krakau, Prag und Wien, ebenſo in der Gründung von Gymnaſien und Rechtsſchulen in vielen deutſchen Städten, wie Cöln, Heidelberg und Greifswald, und ſpäter der Univerſität in Frankfurt a. O. (1506) ſeinen weiteren Ausdruck.

Eine Änderung wurde erst durch *Luther* vorbereitet, der in ſeiner Bibelüberſetzung, in ſeinem Katechismus und ſeinen geiſtlichen Liedern dem deutſchen Volke die gemeinſame hochdeutſche Schriftſprache gab und im Jahre 1524 durch Aufſtellung eines Schulplanes und durch eine an die Ratsherren aller Städte Deutſchlands gerichtete Aufforderung, „die Untertanen zu zwingen, ihre Kinder in die Schule zu ſchicken“, mächtig anregte. *Melanchthon* trat ihm mit ſeinem auf die Verbeſſerung des Unterrichtes abzielenden „Viſitations-Büchlein“ 1528 kräftig zur Seite; die Schule wurde durch die Reformation dem Einfluß der Geiſtlichkeit zum Teil entzogen und auch durch Verordnungen der Fürſten, wie z. B. die Viſitations- und Konſiſtorial-Ordnung von Kurfürſt *Johann Georg von Brandenburg* (1573) zeigt, in ihrem Werte gewürdigt. Andererſeits wandte ſich in katholiſchen Ländern die Tätigkeit der Jeſuiten mit großem Nutzen der Schule zu. Immer aber blieb letztere dem Volke noch verſchloſſen; das Studium der alten Sprachen war faſt überall Vorſchrift; vor allem fehlten die Lehrer, welche fähig geweſen wären, die Bildung ſchon damals in weitere Kreiſe hinauszutragen.

Dann brach über Deutſchland und Öſterreich der dreißigjährige Krieg herein, der mit Verwüſtung, Verödung und Verarmung ſeinen Abſchluß fand, reiche Blüten der Kultur vernichtete und den Aufſchwung in jeder Beziehung, ſo namentlich auf dem Gebiete des Schulweſens, für lange Zeit zurückdrängte.

Viele Jahre mußten vergehen, bevor die Anfänge einer Beſſerung merkbar werden konnten.

Eine der erſten Äußerungen iſt die Kirchen-Ordnung des großen Kurfürſten *Friedrich Wilhelm von Brandenburg* aus dem Jahre 1662, welche die Einrichtung von Schulen in den Dörfern verfügte. Im Jahre 1688 wurde durch *Friedrich I. von Preußen* die Ritter-Akademie in Halle und 1692 die Univerſität daſelbſt begründet, an der ſpäter für die Ausbildung der Lehrer und für die Verbeſſerung des Unterrichtsweſens ſo hervorragendes geleiſtet werden ſollte. Ein Hauptförderer des Volksſchulweſens in Preußen war *Friedrich Wilhelm I.*, unter deſſen Regierung 1713–40 mehr als 2000 Volksſchulen in das Leben gerufen wurden; die Ausbildung der Lehrer wurde durch Errichtung von Seminaren, der Schulhausbau in den Dörfern durch Staatszuſchüſſe gefördert.

Friedrich der Große beſtätigte und erweiterte, was ſein Vorfahre für die Schule getan hatte; auf ſeine Veranlaſſung wurde der Religionsunterricht in der Volksſchule zu Gunſten der Aneignung anderer Kenntniſſe zurückgedrängt; für die Heranziehung von Lehrern wurde Fürſorge getroffen und durch das Schulzwangsgeſetz vom Jahre 1742, ſowie bei Ausarbeitung des „Allgemeinen Landrechtes“ eine planmäßige Hebung der Volksbildung vorbereitet.

Zur Zeit bilden in Preußen das allgemeine Landrecht vom Jahre 1794, die Verfaſſungs-Urkunde vom 31. Januar 1850 und das Schulaufſichts-Geſetz vom 11. März 1872 die geſetzlichen Grundlagen für das geſamte Schulweſen; alle öffentlichen und privaten Unterrichts- und Erziehungsanſtalten ſtehen danach unter ſtaatlicher Aufſicht.

In Öfterreich ift im Jahre 1774 durch *Maria Therefia* eine allgemeine Schulordnung erlaffen, die den Schulzwang für alle Kinder vom 7. bis zum 14. Lebensjahre beftimmt. *Jofeph II.* erweiterte diefe Beftimmungen durch das Schulzwangs-Gefetz vom Jahre 1781 und durch ein Schulpatronats-Gefetz, *Franz I.* 1805 durch den Erlaß der politifchen Schulverfaffung. Ähnliche Vorfchriften entftammen diefer Zeit in allen anderen deutfchen Staaten.

In Amerika datiert das erfte, allerdings fehr bald und gänzlich außer Übung gekommene Schulzwangs-Gefetz fchon aus dem Jahre 1642. Viel fpäter haben fich Frankreich und England entfchloffen, in gleicher Weife gefetzgeberifch vorzugehen, erfteres durch Gefetz vom Jahre 1833, letzteres durch Parlaments-Akte vom Jahre 1870.

In allen diefen älteren gefetzlichen Regelungen, fo eingehend diefelben in vielen Dingen waren, ift aber keine einzige Vorfchrift über das Schulbauwefen, über die bauliche Herftellung und Einrichtung der Schulen enthalten; man brachte die Schulzimmer unter, wo und wie man konnte; man fragte nicht nach Größe und Beleuchtung, nach Heizung und Lüftung der Schulzimmer, nicht nach der Anzahl der Schüler in den einzelnen Klaffen. Von einem Neubau für Schulzwecke war bis dahin überhaupt kaum die Rede.

Die erfte Anregung, diefer hoch bedeutenden Sache die behördliche Aufmerkfamkeit zuzuwenden, erwuchs in Preußen aus einer im Jahre 1836 erfchienenen Schrift *Lorinfer*'s „Zum Schutz der Gefundheit in den Schulen", in welcher die Nachteile, die der lernenden Jugend, namentlich in den Gymnafien, durch die fchlechten Einrichtungen erwuchfen, fchonungslos, wenn auch zum Teil in übertriebener Weife, aufgedeckt wurden.

2. Gefetzliche Vorfchriften über Schulbauwefen.

Schon im Jahre 1837 ergingen infolgedeffen eine Minifterial-Verordnung und ein Erlaß der Königl. Regierung zu Trier, die in Preußen für die bauliche Herftellung der Schulen erftmals bedeutfam geworden find; durch erftere wurde auch der im Jahre 1819 aufgehobene Turnunterricht an den Gymnafien wieder zugelaffen.

Mit der zunehmenden Einwohnerzahl und dem wachfenden Wohlftand, befonders aber mit dem fchnellen Wachstum der größeren Städte und Gemeinwefen, trat nun in Deutfchland ein ungeheurer Auffchwung des Schulwefens ein. Allerorts wurde die Wichtigkeit erkannt, in den Schulen auch das körperliche Gedeihen der Kinder im Auge zu haben, namentlich alle Schäden, welche für die Gefundheit der Kinder durch fchlechte Bauart und mangelhafte Ausftattung der Schulen befürchtet werden mußten, fernzuhalten.

Auf Grund eines Gutachtens der Technifchen Bau-Deputation in Berlin erließ das Minifterium im Jahre 1868 „Allgemeine Vorfchriften für die räumliche Geftaltung der Schulgebäude". Der Verein Deutfcher Naturforfcher und Ärzte zog diefe Angelegenheit in den Kreis feiner Beratung, und es ift das Verdienft *Varrentrapp*'s hervorzuheben, welcher auf der Unterlage feiner Schrift: „Der heutige Stand der hygienifchen Forderungen an Schulbauten" (Braunfchweig 1869) eine Reihe maßgebender Leitfätze aufftellte, die in der Verfammlung des genannten Vereines Annahme fanden.

Es folgte eine Reihe von Verordnungen, unter denen für Preußen der Minifterial-Erlaß vom 17. November 1870: „Maßbeftimmungen für Gymnafien und Vorfchulen", ein Erlaß der Königl. Regierung zu Düffeldorf vom 14. April 1874: „Allgemeine Beftimmungen über Anlage, Einrichtung und Ausftattung der Schulgebäude", die von der Königl. Regierung zu Breslau gegebene Bau-Inftruktion vom 22. März 1884 und die Minifterial-Erlaffe, den Schulbau betreffend, vom 28. November 1892 und 15. November 1895 hier erwähnt fein mögen.

In den anderen deutfchen Ländern und in Öfterreich entftammen die zutreffenden Beftimmungen ziemlich der gleichen Zeit; in Württemberg die Minifterial-Verordnungen vom 29. März 1868 und vom 28. Dezember 1870; in Baden die Minifterial-Verordnungen vom 11. Februar 1869 und vom 17. Oktober 1884, die Schulhausbaulichkeiten betreffend; in Sachfen das Schulgefetz vom 3. April 1873; im Großherzogtum Heffen die Minifterial-Verordnung vom 29. Juli 1876, die bauliche Herftellung und Einrichtung der Schulhäufer und Lehrerwohnungen betreffend; in Hamburg das Unterrichts-Gefetz vom 11. November 1870; in Öfterreich das Reichs-Volksfchul-Gefetz vom 14. Mai 1869 und ein Minifterial-Erlaß vom 9. Mai 1873 über Einrichtung der Schulhäufer der öffentlichen Volks- und Bürgerfchulen und Gefundheitspflege in diefen Schulen.

In der Schweiz datiert das erfte die Schulhausbauten betreffende Reglement für Schaffhaufen aus dem Jahre 1852 und für Zürich die Verordnung, betreffend die Erbauung von Schulhäufern, aus dem Jahre 1861; darauf folgten die anderen Kantone und Städte mit gleichartigen Verordnungen, die neuefte für Bafel vom 1. Februar 1901.

In Frankreich, welches nach dem Kriege von 1870–71 dem Schulwefen feine befondere Aufmerkfamkeit zuwendete, ift der über den Bau und die Einrichtung der Schulgebäude erftmals ergangene Minifterial-Erlaß vom 30. Juni 1858 durch eine vorzüglich abgefaßte Verordnung vom 17. Juni 1880 erfetzt und für die Stadt Paris eine Schulbau-Verordnung von 1895 erlaffen worden.

Als hierher gehörig ift ferner zu erwähnen für Belgien eine Minifterial-Verordnung aus dem Jahre 1852 und eine eingehende Vorfchrift vom 24. November 1874. Für Holland ift auf Grund Königl. Verordnung vom 2. Februar 1879 durch einen Sonderausfchuß ein ausführliches, durch viele Pläne erläutertes Gutachten vom 15. Oktober 1879 ausgearbeitet. Für England befteht eine Veröffentlichung des *School board* von London aus dem Jahre 1872, die feit 1874 faft alljährlich ergänzt und erneuert worden ift. Ebenfo gelten in Amerika für die verfchiedenen *School boards* die mannigfaltigften Anordnungen, unter denen auf die Beftimmungen des *School board* von Bofton 1857 als eine der früheften hingewiefen fein mag.

Seitdem gibt es keinen Zweig des öffentlichen Lebens, der fo wie das Schulbauwefen im Schoße der ftaatlichen und ftädtifchen Behörden, in Vereinen, in technifchen Zeitfchriften und in befonderen Veröffentlichungen gefördert und gepflegt worden ift. Die einfchlägige Literatur, die auch befondere Bearbeitungen über alle Einzelheiten des Baues und der inneren Einrichtung der Lehrräume umfaßt, ift eine fo maffenhafte geworden, daß es ratfam erfchien, im nachftehenden nur die wichtigere namhaft zu machen. Deffenungeachtet hat fich für den Schulbauplan bisher keine Normalform herausgebildet, und es wird fich eine folche Feftfetzung, abgefehen von den einfachften ländlichen Anlagen und von den in großen Städten regelmäßig und alljährlich wiederkehrenden Entwürfen für die Volks-, bezw. Gemeindefchulen, auch in Zukunft vorausfichtlich nicht herausbilden, weil die Bedürfniffe, je nach den örtlichen und klimatifchen Verhältniffen, nach den Sitten und Gewohnheiten der Bevölkerung, nach den in ftetem Wechfel und in fteter Entwickelung befindlichen Anfchauungen, nach Größe und Form des Bauplatzes, nach den verfügbaren Geldmitteln und nach dem Stande der technifchen Erfahrung, zu verfchieden find und — gewiß zum Nutzen der Sache — ftets verfchieden bleiben werden.

Dagegen find für eine große Anzahl von Einzelheiten des Baues und der Einrichtung der Schulhäufer z. Z. fehr viele Grundformen und Feftfetzungen als muftergültig anerkannt, die fpäter ihre Würdigung finden werden.

3. Gliederung der Schulen.

In Deutfchland und auch in anderen Staaten hat das Schulwefen im Laufe der Zeit folgende Gliederung erhalten:

1) Niedere Schulen (Volks-, Gemeinde-, Bürger-, Elementar- und Primärfchulen und Mittelfchulen) und

2) Höhere Schulen (humaniftifche und Realgymnafien, Progymnafien und Realprogymnafien, Oberrealfchulen, Realfchulen und höhere Mädchenfchulen).

Zu den niederen Schulen gehören auch einzelne Berufs- oder Fachfchulen, insbefondere die Handwerker- und niederen Gewerbefchulen, und die für den Unterricht fchwachbefähigter Kinder beftimmten fog. Hilfsfchulen, zu den höheren Schulen die höheren Gewerbe- und Fachfchulen, fowie andere höhere Berufsfchulen, die auch den Namen „Akademie" führen.

Viele höhere Schulen besitzen sog. Vorschulen, in denen die Kinder auf den Unterricht in ersteren vorbereitet werden.

Zu den obengenannten zwei Hauptgruppen treten noch die Hochschulen (Universitäten und technische Hochschulen), sowie die in gleichem Range stehenden Akademien.

In Frankreich und Belgien ist es vielfach gebräuchlich, mit den niederen Schulen Aufnahmeklassen für nicht schulpflichtige Kinder im Alter von 4 bis 6 Jahren zu verbinden (*Salles d'asile*). Ein noch engerer Zusammenhang besteht dafür in Amerika und in England; in letzterem Lande beginnt die Schulpflicht bereits mit dem fünften Lebensjahre; die Eltern sind jedoch befugt, ihre Kinder schon mit dem vollendeten dritten Lebensjahre zur Schule zu schicken (*Infant schools*).

In Deutschland sind derartige Kleinkinderschulen (Kindergärten) zwar gesetzlich nicht eingerichtet; sie erfreuen sich jedoch lebhafter Förderung seitens der Behörden und der privaten Wohltätigkeit. In neuerer Zeit werden mit den Volksschulen vielfach Kleinkinderschulen, Kinderhorte, besonders aber Handfertigkeits- und Kochschulen verbunden.

Die Schulzeit besteht im übrigen in Deutschland für die niederen Schulen in der Regel vom 6. bis zum vollendeten 14., in Bayern vom vollendeten 6. bis 13. Jahre, in Frankreich und England ebenfalls bis zum Anfang des 14. Lebensjahres. In Italien beginnt die Schulpflicht mit dem vollendeten 5. Lebensjahre und ist gesetzlich auf mindestens vier Jahre bestimmt; in Schweden beginnt sie spätestens mit dem 9. Lebensjahre. In Amerika sind die niederen Schulen meist vierklassig, mit dem 6. Lebensjahre anfangend.

4. Dauer der Schulzeit.

Für die mittleren und höheren Schulen ist die Schulzeit je nach dem Lehrgang entsprechend länger. Ebenso bestehen vielfach Fortbildungsschulen mit freiwilligem oder Pflichtbesuch, die der aus den niederen Schulen entlassenen Jugend zu weiterer Ausbildung Gelegenheit geben.

In Deutschland behauptet sich jetzt wohl die Regel, daß die niederen Schulen ausschließlich und die höheren Schulen größtenteils auf Kosten der Gemeinden gebaut und unterhalten werden. Die hieraus für die Gemeinden, namentlich in den stark an Einwohnerzahl zunehmenden größeren Städten, erwachsenden übermäßigen Ausgaben haben in jüngster Zeit Erwägungen veranlassen müssen, wie den Gemeinden durch Zuweisung anderer Einnahmen seitens der Regierungen das Tragen dieser Lasten erleichtert werden könnte. Staatszuschüsse zu den Kosten der Volksschulen werden den Gemeinden schon seit längerer Zeit in Baden, Sachsen, Württemberg, in besonderer Höhe aber in Bayern und Hessen gewährt.

5. Unterhaltung der Schulen.

In Hessen betrugen die Gesamtausgaben des Staates für das Volksschulwesen im Jahre 1880 rund 1 Mark auf den Kopf der Bevölkerung; 4 Vomhundert davon sind bestimmt zur Unterstützung der Gemeinden in Aufbringung der Kosten der Schulhäuser.

Gleichartige Verhältnisse herrschen in dieser Hinsicht in den anderen Ländern, mit Ausnahme von England, wo die Schulen meist aus freiwilligen Beiträgen der Bürger und aus Schenkungen oder auf Veranlassung und auf Kosten von Religionsgesellschaften errichtet und unterhalten werden. Die Verwaltung untersteht hier, und ebenso in Amerika, besonderen städtischen Ausschüssen (*School boards*), denen durch staatliche oder kommunale Gesetze in Bezug auf Schulzwang und Steuererhebung weitgehende Befugnisse beigelegt sind.

In Frankreich und Belgien erhalten die Gemeinden zum Bau der Volksschulhäufer Staatszufchüffe und aus befonderen Schul-Anleihe-Fonds Darlehen zu fehr niedrigem Zinsfuß. Ebenfo werden in der Schweiz zum gleichen Zwecke ftaatliche Unterftützungen bewilligt.

In Frankreich ift das Volksfchulwefen durch das Gefetz vom 28. März 1882 geregelt; auch in den franzöfifchen Volksfchulen ift unentgeltlicher Schulbefuch und koftenfreie Lieferung des Schulbedarfes die Regel; die Parifer Stadtverwaltung liefert fogar den Schülern warmes Frühftück, das in einer Schulkantine zubereitet und gegen Zahlung von 10 Centimes (ärmeren Kindern unentgeltlich) verabfolgt wird; Brot und häufig Wein bringen die Kinder zur Schule mit.

In der nunmehr folgenden eingehenden Darlegung (unter A) follen im wefentlichen nur die niederen und höheren Schulen Berückfichtigung finden und die Grundzüge der baulichen Anlage und der inneren Einrichtung entwickelt werden, infoweit fie in der Hauptfache allen diefen Schulen gemeinfchaftlich find.

Für die fonft noch hierher gehörigen großen Bauanlagen für Unterrichtszwecke, wie Univerfitäten, technifche Hochfchulen, gewiffe Akademien u. a. m., find die baulichen Verhältniffe in jedem Falle zu eigenartig, als daß fie fich allgemeinen Regeln einfügen ließen; für diefe Bauwerke werden daher nur Einzelheiten des baulichen Zubehörs und der inneren Einrichtung nach dem gleichen Maßftabe zu behandeln fein; im übrigen bleibt die Beurteilung und Befchreibung dem nächften Abfchnitte (Heft 2 diefes Halbbandes) vorbehalten.

Literatur.

Bücher über „Schulbauwefen im allgemeinen" (einfchl. „Schulgefundheitspflege").

LORINSER, C. J. Zum Schutz der Gefundheit in den Schulen. Berlin 1836.
KENDALL, H. E. *Defigns for fchools and fchool-houfes, parochial and national.* London 1848.
VACQUER, TH. *Bâtiments fcolaires récemment conftruits en France et propres à fervir de types pour les édifices de ce genre.* Sèvres 1863.
ZWEZ, W. Das Schulhaus und deffen innere Einrichtung. Weimar 1864. 2. Aufl. 1870.
BLANDOT, L. *Maifons et écoles communales de la Belgique.* Paris 1868.
VARRENTRAPP, G. Der heutige Stand der hygienifchen Forderungen an Schulbauten. Braunfchweig 1869.
Ueber Schulbauten von dem Standpunkte der öffentlichen Gefundheitspflege. Gutachten des ärztlichen Vereins in Frankfurt a. M. Frankfurt a. M. 1869.
NARJOUX, F. *Architecture communale.* Paris 1870. (S. 7: *Maifons d'école;* S. 41: *Salles d'afile;* S. 111: *Mobilier de falle d'afile.*)
HASE, C. W. Das Volksfchulhaus. Hannover 1872.
KRUMHOLZ, A. Detailpläne der öfterreichifchen Mufterfchule für Landgemeinden in der Wiener Weltausftellung 1873. 2. Aufl. Wien 1873.
COHN, H. Die Schulhäufer und Schultifche auf der Wiener Weltausftellung. Eine augenärztliche Studie. Breslau 1874.
ROBSON, E. R. *School architecture: being practical remarks on the planning, defigning, building and furnifhing of fchool-houfes.* London 1874.
GUILLAUME, L. *Hygiène des écoles. Conditions architecturales et économiques.* Paris 1874.
BUDGETT, J. B. *The hygiene of fchools.* London 1874.
RIANT, A. *Hygiène fcolaire etc.* Paris 1874. 6. Aufl. 1882.
KUHY, W. Das Volks-Schulhaus mit befonderer Berückfichtigung der Verhältniffe auf dem Lande und in kleinen Städten. Augsburg 1875.
Deutfche bautechnifche Tafchenbibliothek. Heft 5 u. 6: Der Schulhausbau etc. Von HITTENKOFER. Leipzig 1875. — 2. Aufl. 1887.
Die glarnerifchen Schulhäufer und die Anforderungen der Gefundheitspflege. Zürich 1876.
NARJOUX, F. *Les écoles publiques en France et en Angleterre etc.* Paris 1876.

Ligue de l'enseignement. École modèle. Brüssel 1876.
Einrichtung der Schulhäuser und Gesundheitspflege in den Schulen. Klagenfurt 1877.
BAGINSKY, A. & O. JANKE. Handbuch der Schulhygiene etc. Berlin 1877. 3. Aufl.: Stuttgart 1898.
BONGIOANNINI, F. *Gli edifizie per le scuole primarie.* Rom 1878.
NARJOUX, F. *Les écoles publiques en Belgique et en Hollande.* Paris 1878.
NARJOUX, F. *Les écoles publiques en Suisse.* Paris 1879.
COHN, H. Die Schulhygiene auf der Pariser Weltausstellung 1878. Breslau 1879.
BOETTCHER, J. Worauf ist bei dem Bau und der Einrichtung von Schulhäusern zu achten? Mitau 1879.
NARJOUX, F. *Architecture communale. 3. série: Architecture scolaire. Écoles de hameaux; écoles mixtes; écoles de filles; écoles des garçons etc.* Paris 1880.
SUBERCAZE, B. *L'école; législation relative à la construction et à l'appropriation des bâtiments scolaires.* Paris 1880.
BIROLIN, E. *De l'établissement de l'école primaire.* Paris 1880.
NÉANIAS. *L'hygiène des lycées et des écoles.* Paris 1881.
BELIN, C. & P. MILLOT. *Étude sur l'hygiène scolaire.* Paris 1881.
DROIXHE, BLANDOT & KUBORN. *Hygiène scolaire, le bâtiment et la gymnastique.* Liège 1881.
LINCOLN, D. F. *School and industrial hygiene. Edited by* W. W. KEEN. Philadelphia 1881.
PETTENKOFER, V. & V. ZIEMSSEN's Handbuch der Hygiene und der Gewerbekrankheiten. II. Theil, II. Abth.: Schulhygiene. Von F. ERISMANN. Leipzig 1882.
PLANAT, P. *Construction et aménagement des salles d'asile et des maisons d'école.* Paris 1882–83.
NONUS, S. A. *Les bâtiments scolaires: location, construction et approbation, matériel etc.* Paris 1884.
CACHEUX, E. *Construction et organisation des crèches, salles d'asile, écoles etc.* Paris 1884.
Bericht über die Allgemeine Deutsche Ausstellung auf dem Gebiete des Hygiene- und des Rettungswesens Berlin 1882–83. Herausg. v. P. BOERNER. I. Band. Breslau 1885. (S. 257: Hygiene des Unterrichts Schulhygiene.)
FARQUHARSON, R. *School hygiene and diseases incidental to school life.* London 1885.
KLETTE, R. Der Bau und die Einrichtung der Schulgebäude. Karlsruhe 1886.
HINTRÄGER, C. Der Bau und die innere Einrichtung von Schulgebäuden für öffentliche Volks- und Bürgerschulen. Wien 1887.
NEWSHOLME, A. *School hygiene etc.* London 1887.
NARJOUX, F. *Écoles primaires et salles d'asile. Construction et installation.* Paris 1888.
GARDNER, E. C. *Town and country school buildings.* New York and Chicago 1888.
GLEITSMANN, E. Die ländlichen Volksschulen des Kreises Zauch-Belzig in gesundheitlicher Beziehung etc. Berlin 1889.
OST. Die Frage der Schulhygiene in der Stadt Bern etc. Bern 1889.
Soziale Zeitfragen. Heft 26: Die deutsche Bürgerschule, die Schule des Mittelstandes. Von CH. BUNST. Minden i. W. 1889.
BARTHÈS, E. *Manuel d'hygiène scolaire etc.* Paris 1889.
COLLINEAU, A. *L'hygiène à l'école.* Paris 1889.
PLANAT, P. *Cours de construction civile. 2e série. 1.: Construction et aménagement des salles d'asile et des maisons d'école.* Paris 1890.
ABEL, W. J. *School hygiene.* London 1890.
EULENBURG & BACH. Schulgesundheitslehre etc. Berlin 1891.
HINTRÄGER, C. Das moderne Volksschulhaus. Der Bau und die innere Einrichtung desselben in technischer und hygienischer Beziehung. Wien 1892.
BLATTNER, S. Neue Schulbauten etc. Frankfurt a. M. 1893.
Schulhausbau-Vorschriften, dann neue Baupläne für Schulhäuser, nebst Erläuterung. Klagenfurt 1894.
NARBEL, C. *Recherches sur l'éclairage naturel dans les écoles de Neuchâtel.* Vevey 1894.
Bau und Einrichtung ländlicher Volksschulhäuser in Preussen etc. Berlin 1895.
Handbuch der Hygiene. Herausg. v. TH. WEIL. Band VII, Abth. 1: Handbuch der Schulhygiene. Von L. BURGERSTEIN & A. NETOLITZKY. Jena 1895.
SOLBRIG. Die hygienischen Anforderungen an ländliche Schulen. Frankfurt a. M. 1895.
HINTRÄGER, C. Die Volksschul-Bauten in Norwegen. Wien 1896.
KUTNER, C. Entwurf eines Schulzimmers nach den Leitsätzen der Schulgesundheitspflege. Berlin 1896.
HÖPFNER. Ausstellung und Einrichtung von Schulen und Schulräumen nach den Anforderungen der Neuzeit. Berlin 1899.
BRIGGS, W. R. *Modern American school buildings.* New York 1899.

COHN, H. Wie foll der gewiffenhafte Schularzt die Tagesbeleuchtung in den Klaffenzimmern prüfen? Berlin 1901.
MEYER, H. TH. M. & G. VOLLERS. Schulbauprogramm nach dem Entwurf des Schulbauten-Ausfchuffes der Hamburgifchen Schulfynode. Hamburg 1901.
WHEELWRIGHT, E. M. *School architecture etc.* Bofton 1901.
Reifeberichte über Paris, erftattet von Beamten des Wiener Stadtbauamtes. II. Marktwefen, Schulen, Bäder. Von H. BERANEK. Wien 1902.
SCHMID, F. Die fchulhygienifchen Vorfchriften in der Schweiz. Zürich 1902.

Ferner:

Zeitfchrift für Schulgefundheitspflege. Red. von- L. KOSELMANN. Hamburg. Erfcheint feit 1888.
Das Schulhaus. Centralorgan für Bau, Einrichtung und Ausftattung der Schulen etc. Herausg. von L. K. VANSELOW. Berlin. Erfcheint feit 1900.

A. Schulbauwesen im allgemeinen.

Von Gustav Behnke.

1. Kapitel.
Gesamtanlage des Schulhauses.

a) Allgemeines.

Abgesehen von der vorstehend gegebenen Einteilung der Schulen in niedere und höhere lassen sich naturgemäß zwei Hauptgruppen unterscheiden: **Knaben- und Mädchenschulen**. Der Unterricht der Knaben und Mädchen in den niederen Schulen findet vielfach in gemeinsamen Schulhäusern statt. Dies gilt namentlich für die Volksschulen in Dörfern und kleinen Ortschaften, in denen die Zahl der zu unterrichtenden Kinder eine geringe ist, so daß die Anlage von zwei getrennten Schulen nicht angezeigt erscheint, und ebenso in großen Städten, in denen jede einzelne Volksschule, um den Kindern das Zurücklegen weiter Wege zu sparen, nur für einen bestimmten Stadtbezirk dienen soll.

Insofern die Schule für beide Geschlechter benutzt wird, tritt eine Verschiedenartigkeit dahin ein, daß entweder die Schulzimmer für jedes Geschlecht getrennt gehalten oder daß beide Geschlechter in jeder Klasse gemeinsam unterrichtet werden.

Letztere Anordnung ist nur noch für ganz kleine Verhältnisse gebräuchlich. Die Klasse bleibt bei einer solchen Benutzung entweder in ihrem räumlichen Bestande unverändert, oder sie ist, wie dies z. B. in amerikanischen, englischen und französischen Schulen vorkommt, durch eine niedrige leichte Scheidewand, bezw. durch mehrere feste Holz- oder Glaswände oder nur durch Vorhänge geteilt.

Bei der ersteren Anordnung, wenn also Knaben und Mädchen in einem Schulhause, aber in getrennten Klassen unterrichtet werden sollen, ist es in mehrklassigen Schulen im allgemeinen üblich, die Abteilungen in zwei lotrecht voneinander geschiedenen Teilen des Schulhauses unterzubringen und jede Abteilung mit besonderen Eingängen, Treppen, Höfen, Bedürfnisanstalten und sonstigem Zubehör auszustatten.

Zur Verminderung der Baukosten war es in früherer Zeit beliebt, mit kleineren Schulhäusern noch Räumlichkeiten für andere Verwaltungszwecke: Bürgermeistereien, Spritzenhäuser u. a. m., zu verbinden, und es kommen derartige Zusammenlegungen aus Zweckmäßigkeitsgründen auch jetzt noch vor.

Ein ganz eigenartiges Beispiel bietet hierfür die in München am Salvatorplatz 1887 erbaute Volksschule, deren ganzes Erdgeschoß als Markthalle eingerichtet ist.

In kleinen französischen und belgischen Ortschaften dienen die Schulen oftmals zur Aufnahme der *Mairie* und anderer städtischer Verwaltungs- oder Justizräumlichkeiten. Es bedarf keines besonderen Nachweises, daß eine solche Verbindung mit fremdartigen Räumen der Schule keinesfalls zum Nutzen gereichen kann, daß vielmehr Störungen für den Unterricht und nachteilige Einwirkungen auf die Kinder mit der Zeit unvermeidlich eintreten müssen. Als Regel ist deshalb aufzustellen, daß die Schulräume für sich allein bleiben und daß selbst die Wohnungen der Lehrer nur bei ganz einfachen ländlichen Verhältnissen innerhalb des Schulhauses untergebracht werden sollten. Auf die Anordnungen im einzelnen wird später zurückgekommen; hier sei nur bemerkt, daß die der Lehrerwohnung etwa beizugebenden Stall- und Wirtschaftsräume unter allen Umständen von der Schule getrennt und in besondere, abseits stehende Baulichkeiten verwiesen werden müssen.

b) Bauliche Erfordernisse.

S. Schulzimmer.

Die Erfordernisse sind, je nach der Art der Schule, nach den wechselnden Verhältnissen und Anschauungen und nach den verfügbaren Geldmitteln, in den verschiedenen Ländern und Landesteilen sehr verschieden.

Das Grundelement eines jeden Schulhauses, für die Volksschule zugleich der einzige Unterrichtsraum, ist das **Schulzimmer**, auch **Klasse**, **Lehrklasse**, **Klassenzimmer**, Schul- oder Lehrsaal genannt.

Die Klasse dient entweder für den gemeinsamen Unterricht der ortszugehörigen Kinder sämtlicher oder eines Teiles der schulpflichtigen Jahrgänge oder für den Unterricht der Kinder eines Jahrganges, bezw. für eine bestimmte, durch Gesetz oder Herkommen geregelte Anzahl von Schülern.

Die Vereinigung aller schulpflichtigen Kinder in einem Schulzimmer kommt nur in ganz kleinen Dorfschulen vor; die Zusammenfassung einzelner Jahrgänge – gewöhnlich sind es deren zwei – ist für die Volksschule auch in Städten gebräuchlich.

Für die höheren Schulen ist der nach einzelnen Jahrgängen getrennte Unterricht die Regel; in den größeren Städten ist es durch die Anhäufung der Kinder sogar geboten, für jede einzelne Klasse zwei oder mehrere Schulzimmer (Parallelklassen) vorzusorgen. In letzterem Falle wird der Jahrgang der Klasse oftmals in zwei halbe Jahrgänge getrennt und jedem derselben ein besonderes Schulzimmer zugewiesen.

In einigen außerdeutschen Ländern, z. B. in Amerika und England, wird zuweilen eine größere Kinderzahl von mehreren Lehrern, einem Hauptlehrer und einigen Hilfslehrern, in einer Klasse gemeinschaftlich unterrichtet, oder die ganze Schülerzahl wird für Gesangsübungen, Ansprachen und gemeinsamen Unterricht täglich in einem Saal (*Gallery*) vereinigt; für die betreffenden Räume bedingt sich hieraus eine ganz eigenartige Anordnung.

o. Sonstige Unterrichtsräume.

An sonstigen Unterrichtsräumen werden in der Regel gebraucht:
1) ein Zeichensaal;
2) ein Singsaal;
3) eine Turnhalle;
4) in Mädchenschulen ein Saal für weibliche Handarbeiten.

In Volks- und Bürgerschulen sind in neuerer Zeit mehrfach
5) Arbeitssäle für die Ausbildung der Handfertigkeit der Knaben, sowie Kinder- oder Knabenhorte und Kochschulen für die Mädchen hinzugefügt worden.

Die höheren Schulen erfordern außerdem:
6) Räume für den Unterricht in Naturwissenschaft, Physik und Chemie, sowie

7) einen zur Abhaltung von Schulfeierlichkeiten und Prüfungen dienenden Feſtſaal, in deutſchen Schulen „Aula", in engliſchen und amerikaniſchen Schulen „*Hall*" genannt.

Als Zubehör zu den Unterrichtsräumen werden ferner beanſprucht:

8) einige Zimmer zur Aufnahme von Lehrmittelſammlungen und Büchern, und bisweilen

9) ein Karzer.

Außer dieſen für den Unterricht dienenden Räumen ſind für Schulbetrieb und Verwaltung notwendig:

10. Sonſtige Erforderniſſe.

10) Kleiderablagen (Garderoben);
11) Spiel- und Turnhöfe;
12) Bedürfnisanſtalten (Aborte und Piſſoirs);
13) Waſch- und Badeeinrichtungen;
14) Geſchäftszimmer für den Schulvorſteher;
15) Beratungs- (Konferenz-) Zimmer;
16) Aufenthaltszimmer für Lehrer und Lehrerinnen;
17) Aufenthaltszimmer für Schuldiener und Heizer;
18) Dienſtwohnungen für Schulvorſteher und Schuldiener;
19) für ländliche Schulen je nach Bedarf eine oder mehrere Lehrerwohnungen.

Inſofern die Schulen den Zöglingen zugleich als ſtändiger Aufenthalt dienen, wie z. B. in Seminaren, Penſionaten u. a. m. oder wie in deutſchen Gymnaſien mit Internat, in engliſchen *Colleges*, in franzöſiſchen *Lycées* und *Collèges* treten noch hinzu:

20) Wohn- und Schlafzimmer für die Zöglinge und für das Lehr- und Aufſichtsperſonal, ſowie die für die Bewirtſchaftung ſolcher Anſtalten nötigen Räumlichkeiten.

Die eingehende Beſprechung hierüber folgt in Kap. 13 u. 14.

c) Bauſtelle und ihre Umgebung.

Für die Lage des Bauplatzes im allgemeinen iſt zu fordern, daß jedes Schulhaus möglichſt im Mittelpunkt desjenigen Ortsbezirkes ſteht, aus dem die Kinder die betreffende Schule beſuchen ſollen. In Preußen iſt durch Miniſterial-Verordnung die größte Länge des Schulweges auf ½ Stunde beſtimmt, in Dörfern mit der Bedingung, daß das Schulhaus abſeits der dichten Bebauung des Ortes freiſtehend errichtet werden ſoll.

11. Lage des Bauplatzes.

In geſundheitlicher Beziehung ſind zu verlangen eine freie, luftige und hochwaſſerfreie Lage des Platzes, trockene Beſchaffenheit des Untergrundes, der auch durch organiſche Stoffe nicht verunreinigt ſein darf, eine ausreichende Entfernung von allen lärmenden oder raucherzeugenden Gewerbebetrieben, ſowie ein Abſtand von den Nachbargebäuden, der genügt, um den Klaſſen dauernd gute Lichtverhältniſſe zu ſichern und einen ſtörenden Einblick zu verhüten. In Deutſchland beſteht durch das Reichs-Gewerbegeſetz der Schutz, daß gewerbliche Anlagen, deren Betrieb mit ungewöhnlichem Geräuſch verbunden iſt, nur mit beſonderer Erlaubnis und bedingungsweiſe zuläſſig ſind.

12. Anforderungen in geſundheitlicher Beziehung.

Die Größe und Begrenzung des Grundſtückes ſoll ferner eine vorteilhafte Stellung des Schulhauſes nach den Himmelsrichtungen und, wenn möglich, die Anordnung des Schulhofes vor den Klaſſenfenſtern geſtatten. Steht das Schulhaus mit den Klaſſenfenſtern an einer Verkehrsſtraße, ſo iſt die Anordnung eines möglichſt tiefen Vorgartens und die Vorſorge geräuſchloſen Straßenpflaſters ratſam. Für den Abstand von fremden Gebäuden muß das $1^1/_2$ fache Maß der zulässigen Höhe, mindestens aber ein Maß von 20 m verlangt werden. Auf das Vorhandensein guten Trinkwassers ist besonderer Wert zu legen und der etwa abzuteufende Brunnen gegen ober- und unterirdische Verunreinigung sorgsam zu schützen.

13. Anordnungen in technischer und finanzieller Beziehung.

In technischer und finanzieller Beziehung ist die Tragfähigkeit des Baugrundes zu beachten, um die Erschwernisse und Mehrkosten einer tieferen Fundierung des Schulbaues möglichst zu vermeiden. Für die Abgrenzung des Platzes ist eine rechteckige Grundform wünschenswert; es ist zu erwägen, inwieweit das zweckmäßige Unterbringen der Nebengebäude und eine etwaige zukünftige Erweiterung der Schule ausführbar bleibt. Kommt die Benutzung eines wertvolleren, an der Straße liegenden Geländes in Frage, so kann eine zweckentsprechende Lösung auch durch Zurückstellen des Schulhauses in den hinteren Teil des Platzes gefunden werden.

14. Größe des Grundstückes.

Die Größe des Grundstückes soll derart in unmittelbarem Verhältnis zur Anzahl der die Schule besuchenden Kinder stehen, daß nach Abzug der überbauten Grundfläche für jedes Kind ein genügender Hofraum zur Verfügung bleibt.

Für ländliche Schulen ist in Preußen durch die Ministerial-Verordnung vom 15. Nov. 1895 eine Fläche von mindestens 3 qm für jedes Kind als Regel festgesetzt.

Es versteht sich von selbst, daß in der Wirklichkeit, auch beim besten Willen der zur Herstellung und Unterhaltung der Schulen Verpflichteten, diesen Anforderungen in ihrer Gesamtheit nur auf dem Lande und etwa noch in wohlhabenden kleinen Ortschaften genügt werden kann. In den größeren Städten wird man sich lediglich bestreben müssen, den aufgestellten Regeln so weit nachzukommen, als es unter den gegebenen Verhältnissen in jedem einzelnen Falle irgend tunlich ist. Ein Hofraum von 2 bis 3 qm für jedes Kind ist als gebräuchlich und die erstgenannte Zahl zur Not als auskömmlich zu bezeichnen. Bei neueren Schulbauten ist versucht worden, angrenzende öffentliche Plätze als Spielplatz für die Schulkinder zu benutzen und die Größe der Schulbauplätze dementsprechend zu verkleinern.

d) Bauliche Anordnung.

15. Gesetzliche und baupolizeiliche Vorschriften.

Einige allgemeine Bestimmungen für den Schulhausbau sind vorstehend bereits namhaft gemacht. Sie sind bei allen Neubauten, soweit nicht nach Lage des Falles noch Besseres erstrebt werden kann, selbstverständlich maßgebend und müssen auch bei Umbauten und größeren baulichen Veränderungen tunlichst beachtet werden. Ebenso ist den für den betreffenden Ortsbezirk geltenden baupolizeilichen Vorschriften durch den Bauplan Rechnung zu tragen.

Neben der Erfüllung dieser Grundregeln hat sich der Plan jedesmal den örtlichen Verhältnissen und Bedürfnissen bestmöglichst anzupassen. Es bleibt zu erwägen, ob es ratsam ist, das Schulhaus gleich bei der ersten Bauanlage auf diejenige Größe zu bringen, die für die volle Entwickelung der Schule nötig ist, oder ob eine wesentliche Ersparnis erzielt werden kann, wenn der Bau zunächst auf einen Teil der ganzen zukünftigen Anlage beschränkt wird. In letzterem Falle ist die sparsame und bequeme Ausführbarkeit einer Erweiterung in den Plan zu ziehen und dabei besonders zu berücksichtigen, daß der Schulbetrieb durch den späteren Ausbau so wenig wie möglich gestört werden darf.

16. Gesundheitliche, technische und ästhetische Anforderungen.

Die bauliche Anordnung der Schulhäuser unterliegt einer sehr verschiedenen Beurteilung, je nachdem diese vom Standpunkt der Schulverwaltung, der Gesundheitspflege, der technischen Zweckmäßigkeit und der Ästhetik und von der Rücksichtnahme auf die verfügbaren Geldmittel ausgeht.

Den Hygienikern ift in neuerer Zeit auf die bauliche Geftaltung und innere Einrichtung der Schulen ein um fo größerer Einfluß eingeräumt worden, je mehr fich die Erkenntnis Bahn gebrochen hat, wie wichtig es ift, der körperlichen Entwickelung der Kinder in der Schule und während der Schulzeit jeden möglichen Vorfchub zu leiften und die Nachteile, die infolge mangelhafter baulicher Anlage und Ausftattung befonders dem Sehvermögen und der Körperbildung der Kinder erwachfen können, fernzuhalten.

In Deutfchland ift es neben dem fchon genannten „Verein deutfcher Naturforfcher und Ärzte" namentlich dem im Jahre 1873 in Frankfurt a. M. gegründeten „Deutfchen Verein für öffentliche Gefundheitspflege" zu danken, daß das Intereffe an der Verbefferung der gefundheitlichen Einrichtungen in den Schulen dauernd wachgehalten und daß den Ärzten durch ihre Heranziehung als Schuloder Stadtärzte ein immer größerer Einfluß eingeräumt wird. Auch in anderen Ländern ift die Bedeutung diefer Einwirkung und Beauffichtigung erkannt und durch Anftellung befonderer Schulärzte gewürdigt worden.

Wie in gefundheitlicher Beziehung die Anfprüche an den Schulhausbau fich gefteigert haben, fo find auch die von den Technikern und Architekten zu ftellenden Anforderungen im Vergleich mit den Vorjahren erheblich gewachfen. Nicht nur finden die neueften technifchen Erfahrungen hinfichtlich der Konftruktion und der inneren Einrichtung des Schulbaues ihre volle Betätigung, fondern man bleibt bemüht, den bedeutfamen Zweck des Schulhaufes durch die Großräumigkeit der Eingänge, Flure und Treppen und ebenfo durch die äußere Geftaltung der Faffaden zum Ausdruck zu bringen. Muß auch felbftverftändlich die Rückficht auf die gefteigerte Inanfpruchnahme der Staats- und Gemeindeverwaltungen zu tunlichfter Sparfamkeit Anlaß geben gerade bei Bauten, die fich fo zahlreich und regelmäßig wiederkehrend vernotwendigen, wie die Schulbauten, fo kommt andererfeits in allen Ländern, und nicht zuletzt in Deutfchland, die Anficht zur Geltung, daß die Schulhäufer innen und außen den Kindern in Bezug auf Zweckmäßigkeit, Reinlichkeit und architektonifche Schönheit als Mufter dienen und dem Ort, an dem fie ftehen, zur Zierde gereichen follen.

Für die Stellung auf dem Bauplatz gilt die Regel, daß das Schulhaus, wenn irgend möglich, von allen Seiten frei ftehen und fich an Nachbargebäude nirgend anlehnen foll. Diefe Vorfchrift ift wichtig zur Sicherung fowohl der Lichtverhältniffe als der Ruhe und zur Verminderung der Feuersgefahr.

<small>17. Stellung des Schulhaufes.</small>

Durchaus zweckmäßig ift es, die Klaffenfenfter gegen den Schulhof zu richten, weil auf diefe Weife in den Klaffen Ruhe und Staubfreiheit am beften gefichert werden kann.

Nach welcher Himmelsrichtung die Fenfter der Schulzimmer angeordnet werden follen, ift eine viel umftrittene Frage, die je nach dem Klima des Ortes und nach der täglichen Schulzeit verfchieden zu beantworten fein wird. Geht man von der Annahme aus, daß ein Schulzimmer der unmittelbaren Einwirkung des Sonnenlichtes nicht entzogen bleiben foll, daß andererfeits ein etwaiger Mangel an Sonnenwärme durch kräftige Heizvorkehrungen unfchwer ausgeglichen werden kann, fo darf man, wenigftens für gemäßigte klimatifche Verhältniffe, die Regel auffteilen, daß die Klaffenfenfter am beften nach Nordweften, bezw. für größere Schulen mit zweifeitiger Front nach Nordweften und Südoften gerichtet fein follen (Fig. 1); Fenfterlage nach Weften ift zuzulaffen, falls die Schule keinen Nachmittagsunterricht hat.

Durch Minifterial-Erlaß vom 15. November 1895 ift für ländliche Schulneubauten in Preußen angeordnet, daß die Sonne die Klaffenfenfter nicht während, aber außerhalb der Stundenzeit treffen foll; Weften und Süden werden als Himmelsrichtung bevorzugt; ift Nordrichtung unvermeidlich, fo foll jede Klaffe zur Befonnung ein befonderes, mit Läden abzublendendes Fenfter erhalten.

Für die Entfcheidung darf nicht unberückfichtigt bleiben, wie fchwer ein guter Sonnenfchutz zu erreichen ift, ohne zugleich die Klaffe zu verdunkeln und für die hinterfte Geftühlreihe eine ungenügende Erhellung hervorzurufen; fowie ferner, daß die gleichmäßige Erwärmung der Klaffe durch die ungleiche Mitwirkung der Sonnenwärme erfchwert wird.

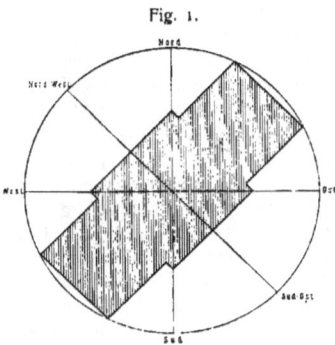

Fig. 1.

In allen Punkten wird fich auch hier die Theorie mit der Praxis nicht immer, in Übereinftimmung bringen laffen. Die Schwierigkeiten, einen paffend gelegenen räumlich genügenden Bauplatz zu finden, welcher fonft keine gefundheitlichen oder finanziellen Bedenken bietet, find namentlich in größeren Städten fchon fo erheblich, daß die Frage, nach welcher Himmelsrichtung die Hauptfront der Schule geftellt werden foll, eine ausfchlaggebende Bedeutung nicht mehr gewinnen kann. In vielen Fällen ift man eben genötigt, die Fenfterfeiten fo anzuordnen, wie es unter Berückfichtigung der fonftigen maßgebenden Bedingungen des Platzes und des Baues beftmöglich ift, und die alsdann für die Schulzimmer aus einer weniger günftigen Sonnenbeleuchtung etwa verbleibenden Mängel durch verbefferte Heizung oder durch äußere Schutzvorkehrungen an den Fenftern gegen das Sonnenlicht auszugleichen.

18. Grundrißgeftaltung. Über die Geftaltung des Grundriffes ift im allgemeinen zu fagen, daß bei größeren Bauanlagen die für die freie Bewegung der Kinder im Schulhaufe erforderlichen Raumverhältniffe und die Lichtverhältniffe vorzugsweife Beachtung verdienen.

19. Gefcholzahl und Flurgänge. Bei Schulen von ganz geringer Klaffenzahl empfiehlt es fich natürlich, die Klaffen fämtlich im Erdgefchoß unterzubringen. Bei Schulen größeren Umfanges ift diefer Grundfatz ohne übermäßige Steigerung der Baukoften nicht durchzuführen; vielmehr muß zum Aufbau von Obergefchoffen gefchritten werden.

Von englifchen und amerikanifchen *School boards* wird die Anordnung von zwei Stockwerken als die Regel, von drei Stockwerken als das zuläffige Maximum erklärt.

In den großen Städten, in denen aus zwingenden Verwaltungs- und Sparfamkeitsrückfichten die Kinder immer zahlreicher auf einem Platz und in einer Schule zufammengedrängt werden, hat fich die mehrgefchoffige Bauweife längft als unvermeidlich erwiefen. Alsdann wird um fo mehr eine auskömmliche Breite für die Flurgänge und für die Treppen vorzuforgen fein, damit jede Verkehrsftörung im Haufe, jedes Drängen und Stoßen der Kinder auf den Treppen vermieden bleibt.

Ebenfo wird die Zweckmäßigkeit einer nur einfeitigen Bebauung der Flurgänge unbedingt anzuerkennen fein. Amerikanifche *School boards* ftellen in diefem Sinne die Regel auf, daß das Schulhaus nie breiter fein foll als die Breite einer Klaffe unter Hinzufügung der Gangbreite.

Vielfach hat sich jedoch in den großen deutschen Städten, wenn die verfügbaren Bauplätze zum Unterbringen aller erforderlichen Räume der Schulen nicht hinreichen, die Notwendigkeit herausgestellt, auch die Gänge zu beschränken und die Anordnung der Klassen durch doppelseitige Bebauung an den Flurgängen minder zweckmäßig zu gestalten.

So sind Schulgebäude aufgeführt worden mit drei und sogar vier Obergeschossen und mit Flurgängen, deren Länge und Breite auf das für die Zugänglichkeit der Klassen unbedingt erforderliche Maß eingeschränkt ist, bezw. mit Längsgängen, an die sich die Klassen beiderseits anreihen. Letzteres gereicht natürlich der Erhellung und Lüftung des Gebäudes zum Nachteil, wenn man auch bemüht bleibt, durch große Fenster an den Kopfenden der Gänge und in den Treppenhäusern oder durch besonders angelegte Lichtflure Aushilfe zu schaffen.

Oftmals wird in Frage gestellt, ob die Anlage eines beiderseits bebauten Mittelganges dem Aufbau eines III. Obergeschosses vorzuziehen sei oder umgekehrt. Wir glauben, daß es nützlicher ist, die Schule, wenn dies nötig wird, lieber mit drei Obergeschossen zu bauen, dafür aber dem Flurgang wenigstens in der Mitte des Hauses auf einer Seite die freie Fensterreihe zu erhalten. In jeder großen Schule sind ein Singsaal, ein Zeichensaal, ferner Räume für den Handfertigkeits-Unterricht, für Lehrmittel und Bücher und bisweilen noch Reserveklassen notwendig, so daß das oberste Geschoß für diese von jedem einzelnen Schulkinde minder häufig benutzten Räume ohne wesentlichen Nachteil verwendet werden kann. Letzterer vermindert sich ohnehin, wenn man als Regel beobachtet, daß die jüngsten Kinder ihre Unterrichtsräume stets in den unteren Stockwerken finden. Für die älteren Kinder kömmt die Notwendigkeit, täglich eine größere Zahl von Treppensteigungen überwinden zu müssen, weniger in Betracht; die Bewegung und körperliche Anstrengung der Kinder während der Unterrichtspausen kann sogar als eine der Gesundheit nützliche angesehen werden.

Dieser Erwägung ist denn auch in neuerer Zeit, je mehr sich das Bauprogramm der Schulen gesteigert hat, um so häufiger Folge gegeben und oftmals über 3 Obergeschosse noch das Dachgeschoß zum Unterbringen minder häufig benutzter Unterrichtsräume, wie wir bemerken, in sehr zweckmäßiger und sparsamer Weise, ausgebaut worden.

20. Treppen und Ausgänge.

Die Zahl der Treppen muß so bemessen sein, daß die Kinder in der Schule keine allzu weiten Wege haben, um den Ausgang zu finden, und daß die ordnungsmäßige Entleerung des Hauses in kurzer Frist möglich ist.

Durch Ministerialerlaß vom 28. November 1892 ist für Preußen vorgeschrieben, daß die Breite der Treppen und Ausgänge in Schulen

 bis zu 500 Kindern für je 100 Kinder mindestens 70 cm,
 „ „ 1000 „ „ „ 100 „ mehr mindestens 50 cm und
 über 1000 Kinder „ „ 100 „ „ „ 30 cm

betragen muß; die geringste Flurbreite ist auf 2,50 m, die höchste Steigung der Treppenstufen auf 17 cm und der geringste Auftritt der Treppenstufen auf 27 cm festgesetzt.

Bei Festsetzung der Flurgangbreiten ist zu berücksichtigen, daß die Flurgänge den Kindern bei schlechtem Wetter innerhalb der Zwischenpausen zur Bewegung dienen und daß die Kinder zu besserer Ordnung in der Regel paarweise in zwei Reihen gehen; deshalb ist für größere Schulen eine Flurgangbreite von 3,50 m erwünscht, die unter 3,00 m keinesfalls herabgemindert werden sollte.

Handbuch der Architektur. IV. 6, a. (2. Aufl.)

e) Schulhausgruppen.

21. Verschiedenheit der Gruppierung. Neben den vorstehend im allgemeinen beschriebenen einheitlichen Bauanlagen, d. h. solchen, die eine bestimmte Schulgattung oder deren zwei unter einem Dache aufnehmen, sind noch die Schulhausgruppen zu unterscheiden, d. h. solche Bauanlagen, die verschiedene Schulgattungen in zwei oder mehreren, auf einem Grundstück nebeneinander gestellten Gebäuden vereinigen.

Derartige Anlagen sind namentlich in Belgien und Frankreich unter der Bezeichnung *Groupe scolaire* und in Amerika unter der Bezeichnung *School block* gebräuchlich.

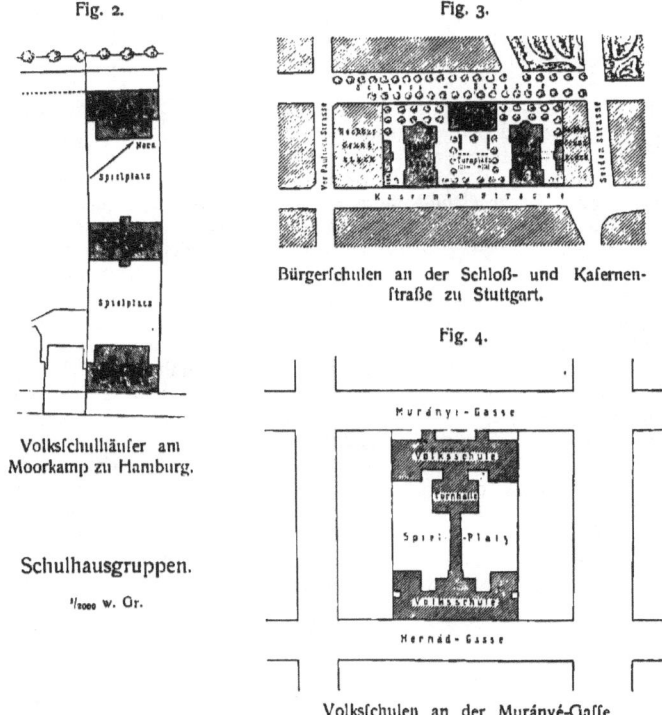

Fig. 2.

Volksschulhäuser am Moorkamp zu Hamburg.

Schulhausgruppen.

1/2000 w. Gr.

Fig. 3.

Bürgerschulen an der Schloß- und Kasernenstraße zu Stuttgart.

Fig. 4.

Volksschulen an der Murányé-Gasse zu Budapest.

Eine Schulhausgruppe entsteht ferner, wenn auf demselben Grundstück die Knaben- und Mädchenabteilungen einer gleichen Schulgattung oder zwei Schulen gleicher oder verschiedener Art in getrennten Gebäuden Platz finden.

Die Lagepläne in Fig. 2, 3 u. 4 zeigen als Beispiele solcher Anordnung zwei Volksschulen für Knaben und Mädchen am Moorkamp in Hamburg, zwei Bürgerschulen für Knaben und Mädchen an der Kasernen- und Schloß-Straße in Stuttgart und zwei Volksschulen an der Murányé-Gasse zu Budapest[1]).

[1]) Siehe auch Art. 133.

Infofern die einzelnen Gebäude einer Schulhausgruppe, wie dies in außerdeutfchen Ländern die Regel ift, nur für eine geringere Schülerzahl beftimmt und demgemäß in kleineren Abmeffungen und höchftens mit zwei Obergefchoffen erbaut werden, kann die Anordnung als ein entfchiedener Vorzug anerkannt und nur bedauert werden, daß die mit derfelben unvermeidlich verbundene Steigerung der Bau- und Verwaltungskoften einer allgemeineren Einführung diefer Bauweife in Deutfchland hinderlich bleiben muß.

f) Bauart und Konftruktion.

Für die Bauart und Konftruktion find in erfter Linie maßgebend die gefetzlichen und polizeilichen Vorfchriften, die verfügbaren Geldmittel, die örtlichen Gewohnheiten und in abgelegenen Gegenden auch die Rückficht auf vorhandene Bauftoffe.

22. Maffivbau.

Im allgemeinen ift eine Ausführung mit maffiven, aus Back- oder Bruchfteinen hergeftellten Umfaffungsmauern dem Holz- und Fachwerkbau vorzuziehen.

Holzbau und Holzfachwerk find im Hinblick auf die Feuersgefahr und auf die unverhältnismäßig hohen Unterhaltungskoften nur in Ausnahmefällen[2]) und für vorübergehende Zwecke (Schulbaracken) zuläffig. Auch ausgemauertes Eifenfachwerk ift wenig zweckmäßig, weil die Temperaturverfchiedenheiten fich im Inneren der Gebäude allzu nachteilig fühlbar machen; innere Bekleidung der Außenwände mit Gipsdielen oder ähnlichen Bauftoffen, unter Herftellung einer ruhenden Luftfchicht, ift jedenfalls unentbehrlich.

Bei der Auswahl der Bauftoffe und bei der Beftimmung über die Konftruktion der Gebäude muß vor allem auf Dauerhaftigkeit und Feuerficherheit Bedacht genommen werden. Man darf nie vergeffen, daß die Abnutzung in allen Räumen des Schulhaufes naturgemäß eine ungewöhnlich große ift und daß jede bauliche Ausbefferung, ganz abgefehen von den Koften, eine Störung des Unterrichtes herbeiführen kann, die durchaus vermieden werden muß. Es ift ferner zu bedenken, daß das Schulhaus in Dörfern und kleinen Ortfchaften vielfach das bedeutendfte Bauwerk des Gemeinwefens darftellt, andererfeits in größeren Städten durch feine häufige Wiederholung wohl geeignet ift, der Privatbautätigkeit in manchen Stücken als Mufter zu dienen. Es empfiehlt fich daher, trotz der gebotenen Einfachheit und Sparfamkeit, in allen Teilen des Baues das Befte anzuftreben.

Die Rückfichtnahme auf möglichft große Feuerficherheit in den Schulhäufern ift befonders geboten, weil bei der Anhäufung fo vieler Menfchen in einem Gebäude die Gefahr vorhanden ift, daß felbft bei einem an fich geringfügigen Brandfchaden und fchon bei einem blinden Feuerlärm, wenn nicht durch die Bauart das Vertrauen einer fchnellen Entleerung des Haufes gewährleiftet ift, ein wilder Schrecken eintreten kann, der großen Schaden für Gefundheit und Leben der Kinder zur Folge hat.

23. Feuersgefahr.

In Würdigung diefer Gefahr find an vielen Orten in den Schulhäufern befondere Einrichtungen getroffen, welche die Möglichkeit einer unmittelbaren Bekämpfung des Feuers bezwecken. Zu diefem Behufe werden, infofern eine Hochdruck-Wafferleitung zur Verfügung fteht, nicht nur auf den Höfen Wafferhähne angebracht, fondern auch im Inneren der Gebäude an feuerficheren und

---

[2]) In Gebirgsgegenden (Oberbayern, Schwarzwald, Schweiz und Tirol) wird der Holzbau, welcher den klimatifchen Verhältniffen fehr angemeffen ift, fchon deshalb nicht auszufchließen fein, weil das Holz oftmals das einzig vorhandene gute Baumaterial darftellt; aus diefer Erwägung ift der Holzbau z. B. im Schwarzwald baupolizeilich zugelaffen.

leicht zugänglichen Stellen, wie Treppenhäufern, Flurgängen u. a. m., Steigrohre in die Höhe geführt, die mit Schlauchverbindungen verfehen find und die Wafferabgabe mittels Schlauch und Strahlrohr ermöglichen. Derartige Einrichtungen können auch durch Speifung aus Wafferbehältern, die auf dem Dachboden an erhöhter Stelle Platz finden und durch Pumpen zu füllen find, nutzbar gemacht werden. Neben diefen feften Einrichtungen ift noch die Vorforge von Feuerleitern und Eimern und von tragbaren Spritzen gebräuchlich, ebenfo die Bereithaltung von Geräten, die durch künftliche Erzeugung von Kohlenfäure das Feuer erfticken und unter dem Namen „Annihilatoren" und „Extinkteure" bekannt find.

Im allgemeinen follte man mit diefen Sicherungsmaßregeln jedoch nicht zu weit gehen, befonders an folchen Orten, wo eine Feuerwehr zur Bekämpfung eines Brandes bereit ift. Die Erfahrung hat gelehrt, daß oftmals mit den Verfuchen, das Feuer mit derartigem Notbehelf und durch ungeübte Hände im Keime zu erfticken, eine unerfetzliche Zeit verloren gehen kann; namentlich follte von Einrichtungen Umgang genommen werden, die, wie z. B. Steigrohre, durch Undichtigkeiten und Zerfrieren ihrerfeits dem Gebäude großen Schaden zufügen oder infolge der eigenen Schadhaftigkeit, wie z. B. aufgerollte Schläuche, im Augenblick der Gefahr unbrauchbar fein können. Vor allem empfiehlt es fich, das Herbeirufen der Feuerwehr oder fonftiger Hilfe im Brandfalle durch Anlage von Feuertelegraphen oder Telephonleitungen oder durch Vorforge von Feuerglocken möglichft zu befchleunigen. Es mag hier eingefchaltet werden, daß in Deutfchland und in vielen anderen Ländern eigene Vorfchriften in Übung find (in Amerika unter der Bezeichnung *Fire-drill*), die eine geordnete, möglichft fchnelle Entleerung des Schulhaufes im Falle einer Gefahr bezwecken.

In Amerika beftehen, je nach der Dringlichkeit (Brand in der Nachbarfchaft, Gefahr im Schulhaufe und dringender Notftand) drei verfchiedene Signale, welche die nach Lage der Verhältniffe gebotenen Maßnahmen zur Folge haben.

24. Unterkellerung.

Zur Sicherung des baulichen Beftandes ift, wie für jedes Gebäude, fo auch für das Schulhaus, forgfame Fundamentierung, Schutz gegen Grundfeuchtigkeit und gute Wafferabführung erforderlich. Es ift deshalb, abgefehen von dem dadurch zu erzielenden gefundheitlichen Nutzen, durchaus zweckmäßig, das Haus in ganzer Ausdehnung zu unterkellern. Infofern der tragfähige Baugrund fich in geringer Tiefe vorfindet und die Unterkellerung nicht ohnehin zur Aufnahme einer Heizungs- oder Lüftungsanlage oder zu anderen Zwecken der Schulverwaltung gebraucht wird, genügt es, die Gewölbe in etwa 1 m Höhe über dem Erdboden als fog. Luftgewölbe herzuftellen.

Gegen eine etwaige Vermietung der durch die Unterkellerung zu gewinnenden Räume fprechen diefelben Bedenken, welche in Art. 7 (S. 11) gegen die Verbindung des Schulhaufes mit fremdartigen Zwecken überhaupt geltend gemacht worden find.

Muß von einer Unterkellerung oder Unterwölbung der Koften halber Abftand genommen werden, fo ift eine forgfältige Zurückhaltung der Grundfeuchtigkeit durch Ifolierfchichten, die das Mauerwerk wagrecht und lotrecht abdecken, defto unentbehrlicher[3]. Durch die Schulhausbau-Verordnungen einzelner Länder, z. B. in Baden, find derartige Schutzvorrichtungen ausdrücklich vorgefchrieben.

25. Entwäfferung.

Die Abführung des Haus- und Tagwaffers ift notwendig, für das Schulhaus vermittels eiferner Rohre, die, wenn möglich, an unterirdifche Kanäle anfchließen,

---

[3] Siehe Teil III, Bd. 2 (Abfchn. 1, A, Kap. 12) diefes „Handbuches".

für den Hof- und Spielplatz durch ordnungsmäßige Gefällregelung, gepflasterte Rinnen, Sinkkasten und Kanalanschlüsse.

26. Schallübertragung.

Zum Schutz gegen störende Schallübertragung müssen die Gebälke in angemessener Dicke ausgeführt und mit einer möglichst dichten Aus-, bezw. Auffüllung von Sand oder einem anderen, den Schall schlecht leitenden Material versehen werden. Aus dem gleichen Grunde müssen die Zwischenwände, die Klassen voneinander trennen, in der nötigen Stärke und Dichtigkeit hergestellt werden; infofern nicht besondere Vorsichtsmaßregeln durch Anordnung doppelter Wände mit dazwischen liegendem Luftraum oder durch schalldämpfende Bekleidung getroffen sind, wird eine Mauerstärke von 40 cm als notwendig zu erachten sein.

27. Dachdeckung.

Die Eindeckung des Daches richtet sich nach den örtlichen Gewohnheiten und kann daher, abgesehen von der selbstverständlichen Vorschrift der Feuersicherheit, einer besonderen Regel nicht unterworfen werden. Bildet das Dach zugleich die Decke der Schulzimmer, so ist darauf zu achten, daß zur Herstellung Baustoffe verwendet werden, die Wärme und Schall schlecht leiten. Metalldächer sind in solchem Falle ausgeschlossen; dagegen wäre ein Holzcementdach zu empfehlen, wie im allgemeinen eine flache Dachdeckung der Schulhäuser, weil für hohe Dachböden selten eine nützliche Verwendung vorhanden sein wird, im finanziellen Interesse einer steilen Deckung vorzuziehen sein dürfte.

28. Blitzableitung.

Die Frage, ob das Schulhaus mit einer Blitzableitung zu versehen ist, wird nach den örtlichen Verhältnissen zu beantworten sein, falls nicht, wie dies z. B. in Baden, in vielen Kantonen der Schweiz u. a. O. geschehen, das Anbringen von Blitzableitern gesetzlich vorgeschrieben ist. Die Herstellung muß von durchaus sachverständiger Hand bewirkt werden und die Unterhaltung dauernd einer zuverlässigen Beaufsichtigung unterstellt bleiben; es darf nicht vergessen werden, daß eine schlecht in stand gehaltene oder gar schadhafte Blitzableitung das Haus gefährden kann, statt ihm Schutz zu gewähren.

g) Schmuck des Schulhaufes.

29. Äußerer Schmuck.

Wie vorher die Ansicht vertreten wurde, daß die Herstellung des Schulhaufes in konstruktiver Beziehung das Beste erstrebt sein soll, um dem Bauwesen des Schulbezirkes als Muster dienen zu können, ist hier der Wunsch auszusprechen, daß eine künstlerische Durchbildung der Bauformen des Schulhaufes, im Äußeren und im Inneren, nicht nur als zulässig, sondern als geboten angesehen werden möge.

Wenn sich die Leistungsfähigkeit eines jeden Gemeinwesens am besten kennzeichnet in dem Umfange seiner Schulpflege, in der Allgemeinheit und in der Höhe der Bildung, welche die heranwachsende Jugend sich anzueignen im stande und gezwungen ist, so erscheint es auch angezeigt, diese Leistungsfähigkeit für die Bürgerschaft und für Fremde äußerlich wahrnehmbar zu machen. Das Schulhaus soll deshalb seine Bestimmung nach außen in stattlicher Weise erkennen lassen; die Klassen sollen bei der Fassadengestaltung architektonisch zum Ausdruck gebracht werden, damit der Zweck des Gebäudes ohne weiteres erkennbar ist. Nicht in einer Scheinarchitektur oder in einer Häufung architektonischer Zutaten soll die Wirkung gesucht werden, vielmehr in der Verwendung echter, wenn auch einfacher Baustoffe und in den künstlerisch abgewogenen Verhältnissen des Baues.

Mit berechtigtem Stolz wird jetzt in vielen, selbst kleinen und minder wohlhabenden Städten, namentlich in Deutschland, in Österreich und in der Schweiz, ebenso auch in Belgien, England und Frankreich, verlangt, daß die Schulhäuser die schönsten Gebäude des Ortes sein sollen, und stolz fühlen Lehrer und Schüler, daß der Jugenderziehung die hierzu erforderlichen beträchtlichen Opfer gebracht werden.

Um die Einförmigkeit zu vermeiden, welche die vielen gleich großen und gleichmäßig verteilten Fenster der Klassen den Fassaden aufdrücken, können bei einseitiger Flurgangbebauung die Klassen an die Hinterfassade, mit den Fenstern auf den Schulhof gerichtet, angeordnet werden.

30. Schmuck im Inneren.

Das Innere des Schulhauses soll hell und luftig gestaltet, harmonisch in Form und Farbe sollen die Räume sein, in denen die Kinder so viele Jahre ihres Lebens zubringen und die ersten dauernden Eindrücke in sich aufnehmen. Das Kind soll, wenn dies nötig ist, nicht nur den Sinn für Ordnung und Reinlichkeit, sondern auch den Sinn für Schönheit aus der Schule mit nach Hause und mit sich in das Leben tragen.

Vielfach hat sich gerade in jüngster Zeit das Bestreben geltend gemacht, auf diesem Wege noch weiter zu gehen und dafür zu sorgen, daß durch farbigen und bildlichen Schmuck im Inneren des Schulhauses auch das Gestaltungsvermögen der Kinder geweckt und angeregt werde. In den Klassen werden die Himmelsrichtungen durch an die Decken gemalte Windrosen und die Raumverhältnisse durch an die Wände gemalte Maßstäbe vorgeführt. Die Flure und Hallen, die Versammlungssäle und die Klassen werden mit Bildwerken, mit Büsten berühmter Männer, mit geschichtlichen, naturwissenschaftlichen und künstlerischen Darstellungen aller Art in Stichen und Photographien geschmückt.

In Frankreich ist es kürzlich einem Sonderausschuß zur Aufgabe gemacht, die Gegenstände zu bezeichnen, die in diesem Sinne für die Schulen als besonders geeignet zu massenhafter Herstellung und zur Anschaffung empfohlen werden können.

h) Bau- und Einrichtungskosten.

31. Baukosten.

Über die Baukosten der Schulhäuser und ihres Zubehörs bestimmte Angaben zu machen, ist sehr schwierig, weil die Verschiedenartigkeit des Bauprogramms, der Klassengrößen, der Geschoßanzahl und Höhe, sowie ferner die Verschiedenwertigkeit der inneren und äußeren Ausstattung und die in den einzelnen Ländern und Provinzen sehr voneinander abweichenden Baupreise auf die Gesamtsumme von großem Einfluß sind und einen Vergleich fast unmöglich machen.

Will man jedoch mit dem hierdurch bedingten Vorbehalt versuchen, durchschnittliche Kostenpreise festzustellen, so darf die Ermittelung nicht auf das Quadr.-Meter überbauter Grundfläche der Gebäude bezogen werden, weil bei dieser Art des Vergleiches die Anzahl der Obergeschosse nicht zum Ausdruck kommt, und ebensowenig auf die Einheit der Schülerzahl im Schulhause, weil es einen großen Unterschied ausmacht, ob in gleich großen Klassen beispielsweise je 54 Kinder auf zweisitzigem oder 45 Kinder auf einsitzigem Gestühl Platz finden. Die Ermittelung wird vielmehr mit einiger Genauigkeit nur nach dem Kub.-Meter des umbauten Raumes der Gebäude zu rechnen sein, und es muß anheimgegeben bleiben, die vorerwähnten Verschiedenheiten dabei in angemessener Weise zu berücksichtigen.

Der umbaute Rauminhalt ift für die nachfolgenden Angaben von Oberkante Kellerfußboden bis Oberkante Hauptgefims, bezw. bis zum Dachanfchluß gerechnet. Zur Bezifferung der Baukoften für Schulen mit geringerer Klaffenzahl, wie folche in Dörfern und kleinen Ortfchaften gebraucht werden, find zunächft die in untengenannter Zeitfchrift[1]) veröffentlichten Mitteilungen benutzt.

Bauzeit	Baukoften preußifcher Volksfchulhäufer Raumangabe	Zahl der Obergefchoffe	Niedrigfter	Höchfter
			Preis für 1 cbm umbauten Raumes	
1896/97	1 Klaffe mit Lehrerwohnung	0	7,60	14,60
	2 Klaffen mit Lehrerwohnung	0	7,60	13,60
	desgl.	teilweife 1	7,90	11,00
	desgl.	1	7,60	12,60
	3 Klaffen mit Lehrerwohnung	1	7,80	10,60
	4 " " "	1	8,30	8,80
	5 " " "	1	9,30	
	6 " " "	1	8,70	9,80
	3 " " "	teilweife 2	9,20	
	4 " " "	2	8,40	
	2 Klaffen ohne Lehrerwohnung	0	9,70	
	3 " " "	0	10,50	
	2 " " "	1	9,10	9,70
	4 " " "	1	7,90	
	5 " " "	1	9,60	
	8 " " "	1	9,90	
	6 " " "	2	8,90	
			Mark	

Die Tabelle läßt in den aufgenommenen niedrigften und höchften Preifen die großen Schwankungen erkennen, denen die Baukoftenpreife felbft dann noch unterworfen find, wenn gleichartige Schulhäufer von einer und derfelben Verwaltung, alfo doch nach möglichft gleichen Grundfätzen, ausgeführt werden; diefe Verfchiedenheit wird im wefentlichen durch die verfchiedene Höhe der Arbeitslöhne und Materialwerte in den einzelnen Provinzen des preußifchen Staates hervorgerufen fein. Ferner zeigt die Tabelle, daß die Baukoften, auf die Einheit bezogen, fich im Durchfchnitt um fo niedriger ftellen, je größer der Umfang des Bauwerkes ift.

Zur Beurteilung der Baukoften für größere Volks- und Mittelfchulen und die zugehörigen Turnhallen bieten die Aufzeichnungen, die den in Kap. 5 u. 6 des vorliegenden Heftes vorgeführten Beifpielen in tabellarifcher Form beigegeben find, einen intereffanten Anhalt.

Um die betreffenden Ziffern einigermaßen vergleichbar zu machen, find die Tagelohnfätze beigefügt, die in der betreffenden Stadt z. Z. für Bau- und Handarbeiter an die Unternehmer gezahlt werden; auch find die Ergebniffe für Schulen von 10 bis 20, von 20 bis 30 und von 30 bis 40 und mehr Klaffen getrennt ermittelt und in nachftehender Aufzeichnung zufammengefaßt worden.

[1]) Statiftifche Nachweifungen betreffend die in den Jahren 1896/97 abgerechneten Preußifchen Staatsbauten. Zeitfchr. f. Bauw. 1901, S. 26 ff.

Tabelle und Nummer	Einheitspreis für 1 cbm umbauten Raumes für			Turnhallen
	Schulhäuser mit Klassenzahl von			
	10 bis 20	20 bis 30	30 und mehr	
I, 1	18,60	—	—	16,90
I, 2	11,80	—	—	—
I, 3	18,90	—	—	—
I, 4	13,80	—	—	—
I, 6	17,10	—	—	21,90
I, 7	12,70	—	—	10,60
I, 8	14,20	—	—	9,40
I, 9	15,40	—	—	11,60
I, 10	18,20	—	—	—
I, 12	17,60	—	—	16,00
I, 14	11,70	—	—	—
I, 15	19,30	—	—	—
II, 1	15,90	—	—	—
II, 3	15,00	—	—	9,70
II, 4	19,20	—	—	10,70
I, 16	—	17,00	—	14,00
I, 18	—	14,00	—	8,10
I, 21	—	14,60	—	12,80
I, 22	—	12,00	—	—
I, 24	—	19,00	—	20,70
I, 25	—	—	—	14,30
II, 7	—	14,20	—	—
I, 27	—	—	14,30	10,20
I, 32	—	—	16,30	—
I, 33	—	—	15,30	—
I, 35	—	—	12,30	—
I, 36	—	—	13,20	—
II, 10	—	—	14,70	13,20
II, 11	—	—	12,40	15,00
zusammen:	239,40	90,80	98,50	215,10
im Durchschnitt:	15	6	7	17
=	16,00	15,00	14,10	12,70

Mark

Auch hier zeigt die Durchschnittsausrechnung, daß die Baukosten der Schulhäuser für 1 cbm des umbauten Raumes mit der zunehmenden Größe des Schulhauses abnehmen. Die Kosten der Turnhallen schwanken zwischen 8,10 und 21,90 Mark und betragen im Mittel für 1 cbm des umbauten Raumes 12,70 Mark. Die Kosten für Herstellung der Bedürfnisanstalten, einschließlich des inneren Ausbaues mit Anschluß an Schwemmkanäle, sind im Durchschnitt auf 35 Mark für 1 cbm des umbauten Raumes zu schätzen.

Als Anhalt für den Vergleich der Herstellungskosten verschiedener Heizungssysteme werden die Aufzeichnungen mitgeteilt, die seitens der preußischen Staatsbauverwaltung für die in den Jahren 1896.–97 ausgeführten Volksschulhäuser gegeben sind[4]).

zu S. 25.

Neuere Heizungs- und Lüftungsanlagen in ftädtifchen Schulen zu Frankfurt a. M.

1.	2.	3.	4.	5.	6.			7.	8.	9.			10.
Lauf. Nr.	Gebäude und Art der Heizung.	Inhalt der geheizten Räume	Anlagekoften	Anlagekoften für je 100 cbm geheizten Raumes	Ausgaben für Brennftoff in einem Winter			Heizerlohn für 200 Tage zu 3,25 Mark in Jahre	Anlage kosten	Gefamtkoften des Betriebes für			Betriebskoften für je 100 cbm Heizraum
					1899/1900	1900/1901	1901/1902			1899/1900	1900/1901	1901/1902	Winter 1901/02
	Mitteldruck-Wafferheizung												
1	Allerheiligenfchule	4 010	14 113,74	306,15	1216,00	2388,00	1136,00	650	99,40	1065,70	3137,70	2185,70	16,40
2	Breulauofchule	9 029	23 010,00	254,95	2072,00	3143,00	1017,00	650	176,40	2898,90	3960,90	2743,70	30,38
3	Fürftenbergerfchule	7 020	19 624,00	279,54	2011,00	3083,42	1728,00	650	81,40	2773,10	1444,02	2489,50	35,46
4	Ofinderodefchule	9 555	22 057,06	240,16	erft 1 Jahr in Betrieb	2416,84		650	54,40			3121,22	32,07
5	Hüklerlinfchule	2 935	12 140,46	411,16	« 1 » »		917,90	650	54,40			1621,61	54,13
6	Merianfchule	4 000												
7	Poftalozzifchule	6 150			1704,50	1808,53	1185,91	650	70,50	2431,00	2535,75	2206,74	17,05	38,70
8	Sachfenhaufener Realfchule	11 651	35 198,45	306,47	2141,00	4520,73	2527,00	650	145,45	2034,40	5322,07	3299,40	53,05
9	Schwarzburgfchule	9 354	22 158,90	236,80	erft 1 Jahr in Betrieb			650	63,45			3015,11	25,00
10	Varrehtrappfchule	8 010	20 103,44	240,70	3484,70	1945,17		650	112,45		4247,35	2707,82	28,97
11	Weftendfchule	8 111	21 761,19	268,10	2560,60	4461,64	2228,05	650	101,40	3401,04	5305,05	3069,05	38,17
					erft 1 Jahr in Betrieb		1713,82	650	60,40			2153,22	30,51
	Niederdruck-Dampfheizung												
1	Bonifatiusfchule	10 775	21 221,04	196,05	noch nicht in Betrieb			650	—				
*2	Bornheimer Mittelfchule	9 852 (einfchl. Turnhalle)	16 200,82	165,40	» » »			650	—				
3	Dreikönigsfchule	3 511	10 027,04	283,70	» » »			650	—				
4	Frankenfteinerfchule	8 072	35 000,60	417,06	2725,04	4159,90	2988,72	650	80,45	3465,49	4808,90	3728,42	44,52
5	Feuerwache Weftend	4 474	9 430,40	107,71	noch nicht in Betrieb	1375,00		650	—			1375,00	30,73
*6	Glaubergfchule	7 035 (einfchl. Turnhalle)	32 356,10	423,78	2021,68	7504,31	2121,07	650	110,45	2781,85	4264,70	2881,82	37,75
7	Goethegymnafium	11 300	21 550,70	190,70	2739,34	1728,09	2213,01	650	128,45	4017,40	3006,18	3572,14	31,61	34,01
*8	Gutleutfchule	10 610 (einfchl. Turnhalle)	22 515,13	212,11	2335,80	1888,01	1904,08	650	235,40	3221,24	1773,68	2884,04	27,13
9	Karmelitterfchule	10 016	18 175,00	181,46	noch nicht in Betrieb			650	—				
*10	Leffinggymnafium	19 712 (einfchl. Turnhalle)	30 853,95	156,52	» » »			650	—				
*11	Mufterfchule	19 820 (einfchl. Turnhalle)	28 980,14	145,60	1949,34	3730,81	2185,17	650	73,40			3212,12	16,55
12	Wallfchule	9 966	18 043,07	181,40	erft 1 Jahr in Betrieb	2259,60		650	70,70			2170,72	30,83
13	Willemerfchule	8 372	35 000,60	417,06	2426,90	3071,27	2196,00	650	181,45	3188,05	4733,90	3157,75	37,75
	Gasheizung												
1	Uhlandfchule	7 983	15 282,00	191,15	3488,14	3003,09	1822,00	102 Kub.-Mtr.	117,50 Mark	3904,28	1370,07	1999,00	53,10

Anmerkung: Die Turnhallen der mit einem * bezeichneten Schulen werden von der Sammelheizung, die anderen durch Einzelöfen geheizt. — In den Schulen mit Waffer- und Dampfheizung wird nur Gaskoks gefeuert.

Mittlere Monats-Temperaturen (Grad C.)								Mittlere Winter-Temperaturen (1. Oktober-Mai)		Preife für 50 Kilogr.	
Jahr	Oktober	November	Dezember	Januar	Februar	März	April	Jahr	°C.	Jahr	Gaskoks
1899/1900	+ 9,0	+ 7,0	1,0	+ 3,0	+ 3,7	+ 3,0	+ 9,5	1899/1900	4,87	1899/1900	1,90
1900/1901	+ 10,0	+ 6,1	3,0	2,2	2,1	+ 4,5	+ 10,4	1900/1901	4,5	1900/1901	2,00
1901/1902	+ 9,0	+ 1,2	+ 2,0	+ 1,0	+ 1,5	+ 6,1	+ 11,1	1901/1902	5,21	1901/1902	1,25

Obige Temperaturangaben find den Aufzeichnungen des Phyfikalifchen Vereins entnommen.

Heizfyftem	Herftellungskoften für je 100 cbm beheizten Raumes	
	niedrigfter Preis	höchfter
Kachelofen	114,50	177,90
Eiferner Regulierfüllofen	80,00	150,00
Irifcher Dauerbrandofen	89,40	
Gasofen	187,80	
Heißwafferheizung	220,60	380,70
Hochdruckdampfheizung	109,40	
Mitteldruckwafferheizung	384,00	
Niederdruckwafferheizung	434,90	539,80
Niederdruckdampfheizung	294,70	325,80
	Mark	

Ferner werden nebenftehend die Herftellungs- und Betriebskoften der in einigen ftädtifchen Schulen zu Frankfurt a. M. vorhandenen neueren Heizfyfteme in tabellarifcher Form mitgeteilt; zu den Betriebskoften wird bemerkt, daß die Lufterneuerung auf etwa das $2^1/_2$-fache des beheizten Raumes für die Stunde eingerichtet ift. Die Verzinfung und Amortifation der Anlagekoften ift in der Betriebskoftenberechnung nicht berückfichtigt.

Die Einrichtungskoften des Schulhaufes find ebenfowenig wie die Baukoften auch nur mit einiger Sicherheit zu beziffern, weil fie abhängig find von der Zahl und Art der Nebenräume, die, wie früher erwähnt, den Schulen in überaus verfchiedener Weife beigegeben werden, und weil fie auch in den Klaffen je nach Zahl der Schüler und Art des Geftühls überaus verfchieden find.

<small>32. Einrichtungskoften.</small>

Unter der Annahme, daß in der Klaffe 60 Kinder auf zweifitzigem feftem Geftühl unterrichtet werden, find die Einrichtungskoften einer Klaffe auf etwa 900 Mark zu fchätzen.

Die Koften für Befchaffung der Turngeräte betragen im Durchfchnitt etwa 3000 Mark für eine Turnhalle.

2. Kapitel.
Klaffen.

a) Raumbemeffung und Geftaltung.

Die Raumbemeffung und Geftaltung der Klaffe ift abhängig von der Schülerzahl, von der Art des Unterrichtes, von der Form des zu verwendenden Geftühls und von der Erhellung.

<small>33. Räumliche Anforderung.</small>

Infofern der Unterricht in der Klaffe ein einheitlicher ift, dürfen bei Bemeffung des Raumes die Grenzen nicht überfchritten werden, innerhalb deren die Kinder von der hinterften Bank die Aufzeichnungen an der neben dem Lehrerfitz ftehenden Wandtafel deutlich erkennen, bezw. innerhalb deren die Lehrer, ohne ihre Stimme auf die Dauer übermäfsig anzuftrengen, fich verftändlich machen können.

Die durchfchnittliche normale Sehweite der Kinder ift auf etwa 8 m und die zuläffige Sprechweite für den Lehrer, welche nur bei großen Hörfälen überfchritten wird, auf etwa 10 m anzunehmen.

Die Rückficht hierauf kommt in Fortfall, wenn eine größere Kinderzahl, wie dies befonders in England und Holland gebräuchlich ift, von mehreren Lehrern in einer Klaffe gleichzeitig unterrichtet wird.

Über die größte Schülerzahl, die in einer einheitlich unterrichteten Klaffe untergebracht werden darf, beftehen in den verfchiedenen Ländern verfchiedene Vorfchriften, deren ftrenge Einhaltung jedoch durch die Verhältniffe vielfach erfchwert und unmöglich gemacht wird.

Für ländliche Schulen ift in Preußen durch Minifterial-Erlaß vom 25. November 1895 beftimmt, daß einklaffige Schulen nicht über 80, mehrklaffige Schulen in jeder Klaffe nicht über 70 Schüler enthalten dürfen. Im allgemeinen werden in Deutfchland in den Bürger- oder Volksfchulen für jede Klaffe durchfchnittlich 60, in den Mittelfchulen 50 Kinder die gebräuchlichen Zahlen darftellen. In den in Art. 3 (S. 6) genannten Hilfsfchulen für fchwachbefähigte Kinder ift die Schülerzahl geringer und überfteigt in der Regel für jede Klaffe die Zahl von 24 nicht.

In den höheren Schulen verbietet fich eine große Schülerzahl aus pädagogifchen Rückfichten, weil der Lehrer außer ftande fein würde, den Unterricht fo, wie dies wünfchenswert ift, nach der Eigenart des einzelnen Kindes zu erteilen und in befriedigender Weife zu fördern.

Der Flächenraum jeder Klaffe fetzt fich zufammen aus dem Raume, der erforderlich ift für das Unterbringen des Lehrers und der Schulkinder, der Möbel, der erforderlichen Zwifchengänge und, foweit keine Sammelheizung befteht, auch der Heizvorrichtung.

Für die Aufnahme des Lehrerfitzes und der für Unterrichtszwecke nötigen Möbel, wie Klaffenfchrank, Wandtafel, Papierkorb u. a. m., fowie des etwa aufzuftellenden Ofens ift die Tiefe der Klaffe auf eine Länge von 2 m zu rechnen.

Das Schulgeftühl — Schulbänke, Banktifche oder Subfellien — müffen fich den verfchiedenen Körpergrößen der Kinder anpaffen und zu diefem Zwecke in verfchiedenen Maßabftufungen (Gruppen) angefertigt werden. Unter Zugrundelegung der fpäter mitzuteilenden Maßtabelle von *Spieß* würde die Abftufung beifpielsweife in 9 verfchiedenen Gruppen erfolgen, und es würden je 3 Gruppen in gleicher Anzahl in jede Klaffe einzuftellen fein; die Sitzgröße würde für jedes Kind in der Länge des Geftühls zwifchen 50 und 60 cm, in der Tiefe, Bank und Tifch zufammengerechnet, zwifchen 68 und 92 cm, im Mittel alfo 55, bezw. 80 cm betragen.

Der Gangraum ift davon abhängig, ob jedes Kind feinen befonderen Sitz erhält oder ob die Kinder auf zwei-, drei-, vier- oder mehrfitzigem Geftühl Platz finden, bezw. davon, in wie viele Reihen, parallel zur Fenfterwand, das Geftühl geftellt wird. Die Breite der Gänge zwifchen zwei- und mehrfitzigem Geftühl muß fo groß fein, daß zwei Kinder aneinander vorbeigehen können, alfo etwa 60 cm. Eine etwas geringere Breite (etwa 50 cm) genügt für den Gang zwifchen einfitzigem Geftühl und ebenfo für den Gang zwifchen dem Geftühl und der Fenfterwand, bezw. der Rückwand, für letzteren unter der Vorausfetzung, daß die Rückwand der Klaffe nicht, wie dies bisweilen der Fall ift, zur Aufnahme der Überkleider und Kopfbedeckungen (als Kleiderablage) der Kinder benutzt wird. Soll eine folche Benutzung ftattfinden, fo ift eine Verbreiterung diefes Ganges auf 1,20 bis 1,40 m notwendig. In gleicher Weife muß der Raum zwifchen dem Geftühl und der Gangwand, deffen Breite für den Verkehr der Kinder beim Betreten und Verlaffen der Klaffe ungefähr 1,00 m betragen follte, auf mindeftens 1,20 m bemeffen werden, wenn etwa die Gangwand als Kleiderablage dient.

Stellt man diese Maße in Rechnung, und zwar für die Rückwand mit 50 cm und für die Gangwand mit 1 m, so ergeben sich auf Grund der Skizzen in Fig. 5 bis 9 für eine Klasse von 60 Schülern im Mittel folgende Abmessungen:

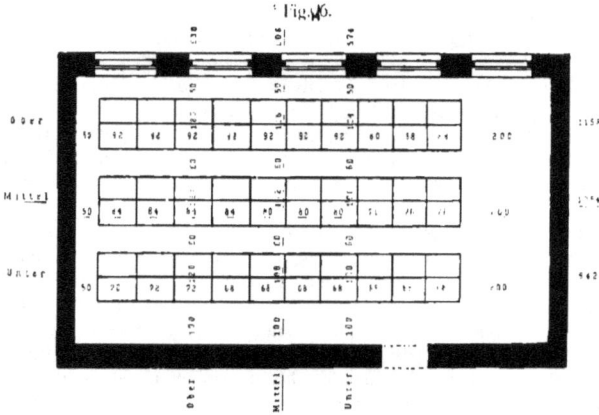

Fig. 5.

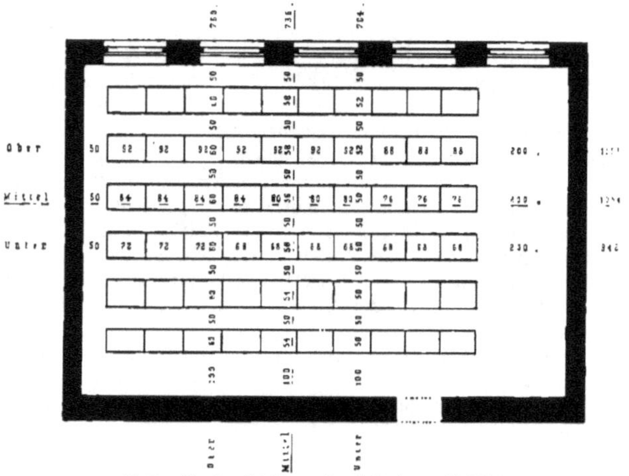

Klasse für 60 Schüler mit einsitzigem Gestühl.

Fig. 6.

Klasse für 60 Schüler mit zweisitzigem Gestühl.

Einsitziges Gestühl in 6 Reihen (Fig. 5): 10,54 m Länge und 7,06 m Tiefe;
Zweisitziges Gestühl in 3 Reihen (Fig. 6): 10,54 m Länge und 6,06 m Tiefe;
Dreisitziges Gestühl in 2 Reihen (Fig. 7): 10,54 m Länge und 5,46 m Tiefe;
Viersitziges Gestühl in 2 Reihen (Fig. 8): 8,04 m Länge und 6,66 m Tiefe;
Fünfsitziges Gestühl in 2 Reihen (Fig. 9): 7,50 m Länge und 7,50 m Tiefe.

Je nachdem die Klaſſen zur Benutzung für kleinere oder größere Schulkinder beſtimmt ſind und demgemäß die kleineren oder größeren Geſtühlsgruppen verwendet werden müſſen, ſind alſo die Abmeſſungen der Klaſſen, auch bei gleicher

Fig. 7.

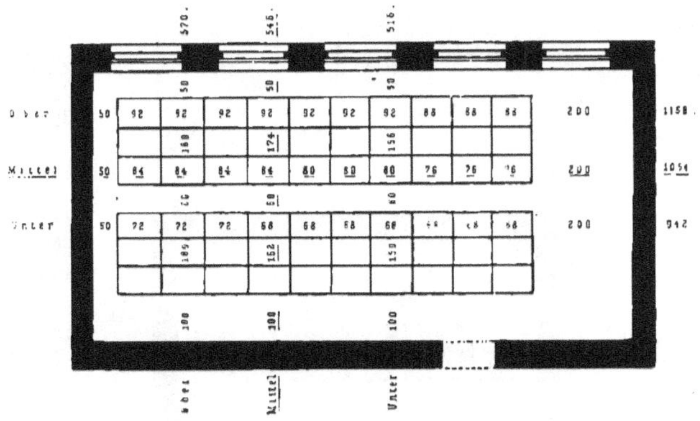

Klaſſe für 60 Schüler mit dreiſitzigem Geſtühl.

Fig. 8.

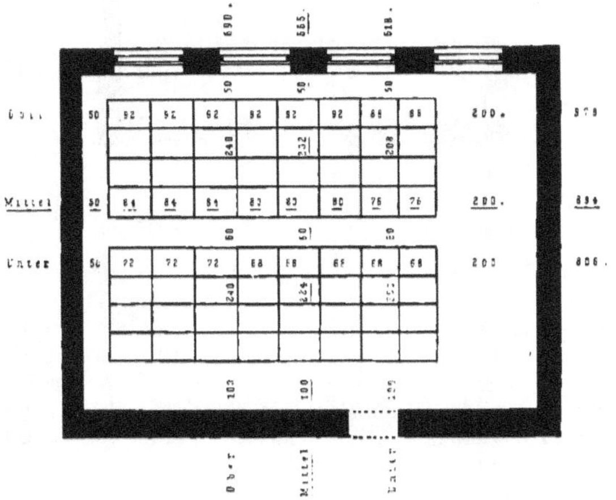

Klaſſe für 64 Schüler mit vierſitzigem Geſtühl.
¹/₁₂₅ w. Gr.

Schülerzahl, ſehr verſchieden. Fig. 5 bis 9 veranſchaulichen dieſe Unterſchiede; auch iſt zu beſſerer Überſicht eine Tabelle beigegeben, welche die Unter-, Mittel- und Oberwerte der Klaſſen-Abmeſſungen beziffert; die Mittelwerte ſind durch die unterſtrichenen Zahlen bezeichnet.

Zahl der Schulkinder	Art des Geftühls	Reihenzahl	Länge der Klaffe			Tiefe der Klaffe			Lichte Höhe der Klaffe	Flächenraum für jedes Kind im Durchfchnittl	Luftraum
			Unter-	Mittel-	Ober-	Unter-	Mittel-	Ober-			
				Klaffen			Klaffen				
60	einfitzig	6	9,42	10,54	11,58	7,04	7,36	7,60	4	1,20	5,16
60	zweifitzig ...	3	9,42	10,54	11,58	5,74	6,06	6,30	4	1,06	4,24
60	dreifitzig ...	2	9,42	10,54	11,58	5,16	5,46	5,70	4	0,96	3,84
64	vierfitzig ...	2	8,06	8,04	9,78	6,18	6,06	6,90	4	0,93	3,72
60	fünffitzig ...	2	6,66	7,30	7,04	7,20	7,80	8,10	4	0,95	3,80
						Meter				Quadr.-M.	Kub.-Met

Fig. 9.

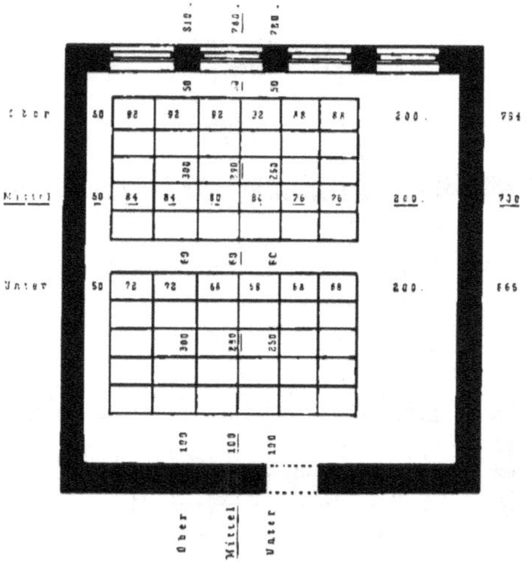

Klaffe für 60 Schüler mit fünffitzigem Geftühl.

Bei Feftftellung des Grundriffes eines größeren Schulhaufes, in dem die Schulräume in mehreren Gefchoffen übereinander liegen, muß deshalb forgfam erwogen werden, inwieweit in den Oberklaffen, deren Abmeffungen für die in den unteren Gefchoffen liegenden Klaffen beftimmend werden, erfahrungsgemäß eine Verminderung der für die Unterklaffen normalen Schülerzahl eintritt, die es zuläffig macht, die Längen der Oberklaffen einzufchränken und auf diefe Weife eine zweckloſe Raumverfchwendung in den Unterklaffen zu vermeiden; für die Bemeffung der Tiefe ift die Verminderung der Mauerftärken in den Obergefchoffen zu berückfichtigen. Es würde zweckmäßig fein, die Grundrißgeftaltung der Klaffen in zwei verfchiedenen Größen vorzufehen, um die beträchtlichen Verfchiedenheiten des Raumbedarfes einigermaßen auszugleichen; jedoch hiermit ift für die Verwaltung der Nachteil verknüpft, die Klaffen nicht nach den Erforderniffen des Unterrichtes benutzen zu können; deshalb wird in der Regel auf die Verfchiedenheit der Abmeffungen verzichtet und die Raumverfchwendung, die ohnehin den gefundheitlichen Verhältniffen zum Nutzen ift, in den Kauf genommen.

Infofern die Länge oder die Tiefe der Klaffe, wie dies z. B. der Fall ift, wenn letztere 60 Schüler und noch mehr aufnehmen foll, bei ein-, zwei- und dreifitzigem Geftühl eine übergroße wird, ift auf eine mehrfitzige Anordnung Bedacht zu nehmen.

Für ländliche Schulen in Preußen find die größten Klaffenmaße durch den mehrgenannten Minifterial-Erlaß vom 15. November 1895 auf 9,75 $\times$ 6,50 m beftimmt; Abmeffungen von 11 m Länge und 7 m Tiefe follten unter keinen Umftänden überfchritten werden; letzteres Maß ift ohnehin, wie fpäter noch erörtert werden wird, nur bei fehr günftigen Lichtverhältniffen überhaupt zuläffig.

34. Grundform. Je nachdem die Länge des Schulzimmers feine Tiefe überfteigt, bezw. der letzteren annähernd gleich kommt oder von ihr übertroffen wird, unterfcheidet man Langklaffen, Quadratklaffen und Tiefklaffen.

Die Langklaffen (Fig. 5 bis 7), bei denen die Länge zur Tiefe im Verhältnis von ungefähr 3 : 2 ftehen follte, find wegen der befferen Erhellung den anderen bei weitem vorzuziehen; Quadratklaffen follten nur für eine geringere Schülerzahl verwendet, Tiefklaffen, foweit irgend möglich, vermieden werden.

35. Flächen- und Luftraum. Aus den Abmeffungen ergibt fich zugleich der auf jedes Schulkind, im Durchfchnitt der Gefamtfläche der Klaffe, entfallende Flächenraum und, unter Berückfichtigung der lichten Höhe des Zimmers, der Luftraum. Die betreffenden Zahlen find der umftehenden Tabelle hinzugefügt; fie vergrößern fich naturgemäß bei Anwendung ein- und zweifitzigen Geftühls beträchtlich, und es folgt daraus, daß derartiges Geftühl bei größerer Schülerzahl überhaupt unverwendbar ift. Es ift deshalb auch einfitziges Geftühl, von amerikanifchen und fchwedifchen Schulen abgefehen, für Schulzwecke nicht gebräuchlich. Dagegen wird in den meiften Ländern, und befonders in Deutfchland, für die Lehrklaffen der höheren und auch der niederen Schulen, mit einer Schülerzahl bis zu 60, in der Regel zweifitziges Geftühl verwendet, während für die Lehrklaffen der Volksfchulen mit Schülerzahlen bis zu 80 drei-, vier- und fünffitziges Geftühl im Gebrauche ift.

Der Flächenraum, welcher jedem Schulkind in der Klaffe mindeftens gewährt werden foll, ift vielfach durch gefetzliche Vorfchriften beftimmt, z. B. in Baden und Heffen auf 0,80 qm; in Preußen auf 0,85 qm, für Dorffchulen ausnahmsweife 0,60 qm; für die Londoner Stadtfchulen auf 0,90 qm; für die Parifer Stadtfchulen feit 1895 (bei Feftfetzung der Höchftzahl der Schüler in jeder Klaffe auf 50) 1 qm; für holländifche Schulen auf 0,10 qm; dagegen werden in der Schweiz 1,50 qm beanfprucht.

Ebenfo ift die geringfte Höhe der Klaffen z. B. für ländliche Schulen in Preußen auf 3,20 m, vorgefchrieben; diefelbe wird jedoch in der Ausführung meift größer, und zwar gewöhnlich auf 4 m bemeffen.

Der Luftraum für jedes Schulkind berechnet fich danach auf 3 bis 4 cbm; Abweichungen kommen natürlich auch hier vor; fo werden z. B. in der Schweiz, dem größeren Flächenraum entfprechend, 0,5 cbm verlangt.

Es mag hier erwähnt werden, daß in einer durch örtliche Heizung erwärmten Klaffe, weil das Geftühl dem Ofen nicht zu nahe ftehen darf, 2 bis 3 Sitzplätze verloren gehen, fobald der Ofen nicht an der Gangwand neben dem Lehrerfitz feinen Platz finden kann, fondern in einer anderen Ecke aufgeftellt werden muß.

b) Tagesbeleuchtung.

36. Anordnung der Fenfter. Als Hauptregel für die Anordnung der Fenfter ift aufzuftellen, daß das Licht dem Schulzimmer nur von einer Seite, und zwar nur fo zugeführt werden darf, daß die Kinder das Licht von der linken Seite erhalten.

In außerdeutfchen Ländern, z. B. in Amerika, England und Holland, finden gegen diefe Regel noch vielfache Abweichungen ftatt, indem die Klaffen zweifeitig, und zwar rechtwinkelig oder einander gegenüber stehend gestellte Fenster erhalten; doch muß eine solche Anordnung bestenfalls als ein Notbehelf bezeichnet werden, sobald es eben unmöglich ist, der Klasse von der linken Seite genügendes Licht zuzuführen.

In Belgien und Frankreich ist es gebräuchlich, die Klassen auch gegen den Flurgang, also parallel der Frontwand, mit hoch liegenden Fenstern zu versehen; letztere haben dann aber meist die untergeordnete Bedeutung, den Klassen vom Gang ein zerstreutes Licht zuzuführen oder zur Erhellung der Gänge, bezw. zu besserer Lüftung der Klassen beizutragen, und sind deshalb in keiner Weise zu beanstanden.

Vielfach ist der Vorschlag gemacht worden, die Klassen ausschließlich mit Deckenlicht zu erhellen. Die Dächer sollen in Form der Sheddächer konstruiert sein, um ein durchaus ruhiges, gleichmäßiges Licht zu gewährleisten; zugleich soll hiermit die Ablenkung vermieden werden, welche den Kindern durch den Ausblick aus seitlichen Fenstern erwächst. Es fehlt nicht an erfinderischen Gedanken, wie die Nachteile gemindert werden könnten, die aus der Notwendigkeit, alle Schulzimmer im Erdgeschoß anzulegen, hergeleitet werden müssen. Man hat z. B. vorgeschlagen, sämtliche ebenerdige Schulzimmer um einen großen Mittelraum zu vereinigen, der als Kleiderablage, als bedeckter Spielplatz oder als Turnhalle zu verwenden wäre und im Obergeschoß für einige Verwaltungszimmer und für einen Festsaal (Aula) Platz bieten könnte. Wir glauben jedoch, daß diese Anordnung der Gewohnheit so sehr widerstreitet, daß sie, wenigstens für größere Schulen, keine Aussicht auf Verwirklichung hat, zumal Raumbedarf und Kosten einer solchen Bauausführung, im Vergleich zu einer mehrgeschossigen Anlage, sich beträchtlich höher stellen und die erstrebten Vorteile, abgesehen natürlich von der ebenerdigen Lage sämtlicher Schulzimmer, auch in anderer Weise erreicht werden können. Zur Zeit wird Deckenlicht in den Schulen nur für die Erhellung von Fluren, Gängen und untergeordneten Räumen angewendet.

Die dem Schulzimmer zuzuführende Lichtmenge wird schwerlich eine übergroße werden können, weil die Kinder auf mehreren, der Fensterwand parallel stehenden Sitzreihen Platz finden, die Kinder auf der letzten Reihe also schon in einem beträchtlichen Abstande von den Fenstern sitzen müssen. Es ist deshalb als Regel aufzustellen, daß die Fenster auf der ganzen Längswand der Klasse, in gleichmäßiger Verteilung, so breit, wie es die konstruktiven Rücksichten gestatten,

37. Größe und Form der Fenster.

Fig. 10.

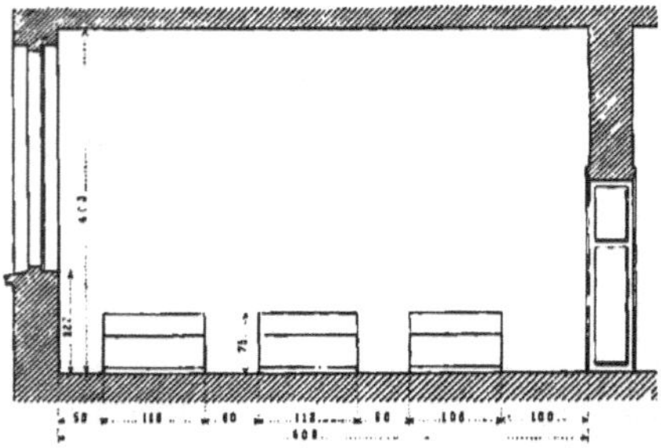

Querschnitt durch eine Klasse.
$^1/_{100}$ w. Gr.

und so hoch wie möglich unter die Decke heraufreichend angelegt werden.

In verschiedenen Ländern ist die Höhe und Größe der Fenster oder das Verhältnis der Fensterfläche zur Bodenfläche der Klasse, bezw. zur Kinderzahl in letzterer durch Verordnungen bestimmt.

Die Breite der Fensterpfeiler darf nach preußischer und badischer Vorschrift das Maß von 1,20 m, nach anderer Vorschrift von 1,30 m nicht überschreiten; die Höhe vom Fußboden bis zur Fensteroberkante soll in amerikanischen und französischen Schulen mindestens $2/3$ der Klassentiefe, in englischen Schulen mindestens 4,00 m betragen. Die Höhe der Fensterbrüstungen ist in Preußen auf mindestens 1,00 m, in Amerika auf 1,06 m, in Holland auf 1,80 m und in Frankreich auf 1,50 m vorgeschrieben.

Nach badischer und österreichischer Vorschrift soll ferner die Gesamtfläche der lichten Fensteröffnungen mindestens $1/6$, bei anderweitig beeinträchtigten Lichtverhältnissen mindestens $1/4$, nach preußischer Vorschrift mindestens $1/5$ der Grundfläche des Schulzimmers betragen; im Durchschnitt sollte das Maß von $1/5$ nicht unterschritten werden. Anderenorts ist bestimmt, daß für jedes Kind mindestens 0,15 qm Fensterfläche vorhanden sein sollen.

Die obere Begrenzung der Fensteröffnungen soll, um die lichteinlassende Fläche nicht an der wirksamsten Stelle zu beschränken, wagrecht oder flachbogig geschlossen sein; rund- und spitzbogige Fenster sind aus dieser Erwägung minder zweckmäßig. Der Fenstersturz soll der Decke so nahe liegen, wie die bauliche Konstruktion irgend gestattet; es empfiehlt sich, die Fensteröffnungen durch Abschrägung der Leibungen nach innen zu erweitern. Als angemessene Durchschnittshöhe für die Fensterbrüstungen ist ein Maß von 1,20 m zu bezeichnen.

Im Notfalle, besonders wenn einzelne Klassenfenster durch gegenüberstehende Gebäude verdunkelt sind, können die Lichtverhältnisse durch Anwendung von Prismenscheiben oder durch Anbringen von Reflektoren vor den Fenstern verbessert werden.

38. Konstruktion der Fenster. Die Fenster selbst sind möglichst dicht schließend und solide, in Holz mit eisernen Sprossen, herzustellen. Eiserne Fenster sind zugfrei kaum auszuführen; auch ist die Rostbildung infolge des starken Schwitzwasserablaufes um so schwieriger zu verhüten.

Die Fenster werden als Flügelfenster mit oder ohne Mittelpfosten, als Klappfenster, mit zwei oder mehreren wagrechten Drehachsen, und als Schiebefenster konstruiert; doch ist die erstere Anordnung in Deutschland bei weitem die gebräuchlichste. Schiebefenster sind in der Regel so angeordnet, daß die untere Hälfte herauf- und die obere hinunter heruntergeht.

Die Anwendung von Vorfenstern (Doppel- oder Winterfenster) erscheint bei gemäßigten klimatischen Verhältnissen nicht ratsam, weil sie die Erhellung und die zufällige Lüftung der Klassen beeinträchtigen; auch ist die Handhabung der doppelten Fenster, das Reinhalten, das Entfernen der Vorfenster zur Sommerzeit und ihr Wiedereinsetzen zur Winterzeit mühsam und kostspielig, letzteres besonders deshalb, weil die Verglasung bei dem jährlich zweimal notwendigen Transport der Fenster gefährdet wird.

Allerdings erwächst bei Anwendung einer einfachen Verglasung der Nachteil, daß die an der Glasfläche sich abkühlende und herunterfinkende Luft von den in der Nähe der Fensterwand sitzenden Kindern als Zugluft empfunden wird, und daß kleine Undichtigkeiten der Fenster, die infolge von Abnutzung oder mangelhafter Herstellung nicht zu vermeiden sind, eine Belästigung hervorrufen; zur Vermeidung des ersteren Übelstandes sind die Fenster bisweilen mit doppelter Verglasung ausgeführt worden.

Andererseits besteht ein Vorteil der Doppelfenster darin, daß sie den Straßenlärm besser zurückhalten und für die Beheizung der Klassen eine Ersparnis an Brennstoff ermöglichen. Sollen nach Abwägung dieser Nachteile und Vorzüge Doppelfenster angebracht werden, so ist jedenfalls auf eine besonders kräftige Lüftung der Klassen Bedacht zu nehmen.

Das zur Verglasung benutzte Glas darf zur Vermeidung störender Spiegelung nicht gewellt oder gerippt sein. Soll in besonderen Fällen, z. B. in Klassen im Erdgeschoß, der Ausblick verhütet werden, so können die unteren Scheiben aus ebenem undurchsichtigem Glase hergestellt werden.

Die Fenster sind mit zweckmäßigen Vorkehrungen zur Ableitung des Schwitzwassers und zur Feststellung der Fensterflügel in geöffnetem Zustande zu versehen.

Zur schnellen Erzielung eines kräftigen Luftwechsels in der Klasse, namentlich während der Zwischenpausen, ist das Öffnen der Fenster das einfachste und beste Mittel. Um diese Lüftung in möglichst zugfreier Weise und mit geringster Belästigung der den Fenstern nahe sitzenden Kinder auch während der Unterrichtszeit zu bewirken, empfiehlt es sich, einzelne Scheiben der Fenster beweglich zu machen. Zu diesem Zwecke werden entweder die Oberflügel drehbar hergestellt, oder einzelne Scheiben der Fenster werden in jalousieförmiger Teilung zum Öffnen eingerichtet. Es ist zweckmäßig, den gesamten Bewegungsmechanismus, dessen Haltbarkeit stark beansprucht wird, so dauerhaft wie möglich in Eisen herzustellen; namentlich ist die Anwendung von Zugschnüren tunlichst einzuschränken.

Als Schutz gegen das Sonnenlicht sind im Inneren der Klasse weiße oder hellgelbe leinene Zugvorhänge anzubringen, welche die Fensterleibungen an jeder Seite um einige Centimeter überdecken und zweckmäßig an zwei seitlichen Schnüren in Ringen geführt werden; eine zweifache Zugvorkehrung, welche es ermöglicht, auch den oberen Teil des Fensters durch Herablassen des Vorhanges frei zu machen, ist empfehlenswert. In Preußen ist für die Vorhänge weißer feinfädiger Shirting oder hellgelber Köper vorgeschrieben.

39. Schutz gegen Sonnenlicht und Sonnenwärme.

Neben diesen inneren Vorhängen sind für die nach Süden oder Westen gerichteten Fenster zur Abhaltung der Sonnenwärme noch äußere Schutzvorkehrungen unentbehrlich, obwohl diese die Erhellung der Klasse wesentlich beeinträchtigen und große Anschaffungs- und Unterhaltungskosten verursachen. Am besten geeignet würden wohl leinene, in ihrem unteren Teile glockenförmig herausstellbare Markisen sein, weil sie die Sonnenstrahlen vollständig zurückhalten und doch dem Licht den Zutritt gewähren. Derartige Markisen sind jedoch dem Einflusse des Windes allzusehr preisgegeben und deshalb noch mehr als andere Einrichtungen einer kostspieligen Abnutzung unterworfen.

Haltbarer sind die aus schmalen hölzernen Brettchen auf Stahlbändern oder Kettchen angefertigten Jalousien; sie haben aber den Nachteil, daß sie die Klassen erheblich verdunkeln und bei teilweisem Öffnen, mittels Schrägstellen der Brettchen, ein unruhiges Licht geben, das den Augen nachteilig werden kann. Aus letzterer Erwägung ist eine gelbe Farbe für solche Jalousien jedenfalls zu vermeiden, dagegen eine graue oder grüne Farbe zu wählen.

In badischen Schulen sind hölzerne Rolläden, welche mit Schlitzen und Ausstellvorrichtung versehen sind, mit Nutzen verwendet worden. — In österreichischen Schulen sind Vorsteller im Gebrauch, die sich, nach Art der Fenster im Eisenbahnwagen, im Inneren von unten nach oben bewegen; das Eindringen der Sonnenwärme wird durch eine solche Schutzvorkehrung allerdings nicht wesentlich verhindert.

Nach unserem Urteil erscheinen äußere glatte Leinenvorhänge empfehlenswert, die beiderseits in Messingringen an eisernen Stangen geführt, in Falten aufwärts gezogen und oben hinter einem Schutzblech geborgen werden. Im Herbst und Winter sollten derartige äußere Vorhänge nebst den Schutzblechen, um die Verdunkelung der Klassen und die starke Abnutzung der Vorhänge zu verhüten, stets abgenommen und erst zum Sommer, nach vorher stattgehabter Ausbesserung und Reinigung, wieder aufgemacht werden.

c) Abendbeleuchtung.

10. Beleuchtung der Schulzimmer. Die Ausdehnung, die der Abendbeleuchtung für die Schulzimmer gegeben werden muß, ist von der Art und Zeit des Unterrichtes abhängig. In Volksschulen kleineren Umfanges, ebenso in Schulen, die keinen Nachmittagsunterricht haben, kann auf Abendbeleuchtung ganz verzichtet werden. In größeren Schulen mit Nachmittagsunterricht ist es dagegen notwendig, wenigstens teilweise die Klassen mit Abendbeleuchtung zu versehen, weil es nicht möglich ist, den Unterricht so zu verteilen, daß während der letzten Nachmittagsstunde in allen Klassen ohne Licht ausgereicht werden kann.

Häufig werden zu diesem Zwecke einfache Gaslampen oder elektrische Glühlampen verwendet, die in angemessener Verteilung über den einzelnen Gestühlreihen so angebracht sind, daß die Kinder das Licht von der linken Seite erhalten; die Höhe der Lampen über dem Fußboden ist auf etwa 2^m anzunehmen; die Lampen selbst sind mit Schirmen von dunkelgrünem Papier oder Blech zu bedecken.

Um die Nachteile zu vermeiden, welche mit dem Anbringen vieler Einzellampen in der Klasse verbunden sind, kann die Anzahl der Lampen bei Verwendung von Reflektoren und beträchtlicher Erhöhung der Lichtstärke der Lampen auf etwa 5 eingeschränkt werden; das Aufhängen der Lampen erfolgt dann in etwa 3^m Höhe über dem Fußboden. Hierbei ist jedoch die Lichtwirkung der Lampen dahin zu bemessen, daß auf der unrichtigen Seite kein Schlagschatten entsteht; auch muß bei Anwendung von Regenerativgasbrennern für Ableitung der Verbrennungsgase durch besondere Rauchrohre gesorgt werden.

Zweckmäßig ist es, Gas- oder elektrische Leitung vorsorglich in alle Klassen einzuführen, um die Beleuchtung, falls sich später das Bedürfnis dazu erweisen sollte, ohne bauliche Veränderung zu ermöglichen, ferner in jeder Klasse wenigstens eine Flamme anzubringen, die dem Schuldiener bei der Reinigung des Zimmers und bei der Versorgung der Lüftungs- und Heizungsanlage dienen kann und das Mitführen von Handlampen entbehrlich macht, die leicht Gefahr und Verunreinigung verursachen.

In Paris sind erfolgreiche Versuche gemacht worden, die Klassen durch elektrisches Bogenlicht zu beleuchten. Die Lampe wird 3^m über dem Fußboden angebracht und das Licht durch einen nach oben geöffneten, vernickelten Reflektor gegen die Decke und gegen den oberen Teil der Wände geworfen.

Ähnliche Versuche sind im Auftrage des bayrischen Ministeriums des Innern in bayrischen Lehranstalten unter Verwendung von *Auer*-Glühlicht und elektrischem Bogenlicht mit sehr gutem Erfolge gemacht worden.

Das *Auer*-Licht wird gemischt und rein mittelbar angewendet; in ersterem Fall werden 12,5^{cm} hohe Milchglasschirme von 6^{cm} unterer und 25^{cm} oberer Öffnung in Höhe von mindestens 3^m, mit der größeren Öffnung nach oben gerichtet, aufgehängt; in letzterem Fall werden kegelförmige, unten geschlossene Metallreflektoren von 60^{cm} oberen Durchmesser in mittlerer Höhe von 3^m, jedoch in nicht größerer Höhe als 4^m über dem Fußboden aufgehängt.

Elektrisches Bogenlicht wird in ähnlicher Anordnung bei 5^m und mehr Höhe verwendet[5]); es hat sich auch anderwärts, z. B. im Königl. Kunstgewerbe-Museum zu Berlin, vorzüglich bewährt[6]).

---

[5]) Siehe: Deutsche Bauz. 1901, S. 620. – Ebenso: Fortschritte auf dem Gebiete der Architektur. Nr. 4: Hochschulen mit besonderer Berücksichtigung der indirekten Beleuchtung von Hör- und Zeichensälen. Von E. Schmitt. Darmstadt 1894.

[6]) Siehe: Elektrotechnischer Anzeiger 1891.

Eine andere Art der Beleuchtung, die sich besonders für Zeichensäle eignet, besteht in Anordnung von Glühlampen als Suffitenbeleuchtung: die Lampen werden an beiden Längsseiten der Klasse dicht unter der Decke vor einem Reflektor angebracht, der nach unten noch zu besserem Herunterwerfen der Lichtstrahlen mit einer Verlängerung versehen ist.

Daß die sonstigen Unterrichts- und Verwaltungsräume, die Höfe und Eingänge, die Flurgänge und Treppen, sowie die Bedürfnisanstalten ausreichend beleuchtet sind, um eine ordnungsmäßige Benutzung und einen gesicherten Verkehr zu ermöglichen, versteht sich von selbst; ebenso muß für Beleuchtung an den Feuerungen der Sammelheizung und an etwa sonst vorhandenen maschinellen Betriebsorten gesorgt werden.

41. Sonstige Beleuchtung des Schulhauses.

d) Lüftung und Heizung.

Im Hinblick auf die durch die Ausatmung vieler, in verhältnismäßig kleinem Raume zusammengedrängter Kinder unvermeidlich entstehende Luftverderbnis muß in den Klassen für eine kräftige und regelmäßige Erneuerung der Luft Sorge getragen werden.

42. Lüftung.

Es ist selbstverständlich, daß die Luft, die zu diesem Zwecke den Klassen zugeführt wird, niemals besser sein kann als die das Schulhaus zunächst umgebende, und ferner, daß die Luft rein und gesundheitszuträglich erhalten werden kann, wenn sie innerhalb der Schule vor Verunreinigung bewahrt wird. Hieraus folgt die schon früher hervorgehobene Notwendigkeit, die Schulhäuser nur in gesunder, möglichst staub- und rußfreier Lage zu erbauen, weiter aber die unbedingte Notwendigkeit, in allen Teilen des Schulhauses, namentlich auch in den Luftzuführungskanälen, im Keller, auf den Fluren und Treppen größte Sauberkeit vorzusorgen. Der Grad der Luftverderbnis ist bis jetzt wissenschaftlich noch nicht genau festzustellen. In neuerer Zeit hat die Theorie der sog. "Selbstgifte", die sich aus den menschlichen Ausscheidungen und Ausdünstungen entwickeln, Platz gegriffen; jedoch fehlt auch hier noch die volle wissenschaftliche Ergründung. Zur Zeit wird daher, abgesehen von dem sichtbaren Staub und von den durch den Geruch wahrnehmbaren Unreinlichkeiten, der Grad der Verunreinigung der Luft in den Klassen immer noch nach Maßgabe des Verhältnisses der Beimischung von Kohlensäure beurteilt, obwohl letztere an und für sich innerhalb der Mischungsgrenzen, die in den Klassen vorkommen, als gesundheitsschädlich nicht anzusehen ist. Nach Ansicht v. *Pettenkofer*'s beträgt die natürliche Beimischung von Kohlensäure in der reinen Luft 0,4 $^0/_{00}$; sie darf ohne gesundheitliche Bedenken bis auf 1 $^0/_{00}$ anwachsen; es sollte jedoch eine Steigerung über 1,5 $^0/_{00}$ nicht zugelassen werden. Es wird angenommen, daß im Durchschnitt mit 1000 Atemzügen 400 ^{1} Kohlensäure ausgestoßen werden; die Ausatmung der Knaben ist etwas stärker als diejenige der Mädchen.

Da die Ausatmung mit dem Alter der Kinder zunimmt, so steigert sich in den oberen Klassen auch der Kohlensäuregehalt der Luft; hiernach wäre, um der vorstehenden Anforderung zu genügen, eine mit dem Alter der Kinder steigende Lufterneuerung notwendig. Nach v. *Pettenkofer* würde z. B. für ein zehnjähriges Mädchen eine stündliche Luftmenge von 17,1 ^{cbm}, für einen sechzehnjährigen Knaben von 29,0 ^{cbm} verlangt werden müssen.

Nimmt man als durchschnittlichen Raum für ein Schulkind in der Klasse 4 ^{cbm} an, so würde also eine vier- bis siebenfache Lufterneuerung in der Stunde erforderlich sein, eine Leistung, die in der Praxis für Schulzwecke im Hinblick auf die erforderlichen Kanalquerfchnitte von vornherein als undurchführbar bezeichnet werden muß.

Dabei ift die Verfchlechterung der Luft noch außer Betracht gelaffen, die in den Klaffen durch etwa vorhandene Beleuchtungseinrichtungen erwächft; fo erzeugt z. B. eine Gasflamme mit einem ftündlichen Gasverbrauch von 140[1] in diefer Zeit 92,8[1] Kohlenfäure, alfo ungefähr ebenfoviel wie 10 Mädchen im Alter von 10 Jahren.

Auch in Bezug auf den Kohlenfäuregehalt der Klaffenluft ift deshalb eine Einfchränkung der von der Wiffenfchaft geftellten Anfprüche unerläßlich, die nach neueren Erhebungen dahin formuliert werden kann, daß ein Kohlenfäuregehalt von $2^0/_{00}$ und etwas darüber noch als zuläffig zu erachten ift.

Nach den Unterfuchungen *Rietfchel*'s erfordert die Verminderung des Kohlenfäuregehaltes auf $1,5\,^0/_{00}$, bei welcher Beimifchung das Vorhandenfein fchlechter Luft durch den Geruch nicht wahrnehmbar ift, unter Berückfichtigung der Verbefferung, welche die Luft durch das Fortgehen der Kinder während der Zwifchenpaufen gewinnt, z. B. für zehnjährige Kinder eine ftündliche Luftmenge von $8{,}75^{\text{cbm}}$, für fechzehnjährige von rund $15{,}00^{\text{cbm}}$. Danach würde alfo, bei 4^{cbm} Klaffenraum für jedes Schulkind, ein dreimaliger Luftwechfel in der Stunde eintreten müffen, um für die jüngeren Kinder befriedigende Zuftände zu erzielen. Für die älteren Kinder würde fich das Verhältnis allerdings immerhin noch ungünftig ftellen; fo ergibt fich z. B. für die fechzehnjährigen Kinder nach *Rietfchel* ein Kohlenfäuregehalt von rund $2{,}3\,^0/_{00}$.

In der Praxis ift die dreimalige Lufterneuerung in der Stunde wohl als der erreichbare Größtwert anzufehen, weil anderenfalls die Querfchnitte der erforderlichen Luftwege, wenn etwa künftliche Lüftungsanlagen in Betrieb gefetzt werden, und die Koften des Brennftoffverbrauches für die in der kälteren Jahreszeit unerläßliche Vorwärmung der frifchen Luft fich übermäßig fteigern würden.

Die frifche Luft ift am beften unmittelbar aus dem Freien zu entnehmen, für kleine Anlagen durch Öffnungen in den Umfaffungsmauern, für größere durch Kanalführungen. In letzterem Falle dürfen die Öffnungen der Luftentnahmeftellen nicht wagrecht in gleicher Höhe mit der Oberfläche des Bodens liegen; fie müffen vielmehr lotrecht ftehend in einiger Höhe über dem Boden angebracht und durch engmafchige Drahtnetze gegen Verunreinigung gefchützt fein.

Die Luftkammern im Keller find, um eine gründliche Reinigung mittels Abwafchungen zu erleichtern, mit Entwäfferung zu verfehen; die Luftwege müffen zugänglich fein, um wenigftens die Befeitigung des Staubes durch Abfegen der Wandungen zu ermöglichen.

Nur im äußerften Notfalle, wenn die Luftentnahme von außen nicht angänglich ift, darf fie von den Flurgängen ftattfinden; letztere müffen dann nicht nur durch feitliche Fenfter, fondern auch durch Luftfchachte, namentlich unter Benutzung der Treppenhäufer, gelüftet fein und vorzugsweife ftaubfrei und fauber gehalten werden.

Für die Anordnung der Luftzuführung find in Fig. 11 bis 13 einige Beifpiele dargeftellt. Die unmittelbare Zuführung durch die Fenfterbrüftung (Fig. 11) hat den Nachteil, daß die Lüftung bei ungünftiger Windrichtung des läftigen Zuges halber abgeftellt werden muß. Fig. 12 zeigt die Luftentnahme aus einer im Kellergefchoß anzulegenden Luftkammer. Bei beiden Anordnungen dient der Heizkörper dazu, den Auftrieb der Luft zu verftärken und letztere vorzuwärmen.

Noch beſſer iſt es, wie in Fig. 13 in Grundriß, Anſicht und Schnitt dargeſtellt, die friſche Luft im Kellergeſchoß in beſonderen Kammern vorzuwärmen, einen Pulſionsventilator mit mechaniſchem Betrieb anzubringen und in die Luftwege Stellklappen einzuſetzen; hierdurch iſt die Möglichkeit gegeben, den Querſchnitt der Luftwege weſentlich einzuſchränken, die vorgeſchriebene Luftmenge,

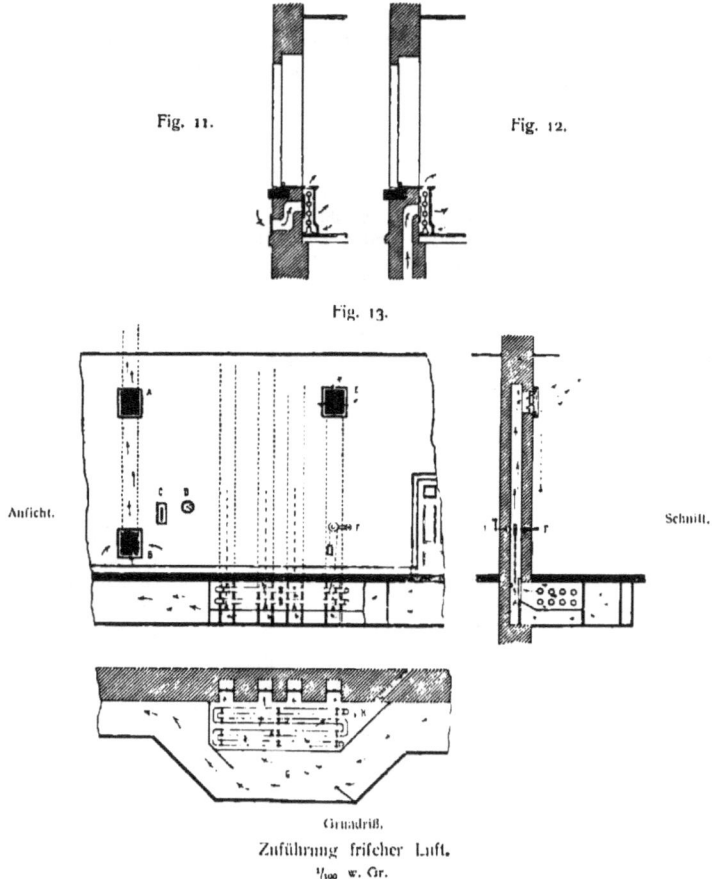

Fig. 11. Fig. 12.

Fig. 13.

Anſicht. Schnitt.

Grundriß.
Zuführung friſcher Luft.
$1/100$ w. Gr.

unabhängig von der Außentemperatur, mit angemeſſener Vorwärmung in die Klaſſen hereinzubringen und auch im Sommer, beſonders mit Hilfe von Waſſerzerſtäubung, wirkſam lüften zu können.

In Bezug auf den Feuchtigkeitsgrad der Friſchluft beſtehen, je nach den perſönlichen Wünſchen der Lehrer, die verſchiedenſten Anforderungen. Als Regel

43.
Luftbefeuchtung
u. Vorwärmung.

kann angesehen werden, daß ein Feuchtigkeitsgehalt von nicht weniger als 45% und von nicht mehr als 65% der vollkommenen Sättigung verlangt werden soll.

Da der Feuchtigkeitsgehalt der frischen Luft sich durch die Erwärmung relativ stark vermindert, so ist besonders bei trockenem Winterwetter eine beträchtliche Wasserzuführung notwendig, um den Feuchtigkeitsgehalt der erwärmten Luft wieder auf die vorschriftsmäßige Höhe zu bringen.

Diese Befeuchtung ist bei örtlicher Heizung, weil ziemlich große, je nach der Feuchtigkeit der Außenluft im Querschnitt regelbare Wasserflächen erforderlich sind, nicht ohne Schwierigkeit herzustellen.

Bei Sammelheizung kann die Luftbefeuchtung durch Anbringen von Wassergefäßen in und über den Heizkörpern und in den Warmluftkanälen oder in den Luftkammern durch Zuführung von Wasser in Dampfform oder durch Wasserzerstäubung bewirkt werden.

In neuerer Zeit sind bei Luftheizung durch Wasserverdunstung mit selbsttätiger Regelung und bei Dampfheizung durch Dampfausströmung örtliche Befeuchtungseinrichtungen hergestellt, die sich im Betriebe gut bewährt haben.

Als gemeinsame Befeuchtungseinrichtungen dienen bei Luftheizung flache, mit Wasser gefüllte, über den Heizkörpern stehende Schalen und bei Dampfheizung kupferne Heizschlangen, mit denen das Wasser verdampft wird; außerhalb der Heizkammer ist ein Wasserstandszeiger anzubringen, der erkennen läßt, ob die Verdampfschale mit Wasser genügend angefüllt ist.

Die zuzuführende Luft muß während der kälteren Jahreszeit vorgewärmt werden, um nicht den in der Nähe der Einströmungsöffnungen sitzenden Kindern durch die Kälte beschwerlich zu fallen. Die hierzu erforderliche Vorkehrung ist zweckmäßig mit der Heizung zu verbinden und wird bei Besprechung der letzteren weitere Erwähnung finden.

44. Luftabführung. Für die Abführung der Luft aus den Klassen sind Kanäle anzuordnen, die am besten in den Mittel- und Scheidemauern ihren Platz finden, unmittelbar aufwärts führen entweder frei auf dem Dachboden des Schulhauses oder in besondere Sammelkanäle ausmünden, die über den Flurgängen angelegt und von dort aus durch lotrecht aufsteigende Abzugsschlote gelüftet sind; im ersteren Falle ist der Dachboden mit Abzugsöffnungen zu versehen.

Die Wirkung sowohl dieser Abluft- als der vorgenannten Zuführungskanäle ist, insofern sie lediglich auf dem Temperaturunterschied zwischen der Klassen- und Außenluft beruht, naturgemäß eine beschränkte, so daß das regelmäßige Öffnen der Fenster während der Zwischenpausen, um die Klassenluft erträglich zu halten, nicht entbehrt werden kann.

45. Heizung. Jede Klasse muß mit einer Heizvorrichtung versehen sein, die geeignet ist, bei jeder Außentemperatur eine Temperatur von 17 bis 20 Grad C. hervorzubringen und dauernd zu erhalten; die Temperatur soll in der Kopfhöhe der Kinder gemessen werden, und es muß in jeder Klasse ein Thermometer vorhanden sein, welches das Ablesen der Temperatur in dieser Höhe des Zimmers ermöglicht. Bei der Berechnung der Heizfläche ist neben der Abkühlungsfläche der Klasse auch die Erwärmung der in die Klasse einzuführenden Frischluftmenge in Betracht zu ziehen.

Nach dem heutigen Stande der Technik ist es nicht angezeigt, ein bestimmtes Heizsystem für Schulen als vorzugsweise geeignet zu bezeichnen; es muß vielmehr je nach den Verhältnissen für die Auswahl der Heizung eine besondere Entscheidung getroffen werden.

Ein Hauptunterschied besteht darin, ob die Heizstelle sich im Inneren der Klasse befindet und nur für die Erwärmung dieses einen Raumes bestimmt ist — örtliche Heizung — oder ob die Heizung mehrerer Klassen von einer außerhalb der letzteren angeordneten gemeinsamen Heizstelle bewirkt wird — Sammel- oder Zentralheizung.

Die örtliche Heizung hat den Nachteil, daß die Klasse durch das Einbringen des Brennstoffes, durch Rauch und Asche verunreinigt wird, daß der Betrieb der Heizung den Unterricht stört oder die Heizung zum Nachteile ihrer einheitlichen und sachgemäßen Bedienung den Lehrern und Schülern überlassen ist, und daß der Ofen durch übermäßige Wärme einen Teil der Kinder belästigt und einen nützlichen Platz fortnimmt. Auch ist eine kräftige Luftzuführung, bezw. die Möglichkeit einer ausreichenden Vorwärmung und Befeuchtung der frischen Luft mit einer örtlichen Heizung, wie vorher dargelegt, kaum zu erreichen. Letztere ist daher für größere Schulen nur dann anzuraten, wenn die zur Instandhaltung einer Sammelheizung nötige technische Hilfsleistung, wie dies etwa auf dem Lande und in kleinen Ortschaften der Fall ist, schwierig beschafft werden könnte. Unter anderen Verhältnissen, und namentlich für die Schulen in größeren Städten, ist die Anlage von Sammelheizungen vorzuziehen.

Ein Haupterfordernis für jede Schulheizung ist leichte und sichere Regelbarkeit, weil die Temperatur in der Klasse ganz wesentlich von der Besonnung abhängt, die Einwirkung der letzteren jedoch bei der Beschickung der Feuerung am frühen Morgen nicht zutreffend beurteilt werden kann. Zur örtlichen Heizung einer Klasse ist daher der Kachelofen nicht empfehlenswert, weil seine Wärmeabgabe bei stattgehabter Überheizung nicht zu mindern, das Heizvermögen andererseits, wenn erstmals zu wenig gefeuert wurde, nur langsam zu verstärken ist.

Am besten geeignet zur örtlichen Heizung sind eiserne Regulier-Füllöfen mit äußerer Blechummantelung. Diese Öfen, die für Koks- oder Kohlenfeuerung eingerichtet im Betriebe sparsam sind, haben eine große Heizwirkung und ermöglichen eine ununterbrochene, je nach der Außentemperatur und nach der Besonnung leicht zu regelnde Feuerung. Der Zwischenraum zwischen dem Heizkörper und dem Blechmantel kann zur Vorwärmung der Frischluft, deren Zuführungskanal am Sockel des Ofens anzuschließen ist, und zur Aufnahme eines Wassergefäßes für die Luftbefeuchtung benutzt werden; der Blechmantel hebt jede belästigende Wärmestrahlung auf. Die Ummantelung muß leicht beweglich sein, um eine bequeme Säuberung des Zwischenraumes zu ermöglichen; ihr Durchmesser soll das Doppelte des Ofendurchmessers betragen.

Um das Hineintragen von Staub und Schmutz in die Klassen zu verhüten, werden diese Öfen häufig zur Bedienung vom Flurgang eingerichtet; es ist jedoch zweckmäßig, auch bei solcher Einrichtung die Regelung der Feuerung von der Klasse aus stattfinden zu lassen.

Dem Beispiel der Stadtverwaltung von Karlsruhe folgend, sind in den letzten Jahren in vielen deutschen Städten Gasöfen mit gutem Erfolge, besonders im Hinblick auf Reinlichkeit und bequeme Bedienung, zu Schulheizungen verwendet worden; indes sind die Betriebskosten im Vergleich zu Kohlen- oder Koksfeuerung bedeutend größer, so daß die Anlage finanziell nur ratsam ist, wenn das Gaswerk sich im Besitz der Stadtverwaltung befindet und das Gas mit den Selbstkosten in Rechnung gestellt werden kann[?]).

16. Örtliche Heizung.

[?]) Siehe auch: Fortschritte auf dem Gebiete der Architektur. Nr. 1: Die Gasofen-Heizung für Schulen. Von O. BEHNKE, Darmstadt 1894.

Besondere Vorsicht erfordert der Umstand, daß das Gas beim Verbrennen für jedes Kubik-Meter 1^1 Wasser ausscheidet; deshalb müssen alle Eisenteile zum Schutz gegen den Rost verbleit und das Abzugsrohr aus glasierten Tonrohren hergestellt sein; auch darf die Temperatur der Abzugsfeuerluft nicht unter 80 Grad C. erniedrigt werden.

47. Luftheizung. Als Sammelheizung für Schulen sind im Laufe der Zeit viele verschiedene Systeme in Anwendung gekommen.

Eines der ältesten ist die Luftheizung, die in drei Unterarten, als Feuer-, Heißwasser- und Dampfluftheizung gebräuchlich ist.

Als Vorzüge der Feuerluftheizung sind hervorzuheben die Billigkeit der ersten Anlage, die Vermeidung eiserner Rohrleitungen, der unmittelbare Zusammenhang, der zwischen Heizung und Lüftung dahin besteht, daß die Lufterneuerung durch die Zuführung der Heizluft selbst bewirkt und gewährleistet wird, und die leichte Regelbarkeit. Eine wesentliche Verbesserung kann die Luftheizung dadurch erfahren, daß die Warmluftkanäle mit Mischklappen versehen werden, die es ermöglichen, in jedem zu heizenden Zimmer die Warmluftzuführung teilweise oder ganz zu schließen und zugleich die unmittelbare Verbindung mit der Kaltluftzuführung herzustellen. Hierdurch wird erzielt, daß eine etwa eingetretene Überheizung im Raume durch Zuführung kälterer Luft gemindert, vor allem aber, daß die Lüftung unabhängig von der Heizung auch dann noch, wenn letztere ganz abgestellt ist, im Betrieb erhalten werden kann.

Der Anwendbarkeit der Feuerluftheizung für Schulen steht jedoch das gewichtige Bedenken entgegen, daß die Heizkörper, wenn sie auch sehr groß und vorsichtig konstruiert werden, an ihrer Oberfläche eine bedeutende Erhitzung erfahren, und daß deshalb die in der zugeführten Frischluft schwebenden, mit der Oberfläche der Heizkörper in Berührung kommenden oder sich auf ihr ablagernden Staubteilchen versengt werden und eine den Atmungsorganen nachteilige Verschlechterung der zuzuführenden Luft verursachen. Nach v. *Fodor*'s Untersuchungen ist eine solche Versengung (trockene Destillation) der Staubteilchen mit Sicherheit schon bei einer Temperatur der erhitzten Eisenflächen von 150 Grad C. zu erwarten, während die Oberflächentemperatur der Heizkörper der Feuerluftheizung eine bedeutend größere ist.

Man wird deshalb im gesundheitlichen Interesse der Feuerluftheizung, trotz vieler ihr sonst zukommender Vorzüge, für Schulen nicht mehr das Wort reden können.

Die Heißwasser- und Dampfluftheizungen lassen dieses Bedenken nicht zu; sie haben aber denselben Vorzug wie die Feuerluftheizungen, daß gleichzeitig geheizt und gelüftet wird, und erscheinen daher, abgesehen von den höheren Herstellungs- und Betriebskosten, für Schulzwecke vorzugsweise geeignet.

In England wird Dampfluftheizung in neuerer Zeit, verbunden mit Drucklüftung, sehr viel verwendet; eine besonders zweckmäßige Einrichtung ist dahin getroffen, daß jede Kanalgruppe eine getrennte, möglichst kleine Heizkammer besitzt und infolgedessen die großen Wärmeverluste, welche sonst bei mittelbaren Luftheizungen die Betriebskosten steigern, vermieden bleiben.

48. Wasser- und Dampfheizung. Außerdem kommen für die Heizung der Klassen noch die verschiedenen Arten der Wasser- und Dampfheizung in Frage.

Erstere unterscheidet man als Niederdruck-, Mitteldruck- und Hochdruck-Wasserheizung, letztere als Hochdruck- und Niederdruck-Dampfheizung.

Für die Beschreibung der technischen Einzelheiten dieser und der anderen

Heizsysteme wird auf die Darlegungen in Teil III, Bd. 4 diefes „Handbuches" Bezug genommen und hier nur eine kurze Beurteilung für die Anwendbarkeit auf Schulheizung gegeben.

Die Niederdruck- oder Warmwafferheizung, deren höchfte Waffertemperatur 90 Grad C. nicht überfteigen foll, ift in ihren Leiftungen vorzüglich, für Schulen jedoch deshalb weniger geeignet, weil die Heizkörper ein fehr großes Wärmevermögen befitzen und nur langfam zu regeln find; die Anlagekoften find beträchtlich, der Betrieb ift fparfam.

Die Mitteldruck-Wafferheizung, deren höchfte Waffertemperatur 120 Grad C. beträgt, ift billiger in der erften Anlage und im Betriebe fehr fparfam; die Heizkörper find in ihrer Leiftung leicht zu regeln; die Temperatur des Waffers in den Heizkörpern fteigt kaum über 100 Grad C. und läßt ein Verfengen der Staubteilchen nicht befürchten; zur Erwärmung des Waffers werden Röhrenkeffel ohne Explofionsgefahr benutzt. Als Heizkörper dienen gußeiferne Rippenregifter und in neuerer Zeit faft ausfchließlich gußeiferne Heizkörper, die fog. Radiatoren (Fig. 14); erftere werden häufig mit eifernen oder hölzernen Ummantelungen verfehen. Es ift zweckmäßig, die Heizkörper fowohl im Zufluß als auch im Rücklauf regelbar zu machen.

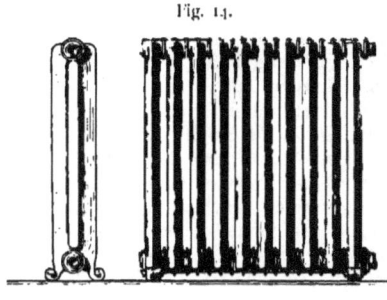

Fig. 14.

Radiator.

Die Heißwafferheizung ift in den Herftellungskoften billiger, erfcheint jedoch wegen der hohen Temperatur des Waffers von 150 Grad C. in den Heizkörpern und wegen der ftarken Kondenfation des Waffers in den Leitungsrohren für Schulen weniger zweckmäßig.

Aus den gleichen Gründen ift eine Hochdruck-Dampfheizung für Schulzwecke zu beanftanden. Auch die Vereinigung von Dampfrohren mit Heizkörpern, die mit Waffer gefüllt find — Dampfwafferheizung — ift nicht anzuraten, weil den vorftehenden Bedenken noch die mangelhafte Regelbarkeit derartiger Heizkörper hinzutritt.

Vielfach angewendet und nach heutiger Erfahrung fehr zu empfehlen ift die Niederdruck-Dampfheizung. Diefelbe arbeitet mit ununterbrochener Feuerung, mit einem ganz geringen Dampfüberdruck (höchftens 0,1 Atmofphäre), alfo mit offenem Standrohr am Keffel, ohne jede Explofionsgefahr, mit Temperaturen von weniger als 100 Grad C. in den Heizkörpern und mit geringer Kondenfation in den Rohrleitungen. Die Zuleitung des Dampfes und die Rückleitung des Kondenfationswaffers können in einer und derfelben Rohrleitung erfolgen, wodurch die Anlagekoften fich, felbft im Vergleich zur Mitteldruck-Wafferheizung, noch billiger ftellen; auch ift der Betrieb ein fparfamer.

Als Heizkörper dienen in neuerer Zeit auch für die Niederdruck-Dampfheizung meift die vorher befchriebenen Radiatoren mit Ventilregelung. Die früher viel verwendeten Ummantelungen der Heizkörper mit fchlechten Wärmeleitern (Kork, Filz u. a. m.) find der gefundheitlichen Bedenken halber ziemlich außer Gebrauch gekommen. Im Hinblick auf die ftarke Abkühlung der Klaffenluft an den großen Fensterflächen, die das Niederfinken der Luft zur Folge hat und den Kindern als Zugluft läftig wird, ift es zweckmäßig, in Fenfterbrüftungshöhe einige übereinanderliegende Heizröhren anzubringen, die entweder mit leicht abnehmbaren Bekleidungen verfehen oder auch freiliegend belaffen werden können.

40. Allgemeine Vorfchriften. Im allgemeinen find für die Ausführung und für den Betrieb von Sammelheizungen in Schulen folgende Regeln zu beachten:

1) Die Heizung foll in Verbindung mit der Lüftungsanlage von einem fachverftändigen Techniker unter forgfältiger Berückfichtigung der örtlichen Verhältniffe entworfen und nur einem durchaus bewährten Fabrikanten zur Ausführung übertragen werden.

2) Der Betrieb foll nicht dem mit anderen dienftlichen Obliegenheiten belafteten Schuldiener, fondern einem erfahrenen Heizer zugewiefen, letzterer überdies von einem Techniker unterwiefen und beauffichtigt werden.

3) Die Heizftellen find im Kellergefchoß möglichft zentral anzuordnen und derart zu teilen, daß für mittleren Kältegrad und für größere Kälte getrennte Feuerungen in Gebrauch kommen, und daß auch im Falle der Reparaturbedürftigkeit einer einzelnen Feuerung die Anlage betriebsfähig bleibt.

4) Jede Heizung und jede Luftkammer ift mit einem Thermometer zu verfehen, das dem Heizer die Temperaturen kenntlich macht; wünfchenswert ift es, den Heizer durch elektrifche Fernthermometer von der Temperatur in den Klaffen in Kenntnis zu erhalten.

5) Die Luftzuführung zu jeder Heizftelle muß möglichft ftaubfrei liegen und, um den fchädlichen Einfluß eines heftigen Windes ausgleichen zu können, immer von zwei verfchiedenen Seiten vorgefehen fein.

Es ift wünfchenswert, auch die Flurgänge und Treppenhäufer in mäßiger Weife — etwa auf 8 bis 10 Grad C. — vorzuwärmen.

Für eine bequeme Zuführung des Brennftoffes zu den Feuerungsftellen, namentlich für Befchaffung von Kohlen-Einwurffchächten, ift Sorge zu tragen.

Literatur
über „Lüftung und Heizung der Schulhäufer".

RIETSCHEL, H. Ueber Schulheizung. Berlin 1880.
SCHERRER, J. Aphorismen über Heizung und Ventilation der Schulhäufer. Schaffhaufen 1880.
RIETSCHEL, H. Lüftung und Heizung von Schulen. Ergebniffe im amtlichen Auftrage ausgeführter Unterfuchungen etc. Berlin 1886.
MORRISON, G. B. *The ventilation and warming of fchool building.* New York 1887.
ROMSTORFER, A. Die Lufterneuerung in Lehrfälen und Schulwerkftätten. Zeitfchr. f. Schulgefundheitspfl. 1888, S. 235.
KUGLER, J. Heizung, Lüftung und Reinigung der Schulen. Zeitfchr. f. Schulgefundheitspfl. 1889, S. 523.
KÄSTNER. Ueber die Heizungsanlagen der neueren Leipziger Schulen. Gefundh.-Ing. 1891, S. 105.
HÄSECKE, E. Die Schulheizung, ihre Mängel und deren Befeitigung. Berlin 1892.
BERANECK, H. Ueber Lüftung und Heizung insbefondere von Schulhäufern durch Niederdruckdampf-Luftheizung. Wien 1892.
MORRISON, G. B. *The ventilation and warming of fchool buildings.* New York 1892.
RANDEL, C. Heizungs- und Lüftungsanlage nebft Braufebad für die 24-klaffige Sophienfchule in Braunfchweig. Zeitfchr. d. Ver. deutfcher Ing. 1892, S. 680.
VOIT, E. Hygienifche Anforderungen an Heizanlagen in Schulhäufern. Zeitfchr. f. Schulgefundheitspfl. 1893, S. 1.
Fortfchritte auf dem Gebiete der Architektur. Nr. 1: Die Gasofen-Heizung für Schulen. Von G. BEHNKE. Darmftadt 1894.
MEIDINGER, H. Glühende Wände bei eifernen Oefen und die Gas-Schulheizung. Deutfche Bauz. 1894, S. 379.
Glühende Wände bei eifernen Oefen und die Gas-Schulheizung. Deutfche Bauz. 1894, S. 498.
HAASE, F. H. Die Gasheizung. Polyt. Journ., Bd. 293, S. 193.
ARCHE, A. Ueber neue Gasfchulöfen etc. Wien 1896.
BAYR, E. Vorzüge der neuen Wiener Schulheizung. Zeitfchr. f. Schulgefundheitspfl. 1896, S. 255.

TALAYRACH, J. Du fyftème de chauffage à air chaud dans les écoles primaires de la Suède. Revue d'hyg. 1896, S. 569.
Einiges über Schulheizung. Gefundh.-Ing. 1897, S. 105, 121, 137.
CROISSANT, H. Ueber den hygienifchen und ökonomifchen Werth der Gasheizung. Journ. f. Gasb. u. Waff. 1898, S. 1.
KEIDEL, J. Lüftung und Heizung von Schulen und ähnlichen Gebäuden mittels Einzel-Oefen. Deutfche Bauz. 1899, S. 100.
RIETSCHEL, H. Leitfaden zum Berechnen und Entwerfen von Lüftungs- und Heizungs-Anlagen. Berlin 1902.

e) Wände, Türen, Fufsböden und Decken.

Die Außenwände des Schulhaufes müffen wetterbeftändig und in folcher Dicke hergeftellt werden, daß fich keine feuchten Niederfchläge auf der Innenfeite der Wände bilden, wenn die Klaffen geheizt find; als geringftes Maß für die Mauerftärke werden 40 cm anzunehmen fein.

50. Wände und Türen.

In einigen Ländern, z. B. in Frankreich und Belgien, ift es gebräuchlich, die Ecken, in denen die Innenwände der Klaffen zufammenftoßen, auszurunden, um die Ablagerung von Unreinlichkeiten dafelbft zu vermeiden.

Der Wandputz foll fo glatt wie möglich hergeftellt werden, damit der Staub auf demfelben nicht anhaftet. Die Ausführung wird gewöhnlich in Kalkmörtel erfolgen; für den unteren Teil der Wände, auf etwa 1,50 m Höhe, ift zur Vermehrung der Haltbarkeit ein Zementzufatz zum Mörtel zweckmäßig, falls nicht, was vorzuziehen bleibt, die Klaffenwände auf gleiche Höhe, bezw. mindeftens auf Höhe der Fenfterbrüftungen, mit Holztäfelung verfehen werden. Die Ecken der Fenfterleibungen find in vorteilhafter Weife durch Anbringen abgerundeter Eckeifen oder hölzerner Eckbekleidungen gegen die fonft unvermeidlichen Befchädigungen zu fchützen.

Befinden fich die Kleiderhaken, an denen die Kinder ihre Überkleider aufhängen, innerhalb der Klaffe, fo ift es zweckmäßig, die Wand bis über die Haken mit Ölfarbe anzuftreichen; im übrigen genügt für die Klaffen, ebenfo wie für die Flurgänge und Treppenhäufer, ein Wandanftrich in Leim- oder Kalkfarbe, welcher in den Klaffen in einem lichten, am beften graugrünen Ton zu halten ift.

Über den etwaigen inneren Schmuck der Schulhäufer ift fchon in Art. 30 (S. 22) gefprochen worden.

Die Türen, die aus den Unterrichtsräumen auf die Gänge führen, find einflügelig, mindeftens 1 m im Lichten breit und 2 m hoch, herzuftellen und müffen nach außen auffchlagen; es ift zweckmäßig, die Türleibungen fowohl nach der Klaffe als nach dem Flurgang abzurunden oder abzufchrägen. In der Regel erhält jede normale Klaffe nur eine Ausgangstür, die am beften in der Nähe des Lehrerfitzes, gegenüber den vorderften Geftühlsreihen, ihren Platz findet. Über den Klaffentüren werden häufig Oberlichtfenfter angebracht, um die Klaffen nach dem Flurgang, ohne die Tür zu öffnen, lüften zu können.

Werden zwifchen zwei Klaffen, um den Unterricht im Notfall gleichzeitig durch einen Lehrer zu leiten, Öffnungen verlangt, fo müffen diefe eine größere Breite — etwa 2 m — erhalten und zur Verhütung der Schalldurchläffigkeit mit doppelten Türen verfehen werden.

Die Ausgangstüren des Schulhaufes müffen nach außen auffchlagen; bei zweiflügeliger Anordnung müffen die Riegel des feftftehenden Flügels fo konftruiert fein, daß fie mit einem einzigen Griff aufgezogen werden können.

Die Fußböden der Klaffen find möglichft folide herzuftellen, am beften aus fchmalen eichenen Brettchen von 60 bis 100 cm Länge, die auf einem Blindboden

51. Fußböden.

aus rauhen tannenen Dielen verlegt werden (Riemen-, Stab- oder Kapuzinerböden). Tannene Fußböden find wegen ihrer geringen Dauerhaftigkeit, trotz der billigeren Herftellungskoften, in der Unterhaltung teuerer als die eichenen Böden, auch wegen der rafchen Abnutzung der Oberfläche und der ftarken Staubbildung nicht zu empfehlen; müffen fie zur Verwendung kommen, fo follten nur fchmale Dielen gebraucht, breite Dielen, die große Schwindfugen geben, jedenfalls vermieden werden.

Fußböden auf Kellergewölben und ebenfo in nicht unterkellerten Klaffen find, ftatt auf hölzernen Rippen, beffer in Afphalt auf Betonunterlage herzuftellen. Die fertigen Böden find mit heißem Leinöl zu tränken und zu firniffen; die Böden können alsdann ohne Nachteil täglich zur Reinigung naß aufgezogen werden.

In neuerer Zeit ift mit gutem Erfolge der Verfuch gemacht worden, als Bodenbelag fowohl in den Klaffen, als auf Fluren und Gängen Linoleum zu verwenden, das auf einer abgeglätteten Betonunterlage mit Kleifter aufgeklebt wird. Ferner haben Fußböden aus Xylopal, Linotol, Xylolith, Lignolith, Litofilo und ähnlichem Holzftoff, deren Vorzug in der Fugenlofigkeit befteht, umfangreiche Verwendung gefunden.

52. Decken.

Bei Konftruktion der Decken ift fichere Tragfähigkeit, möglichfte Feuerficherheit und Schallundurchläffigkeit zu beachten.

Eifenkonftruktionen find befonders geeignet, weil hölzerne Balken und Unterzüge bei den großen Tiefen der Klaffen und bei der ftarken Belaftung übergroße Abmeffungen erfordern; Konftruktionen in Walzeifen empfehlen fich für die durchfchnittlich vorkommenden Spannweiten und Belaftungen als billig und ausreichend tragfähig.

Werden die Deckenbalken ganz aus Eifen hergeftellt, fo empfiehlt es fich, ftärkere Querträger und auf diefe leichtere Längsträger zu legen, deren Zwifchenweiten mit Beton, mit flach gewölbten Backfteinkappen oder anderen geeigneten Tragegliedern zu fchließen find. Auf die Längsträger werden hölzerne Fußbodenlager von 10 bis 12 cm Höhe mit Schrauben befeftigt; die Zwifchenräume zwifchen den Lagern werden mit trockenem Sand ausgefüllt und darüber die Bretter des Blindbodens, bezw. die Fußbodendielen genagelt.

Maffive Decken in armiertem Beton — *Monier*- und *Hennebique*-Konftruktion — fowie in vielen anderen patentierten Konftruktionen, werden in neuerer Zeit vielfach hergeftellt.

Bei Verwendung hölzerner Balkenlagen wird man gut tun, zur Vermeidung allzu großer Abmeffungen der Hölzer mindeftens für die Querträger Walzeifen zu verwenden.

In Klaffen mit einheitlichem Unterricht dürfen zur Abtragung der Deckenlaft keine Stützen aufgeftellt werden; felbft dünne eiferne Säulen find als unftatthaft zu bezeichnen.

Die Decken follen, abgefehen von einer etwa vorhandenen flachen Einwölbung der Zwifchenfelder zwifchen den eifernen Trägern, ganz eben konftruiert, alle Vorfprünge, auf denen fich Staub ablagern oder Spinngewebe und andere Unreinlichkeiten feftfetzen können, follen vermieden werden; aus diefer Erwägung find auch Deckengefimfe fortzulaffen.

Die Decken find mit Kalk- oder Leimfarbe weiß anzuftreichen; die Eifenträger können mit Ölfarbe angeftrichen und durch einen leichten Farbenton oder durch farbige Striche hervorgehoben werden.

f) Geſtühl.

Auf die Bedeutung, welche die Anordnung des Geſtühls (Schulbänke oder Subſellien) für die Raumgeſtaltung und für die Abmeſſungen der Klaſſen hat, iſt ſchon in Art. 35 (S. 30) hingewieſen. Von nicht geringerer Bedeutung iſt aber die Bemeſſung und die Konſtruktion des Geſtühls in pädagogiſcher und geſundheitlicher Beziehung.

<small>53. Pädagogiſche und geſundheitliche Anforderungen.</small>

Vom Standpunkt der Schulverwaltung iſt zu fordern, daß das Geſtühl frei ſteht, um Störungen der Kinder untereinander zu vermeiden; daß die etwa vorhandene Beweglichkeit der Tiſchplatten und Bankſitze für die Kinder gefahrlos und tunlichſt geräuſchlos iſt; daß die Oberkante der Tiſchplatte möglichſt hoch ſteht, um den Lehrern die Beauſſichtigung der Schularbeiten zu erleichtern; daß die Konſtruktion des Geſtühls äußerſt feſt und dauerhaft iſt und eine bequeme und vollſtändige Reinigung des Fußbodens geſtattet.

Vom Standpunkt der Geſundheitspflege iſt vor allem zu verlangen, daß das Geſtühl ſich in ſeinen ſämtlichen Abmeſſungen und in ſeiner Form nach der Körpergröße und nach der körperlichen Geſtalt der Kinder richtet.

In neuerer Zeit, durch die Bemühungen *Fahrner's* im Jahre 1864 erſtmals angeregt, iſt letztere Forderung in allen Ländern auf das eifrigſte anerkannt; eine große Sonderliteratur (vergl. S. 52) iſt der geſundheitlich zweckmäßigen Geſtühlkonſtruktion gewidmet; immer neue Veränderungen ſind erdacht, immer neue Verbeſſerungen erſtrebt worden. Als Beleg dafür mag die Mitteilung dienen, daß ſchon auf der Berliner Hygiene-Ausſtellung im Jahre 1883 mehr als 70 Modelle des Geſtühls aus verſchiedenen Ländern vorgeführt waren, ohne daß die Schauſtellung hiermit eine vollſtändige geweſen wäre.

Die Schwierigkeit, ein in geſundheitlicher Beziehung ganz einwandfreies Geſtühl zu beſchaffen, liegt darin, daß die Vorderkante der Bank, wenn das Kind beim Schreiben die richtige Körperhaltung einnehmen ſoll, unter die Hinterkante der Tiſchplatte, auf die wagrechten Projektion gemeſſen, ſich vorſchieben müßte, während andererſeits die Rückſichtnahme auf die Bewegungsfähigkeit des Kindes es verlangt, daß die Vorderkante der Bank von der Hinterkante der Tiſchplatte in einem möglichſt großen Abſtand bleibt.

<small>54. Diſtanz.</small>

Den Abſtand zwiſchen den genannten Teilen des Geſtühls nennt man „Diſtanz" und unterſcheidet die verſchiedenen Konſtruktionen als Minus-, Null- und Plus-Diſtanz. Letztere iſt in geſundheitlicher Beziehung bedenklich, weil durch die ſchieſe Haltung der Kinder beim Schreiben die Rückgratverkrümmung der Kinder befördert wird; erſtere erſchwert die Bewegung der Kinder. Es iſt deshalb als Vermittelung die Null-Diſtanz zu empfehlen, d. h. eine ſolche Konſtruktion, bei der die hintere Tiſchkante lotrecht über der vorderen Sitzkante liegt.

Vielfach iſt verſucht worden, den verſchiedenartigen Anforderungen durch eine konſtruktive Vorkehrung gerecht zu werden, und zwar durch Anbringen von Klapp- oder Schiebevorrichtungen, die es ermöglichen, die Tiſchplatte der jeweiligen Benutzung entſprechend nach hinten zu verlängern und zu verkürzen und auf dieſe Weiſe die Diſtanz nach Bedarf negativ oder poſitiv zu machen. Dieſe Vorrichtungen haben aber den Mangel, daß ſie bei der Benutzung einen ſtörenden Lärm hervorrufen, auch für die Kinder gefährlich werden können, und daß ſie in ihrem Bewegungsmechanismus kaum ſo feſt konſtruiert werden können, um auf die Dauer haltbar zu bleiben.

<small>55. Differenz.</small>

Schwierig iſt es ferner zu beſtimmen, und darin weichen die Anſichten am meiſten voneinander ab, wie die „Differenz", d. i. die lotrecht gemeſſene Entfernung von der Oberkante der Bank bis zur Hinterkante des Tisches, nach der sich alle übrigen Abmessungen des Gestühls zu richten haben, bestimmt werden soll. Hierfür wird verlangt: nach den Modellen von *Fahrner* u. *Zwez* $1/8$ bis $1/7$ der Körperlänge des Kindes, nach *Cohn* $1/7$, nach *Meyer* $1/7 + 4^{cm}$ bis 6^{cm}, nach *Koller* $1/7 + 3^{cm}$, nach *Buchner* und *Spieß* $1/6$.

Eine Verschiedenheit der Ansichten besteht ebenso darüber, ob die Differenz für das Gestühl der Mädchen, in Anbetracht der verschiedenartigen Bekleidung, im Vergleich zu dem für Knaben bestimmten Gestühl, vergrößert werden soll oder nicht. Nach *Kunze-Schildbach* ist z. B. eine Vergrößerung von $1\frac{1}{2}$ ^{cm} erforderlich, während *Spieß* die Verschiedenartigkeit vernachlässigt wissen will. Wir sind der Ansicht, daß bei gleicher Körperlänge die Maßverschiedenheiten in den einzelnen Gliedmaßen der Kinder so beträchtliche sind, daß sie auch bei sorgfältiger Abstufung des Gestühls in jeder einzelnen Klasse nicht in allen Stücken berücksichtigt werden können, und daß im Vergleich zu dieser unvermeidlichen Unvollkommenheit der kleine, durch die Bekleidung hervorgerufene Unterschied füglich außer Betracht bleiben kann, umsomehr, als hieraus für die Praxis, namentlich für große Schulverwaltungen, eine wesentliche Vereinfachung bei Anschaffung und Verteilung des Gestühls erwächst.

Eine Schwierigkeit endlich besteht darin, daß die Körperlängen der Kinder im gleichen Lebensjahre, bezw. in der dem Lebensalter entsprechenden Schulklasse große Verschiedenheiten aufweisen und daß eine dauernde sorgfältige Rücksichtnahme hierauf im praktischen Schulbetrieb naturgemäß kaum durchführbar ist.

Je mehr man das Gestühl den Körperverschiedenheiten und mindestens der verschiedenen Körperlänge der Kinder anpassen will, um so größer muß die Zahl der Gestühlsgruppen sein, die mit wechselnder Differenz der verschiedenen Körperlänge sich anfügen und in ihren übrigen Abmessungen mit der Differenz in passender Übereinstimmung sind.

50. Sitzlänge.

Die Länge des Gestühls muß so groß sein, daß jedes Kind auf der Bank seinen Sitzplatz und auf dem Tisch genügenden Raum zum Schreiben findet. Im allgemeinen wird hierfür, je nach der Größe der Kinder, ein Maß von 50 bis 70^{cm} und für die Tiefe ein Maß von 68 bis 90^{cm} als notwendig erachtet. Für die drei Gestühlsgruppen der preußischen Volksschulen ist durch die Ministerial-Verordnung vom 15. November 1895 eine Länge von 50, 52 und 54 und eine Tiefe von 68, 70 und 72^{cm} vorgeschrieben.

51. Gruppeneinteilung.

Für die Gruppeneinteilung des Gestühls sind die mannigfaltigsten Vorschläge gemacht worden. Die preußische Volksschule, ebenso die Berliner Gemeindeschule, hat 3, die badische und französische Volksschule 4, die württembergische Schule 6, die Basler 8 Gestühlsgruppen; verschiedene Autoren unterscheiden wie folgt: *Fahrner* 6, *Herrmann* 7, *Buchner* u. *Guillcaume* 8, *Spieß* 9 und *Kunze-Schildbach* 10.

Die Zuteilung der Gruppen erfolgt entweder nach dem Lebensalter, so daß die Kinder von 6 bis 8 Jahren Nr. 1, von 8 bis 10 Jahren Nr. 2 u. s. w. erhalten, oder nach der Körperlänge, so daß die Gruppen nach dem Längenunterschied der Kinder, und zwar in der Regel für je 10^{cm} um eine Nummer steigend, gegeben werden. Die letztere Art der Zuteilung ist als die richtigere zu bezeichnen.

Wenn Anzahl und Abmessungen der Gestühlsgruppen festgestellt sind, so bleibt noch die sehr wichtige Frage zu entscheiden, wieviele Gruppen in jeder Klasse erforderlich sind und in welchem Verhältnis der Zahl nach die Gruppen in jeder einzelnen Klasse verteilt werden sollen. Da die Kinder rascher oder langsamer wachsen, auch durch Krankheit und Säumigkeit in ihrem Schulweg aufgehalten werden, so sind die Körpergrößen der Kinder in jeder Klasse sehr verschieden, und es ist durchaus notwendig, dies in jeder Klasse durch Einstellen verschiedener Gestühlsgruppen zu berücksichtigen.

Nach Maßgabe neuerer Untersuchungen ist das Wachstum der Kinder im großen von den Ernährungsverhältnissen abhängig, und im allgemeinen ist anzunehmen, daß sich z. B. in den städtischen Volks- und Mittelschulen ein stärkerer Prozentsatz kleinerer Kinder findet als in den höheren Schulen. Es müßte daher theoretisch gefordert werden, daß auf Grundlage der örtlichen Verhältnisse die Größe der Kinder, wie sie sich für jede Schulgattung durchschnittlich erwarten läßt, durch regelmäßige Messungen festgestellt wird, und daß die hieraus zu gewinnenden Ermittelungen für jede neue Gestühlsbeschaffung maßgebend bleiben. Es sei bemerkt, daß die Anschaffungskosten durch diese im gesundheitlichen Interesse höchst wichtige Anordnung sich nicht steigern, daß es dazu vielmehr lediglich der sachverständigen und rechtzeitigen Vorsorge bedarf.

Fig. 15.

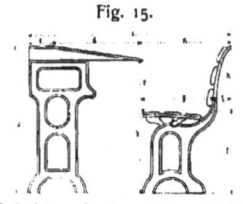

Gestühl nach dem System *Spieß*.
(Zur Tabelle auf S. 48.)

Im allgemeinen kann als Regel aufgestellt werden, daß in jeder Klasse mit einheitlichem Unterricht, je nachdem die verfügbare Gruppenzahl kleiner oder größer ist, zwei bis drei Gestühlsgruppen vorgesorgt werden sollten, deren Verhältniszahl auf Grund der stattgehabten örtlichen Messungen zu bestimmen wäre. Außerdem sollte zur Vorsorge für einzelne, ungewöhnlich kleine oder große Kinder ein- oder zweisitziges verstellbares Gestühl bereit gehalten werden.

Fig. 16.

Gestühl nach der Basler Tabelle.
(S. 48.)

Allerdings sind dann auch die Lehrer zu veranlassen, halbjährlich in der Klasse Durchschnittsmessungen vorzunehmen und nach deren Ergebnis den Kindern das für die Körperlänge am besten passende Gestühl zuzuweisen; auf das sog. Certieren, das die Kinder veranlaßt, ihren Leistungen entsprechend die Plätze zu wechseln, muß unter allen Umständen verzichtet werden.

Zu bequemerer Benutzung beim Lesen und Schreiben, besonders aber zur Schonung der Augen, ist es zweckmäßig, die Tischplatten nach hinten zu neigen, jedoch nicht zu stark, damit nicht die darauf liegenden Gegenstände herunterrollen; letzteres durch eine am unteren Ende angebrachte Leiste zu verhindern, ist nicht ratsam, weil die Kinder sich auf diesen Leisten die Arme drücken. Der vordere Teil der Tischplatten, in dem die Tintenfässer ihren Platz finden, liegt wagrecht und kann mit einer muldenartigen Vertiefung zum Ablegen der Federn und Bleistifte versehen werden.

Vielfach wird verlangt, die Vorderkante der Tischplatte auf einer Mindesthöhe von 70 cm zu halten, um den Lehrern die Beaufsichtigung zu erleichtern. Bei einer solchen Anordnung werden jedoch für die kleineren Kinder Fußbretter erforderlich, die im Interesse der Reinlichkeit und der Verkehrssicherheit nicht zu empfehlen sind.

Als Beispiele und zum Vergleich werden hier 2 Maßtabellen mitgeteilt, und zwar:
1) die im Jahre 1885 für die städtischen Schulen zu Frankfurt a. M. von *Spieß* aufgestellte Tabelle mit zugehörigem Schema (Fig. 15) und
2) die im Jahre 1902 für die staatlichen Schulen zu Basel aufgestellte Tabelle mit zugehöriger Zeichnung (Fig. 16).

Spieß'sche Tabelle (Fig. 15).

Nummer der Gruppe	a Tischhöhe am vorderen wagrechten Teile	b Tischhöhe der oberen Kante der tiefsten Stelle des schrägen Teiles	c Breite des wagrechten Teiles der Tischplatte	d Breite des schrägen Teiles der Tischplatte	e Differenz zwischen Tischplatte und Bankhöhe	f Bankhöhe an der höchsten Stelle gemessen	g Tiefe des Sitzbrettes	h Höhe der Rückenlehne	i Neigung der Banklehne nach hinten	k Abstand der Banklehne vom Tischrand	l Gesamttiefe des Gestühls $(c+d+h)$	Länge der Tischplatte bei zweisitzigem Gestühl	Länge der Tischplatte bei viersitzigem Gestühl
0	540	480	80	320	180	300	240	340	40	280	680	1000	2000
I	580	520	80	320	195	325	240	340	40	280	680	1000	2000
II	630	560	80	340	210	350	260	360	40	300	720	1040	2080
III	670	600	80	360	225	375	270	370	50	320	760	1080	2160
IV	720	640	80	380	240	400	290	390	50	340	800	1120	2240
V	760	680	80	400	255	425	310	400	50	360	840	1160	2320
VI	810	720	80	420	270	450	320	420	60	380	880	1200	2400
VII	850	760	80	440	285	475	340	440	60	400	920	1200	2400
VIII	900	800	80	440	300	500	340	440	60	400	920	1200	2400

Millimeter

Basler Tabelle (Fig. 16).

Nummern der Bänke		I	II	III	IV	V	VI	VII	VIII
Größe der Schüler	in m	1,00 bis 1,10	1,11 bis 1,20	1,21 bis 1,30	1,31 bis 1,40	1,41 bis 1,50	1,51 bis 1,60	1,61 bis 1,70	1,71 bis 1,80
Tischhöhe, vordere	„ cm	77	77	77	77	77	77	82	85
„ hintere	„ „	70	70	70	70	70	70	74	77
Lehnenoberkante (Abstand vom Fußboden)	„ „	73	73	73	73	73	73	77	80
Tischplatthöhe über Sitz	„ „	19	20	21½	23	24	25½	27	28
Sitzhöhe über Schemel, bezw. Fußboden		28	31	31	37	40½	44½	47	49
Schemelhöhe über Fußboden	„ „	23	19	14½	10	5½	—	—	—
Lichte Höhe des Bücherfaches	„ „	11	11	11	11	11	11	11	11
Lichtmaß zwischen Lehne und Tischkante	„ „	23	24	25	26	28	30	32	34
Tischplatte, ganze Breite	„ „	45	45	45	45	45	45	50	50
Kennelbreite	„ „	6½	6½	6½	6½	6½	6½	6½	6½
Klappenbänke Klappenbreite	„ „	—	—	—	—	—	—	16	16
Banklänge	„ „	120	120	120	120	120	120	135	135
Minusdistanz überall 3 cm.									

Erstere Tabelle, die auf praktische Verwendbarkeit für den Schulbetrieb größtmögliche Rücksicht nimmt, beruht auf der Annahme, daß die Körperlängen der die Schule besuchenden Kinder sich zumeist zwischen 110 und 180 cm bewegen und daß Längen unter 110 und über 180 cm nur selten vorkommen. Dementsprechend sind 7 Hauptgruppen Nr. I bis VII für die Längen von 110 bis 180 cm und außerdem je eine Ausnahmsgruppe, Nr. 0, für die Längen von 100 bis 110 cm und Nr. VIII für die Längen von 180 bis 190 cm bestimmt worden. Bei dieser Bezifferung wird die Zugehörigkeit der Gruppennummer zur Körperlänge durch die Mittelziffer zum unmittelbaren Ausdruck gebracht; es entspricht nämlich die Körperlänge, von 100 bis 109 cm der Gruppe Nr. 0, von 110 bis 119 cm der Gruppe Nr. I von 120 bis 129 cm der Gruppe Nr. II u. s. w. Die Abmessungen sind nicht genauer als auf halbe Centimeter abgestuft, was dem praktischen Erfordernis durchaus genügt, weil kleinere Maßfestsetzungen für die Ausführung erfahrungsgemäß doch nicht eingehalten werden.

Für die niederen Schulen finden in Frankfurt a. M. aus dieser Tabelle die Gruppen Nr. 0 bis IV Anwendung.

Abgesehen von einzelnen, für schwerhörige oder kurzsichtige Kinder erforderlichen Ausnahmen ist das größere Gestühl stets in die hinteren Reihen zu stellen, um die Übersichtlichkeit für den Lehrer nicht zu hindern. Dagegen ist es in gewöhnlichen Klassen nicht empfehlenswert, das hintere Gestühl auf einem Stufenunterbau zu erhöhen, weil durch derartige Einbauten die Bewegung der Kinder gehindert wird.

<small>60. Art der Aufstellung.</small>

Für die Konstruktion des Gestühls ist besonders zu beachten, daß die Beanspruchung aller Teile auf Festigkeit und Dauerhaftigkeit die denkbar stärkste ist, und daß das Umstellen des Gestühls und das Reinigen der Klassen nicht erschwert werden darf.

<small>61. Konstruktion.</small>

In früherer Zeit wurde das Gestühl zumeist aus Holz hergestellt; in neuerer Zeit ist nach amerikanischem Vorbild die Anwendung des Eisens, sowohl Guß- als Schmiedeeisens, vielfach gebräuchlich geworden und hat sich gut bewährt. Namentlich werden die tragenden Seitenteile der Tische und Bänke und die Verbindungsteile aus Eisen hergestellt. Zu den Tisch- und Bankplatten, ebenso zu den Rückenlehnen, wird ausschließlich Holz verwendet, zu ersteren oft hartes Holz und vorzugsweise Eichenholz. Die Banksitze und die Rückenlehnen werden häufig aus schmalen Brettchen hergestellt und zur Anpassung an die Körperformen der Kinder mit geschweifter Oberfläche versehen.

Man unterscheidet, wie früher dargelegt, ein- und mehrsitziges Gestühl. Ersteres ist für Schulzwecke wegen des übergroßen Raumbedarfes nur ausnahmsweise im Gebrauch; die Anwendung steigert alle für das Schulwesen nötigen Ausgaben ganz übermäßig, und deshalb muß, obwohl die Einzelteilung allen Ansprüchen der Schulverwaltung und der Gesundheitspflege am besten Rechnung tragen würde, auf dieses Ideal als aus praktischen Gründen unerreichbar verzichtet werden. Demgemäß findet man auch fast ausschließlich mehrsitziges Gestühl in Benutzung; für die Volks- und Bürgerschulen wird es meist zwei- bis viersitzig, für die höheren Schulen zwei- oder dreisitzig konstruiert.

Man kann behaupten, daß das zweisitzige Gestühl, wenn die Zwischengänge zwischen je zwei Sitzreihen breit genug sind, um das seitliche Austreten der Kinder zu gestatten, allen berechtigten Anforderungen vollkommen Genüge leistet, und daß dessen allgemeine Einführung einen ganz wesentlichen Fortschritt, namentlich in gesundheitlicher Beziehung, darstellen würde. Leider ist die baldige Verwirklichung einer solchen allgemeinen Einführung nicht zu hoffen, weil auch bei Verwendung zweisitzigen Gestühls in einer Klasse von zweckentsprechenden Abmessungen nur eine kleinere Zahl von Kindern untergebracht werden kann; es folgt also bereits aus der Verwendung zweisitzigen Gestühls die Notwendigkeit, die Zahl

Fig. 17.

Gestühl nach *Fahrner*.

Fig. 18.

Gestühl von *Lickroth*.

Fig. 19.

Gestühl von *Elsäßer*.

Fig. 20.

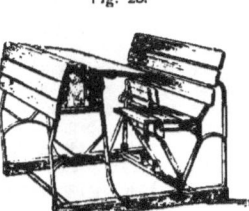

Gestühl von *J. Neuendorff*.

Fig. 21.

Verstellbares Gestühl von
J. Haubeil & Co.

Fig. 22.

Gestühl von *G. Leisel*.

der Klaffen und dementfprechend der Lehrkräfte wefentlich zu fteigern, und damit wachfen zugleich die Ausgaben für den Schulbau und für die Schulverwaltung. Fig. 17 bis 27 geben aus der fehr großen Zahl der verfchiedenartigen Konftruktionen des Geftühls einige Beifpiele.

Fig. 17 zeigt das Modell des in Zürich gebräuchlichen Geftühls nach *Fahrner*'s Syftem; der untere Teil der Tifchplatte ift zum Aufklappen eingerichtet. Das Modell *Lickroth* in Frankenthal ift aus Fig. 18 zu erfehen; Hinter- und Seitenteile find aus Eifen angefertigt und ruhen auf hölzernen Schwellen; Tifchplatte und Sitz find beweglich. Durch Fig. 19 ift das Modell *Elfäßer* in Heidelberg wiedergegeben; die Seitengeftelle find aus Gußeifen konftruiert; Tifchplatte und Sitz

Fig. 23.   Fig. 24.

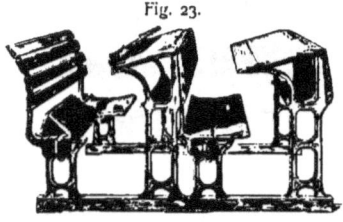
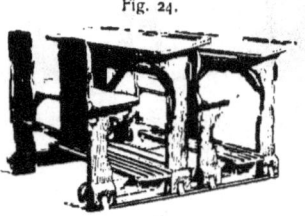

Geftühl von *C. Anfelm jun.*   Geftühl von *Rettig.*

find beweglich. Fig. 20 gibt das Modell *Jacob Neuendorff* in Herborn (Naffau) mit Seitengeftellen aus Schmiedeeifen. Fig. 21 veranfchaulicht das Modell von *J. Haubeil & Co.* in Frankenthal; die gußeifernen Seitenteile find verftellbar. Fig. 22 zeigt das ohne Schwellen konftruierte Modell von *S. Leifel* in Elberfeld. Fig. 23 ftellt das mit eigenartig beweglichen Sitzen konftruierte Modell von *C. Anfelm jr.* in Berlin dar. In Fig 24 ift das zum Umlegen eingerichtete Modell der *Rettig*-Bank (Patent-Inhaber *P. Joh. Müller & Co.* in Berlin) wiedergegeben. Endlich zeigen Fig. 25, 26 u. 27 Schulbänke, die in amerikanifchen, belgifchen und römifchen Schulen Anwendung gefunden haben.

Fig. 25.

[Geftühl] in amerikanifchen Schulen.

62. Beweglichkeit der Sitze und Tifchplatten.

Die Konftruktion des Geftühls mit beweglichen Sitzen und Tifchplatten hat für den Gebrauch große Vorteile. Die beweglichen Sitze erleichtern den Kindern das Auffftehen und find deshalb bei mehrfitzigem Geftühl, in dem die Kinder nicht zur Seite austreten können, kaum entbehrlich. Die Beweglichkeit der Tifchplatten ift eine verfchiedenartige: entweder wird der untere Teil der Platte umgeklappt oder eingefchoben, oder die ganze Platte wird umgeklappt. Die erftere Anordnung dient dazu, den Kindern das Sitzen auf dem mit Minus-Diftanz konftruierten Geftühl zu erleichtern; follen die Tifche zum Schreiben benutzt werden, fo wird der bewegliche Teil zurückgeklappt oder herausgezogen. Die letztere Anordnung hat den Zweck, das Reinigen des Geftühls und des Fußbodens unter demfelben zu erleichtern.

Alle beweglichen Konftruktionen haben jedoch den Nachteil, daß ihre Handhabung mit einem den Unterricht ftörenden Geräufch und für die Kinder mit Gefahr verbunden ift und daß fie die Haltbarkeit des Geftühls vermindern; fie follten daher tunlichft eingefchränkt werden. Bei zweifitzigem Geftühl ift die Beweglichkeit der Sitze nicht notwendig, weil die Kinder ohne Mühe zur Seite austreten können. Bei drei- und mehrfitzigem Geftühl mit Null-Diftanz ift allerdings, wenn nicht die Tifchplatten beweglich find und verkürzt werden können,

63.
Verbindung
von Tisch
und Bank.

das Zurücklegen der Sitze für das Aufstehen der Kinder erforderlich; eine Anordnung mit tief liegendem Drehpunkt ist in diesem Falle zweckmäßig.

Von besonderer Wichtigkeit ist die Art und Weise, in welcher Tisch und Bank miteinander verbunden sind.

Das amerikanische Gestühl war anfangs so konstruiert, daß jeder Tisch mit der davorstehenden Bank ein gemeinschaftliches Untergestell besitzt (Fig. 25); zur Ergänzung werden Anfangstische und Endbänke besonderen Modells eingestellt. Diese Anordnung ermöglicht durch ihre Einfachheit eine billigere Herstellung; sie hat aber den großen Nachteil, daß das Gestühl seine Selbständigkeit verliert und die richtige Abstufung der Gruppennummern, deren Notwendigkeit in Art. 59 (S. 48) erörtert wurde, kaum bei der ersten Aufstellung erreicht, im Betriebe und bei dem unvermeidlichen Wechsel des Gestühls aber auf die Dauer keinesfalls ermöglicht werden kann. Auch werden die Fußböden, weil derartiges Gestühl mit Schrauben befestigt werden muß, bei wiederholtem Versetzen und Aufschrauben stark abgenutzt.

Fig. 26.   Fig. 27.

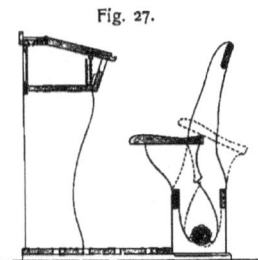

Gestühl in belgischen Schulen.   Gestühl in römischen Schulen.

Deshalb ist anzuraten, den Tisch und die Bank jedes einzelnen Gestühls durch die Holzteile der Tischplatte und des Sitzes und, soweit außerdem nötig, anderweitig verbunden, mit den Seitengestellen zu einem Ganzen zu vereinigen. Die Fußschwellen, die in der Regel die Seitengestelle tragen, sind allerdings nachteilig, weil sie die Beseitigung des Staubes zwischen Bänken und Tischen sehr erschweren und die Bewegung der Kinder gefährden; sie sollten daher möglichst niedrig hergestellt werden, am besten aus ⊓-Eisen, die auf kleinen eichenen Klötzchen ruhen und auf diese Weise über dem Fußboden Spalten bilden, durch die der Staub hindurchgefegt werden kann.

Im Hinblick auf gute Reinhaltung der Klassen erscheint die *Leisel*-Bank (Fig. 22) und die *Rettig*-Bank (Fig. 24) beachtenswert.

64.
Bezeichnung
der
Gruppen.

Auf der Rückseite der Banklehne ist die Gruppennummer, der das Gestühl angehört, deutlich zu bezeichnen, um die richtige Einordnung des Gestühls jederzeit leicht veranlassen zu können.

Literatur
über „Schulgestühl".

HERMANN, A. Ueber die Einrichtung zweckmäßiger Schultische. Braunschweig 1868.
SCHILDBACH, C. H. Die Schulbankfrage und die KUNZE'sche Schulbank etc. Leipzig 1869.
NARJOUX, F. *Architecture communale.* Paris 1870. S. 110: *Mobilier d'école primaire.*

Cohn, H. Die Schulhäuser und Schultifche auf der Wiener Weltausftellung. Eine augenärztliche Studie. Breslau 1874.
Linsmayer, A. Die Münchener Schulbank. München 1876.
Holcher's Schulbank für die weibliche und männliche Jugend. Chemnitz 1878.
Paul, F. Wiener Schuleinrichtungen. Ein Beitrag zur Vervollkommnung der Schulbank, der Schultafel und des Ventilationsfenfters. Wien 1879.
Hermann, A. Die Sitzeinrichtungen in Schule und Haus mit befonderer Berückfichtigung der Schulbankfrage. Braunfchweig 1879.
Bagnaux, De. *Conférence fur le mobilier de claffe etc.* Paris 1879.
Narjoux, F. *Règlement pour la conftruction et l'ameublement des maifons d'école.* Paris 1880. 2. Aufl. 1881.
Planat, P. *Cours de conftruction civile. 2e partie. Nouveau règlement pour la conftruction et l'ameublement des écoles primaires.* Paris 1881.
Meyer. Die Schulbankfrage vom medicinifchen, pädagogifchen und technifchen Standpunkte fummarifch beleuchtet. Dortmund 1882.
Spiess, A. Zur praktifchen Löfung der Subfellienfrage. Braunfchweig 1885.
Simon, H. Ueber unfere Schulfitze für Lehranftalt und Haus. Sitzgsber. d. Ver. f. Bef. d. Gwbfl. 1886, S. 282.
Brandt, A. Ein neues verftellbares zweifitziges Subfell für Schule und Haus. Zeitfchr. f. Schulgefundheitspfl. 1890, S. 129, 204; 1891, S. 143.
Hankel, E. Die Schulbank. Zeitfchr. f. Schulgefundheitspfl. 1891, S. 335.
Marsch, A. Neue Schulbank mit fefter Diftanz. Halberftadt 1893.
Eine zweckmäßig konftruirte Schulbank, erfunden von Ramminger u. Stetter in Tauberbifchofsheim. Centralbl. d. Bauverw. 1893, S. 432.
Neue Schulbank von Wilhelm Rettig in München. Deutfche Bauz. 1894, S. 476.
Das Ergebniß der Schulbank-Preisausfchreibung. Zeitfchr. d. öft. Ing.- u. Arch.-Ver. 1894, S. 92.
Schulbank „Syftem *Nickelfen*" mit verfchiebbarer Tifchplatte. Baugwks-Ztg. 1894, S. 837.
Wallraff, G. Die Schulbank „Kolumbus" von Ramminger u. Stetter in Tauberbifchofsheim (Baden). Zeitfchr. f. Schulgefundheitspfl. 1894, S. 22.
Nigg, M. Schulbankausftellung in Wien. Zeitfchr. f. Schulgefundheitspfl. 1894, S. 395.
Schenk, F. Zur Schulbankfrage. Zeitfchr. f. Schulgefundheitspfl. 1894, S. 529.
Götze, W. Eine neue Steh- und Sitzfchulbank. Zeitfchr. f. Schulgefundheitspfl. 1894, S. 657.
Eine neue Schulbank. Deutfche Bauz. 1895, S. 441.
Bennstein, A. Die heutige Schulbankfrage etc. Berlin 1895. 2. Aufl. 1897.
Schulthess, W. Der Reklinationsfitz und feine Bedeutung für die Schulbankfrage. Zeitfchr. f. Schulgefundheitspfl. 1896, S. 1, 65.
Ift die Schulbankfrage gelöft? Deutfches Baugwksbl. 1897, S. 531, 547.
Lange, E. Erfahrungen mit *Rettig*'s neuer Schulbank. Zeitfchr. f. Schulgefundheitspfl. 1898, S. 18.
Haesecke. *Zahn*'s neue Schulbank. Deutfche Bauz. 1900, S. 114.
Haesecke. Zur Schulbankfrage. Deutfche Bauz. 1900, S. 358.
Rostowzeff. Über die Notwendigkeit der Individualifierung der Schulbänke; eine neue individuelle Schulbank. Zeitfchr. f. Schulgefundheitspfl. 1900, S. 295.
Einige praktifche Neuerungen an Schulbänken. Deutfche Bauz. 1901, S. 195.
Sichelstiel, G. & P. Schubert. Die Nürnberger Schulbank. Zeitfchr. f. Schulgefundheitspfl. 1901, S. 77.
Suck, H. Die Rettigbank und ihr neuefter Konkurrent. Zeitfchr. f. Schulgefundheitspfl. 1901, S. 249.
Veit, E. Eine modificirte Rettig-Bank. Zeitfchr. f. Schulgefundheitspfl. 1902, S. 547.

g) Einrichtungsgegenftände und Gerätfchaften.

65. Lehrerfitz.

Der Lehrer hat, infofern der Unterricht ein einheitlicher ift, an der Schmalfeite der Klaffe den Kindern gegenüber feinen Platz. Der Stuhl des Lehrers und der zugehörige, mit einer verfchließbaren Schublade und einer kleinen Schublade für das Tintenfaß zu verfehende Tifch (Fig. 28) werden in der Regel auf ein etwa 25 cm hohes Podium geftellt, das z. B. nach preußifcher Vorfchrift 2,50 m lang und 1,25 m tief fein foll. Bisweilen werden die Tifchfüße durch ein Holzgetäfel bekleidet, das fich auch feitlich noch etwas verlängert und dem Lehrerfitz ein

60. Schreibtafel.

kathederartiges Anfehen gibt; doch ift eine folche Anordnung, die zwecklofe Koften verurfacht und die Reinhaltung erfchwert, nicht zu empfehlen.

Für den Tifch genügt eine Länge von 1,00 m und eine Breite von 0,62 m.

In jeder Klaffe ift mindeftens eine Schreibtafel erforderlich, die zur Seite des Lehrerfitzes auf einem tragbaren, mit Fußrollen verfehenen, hölzernen Geftell fteht. Wird noch eine zweite Tafel verlangt, fo bringt man diefelbe hinter dem Lehrerfitz an der Wand an; diefe zweite Tafel kann feft oder zu befferer Beleuchtung an feitlichen Scharnierbändern ftellbar gemacht oder zwifchen Führungsleiften auf und nieder beweglich eingerichtet werden. Die Schreibtafeln werden, etwa 1,50 m lang und 1,00 m hoch, aus weichem, fehr gut ausgetrockneten, forgfältig verleimten Holz, welches mit tieffchwarzer, nicht glänzender Farbe angeftrichen ift, oder aus Schieferplatten hergeftellt.

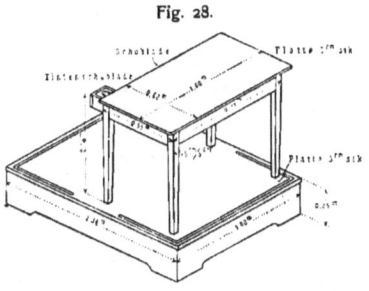

Fig. 28. Lehrerfitz.

An jeder Tafel find Näpfchen zur Aufnahme des Schwammes und der Kreide anzubringen; in den unterften Klaffen find ferner, um den Kindern den Gebrauch der Tafeln zu ermöglichen, hölzerne Tritte erforderlich, die aus einer oder aus zwei Stufen von je 20 cm Höhe und 25 cm Auftritt beftehen. Die Tafeln, die den Lehrern beim Schreibunterricht zum Vorfchreiben der Buchftaben dienen, werden mit roten, wagrecht und fchräg gekreuzten Linien, die Tafeln für den Rechenunterricht mit wagrecht und lotrecht gekreuzten Linien, die Tafeln für den Gefangunterricht mit Notenlinien verfehen.

In neuerer Zeit ift der Verfuch gemacht worden, die Schultafeln in weißer Farbe herzuftellen und zum Schreiben auf denfelben Graphitftifte zu verwenden. Als Material für derartige Tafeln ift zuerft emailliertes Eifenblech, das jedoch in längerem Gebrauch zu glatt wird, und mit befferem Erfolg mattes Glas benutzt worden.

Gut bewährt hat fich die auf Veranlaffung des „Bonner Vereins für Körperpflege in Volk und Schule" verfuchte Herftellung der Tafeln aus weißem Stein; es ift durch Sehproben nachgewiefen, daß fchwarze Schrift auf weißem Grunde weiter lesbar ift als die fonft übliche weiße Schrift auf fchwarzem Grunde. Im Verfolg diefer Erfahrungen find fchon durch Verfügung des heffifchen Minifteriums vom 6. Januar 1888 Schreibtafeln von heller Farbe für Schulen zur Einführung empfohlen worden.

Ferner find neuerdings auch Wandtafeln aus Leder, als endlofes Stück über zwei mit Spannvorrichtung verfehene Walzen laufend, und doppelte hölzerne, zweifeitig benutzbare Kipptafeln hergeftellt worden.

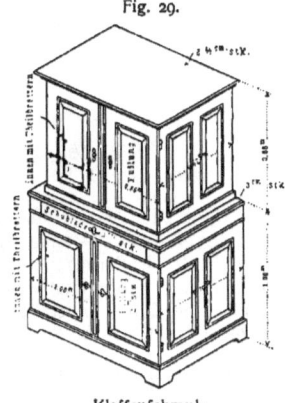

Fig. 29. Klaffenfchrank.

In jeder Klasse wird ferner gebraucht: ein verschließbarer Schrank von etwa 1,00 m Breite und 1,90 m Höhe zur Aufnahme von Büchern, Vorlageblättern und kleinen Gerätschaften (Fig. 29), außerdem ein Gestell zum Aufhängen von Landkarten und Bildern, ein hölzerner Kasten oder ein Korb zur Aufsammlung von Papierabfällen u. dergl., sowie ein teilweise mit Wasser gefüllter Spucknapf.

67. Sonstige Gerätschaften.

In den Klassen für den Unterricht der kleinsten Kinder sind endlich noch hölzerne Gestelle von etwa 0,90 m Breite und 1,80 m Höhe notwendig, deren jedes 10 Drähte mit 10 beweglichen Zählkugeln trägt.

h) Reinigung.

Die Notwendigkeit, in den Klassen für möglichst reine Luft zu sorgen, ist in Art. 42 (S. 35) bereits erörtert; es bedarf deshalb keines Beweises, wie notwendig es vor allem ist, die Verschlechterung, welche die Klassenluft durch den Straßenstaub und die von den Kindern hereingetragenen Unreinlichkeiten aller Art naturgemäß erleiden muß, durch sorgsame Reinigung tunlichst einzuschränken.

68. Reinigen.

Deshalb bestehen überall Vorschriften[1]), welche die Schuldiener anhalten, täglich durch feuchtes Aufwischen der Fußböden und feuchtes Abwischen der Möbel, Wandbekleidungen und Fensterbrüstungen, wöchentlich durch nasses Aufscheuern, monatlich durch Fensterputzen und jährlich durch Abfegen der Wände und Decken die Klassen zu reinigen; zum täglichen Aufwischen der Fußböden ist zweckmäßig feuchtes Sägemehl zu verwenden.

Daß die Reinigung wesentlich erleichtert wird, wenn die Fußböden fugendicht oder noch besser fugenlos sind und wenn das Schulgestühl leicht verstellbar oder umlegbar ist und keine Fußbretter oder dicht aufliegende Schwellen besitzt, ist früher schon erörtert.

Zur Erleichterung der Reinhaltung ist es sehr zweckmäßig, den Fußboden der Klassen in längstens zweijährigen Zwischenräumen zu ölen und bei diesem Anlaß etwa vorhandene Fugen zu verkitten.

69. Ölanstrich.

In neuerer Zeit wurden vielfach sog. „staubfreie" Öle verwandt, die den Vorteil besitzen, den Staub festzuhalten, so daß er sich beim Kehren zusammenballt und nicht aufwirbelt; es ist jedoch nötig, diesen Anstrich, wenn er wirklich nützen soll, mehreremal im Jahr aufzubringen, wodurch die Kosten um so mehr wachsen, als jedesmal vor dem Anstrich das Umstellen des Schulgestühls erfolgen muß.

— — —

3. Kapitel.
Räume für besondere Unterrichtszwecke.
a) Zeichensäle.

Zeichensäle werden in neuerer Zeit auch für Volksschulen (für Preußen durch die Ministerial-Verfügung vom 14. Dezember 1887) gefordert und in der Regel durch Nutzbarmachung der Singsäle beschafft, indem die Zeichentische zum Herunterklappen eingerichtet werden[*]). Für Volksschulen erachtet man gewöhnlich die Größe einer Lehrklasse für den Zeichen-, bezw. Singsaal als ausreichend.

70. Größe und Gestaltung.

---

[1]) Siehe: Vorschrift der Königl. Regierung zu Cöln vom 3. Juli 1901, die Reinhaltung ländlicher Schulen betr.
[*]) Vergl. Art. 72.

71.
Erhellung.

Die Abmeſſungen richten ſich ſonſt nach der Zahl der zu unterrichtenden Kinder und werden in höheren Schulen im allgemeinen etwa doppelt ſo groß als für die Klaſſen ausfallen, weil der für jedes einzelne Kind zu rechnende Raum den bei Verwendung gewöhnlichen Geſtühls erforderlichen beträchtlich überſchreitet; im Durchſchnitt wird man für jeden Schüler 2 qm Grundfläche annehmen können.

Die Form der Langklaſſe mit linksſeitigen Fenſtern iſt auch für Zeichenſäle die zweckmäßigſte; die Entfernung der letzten Tiſchreihe von der gegenüberliegenden Wand darf jedoch die Sehweite der Schüler nicht überſteigen.

Die Lage der Fenſter nach Norden iſt wegen der gleichmäßigen Belichtung als die geeignetſte anzuſehen.

Eine reichliche Abendbeleuchtung iſt in höheren Schulen nicht zu entbehren und in zweckmäßiger Weiſe durch elektriſches Bogenlicht oder durch Reflektorlampen (ſiehe Art. 40, S. 34) herzuſtellen.

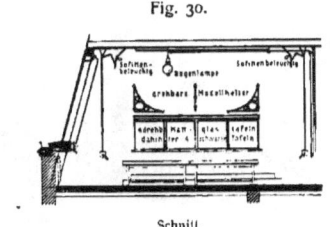

Fig. 30.

Schnitt.

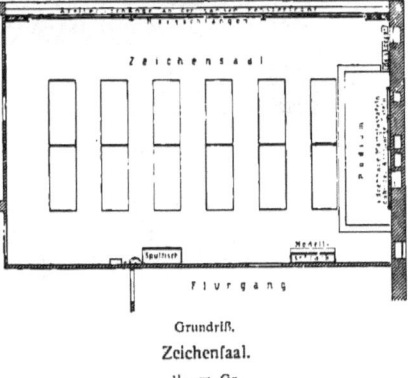

Fig. 31.

Grundriß.
Zeichenſaal.
1/200 w. Gr.

Als Beiſpiel iſt in Fig. 30 u. 31 der Zeichenſaal des Realgymnaſiums (Muſterſchule) zu Frankfurt a. M. in Grundriß und Schnitt dargeſtellt; die Räume haben in ſehr zweckentſprechender Weiſe im Dachgeſchoß ihren Platz gefunden.

72.
Ausſtattung.

Für den Unterricht ſind Tiſche von etwa 1,00 m Tiefe und 80 cm Höhe, ſowie Einzelſitze erforderlich; für jeden Schüler wird eine Tiſchlänge von etwa 80 cm gerechnet. Die Tiſche ſind an ihrer Hinterkante mit einem leichten Geländer, nach Bedarf auch mit Unterſätzen für die Aufnahme von Modellen u. dergl., ſowie mit Schubladen oder mit ſeitlichen Schränken zur Aufnahme von Zeichengeräten und Reißbrettern zu verſehen.

Fig. 33 ſtellt einen Zeichentiſch nach dem Modell *Lickroth* in Frankenthal dar; die Tiſchplatte iſt mittels Schrauben hoch und niedrig zu ſtellen, auch in der Neigung ſtellbar.

Fig. 32 ſtellt einen, in den Bürgerſchulen zu Frankfurt a. M. im Gebrauch ſtehenden Zeichentiſch dar, wie er zur Verwendung im Singſaal geeignet iſt. Die Stützböcke *a* werden ſeitlich an das Vorder-

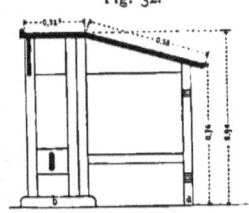

Fig. 32.

Zeichentiſch,
zur Aufſtellung im Singſaal
beſtimmt.
1/20 w. Gr.

Fig. 33.

Zeichentisch von **Lickroth**.

geſtell *b* herangelegt und alsdann die Tiſchklappen heruntergeklappt. Jeder Tiſch iſt mit 2,25 m Länge für 3 Schüler beſtimmt; vor jedem Platz befindet ſich eine auszieh- und verſtellbare Latte, die oben einen Haken zum Anhängen eines Vorlegeblattes beſitzt. An ſonſtigen Einrichtungsgegenſtänden werden noch erforderlich: feſte und bewegliche Wandtafeln und größere Geſtelle, auf denen Vorlagepläne und Modelle Platz finden; zur Aufſtellung der Vorlagen wird an einem Ende des Zeichenſaales ein um etwa 15 cm erhöhtes Podium angebracht.

b) Lehrſäle für Phyſik, Chemie und Naturkunde.

Für dieſe Unterrichtszweige werden beſondere Räume nur in den höheren Schulen und auch für dieſe in der Regel nur in mäßigem Umfange verlangt. In dieſen Grenzen ſollen derartige Unterrichtsräume und ihre Einrichtung hier beſchrieben werden; die Darſtellung größerer Anlagen, wie ſie z. B. für Fachſchulen oder für Hochſchulen erforderlich ſind, ebenſo die Beſchreibung der Anordnung des Geſtühls in den Lehrſälen und der Ausſtattung der Experimentiertiſche und des Laboratoriums erfolgt im Teil IV, Halbbd. 6, Heft 2 (unter A, Kap. 1, c, 1, ferner unter B, Kap. 3, c und d, ſowie unter B, Kap. 4, b, c und g) dieſes »Handbuches«.

73. Raumbedarf.

Für jeden der genannten Unterrichtszweige ſind mindeſtens zwei nebeneinander liegende Räume vorzuſehen, für Phyſik ein Lehrſaal und ein Zimmer für die Aufbewahrung der Apparate, für Chemie ein Lehrſaal und ein Laboratorium und für Naturkunde ein Lehrſaal und ein Sammlungszimmer. Bei größerer Bemeſſung treten dann für Phyſik und Chemie noch hinzu ein Arbeitsraum, Privatlaboratorium der Lehrer u. a. m.

Die Räume für Phyſik des Realgymnaſiums (Muſterſchule) zu Frankfurt a. M. ſind in Fig. 34 u. 35 in Grundriß und Schnitt dargeſtellt.

74. Ausſtattung der Räume.

Beachtenswert erſcheint es, daß der Apparatenraum, damit die feinen phyſikaliſchen Inſtrumente nicht durch ſäurehaltige Dämpfe beſchädigt werden, vom chemiſchen Laboratorium möglichſt entfernt bleibt.

Die Anordnung der Lehrſäle, die für alle drei Unterrichtszweige ziemlich die gleiche iſt, entſpricht in Bezug auf Form, Erhellung und Beleuchtung derjenigen der Schulzimmer; die Größe iſt auf etwa 1,50 qm für jedes Schulkind zu rechnen. Der Lehrſaal für Phyſik muß für den Helioſtaten ein nach Süden gerichtetes Fenſter beſitzen; ſämtliche Fenſter müſſen, behufs Ermöglichung einer Verdunkelung des Zimmers, mit dichten Vorhängen verſehen ſein.

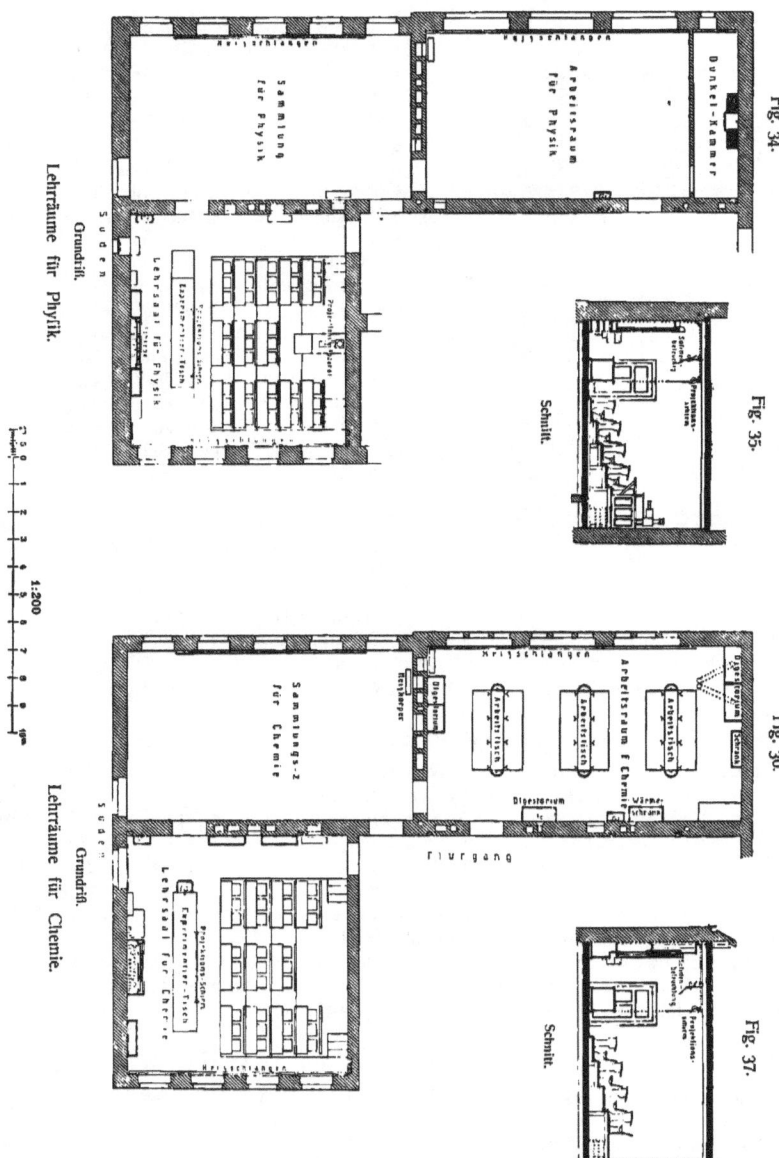

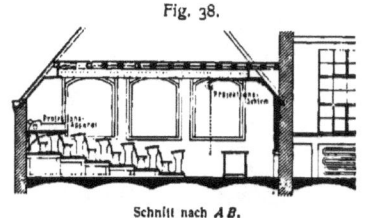

Fig. 38.

Schnitt nach *A B*.

Fig. 39.

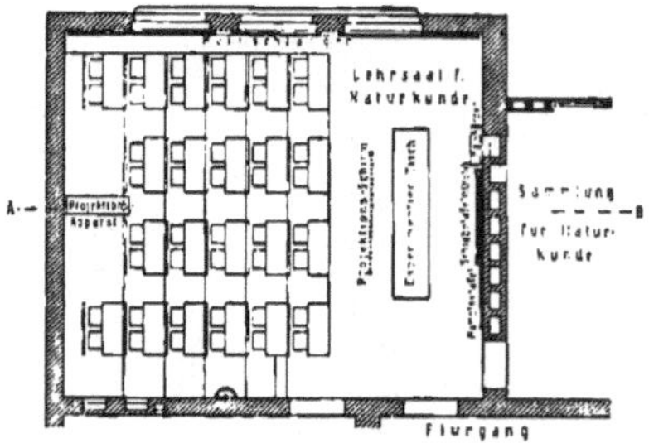

Grundriß.
Lehrraum für Naturkunde.
1/800 w. Gr.

Im Lehrsaal für Chemie (Fig. 36 u. 37) ist ein Abdampfkasten und ein langer Tisch von 80 bis 90 cm Breite erforderlich, mit Waſſer-Zu- und Ableitung und mit einigen Vorkehrungen für die Ausführung von Experimenten. Der Tiſch im Lehrsaal für Chemie iſt am beſten mit einer Platte von Schiefer oder Rohglas abzudecken; gleiches gilt für die Tiſche im chemiſchen Laboratorium.

Das Apparatenzimmer iſt mit mehreren großen, verſchließbaren Glasſchränken, das chemiſche Laboratorium außer den Tiſchen mit einigen Schränken und Abdampfkaſten auszurüſten. Auf möglichſt gute Lüftung der Räume iſt Bedacht zu nehmen; die abſaugende Wirkung der Abführungskanäle kann durch Einſetzung von Lockflammen (*Bunſen*'ſche Brenner oder andere geeignete Konſtruktionen) in zweckmäßiger Weiſe verſtärkt werden.

Der Lehrsaal für Naturkunde (Fig. 38 u. 39) bedarf eines Experimentiertiſches nebſt Wandtafeln; für Aufſtellung des Geſtühls ſind ebenſo wie in den Lehrſälen für Phyſik und Chemie anſteigende Stufen zweckmäßig.

Sonſtige zweckmäßige Einzelheiten der Ausſtattung ſind aus Fig. 34 bis 39 erſichtlich.

c) Säle für Handarbeiten.

In den Mädchenſchulen Deutſchlands und vieler anderer Länder ſind die weiblichen Handarbeiten ein weſentlicher Gegenſtand des Unterrichtes. Es wird beſonderer Wert darauf gelegt, die Kinder im Nähen, Stricken, Stopfen und Flicken ſoweit zu unterweiſen, wie dies für das häusliche Bedürfnis notwendig iſt.

75. Für weibliche Handarbeiten.

Aber auch in den Volksſchulen für Knaben iſt in neuerer Zeit vielfach ein Handfertigkeitsunterricht eingeführt, der die Augen und Hände der Kinder für ihre ſpätere Beſchäftigung im Handwerk ſchulen will und zu dieſem Zwecke namentlich Papparbeit, Schnitzerei und Korbflechterei üben läßt.

76. Für den Handfertigkeitsunterricht der Knaben.

Für dieſe Unterrichtszweige ſind Säle erforderlich, die in ihrer räumlichen Anordnung mit den Schulzimmern übereinſtimmen. Zur Erteilung des Unterrichtes werden ſchmale Tiſche und Einzelſitze gebraucht.

d) Schulküchen.

Schulküchen haben den Zweck, die Mädchen in den Oberklaſſen der Volksſchulen mit den Bedürfniſſen einer einfachen bürgerlichen Küche und Haushaltung bekannt zu machen und ſie kochen zu lehren. In neuerer Zeit ſind gerade Schulküchen den Volksſchulen größerer Städte beſonders häufig hinzugefügt worden.

77. Schulküche.

Zu ihrer Einrichtung bedarf es eines Raumes von der Größe einer Lehrklasse, meist im Erdgeschoß in der Nähe eines Hofausganges, bisweilen auch im Kellergeschoß gelegen, mit etwa 4 Kochherden, 4 Tischen, 4 Schränken, den erforderlichen Stühlen und Kochgeräten ausgestattet.

Zwei Planbeispiele sind in den Grundrissen der Volksschulen in Weimar (siehe Art. 120) und Mainz (siehe Art. 126) mitgeteilt.

e) Fest- und Singsäle.

78. Festsaal. In den höheren Schulen Deutschlands und Österreichs wird in der Regel als Versammlungsort für die Lehrer und Schüler, zur Vornahme regelmäßiger gemeinsamer Andachten und für Schulfeierlichkeiten aller Art ein großer, festlich ausgeschmückter Saal — die Aula — vorgesehen, der naturgemäß den architektonischen Hauptteil des Schulhauses bildet und für dessen räumliche Anordnung von großer Bedeutung ist. In Berlin sind sogar die Gemeindeschulen (Volksschulen) mit solchen Sälen, wenn auch in etwas kleineren Abmessungen, versehen.

In Volks- und Bürgerschulen wird sonst eine Aushilfe darin gesucht, daß zwei oder drei Schulzimmer oder zwei Schulzimmer und ein dazwischen liegendes Verwaltungszimmer mit beweglichen Teilungswänden, doppelten Türen u. a. m. versehen und zu einem größeren Raume nach Bedarf vereinigt werden. Auch wird oft die Turnhalle als Versammlungsort für die Schule nutzbar gemacht.

In den Schulen anderer Länder sind derartige Festräume ebenfalls gebräuchlich; doch werden letztere, wie z. B. die „Hallen" in amerikanischen und englischen Schulen, zum Teil für Unterrichtszwecke mit benutzt.

Die Abmessungen und die Ausstattung des Festsaales bleiben natürlich von den örtlichen Verhältnissen und dem statthaften Kostenaufwand abhängig. Als Mittelmaße für die Aula einer deutschen höheren Schule können 18 bis 20 m Länge und 12 bis 14 m Breite bezeichnet werden; für jedes Schulkind ist ein Raum von mindestens 0,6 qm zu rechnen, und es muß nach Umständen als genügend angesehen werden, wenn in Festsaal etwa die Hälfte der Schüler, und namentlich die Schüler der Oberklassen, Platz finden.

Bezüglich der Lage des Festsaales im Schulhause wird bei den „Gymnasien und Real-Lehranstalten" (siehe Kap. 9) das Erforderliche gesagt werden.

Die Aula wird in der Regel an einer Schmalseite mit einem Podium versehen, auf welchem die Rednerbühne und bisweilen die Sitze der Lehrer stehen; die Schüler sitzen auf Bänken oder Stühlen, die mit entsprechenden Zwischengängen in Reihen aufgestellt werden; die größere Höhe, welche durch die Grundfläche der Aula bedingt ist, wird häufig zum Einlegen einer Empore benutzt, auf welcher der Sängerchor und zu dessen Begleitung ein Flügel oder Harmonium oder eine kleine Orgel Platz finden.

Für die Anordnung im einzelnen wird auf die eingehende Darlegung im Teil IV, Halbbd. 6, Heft 2 (unter A, Kap. 1, c, 1) dieses „Handbuches" verwiesen.

79. Singsaal. Häufig und z. B. auch in den Berliner Gemeindeschulen wird die Aula für die Erteilung des Gesangunterrichtes verwendet. Anderenfalls ist hierfür ein besonderer Singsaal (Musikzimmer, Gesangsaal) erforderlich, der zweckmäßig im obersten Geschoß des Schulhauses an einer Ecke und wenn möglich neben Reserveklassen und anderen seltener benutzten Räumen liegt, um die Störungen einzuschränken, die sonst der Gesangunterricht für die Schule herbeiführen kann. Auf die Lage der Fenster in Bezug auf die Himmelsrichtungen braucht keine Rücksicht genommen zu werden; dagegen ist für auskömmliche Abendbeleuchtung zu sorgen

Das Gestühl besteht aus mehrsitzigen hölzernen Bänken mit Rückenlehnen, die meist in zwei Reihen mit einem Mittelgang aufgestellt werden.

Im übrigen kann der Singsaal nach Größe und Anordnung mit den übrigen Schulzimmern übereinstimmen; jedoch sind etwas größere Abmessungen erwünscht, weil oftmals der Sängerchor aus mehreren Klassen zusammengestellt wird und deshalb eine größere Kinderzahl im Saale Platz finden muß.

Wenn der Singsaal, wie dies neuerdings in Volksschulen häufig geschieht, zugleich für den Zeichenunterricht benutzt wird, so werden die Sitzbänke zwischen den Zeichentischen aufgestellt, letztere auch, um mehr Raum zu gewinnen, zum Aufklappen eingerichtet. (Vergl. Art. 72, S. 56.)

f) Räume für Lehrmittel.

80. Raumbedarf und Ausstattung.

Die zur Aufbewahrung von Lehrmitteln aller Art beanspruchten Räume sind je nach Erfordernis im einzelnen sehr verschieden und können in ihrer Größe und Lage der zweckmäßigen Gestaltung des Bauplanes wohl untergeordnet werden.

Gewöhnlich werden für eine größere Schule verlangt: ein oder zwei Zimmer zur Aufbewahrung von Sammlungen (Mineralien, Pflanzen, ausgestopfte Tiere und dergl.) und ein oder zwei Zimmer für Unterbringung von Büchersammlungen zur Benutzung für die Lehrer und für die Schüler — Bibliothekzimmer. Die Lehrerbibliothek findet oftmals ihren Platz im Zimmer des Schulvorstandes oder im Lehrerzimmer.

Die Ausstattung der genannten Räume richtet sich nach den in ihnen unterzubringenden Lehrmitteln; gewöhnlich sind für jedes Zimmer einige verschließbare Schränke (Fig. 40), ein Tisch und einige Stühle erforderlich.

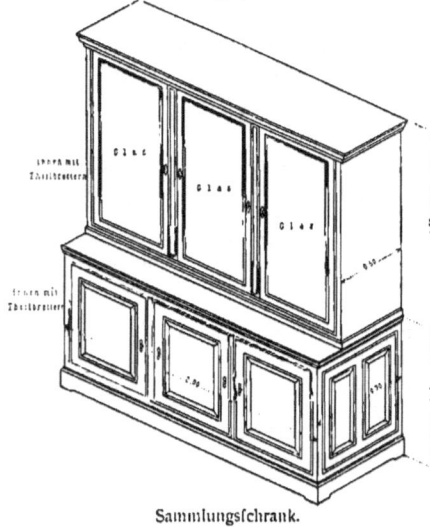

Fig. 40. Sammlungsschrank.

g) Karzer.

81. Karzer.

Für die Vollstreckung von Haftstrafen, wenn solche auf eine Zeitdauer von mehreren Stunden gegen Schüler verhängt werden müssen, wird bisweilen, und namentlich in höheren Schulen, ein besonderer kleiner Raum verlangt, der den Namen Karzer trägt. Er muß sicher verschließbar, mit einem durch Drahtgitter verwahrten Fenster versehen und heizbar sein.

4. Kapitel.

Sonftige Räume und Teile des Schulhaufes.

a) Kleiderablagen, Wafch- und Badeeinrichtungen.

82. Kleiderablagen. Die Vorkehrungen zur Aufbewahrung der Überkleider, der Kopfbedeckungen und Regenfchirme der Kinder — Kleiderablagen oder Garderoben — befinden fich innerhalb oder außerhalb der Klaffen.

Im erfteren Falle wird eine der Schülerzahl in der Klaffe entfprechende Anzahl eiferner Haken an einer hierzu verfügbaren Wand, in der Regel an der nach dem Flurgang gelegenen Längswand angebracht. Die Haken find aus ftarkem Schmiedeeifen herzuftellen und in Abftänden von etwa 17 cm auf einer eifernen Schiene aufzunieten; die Schiene ift je nach der Größe der Kinder in einer Höhe von 1,10 bis 1,40 m auf eingegipften Schrauben mit Muttern zu befeftigen; die Haken dürfen keine fcharfen Spitzen oder Ecken haben. Zur Aufnahme der Schirme dienen bewegliche Geftelle, welche am Fuße flache Kaften aus Zinkblech für das Tropfwaffer erhalten. Es ift darauf zu achten, daß Heiz- und Lüftungskanäle durch die an den Haken hängenden Kleider oder durch die Schirmgeftelle nicht in ihrer Wirkung beeinträchtigt werden. Bisweilen werden in der Klaffe 40 bis 50 cm tiefe Kleiderfchränke aufgeftellt, welche die verfügbare Wand in ununterbrochener Reihe einnehmen; in Münchener Schulen wird hierfür z. B. die Rückwand der Klaffe benutzt; die Schränke find dort durch befondere, in der Quermauer ausgefparte Abzugskanäle gelüftet.

Bei weitem vorzuziehen ift es im Intereffe der Ordnung und Reinlichkeit und um die Ausdünftungen der Überkleider, namentlich im Winter, fernzuhalten, wenn die Kleiderablagen außerhalb der Klaffen ihren Platz finden. Man unterfcheidet zu diefem Zwecke im wefentlichen drei verfchiedene Anordnungen:

1) Für jede Schule wird in der Nähe des Haupteinganges ein großer Raum vorgefehen, in dem alle Kinder gemeinfam ihre Überkleider ablegen. Diefe Einrichtung ift befonders in englifchen und franzöfifchen Schulen gebräuchlich, in denen hierzu die bedeckten Höfe benutzt werden.

2) Für jede Klaffe oder für je zwei Klaffen wird ein an letztere unmittelbar anftoßender oder zwifchenliegender Raum angeordnet, der fowohl mit der Klaffe, als auch mit dem Flurgang durch Türen verbunden ift.

3) Die Überkleider werden auf dem zu den Klaffen im betreffenden Gefchoß des Schulhaufes gehörigen Flurgang abgelegt, und zwar entweder in einzelnen, für jede Klaffe befonders abgeteilten Räumen oder gemeinfchaftlich.

Die Anordnung zu 1 hat den Vorzug, daß der einheitliche Kleiderablageraum für die Schule leicht unter Verfchluß und Auffsicht gehalten werden kann. Andererfeits erfcheint es befonders in größeren Schulen nicht unbedenklich, die Kinder, die nach Schluß des Unterrichtes gern fo fchnell wie möglich in das Freie eilen, vor dem Austritt aus der Schule noch einmal in einen Raum zufammenzudrängen.

Die Anordnung zu 2 fteigert die Frontlänge des Schulhaufes und die Länge des Flurgangs ganz beträchtlich; auch können die Kleiderräume, wenn nicht übermäßiger Platz beanfprucht werden foll, nur eine geringe Breite erhalten, die zu bequemer Bewegung der Kinder beim Zurücknehmen der Überkleider nicht ausreicht.

Für größere Schulen erscheint daher die Anordnung zu 3, und zwar diejenige mit klassenweise abgeteilten Kleiderablagen, am meisten zu empfehlen. Die Flurgänge werden zu diesem Behufe verbreitert und in den durch Stützenstellungen oder Fensterachsen konstruktiv bedingten Abteilungen nutzbar gemacht. Das Anbringen der Haken erfolgt in der vorbeschriebenen Weise; die Schirmgestelle werden fortlaufend unter den Haken angebracht und für jeden Haken mit einer besonderen Einstellöffnung versehen. Bisweilen wird jede Abteilung mit einer leichten Gittertür verschließbar gemacht; doch behindert dies die Bewegung der Kinder, und es ist deshalb zweckmäßiger, wenn Verschluß und Aufsicht am Haupteingang der Schule erfolgen und die einzelnen Kleiderablagen offen bleiben; letztere sollen nicht zu tief sein, damit die Kinder nicht in großer Zahl in jeder Reihe nebeneinander stehen und aneinander vorübergehen müssen.

Ist es in Rücksicht auf Kostenersparnis nicht möglich, die Kleiderablagen auf den Flurgängen klassenweise abzuteilen, so werden die Haken in fortlaufenden Reihen mit einer besonderen Nummer für jedes in dem betreffenden Geschoß befindliche Kind angebracht. Raumsparend ist es in diesem Falle, die Haken auch an der Fensterwand zu befestigen; zu diesem Zwecke werden die Unterteile der Fenster so hoch herauf feststehend gemacht, daß sich die Fensterflügel über den die Haken tragenden Schienen öffnen lassen.

Zum Ablegen der Überkleider der Lehrer dienen Haken oder Kleidergestelle, die im Lehrerzimmer oder in einem dazu gehörigen Vorzimmer Platz finden, oder es wird auch für diesen Zweck auf dem Flurgang eine besondere, in der Nähe des Lehrerzimmers liegende Abteilung vorgesorgt.

Für die Anordnung der Kleiderablagen geben die unter B mitgeteilten Grundrisse viele nützliche Beispiele.

In deutschen Volksschulen sind Wascheinrichtungen bisher in größerem Umfange wenig gebräuchlich, obwohl der wesentliche Nutzen derselben unverkennbar ist und eine bessere Würdigung verdiente. Das Bestreben dazu zeigt sich auch bereits. So hat z. B. die Berliner Gemeindeverwaltung in ihren neuesten Volksschulen derartige Einrichtungen unter dem Namen „Reinigungszimmer" treffen lassen. Die zur Aufnahme der Wascheinrichtungen bestimmten Räume liegen am besten im Erdgeschoß. Fußbodenbelag und Wandverputz sind so herzustellen, daß sie durch Nässe nicht beschädigt werden können. Die Einrichtung selbst ist so einfach und dauerhaft wie möglich herzustellen; die Zahl der Waschstände wird zunächst nach der zulässigen Raum- und Geldaufwendung zu bemessen sein.

83. Wascheinrichtungen.

Bei weitem größerer Wert wird diesen Einrichtungen in amerikanischen, englischen und französischen Schulen beigemessen. Die Waschstände finden entweder in den mehrerwähnten bedeckten Höfen oder in eigenen größeren Räumen Platz, die *Lavatories*, bezw. *Lavabos* genannt werden. In französischen Schulen werden für je 100 Kinder 4 Waschstände als notwendig erachtet.

In englischen Volksschulen werden die Kinder angehalten, beim Eintritt in die Schule Gesicht und Hände zu waschen; die Waschräume sind so bemessen, daß gleichzeitig je 20 Kinder die Waschstände benutzen können.

Im übrigen wird für diese Einrichtungen auf Teil III, Bd. 5 (unter A, Kap. 5) dieses „Handbuches" verwiesen.

Die Vorsorge von Badeeinrichtungen, die namentlich für Volksschulen zur Förderung der Reinlichkeit und Körperpflege und in gesundheitlicher Beziehung als sehr nützlich empfohlen werden müssen, entstammt der neuesten Zeit und ist auch in den Schulen anderer Länder früher kaum gebräuchlich gewesen.

84. Badeeinrichtungen.

In Deutschland ist der erste Versuch, derartige Bäder herzustellen, im Jahre 1884 durch die städtische Verwaltung in Göttingen auf Anregung *Merkel*'s und *Flügge*'s gemacht worden und hat seither in deutschen Städten überall Nachahmung gefunden. Die Bäder sind als Brausebäder für die Abgabe von lauwarmem und kaltem Wasser eingerichtet. Im Baderaum werden, je nach der Schülerzahl in der Klasse, eine Anzahl flacher Wannen von 100 bis 120 cm Durchmesser aufgestellt oder vertiefte Mulden eingerichtet, die groß genug sind, um den vierten Teil der Schüler einer Klasse aufnehmen und gleichzeitig abduschen zu können. Zur Benutzung für ältere Mädchen ist es zweckmäßig, im Baderaum einige abgeteilte Badezellen vorzusorgen.

Fig. 41.

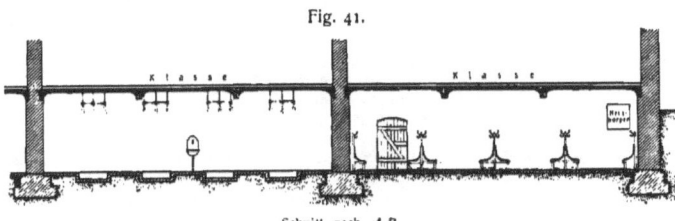

Schnitt nach *A B*.

Fig. 42.

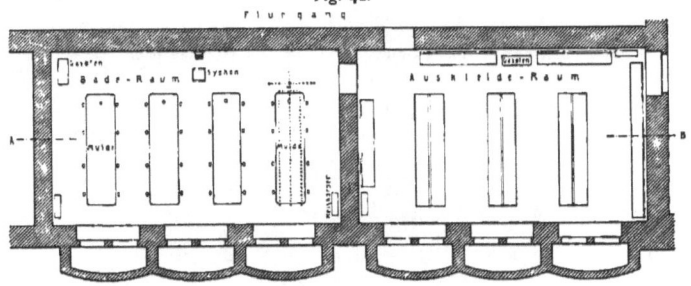

Grundriß.
Schulbrausebad.
1/900 w. Gr.

Der zugehörige Ankleideraum muß so groß sein, daß er die doppelte Zahl der im Baderaum zu badenden Kinder aufnehmen kann, damit beide Räume gleichzeitig benutzt werden können; die nötige Zahl von Sitzbänken und Kleiderhaken ist vorzusorgen.

Das Badewasser wird in einem Heizkessel erwärmt und für die Entnahme aus den Brausen entweder mittels eines Wasserbehälters oder eines Mischkastens brauchbar gemacht; die Temperatur des durch letzteren gehenden Wassers wird auf etwa 35 Grad C. bemessen und durch Thermometer kontrolliert, die an geeigneter Stelle in die Ablaufröhren eingesetzt werden. (Siehe auch Teil III, Bd. 5 [unter A, Kap. 6] dieses „Handbuches".)

Die Bade- und Ankleideräume können im Kellergeschoß untergebracht werden, müssen jedoch gut heizbar, mit Vorkehrungen zur Lüftung und zur Abhaltung der Feuchtigkeit versehen sein.

Eine Gesamtanlage ist im Grundriß des Mühlheimer Volksschulhauses (siehe Art. 117) und die Badeeinrichtung einer Frankfurter Bürgerschule durch Fig. 41 u. 42 in Grundriß und Schnitt dargestellt.

Literatur
über „Schulbäder".

MERKEL. Ueber Schulbäder. Deutsche Viert. f. öff. Gesundheitspfl. 1886, S. 46. Bäder in der Schule. Gesundheit 1886, S. 97.
SCHUSTER. Bade-Einrichtungen in Volksschulen. Zeitsch. d. Arch.- u. Ing.-Ver. zu Hannover 1886, S. 489.
Ueber Schulbäder. Deutsche Viert. f. öff. Gesundheitspfl. 1887, S. 46.
WAGNER, W. Brause-Douchebäder in Schulen, ihre sanitären Vortheile, bauliche Einrichtung und Herstellungskosten. Deutsche Bauz. 1887, S. 562.
HAS, R. Die Badeeinrichtung in der II. Bürgerschule zu Weimar. Zeitschr. f. Schulgesundheitspfl. 1889, S. 325. — Auch als Sonderabdruck erschienen: Weimar 1889.
BEIELSTEIN, W. Schulbrausebäder in München. Gesundh.-Ing. 1891, S. 362.
RANDEL, C. Heizungs- und Lüftungsanlage nebst Brausebad für die 24-klassige Sophienschule in Braunschweig. Zeitschr. d. Ver. deutsch. Ing. 1892, S. 680.
STAHL, B. Das Brausebad im Schulgebäude an der Adolfstraße zu Altona. Zeitschr. f. Schulgesundheitspfl. 1892, S. 253.
MANGENOT. *Les bains et la natation dans les écoles primaires communales de Paris.* Revue d'hyg. *1892,* S. 488.
Schul- und Volksbrausebad in Burgstädt. Gesundh.-Ing. 1894, S. 101.
WOLFF, Das Brausebad und seine Einrichtung in Volksbadeanstalten, Casernen, Gefängnissen und Schulen. Deutsche Viert. f. öff. Gesundheitspfl. 1894, S. 407.
NAEF, H. Die Schulbäder in Zürich. Zeitschr. f. Schulgesundheitspfl. 1894, S. 385.
Die Volksschul-Badeeinrichtungen der Stadt Göttingen. Zeitschr. f. Wohlfahrtseinr. 1894, S. 233.
BRUNZLOW, H. Die erste Brausebadanlage in Berliner Gemeindeschulen. Zeitschr. f. Schulgesundheitspfl. 1896, S. 18.
OMMERBORN, C. Das Brausebad in der Volksschule. Zeitschr. f. Arbeiter-Wohlf. 1896, S. 251.
Schulbäder zu Karlsruhe: BAUMEISTER, R. Hygienischer Führer durch die Haupt- und Residenzstadt Karlsruhe. Karlsruhe 1897. S. 272.
AM ENDE, P. Das Brausebad in der Volksschule. Dresden 1900.
GERHARD, W. P. *A plea for rain-baths in the public schools. American architect,* Bd. 69, S. 11, 19.
AM ENDE. Ueber das Schulbrausebad und seine Wirkungen. Zeitschr. f. Schulgesundheitspfl. 1902, S. 578.

b) Aborte und Pissoirs.

Die Bedürfnisanstalten sind für Schulkinder und Lehrerschaft nach den Geschlechtern zu trennen.

85. Allgemeine bauliche Anordnung.

Die zum Gebrauch für die Kinder bestimmten Anstalten müssen leicht beaufsichtigt werden können und so angelegt sein, daß die Kinder keine weiten und ungeschützten Wege zu machen haben, und daß durch Nässe oder üblen Geruch kein Nachteil erwachsen kann.

In kleineren Schulen, und namentlich in Dorfschulen, finden die Bedürfnisanstalten für die Knaben und Mädchen in der Regel in zwei kleinen Häuschen Platz, die auf den Spielhöfen an geeignetem Orte errichtet werden; letzterer ist so auszuwählen, daß der Lehrer ihn bequem unter Aufsicht halten kann. Die Gebäude stehen zweckmäßig mit der Längsfront nach Norden.

In größeren Schulen entsteht die Frage, ob die Bedürfnisanstalten für die Kinder zweckmäßiger innerhalb oder außerhalb des Schulhauses unterzubringen sind.

Gegen die erstere Anordnung macht sich das Bedenken geltend, daß die Belästigung durch üblen Geruch, auch bei sorgfältigster Reinhaltung und reichlicher

Spülung, nicht ganz zu vermeiden ist und daß infolge von Unachtsamkeit im Bau oder im Betriebe durch Näſſe Beſchädigungen entſtehen können, die koſtſpielige und ſtörende Ausbeſſerungen nach ſich ziehen. Aus letzterer Erwägung, ſowie zur beſſeren Beaufſichtigung der Kinder ſollte die Anordnung geteilter Bedürfnisanſtalten in den Obergeſchoſſen der Schulhäuſer vermieden werden.

Die Bedürfnisanſtalten im Kellergeſchoß mit beſonderen Zugängen von den Höfen anzulegen, erſcheint zuläſſig, wenn der verfügbare Bauplatz nur einen mäßigen Umfang beſitzt, eine weitere Einſchränkung des Spielplatzes alſo vermieden werden muß. Eine derartige Anordnung, wie ſie früher in Hamburger Volksſchulen gebräuchlich war, iſt durch Fig. 43 dargeſtellt; die gleiche Anordnung iſt bei der Charlottenburger Volksſchule (ſiehe Art. 129) gewählt worden.

Im allgemeinen aber iſt es vorzuziehen, die Bedürfnisanſtalten für die Schulkinder außerhalb des Hauſes in beſonderen Gebäuden anzulegen und dieſe, wenn möglich, an das Schulhaus anzubauen. Bei größerem Abſtande müſſen die Verbindungswege überdacht werden.

Fig. 43.

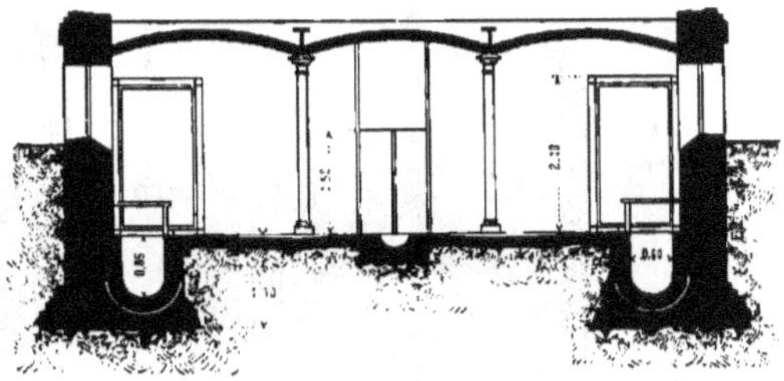

Aborte in den Volksſchulen zu Hamburg. — $^1/_{120}$ w. Gr.

Verſchiedene Grundrißbeiſpiele von Bedürfnisanſtalten ſind aus den unter B und C vorzuführenden Schulhausgrundriſſen zu erſehen.

Die Bedürfnisanſtalten für die Schüler müſſen ſehr gut gelüftet ſein; es empfiehlt ſich, zu dieſem Zwecke den oberen Teil der Umfaſſungswände mit Jalouſiefenſtern zu verſehen oder auf dem Dache einen Fenſteraufbau anzubringen und die Öffnungen nur bei ſtrenger Kälte zu ſchließen, ſonſt dauernd offen zu halten. Zweckmäßig iſt es, die Heizung mittels eines eiſernen Regulierfüllofens vorzuſehen, und zwar ſchon deshalb, um das Einfrieren der Waſſerzuleitung bei Froſtwetter ſicher verhüten zu können.

Die Bedürfnisanſtalten für die Lehrerſchaft können bei vorhandener Waſſerſpülung innerhalb des Schulhauſes, wenn der Bauplan dies wünſchenswert erſcheinen läßt, Platz finden. Der Umfang richtet ſich nach der Größe der Schule; die Anordnung bietet gegen die auch in Wohnhäuſern übliche keine Abweichung. Bezüglich der Eingänge iſt zu beachten, daß ſie den Blicken der Kinder tunlichſt entzogen bleiben.

86. Aborte.
Die Zahl der Aborte wird in deutſchen Schulen in der Regel ſo bemeſſen, daß jede Knabenklaſſe von etwa 50 Kindern einen Abort, jede Mädchenklaſſe von gleicher Größe zwei Aborte zur Benutzung erhält. Für das erſte Hundert Kinder werden in engliſchen Schulen 3, in franzöſiſchen 4 Sitze, für jedes folgende Hundert 2 Sitze gerechnet. Als hinreichende Abmeſſung der Aborte iſt eine Breite von 70 cm und eine Länge von 110 cm zu bezeichnen; die geringſten Maße ſind z. B. in Frankreich mit 70 × 80 cm, in England mit 60 × 100 cm vorgeſchrieben.

Die Höhe der Sitze iſt, je nach der Größe der Kinder, auf 35 bis 40 cm, die Breite auf 45 bis 50 cm anzunehmen. Die Zwiſchenwände ſind etwa 2,20 m hoch zu machen; beſtehen ſie aus Brettern, ſo ſollen die Fugen mit Leiſten bedeckt werden. Die Türen ſind über dem Fußboden in einer Höhe von ungefähr 20 cm offen zu halten, um den ordnungsmäßigen Gebrauch der Sitze von außen beaufſichtigen zu können. Die Türen ſollen in den Angeln oder in den Spurlagern ſo konſtruiert ſein, daß ſie von ſelbſt zufallen. Zwiſchenwände und Fußboden ſollten nicht in Holz hergeſtellt werden; für erſtere empfiehlt ſich Schiefer-, *Monier*- oder *Rabitz*-Konſtruktion, für letztere Plattenboden.

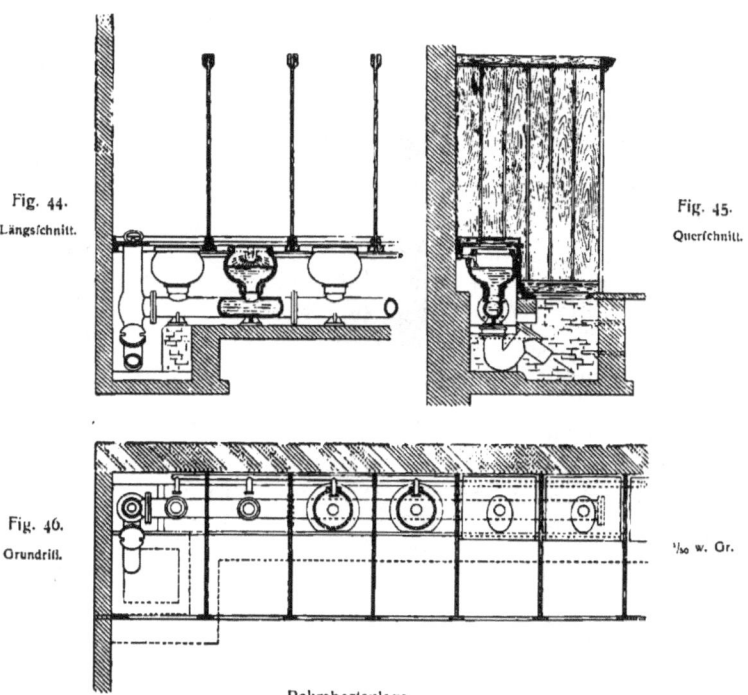

Fig. 44. Längsſchnitt.

Fig. 45. Querſchnitt.

Fig. 46. Grundriß.

1/50 w. Gr.

Rohrabortanlage.

Inſofern die Möglichkeit einer unterirdiſchen Abführung der Fäkalſtoffe vorhanden iſt, bleibt die Entwäſſerung im Anſchluß an die Schwemmkanäle jeder anderen Anordnung vorzuziehen; anderenfalls wird als Notbehelf das Tonnenſyſtem mit häufiger Abfuhr gewählt werden müſſen. In England ſind Streuaborte vielfach gebräuchlich.

Wenn bei Anwendung des Schwemmſyſtems jeder Sitz beſonderen Geruchverſchluß und beſondere Röhrenleitung erhält, ſo bringt die Spülung im Betriebe die Schwierigkeit mit ſich, daß ſelbſttätige Spülvorrichtungen, die z. B. durch einen Druck auf das Sitzbrett des Abortes oder durch die Bewegung der Tür in Wirkſamkeit geſetzt werden, auf die Dauer ſelten haltbar bleiben, daß die Ingebrauchfetzung der Spülvorrichtungen aber, falls fie den Kindern übertragen ift, häufig ganz unterlaffen wird. Außerdem verteuert fich die Anlage beträchtlich, fowohl durch Steigerung der Anfchaffungs- und Unterhaltungskoften, als durch vermehrten Wafferverbrauch.

Daher find nach englifchem Vorbild auch in deutfchen Schulen die bereits in Teil III, Band 5 (Abt. IV, Abfchn. 5, D, Kap. 17) befchriebenen Trog- oder Rohraborte in Gebrauch gekommen.

Wie Fig. 44 bis 46 zeigen, ift das Becken jedes einzelnen Sitzes durch einen kurzen Stutzen mit dem eifernen Abortrohr verbunden; Rohr und Stutzen, fowie ein Teil des Beckens find ftets mit Waffer gefüllt, und es erfolgen Entleerung, Durchfpülung und Neufüllung in angemeffenen Zwifchenzeiten, die, je nach der Benutzung der Abortanlage beftimmt werden, mittels Handhabung der hierzu vorgefehenen Ventile und Hähne durch den Schuldiener.

Allerdings hat diefe Anordnung den Nachteil, daß die Bedürfnisanftalt nicht geruchfrei gehalten werden kann, wofür nur durch fehr häufiges Entleeren und Neufüllen des Rohres und durch kräftige Lüftung einige Abhilfe zu fchaffen ift. Außerdem werden die Kinder, wenn der Wafferfpiegel in den Becken auf die für die Reinhaltung der letzteren erforderliche Höhe gebracht wird, durch das bei der Benutzung des Abortes aufwärts fpritzende Waffer beläftigt; letzterem Nachteil hat man fich bemüht, durch tunlichfte Verkleinerung und ovale Geftaltung des Sitzloches abzuhelfen.

Noch einfacher geftaltet fich die Konftruktion der Aborte, wenn ftatt des wagrechten Rohres ein Trog oder eine halbkreisförmige Rinne hergeftellt wird, über welcher die Sitze liegen; die Waffer-Zu- und -Ableitung erfolgt in gleicher Weife wie vorbefchrieben. Diefe Einrichtung (fiehe auch Fig. 43) wurde im eben angezogenen Bande diefes „Handbuches" (Abt. IV, Abfchn. 5, D, Kap. 17) bereits vorgeführt, wie überhaupt für die Einzelheiten der Konftruktion der Aborte und der Piffoirs auf Teil III, Band 5 diefes „Handbuches" (unter D) hingewiefen werden muß.

87. Piffoirs.

Die Anzahl der für Knabenfchulen erforderlichen Piffoirftände wird im Verhältnis von 2 für jedes Hundert Schüler berechnet; die Standweite ift je nach der Größe der Kinder auf 40 bis 50 cm anzunehmen.

Das Piffoir kann ungeteilt an einer aus Schieferplatten oder Zement hergeftellten, mit Wafferfpülung verfehenen Wand angebracht, oder die einzelnen Stände können abgetrennt werden, und zwar entweder fo, daß jeder Stand ein eigenes Becken erhält, oder fo, daß je 2 Stände durch eine zwifchengeftellte Schiefer- oder Zementwand abgetrennt find, die eine Höhe von etwa 1,30 cm und einen Vorfprung von etwa 40 cm erhalten und, um die Reinigung nicht zu erfchweren, nicht bis auf den Fußboden herunterreichen dürfen.

Konftruktionen mit hölzernen Rinnen oder Zwifchenwänden, ebenfo hölzerne Fußböden, Lattenrofte u. dergl. find ganz zu verwerfen. Zwifchenwände und Becken verteuern die Anlage und erfchweren die Überficht und Reinhaltung. Deshalb genügt eine leicht geneigte, mit Wafferfpülung verfehene Wand, an deren Fuß eine mit einem eifernen Gitter bedeckte Abflußrinne hinzieht, die durch ein mit Geruchverfchluß verfehenes Rohr in den Schwemmkanal ent-

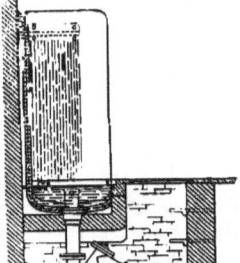

Fig. 47.

Querfchnitt durch einen Piffoirftand. — 1/20 w. Gr.

wäſſert; Zementputz nach dem Syſtem *Monier* iſt für Herſtellung der Hinter- und Zwiſchenwände für Piſſoirs zweckmäßig (Fig. 47).

Da eine dauernde Spülung durch den ſtarken Waſſerverbrauch ſehr koſtſpielig, die Spülung mittels beſonderer Handhabung aber unzuverläſſig iſt, ſo empfiehlt ſich eine ſelbſttätig wirkende Vorrichtung mittels Schwimmer, der die Spülung mit einer ausreichenden Waſſermenge in Zwiſchenzeiten von etwa 6 bis 7 Minuten in Tätigkeit ſetzt.

In neuerer Zeit ſind Ölpiſſoirs, bei denen die Waſſerſpülung durch Ölen der Hinterwände und der Waſſerverſchlüſſe erſetzt wird, mit Nutzen in Gebrauch genommen.

In Bezug auf die Abführung des Urins gilt das für die Aborte Geſagte in verſchärftem Maße. Wenn kein Schwemmkanal zur Verfügung ſteht, ſo muß durch gut verſchloſſene, undurchläſſige Sammelbehälter jede Verunreinigung des Untergrundes vermieden werden.

Für häufige und gründliche Reinigung des Fußbodens und der Wände des Piſſoirs iſt Sorge zu tragen; Fußboden und Wände ſind ſo herzuſtellen, daß ſie ohne Schaden für ihre Haltbarkeit nicht nur mit Waſſer, ſondern auch mit desinfizierenden Flüſſigkeiten abgewaſchen werden können.

c) Geſchäftszimmer für die Lehrerſchaft.

Um den an der Schule tätigen Lehrern und Lehrerinnen während der Zwiſchenpauſen und für die Dauer einer etwaigen Unterbrechung ihrer Dienſtleiſtung einen ſchicklichen Aufenthalt zu gewähren, ſind einige nach der Größe der Schule zu bemeſſende Räume vorzuſorgen. Nur für Dorfſchulen, wenn die Wohnung des Lehrers in unmittelbarem Anſchluß an das Schulhaus ſteht, kann hiervon Umgang genommen werden; anderenfalls iſt auch für die kleinſten Schulen wenigſtens ein Raum erforderlich, in dem der Lehrer oder die Lehrerin die Verwaltungsgeſchäfte erledigen und mit den Eltern und Angehörigen der Kinder verkehren kann.

88. Raumbedarf.

In größeren Schulen treten dann je nach Bedarf hinzu: Aufenthaltszimmer für die Lehrer und Lehrerinnen und in deutſchen Schulen noch ein Beratungszimmer (Konferenzzimmer); letzteres ſoll für die Verſammlung der ganzen Lehrerſchaft dienen und iſt deshalb etwas geräumiger zu bemeſſen. Es empfiehlt ſich, die Aufenthaltszimmer der Lehrer und Lehrerinnen ſo zu legen, daß der Spielplatz von dort überſehen werden kann.

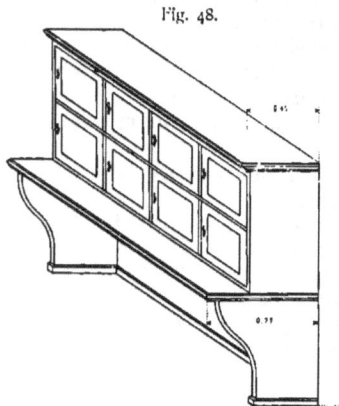

Fig. 48.

Schrank für ein Lehrerzimmer.

Die genannten Räume erfordern keine beſondere Ausſtattung. Für das Zimmer des Schulvorſtandes wird in der Regel ein Schreibtiſch und ein Schrank, für die Aufenthaltszimmer der Lehrer und Lehrerinnen je ein größerer Tiſch, ein Schrank mit verſchließbaren Fächern (Fig. 48) und die nötige Anzahl von Stühlen verlangt.

89. Ausſtattung.

d) Dienstwohnungen.

90. Allgemeines.

Im Hinblick auf den vielfachen dienstlichen Verkehr, den die Schulvorsteher mit den Eltern haben, und auf die vordringende Zweckmäßigkeit, die bauliche Instandhaltung, Heizung und Reinigung des Schulhauses der persönlichen Aufsicht eines verantwortlichen Beamten zu unterstellen, wird es oft gewünscht, für einen oder mehrere Lehrer, gewöhnlich für den Schulvorsteher, im Schulhause oder in dessen nächster Nähe eine Familienwohnung vorzusorgen.

Ferner ist in jeder größeren Schule ein Unterbeamter notwendig, Schuldiener, Pedell oder Kastellan genannt, dem neben anderen Dienstleistungen für die Schulverwaltung die Bewachung und Reinigung des Hauses und Hofes, sowie oftmals auch die Bedienung der Lüftungs- und Heizanlage übertragen ist. Auch für diesen Beamten nebst Familie und für dessen Hilfspersonal, z. B. in Schulen mit Sammelheizung für einen Heizer, sind in der Schule oder in ihrer Nähe Wohnräume erforderlich.

Es kann keinem Zweifel unterliegen, daß es im Interesse der Schulverwaltung und des Publikums am zweckmäßigsten sein würde, wenn diese Dienstwohnungen im Schulhause selbst, und zwar am besten in dessen Erdgeschoß, ihren Platz finden könnten. Dem widersprechen jedoch triftige Bedenken. Zunächst werden dem Schulhause gerade an der wertvollsten Stelle Räume entzogen, die für Unterrichtszwecke unersetzlich sind; sodann stellen diese Wohnungen fremdartige Elemente dar, welche die Übersichtlichkeit der Anlage des Schulhauses stören. Überdies bleibt noch die Schwierigkeit bestehen, für die Wohnungen eine günstige Anordnung zu finden, weil die Abmessungen und Geschoßhöhen, die für Schulzwecke notwendig sind, sich für Wohnzwecke wenig eignen; die Wohnzimmer werden in der Regel zu groß und zu hoch; für die breiten Flurgänge der Schule findet sich in den Wohnungen selten eine nützliche Verwendung. Auch der Verkehr, den die Familien der Wohnungsinhaber in das Schulhaus bringen, Streitigkeiten der Dienstboten u. a. können zu mißlichen Störungen Anlaß bieten.

Das größte Bedenken jedoch besteht in gesundheitlicher Beziehung, weil ansteckende Krankheiten, besonders Kinderkrankheiten, die in den Familien der Wohnungsinhaber auftreten, sich bei der unmittelbaren Annäherung sehr leicht auf die Schulkinder übertragen und unter ungünstigen Verhältnissen eine wesentliche Störung, ja sogar das Schließen der Schule zur notwendigen Folge haben können.

Deshalb muß als Grundsatz aufgestellt werden, daß Familienwohnungen für verheiratete Beamte, Lehrer und Schuldiener nicht innerhalb des Schulhauses, sondern, wenn die Gewährung solcher Wohnungen unerläßlich erscheint, nur in einem besonderen, der Schule möglichst nahe zu errichtenden Gebäude Platz finden sollten.

Eine Ausnahme erscheint für ganz kleine Verhältnisse statthaft, namentlich in Dorfschulen; die Klasse und ebenso die Lehrerwohnung können alsdann im Erdgeschoß angeordnet und durch eine feste Mauer ohne Öffnungen voneinander geschieden werden, oder es können auch, wenn für zwei verheiratete Lehrer oder für mehrere Lehrer gesorgt werden muß, die Wohnungen in zwei Geschossen übereinander und die Klassen in der gleichen Anordnung, wiederum von den Wohnräumen durch eine feste Mauer getrennt, Platz finden. Vollständige Abtrennung der Wohnungen von den Lehrräumen ist durch die preußische Ministerial-Verordnung vom 15. November 1895 ausdrücklich vorgeschrieben.

Müssen nach den örtlichen Verhältnissen in einem größeren Schulhause Dienstwohnungen unbedingt untergebracht werden, so sind für letztere durchaus gefonderte Eingänge und, wenn die Wohnungen im Obergeschoß liegen, auch gefonderte Treppen zu verlangen; jede irgend entbehrliche Gemeinfchaft im Haufe, auf dem Hofe und im Garten ift ftreng auszufchließen.

Die Lehrerwohnungen find in der Regel für verheiratete Lehrer beftimmt und eingerichtet. Ausnahmsweife, und befonders auf dem Lande, wird noch für einen oder zwei unverheiratete Hilfslehrer Unterkunft im Schulhaufe beanfprucht, namentlich dann, wenn Mietwohnungen im Orte fchwer erhältlich find.

<small>91. Lehrerwohnung.</small>

Die Raumerforderniffe und die Ausftattung für die Wohnungen der verheirateten Lehrer find je nach deren amtlicher Stellung und nach den örtlichen Verhältniffen fehr verfchieden. Auf dem Lande und z. B. für die preußifchen Volksfchulen in den Dörfern werden 2 Stuben, 2 Kammern und eine Küche nebft den nötigen Wirtfchafts- und Stallräumen als auskömmlich erachtet.

In England verlangt man ein befferes Zimmer (*Parlour*), 3 Schlafzimmer und eine Küche mit Spülraum; in Frankreich ungefähr die gleichen Räumlichkeiten, zugleich mit der Feftfetzung, daß der Gefamtflächeninhalt mindeftens 80 q^m betragen muß.

Für ftädtifche Schulen fteigern fich diefe Anforderungen naturgemäß. Die Wohnung wird für die Vorfteher der deutfchen Volks- und Bürgerfchulen mindeftens 5 mittelgroße Wohn- oder Schlafzimmer mit Baderaum, dazu Küche, Speifekammer, Keller und Bodengelaß enthalten; für die Direktoren der höheren Schulen werden noch 1 bis 2 Wohnzimmer hinzugefügt. Nicht gebräuchlich ift es in ftädtifchen Schulen, daß für mehr als einen Lehrer eine Familienwohnung verlangt wird und daß überhaupt für das Unterbringen unverheirateter Lehrer im Schulhaufe geforgt werden muß.

Findet die Lehrerwohnung in einem befonderen Gebäude Platz, fo empfiehlt es fich, zur Verminderung des Raum- und Gelderforderniffes die Wohnräume in zwei Gefchoffen, und zwar im Erdgefchoß Wohnzimmer und Küche, im Obergefchoß die Schlafzimmer unterzubringen. Eine zweckmäßige Erweiterung diefes Bauplanes ift darin zu fuchen, daß die Wohnung des Schuldieners (fiehe Art. 92) in das gleiche Gebäude verlegt wird. In folchem Falle beanfprucht man häufig eine Trennung der Eingänge und Treppen; doch erfcheint diefe Forderung, welche die Benutzung der Dachbodenräume für die Schuldienerwohnung erfchwert, als eine nicht notwendige.

Für die Darftellung der Grundrißanordnung wird auf die unter B vorgeführten Beifpiele zu Duisburg (fiehe Art. 106), Frankfurt a. M. (fiehe Art. 114) und Freiburg (fiehe Art. 122) verwiefen.

Um die Mehrkoften zu vermindern, die durch Unterbringen der Dienftwohnungen in einem befonderen Gebäude verurfacht werden, hat man verfucht, eine Teilung dahin eintreten zu laffen, daß die Schuldienerwohnung im Schulhaufe verbleibt und nur die Lehrerwohnung außerhalb des letzteren, und zwar über der Turnhalle, angeordnet wird. Dies kann namentlich dann, wenn der Bauplatz ein befchränkter ift und für die Erbauung eines getrennten Wohnhaufes auch in diefer Beziehung Schwierigkeiten erwachfen, als ein Auskunftsmittel wohl zugelaffen, als eine vollkommene Löfung jedoch in keiner Weife angefehen werden.

Zunächft bleiben die gefundheitlichen Bedenken, die gegen das Einlegen der Schuldienerwohnung in das Schulhaus zu erheben find, unvermindert fortbeftehen. Die Baukoften, welche die Herftellung der Lehrerwohnung erfordert, werden allerdings verringert, weil die Fundamente und das Dach der Turnhalle mit benutzt werden; auch find die Abmeffungen der letzteren für die Gewinnung der Wohnräume im Obergeschoß nicht unpassend; dagegen tritt das neue Bedenken auf, daß die Wohnungsinhaber durch die beim Turnunterricht unvermeidlichen Erschütterungen und durch den Lärm sehr belästigt werden. Will man diesen Übelstand durch Verstärkung der Deckenkonstruktion und namentlich durch doppelte Verschalung der Decke mildern, so entstehen daraus wieder neue Kosten, die den finanziellen Nutzen der ganzen Anordnung abschwächen.

Für einen unverheirateten Lehrer werden gewöhnlich, z. B. nach preußischer Vorschrift, 2 Zimmer verlangt; die gleichen Räume genügen auch für eine unverheiratete Lehrerin; doch ist eine kleine Küche mit Vorratsgelaß hinzuzufügen.

Angemessene Trennung von den Familienwohnungen, namentlich die Vorsorge getrennter Aborte, ist bei der Planverfassung zu berücksichtigen.

In neuerer Zeit ist in nützlicher Weise versucht worden, zur Herabminderung der Baukosten das Erdgeschoß des Lehrerwohnhauses für andere städtische Dienstzwecke nutzbar zu machen; z. B. sind in Berlin und Frankfurt a. M. Steuerzahlstellen, in ersterer Stadt auch Standesämter dort eingerichtet worden. (Vergl. den Erdgeschoßgrundriß in Art. 143.)

92. Schuldienerwohnung. Die Schuldienerwohnung findet, wenn sie im Schulhause angeordnet werden soll, am besten ihren Platz im Erdgeschoß, um dem Beamten die Beaufsichtigung der Eingänge und die Bedienung der Heiz- und Lüftungsanlage zu erleichtern. Die Wohnung im Kellergeschoß anzulegen, ist sparsam und für die Verwaltung zweckmäßig, jedoch aus gesundheitlichen Rücksichten nicht anzuraten; ist eine solche Anordnung unvermeidlich, so muß auf Trockenlegung der Fußböden und Wände durch wagrechte Isolierschichten und durch seitliche Luftgräben Bedacht genommen werden; die Dielung der Wohn- und Schlafzimmer aus eichenen Brettern in Asphalt auf Beton herzustellen, ist empfehlenswert.

Die Wohnung besteht in der Regel aus 3 mittelgroßen Räumen nebst Küche, Speisekammer, Keller und Bodengelaß; die Vorsorge eines von der Bedürfnisanstalt der Kinder getrennten Aborts ist unter allen Umständen erforderlich.

Über das etwaige Unterbringen der Schuldienerwohnung im Lehrerwohnhause wurde schon im vorhergehenden Artikel gesprochen. Die räumlichen Erfordernisse gestatten es, die Dienerwohnung im Erdgeschoß unterzubringen, während die Lehrerwohnung das I. und II. Obergeschoß beansprucht. Diese Anordnung erscheint deshalb in finanzieller Beziehung ganz zweckmäßig; sie hat jedoch vom Standpunkt der Verwaltung den Nachteil, daß der Schuldiener bei Nachtzeit im Schulhause nicht anwesend, also im Falle einer Gefährdung des Hauses durch Feuer, Unwetter oder Diebstahl nicht unmittelbar zur Hilfeleistung bereit ist. Für die Darstellung der Grundrißanordnung wird auf die unter B angeführten Beispiele zu Bremen (siehe Art. 116), Frankfurt a. M. (siehe Art. 117) und Zwickau (siehe Art. 147) verwiesen.

e) Eingänge, Flure und Treppen.

93. Hauseingänge und Vortreppen. Es ist zweckmäßig, die Hauseingänge mit Vordächern, Überbauten oder Portalvorlagen zu versehen, damit die Kinder, die zu früh zur Schule kommen, vor dem Regen geschützt untertreten können. Aus dem gleichen Grunde ist es empfehlenswert, die Haustüren hinter die Fluchtlinie in das Innere des Gebäudes zurücktreten zu lassen; damit wird zugleich erzielt, daß die Türflügel, die nach außen aufschlagen müssen, sich in die Mauertiefe zurücklegen und nicht vor der Hausfront vorspringen.

Das Portal kann zur Aufnahme einer Inschrift dienen, die den Namen der

Schule oder die Bezeichnung der Abteilung (Knaben- oder Mädchenabteilung) angibt. Anderenfalls findet eine folche Infchrift an einer anderen geeigneten Stelle der Eingangfeite ihren Platz.

Vor dem Hauseingang eine aus mehreren Stufen beftehende Freitreppe anzuordnen, ift nicht ratfam, weil die Kinder, namentlich im Winter, wenn die Stufen durch Schnee und Eis glatt werden, leicht zu Fall kommen und fich um fo mehr befchädigen können, je größer die Stufenzahl ift; deshalb follte nicht mehr als eine Stufe außerhalb des Haufes liegen. Die fonft zur Erreichung des Erdgefchoßfußbodens erforderlichen Stufen müffen im Inneren angeordnet werden. Um nutzlofes Steigen zu vermeiden, follte der Erdgefchoßfußboden, wenn nicht befondere Verhältniffe es erfordern, nicht höher als 1 m über Hofgleiche angelegt werden. Freitreppen find jedenfalls beiderfeits mit ficheren Handgeländern zu verfehen.

Vor der erften Trittftufe ift ein Fußreiniger anzubringen, am beften ein ftarkes Eifengitter mit engmafchiger, möglichft rauher Oberfläche, das über einer im Boden hergeftellten muldenförmigen Vertiefung liegt und zu deren Reinhaltung mittels kräftiger Scharnierbänder aufgeklappt werden kann; die Vertiefung ift aus Hauftein, Mauerwerk oder Zement herzuftellen und mit einem Sickerablauf oder Entwäfferung für das einfallende Tagwaffer zu verfehen. Außer diefen Reinigungsgittern noch Kratzeifen zur Seite des Einganges anzuordnen, empfiehlt fich nicht, weil diefe erfahrungsgemäß felten benutzt werden, dagegen zu Befchädigungen der Kinder Veranlaffung bieten.

Im Inneren des Haufes, hinter der Eingangstür, darf eine dicke Matte aus Kokosfafern oder anderem geeigneten Stoff nicht fehlen, um das Hereintragen von Schmutz und Näffe durch die Füße der Kinder tunlichft zu verhüten.

Die Flurgänge des Schulhaufes follen fo bemeffen fein, daß fie den Kindern, wenn fie durch fchlechtes Wetter verhindert find, das Gebäude zu verlaffen, einige Bewegung ermöglichen. Dies ift befonders dann notwendig, wenn, wie dies in deutfchen Schulen meift zutrifft, überdeckte Höfe und Spielplätze nicht vorhanden find.

94. Flurgänge.

Die Breite der Flurgänge foll in größeren Schulen (vergl. Art. 20, S. 17) mindeftens 2,50 m, beffer 3,00 m und bei zweifeitiger Bebauung 3,50 m betragen. Werden die Gänge, wie in Art. 82 (S. 62) befprochen, als Kleiderablagen benutzt, fo ift eine größere Breite unentbehrlich.

Der Bodenbelag muß feft und fo befchaffen fein, daß die Reinigung leicht und mit Anwendung reichlicher Wafferfpülung bewirkt werden kann; die Oberfläche darf jedoch nicht fo glatt fein, daß die Bewegung der Kinder gefährdet wird. Am beften geeignet erfcheint ein Belag aus kleinen, hart gebrannten Tonfliefen auf einer Unterlage aus Beton oder Backfteinmauerwerk; die Oberfläche der Fliefen kann nach Art eines Mofaikgefüges leicht geritzt fein. Auch Terrazzoböden find bei guter, riffefreier Ausführung zu empfehlen; dagegen find Beläge aus Zement oder Afphalt, ebenfo aus Sandfteinplatten und ähnlichem weichen Material weniger zweckmäßig. Inwieweit fich ein Bodenbelag aus Linoleum bewährt, deffen Verwendung in neuerer Zeit auch für Flurgänge mehrfach verfucht worden ift, wird weiterer Erfahrung zu überlaffen fein.

Die Wände find auf etwa 1,20 m Höhe mit Holzgetäfel, Zementputz oder Backfteinverblendung, freiftehende Ecken durch Bekleidung mit Holz oder Eifen gegen Befchädigung zu fichern.

Die Decken find im Hinblick auf Feuerficherheit und auf Widerftandsfähigkeit gegen Wafferbefchädigungen in Backfteinen oder in Zementbeton auszuführen. Tragende Eifenkonftruktionen find dabei tunlichft zu vermeiden, um Bewegungen auszufchließen, welche auf die Haltbarkeit der Oberfläche langgeftreckter Fußböden erfahrungsgemäß von nachteiligem Einfluß find.

Auf jedem Flurgang find Zapfhähne zur Entnahme von Trinkwaffer für die Kinder anzubringen und einige, teilweife mit Waffer gefüllte Spucknäpfe aufzuftellen.

Eine mäßige Heizung der Flure durch Mitbenutzung einer Sammelheizung oder Auffstellung befonderer Öfen ift nützlich, um für die Kinder den Übergang aus den oft überheizten Klaffen in die kalte Außentemperatur auszugleichen und um die Heizung der Klaffen zu erleichtern.

95. Treppen.

Unter Hinweis auf die in Art. 20 (S. 17) gemachten Mitteilungen wird hier weiter die Notwendigkeit hervorgehoben, die Treppen durchaus dauerhaft und feuerficher herzuftellen; fie müffen von Stein oder Schmiedeeifen konftruiert, ringsum von maffiven Mauern umgeben und gegen den Dachboden feuerficher abgefchloffen fein. Treppen, bei denen die Wangen aus Walzeifen, die kleinen winkelförmigen Stufenträger aus Gußeifen und der feuerfichere Abfchluß aus Eifenblech beftehen, ebenfo Treppen auf Unterkonftruktionen von Eifenwellblech find fchnell und ohne große Belaftung der Umfaffungsmauern aufzuftellen und daher für Schulen befonders geeignet.

Für die Oberfläche der Stufen empfiehlt es fich, einen Belag aus Holz, und zwar am beften Eichenholz, anzuwenden, um fchwerere Befchädigungen der Kinder bei etwaigem Fall zu vermeiden und um ein bequemes Auswechfeln des Belages, der fich durch den ftarken Gebrauch fchnell abnutzt, zu ermöglichen. Die eichenen Dielen werden auf der Eifenkonftruktion mittels Schrauben und auf den den Unterbau der Treppe bildenden ·Werkfteinen oder Gewölben mittels eingelaffener Dübel befeftigt.

Die Breite der Treppenläufe richtet fich nach der Anzahl der Kinder, die auf die Benutzung der Treppe angewiefen find. Die Mindeftbreite ift vielenorts gefetzlich beftimmt, in Preußen z. B. auf 1,80 m, in Sachfen und in Württemberg auf 1,40 m, in Frankreich auf 1,50 m, in Wien auf 1,58 m, in Hamburg auf 1,65 m, in München auf 1,80 m; in der Schweiz kommen noch größere Laufbreiten vor. Eine Mindeftbreite von 1,50 m und für größere Schulen eine Durchfchnittsbreite von 2 m werden danach als angemeffen zu bezeichnen fein.

Dagegen befteht in England die Regel, die Treppen mit verhältnismäßig geringen Laufbreiten (1,10 bis 1,20 m) anzulegen, damit die in der Mitte der Treppen ohne feitlichen Anhalt gehenden Kinder nicht zu Fall kommen; die Zahl der Treppen wird dementfprechend vermehrt.

Die Treppenläufe find gerade und möglichft kurz anzulegen und durch Ruheplätze (Podefte) zu unterbrechen, deren Breite mindeftens gleich der Breite des Treppenlaufes fein foll; die Anordnung von Spitz- oder Schwungftufen und noch mehr die Herftellung von Wendeltreppen ift im Intereffe der Verkehrsficherheit unftatthaft.

Jede Treppe ift an der Außenfeite mit einem ficher befeftigten eifernen Stabgeländer von 1,10 m Höhe und an der Wandfeite mit einem in Höhe von etwa 0,80 m auf eifernen Stützen befeftigten Handläufer zu verfehen. Die Gitterftäbe des Außengeländers dürfen, um das Durchkriechen der Kinder zu verhüten, nicht weiter als 15 cm voneinander ftehen. Die Handläufer find aus hartem Holz herzuſtellen und an der Oberſeite mit Knöpfen zu verſehen, damit die Kinder auf den Handläufern nicht herunterrutſchen können.

Die Steigung der einzelnen Stufen ſoll das Maß von 16 cm nicht überſteigen, der Auftritt mindeſtens 28 cm betragen.

f) Schulhöfe, Schulgärten und Wege.

Die Schulhöfe oder Spielplätze bilden einen wichtigen Teil der Schule, weil ſie vorzugsweiſe dazu dienen, den Kindern einen angenehmen Aufenthalt im Freien und die Vornahme körperlicher Bewegungen und Übungen zu ermöglichen, die geeignet ſind, die nachteiligen Folgen des längeren Einſchließens in den Klaſſen aufzuheben. Um dieſen Zweck im Winter möglichſt zu fördern, hat man es auf eine in Braunſchweig im Jahre 1872 gegebene Anregung mit Erfolg verſucht, beiſpielsweiſe in München und Budapeſt, auf den Schulhöfen Eisbahnen einzurichten.

Die Schulhöfe liegen zweckmäßig vor den Klaſſenfenſtern; ſie müſſen eine gut befeſtigte und entwäſſerte Oberfläche haben, eine angemeſſene Größe beſitzen und gegen die Sonnenſtrahlen durch reichliche Baumpflanzung geſchützt ſein.

Sehr nützlich iſt es, wenn neben den offenen Höfen noch bedeckte Spielhöfe oder Aufenthaltsräume vorhanden ſind, die den Kindern auch bei ſchlechtem und regneriſchem Wetter zur Erholung dienen können. Derartige Einrichtungen finden ſich, unter dem Namen *Play grounds*, bezw. *Préaux couverts*, faſt regelmäßig in allen größeren engliſchen, belgiſchen und franzöſiſchen Schulen, ſind jedoch leider in deutſchen und öſterreichiſchen Schulen wegen des durch ihre Anlage bedingten Koſtenaufwandes noch wenig gebräuchlich.

Die Raumanforderungen, die an Spielhöfe geſtellt werden, ſind, wie in Art. 14 (S. 14) bereits erörtert, nach den örtlichen Verhältniſſen, nach dem Wert der Bauſtelle und nach der als zuläſſig zu erachtenden Ausgabe ſehr verſchiedene. Oftmals wird man, beſonders in großen Städten, gezwungen ſein, den geringen Flächeninhalt der Bauſtelle, wenn letztere ſonſt allen Anforderungen genügt, als ein unvermeidliches Übel hinzunehmen. In England und Frankreich hat man verſucht, auch hier Mindeſtfeſtſetzungen zu treffen, die in der Wirklichkeit gewiß ebenſo oft wie in anderen Ländern unerfüllt bleiben werden.

Der *School board* von London fordert mindeſtens 2 qm Hoffläche für jedes Kind, die mehrfach erwähnte franzöſiſche Miniſterial-Verordnung vom 17. Juni 1880 für jedes Kind eine offene Hoffläche von 5 qm und eine überdeckte von 2 qm.

Als wünſchenswertes Durchſchnittsmaß kann die durch Miniſterial-Verordnung vom 15. November 1895 für preußiſche Landſchulen vorgeſchriebene Hoffläche von 3 qm angenommen werden.

In England und Amerika werden im Hinblick auf die überaus hohen Grundpreiſe der Schulbauplätze die Schulhöfe oft auf den flachen Dächern der Schulgebäude eingerichtet.

Die überdeckten Höfe weichen in ihrer Anordnung, Konſtruktion und Ausſtattung ſehr voneinander ab. Wie in Art. 82 u. 83 (S. 62 ff.) ſchon erwähnt, dienen ſie in engliſchen und franzöſiſchen Schulen häufig als Kleiderablagen und als Waſchräume; ſie ſind auch oft mit Tiſchen und Stühlen verſehen, um den Kindern, die während der Mittagspauſe den Weg nach Hauſe nicht zurücklegen können, die Einnahme ihrer Mahlzeiten zu ermöglichen. Häufig ſind die überdeckten Höfe an der Seite mit Fenſtern geſchloſſen; bisweilen ſind ſie ſeitlich ganz

96.
Schulhöfe
nebſt
Zubehör.

offen, fo daß die Kinder gegen Schnee und Regen nur durch die Bedachung gefchützt werden.

In den meiften Fällen wird es als erforderlich angefehen, wenn die Schulen für Knaben und Mädchen gemeinfam benutzt werden, die Spielplätze auf dem Schulhofe nach Gefchlechtern zu trennen. Früher wurde hierzu eine fefte Abteilung durch Zäune oder Mauern verlangt; in neuerer Zeit fcheinen fich jedoch die Anfchauungen dahin zu ändern, daß das ftrenge Auseinanderhalten der Kinder, das während der Schulwege doch nicht durchzuführen ift, auch während der Unterrichtspaufen nicht gefordert wird; man erachtet häufig eine leichte Abtrennung durch niedrige Drahtgitter oder durch auf eiferne Pfoften gelegte Seile für genügend, oder man verzichtet auf eine tatfächliche Trennung der Höfe ganz und hält die angemeffene Verteilung der Knaben und Mädchen nach Anordnung und unter Auflicht der Lehrer und Lehrerinnen aufrecht.

Die Baumpflanzung ift tunlichft in Reihen anzuordnen, um für den Sommer fchattige Wege zu gewinnen; die Fenfter der Klaffen dürfen durch die Bäume nicht verdunkelt werden. Bis letztere ftark aufgewachfen find, ift zum Schutze gegen Befchädigung die Aufftellung von Schutzkörben aus Weiden- oder Drahtgeflecht erforderlich.

Auf jedem Schulhofe, bezw. auf jeder Abteilung desfelben hat ein Trinkbrunnen Platz zu finden. Ift eine Wafferleitung vorhanden, fo empfiehlt fich das Anbringen eines laufenden Brunnens; anderenfalls muß eine Pumpe aufgeftellt werden. Einige an Kettchen befeftigte Trinkbecher, die am beften aus Nickelblech angefertigt werden, find beizugeben.

Die Oberfläche der Höfe darf nicht gepflaftert, fondern nur mittels Bekiefung befeftigt werden. Letztere muß jedoch auf einem durchläffigen oder gut entwäfferten, lehmfreien Untergrund liegen, der durch Steinpackung in feinem Beftande gefichert ift.

Um die Hofoberfläche möglichft ftaubfrei zu halten, empfiehlt es fich, das Befprengen mittels Schläuchen vorzuforgen und zu diefem Zwecke Wafferpfoften (Hydranten) an geeigneten Stellen anzubringen, die aus einer Wafferleitung oder einem Wafferbehälter gefpeift werden; nützlich ift es, das Schlauchgewinde der Wafferpfoften mit dem von der Feuerwehr des Ortes gebrauchten in Übereinftimmung zu halten, damit die Spritzenfchläuche im Brandfall ohne weiteres an diefe Hofpfoften angefchraubt werden können.

Zur Aufnahme des aus dem Schulhaufe entfernten Kehrichts, der Afche u. a. m. hat auf dem Hofe ein Sammelbehälter von angemeffener Größe Platz zu finden. Am beften ift es, hierzu nicht eine vertiefte Grube, fondern einen auf Rädern beweglichen, eifernen Kaften herzuftellen, deffen Deckel und Vorderwand zum Einbringen und zur Entnahme des Kehrichts beweglich find.

Für den pünktlichen Betrieb der Schule ift es fehr wünfchenswert, wenn das Schulhaus mit einer Uhr verfehen wird, deren Zifferblatt fo angeordnet ift, daß die Zeiger vom Schulhofe aus deutlich fichtbar find; der Uhr ein Schlagwerk hinzuzufügen, das die vollen Stunden und die für die Zwifchenpaufen beftimmte Minutenzeit anzeigt, ift ebenfalls zweckmäßig.

<small>97. Jugendfpielplätze und Schulgärten.</small>

In neuerer Zeit ift mit Erfolg der Verfuch gemacht, z. B. in Berlin und Frankfurt a. M., die Schulhöfe für die fchulfreien Nachmittage und für die Ferienzeit als Jugendfpielplätze unter geeigneter Auflicht dienen zu laffen. Häufig wird ferner Wert darauf gelegt, einen Teil des Schulhofes als Garten einzurichten, um den Kindern die Anfchauung für den botanifchen Unterricht zu erleichtern und Luft für die Gärtnerei zu erwecken und ihnen in dieser Beziehung für das Leben einige Vorkenntnisse mitzugeben. Die hierzu erforderlichen Einrichtungen, die sich stets in einfachen Verhältnissen bewegen, bleiben von den örtlichen Ansprüchen abhängig. Der Schulgarten, dessen Größe 100 bis 200 qm betragen kann, besteht häufig aus Zier-, Gemüse- und Obstgarten und enthält bisweilen noch eine botanische Abteilung.

Wird für den Lehrer, wenn er im Schulhause oder in dessen Nähe wohnt, ein Teil des Schulhofes als Garten abgezweigt, so ist dieser durch eine feste, am besten geschlossene Einfriedigung abzutrennen.

Die Zugangswege vom Straßeneingang nach den Haupttüren des Schulhauses und von letzterem nach den Eingängen der Bedürfnisanstalten und Turnhallen sind zu größerer Haltbarkeit und Reinlichkeit mit Pflaster oder mit Plattenbelag zu versehen. Ebenso ist auf gut befestigte Fahrwege Bedacht zu nehmen, auf denen die Anfuhr von Brennstoff und sonstigem Wirtschaftsbedarf ohne Zerstörung der Hofoberfläche sicher erfolgen kann.

98. Wege.

g) Turnplätze und Turnhallen.

Zur Pflege des Schulturnens dienen im Sommer Turnplätze und im Winter geschlossene Unterrichtsräume: Turnsäle oder Turnhallen.

99. Turnplätze.

Der Unterricht wird entweder für jede Klasse einzeln oder für mehrere Klassen der Schule gemeinschaftlich erteilt, und dementsprechend sind für den Sommer auf dem Schulhofe oder auf einem besonderen Turnplatze und für den Winter in einer Halle die erforderlichen Turngeräte zur Benutzung bereit zu stellen.

Ist der Turnplatz auf dem Schulhofe eingerichtet, so dient er in der Regel nur für den Unterricht einer einzelnen Klasse und bietet naturgemäß nur für wenige und einfache Geräte Raum: für ein Gerüst mit Kletterstangen, Seilen und Leitern, für Barren und Reck, für eine Springgrube u. a. m. Ein Beispiel einer derartigen Anlage ganz kleinen Umfanges ist in Fig. 49 dargestellt.

Auch in anderen Ländern, in denen das Schulturnen nicht so eifrig gepflegt wird wie in Deutschland und mit dem Schulunterricht nicht obligatorisch verbunden ist, besteht die Vorschrift, daß auf jedem Schulhofe mindestens einige der vorgenannten Geräte vorhanden sein müssen, um den Kindern die körperliche Bewegung und die Übung an denselben zu ermöglichen. So ist z. B. in Frankreich bestimmt, daß wenigstens ein Klettergerüst mit Stangen, Seilen, Leitern und einer Schaukel aufgestellt werden muß.

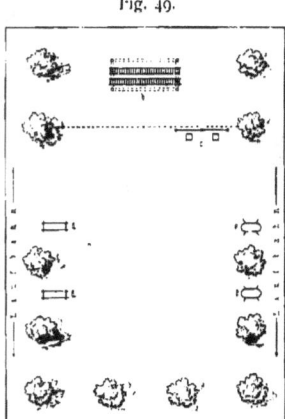

Fig. 49.

Lageplan eines kleinen Turnplatzes.

b. Klettergerüst.   *d.* Barren.
c. Springständer.   *e.* Böcke.

Wenn der Turnplatz für eine ganze Schule oder für mehrere Schulen zu gemeinschaftlichem Gebrauche dient, so wird ein größerer, wenn auch in einiger Entfernung außerhalb der Stadt gelegener, möglichst mit Bäumen bestandener Platz ausgewählt und zweckentsprechend ausgerüstet. Zur Bepflanzung, die besonders an der Süd- und Weſtſeite nicht fehlen follte, eignen ſich für deutſche Schulen Ahorn- und rotblühende Kaſtanienbäume am meiſten.

Der Unterricht wird auch hier klaſſenweiſe erteilt, und deshalb müſſen die Geräte in angemeſſenem Abſtande voneinander und in der erforderlichen Mehrzahl vorhanden ſein. Den vorgenannten Geräten treten noch hinzu: Rundlauf, Schwebebaum, Gerkopf mit Wurfſtangen, ein größeres Klettergerüſt u. dergl. Ferner iſt für gemeinſame Spiele, namentlich für Ballſpiele aller Art, und für Marſchübungen eine geräumige Grundfläche erforderlich. Zur Aufnahme der Geräte nach Beendigung des Unterrichtes wird ein kleiner Schuppen gebraucht, dem unter Umſtänden noch ein Schutzdach hinzutritt, das den Kindern bei plötzlichem Unwetter Unterſtand bietet. Endlich iſt noch eine Bedürfnisanſtalt für Lehrer und Schüler notwendig.

Derartige Turnplätze werden gewöhnlich nur für Knabenſchulen benutzt. Der Platz wird für jede Schule höchſtens zweimal wochentlich am Nachmittag gebraucht, kann alſo für mehrere Schulen einer Stadt zu gemeinſchaftlicher Verwendung dienen.

Über die erforderlichen Abmeſſungen laſſen ſich beſtimmte Vorſchriften nicht aufſtellen; vielmehr wird ſich die Art der Benutzung nach der Größe und Beſchaffenheit des verfügbaren Grundſtückes zu richten haben. Daß die Abmeſſungen ſo groß wie möglich zu wünſchen ſind, iſt ſelbſtverſtändlich, weil ſonſt eine ungehinderte Bewegung für eine große Anzahl von Kindern nicht erreichbar iſt. Als Anhalt in dieſer Beziehung kann die Mitteilung dienen, daß zur Vornahme der Ordnungs- und Freiübungen u. a. ein möglichſt rechteckiger Raum von mindeſtens 500 qm nötig erſcheint, daß es jedoch für Ball- und Laufſpiele wünſchenswert iſt, einen Raum von doppelter Größe zur Verfügung zu haben.

100. Turnhallen. Wenn der Turnunterricht für jede Klaſſe einzeln erteilt wird, ſo ſind für den Winter die Unterrichtsräume – Turnhallen – in kleineren Abmeſſungen erforderlich, als wenn der Unterricht für mehrere Klaſſen einer Schule vereinigt werden ſoll. Im erſteren Falle iſt die Turnhalle in möglichſter Nähe der Schule auf deren Hof zu errichten oder innerhalb des Schulhauſes unterzubringen; im zweiten Falle kann die Halle auch an anderer Stelle in der Stadt ihren Platz finden.

Im allgemeinen iſt zu verlangen, daß die zu einer Schule gehörende Turnhalle von erſterer nicht zu weit entfernt iſt; auf Überdachung der Verbindungswege kann verzichtet werden.

Für die Anordnung, Raumbemeſſung und Ausſtattung der zur Schule gehörigen Turnhalle iſt weiter die Frage maßgebend, ob die Halle, wie dies in vielen deutſchen Volks- und Bürgerſchulen gebräuchlich iſt, als Feſtſaal (Aula) mitbenutzt werden ſoll.

Als mittlere Abmeſſung für eine zum Unterricht von 50 bis 60 Schülern beſtimmte Turnhalle wird eine Länge von 18 bis 20 m und eine Breite von 9 bis 10 m, für 60 bis 80 Schüler eine Länge von 20 bis 22 m und eine Breite von 10 bis 12 m zu bezeichnen ſein. Die Turnhallen für Mädchenſchulen können um etwa 2 m in der Länge verkürzt werden, da der Raum für Böcke und Pferde nicht erfordert wird. Die Höhe ſollte, um für Kletterübungen und Rundlauf genügenden Platz zu haben, mindeſtens 5 m im Lichten betragen.

Auch hier wird man bei ſparſamer Geldzuteilung oft mit geringeren Anſprüchen ſich begnügen müſſen.

Soll die Turnhalle als Aula dienen, so muß auf tunlichste Freimachung von den Geräten Bedacht genommen werden; auch ist der inneren Ausschmückung, namentlich der malerischen, eine größere Sorgfalt zuzuwenden. Die Abmessungen der Halle sind in diesem Falle möglichst groß zu nehmen.

Muß die Turnhalle für mehrere Klassen gleichzeitig benutzt werden, so vergrößern sich die Abmessungen, namentlich das Längenmaß, nach der Zahl der zu unterrichtenden Kinder.

Der Fußboden muß fest, jedoch zugleich elastisch und staubfrei sein; deshalb empfiehlt sich besonders ein auf Blindboden verlegter eichener Riemenboden. In neuerer Zeit ist Korklinoleum, 7 mm stark, auf 15 cm starker Betonunterlage und 2 cm starkem Gipsasphalt mit Kopallack aufgeklebt, mit gutem Erfolge verwendet worden. (Siehe im übrigen bezüglich des Baues und der Ausstattung der Turnhallen unter D, Kap. 15: Turnanstalten.)

Die Turnhallen müssen heizbar sein, und es empfiehlt sich hierzu, wenn nicht bei größerer Bauanlage eine Sammelheizung gewählt wird, die Aufstellung eiserner Reguliermantelöfen mit äußerer Luftzuführung. Der zu erzielende Wärmegrad darf nur ein mäßiger sein, etwa 12 Grad C., damit die Kinder bei der starken Bewegung während des Unterrichtes nicht zu heiß werden.

Zu jeder Turnhalle ist wünschenswert: ein Raum zur Aufbewahrung derjenigen Geräte, die nicht in Wandschränken innerhalb der Halle Platz finden, eine Kleiderablage, die zugleich den Vorraum bilden sollte, und eine Bedürfnisanstalt. Letztere ist entbehrlich, wenn die Turnhalle, wie dies bei der nahen Verbindung mit dem Schulhause sich auch aus anderen Gründen empfiehlt, mit den Bedürfnisanstalten der Schule in Zusammenhang gebracht wird.

Auf die Konstruktion und Einrichtung der Turnhallen wird hier nicht eingegangen, da deren Beschreibung in Kap. 15 dieses Abschnittes erfolgt. Die Grundrisse der Turnhallen und die Verbindung der letzteren mit den Schulhäusern sind aus den unter B und C vorgeführten Schulhausplänen mehrfach ersichtlich.

B. Volksschulen und andere niedere Schulen.

5. Kapitel.
Volksschulhäuser.
Von Gustav Behnke.

a) Allgemeines.

101. Grundsätze. Im allgemeinen darf hier auf die im vorhergehenden über das Schulwesen und über das Schulbauwesen gemachten Mitteilungen Bezug genommen werden. Es ist als Grundsatz aufzustellen, daß alle Fortschritte auf dem Gebiete des Schulbauwesens, namentlich alle Verbesserungen der baulichen Einrichtung und der inneren Ausstattung, die in der vorstehenden Beschreibung im einzelnen dargelegt und aus dem Vergleich der in Deutschland und anderen Ländern üblichen Bau- und Ausstattungsweise in pädagogischer, gesundheitlicher und technischer Beziehung als zweckentsprechend anzuerkennen sind, vor allem in den Volksschulen und in den sonstigen niederen Schulen des Landes Anwendung zu finden haben.

Die Kinder, die diese Schulen besuchen, haben ohnehin im Elternhause mit mancherlei Gefahren für ihre Gesundheit zu kämpfen; Mangel an Licht, Luft und Reinlichkeit, ungenügende Nahrung und Kleidung verkümmern ihre körperliche Entwickelung. Es ist daher doppelt notwendig, gerade diese Kinder vor jeder weiteren gesundheitlichen Schädigung zu behüten. Die Klassen müssen geräumig, gut erhellt und gelüftet, das Gestühl muß zweckmäßig und den Größenverhältnissen der Kinder entsprechend konstruiert, die Schule darf nicht überfüllt sein; durch Turn- und Spielplätze und durch Turnhallen muß den Kindern Gelegenheit zu körperlicher Übung und fröhlicher Unterhaltung gegeben werden.

Außerdem sollte durch eine freundliche Gestaltung des Schulhauses im Inneren und Äußeren, durch eine wenn auch bescheidene Ausschmückung und vor allem durch äußerste Reinlichkeit der Sinn der Kinder für Schönheit und Ordnung erweckt und gepflegt werden.

Allerdings macht sich die Geldfrage in erster Linie für die Volksschulen geltend, weil diesen die bei weitem größte Zahl aller schulpflichtigen Kinder zufällt, weil die Anforderungen mit der zunehmenden Einwohnerschaft auch für die kleinste Gemeinde stetig wachsen und neben den dauernden Betriebsausgaben von Zeit zu Zeit an Baukosten immer neue bedeutende Aufwendungen erfordern.

Das Bestreben der Technik muß deshalb darauf gerichtet sein, gerade für den Bau und die Einrichtung der Volksschulen jede irgendwie entbehrliche Ausgabe beiseite zu halten und die obengenannten Anforderungen in billigster Weise zur Durchführung zu bringen.

Literatur
über „Volksschulhäuser".

Ausführungen*).

GERSTENBERG, A. Die städtischen Schulbauten Berlins. Berlin 1871.
VARRENTRAPP, G. Neuere Schulbauten in der Schweiz. Deutsche Viert. f. öff. Gesundheitspfl. 1871, S. 509.
BUCHNER, W. Die Volksschulhäuser zu Barmen, Elberfeld und Düsseldorf. Corr.-Bl. d. niederrh. Ver. f. öff. Gesundheitspfl. 1873, S. 32.
Volksschulen in Wien: WINKLER, E. Technischer Führer durch Wien. 2. Aufl. Wien 1874. S. 232.
NARJOUX, F. *Les écoles publiques en France et en Angleterre* etc. Paris 1876.
Volks- und Elementar-Schulen in München: Bautechnischer Führer durch München. München 1876. S. 210.
Elementarschulen in Berlin: Berlin und seine Bauten. Teil I. Berlin 1877. S. 198.
Elementar- und Mittelschulen in Zürich: Zürich's Gebäude und Sehenswürdigkeiten. Zürich 1877. S. 59.
Volksschulen in Dresden: Die Bauten, technischen und industriellen Anlagen von Dresden. Dresden 1878. S. 211.
NARJOUX, F. *Les écoles publiques en Belgique et en Hollande*. Paris 1878.
NARJOUX, F. *Les écoles publiques en Suisse*. Paris 1879.
WILSDORFF. Neuere städtische Schulbauten zu Hannover. Deutsche Bauz. 1879, S. 17.
Schulen in New York. Wochschr. d. öst. Ing.- u. Arch.-Ver. 1879, S. 136.
Schulen in New York. Eisenb., Bd. 10, S. 95.
BLASIUS, R. Die Schulen des Herzogthums Braunschweig. Deutsche Viert. f. öff. Gesundheitspfl. 1880. S. 743; 1881, S. 417.
Normalplan für Schulhausbauten in Königsberg. ROMBERG's Zeitschr. f. prakt. Bauk. 1881, S. 30.
Gemeinde-Schulen in Berlin: BOERNER, P. Hygienischer Führer durch Berlin. Berlin 1882. S. 163.
NARJOUX, F. Paris. *Monuments élevés par la ville 1850—1880*. Paris 1883. Bd. 2.
Volksschulen in Mailand: *Milano tecnica dal 1859 al 1884* etc. Mailand 1885. S. 313.
Volksschulen in Frankfurt a. M.: Frankfurt a. M. und seine Bauten. Frankfurt 1886. S. 208.
HOTTELET. Hamburgische Volksschulen. Deutsche Bauz. 1886, S. 214.
Einige Mitteilungen über Anlage, Einrichtung und Ausführung von in neuerer Zeit erbauten Gemeindeschulen in Berlin. HAARMANN's Zeitschr. f. Bauhdw. 1886. S. 7, 10, 23, 25, 35, 42.
SCHIMPF, E. Die seit 1870 neu erbauten Schulhäuser Basel's etc. Basel 1887.
Volksschulen in Köln: Köln und seine Bauten. Köln 1888. S. 442.
Volksschulen in Köln: LENT. Köln. Festschrift für die Mitglieder und Theilnehmer der 61. Versammlung deutscher Naturforscher und Aerzte. Köln 1888. S. 378.
Volksschulen zu Hamburg: Hamburg und seine Bauten, unter Berücksichtigung der Nachbarstädte Altona und Wandsbeck. Hamburg 1890. S. 110.
WESTIN, O. E. Ueber neuere Schulbauten in Stockholm. Zeitschr. f. Schulgesundheitspfl. 1890, S. 249.
HINTRÄGER, K. Volksschulen in Japan. Zeitschr. f. Schulgesundheitspfl. 1891, S. 88.
Volksschulen in Leipzig: Die Stadt Leipzig in hygienischer Beziehung etc. Leipzig 1891. S. 197, 200.
Elementarschulen in Halle a. S.: STAUDE, HÜLLMANN & v. FRITSCH. Die Stadt Halle a. S. im Jahre 1891. Festschrift für die Mitglieder und Theilnehmer der 64. Versammlung deutscher Naturforscher und Aerzte. Halle 1891. S. 273.
Volksschulen in Leipzig: Leipzig und seine Bauten. Leipzig 1892. S. 329.
Volksschulen in Würzburg: Würzburg, insbesondere seine Einrichtungen für Gesundheitspflege und Unterricht. Festschrift etc. Wiesbaden 1892. S. 207.
ROWALD. Neuere Bürgerschulen der Stadt Hannover. Zeitschr. d. Arch.- u. Ing.-Ver. zu Hannover. 1892, S. 157.
HINTRÄGER, K. Die neuen Schulgebäude der Stadt New York. Zeitschr. f. Schulgesundheitspfl. 1892, S. 97.
LUDWIG & HÜSSNER. Neue Schulhäuser etc. Stuttgart 1893.

---
*) Die Zahl von Veröffentlichungen ausgeführter Volksschulhäuser ist eine so große, daß eine Aufzählung selbst nur der bemerkenswerteren Anlagen an dieser Stelle einen ungebührlich großen Raum beanspruchen würde. Deshalb sind in obigem Literaturverzeichnis nur solche Schriften und Aufsätze aufgenommen worden, welche das einer größeren Verwaltung unterstehende Volksschulbauwesen behandeln.

Schulhäuſer in Luzern: Feſtſchrift anläßlich der Haupt-Verſammlung des Schweizeriſchen Ingenieur- und Architekten-Verein im September 1893 in Luzern. Luzern 1893. S. 79.
NEUMEISTER & HÄBERLE. Neubauten. Band I, Heft 5: Schulhäuſer. Leipzig 1894.
Städtiſche Schulen in Magdeburg: Magdeburg. Feſtſchrift für die Theilnehmer der 19. Verſammlung des Deutſchen Vereines für öffentliche Geſundheitspfl. Magdeburg 1894. S. 133.
KLEINWÄCHTER, F. Ueber italieniſche Volksſchulen. Centralbl. d. Bauverw. 1894, S. 315.
Fortſchritte auf dem Gebiete der Architektur. Nr. 8 u. 12: Die Volksſchulhäuſer in den verſchiedenen Ländern. — I: Volksſchulhäuſer in Schweden, Norwegen, Dänemark und Finnland. Von C. HINTRÄGER. Darmſtadt 1895. — II: Volksſchulhäuſer in Oeſterreich-Ungarn, Bosnien und der Hercegovina. Von C. HINTRÄGER. Stuttgart 1901.
Gemeindeſchulen in Berlin: Berlin und ſeine Bauten. Berlin 1896. Bd. II, S. 315.
Volksſchulgebäude zu Budapeſt. Techniſcher Führer von Budapeſt. Budapeſt 1896. S. 140.
Bau und Einrichtung ländlicher Volksſchulhäuſer in Preußen. Centralbl. d. Bauverw. 1896, S. 35.
Volksſchulen in Karlsruhe: BAUMEISTER, R. Hygieniſcher Führer durch die Haupt- und Reſidenzſtadt Karlsruhe. Karlsruhe 1897. S. 200.
Bürgerſchulbauten in Hannover. Centralbl. d. Bauverw. 1897, S. 386.
Volksſchulen in Freiburg i. B.: Freiburg im Breisgau. Die Stadt und ihre Bauten. Freiburg 1898. S. 542.
Städtiſche Volksſchulen in Chemnitz: Feſtſchrift zur 39. Hauptverſammlung des Vereines Deutſcher Ingenieure Chemnitz 1898. Chemnitz 1898. S. 42.
DANIELS. Schulen für den öffentlichen niederen Unterricht in Holland. Centralbl. d. Bauverw. 1898, S. 172.
Städtiſche Volksſchulbauten in Nürnberg: BECKH, W., F. GOLDSCHMIDT & C. WEBER. Feſtſchrift zur 24. Verſammlung des Deutſchen Vereins für öffentliche Geſundheitspflege in Nürnberg 1899. Nürnberg 1899. S. 104.
Volksſchulen in Bremen: Bremen und ſeine Bauten. Bremen 1900. S. 255.
GEISER, A. Neuere ſtädtiſche Schulhäuſer in Zürich. Zürich 1901.
REESE, H. Die neuen Schulhäuſer der Stadt Baſel. Zürich 1902.
Volksſchulen in Eſſen: Die Verwaltung der Stadt Eſſen im XIX. Jahrhundert etc. Erſter Verwaltungsbericht etc. Bd. I. Eſſen 1902. S. 340.
HINTRÄGER, K. Moderne amerikaniſche Volksſchulhäuſer in Städten. Oeſt. Wochſchr. f. d. öff. Baudienſt 1902, S. 773.

b) Beiſpiele.

Um für die verſchiedenen Arten der Bauausführung eine Anzahl von Vorbildern in überſichtlicher Form mitteilen zu können, wird es ſich empfehlen, die Volksſchulen in zwei verſchiedenen Abſtufungen zu betrachten, und zwar:

1) Dorfſchulen und Schulen mittleren Umfanges für kleine ſtädtiſche Gemeinweſen, und

2) größere Volksſchulen.

Innerhalb dieſer zwei Abſtufungen ſind die Beiſpiele, zunächſt für deutſche und ſodann für außerdeutſche Schulen, nach der aufſteigenden Zahl der Lehrklaſſen und zuletzt nach der Jahreszahl der Erbauung geordnet.

1) Dorfſchulen und Schulen für kleine ſtädtiſche Gemeinweſen.

102.
Deutſche
Schulhäuſer.

Als Beiſpiele für Neubauten preußiſcher Dorfſchulen ſind 6 Normalgrundriſſe mitgeteilt, die 1895 im Auftrage des Miniſteriums der geiſtlichen Angelegenheiten ausgearbeitet und als Beigabe zu der mehrgenannten Miniſterial-Verordnung vom 15. November 1895 veröffentlicht ſind[1]).

Fig. 50[1]) zeigt die Erfüllung der kleinſten Anforderung, die ſich auf Vorhaltung einer Lehrklaſſe für alle ſchulpflichtigen Knaben und Mädchen des Dorfes und einer Familienwohnung für den Lehrer richtet, in ſparſamſter Weiſe derart,

---
[1]) Nach: Bau und Einrichtung ländlicher Volksſchulhäuſer in Preußen. Berlin 1895.

daß die Wohnung im Obergeschoß ihren Platz findet. Überbaute Fläche 104 qm; umbauter Raum 995 cbm [10]).

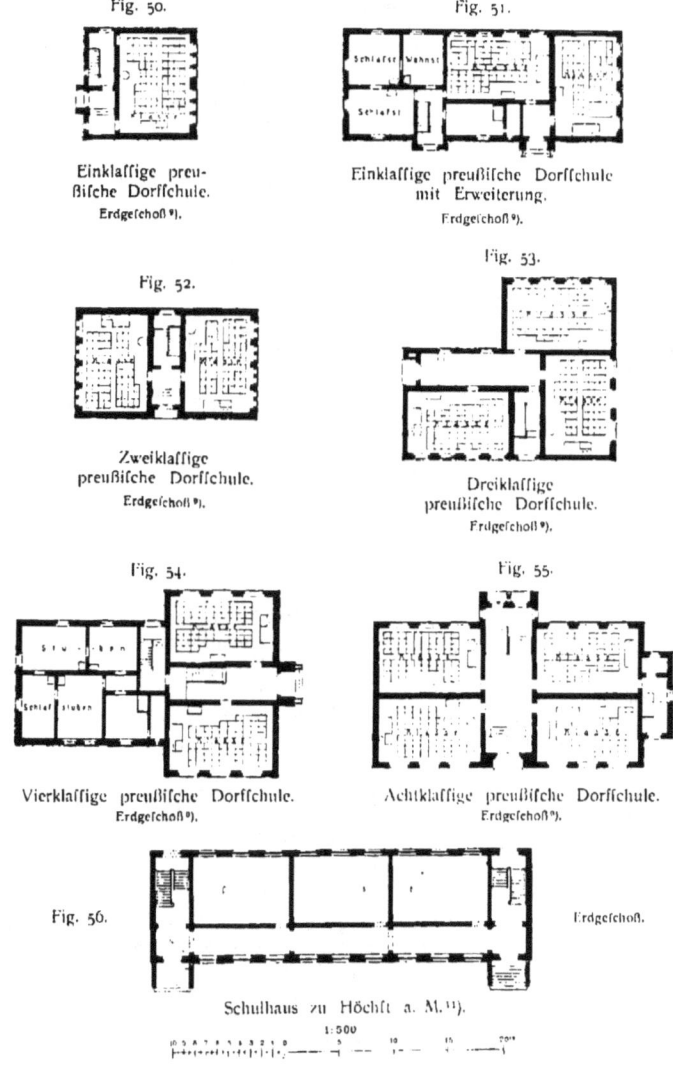

Fig. 50.
Einklassige preußische Dorfschule. Erdgeschoß [9]).

Fig. 51.
Einklassige preußische Dorfschule mit Erweiterung. Erdgeschoß [9]).

Fig. 52.
Zweiklassige preußische Dorfschule. Erdgeschoß [9]).

Fig. 53.
Dreiklassige preußische Dorfschule. Erdgeschoß [9]).

Fig. 54.
Vierklassige preußische Dorfschule. Erdgeschoß [9]).

Fig. 55.
Achtklassige preußische Dorfschule. Erdgeschoß [9]).

Fig. 56.
Erdgeschoß.

Schulhaus zu Höchst a. M.[11]).
1:500

[10]) Der umbaute Raum ist vom Kellerfußboden bis zum Dachanschluß gerechnet.
[11]) Nach: Zeitschr. f. Bauw. 1884, S. 198.

6*

Fig. 51 [9]) erfüllt das gleiche Bauprogramm derart, daß die Wohnung im Erdgeschoß neben der Klasse liegt und zugleich die Erweiterung durch Anbau einer zweiten Klasse möglich ist. Überbaute Fläche 193, bezw. 258 qm; umbauter Raum 1070, bezw. 1437 cbm.

Fig. 52 [9]) stellt ein zweiklassiges Schulhaus dar mit 2 Wohnungen für Lehrer und Lehrerin im Obergeschoß. Überbaute Fläche 165 qm; umbauter Raum 1556 cbm.

In weiterer Steigerung des Raumbedarfes zeigen:

Fig. 53 [9]) ein dreiklassiges Schulhaus mit 2 Familienwohnungen und einer Wohnung für einen unverheirateten Lehrer im Obergeschoß. Überbaute Fläche 262 qm; umbauter Raum 2470 cbm.

Fig. 54 [9]) ein vierklassiges Schulhaus mit 2 Familienwohnungen für verheiratete Lehrer im Erdgeschoß und Obergeschoß. Überbaute Fläche 326 qm; umbauter Raum 2890 cbm.

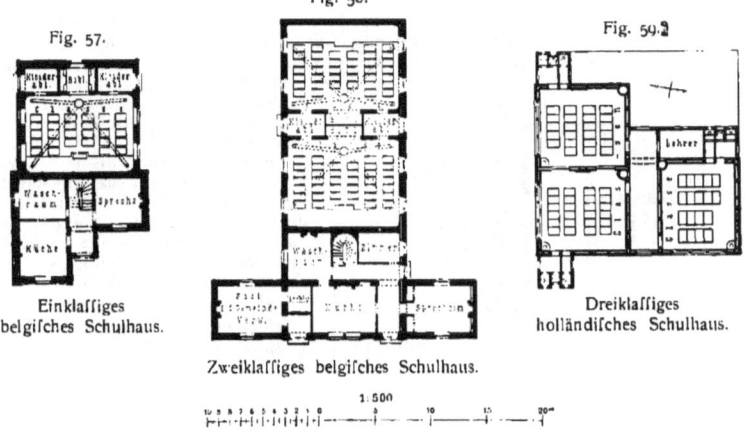

Fig. 57.
Einklassiges belgisches Schulhaus.

Fig. 58.
Zweiklassiges belgisches Schulhaus.

Fig. 59.2
Dreiklassiges holländisches Schulhaus.

Fig. 55 [9]) ein achtklassiges Schulhaus mit einer Familienwohnung im Dachgeschoß. Überbaute Fläche 357 qm; umbauter Raum 4091 cbm.

Fig. 56 [11]) ein auf Kosten der preußischen Regierung in Höchst a. M. erbautes neunklassiges Schulhaus.

Die Lehrräume sind in 3 Geschossen verteilt und fassen je 80 Kinder mit einer Bodenfläche von 0,60 qm; auf Beschaffung von Wohnungen ist hier verzichtet.

103. Außerdeutsche Schulhäuser.

Zur Veranschaulichung ähnlicher Bauanlagen in außerdeutschen Ländern werden die folgenden Beispiele mitgeteilt.

α) Der Normalgrundriß eines einklassigen belgischen Schulhaues (Fig. 57).

Die Lehrklasse hat mit 64 qm Bodenfläche Platz für 76 Kinder; zu ihr gehören 2 Vorräume, die den Zugang der Knaben und Mädchen vermitteln und als Kleiderablage dienen, sowie außerdem ein kleiner Bibliothekraum. In einem zweistöckigen Anbau ist die aus 6 Räumen bestehende Lehrerwohnung untergebracht.

β) Der Normalgrundriß eines zweiklassigen belgischen Schulhaues mit ähnlichem Zubehör (Fig. 58).

Die Klaffen find mit je 67 qm Bodenfläche für 76 Kinder etwas knapper bemeffen. In dem zur Schule gehörigen, zum Teile zweiftöckigen Vorderhaufe finden neben der Lehrerwohnung ein Sitzungszimmer und ein Archivraum für die Gemeindeverwaltung Platz.

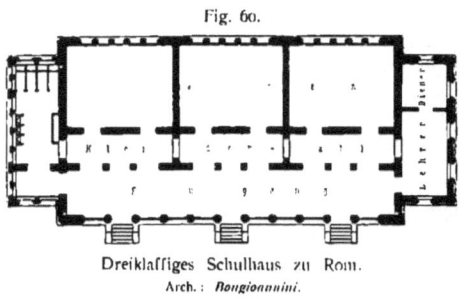

Fig. 60.

Dreiklaffiges Schulhaus zu Rom.
Arch.: *Bongioannini.*
¹/₄₀₀ w. Gr.

γ) Der Normalgrundriß eines dreiklaffigen holländifchen Schulhaufes (Fig. 59), das außer den Lehrklaffen nur die Bedürfnisanftalten enthält.

Letztere find, in fehr eigenartiger Anordnung, von den Klaffen unmittelbar zugänglich. Zwei Schulzimmer find behufs Ermöglichung gemeinfamen Unterrichtes mittels Schiebetüren verbunden.

Die drei letztbefchriebenen Baupläne ftimmen darin überein, daß die Abmeffungen der Lehrklaffen für zweifitziges Geftühl berechnet find.

δ) Der Normalgrundriß einer dreiklaffigen römifchen Volksfchule (Arch.: *Bongioannini*; Fig. 60). Zu jedem Schulzimmer gehört eine Kleiderablage, deren Größe die Hälfte des Rauminhaltes der Klaffe betragen foll, und ein Flurgang von ²/₃ des Klaffeninhaltes. Schulzimmer, Kleiderablage und Flurgang find voreinander liegend angeordnet.

Fig. 61.

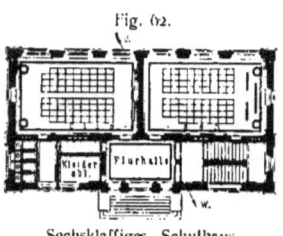

Vierklaffiges Schulhaus zu Hull[12]).
Arch.: *Clamp.*
¹/₄₀₀ w. Gr.

Jedes Schulzimmer ift für höchftens 50 Schüler berechnet, mit einer Grundfläche von je 1 qm. Die Gefchoßhöhe hat in Rückficht auf die klimatifchen Verhältniffe das beträchtliche Maß von 5 m; das Dach ift auf eifernen Trägern, ohne Dachboden, als flache afphaltierte Terraffe mit Kiesabdeckung konftruiert.

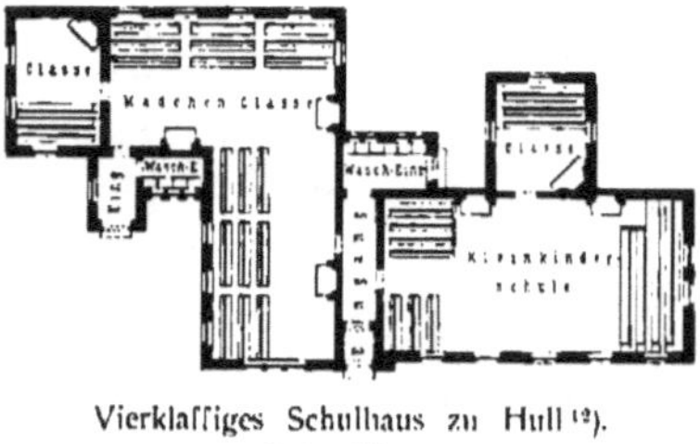

ε) Der Grundriß eines vierklaffigen englifchen Schulhaufes in Hull (Arch.: *Clamp*), das zur Benutzung als Volksfchule für Mädchen und als Kleinkinderfchule, und zwar für jede Schule mit einer größeren Klaffe für die jüngeren und einer kleineren für die älteren Kinder beftimmt ift (Fig. 61¹²).

Fig. 62.

Sechsklaffiges Schulhaus zu Frauenfeld¹³).
Arch.: *Koch.*
¹/₅₀₀ w. Gr.

Die Schulen haben zwei gefonderte Eingänge mit Wafchzimmern. Die Klaffen find mit anfteigenden Sitzreihen nach dem *Gallery*-Syftem verfehen und erhalten ihr Licht zweifeitig von links und von hinten. Die Verbindung für die verfchiedenen Schulzweige ift für englifche Schulen häufig vorkommend.

ζ) Für etwas größere Verhältniffe dient das fchweizerifche Schulhaus zu Frauenfeld (Arch.: *Koch*; Fig. 62¹³).

Es enthält in Erdgefchoß und 2 Obergefchoffen zufammen 6 Lehrklaffen für je 70 Schüler, fowie ferner in jedem Stockwerk eine Bedürfnisanftalt und eine Kleiderablage. Die Klaffen haben bei vierfitziger Geftühlsanordnung für jedes Kind eine Bodenfläche von etwa 1,10 qm.

η) Die gleiche Zahl der Lehrräume befitzt die

---
¹²) Nach: *Architect*, Bd. 26, S. 239.
¹³) Nach: Schweiz. Schularchiv, Bd. 1 (1880), S. 28.

Fig. 63.

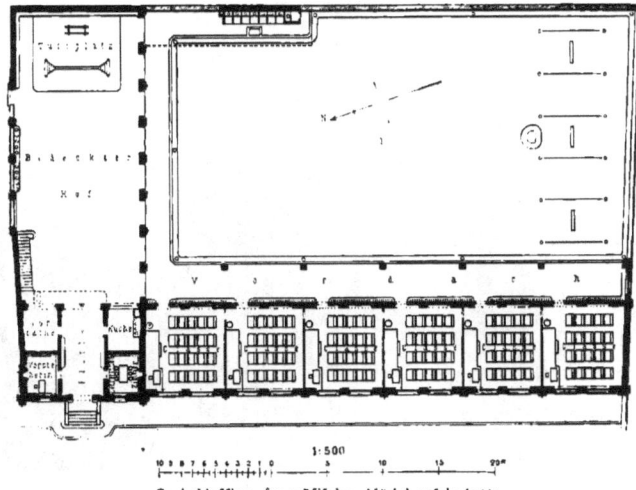

Sechsklaffige französische Mädchenschule[11]).
Arch.: *Gravereaux*.

im Erdgeschoßgrundriß und zugleich im Lageplan dargestellte französische Mädchenschule (Arch.: *Gravereaux*; Fig. 63 [14]).

Sie umfaßt zu ebener Erde 6 Klassen, einige kleine Nebenräume und einen überdeckten Hof, der auf einem Teile seiner Länge zugleich als Turnhalle dient und die *Lavabos* aufnimmt. Links über dem Eckbau befindet sich im II. Obergeschoß ein für Zeichenunterricht und weibliche Handarbeiten bestimmter Lehrsaal. Die Anordnung des Vordaches, das den Zugang zu den Klassen, zum überdeckten Hofe und zu den auf dem offenen Spielhofe stehenden Bedürfnisanstalten schützt, ist eine in Frankreich für Schulbauten oftmals wiederkehrende. Die Klassen sind mit zweisitzigem Gestühl für je 40 Schülerinnen eingerichtet. Die Wohnung der Schulvorsteherin ist in einem an dem Nachbargrundstück abgetrennt stehenden Gebäude untergebracht.

Die Gesamtanlage ist in Bezug auf die Bemessung der Baulichkeiten und des Platzes eine sehr geräumige; der Spielhof grenzt an der Südseite an einen Fluß und ist gegen denselben mit einer Stützmauer eingefaßt und mit Bäumen bepflanzt.

b) Eine ebensogroße Bauanlage, jedoch in zwei Geschossen verteilt, zeigt die amerikanische Volksschule in Moberly (Arch.: *Ramsey & Swasey*; Fig. 64 [15]).

Fig. 64.

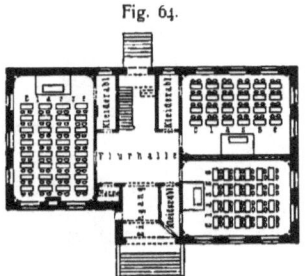

Volksschule zu Moberly.
Erdgeschoß[16]).
Arch.: *Ramsey & Swasey*.
$1/500$ w. Gr.

In jedem Geschoß liegen 3 Klassen mit getrennten Kleiderablagen. Die Klassen, welche für zweisitziges Gestühl eingerichtet sind und für je 64, bezw. 48 Knaben und Mädchen Raum bieten, haben zweiseitiges, von links und von hinten einfallendes Fensterlicht.

---

[14]) Nach: WULLIAM & FARGE. *Le recueil d'architecture*. Paris. *12e année, f. 17*.
[15]) Nach: *American architect*, Bd. 19, S. 246.

Fig. 65.

Anficht.

Fig. 66.

Arch.:

Morley & Woodhoufe.

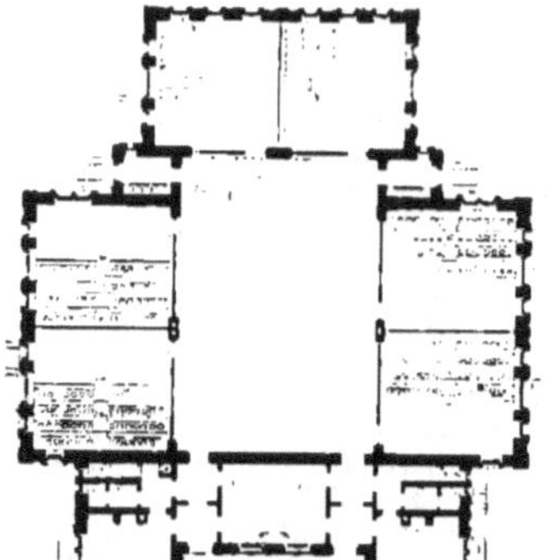

Erdgefchoß.

1 : 500 w. Gr.

Sechsklaffiges Schulhaus der *Fergufile*-Werke zu Paisley[10]).

9) In Art. 5 (S. 7) ift mitgeteilt, daß die Schulen in England häufig auf Koften von Privatperfonen hergeftellt und unterhalten werden. Als Beifpiel, in wie großartiger Weife eine folche Aufgabe bisweilen aufgefaßt wird, mögen die in Fig. 65 u. 66 mitgeteilten Pläne eines fechsklaffigen Schulhaufes dienen, das auf Koften des Befitzers der *Fergufile*-Werke in Paisley (Arch.: *Morley & Woodhoufe*) 1886 erbaut und zum Unterricht der in den Werken befchäftigten Mädchen, fowie gleichzeitig als Vergnügungsftätte für letztere beftimmt ift[10]).

[10]) Nach: *Building news*, Bd. 51, S. 344.

Um eine große Halle von 17,60 ⨯ 11,50 m gruppieren fich 6 für je 48 Kinder eingerichtete Klaffen von je 7,60 m Länge und 7,30 m Tiefe, gegen die Halle durch Glaswände abgefchieden; je zwei der Klaffen find durch Fortnahme leichter Trennungswände zu einem Raume zu vereinigen. An einem Ende der Halle ift eine fteigende Sitzreihe angebracht *(Gallery)* für gemeinfamen Unterricht, Prüfungen, Mufikaufführungen u. dergl.

Neben dem Haupteingang liegen 2 große Lehrerzimmer, eine für alle Kinder gemeinfam zu benutzende Kleiderablage und 2 Wafchzimmer mit Aborten für die Lehrer. Die Klaffen haben ebenfalls zweifeitige Beleuchtung, und zwar von links und von hinten oder von links und von vorn.

Für die Vorführung von Beifpielen fchwedifcher, norwegifcher, dänifcher und finnifcher Schulbauten wird auf das Ergänzungsheft Nr. 8 diefes „Handbuches"[17]) und ebenfo für die Vorführung von Beifpielen öfterreichifcher und ungarifcher Schulbauten auf das Ergänzungsheft Nr. 12 diefes „Handbuches"[17]) hingewiefen.

2) Größere Volksfchulen.

104. Deutfche Schulhäufer.

Von befonderem Intereffe ift es, die Grundrißgeftaltung der umfangreichen Volks-, Bürger- und Gemeindefchulen in den großen Städten zu verfolgen; fie ift in erfter Linie vom Bauprogramm und dementfprechend befonders davon abhängig, für wieviele Klaffen die Schule beftimmt wird.

Für den achtjährigen Lehrgang der deutfchen Volksfchule find, wenn jeder Jahrgang eine eigene Klaffe erhält, 8 Lehrklaffen erforderlich; diefe Zahl kann, wenn in einer oder zwei Oberklaffen je 2 Jahrgänge in einer Klaffe unterrichtet werden, auf 6 bis 7 vermindert werden; indes kommt, abgefehen von ganz befonders begründeten Ausnahmen, ein Neubau mit nur 6 bis 8 Klaffen (einfache Volksfchule) in größeren Städten nicht vor; die Schulen werden vielmehr, um die allgemeinen Verwaltungskoften herabzumindern, mindeftens als Doppelfchulen mit 12 bis 16 Klaffen, fehr häufig aber als mehrfache Schulen mit 20 bis 40 und mehr Klaffen erbaut.

Die Errichtung von Doppelfchulen mit 12 bis 16 Klaffen erfcheint vorzugsweife empfehlenswert, weil für die Leitung der Schule ein Rektor genügt und ebenfo 1 Schuldiener, 1 Turnhalle und 1 Singfaal ausreichen, das Ganze alfo, bei vorteilhafter Ausnutzung des Zubehörs, überfichtlich geftaltet werden kann; vor allem aber wird der Stadtbezirk, deffen Kinder auf die Schule angewiefen find, nicht zu groß und demzufolge der Schulweg der Kinder, was befonders zweckmäßig erfcheint, nicht zu weit. In Preußen ift übrigens von der Auffichtshehörde beftimmt, daß einem Rektor nicht mehr als 16 Klaffen unterftellt werden dürfen.

Wenn trotzdem, gerade in neuerer Zeit, in vielen deutfchen Großftädten die Schulen bei weitem größer als für 12 bis 16 Klaffen erbaut werden, fo gefchieht dies, um die allgemeinen Verwaltungskoften noch beffer auszunutzen, vielfach aber gewiß auch deshalb, weil geeignete Bauplätze fchwer aufzufinden find und die vorhandenen nach ihrer vollen Größe verwertet werden müffen und weil die Baukoften der Schulhäufer, auf 1 cbm umbauten Raumes gerechnet, mit der Größe des Schulhaufes verhältnismäßig abnehmen. (Vergl. Art. 31, S. 22.)

Daß bei weiterer Steigerung der Klaffenzahl auch das unentbehrliche Zubehör der Schule wächft, daß alfo zwei Rektoren angeftellt, daß für fie Amtszimmer und erforderlichenfalls Wohnungen befchafft werden müffen, daß 2 Schuldiener, 2 Turnhallen, 2 Singfäle u. a. m. erforderlich werden und daß die notwendige Größe des Schulbaues dadurch immermehr gefteigert wird, zeigen die vorgeführten Beifpiele.

[17]) Fortfchritte auf dem Gebiete der Architektur. Nr. 8: Volksfchulhäufer in Schweden, Norwegen, Dänemark und Finnland. Von C. HINTRÄGER. Stuttgart 1895.   Heft 12: Volksfchulhäufer in Ofterreich-Ungarn, Bosnien und der Hercegowina. Von C. HINTRÄGER. Darmftadt 1901.

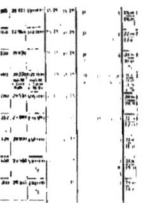

Um letztere überſichtlich zu erläutern und beſonders, um den in verſchiedenen Städten gebräuchlichen Umfang des Bauprogramms, ſowie daraus folgend die Grundſtücksgröße und die Baukoſten zu vergleichen, iſt nebenſtehend eine dreigeteilte Tabelle (I) beigefügt, die alle wichtigen Einzelheiten erſichtlich und eine eingehendere Beſchreibung der beigegebenen Grundriſſe ſpäter entbehrlich macht.

In der Regel iſt der Erdgeſchoßgrundriß mitgeteilt und in vielen Fällen mit ihm zugleich die Lage und Verbindung der Turnhalle, der Bedürfnisanſtalten und des Dienſtwohnhauſes dargeſtellt.

Die Vergleichung der Mitteilungen dieſer Tabelle geſtattet die nachſtehenden Schlußfolgerungen.

Die deutſchen Volksſchulen, auch die großen, werden in der Mehrzahl, trotz der daraus erwachſenden Bauplatz- und Koſtenſteigerung, mit nur 2 Obergeſchoſſen erbaut.

Der Spielplatz bleibt in der Mehrzahl, auf die Zahl der Schüler verteilt, unter 2 ^{qm}.

Zweiſitziges Geſtühl wird vorzugsweiſe angeſchafft, meiſt Holzbänke; bewegliche Tiſchplatten oder Sitze bilden die Ausnahme. Die lichte Klaſſenhöhe beträgt in der Regel 4 ^{m}, die Fenſterfläche zwiſchen $1/4$ und $1/5$ der Grundfläche der Klaſſe. Die Orientierung der Klaſſenfenſter iſt durchaus wechſelnd. Das Zubehör an Verwaltungs- und Betriebsräumen iſt ſehr verſchieden und ſchwankt bei mittelgroßen Schulen zwiſchen 2 und 11 Räumen; hierin kommt beſonders zum Ausdruck, ob äußerſte Sparſamkeit walten muß oder den Bedürfniſſen und Anſprüchen der Schulverwaltung ein größerer Spielraum gelaſſen werden kann. Während in einzelnen Fällen 2 Zimmer für die Lehrerſchaft und 1 Schuldienerwohnung genügen müſſen, werden häufig viele Nebenräume, z. B. Konferenzzimmer, Bibliothek, Dienſtzimmer für Schuldiener und Heizer, Sammlungszimmer, Sprechzimmer u. a. m. hinzugegeben.

Dementſprechend ſind die Baukoſten, die in Art. 31 (S. 22) eingehend beſprochen wurden, wie immer man ſie vergleichen will, ſo verſchieden, daß aus den Bauten anderer Städte ein ſicherer Anhalt für die eigenen Ausführungen, auch bei einer großen Zahl von Beiſpielen, kaum zu gewinnen iſt.

Brauſebäder kommen erfreulicher Weiſe zu immer häufigerer Ausführung.

Zur Beleuchtung dient vorzugsweiſe Gas und zur Heizung Niederdruck-Dampfheizung.

Dienſtwohnungen für die Schulvorſtände werden nicht häufig gewährt, finden dann aber immer in beſonderen Gebäuden ihren Platz; letztere werden bisweilen auch zu anderen ſtädtiſchen Dienſtzwecken, z. B. Steuerzahlſtellen und Standesämter, nutzbar gemacht. Dienſtwohnungen für die Schuldiener ſind ſtets vorhanden und werden, trotz der unzweifelhaft zu befürchtenden Mißſtände, meiſt im Schulhauſe untergebracht.

Die Fußböden der Turnhallen beſtehen meiſt aus Holz.

Die Bedürfnisanſtalten der Schüler ſind meiſt nach dem Rohr- oder Trogſyſtem konſtruiert und mit periodiſcher Spülung verſehen; ſie ſind oft an die Schulhäuſer angebaut oder mit dieſen durch überdeckte Gänge verbunden. Das Gleiche gilt für die Stellung und Verbindung der Turnhallen.

Oftmals werden in neuerer Zeit den Volksſchulen Haushaltungsklaſſen, Handarbeitsſäle und Schulküchen, ſeltener Kleinkinderſchulen und Kinderhorte hinzugefügt.

Für die Beschreibung der nachstehend mitgeteilten, nach der aufsteigenden Klassenzahl und der Jahreszahl der Erbauung geordneten Beispiele größerer Volks- und Bürgerschulen wird im einzelnen auf die Angaben in der umstehenden Tabelle I verwiesen.

Fig. 67.   Ansicht.

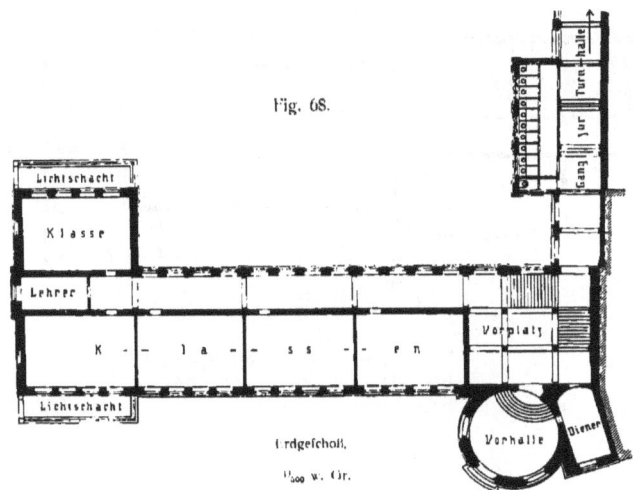

Fig. 68.

Volksschule für Mädchen zu Karlsruhe.
Arch.: *Strieder.*

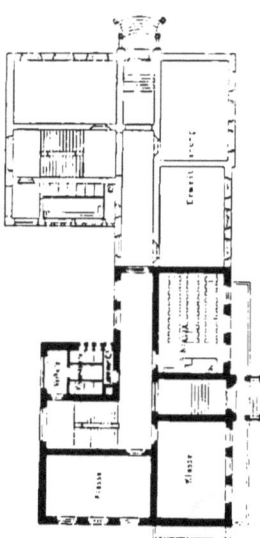

Volksschule für Knaben und Mädchen zu Halle a. S.
Erdgeschoß.
Arch.: *Rehorst*.

Fig. 71.

Volksschule für Knaben und Mädchen zu Aachen.
Erdgeschoß.
Arch.: *Laurent*.

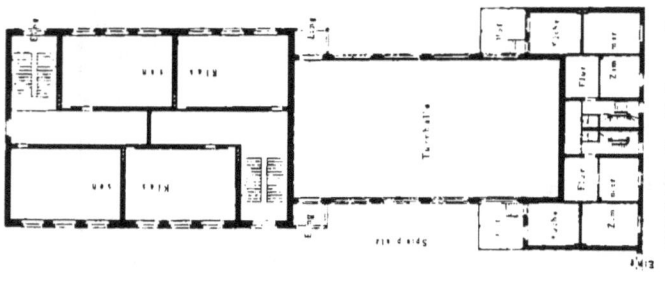

Volksschule für Knaben und Mädchen zu Duisburg.
Erdgeschoß.
Arch.: *Quedenfeldt*.

Fig. 72.

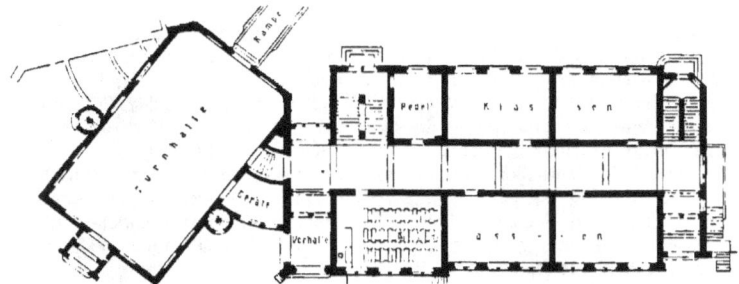

Volksfchule für Mädchen zu Caffel-Wehlheiden.
Erdgefchoß.
Arch.: *Arnold*.

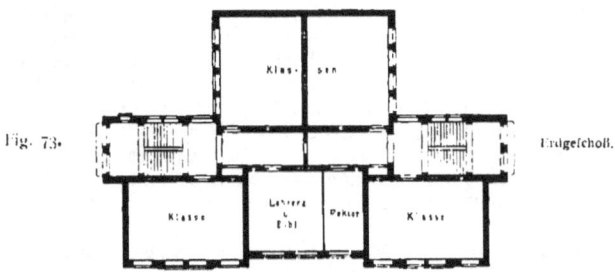

Fig. 73.   Erdgefchoß.

Volksfchule für Knaben und Mädchen zu Bochum.

Fig. 74.

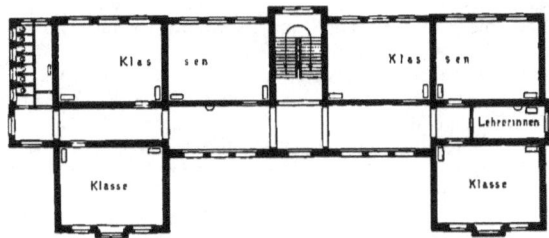

Volksfchule für Knaben und Mädchen zu Hannover.
Erdgefchoß.
Arch.: *Rowaldt*.

1:500

Die Volksschule für Mädchen zu Karlsruhe an der Kaiserallee (Nr. 1 der Tabelle I, Fig. 67 u. 68; Arch.: *Strieder*) ist 1898—1900 von der Stadtgemeinde erbaut; sie enthält 12 Klassen nebst Zubehör und außerdem 1 Turnhalle, 1 Handarbeitssaal, 1 Schulküche mit Vorratsraum und eine im Schulhause untergebrachte Wohnung für den Schuldiener; zur Erwärmung des Schulhauses dient die in Karlsruhe erstmals eingeführte und seit längeren Jahren verwendete Gasofenheizung.

105. Beispiel I.

Die Volksschule für Knaben und Mädchen zu Duisburg an der Hochfeld-Straße (Nr. 2 der Tabelle I, Fig. 69; Arch.: *Quedenfeldt*) wurde 1900—01 von der Stadtgemeinde errichtet und enthält 12 Lehrklassen mit sehr sparsamem Zubehör; die Baukosten des Schulhauses haben deshalb nur 90000 Mark betragen, während sie für das obenstehende Karlsruher Schulhaus auf 300000 Mark beziffert waren. Die Turnhalle ist noch nicht zur Ausführung gekommen.

106. Beispiel II.

Die Volksschule für Knaben und Mädchen zu Halle a. S. an der Frei im Feld-Straße (Nr. 3 der Tabelle I, Fig. 70; Arch.: *Rehorst*) mit 12 Klassen wurde 1900—01 von der Stadtgemeinde erbaut. Dieses Beispiel ist dadurch von Interesse, daß das Schulhaus auf 24 Klassen erweiterungsfähig angeordnet wurde.

107. Beispiel III.

St. Paul-Volksschule für Knaben und Mädchen zu Aachen (Nr. 4 der Tabelle I, Fig. 71; Arch.: *Laurent*) wurde 1898—99 von der Stadtgemeinde erbaut. Dieses Schulhaus enthält in Erdgeschoß und 3 Obergeschossen 14 Klassen; es ist sehr sparsam ohne alle Nebenräume für die Verwaltung erbaut, gewährt jedoch im Dachgeschoß noch Raum für 5 Handarbeitssäle und 1 Sammlungszimmer.

108. Beispiel IV.

Die Volksschule für Mädchen zu Cassel-Wehlheiden (Nr. 6 der Tabelle I, Fig. 72; Arch.: *Arnold*) wurde 1901—02 von der Stadtgemeinde erbaut. Dieses Schulhaus bietet Raum für 14 Klassen, mehrere Verwaltungszimmer, 1 Kombinationsklasse und im Untergeschoß für eine Schulküche; das Haus ist erweiterungsfähig geplant.

109. Beispiel V.

Die Volksschule für Knaben und Mädchen zu Bochum an der Henrietten-Straße (Nr. 7 der Tabelle I, Fig. 73) wurde 1902—03 vom Stadtbauamt für die Stadtgemeinde erbaut, enthält 14 Klassen und einige Verwaltungsräume; die Ausführung ist durch tiefe Gründung verteuert worden.

110. Beispiel VI.

Die Volksschule für Mädchen zu Hannover an der Kollenrodt-Straße (Nr. 8 der Tabelle I, Fig. 74; Arch.: *Rowaldt*) ist 1898—1900 von der Stadtgemeinde erbaut; das Schulhaus bietet in Erdgeschoß und zwei Obergeschossen für 15 Klassen und im Dachgeschoß für zwei Reserveklassen Raum.

111. Beispiel VII.

Die Volksschule für Knaben und Mädchen zu Barmen an der Meyer-Straße mit 16 Klassen (Nr. 9 der Tabelle I, Fig. 75; Arch.: *Winchenbach*) ist 1894—95 von der Stadtgemeinde aufgeführt.

112. Beispiel VIII.

Die Volksschule für Knaben und Mädchen zu Bremen an der Schlesinger Straße (Nr. 11 der Tabelle I, Fig. 76) mit 16 Klassen wurde 1900—01 vom Staat durch das Stadtbauamt erbaut.

113. Beispiel IX.

Die Bürgerschule für Knaben und Mädchen zu Frankfurt a. M. nördlich der Franken-Allee (Nr. 12 der Tabelle I, Fig. 77; Arch.: *Koch*) ist 1902—03 von der Stadtgemeinde errichtet; das Schulhaus enthält 16 Klassen und als Zubehör in besonderem Gebäude einen Kindergarten mit Wohnung für die Schulvorsteherin, einen Kinderhort und eine Schulküche.

114. Beispiel X.

Die Volksschule für Knaben und Mädchen zu Mühlhausen i. E. — Wollschule — (Nr. 13 der Tabelle I, Fig. 78) ist von der Stadtgemeinde im Jahre 1900—01 nach einem sehr sparsamen Bauprogramm durch das Stadtbauamt erbaut; die Baukosten des Schulhauses, das in Erdgeschoß und zwei Obergeschossen für

115. Beispiel XI.

17 Klaſſen Raum bietet, haben einſchließlich Mobiliar nur rund 160 000 Mark betragen.

116. Beiſpiel XII.

In gleicher Weiſe ſparſam angeordnet iſt die Volksſchule für Knaben und Mädchen zu Trier an der Kaiſerſtraße (Nr. 14 der Tabelle I, Fig. 79; Arch.: *Mayer*), die im Jahre 1899 von der Stadtgemeinde errichtet wurde; die Baukoſten des Schulhauſes, das 18 Klaſſen enthält, belaufen ſich auf nur 150 000 Mark.

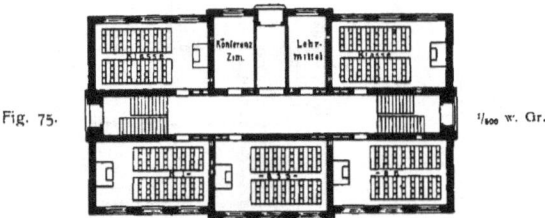

Fig. 75. $\quad$ 1/600 w. Gr.

Volksſchule für Knaben und Mädchen zu Barmen.
Erdgeſchoß.
Arch.: *Winchenbach*.

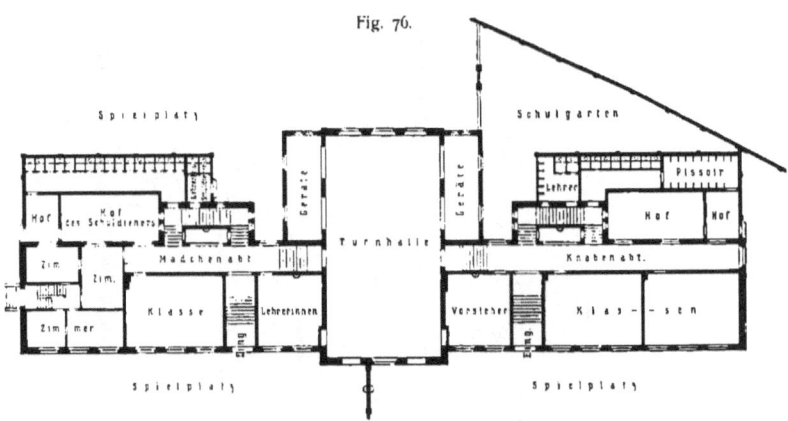

Volksſchule für Knaben und Mädchen zu Bremen.
Erdgeſchoß. — 1/500 w. Gr.

117. Beiſpiel XIII.

Dagegen iſt der Einfluß, den die Zahl der Nebenräume auf die Baukoſten ausübt, aus dem Vergleich der Volksſchule für Knaben und Mädchen zu Dortmund — Aloyſius-Schule — (Nr. 15 der Tabelle I, Fig. 80; Arch.: *Düchting & Jänſch*) erſichtlich, die im Jahre 1899—1900 von der katholiſchen Schulgemeinde errichtet worden iſt. Die Baukoſten des Schulhauſes, das wie Nr. 14 in Erdgeſchoß und zwei Obergeſchoſſen für 18 Klaſſen Raum gewährt, werden auf 203 660 Mark angegeben. Beiden Schulen fehlt die Turnhalle.

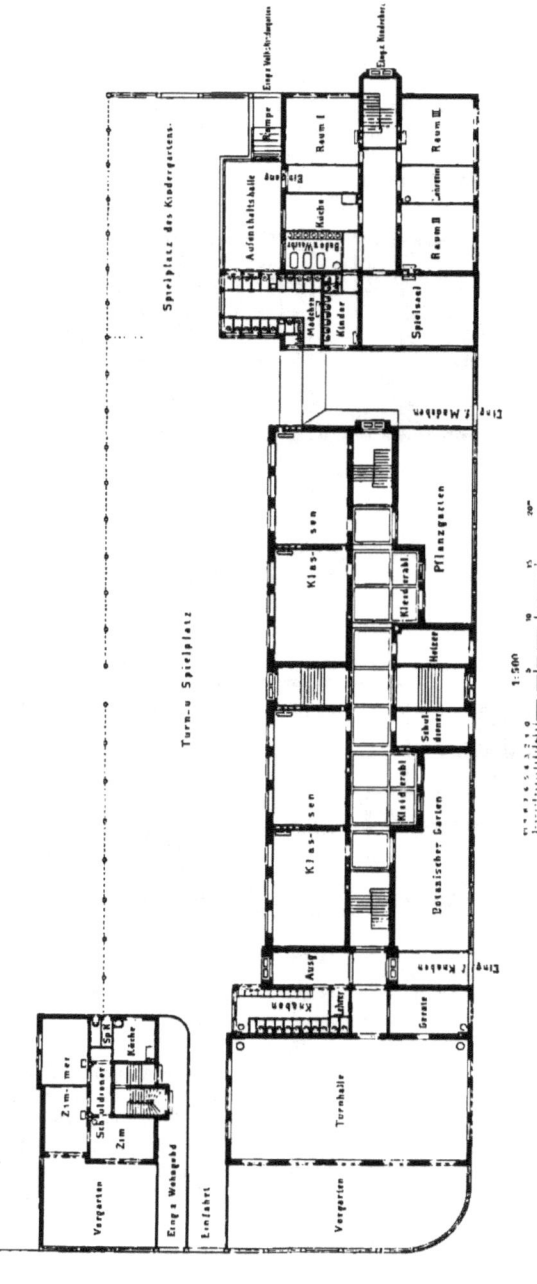

Bürgerschule für Knaben und Mädchen zu Frankfurt a. M.
Erdgeschoß.
Arch.: Korb.

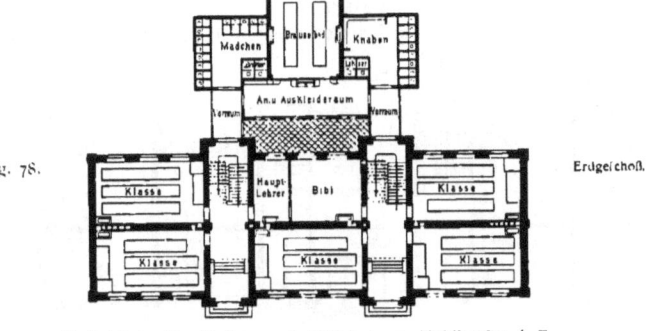

Fig. 78. Erdgeschoß.

Volksschule für Knaben und Mädchen zu Mühlhausen i. E.

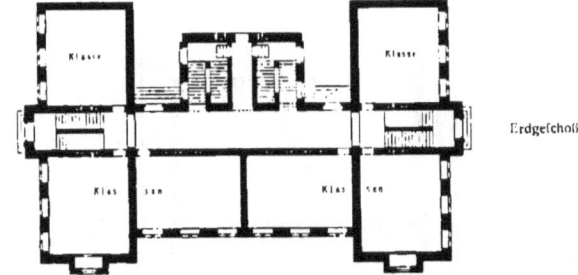

Fig. 79. Erdgeschoß.

Volksschule für Knaben und Mädchen zu Trier.
Arch.: *Mayer*.

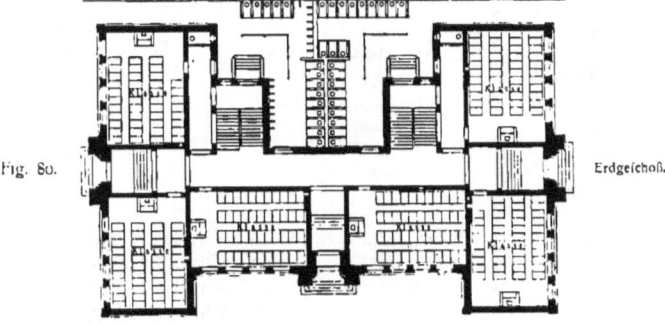

Fig. 80. Erdgeschoß.

Volksschule für Knaben und Mädchen zu Dortmund.
Arch.: *Düchting & Jänsch*.

1:500

Die Volksfchule für Knaben und Mädchen zu Darmftadt an der Lagerhaus-ftraße (Nr. 16 der Tabelle I, Fig. 81; Arch.: *Kling*) wurde 1900—01 von der Stadtgemeinde mit 20 Klaffen erbaut.

118. Beifpiel XIV.

Die Bürgerfchule für Knaben und Mädchen zu Zwickau (Nr. 17 der Tabelle I, Fig. 82; Arch.: *Thümmler*), 1897—98 für die Stadtgemeinde und die St. Lorenz-

119. Beifpiel XV u. XVI.

Fig. 81.

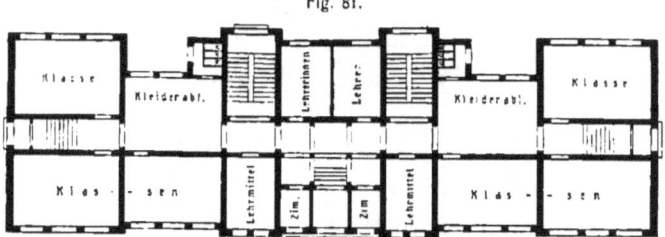

Volksfchule für Knaben und Mädchen zu Darmftadt.
Erdgefchoß.
Arch.: *Kling*.

Fig. 82.

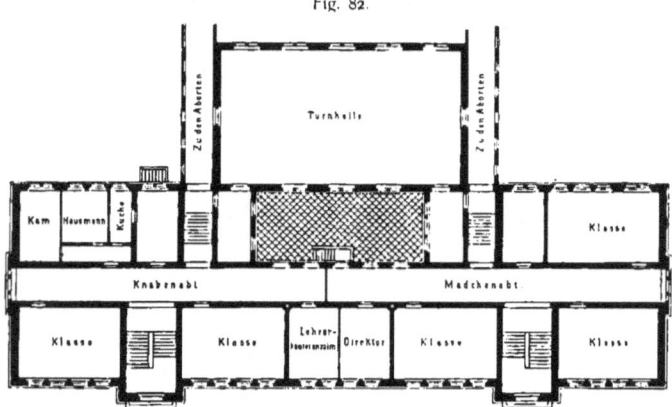

Bürgerfchule für Knaben und Mädchen zu Zwickau.
Erdgefchoß.
Arch.: *Thümmler*.

1:500

Volksfchule für Knaben und Mädchen zu Lübeck (Nr. 19 der Tabelle I, Fig. 83 u. 84; Arch.: *Schaumann & Baltzer*) 1899—01 für den Staat ausgeführt, bieten im Schulhaufe für je 24 Klaffen Raum; die erftere enthält noch einen Handarbeitsfaal.

Die Margarethen-Volksfchule für Knaben und Mädchen zu Roftock (Nr. 20 der Tabelle I, Fig. 85; Arch.: *Dehn*) und die Bürgerfchule für Knaben und Mädchen

120. Beifpiel XVII u. XVIII.

Handbuch der Architektur. IV. 6, a. (2. Aufl.) 7

zu Weimar an der Röhrſtraße (Nr. 21 der Tabelle I, Fig. 86; Arch.: *Schmidt*), erſtere im Jahre 1899—1901 und letztere im Jahre 1900—02 für die Stadtgemeinden erbaut, enthalten in Erdgeſchoß und 3 Obergeſchoſſen je 25 Klaſſen; zur letzteren Schule gehört eine Schulküche.

Fig. 83.

Anſicht.

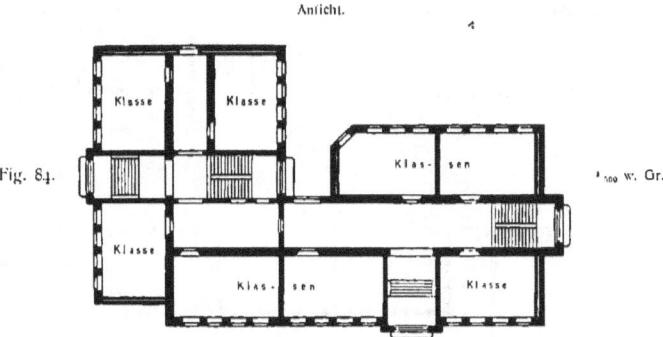

Fig. 84.

St. Lorenz-Volksſchule für Knaben und Mädchen zu Lübeck.
Erdgeſchoß.
Arch.: *Schaumann & Baltzer*.

121.
Beiſpiele
XIX bis XXII.

Fig. 87 bis 90 ſtellen 3 zur Aufnahme von je 20 Klaſſen beſtimmte ſtädtiſche Schulen dar.

Die Volksſchule für Knaben und Mädchen zu Breslau an der Poſener Straße (Nr. 22 der Tabelle I; Arch.: *Plüddemann*), 1894—96; die Volksſchule für Knaben

Fig. 85.

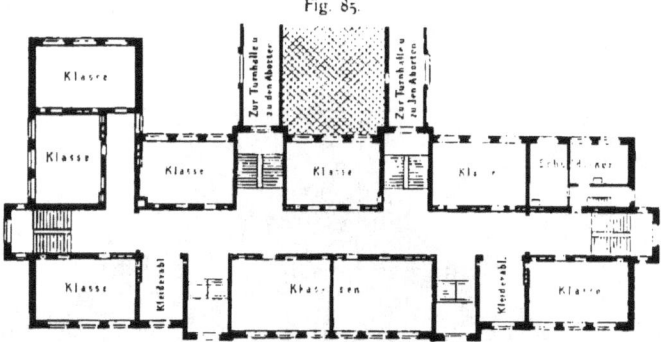

Margarethen-Volksschule für Knaben und Mädchen zu Rostock.
Erdgeschoß.
Arch.: *Dehn*.

Fig. 86.

Bürgerschule für Knaben und Mädchen zu Weimar.
Erdgeschoß.
Arch.: *Schmidt*.

Fig. 87.

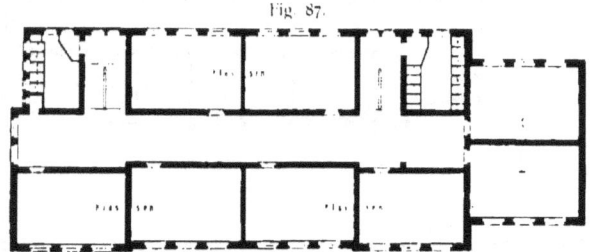

Volksschule für Knaben und Mädchen zu Breslau.
I. Obergeschoß.
Arch.: *Pluddemann*.

1:500

7*

Fig. 88.

Ansicht.

Fig. 89.

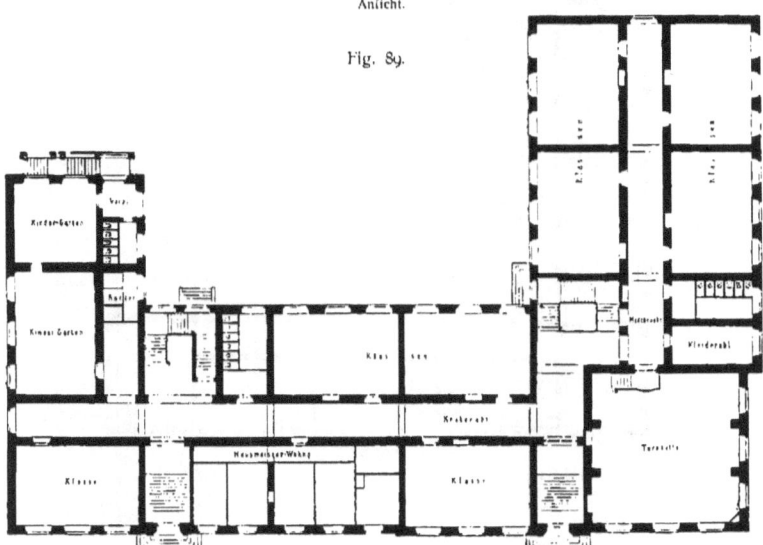

Erdgeschoß.
Volksschule für Knaben und Mädchen am Dom-Pedroplatz zu München.
Arch.: *Gräſſel.*

Fig. 90.

Volksschule für Knaben und Mädchen zu Mannheim.
Erdgeschoß.

Fig. 91.

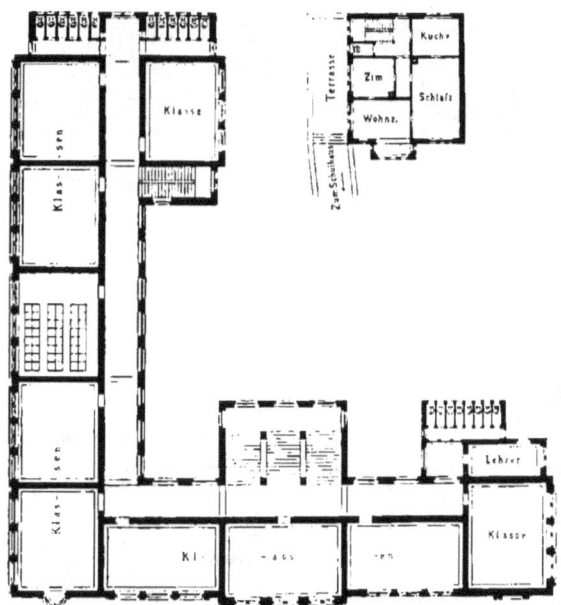

Volksschule für Knaben und Mädchen zu Freiburg i. B.
I. Obergeschoß.
Arch.: *Thoma*.

1:500

Fig. 92.

Anficht.

Fig. 93.

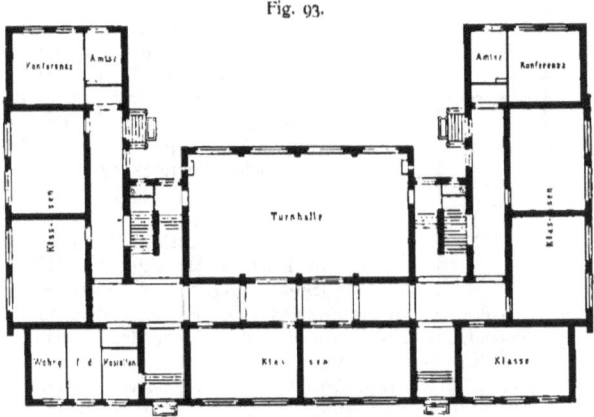

Erdgefchoß. — 1/400 w. Gr.

Volksfchule für Knaben und Mädchen zu Düffeldorf.
Arch.: *Radke*.

und Mädchen zu München am Dom Pedro-Platz (Nr. 23 der Tabelle I; Arch.: *Gräſſel*), 1898—1900, und die Volksſchule für Knaben und Mädchen zu Mannheim-Neckarau (Nr. 24 der Tabelle I), 1901—03 durch das Stadtbauamt erbaut. Fig. 88 iſt mit 4 Sing- und Zeichenſälen, 2 Turnhallen und reichlichem Zubehör an Verwaltungsräumen verſehen und enthält außerdem Kindergarten, Knaben- und Mädchenhort, Suppenküche und Handarbeitsſaal; da die Schule mit nur 2 Obergeſchoſſen erbaut iſt, haben ſich die Baukoſten im Vergleich zu den mit 3 Obergeſchoſſen erbauten Schulhäuſern in Fig. 87 u. 90 hoch geſtellt. Zu Fig. 90 gehören Handarbeitsſal, Schulküche, Saal für Milchabgabe und Induſtrieſaal, während das Bauprogramm für Fig. 87 äußerſt ſparſam bemeſſen iſt, was in der vergleichsweiſe ſehr niedrigen Baukoſtenſumme des Schulhauſes zur Betätigung kommt.

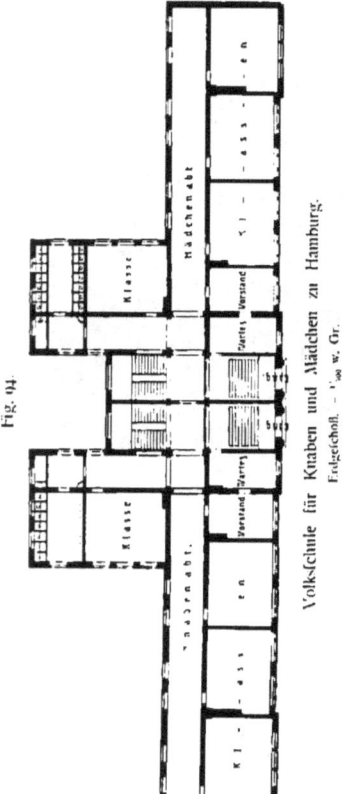

Fig. 94. Volksſchule für Knaben und Mädchen zu Hamburg. Erdgeſchoß. — 1 : 800 w. Gr. Arch.: *Zimmermann*.

Die Volksſchule für Knaben und Mädchen zu Freiburg i. B. an der Thurnſeeſtraße (Nr. 25 der Tabelle I, Fig. 91; Arch.: *Thoma*) iſt 1900 01 von der Stadtgemeinde mit 29 Klaſſen ausgeführt; zur Schule gehören 2 Wohnungen für Lehrerinnen und 1 Handarbeitsſaal.
122. Beiſpiel XXIII.

Die Volksſchule für Knaben und Mädchen zu Düſſeldorf an der Kanonierſtraße (Nr. 26 der Tabelle I, Fig. 92 u. 93; Arch.: *Radke*), 1901 02 von der Stadtgemeinde erbaut, beſitzt die gleiche Klaſſenzahl mit ſparſamer bemeſſenen Nebenräumen.
123. Beiſpiel XXIV.

Die Volksſchule für Knaben und Mädchen zu Hamburg an der Barmbecker Straße (Nr. 28 der Tabelle I, Fig. 94; Arch.: *Zimmermann*), 1900—01 vom Staat errichtet, enthält 30 Klaſſen; die vergleichsweiſe geringen Abmeſſungen der Klaſſen kommen in der niedrigen Baukoſtenſumme des Schulhauſes zum Ausdruck.
124. Beiſpiel XXV.

Die Volksſchule für Knaben und Mädchen zu Wiesbaden — Gutenbergſchule — (Nr. 29 der Tabelle, Fig. 95 u. 96; Arch.: *Genzmer*), 1900—02 von der Stadtgemeinde erbaut, enthält 32 Klaſſen, reichlich bemeſſene Nebenräume und 2 übereinander liegende Turnhallen.
125. Beiſpiel XXVI.

Die Volksſchule für Knaben und Mädchen zu Mainz am Feldbergplatz (Nr. 30 der Tabelle I, Fig. 97; Arch.: *Gelius*), 1899—1900 für die Stadtgemeinde und die Volksſchule für Knaben und Mädchen zu Nürnberg an der Holzgartenſtraße (Nr. 31 der Tabelle I, Fig. 98; Arch.: *Wallraff*), 1901 02 für die Stadtgemeinde ausgeführt, bieten für je 33 Klaſſen Raum. Zu Fig. 97 ſind ſehr zahlreiche Verwaltungs- und Neben-
126. Beiſpiel XXVII u. XXVIII.

Fig. 95.

Ansicht.

Fig. 96.

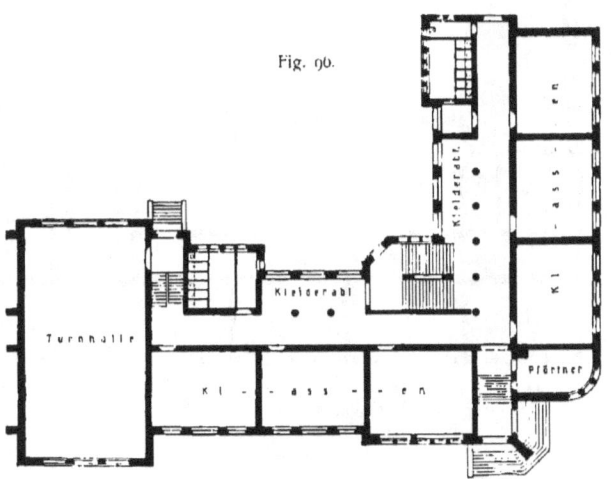

Erdgeschoß. — 1/300 w. Gr.

Volksschule für Knaben und Mädchen zu Wiesbaden.
Arch.: *Genzmer.*

räume, 2 Turnhallen, phyſikaliſcher Lehrſaal, Schulküche und 2 Wärme- und Frühſtücksräume, zu Fig. 98 eine geringere Zahl von Nebenräumen, Schulküche, Heizerwohnung und 2 Karzer beigegeben; das Schulhaus in Fig. 97 beſitzt zum Teil 3, zum Teil 4 Obergeſchoſſe.

Fig. 97.

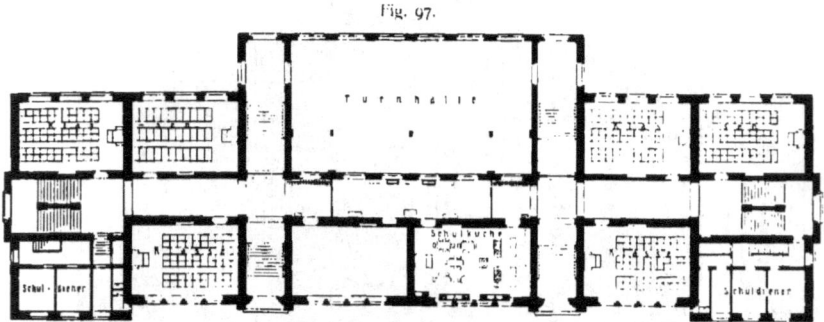

Volksſchule für Knaben und Mädchen zu Mainz.
Erdgeſchoß.
Arch.: *Gelius*.

Fig. 98.

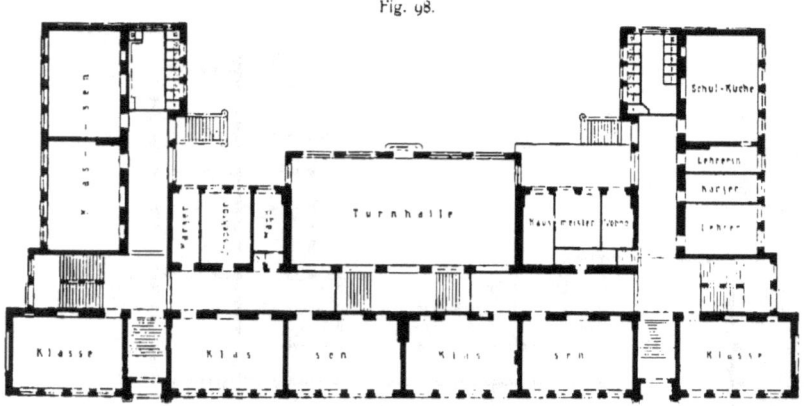

Volksſchule für Knaben und Mädchen zu Nürnberg.
Erdgeſchoß.
Arch.: *Wallraff*.
1:500

Zwei Berliner Gemeindeſchulen für Knaben und Mädchen: Fig. 99 u. 100 an der Glogauer Straße (Nr. 32 der Tabelle), 1898–1900 und Fig. 101 u. 102 an der Chriſtiania-Straße (Nr. 33 der Tabelle I), 1899–1901 erbaut (Arch.: *Hoffmann*), enthalten je 36 Klaſſen, 1 Aula, die zugleich als Sing- und Zeichenſaal dient, 1 Turnhalle und mehrere Verwaltungs- und Nebenräume. Diese beiden Beispiele sind aus der großen Zahl der in den letzten Jahren von der Stadtgemeinde Berlin nach den Plänen des Stadtbaurats *Hoffmann* errichteten Schulneubauten dahin ausgewählt, daß in Fig. 99 ein Schulhaus mit doppelseitiger und in Fig. 101 mit einseitiger Be-

Fig. 99.

Ansicht.

Fig. 100.

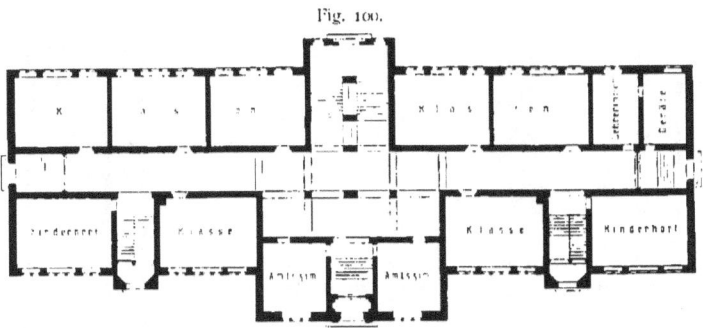

Erdgeschoß. — $\frac{1}{600}$ w. Gr.

Gemeindeschule an der Glogauer Straße zu Berlin.
Arch.: *Hoffmann*.

bauung des Flurganges zur Darstellung gelangt. Neben beiden Schulhäusern stehen links, bezw. rechts ein Dienstwohngebäude, bezw. die Turnhalle. Zu jeder Schule sind 2 Physikklassen mit Apparatenzimmer und 2 Räume für einen Kinderhort beigegeben, zu Fig. 99 außerdem eine über der Turnhalle angeordnete Lesehalle mit Büchermagazin und zu Fig. 101 ein vor der Turnhalle liegendes Straßenreinigungsdepot. Das Schulhaus und die Turnhalle zu Fig. 101 find mit Gasofenheizung verfehen.

Die Volksfchule für Knaben und Mädchen zu Offenbach a. M. am Friedrich-Platz (Nr. 34 der Tabelle I, Fig. 103; Arch.: *Schlegel*), 1900—01 von der Stadtge-

128.
Beifpiel
XXXI.

Fig. 101.

Anficht
Fig. 102.

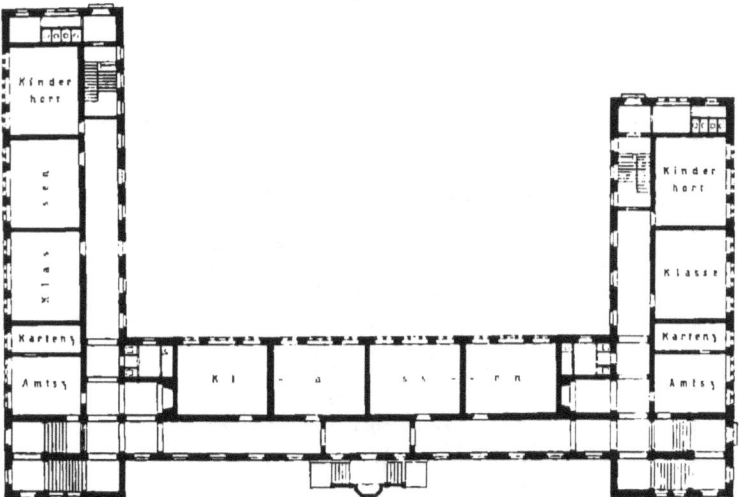

Erdgefchoß.
Gemeindefchule an der Chriftiania-Straße zu Berlin.
Arch.: *Hoffmann*.

Fig. 103.

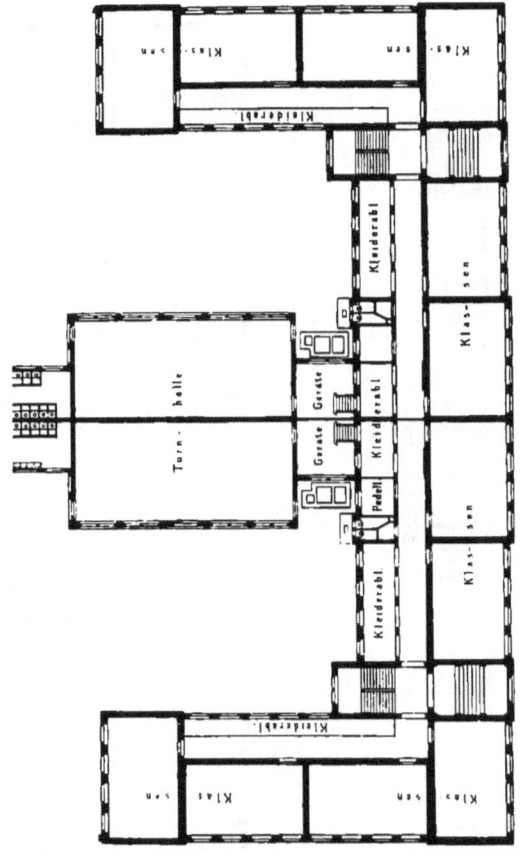

Volksschule für Knaben und Mädchen zu Offenbach a. M.
Erdgeschoß.
Arch.: *Schlegel*.

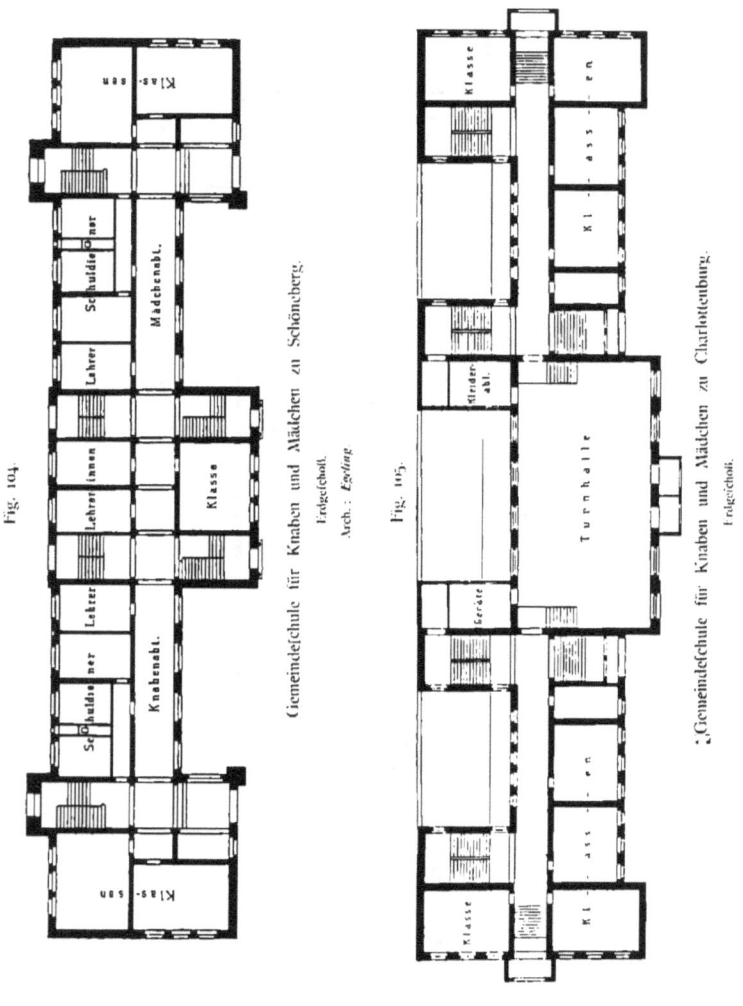

Fig. 104. Gemeindeschule für Knaben und Mädchen zu Schöneberg.
Erdgeschoß.
Arch.: Egeling.

Fig. 105. Gemeindeschule für Knaben und Mädchen zu Charlottenburg.
Erdgeschoß.
Arch.: Amtsring.

129.
Beispiel
XXXII bis
XXXIV.

130.
Beispiel
XXXV.

131.
Außerdeutsche
Schulhäuser.

132.
Beispiel
XXXVI.

meinde erbaut, bietet ebenfalls für 36 Klassen Raum; zur Schule gehören in einem besonderen Gebäude Schulküche mit Lehrerinwohnung und 2 Schuldienerwohnungen.

Fig. 104 bis 106 zeigen 3 zur Aufnahme von je 40 Klassen bestimmte städtische Volksschulen für Knaben und Mädchen: Fig. 104 die Gemeindeschule zu Schöneberg an der Apostel Paulus-Straße (Nr. 35 der Tabelle I; Arch.: *Egeling*), 1896—97; Fig. 105 die Gemeindeschule zu Charlottenburg an der Nehringstraße (Nr. 36 der Tabelle; Arch.: *Bratring*), 1899—1900 und Fig. 106 die Volksschule zu Magdeburg am Sedanring (Nr. 37 der Tabelle I; Arch.: *Peters & Berner*), 1900—01. Die Verwaltungs- und Nebenräume sind ziemlich gleichmäßig. Zu Fig. 105 gehört außerdem 1 Arztzimmer, und zu Fig. 106 gehören 2 Haushaltungsklassen.

Die Bezirksschule für Knaben und Mädchen zu Leipzig (Nr. 38 der Tabelle, Fig. 107; Arch.: *Scharenberg*), 1900—02 von der Stadtgemeinde erbaut, bietet Raum für 44 Klassen, sehr reichliche Verwaltungs- und Nebenräume, Klasse für Naturkunde, Handarbeitssaal und Kombinationsklasse; das Schulhaus besitzt 4 Obergeschosse.

Zur Veranschaulichung ähnlicher Bauausführungen in außerdeutschen Ländern dienen die nachstehend mitgeteilten Beispiele, deren Anzahl jedoch auf ein geringes Maß eingeschränkt worden ist, weil die Grundrißgestaltung in neuerer Zeit vielfach auf deutsche Vorbilder zurückgeführt und nur im Hinzufügen von größeren Hallen, Waschräumen und überdeckten Höfen eine Verbesserung der deutschen Schulbaupläne erkannt werden kann; auch diese Beispiele sind nach der aufsteigenden Klassenzahl geordnet.

Fig. 108[17]) (Arch.: *Durand*) zeigt die in Frankreich häufig wiederkehrende Verbindung einer Volksschule mit einer Kleinkinderschule. Die Schule, die für die Stadt Paris erbaut ist, enthält im Vorderhause, für Knaben, bezw. für Mädchen und kleine Kinder getrennt, die Eingänge und Aufenthaltsräume und ferner in 2 Obergeschossen je

---

[17]) Nach: WULLIAM & FARGE. *Le recueil d'architecture*, 12e année, f. 28, 29, 36.

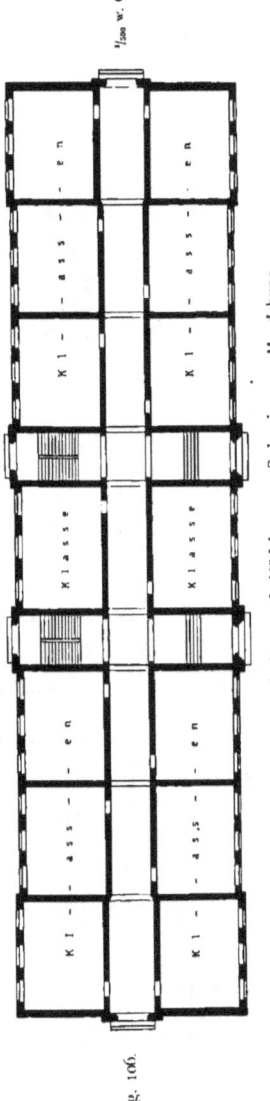

Fig. 106. Volksschule für Knaben und Mädchen am Sedanring zu Magdeburg. Erdgeschoß. Arch.: *Peters & Berner*.

5 Klaſſen und 1 Zeichenſaal, ſowie im teilweiſe ausgebauten III. Obergeſchoß die Direktorwohnung; durch einen überdeckten Gang führt der Weg zur Kleinkinderſchule (*Aſile*), deren Unterrichts- und Übungsſaal, Küche und Nebenräume ebenerdig angeordnet ſind.

Fig. 107.

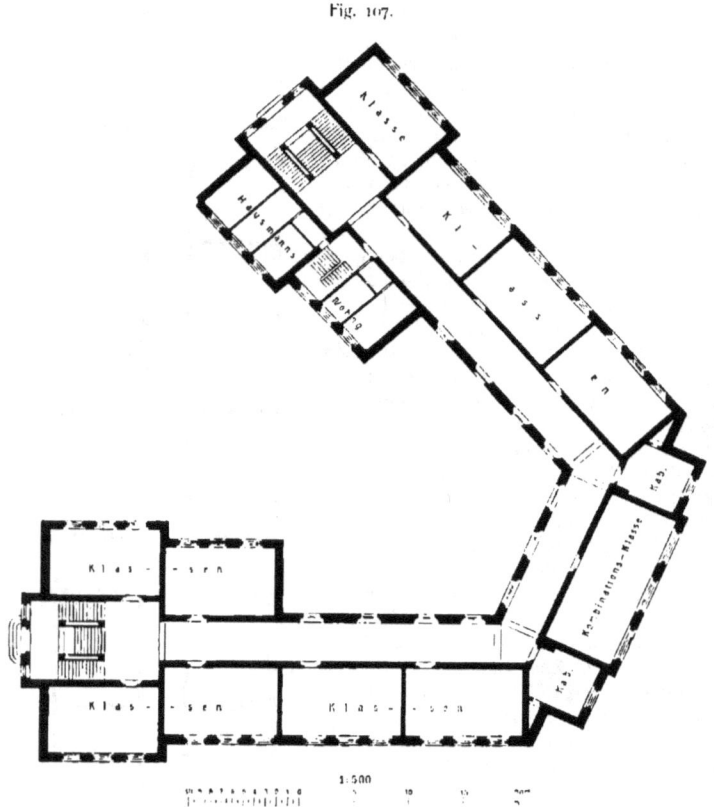

Bezirksſchule für Knaben und Mädchen zu Leipzig-Lindenau.
Erdgeſchoß.
Arch.: *Scharenberg*.

Die Volksſchule für Knaben und Mädchen an der Murányi-Gaſſe zu Budapeſt (Fig. 109), 1891–92 von der Stadtgemeinde durch das Stadtbauamt ausgeführt, enthält in Erdgeſchoß und 2 Obergeſchoſſen 14 Klaſſen und einige Verwaltungs- und Nebenräume; die Baukoſten des Schulhauſes werden auf 293 000 Mark angegeben. Die Turnhalle iſt durch einen überdeckten Gang mit der in gleicher Anordnung erbauten Volksſchule an der Hernád-Gaſſe verbunden und von dieſer

112

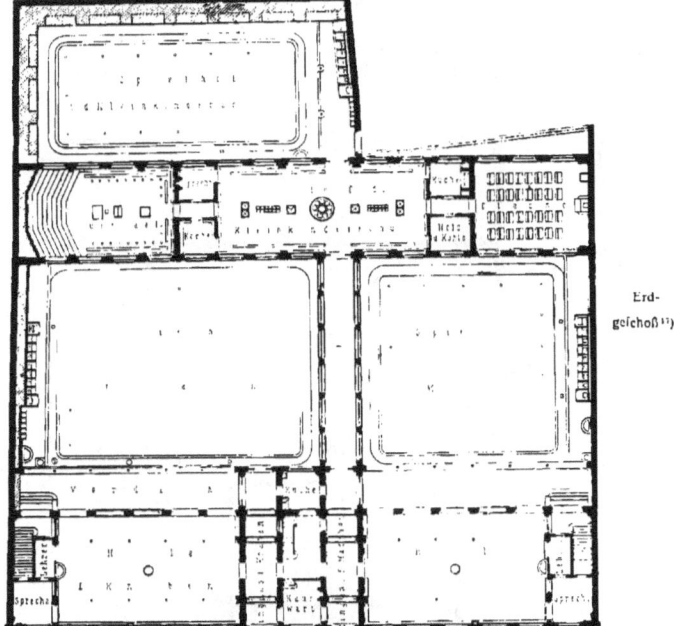

Fig. 108.   Erdgeschoß[1]).

Französische Schulhausgruppe.
Arch.: *Durand.*

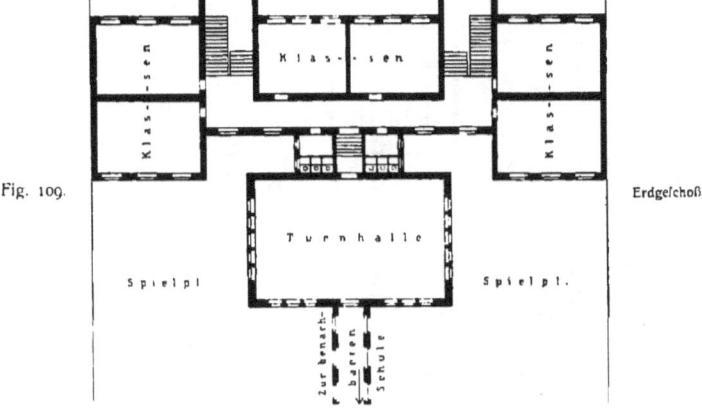

Fig. 109.   Erdgeschoß.

Volksschule für Knaben und Mädchen zu Budapest.
1/500 w. Gr.

mit benutzbar; beide Schulen bilden eine Gruppe, deren Lageplan in Fig. 4 (S. 18) mitgeteilt ift.

Die Volksfchule zu London an der *Deel Street* (Fig. 110[18]) enthält in Erdgefchoß und 2 Obergefchoffen 17 Klaffen, ferner in jedem Gefchoß eine Halle,

134. Beifpiel XXXVIII.

Fig. 110.

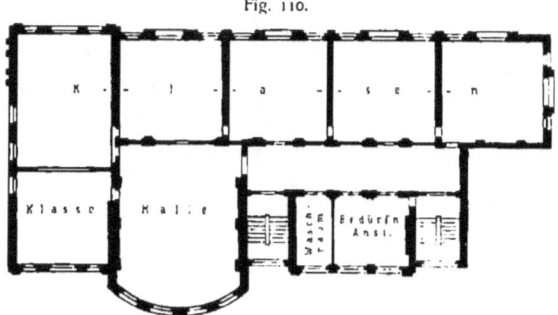

Volksfchule an der *Deel-Street* zu London[18]).
I. Obergefchoß.

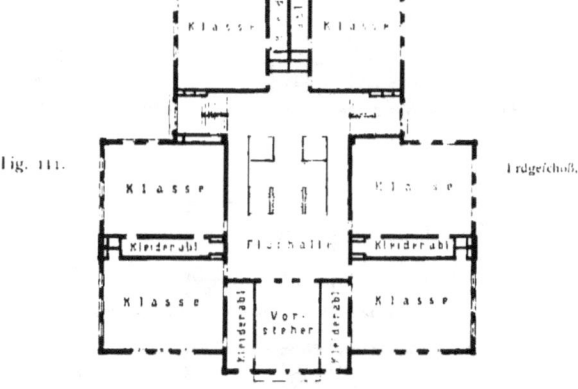

Fig. 111.   Erdgefchoß.

Lagrange-Volksfchule zu Toledo (Ohio[19]).
1:500

Wafchraum und Bedürfnisanftalt; das im Jahre 1895–96 erbaute Schulhaus wird durch Feuerluftheizung mit Druckläftung erwärmt.

Die Lagrange-Volksfchule zu Toledo (Amerika-Ohio, Fig. 111[19]) gibt in Erdgefchoß und 2 Obergefchoffen für 18 Klaffen und einige Verwaltungsräume Unterkunft; jede Klaffe hat eine eigene, vom Flurgang nicht zugängliche Kleiderablage.

135. Beifpiel XXXIX.

[18]) Siehe: OSTENDER, A. Londoner Reifeeindrücke. Gefundh.-Ing. 1895, S. 133.
[19]) Nach: WHITEWRIGHT, E. M. *School architecture.* Bofton 1901, S. 101.

Handbuch der Architektur. IV. 6, a. (2. Aufl.) 8

Die Primarschule für Knaben und Mädchen zu Basel am Gotthelf-Platz (Fig. 112 u. 113[20]), 1899–1902 durch den Staat errichtet (Arch.: *Flück & Hünerwadel*), enthält in Erdgeschoß und 2 Obergeschossen 23 Klassen, 1 Aula, 2 Zimmer für die Lehrerschaft, 1 Sammlungszimmer, 5 Handarbeitssäle und 1 Schulküche; zur Schule gehört eine Turnhalle und 1 Schuldienerwohnung. Das Schulhaus wird mit

Fig. 112.

Ansicht.

Fig. 113.

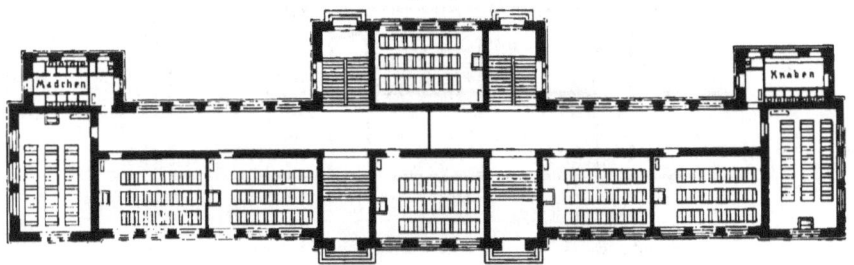

Erdgeschoß[20]). — 1/500 w. Gr.
Primarschule für Knaben und Mädchen zu Basel.
Arch.: *Flück & Hünerwadel*.

Niederdruckdampfheizung erwärmt; die Baukosten werden auf 454 400 Mark beziffert.

Für weitere Beispiele großer schwedischer, norwegischer, dänischer, finnischer und ebenso österreichischer und ungarischer Volksschulen wird auch hier auf die bereits in Fußnote 17 (S. 88) erwähnten Ergänzungshefte dieses „Handbuches" verwiesen.

---

[20] Nach: REESE, H. Die neueren Schulhäuser Basels. Basel 1902.

c) Schulbaracken.

In großen Städten tritt oftmals das Bedürfnis nach Vermehrung der Unterrichtsräume für die Volksschulen so dringend und plötzlich auf, daß es unmöglich wird, besonders wenn die Gewinnung der Bauplätze Schwierigkeiten macht, mit der Ausführung definitiver Neubauten gleichen Schritt zu halten. Alsdann muß zeitweilige Abhilfe durch Ermietung geschafft werden. Da jedoch der Auffindung geeigneter Miträume häufig örtliche oder gesundheitliche Bedenken entgegen stehen, so ist von einzelnen Stadtverwaltungen der Versuch gemacht worden, durch Errichtung provisorischer Hilfsbauten, sog. Schulbaracken, für den Bedarf einzutreten.

137. Anlaß zu Barackenbauten.

Eine derartige Bauanlage stellt der Grundriß einer im Jahre 1883 in Königsberg i. Pr. ausgeführten vierklassigen Schulbaracke (Arch.: *Krüger*; Fig. 114 [21]) dar.

Jede Klasse hat einen Flächenraum von etwa 70 qm und ist für 70 bis 80 Kinder bestimmt. Die Benutzung des Bauwerkes war nur auf eine Dauer von zwei Jahren vorgesehen, und dementsprechend ist die Ausführungsweise so leicht wie möglich gehalten worden.

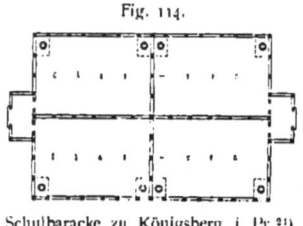

Schulbaracke zu Königsberg i. Pr.[21].
1/500 w. Gr.
Arch.: *Krüger*.

Das Fachwerk der Umfassungs- und Scheidemauern ruhte auf kiefernen Pfählen; die Wände waren mit Brettern bekleidet und in den Zwischenräumen mit Koksasche ausgefüllt; zur Erwärmung jeder Klasse dienten 2 eiserne Regulieröfen. Die Baukosten haben sich auf 7300 Mark belaufen [22].

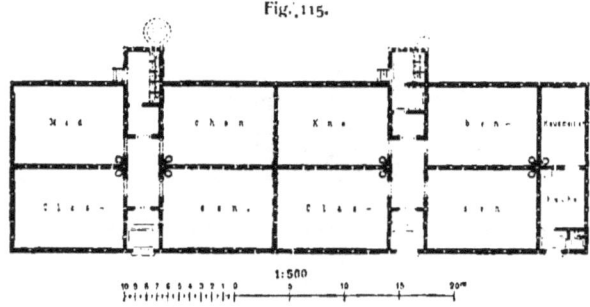

Fig. 115.

1:500

Schulbaracke an der Pilgersheimerstraße zu München.
Arch.: *Zenetti*.

Als Beispiel einer größeren Bauausführung wird in Fig. 115 der Grundriß einer an der Pilgersheimer Straße in München im Jahre 1885 hergestellten Baracke (Arch.: *Zenetti*) mitgeteilt.

Das Bauwerk, das auf gemauertem Sockel, etwa 60 cm über dem Erdboden, einstöckig in Holzfachwerk errichtet ist, bietet Raum für 4 Knaben- und 4 Mädchenklassen, für die zugehörigen Bedürfnisanstalten und für eine kleine Schuldienerwohnung. Die Klassen haben 10,00 m Länge, 7,20 m Tiefe und 4,00 m Höhe. Das Holzfachwerk ist beiderseits mit Brettern verschalt und innerhalb der Verschalung mit Kohlenlösche ausgefüllt.

---

[21] Deutsche Bauz. 1883, S. 495.
[22] Siehe auch: Schulhäuser in Barackenform. Allg. polyt. Zeitg. 1879, S. 50.

8*

Die Gesamtkosten dieses provisorischen Bauwerkes, einschl. eines auf dem Hofe stehenden Nebengebäudes, welches einen Raum für Brennstoff und eine Waschküche aufnimmt, sowie eines Brunnens, wurden auf rund 40 000 Mark, also für jede Klasse im Durchschnitt auf 5000 Mark berechnet, im Vergleich zu den in München damals auf 12 000 Mark für jede Klasse bezifferten Durchschnittskosten eines definitiven Schulbaues.

Unter der Voraussetzung, daß ein derartiger provisorischer Bau mehrere Jahre benutzt wird und daß das Versetzen desselben an einen anderen Platz mit einem Kostenaufwand von etwa 16 000 Mark ein- oder zweimal möglich ist, kann die Anordnung in finanzieller Beziehung als ein günstiges Aushilfsmittel bezeichnet werden.

Aus neuerer Zeit (1899) ist über eine gleiche Bauausführung aus Nürnberg zu berichten. Dort sind in wenigen Wochen zur Befriedigung dringenden Bedarfes 6 Baracken mit je 4 Klassen, Vorplatz, Nebenraum und Aborten errichtet und

Fig. 116.

Schulbaracke von *Christoph & Unmack* zu Niesky.

alsbald in Gebrauch genommen. Die Baracken sind in Holzfachwerk konstruiert, außen mit Zementdielen, innen mit Gipsdielen bekleidet; sie sind mit eichenen Riemen gedielt, mit eisernen Mantelöfen mit äußerer Luftzuführung geheizt und stehen in einem geräumigen Schulhofe. Die Lehrklassen haben die normale Größe von 10 m Länge, 6 m Tiefe und 4 m Höhe; die Baukosten für jede Baracke werden auf 35 000 Mark angegeben [22]).

Gleichartige Bauten mit je 1 bis 2 Klassen sind im Jahre 1902 z. B. in Hamburg und Stuttgart nach dem System *Döcker-Christoph & Unmack* ausgeführt worden. Der Schutz gegen die Temperatureinwirkungen wird bei diesem und ebenso bei dem ähnlichen System *Brümmer* (Deutsche Baracken-Gesellschaft) durch Beschaffung ruhender Luftschichten in den Wänden und im Dach und Fußboden erzielt. Der Durchschnitt einer Schulbaracke nach dem erstgenannten System ist in Fig. 116 beigegeben.

[22]) Siehe: Festschrift des Vereins für öffentliche Gesundheitspflege zu Nürnberg. Nürnberg 1899.

6. Kapitel.
Mittelfchulen.
Von Gustav Behnke.
a) Allgemeines.

Die deutfchen Mittelfchulen unterfcheiden fich von den Volksfchulen dadurch, daß der Lehrplan erweitert, die Schülerzahl in den Klaffen vermindert und Schulgeld erhoben wird; fonach ftellen die Mittelfchulen ein Mittelglied zwifchen den Volksfchulen und den in Deutfchland beftehenden höheren Lehranftalten dar. Die Schulzeit ift ebenfalls achtjährig und der Lehrgang in jeder Klaffe gewöhnlich einjährig; die Schule hat daher mindeftens 8 und, bei Benutzung des Schulhaufes als Doppelfchule in der Regel mindeftens 16 Lehrklaffen.

138. Kennzeichnung.

Außerdem erfordert das Bauprogramm die Befchaffung einiger Zimmer für Verwaltungszwecke und für die Unterbringung der Lehrmittel, einen Singfaal, einen Zeichenfaal, etwa noch einen Lehrfaal für phyfikalifchen Unterricht und eine Aula, fowie die fonftigen Betriebsräume, Dienftwohnungen u. a. m.

Hieraus erhellt, daß die Grundrißanordnung derjenigen eines größeren Volksfchulhaufes ziemlich gleich ausfallen muß; der Unterfchied liegt im wefentlichen in der wegen der kleineren Schülerzahl für jede einzelne Klaffe zuläffigen Einfchränkung der Abmeffungen. Die Schülerzahl wird im Hinblick auf die gefteigerten Anforderungen an die Lehrtätigkeit über die Zahl von 48 in der Klaffe felten hinausgehen.

Bei der hiernach vorhandenen Gleichartigkeit der baulichen Anordnung kann die Mitteilung von Beifpielen für die zur Benutzung als Mittelfchulen beftimmten Schulhäufer der Zahl nach vermindert und auf einige befonders verfchiedenartige Grundrißgeftaltungen eingefchränkt werden.

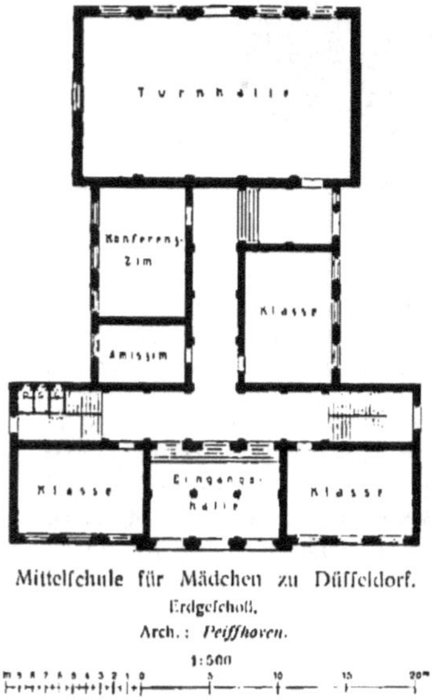

b) Beifpiele.

Auch hier find die Beifpiele nach der auffteigenden Zahl der Lehrklaffen und der Jahreszahl der Erbauung geord-

139. Deutfche Schulhäufer.

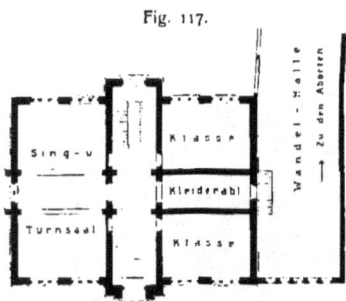

Fig. 117.

Mittelfchule für Mädchen zu Aachen.
Erdgefchoß.
Arch.: *Laurent*.

Fig. 118.

Mittelfchule für Mädchen zu Düffeldorf.
Erdgefchoß.
Arch.: *Peiffhoven*.
1:500

net, und es ist den deutschen Beispielen in gleicher Weise wie bei den Volksschulen eine Tabelle II beigefügt, welche die wichtigeren Einzelheiten der Bauten ersichtlich und deren eingehende Beschreibung später entbehrlich macht.

140. Beispiel I.

Die Mädchenmittelschule zu Aachen an der Elsschornsteinstraße (Nr. 1 der Tabelle II, Fig. 117; Arch.: *Laurent*), 1897—98 von der Stadtgemeinde erbaut, zeigt eine sehr sparsame Anordnung; das Schulhaus, das in Erdgeschoß und 3 Obergeschossen 10 Klassen und nur 2 Verwaltungsräume, im Untergeschoß die Schuldienerwohnung enthält, hat nur 110000 Mark gekostet.

141. Beispiel II.

Die Mädchenmittelschule zu Düsseldorf (Nr. 2 der Tabelle II, Fig. 118; Arch.: *Peiffhoven*) dagegen, 1898—99 von der Stadtgemeinde errichtet, gibt für 12 Klassen, 1 Aula, 4 Verwaltungsräume und 1 Handarbeitssaal Raum.

142. Beispiel III.

Die Knabenmittelschule zu Karlsruhe (Nr. 3 der Tabelle II, Fig. 119; Arch.: *Strieder*), 1893—95 unter dem Namen „Friedrichschule" von der Stadtgemeinde ausgeführt, bietet für 15 Klassen, 1 Singsaal, 2 Zeichensäle, 8 Verwaltungsräume, 1 chemisches Laboratorium mit Lehrerzimmer, 1 physikalischen Lehrsaal mit Lehrer- und Sammlungszimmer, 1 Lesezimmer für Schüler, 1 Zimmer für Präparate und 1 Karzer Raum. Beide Schulhäuser sind mit 2 Obergeschossen erbaut. Die Baukosten werden für Fig. 118 mit 280000 Mark und für Fig. 119 mit 400000 Mark beziffert.

143. Beispiel IV.

Die Bornheimer Mittelschule für Knaben und Mädchen zu Frankfurt a. M. (Nr. 4 der Tabelle II, Fig. 120 u. 121; Arch.: *Wilde*), 1902—03 von der Stadtgemeinde erbaut, enthält in Erdgeschoß und 3 Obergeschossen 16 Klassen und reichliches Zubehör an Verwaltungsräumen; das Erdgeschoß des Dienstwohnhauses für Rektor und Schuldiener ist für eine Steuerzahlstelle nutzbar gemacht, während die Rektorwohnung im I. und II., die Schuldienerwohnung im III. Obergeschoß Platz gefunden hat. Die Kosten sind, da die Schule z. Z. im Bau begriffen ist, in der Tabelle II nach der Veranschlagung angegeben.

Fig. 122 u. 123 stellen eine Knabenmittelschule zu Hamburg dar, unter dem Namen Realschule am Weidenstieg, 1895 vom Staat aufgeführt (Nr. 5 der Tabelle II;

114. Beispiel V.

Fig. 120.

Ansicht.

Fig. 121.

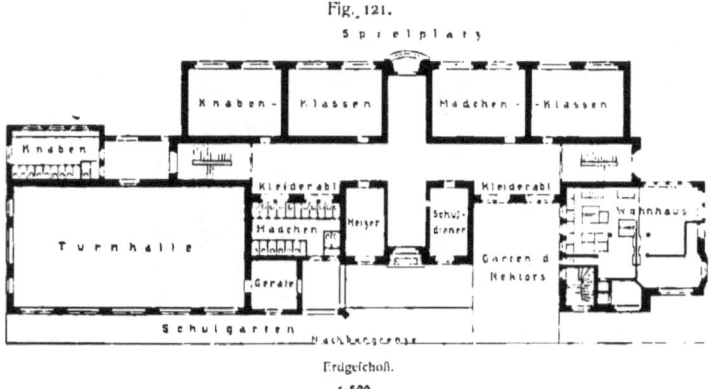

Erdgeschoß.
1:500

Bornheimer Mittelschule für Knaben und Mädchen zu Frankfurt a. M.
Arch.: *Wilde*.

Arch.: *Zimmermann*); das Schulhaus besitzt 19 Klassen, Aula, Singsaal, Zeichensaal, Säle für chemischen und physikalischen Unterricht und sehr zahlreiche Nebenräume und ist mit 2 Obergeschossen errichtet; trotzdem werden die Baukosten des Schulhauses auf nur 218 000 Mark beziffert.

145.
Beispiel
VI.

Die Mädchenmittelschule zu Cöln an der Dagobertstraße (Nr. 6 der Tabelle II, Fig. 124; Arch.: *Heimann*), 1897—1900 von der Stadtgemeinde errichtet, enthält 22 Klassen; sie besitzt nur sparsame Verwaltungsräume, ist dagegen mit 2 gemeinnützigen Anstalten, Kinderhort und Volksbibliothek, verbunden und gibt ferner für naturwissenschaftlichen Unterricht, 1 Handarbeitssaal und 2 Dienstwohnungen Raum.

Fig. 122.

Ansicht.

Fig. 123.

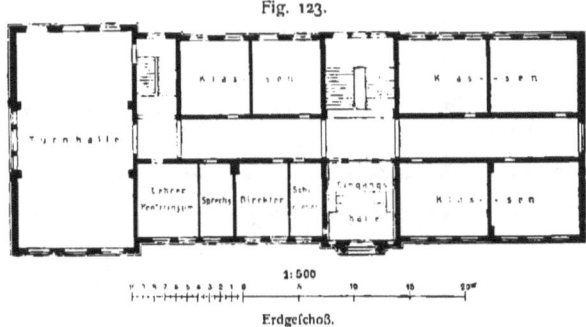

1:500

Erdgeschoß.
Mittelschule für Knaben zu Hamburg.
Arch.: *Zimmermann*.

146.
Beispiel
VII.

Die Mittelschule für Knaben und Mädchen zu Altona an der Sommerheider Straße (Nr. 7 der Tabelle II, Fig. 125; Arch.: *Brandt*), 1899—1900 von der Stadtgemeinde erbaut, besitzt 26 Klassen, Aula, 2 Singsäle, 1 Zeichensaal, sehr reichliche Verwaltungsräume und 1 naturwissenschaftliches Lehrzimmer mit Vorbereitungsraum.

Die Mittelschule für Knaben und Mädchen zu Zwickau (Nr. 8 der Tabelle II, Fig. 126; Arch.: *Planitzer*), 1901—02 von der Stadtgemeinde aufgeführt, enthält 28 Klassen und 1 Handarbeitssaal; die Bemessung der Verwaltungsnebenräume ist äußerst sparsam.

147.
Beispiel
VIII.

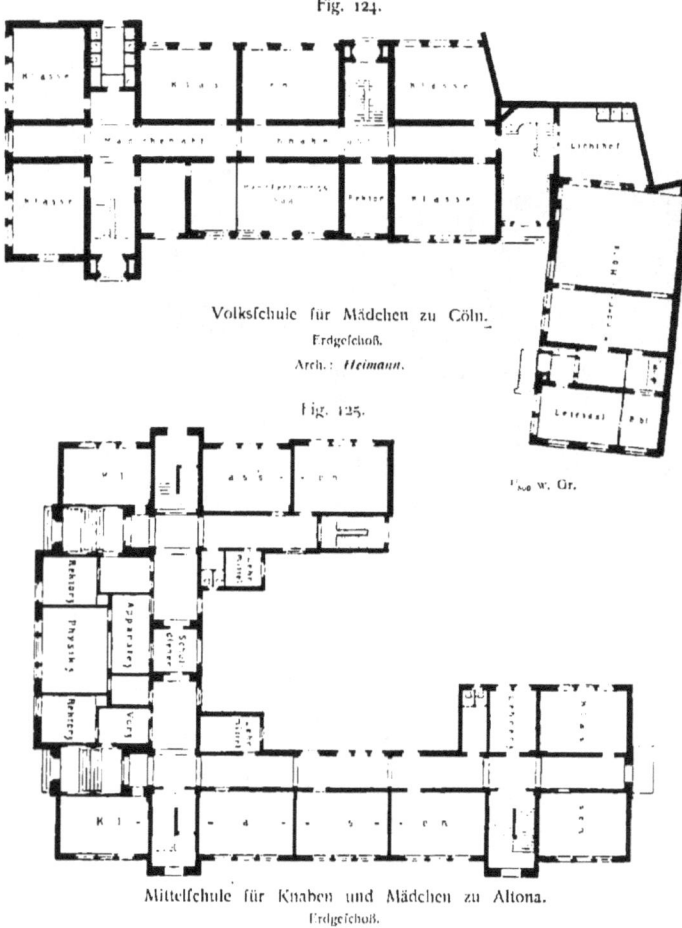

Fig. 124.

Volksschule für Mädchen zu Cöln.
Erdgeschoß.
Arch.: *Heimann*.

Fig. 125.

Mittelschule für Knaben und Mädchen zu Altona.
Erdgeschoß.
Arch.: *Brandt*.

Die Mittelschule für Knaben und Mädchen zu Halle a. S. (Nr. 10 der Tabelle II, Fig. 127), 1898—99 durch das Stadtbauamt ausgeführt, besitzt 32 Klassen, Aula, Singsaal und reichliche Nebenräume; sie ist mit Knaben- und Mädchenhort und einer Volksküche verbunden.

148.
Beispiel
IX.

149. Beispiel X.
Die Knabenmittelschule zu Magdeburg an der Helmstedter Straße (Nr. 11 der Tabelle II, Fig. 128; Arch.: *Peters & Berner*), 1901—02 von der Stadtgemeinde er-

Fig. 126.

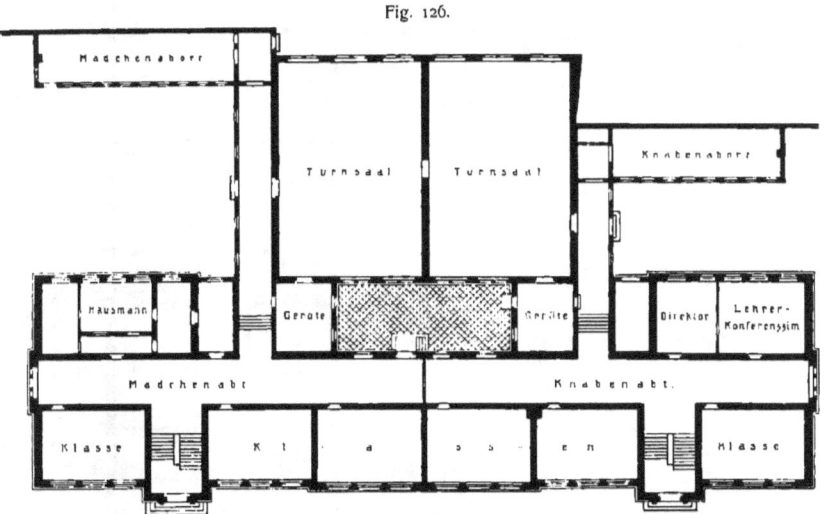

Mittelschule für Knaben und Mädchen zu Zwickau.
Erdgeschoß.
Arch.: *Planitzer*.

Fig. 127.

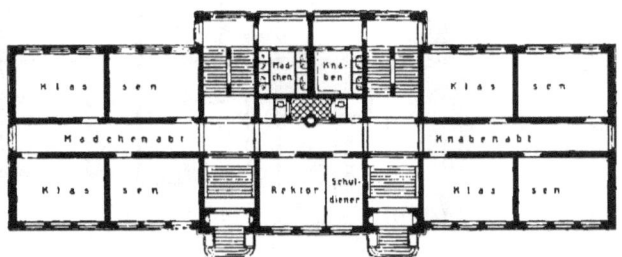

Mittelschule für Knaben und Mädchen zu Halle a. S.
Erdgeschoß.
1:500

baut, hat 40 Klassen, 2 Singsäle und 2 Turnhallen; der Hinweis, daß letztere übereinander angeordnet sind, wird von Interesse sein.

150. Außerdeutsche Schulhäuser.
In England, Frankreich und Amerika sind Mittelschulen, deren Lehrplan zwischen demjenigen der Volksschulen und der höheren Schulen steht, nicht ge-

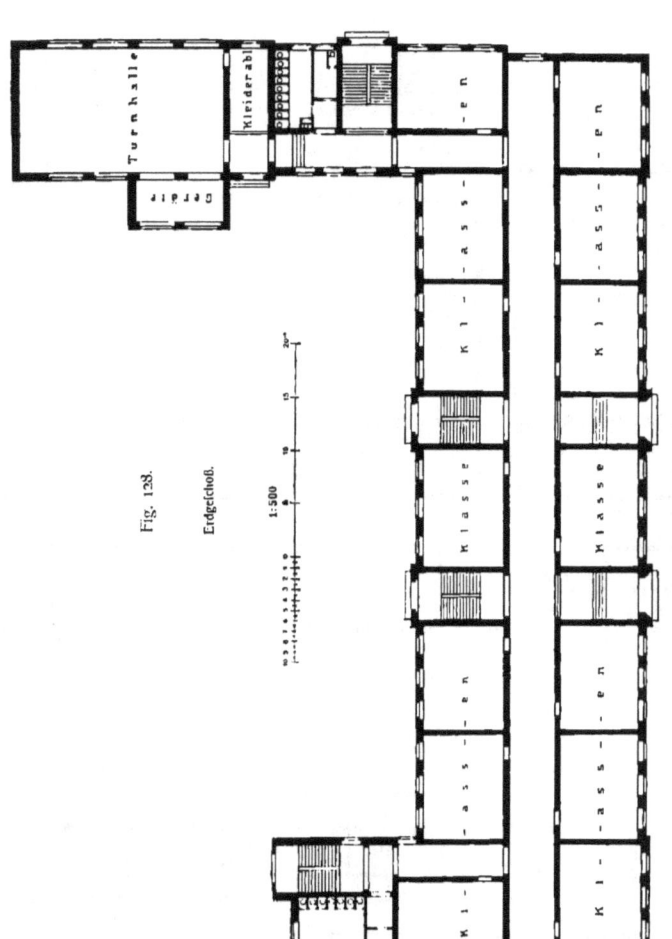

Fig. 128. Erdgeschoß. 1:500

Mittelschule für Knaben und Mädchen zu Magdeburg.
Arch.: *Peters & Berner*.

bräuchlich. In anderen Ländern, z. B. in Öfterreich-Ungarn, werden fie in neuerer Zeit, und zwar auf Staatskoften, dem Unterrichtswefen hinzugefügt; doch ftimmt ihre bauliche Einrichtung mit den Volksfchulen fo überein, daß die Vorführung von Beifpielen entbehrlich und die Verweifung auf die Veröffentlichung öfterreichifch-ungarifcher Schulbauten in dem in Fußnote 17 (S. 88) angeführten Ergänzungsheft diefes „Handbuches" ausreichend erfcheint.

Als Beifpiel einer ähnlichen fchweizerifchen Lehranftalt wird die Knabenmittelfchule zu Bafel an der Peftalozziftraße (Fig. 129; Arch.: *Reefe*), 1891–93 vom Staat erbaut, mitgeteilt [21]). Das Schulhaus befitzt in Erdgefchoß und 2 Obergefchoffen 17 Klaffen, Aula, Singfaal und einige Verwaltungs- und Nebenräume und im Kellergefchoß 4 Handarbeitsfäle.

Fig. 129.

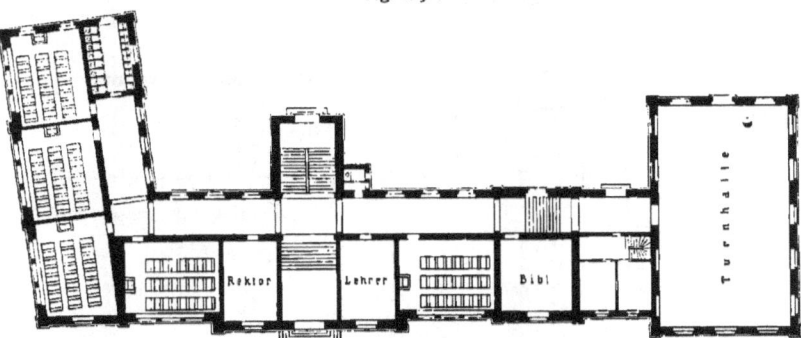

Mittelfchule für Knaben zu Bafel [21]).
Erdgefchoß. — 1/300 w. Gr.
Arch.: *Reefe*.

---

7. Kapitel.
Kleinkinderfchulen.
Von Gustav Behnke.

151. Kennzeichnung. In Art. 3 (S. 7) wurde fchon hervorgehoben, daß die Errichtung und Unterhaltung der Kleinkinderfchulen, zu denen auch die fog. Kindergärten gehören, in Deutfchland noch nicht als Aufgabe der Staats- und Gemeindebehörden betrachtet, vielmehr, fei es zu Erwerbs-, fei es zu Wohltätigkeitszwecken, dem Vorgehen von Privatperfonen, Vereinen oder Korporationen überlaffen wird. Der Befuch der Kleinkinderfchulen ift kein obligatorifcher; er ift auch nicht dazu beftimmt, den Kindern die Unterweifung in den unterften Klaffen der Volksfchule entbehrlich zu machen; fondern die Beftimmung der deutfchen Kleinkinderfchulen befteht lediglich darin, den Kindern etwa vom dritten Lebensjahre bis zum Eintritt in das fchulpflichtige Alter, d. h. bis zum vollendeten fechften Lebensjahre, für eine Anzahl von Tagesftunden die elterliche Afficht zu erfetzen und dabei durch

---

[21]) Nach: Reese, A. Die neueren Schulhäufer Bafels. Bafel 1902.

Spiele, durch Unterhaltung und kleine Handarbeiten ihre körperliche und geistige Entwickelung zu fördern. Infofern die Eltern unbemittelt find, wird nicht nur für diefe Mühewaltung kein Entgelt gefordert, fondern den Kindern wird unentgeltlich noch eine kleine Mahlzeit verabfolgt, die in der Regel aus Brot und Milch befteht.

Auf die im Jahre 1820 aus der Schweiz durch *Fröbel* gegebene Anregung, die fpäter, namentlich in Hamburg, fruchtbaren Boden fand, wurden derartige Anftalten — Kindergärten — in Deutfchland fehr häufig eingerichtet, und die Benutzung derfelben ift auch ärmeren Kindern durch das Eingreifen der privaten Wohltätigkeit ermöglicht worden.

Aus diefen Verhältniffen folgt jedoch, daß die erforderlichen Bauanlagen fehr einfacher Natur find und zu einer Befchreibung ihrer technifchen Einzelheiten und ihrer Ausftattung keinen Anlaß bieten.

152. Deutfche Anlagen.

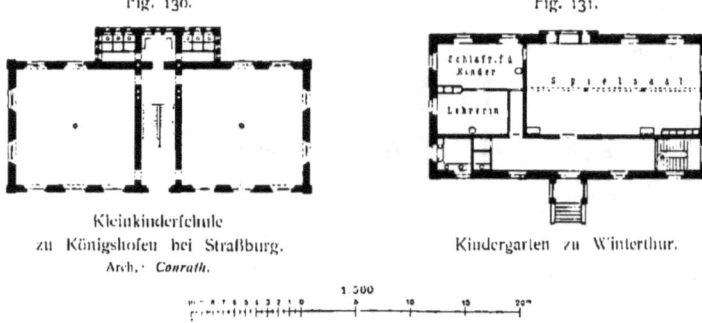

Fig. 130. Kleinkinderfchule zu Königshofen bei Straßburg. Arch.: *Conrath*.

Fig. 131. Kindergarten zu Winterthur.

Die Anforderungen richten fich in der Regel auf das Vorhalten eines möglichft geräumigen Aufenthaltszimmers für die Kinder, eines mit Bäumen beftandenen Spielplatzes oder Gartens, einer Bedürfnisanftalt und etwa noch eines Zimmers für die Lehrerin und einer kleinen Küche. Da einige Räume, welche diefen Anfprüchen genügen, überall unfchwer zu finden find, fo werden die Kleinkinderfchulen in Deutfchland und ebenfo in Öfterreich und in der Schweiz faft ausfchließlich in Mieträumen untergebracht, die nach Bedarf verlaffen und gegen größere oder kleinere umgetaufcht werden können.

Für die immer noch feltene Verbindung einer Kleinkinderfchule mit einer Volksfchule find in der Tabelle I unter Nr. 12 u. Nr. 23 aus Frankfurt a. M. und München zwei Beifpiele mitgeteilt.

153. Deutfche Kleinkinderfchulen.

Eine ähnliche Bauanlage ift in Königshofen-Straßburg i. E. (Arch.: *Conrath*) ausgeführt.

Diefe Kleinkinderfchule fteht mit zwei zur Benutzung für Knaben, bezw. Mädchen beftimmten fechsklaffigen Volksfchulen und mit einem kleinen Pförtnerhäuschen auf einem und demfelben Grundftück.

Die Kleinkinderfchule enthält, wie der in Fig. 130 beigegebene Erdgefchoßgrundriß zeigt, 2 größere Aufenthaltsräume von je rund 110 qm Bodenfläche, fowie die Bedürfnisanftalten; das I. Obergefchoß ift zu Wohnzwecken nutzbar gemacht. Zur Erwärmung dienen Einzelöfen.

Krippen und Kinderbewahranftalten, die mit den Kleinkinderfchulen in Deutfchland oft ähnliche Ziele verfolgen, find bereits im vorhergehenden Halbbande diefes „Handbuches" (Abfchn. 2: Pfleg- und Verforgungshäufer) befprochen worden und finden daher hier keine weitere Berückfichtigung.

Der Kindergarten in Winterthur, deffen Anordnung auch für deutfche Verhältniffe als muftergültig angefehen werden kann, ift in Fig. 131 im Erdgefchoßgrundriß dargeftellt.

Das Gebäude, das von einem großen Garten umgeben ift, enthält im Erdgefchoß einen Spielfaal von rund 132 qm Grundfläche für 50 bis 60 Kinder, 1 Schlafzimmer für die kleineren Kinder, 1 Zimmer für die Lehrerin und die Bedürfnisanftalten, außerdem im II. Obergefchoß 3 Arbeitszimmer.

<small>154. Außerdeutfche Kleinkinderfchulen.</small>

In ganz anderer Weife befteht die Einrichtung der Kleinkinderfchulen in England, Amerika, Belgien und Frankreich.

Namentlich in England bilden diefe Schulen *(Infant fchools)* einen feften Teil des ftaatlich geordneten und überwachten Schulwefens. Die obligatorifche Schulzeit für die *Infant fchools* beginnt mit dem fünften Lebensjahre; zuläffig ift der Befuch jedoch fchon mit dem dritten Lebensjahre. Ähnlich ift die Beordnung in Amerika, Belgien und Frankreich, wo die Schulen die Namen *Alphabet fchools*, bezw. *Salles d'afile* und *Écoles maternelles* tragen.

Fig. 132. Fig. 133.

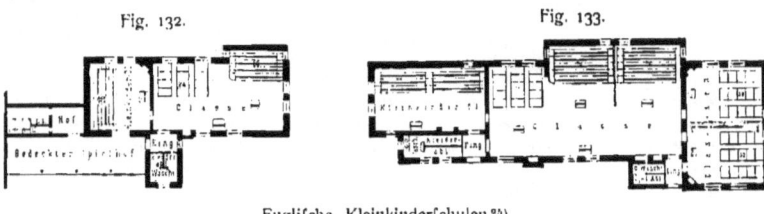

Englifche Kleinkinderfchulen [25]).
Arch.: *Robfon*.
1:500

Häufig find Kleinkinderfchulen mit Volksfchulen, wie die auf S. 85 u. 100 bereits mitgeteilten Beifpiele veranfchaulicht haben, vereinigt; anderenfalls werden für die Kleinkinderfchulen befondere Gebäude errichtet, deren Umfang in England in der Regel für die Aufnahme von 120 bis höchftens 300 Kindern bemeffen ift.

Da die bauliche Anordnung naturgemäß eine fehr einfache und in den genannten Ländern ziemlich übereinftimmende ift, fo wird es genügen, hier noch drei Grundriffe mitzuteilen, welche die Gebäude für zwei englifche, von *Robfon* für die kleinfte, bezw. größte Kinderzahl von 120, bezw. 300 entworfene Kleinkinderfchulen und für eine franzöfifche Kleinkinderfchule darftellen.

Die kleinfte englifche Schule (Fig. 132 [25]) befteht aus einem Unterrichtsraum für 84 ältere Kinder und aus einem Aufenthaltsraum für 36 jüngere Kinder *(Babies)*; letzterer hat unmittelbaren Zugang zum bedeckten Spielhof und zu den Bedürfnisanftalten.

<small>Beide Räume find nach dem *Gallery*-Syftem mit auffteigenden Sitzreihen verfehen, deren Zahl 4 bis höchftens 6 beträgt. Die Konftruktion diefer *Gallery* in der nach englifchen Vorfchriften zuläffigen größten Tiefe ift aus dem Querfchnitt in Fig. 134 [25]) erfichtlich; die Höhe der Sitze ift verfchieden bemeffen und fchwankt zwifchen 19 und 24 cm. Die Schulräume find durch ein Glasfenfter verbunden, damit die von einer Hilfslehrerin beauffichtigten *Babies* auch von der Hauptlehrerin überwacht werden können.</small>

<small>[25]) Nach: ROBSON, E. R. *School architecture etc.* London 1874. S. 181, 184, 186.</small>

Die größte Schule (Fig. 133[23]) zeigt eine Erweiterung des Grundriffes dahin, daß 174 Kinder in einem gemeinfchaftlichen Saal auf 2 getrennten Galerien und 60 Kinder in 2 Klaffenzimmern, deren Trennungswand nach Bedarf zu befeitigen ift, unterrichtet werden; außerdem ift für die kleinften Kinder ein befonderer Raum mit *Gallery* für 66 Plätze vorhanden.

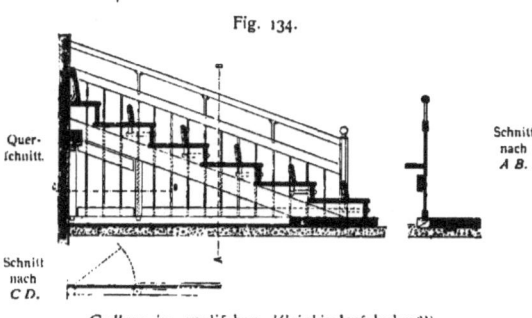

Fig. 134.
Querfchnitt.
Schnitt nach A B.
Schnitt nach C D.
Gallery in englifchen Kleinkinderfchulen[23]).
1/100 w. Gr.

Ein bedeckter Spielhof ift hier nicht vorgefehen; die Bedürfnisanftalten liegen abgetrennt vom Schulhaufe.

Beide Schulen befitzen Kleiderablagen und Wafcheinrichtungen; die Bodenfläche in den Klaffen beträgt ungefähr 0,9 qm für jedes Kind.

Die franzöfifche Kleinkinderfchule *(Salles d'afile)*, für die Pfarre *St. Carolus* zu Lyon (Arch.: *Arguillère*; Fig. 135[24]) erbaut, befteht aus einem Aufenthalts- und Unterrichtsraum, 1 Eßzimmer, 1 Sprechzimmer und 1 Küche; die Bedürfnisanftalt hat außerhalb des Haufes ihren Platz gefunden.

Fig. 135.

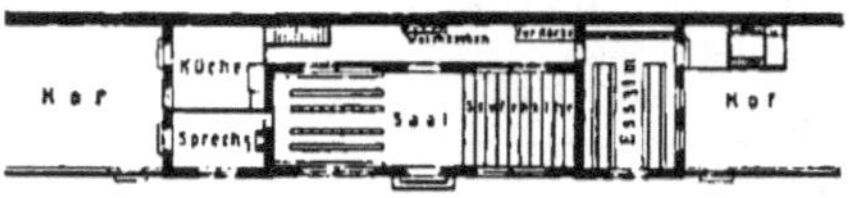

Kleinkinderfchule zu Lyon.
Erdgefchoß[23]). — 1/500 w. Gr.
Arch.: *Arguillère*.

Alle Abmeffungen, fowohl der Bodenfläche in den Klaffen als der fonftigen Nutzräume, können in den Kleinkinderfchulen kleiner als in den Volksfchulen gehalten werden. Für die franzöfifchen *Salles d'afile* befteht z. B. die Vorfchrift, daß in den Klaffen für jedes Kind die Bodenfläche 0,7 qm und der Luftraum 3 cbm betragen foll; die Aborte, deren Zahl auf 4 für je 100 Kinder beftimmt ift, follen 60 cm breit fein; die Breite der Piffoirftände, 2 für je 100, foll 30 cm und die Höhe der Scheidewände 100 cm betragen.

Literatur
über „Kleinkinderfchulen".

Anlage und Einrichtung.

Salles d'afile. Revue gén. de l'arch. 1859, S. 19, 56, 126 u. Pl. 4—11; 1860, S. 164, 218, 246 u. Pl. 27 38.
Salles d'afile. — Ameublement. Moniteur des arch. 1862, S. 547 u. Pl. 837.
VACQUER, TH. & A. W. HERTEL. Entwürfe von Schulhäufern für Stadt und Land. Nebft Afylen oder Kinderbewahr-Anftalten. Weimar 1863.
JUDÉ, C. *Guide des falles d'afile.* Paris.
METZ, A. DE. *Organifation des crèches, des falles d'afile et des écoles primaires.* Paris 1870.
DUPUIS, A. *Mobilier des afiles.* La femaine des couft., Jahrg. 5, S. 17.

---

[23]) Nach: WULLIAM & FANQE. Le recueil d'architecture. 2ème année, f. 48.

PLANAT, P. *Cours de conſtruction civile. 2ᵉ ſérie. 1. Conſtruction et aménagement des ſalles d'aſile et des maiſons d'école.* Paris 1881.
BLOC, P. *Hygiène des ſalles d'aſile.* Montpellier 1882.
Projet de règlement pour la conſtruction et l'ameublement des ſalles d'aſile ou écoles maternelles. Moniteur des arch. 1882, S. 65, 81.
PLANAT, P. *Conſtruction et aménagement des ſalles d'aſile et des maiſons d'école.* Paris 1882–83.
CACHEUX, E. *Conſtruction et organiſation des crèches, ſalles d'aſile, écoles, etc.* Paris 1884.
LANGE, W. Die Heizung der Kleinkinderſchulen auf den Siegersdorfer Thonwerken. Geſundh.-Ing. 1894, S. 256.
PECHA, A. Der „Muſterkindergarten". Der Architekt 1898, S. 24.

---

8. Kapitel.
Niedere techniſche Lehranſtalten und gewerbliche Fachſchulen.
Von Dr. EDUARD SCHMITT.

155. Überſicht.

Außer den bisher vorgeführten niederen Lehranſtalten ſind noch diejenigen Schulen bemerkenswert, welche vor allem den gewerblichen Unterricht zu fördern haben; dies ſind hauptſächlich die ſog. Gewerbeſchulen und die Fachſchulen. In dieſen Anſtalten werden ſolche junge Leute, welche entweder ſchon praktiſch im Gewerbe gewirkt haben oder ſich für ein ſolches vorbereiten wollen, in den entſprechenden Wiſſenszweigen und Künſten unterrichtet; die Zöglinge können ſich darin diejenigen Kenntniſſe und Fertigkeiten, welche zu einem vollkommeneren und zeitgemäßen Gewerbebetrieb erforderlich ſind, erwerben.

Über Entſtehung und Entwickelung ſolcher Schulen iſt in Kap. 10 das Erforderliche zu finden.

Die in Rede ſtehenden techniſchen Lehranſtalten pflegt man zu unterſcheiden als:

1) **Niedere Gewerbeſchulen und Fachſchulen.** Zu erſteren gehören vor allem die ſog. **Handwerkerſchulen** und die **Sonntags- und Feiertagsſchulen** für ſolche Zöglinge, die bereits als Lehrlinge oder Geſellen praktiſch tätig ſind; dieſelben erhalten in derartigen Anſtalten teils Nachhilfe und Fortbildung in den allgemeinen Schulkenntniſſen, teils Unterricht in den zum Betriebe der niederen Gewerbe erforderlichen elementaren Kenntniſſen und Fertigkeiten (Rechnen, Geometrie, deutſche Sprache, Zeichnen etc.). Zu den niederen Gewerbeſchulen ſind die gewerblichen Zeichenſchulen, in gewiſſem Sinne auch die Fortbildungsſchulen, zu zählen.

Die Fachſchulen erſtreben die Ausbildung in einem beſonderen Gewerbezweige. Unter denſelben ſind vor allem die das Baugewerbe pflegenden Fachſchulen hervorzuheben, bei denen die niederen Fachſchulen für das Baugewerbe von den ſog. Baugewerkſchulen zu trennen ſind. Erſtere haben die Lehrlinge und Geſellen in denjenigen Fachkenntniſſen und Handgriffen weiter fortzubilden, in denen ſie auf der Bauſtelle nicht ausreichende Unterweiſung finden können; letztere ſind die Bildungsſtätten der künftigen Baugewerkmeiſter und haben in der Regel ſo weitgehende Ziele, daß ſie in die nächſte Gruppe gewerblicher Lehranſtalten einzureihen ſind.

Die Fachſchulen für Maurer, Zimmerleute und Steinhauer ſind bis jetzt in Deutſchland noch in verhältnismäßig geringem Grade gepflegt worden; doch iſt in dieſer Beziehung ein Fortſchritt erkennbar. Die Einrichtung ſolcher Fachſchulen gehört zu den beſten Aufgaben der Bauinnungen. In § 97 a der „Gewerbeordnung für das Deutſche Reich" vom 1. Juli 1883 heißt es: „... Insbeſondere ſteht ihnen (den Innungen) zu: 1) Fachſchulen für Lehrlinge zu errichten und dieſelben zu leiten ...."[27]

---

[27] Siehe auch Teil IV, Halbbd. 4 (Art. 401, S. 312) dieſes „Handbuches".

Von fonftigen hierher gehörigen Lehranftalten feien noch erwähnt die niederen forft- und landwirtfchaftlichen, die Wiefenbau-, Ackerbau-, Bergwerks-, Handels-, Schiffahrts-, Webe-, Wirk-, Färber-, Pofamentier-, Strohflecht-, Töpfer-, Uhrmacher- etc. Schulen, welche in größerer Zahl beftehen, ebenfo einige Fachfchulen, welche beftimmte Sonderrichtungen verfolgen, wie z. B. die Fachfchule für Metallinduftrie zu Iferlohn, die Fachfchule für Blecharbeiter in Aue, die Fachfchule für Kleineifen- und Stahlinduftrie zu Remfcheid, die deutfche Fachfchule für Drechfler und Bildfchnitzer zu Leisnig, die deutfche Bekleidungsakademie zu Dresden etc. Endlich muß noch der Frauenerwerbfchulen und Frauenindustriefchulen Erwähnung gefchehen.

Im Auslande ift man der Errichtung und dem Bau von Fach- und Gewerbefchulen weit näher getreten als in Deutfchland. Die Schweiz, Öfterreich, Frankreich und Amerika haben die Notwendigkeit des eigenen Haufes für die Schule des Handwerkers längft erkannt; fie genießen zur Zeit auch bereits die Befriedigung des praktifchen Erfolges ihrer Fürforge. Man begegnet in den genannten Ländern geradezu großartigen Fach- und Gewerbefchulhausbauten. In Deutfchland ift man indes auch nicht ftehen geblieben; Staatsregierungen und Gemeindeverwaltungen wetteifern heute in der Ausführung monumentaler Schulhausbauten für den gewerblichen Fachunterricht, und unaufhörlich wächft das Bedürfnis nach derartigen Neubauten [28]).

Das Syftem der Fachfchulen ift befonders in Frankreich für das gefamte technifche Unterrichtswefen charakteriftifch. In einer folchen Anftalt erfolgt die Ausbildung, abgefondert von allen übrigen gewerblichen Berufszweigen, nur für ein befonderes Fach; der Unterricht wird in Klaffen in ftreng fchulmäßig vorgefchriebenem, für alle Teilnehmer gleichartigem Lehrgange erteilt.

Hervorzuheben find auch die *Technical fchools* Englands. Diefelben find eine Vereinigung von höherer Bürgerfchule, Gewerbe- und gewerblicher Fortbildungsfchule und Fachkurfen. In denfelben finden Kinder, die nur die Elementarfchule hinter fich haben, ebenfo Unterricht, wie junge Leute, die eine technifche Ausbildung wünfchen, desgleichen Arbeiter oder Gefchäftsleute, die fich in ihrem Berufe fortzubilden fuchen; auch Frauen und Mädchen, die Kochen, Haushaltung oder Kleidermachen erlernen wollen, finden Aufnahme.

2) **Höhere Gewerbefchulen** und fonftige mittlere technifche Lehranftalten. Diefelben geben ihren Zöglingen diejenige wiffenfchaftlich-technifche Vorbildung, welche zum zeitgemäßen Betrieb höherer Gewerbe notwendig ift.

Von diefen mittleren technifchen Lehranftalten wird fpäter (unter C, Kap. 10) die Rede fein. An diefelben fchließen fich, als dritte Gattung von technifchen Schulen, diejenigen Anftalten an, welche ihren Zöglingen die höchfte Ausbildung in technifchen Wiffenfchaften und Künften gewähren: die technifchen Hochfchulen; diefen wird im nächften Hefte des vorliegenden Halbbandes (Abfchn. 2) ein befonderes Kapitel (A, Kap. 2 [29]) gewidmet werden.

Zu erwähnen find noch die Lehrwerkftätten, welche mit einigen Fachfchulen für das Baugewerbe verbunden find; fie follen folchen dienlich fein, welche entweder gar nicht oder unzureichend in ihrem Handwerk vorgebildet find, oder folchen, welche bereits ein Baugewerbe erlernt haben und fich dazu noch die nötigften Fertigkeiten eines zweiten Gewerkes aneignen wollen. Auch andere Fachfchulen befitzen derartige Lehrwerkftätten; ja es gibt deren, namentlich in Frankreich, in denen andere Unterrichtsräume als Lehrwerkftätten gar nicht vorhanden find.

---

[28]) Siehe: CATHAU, Bau und Einrichtung von Gebäuden für gewerblichen Fachunterricht. Vortrag, gehalten auf der XIV. Wanderverfammlung des Verbandes deutfcher Gewerbefchulmänner und des VI. Baugewerkfchulmännertages zu Karlsruhe 1902.
[29]) 2. Aufl.: Kap. 3.

Fig. 136.

Zeichensaal einer französischen gewerblichen Fachschule[30]).

Fig. 137.

Lehrwerkstätte für Monteure in der Gewerbeschule zu Rouen[30]).

Die Ausführungen des vorhergehenden Artikels zeigen, welch ungemein mannigfaltige Geftaltung die niederen technifchen Lehranftalten erfahren haben; fchon hierdurch ift eine große Verfchiedenheit in ihrer Organifation bedingt. Allein felbft wenn die Lehrziele folcher Schulen nahezu die gleichen find, fo ift doch ihre Einrichtung, fogar in einem und demfelben Lande, in der Regel keine einheitliche.

156. Organifation und Anlage.

Ift fonach die Organifation derartiger Anftalten eine äußerft verfchiedene, fo wird auch die Anlage der betreffenden Schulhäufer felbft in wefentlichen Punkten keine übereinftimmende fein können. Die Planbildung wird fich bald an diejenige der Volksfchulhäufer, bald an jene der Mittelfchulen, ja fogar an die Anordnung der (unter C) noch vorzuführenden höheren Lehranftalten anzulehnen haben; letzteres wird namentlich dann der Fall fein, wenn der Zeichenunterricht vorwiegt.

Fig. 138. Fig. 139.

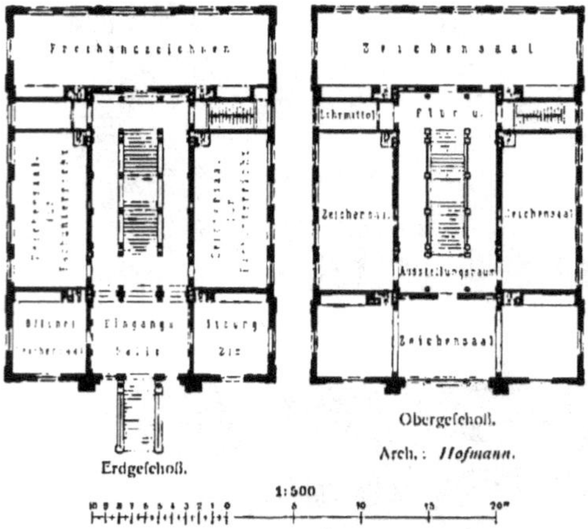

Erdgefchoß. Obergefchoß.
Arch.: *Hofmann*.
1:500

Gewerbefchule zu Worms[31]).

So wird in den niederen Baugewerbefchulen der Zeichenunterricht zwar nicht die Hauptfache fein; aber er wird doch den größten Teil des Unterrichtes beanfpruchen, weil das Zeichnen das Mittel bildet, durch welches der Lehrer fich den Schülern und die Schüler den Lehrern verftändlich machen und die Schüler zeigen können, daß fie das Vorgetragene begriffen haben.

Die Einrichtung und Ausrüftung der Klaffenräume ift von derjenigen anderer niederer Schulen nicht verfchieden; das Gleiche gilt von den Sälen für Zeichenunterricht, wofür in Fig. 136[30]) die Innenanficht eines derartigen Saales, von einer franzöfifchen Fachfchule herrührend, gegeben wird; ebenfo von den etwa vorhandenen Modellierfälen etc.

Die Lehrwerkftätten, wenn folche vorhanden find, müffen in ihrer Anlage und Ausrüftung der darin zu erzielenden fachlichen Ausbildung entfprechen; da letztere eine fehr verfchiedenartige fein kann, laffen fich anderweitige allgemein gültige Regeln nicht aufftellen. Fig. 137[30]) zeigt die Lehrwerkftätte für Monteure, welche mit der Gewerbefchule zu Rouen verbunden ift.

Viele der in Rede ftehenden Lehranftalten befitzen keine eigenen Gebäude; der bezügliche Unterricht wird in anderen Schulhäufern, die fich hierzu eignen, und zu Tageszeiten, wo fie ihrem Hauptzwecke nicht zu dienen haben, abgehalten.

Aus alledem geht ohne Mühe hervor, daß allgemein gültige Erörterungen über die Grundrißanlage der in Rede ftehenden Anftalten ausgefchloffen find; im folgenden foll an einigen Beifpielen gezeigt werden, wie man in einzelnen Fällen die bezügliche Aufgabe gelöft hat.

[30]) Nach den von Herrn Geh. Oberbaurat *Hofmann* zu Darmftadt freundlichft mitgeteilten Plänen.
[31]) Nach: *La conftruction moderne*, Jahrg. 4, Pl. 21 u. S. 126.

9*

157.
Beifpiel
I.

Von ausgeführten einfchlägigen Anlagen wird zunächft die von *Hofmann* 1886—87 erbaute Gewerbefchule zu Worms (Fig. 138 u. 139) an diefer Stelle aufgenommen.

In diefem aus Sockel-, Erd- und Obergefchoß beftehenden Gebäude gruppieren fich, wie die Grundriffe in Fig. 138 u. 139 ³¹) zeigen, die Zeichenfäle um ein die Gebäudemitte einnehmendes, mit Umgängen verfehenes Treppenhaus, welches durch Deckenlicht erhellt wird; im Obergefchoß dienen diefe Umgänge als Ausftellungsgalerien. Im Erdgefchoß find nach vorn (nach Süden zu) in der Mitte die Flurhalle und öftlich davon ein Sitzungszimmer angeordnet. In der Verlängerung des nördlichen Flurganges befinden fich Räume für Lehrmittel und die durch fämtliche Gefchoffe reichende Nebentreppe. Im ziemlich hoch gelegenen Sockelgefchoß find nach Norden der Modellierfaal, nach Often der Gießraum, nach Süden das Gewerbemufeum und nach Weften die Wohnung des Hausmeifters verlegt; im übrigen find noch Räumlichkeiten für Brennftoff, Aborte etc. untergebracht.

Die Baukoften haben rund 65 000 Mark betragen.

158.
Beifpiel
II.

Als zweites Beifpiel einer Gewerbefchule, und zwar einer folchen mit Modellierwerkftätten, fei diejenige zu Karlsruhe (Fig. 140 ³²) vorgeführt.

Diefe ftädtifche Anftalt foll dem in der Werkftattlehre befindlichen Handwerkslehrling auf Grundlage der in der Volksfchule erworbenen Kenntniffe Gelegenheit bieten zur Weiterbildung in allen für das gewerbliche Berufsleben nutzbringenden Fächern. Sie gliedert fich feit 1888 durch drei Jahreskurfe hindurch in folgende 6 Fachabteilungen: Holzarbeiter, Ausftattungsgewerbe, Bauarbeiter (und Steinarbeiter), Baufchloffer (und Schmiede), Mafchinenfchloffer und Mechaniker. Den Fachklaffen find 6 wohleingerichtete Modellierwerkftätten angegliedert, worin der von Werkmeiftern durchaus praktifch, aber nach methodifchen Grundfätzen geleitete Modellierunterricht das berufliche Zeichnen gewiffermaßen in die Praxis überfetzt.

Das am fog. Zirkel errichtete viergefchoffige Schulhaus, deffen II. Obergefchoß in Fig. 140 dargeftellt ift, enthält 5 helle und luftige Zeichenfäle von je 100 bis 125 qm Grundfläche, einen Phyfik- und Vortragfaal mit anfteigenden Sitzreihen von 125 qm, 6 Lehrfäle von je 50 qm und 6 geräumige Werkftätten (wovon 2 im Sockelgefchoß und einer im III. Obergefchoß); hierzu kommen noch Sammlungs- und Verwaltungsräume und eine Dienerwohnung im Erdgefchoß. Auf den 2,50 m breiten Flurgängen der beiden oberften Gefchoffe haben verfchließbare Gerätefchränke für die Schüler Aufftellung gefunden. Die Kleiderablagen wurden in zurückliegende Verbreiterungen der Flurgänge verwiefen. An gleicher Stelle werden auch die Zeichenbretter gereinigt, wozu ein Wandbrunnen und ein Tifch zur Verfügung ftehen. Zu den Schülerahorten führt der Weg über den Hof.

Ganz vortrefflich bewähren fich für die Erwärmung zur Winterszeit die fog. Karlsruher Schulgasöfen.

Fig. 140.

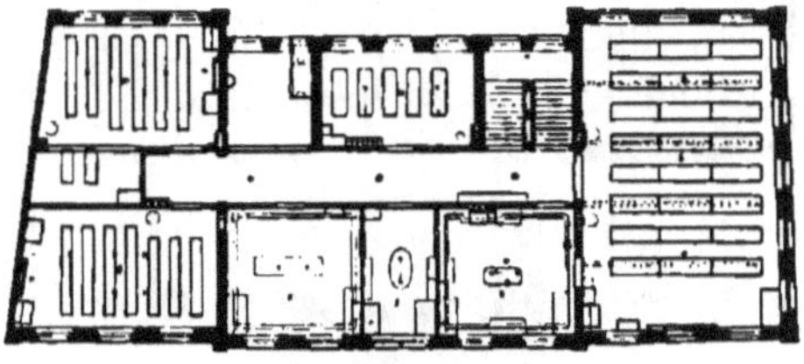

Gewerbefchule zu Karlsruhe.
II. Obergefchoß³²).
ca. 1/500 w. Gr.

159.
Beifpiel
III.

Als erftes Beifpiel mit Lehrwerkftätten fei die 1881—82 von *Tommafi* erbaute Staats-Gewerbefchule zu Innsbruck (Fig. 141 bis 143 ³³), welche aus der 1877 errichteten Zeichen- und Modellierfchule hervorgegangen ift, vorgeführt.

Diefes Gebäude befteht aus Sockel-, Erd- und 2 Obergefchoffen; die Verteilung der Räume in den 3 letztgenannten Stockwerken geht aus den nebenftehenden Plänen hervor. Im urfprünglich aufgeftellten Programm waren für eine Holzinduftriefchule keine Räume vorgefehen; es war nur ein einziges Zimmer, und zwar für Intarfien, beantragt; deshalb mußte fpäter die eigentliche

---

³²) Nach: BAUMEISTER, R. Hygienifcher Führer durch die Haupt- und Refidenzftadt Karlsruhe. Karlsruhe 1897.
³³) Nach: Allg. Bauz. 1886, S. 43 u. Bl. 32, 33.

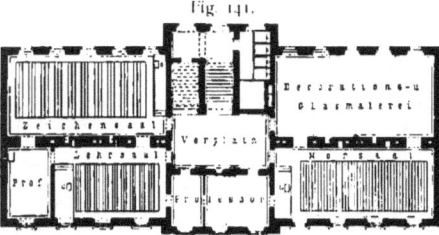

Fig. 141.

II. Obergeschoß.

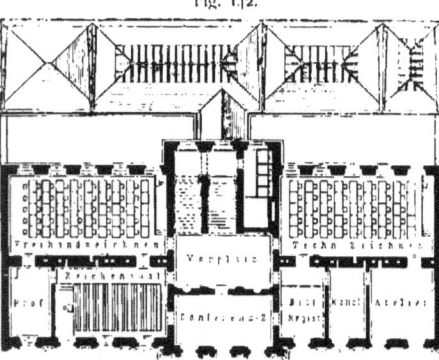

Fig. 142.

I. Obergeschoß.

Fig. 143.

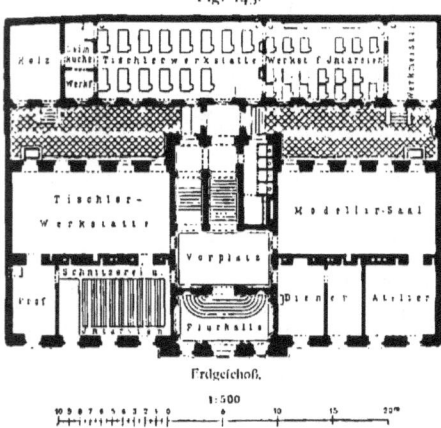

Erdgeschoß.

1:500

Staats-Gewerbeschule zu Innsbruck[33]).
Arch.: Tommasi.

Tischlerwerkstätte in einen Raum verlegt werden, welcher urfprünglich zu einem Modellierfaal beftimmt war. Wie übrigens aus den Grundriffen zu erfehen ift, hat man die Verlegung der Holzwerkftätten in den Hofraum projektiert (Fig. 143).

Im Sockelgeschoß befindet fich unter der Tischlerwerkftätte die Drechslerwerkftätte und unter dem Modellierfaal der Raum für Metallindustrie; im vorderen Teile diefes Stockwerkes find untergebracht: Lehmmagazin, Schmelzofen, Luftheizungsanlagen, Kohlenraum, Gasometer und Gußraum.

Das Erdgeschoß ift in Ruftika ausgeführt, zu welcher die in der Nähe von Innsbruck vorhandene Nagelfluhe verwendet wurde; alle oberen Gefimfe, Fenfterbekrönungen und Lifenen find aus Trientiner weißgrauem Marmor hergeftellt[33]).

166. Beifpiel IV.

Weiters werden als Beifpiel für eine mit ausgedehnten Lehrwerkftätten verbundene Anlage in Fig. 144 bis 147[34]) die Pläne der von *Touzet* erbauten Lehrlingsfchule zu Rouen wiedergegeben. Diefelbe dient zur Ausbildung von Tifchlern, Modelleuren, Holz- und Metalldrehern, Schmieden, Schlossern, Monteuren, Mafchinenheizern etc., wurde 1878 gegründet und im vorliegenden Neubau 1887 eröffnet.

Der Unterricht in diefer auf einen dreijährigen Kurfus berechneten Lehranftalt ift derart eingeteilt, daß die Zöglinge täglich 6 Stunden in den Werkftätten arbeiten, 2 Stunden fich im Zeichnen üben und während anderer 2 Stunden Klaffenunterricht erhalten.

Das dreigefchoffige Hauptgebäude enthält im Erdgeschoß (Fig. 144) die Schloffer- und Montierungswerkftätte, einen Ausftellungsraum und das Zimmer des Direktors; im I. Obergeschoß (Fig. 147) find die Tifchlerwerkftätten und zwei Klaffenzimmer und im II. Obergeschoß drei weitere Klaffenzimmer und zwei große Zeichenfäle untergebracht. Letztere haben keine befondere Deckenkonftruktion erhalten,

[34]) Nach: WILLIAM & FARGE. *Le recueil l'architecture*. Paris. 16e année, f. 25—27.

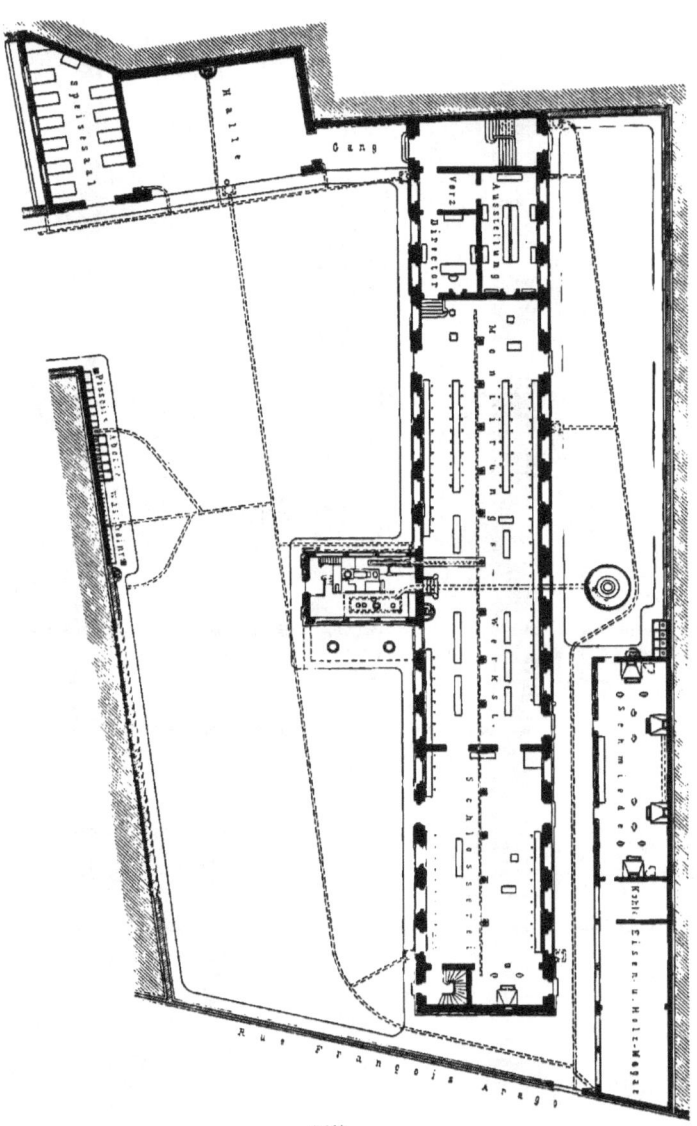

Fig. 144.

Lehrlingsschule zu Rouen[3]). — Erdgeschoß.
Arch.: Tonzet.

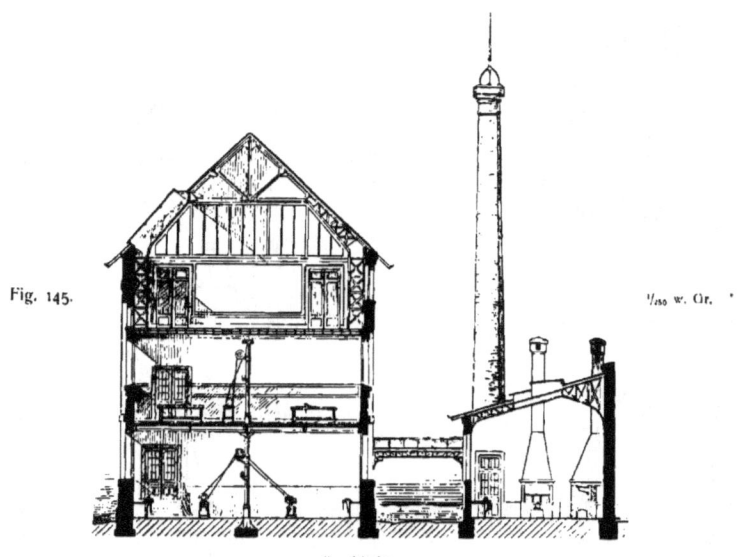

Fig. 145.

Querschnitt.

Fig. 146.

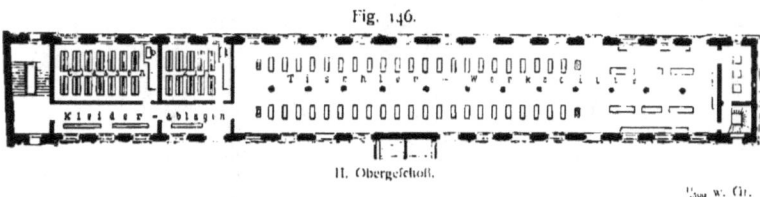

II. Obergeschoß.

Fig. 147.

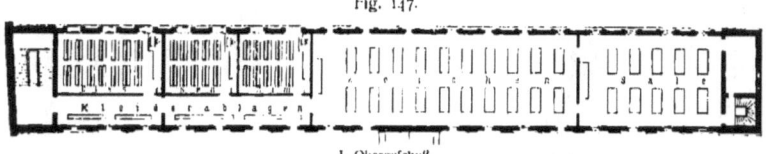

I. Obergeschoß.

Lehrlingsschule zu Rouen[31]).

sondern ragen weit in das Dachwerk hinein und werden durch in der einen Dachfläche angeordnete Fenster entsprechend beleuchtet (Fig. 145).

In einem kleinen Anbau an der Vorderseite des Hauptgebäudes befinden sich Dampfkessel und Dampfmaschine; diesem gegenüber und vom zwischengelegenen Hofe erreichbar, sind Pissoirs, Aborte und Wascheinrichtungen angeordnet. An der einen Schmalseite ist der Hof durch eine Einfriedigungsmauer, an der entgegengesetzten durch einen Speisesaal und eine gedeckte Halle abgeschlossen. Hinter dem Hauptgebäude sind in einem besonderen Bau die Schmieden und Magazine gelegen.

Die Baukosten haben 296 000 Mark (= 370 000 Franken) betragen.

|161.
Beispiel
V.| In der Webeschule zu Mühlheim follen folche, welche die Weberei in ihrem ganzen Umfange erlernen wollen, ausgebildet werden; für diesen Zweck ist Ende der fünfziger Jahre das durch Fig. 148 u. 149[35]) veranschaulichte Schulhaus von *Cremer* erbaut worden.

Dasselbe enthält 2 große Webesäle für je 16 Webestühle, angemessene Zeichen- und Lehrsäle und die Wohnung des Direktors. Außer Erd- und Obergeschoß ist über den beiden Eckrisaliten noch ein II. Obergeschoß aufgeführt. Die Fassaden sind in gelben Backsteinen, sämtliche Gesimse und Gurtungen, sowie die Einfassung der Hauptür in Trierer Sandstein hergestellt.

Die Baukosten haben rund 45 000 Mark betragen.

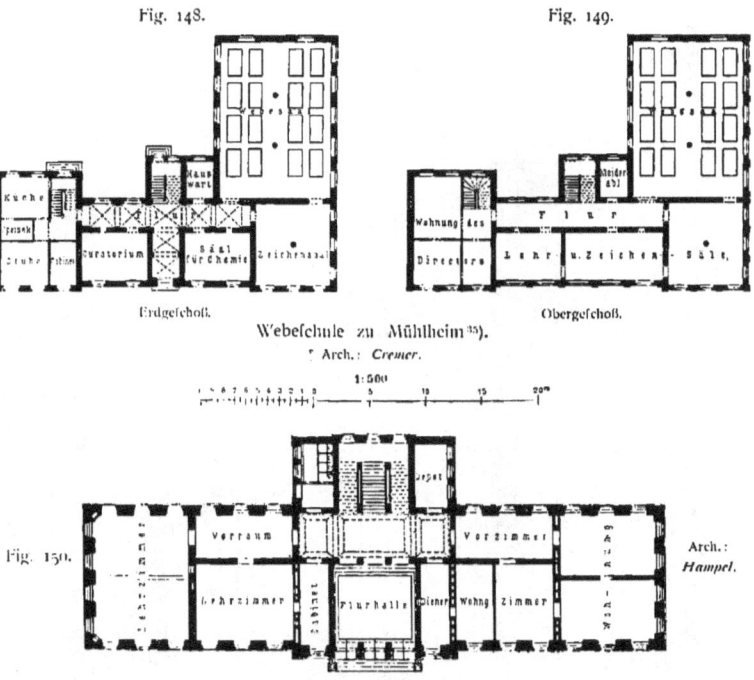

Fig. 148.   Fig. 149.

Webeschule zu Mühlheim[35]).
Arch.: *Cremer*.

Fig. 150.
Arch.: *Hampel*.

Fachschule zu Schluckenau.
Erdgeschoß[36]).

|162.
Beispiel
VI.| Die Fachschule zu Schluckenau ist der Pflege der in dieser Stadt hoch blühenden Schaf- und Baumwollindustrie gewidmet; das betreffende Schulhaus (Fig. 150[36]) wurde 1884—85 von *Hampel* erbaut.

Dieses Gebäude besitzt außer dem obenstehend dargestellten Erdgeschoß noch ein Keller- und zwei Obergeschosse; die Verteilung der Räume ist dem bei der Schaf- und Baumwollweberei zu beobachtenden Verfahren angepaßt, und auf diese Weise sind 28 dem Unterricht dienende Säle, Lehrzimmer etc. entstanden. Neben vortrefflichen mechanisch-technischen Einrichtungen ist für den Betrieb eine Kraftmaschine und elektrische Beleuchtung eingeführt worden.

---

[35]) Nach: Allg. Bauz. 1859, S. 348 u. Bl. 303.
[36]) Nach: Wiener Bauind.-Zeitg., Jahrg. 5, S. 401 und zugehörigem Bauten-Album, Bl. 68.

Die Baukosten haben, einschl. der Heizungsanlage und der Einrichtungsgegenstände, 144 000 Mark (= 72 000 Gulden) betragen; bei 728,4 qm überbauter Grundfläche ergibt sich für 1 qm der Betrag von 197,70 Mark.

Fig. 151.

Uhrmacherschule zu Paris[37].
Arch.: *Chancel*.

[37] Nach: *La construction moderne*, Jahrg. 4, S. 208 u. Pl. 35, 36.

163.
Beispiel
VII.

Es wurde bereits in Art. 155 (S. 129) erwähnt, daß manche französische Fachschulen im wesentlichen nur aus Lehrwerkstätten bestehen. Als Beispiel diene die 1887—88 durch *Chancel* erbaute Uhrmacherschule zu Paris, von der Fig. 152 [87]) den Grundriß des I. und II. Obergeschosses und Fig. 151 [37]) eine der Schauseiten zeigen.

Dieses Schulhaus liegt in der *Rue Manin* und dient zur Aufnahme von 100 Schülern, wovon 50 Interne und 50 Externe. Das I. und II. Obergeschoß enthält, wie aus Fig. 152 hervorgeht, je 4 Lehrwerkstätten; diejenigen des I. Obergeschosses dienen für den theoretischen, jene des II. Obergeschosses für den praktischen Unterricht; an jede Werkstätte schließt ein Raum mit Wascheinrichtung und Abort an. Im Erdgeschoß befinden sich die Räume des Hauswarts, die Bibliothek, das Sitzungszimmer des Verwaltungsrates, eine Lehrwerkstätte und die Geschäftsstube des Direktors. Das Dachgeschoß enthält 4 große Schlafsäle mit Zelleneinteilung, sowie die entsprechenden Räume für den Aufseher und die Wascheinrichtungen. Das ganze Gebäude wird durch einen Luftheizungsofen erwärmt.

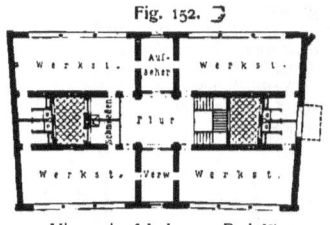

Uhrmacherschule zu Paris [37]).
I. u. II. Obergeschoß.
1/200 w. Gr.

In einem Nebengebäude, welches gegen die *Rue David-d'Angers* gelegen ist, sind der Speisesaal und die Küche untergebracht; auch ein bedeckter Hofraum für Erholung ist vorhanden. Im offenen Hofe befinden sich Aborte und Pissoirs.

Für die Lehrwerkstätten wurde möglichst reichliche Erhellung angestrebt, welche durch große Fensteröffnungen mit tunlichst wenig Sprosseneinteilung erzielt wurde; dadurch haben die beiden Schauseiten des Schulhauses (Fig. 151) ein charakteristisches Gepräge erhalten.

Die Gesamtanlage hat 200 000 Mark (= 250 000 Franken) gekostet.

164.
Beispiel
VIII.

In den Frauenerwerbschulen spielen Säle, in denen Unterricht in der Hand- und Maschinennäherei, im Zuschneiden, Bügeln und sonstigen weiblichen Handarbeiten erteilt wird, sowie Zeichensäle die Hauptrolle. In Fig. 153 u. 154 [38]) ist die von *Busch* 1880—81 erbaute *Alice*-Schule des Vereins für Frauenbildung und -Erwerb zu Darmstadt als erstes Beispiel dieser Art vorgeführt.

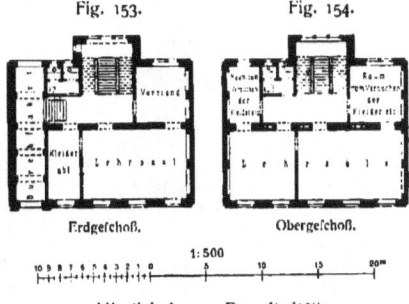

Fig. 153. Fig. 154.

Erdgeschoß. Obergeschoß.

1:500

Alice-Schule zu Darmstadt [38]).

Diese Lehranstalt bezweckt einerseits die Ausbildung von Lehrerinnen für weibliche Handarbeiten in Volksschulen, andererseits die Ausbildung von Mädchen und Frauen im Nähen, Flicken, Stopfen, Kleidermachen und anderen weiblichen Handarbeiten; mit diesem Unterricht ist auch ein solcher für Rechnen, deutsche Sprache, Buchführung und Zeichnen verbunden.

Dieses Schulhaus ist in der Friedrichstraße gelegen und besteht aus Sockel-, Erd- und 2 Obergeschossen. Im Sockelgeschoß befinden sich die Wohnung des Pedells, Wirtschafts- und Kohlenkeller; von letzterem führt ein Aufzug in sämtliche darüber befindliche Stockwerke. Die Raumverteilung im Erd- und I. Obergeschoß ist aus Fig. 153 u. 154 zu ersehen; das II. Obergeschoß hat die gleiche Grundrißeinteilung wie das I. erhalten; nur ist die Trennung der beiden nach der Straße zu gelegenen Säle durch eine bewegliche Holzwand geschehen.

Die Räume des Sockelgeschosses haben 3,00 m, jene des Erdgeschosses 4,40 m, jene des I. und II. Obergeschosses je 4,50 m lichte Höhe erhalten. Die Erwärmung der Räume im Winter geschieht mittels sog. Luftheizungsöfen, denen die frische Luft von außen zugeführt wird. Die Baukosten haben rund 48 700 Mark betragen.

---

[38]) Nach den von Herrn Geh. Baurat *Busch* zu Darmstadt freundlichst mitgeteilten Plänen.

Das Schulhaus des Erften Wiener Frauen-Erwerb-Vereines enthält eine fog. Bildungsfchule, die im allgemeinen den Zielen einer höheren Mädchenfchule (fiehe unter C) entfpricht, und die eigentliche Frauenerwerbfchule, welche hauptfächlich in dem durch Fig. 155 u. 156 [39]) veranfchaulichten II. und III. Obergefchoß diefes 1873—74 errichteten Gebäudes, deffen Pläne von *Mojfifovics* herrühren, untergebracht ift.

165. Beifpiel IX.

Der 23,10 m lange und 30,30 m tiefe, rechteckige Bauplatz ift in der Rahl-Gaffe (in der Nähe der Stadt und der gewerbreichften Vorftädte) gelegen. Um bei der geringen Frontlänge den erforderlichen Lichtzutritt zu wahren, wurden zwei parallele Haupttrakte, zwifchen denen das Treppenhaus, die Verbindungsgänge und zwei Lichthöfe gelegen find, fo angeordnet, daß rückwärts ein Haupthof von 7,50 m Breite entftand.

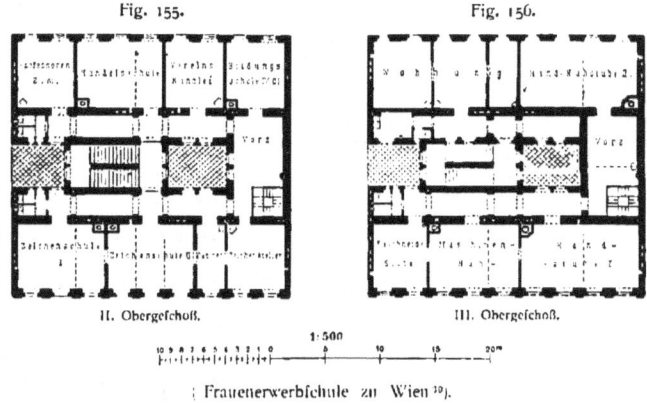

Fig. 155.   Fig. 156.

II. Obergefchoß.   III. Obergefchoß.

1:500

Frauenerwerbfchule zu Wien [39]).

Arch.: *Mojfifovics*.

Das Gebäude befteht aus Sockel-, Erd- und 4 Obergefchoffen. Das Sockelgefchoß enthält gegen die Straße zu eine Koch- und eine Wafchküche, eine Speifekammer, eine Dienerftube und einen Vorratsraum, gegen den Hof zu einen Speifefaal und ein Speifezimmer für diejenigen Mädchen, die fehr entfernt wohnen und deshalb Mittags nicht nach Haufe gehen können, ferner eine Dienerwohnung. Im Erdgefchoß befinden fich außer der Flurhalle der Verkaufs- und Beftellraum mit einem Nebenzimmer, die Schneiderei, die Hausmeifterwohnung und 3 Zimmer für Lehrerinnen. Die Räume der Bildungsfchule, einfchl. des chemifchen Laboratoriums und eines Sitzungszimmers, find hauptfächlich im I. Obergefchoß gelegen; die im II. und III. Obergefchoß untergebrachten Räume find aus Fig. 155 u. 156 zu erfehen. Das IV. Obergefchoß wurde zunächft in zu vermietende Wohnungen geteilt.

Alle Räume, welche den eigentlichen Schulzwecken dienen, find mit Lüftungseinrichtungen verfehen und werden durch Mantelöfen geheizt; fie find mit blaßgrüner Leimfarbe gemalt, bis zur Höhe der Kleiderleiften jedoch mit Ölfarbe eichenartig angeftrichen.

Die Baukoften belaufen fich, einfchl. innerer Einrichtung, auf 346 000 Mark (= 173 000 Gulden), wozu noch die Koften des Bauplatzes mit 118 000 Mark (= 59 000 Gulden) kommen [30]).

---

[39]) Nach: Allg. Bauz. 1875, S. 25 u. Bl. 31.

Literatur
über „Niedere technifche Lehranftalten und gewerbliche Fachfchulen".

Ausführungen.

MOHR, N. Die Webefchule in Mühlheim. Allg. Bauz. 1859, S. 348.
MOJSISOVICS, L. v. Vereins- und Schulhaus des Erften Wiener Frauen-Erwerb-Vereines. Allg. Bauz. 1875, S. 25.
Frere and fletcher school for girls, Bombay. Builder, Bd. 36, S. 89.
Day induftrial and infants' school, Gateshead-on-Tyne. Building news, Bd. 38, S. 368.
École profeffionelle de Nantes. Le génie civil, Bd. 3, S. 445.
The New York trade schools. Scient. American, Bd. 52, S. 196.
TOMMASI, N. Die k. k. Staats-Gewerbefchule in Innsbruck. Allg. Bauz. 1886, S. 43.
Fachfchul-Gebäude in Schluckenau. Wiener Bauind.-Ztg., Jahrg. 5, S. 401 u. Beil. (Wiener Bauten), Bl. 68.
TOUZET, J. *École profeffionelle à Rouen. La conftruction moderne,* Jahrg. 4, S. 115, 127, 141, 184, 211.
La nouvelle école d'horlogerie de Paris. La conftruction moderne, Jahrg. 4, S. 208.
École du meuble. La conftruction moderne, Jahrg. 6, S. 115, 138.
Gewerbefchule zu Leipzig: Die Stadt Leipzig in hygienifcher Beziehung etc. Leipzig 1891. S. 198.
Die k. k. Staats-Gewerbefchule in Graz. Wiener Bauind.-Ztg., Jahrg. 8, S. 397.
Gewerbefchule in Leipzig: Leipzig und feine Bauten. Leipzig 1892. S. 320.
LICHT, H. & A. ROSENBERG. Architektur der Gegenwart. Band 2. Berlin 1892.
Taf. 76, 77: Gewerbe-Fachfchule in Köln; von WEYER.
LICHT, H. Die ftädtifche Gewerbefchule in Leipzig. Deutfche Bauz. 1893, S. 377.
Birmingham municipal technical fchools. Architect, Bd. 50, S. 105, 169, 185.
ROWALD. Die Handwerker- und Kunftgewerbefchule zu Hannover. Zeitfchr. d. Arch.- u. Ing.-Ver. zu Hannover 1894, S. 577.
Das Gewerbefchulhaus zu Büdingen. Gwbebl. f. Heffen 1894, S. 229.
ROSENBERG, A. K. k. Staatsgewerbefchule in Prag. Oeft. Monatsfchr. f. d. öff. Baudienft 1895, S. 201.
Neubau der Allgemeinen Gewerbefchule mit Gewerbemufeum in Bafel. Schweiz. Bauz., Bd. 27, S. 8, 15.
Gewerbefchule zu Karlsruhe: BAUMEISTER, R. Hygienifcher Führer durch die Haupt- und Refidenzftadt Karlsruhe. Karlsruhe 1897. S. 191.
Handwerkerfchule in Kolin. Wiener Bauind.-Ztg., Jahrg. 18, S. 179.
Wettbewerb zur Erlangung von Entwürfen für eine Glasfachfchule zu Zwiefel. Süddeutfche Bauz. 1902, S. 349.
Neues Gebäude der Induftriefchule in Sonneberg. Süddeutfche Bauz. 1903, S. 12.
Architektonifche Rundfchau. Stutgart 1897.
Taf. 61: Gewerbefchule in Hagen in Weftf.; von GENZMER.
WULLIAM & FARGE. *Le recueil d'architecture. Paris.*
16e année, f. 25 27: *École d'apprentiffage à Rouen;* von TOUZET.
f. 49 51: *École primaire fupérieure et profeffionelle à Rouen;* von TOUZET.
Croquis d'architecture. Intime club.
5me année, No. III, f. 2: *Projet d'une école profeffionelle pour une grande ville.*
19ème année, No. VI, f. 4: *École profeffionelle de filles à Bordeaux;* von KERN.

C. Höhere Schulen.

9. Kapitel.

Gymnafien und Reallehranftalten.

Von Carl Hinträger.

a) Allgemeines.

Diefe Unterrichtsanftalten haben die Aufgabe, in humaniftifcher fowie realiftifcher Richtung eine möglichft vollftändige allgemeine Geiftesbildung zu erzielen. Je nach ihrem Umfang können fie als Vorbildungsanftalten für den Eintritt in die Hochfchulen oder höheren Fachfchulen dienen oder den Lehrgang felbftändig abfchließen. Man teilt fie daher auch in vollftändige und unvollftändige Anftalten, von denen erftere einen 7 bis 9 jährigen und letztere einen 3 bis 7 jährigen Lehrkurs haben.

166. Kennzeichnung.

In einzelnen Ländern unterfcheidet man eine 4 (feltener eine 3) jährige Unterftufe, die auch als Vorbereitungsfchule bezeichnet wird, und eine 3 bis 4 jährige Oberftufe.

Ungeachtet der Verfchiedenartigkeit in der allmählichen Entwickelung und in den Zielen, können die genannten Unterrichtsanftalten in allgemeiner und baulicher Beziehung einer zufammenfaffenden Betrachtung unterzogen werden.

Die Gymnafien[10] der alten Hellenen waren unter der Leitung des Staates ftehende öffentliche Anlagen mit Übungs- und Spielplätzen, welche Jünglingen und Männern Gelegenheit zur körperlichen Ausbildung boten. Auch die geiftige Ausbildung wurde gleichmäßig gepflegt, und hierfür dienten Hallen- und Saalbauten, in denen die Philofophen und Rhetoren ihre Schüler verfammelten.

167. Gefchichtliches.

Die Schulbildung der Römer dauerte bis zum 17. Lebensjahre, worauf mit dem Anlegen der *Toga virilis* die Berechtigung zur Teilnahme am öffentlichen Leben eintrat.

Im Mittelalter entftanden Klofter-, Dom- und Stiftsfchulen, welche die Vorläufer der heutigen Gymnafien find. Mit dem Wiederaufleben der klaffifchen Studien im XV. Jahrhundert wurde das Schulwefen in freiere Bahnen geleitet. Unfer gefamtes höheres Schulwefen hat feinen Anfang in den Humaniftenfchulen der Reformationszeit. Lateinfchulen, welche über das gewöhnliche Unterrichtsziel hinausragten, hießen Gymnafien. Auch waren die Bezeichnungen *Pädagogium*, *Collegium fchola* oder gelehrte Schule gebräuchlich[11].

---

[10] Siehe Teil II, Bd. 1 (Abt. I, Abfchn. 1, B, Kap. 5, unter c) diefes »Handbuches«.

[11] Die ältefte höhere Schule in Preußen dürfte das katholifche Gymnafium zu Fulda fein, deffen Gründung in das VIII. Jahrhundert fällt. Den zweiten Platz hat das Gymnafium zu Münfter in Weftfalen zu beanfpruchen; dasfelbe ift im Jahre 791 von *Karl dem Großen* als lateinifche Schule geftiftet worden. Durch Diplom *Karl des Großen* vom 19. Dezember 804 ift das katholifche Gymnafium zu Osnabrück gegründet worden. Demfelben Jahrhundert gehören das Jofephinum zu Hildesheim und das Domgymnafium zu Halberftadt an. Aus dem X. Jahrhundert ftammt nachweislich nur das Stiftsgymnafium zu Zeitz. Bis auf das XI. Jahrhundert läßt fich keine der jetzt beftehenden Anftalten zurückführen, und das XII. Jahrhundert weift nur die Gründung der Domfchule zu Kammin auf (1175). Das evangelifche Domgymnafium zu Naumburg ift im Jahre 1209 gegründet, im Jahre 1267 das evangelifche Gymnafium zu St. Maria Magdalena und im Jahre 1293 das evangelifche Gymnafium zu St. Elifabeth, beide in Breslau. In das XIII. Jahrhundert fällt auch noch die Gründung des evangelifchen Stadtgymnafiums zu Königsberg i. P. und des ftädtifchen Lyceums I. zu Hannover, fowie des Gymnafiums zu Marienwerder. Im folgenden Jahrhundert wurden errichtet, und zwar im Jahre 1304 das Kniphöfifche Gymnafium zu Königsberg i. P., im Jahre 1320 das Gymnafium zu Kiel, im Jahre 1328 das Gymnafium zu Treptow a. d. R., im Jahre

Da die in Rede stehenden Anstalten zwischen den Volks- und den Hochschulen liegen, nennt man sie auch in neuerer Zeit vielfach Mittelschulen.

Seit Anfang des XVIII. Jahrhunderts wurden die Realien als Unterrichtsgegenstände eingeführt, und allmählich entwickelten sich neben den Gymnasien die Realschulen und als Zwischenglieder die Realgymnasien.

In jüngster Zeit wird mit Erfolg die Idee der Einheitsschule und die Modernisierung durch Einschränkung oder Beseitigung der alten Sprachen zu Gunsten der Muttersprache und durch Pflege der neuen Sprachen und der Naturwissenschaften gefördert.

168. Organisation. Die Errichtung und Erhaltung dieser höheren Lehranstalten kann durch den Staat, das Land, die Gemeinde oder durch Private erfolgen; in der Regel steht aber dem Staat das Aufsichtsrecht zu.

In Preußen [42]) unterscheidet man derzeit Gymnasien, Realgymnasien und Oberrealschulen mit 9jährigem Kursus in 6 Hauptklassen, wovon die drei oberen je 2 Jahreskurse umfassen.

Die Bezeichnung der einzelnen Kurse ist: Sexta (VI), Quinta (V), Quarta (IV), Untertertia (U III), Obertertia (O III), Untersekunda (U II), Obersekunda (O II), Unterprima (U I) und Oberprima (O I).

Daneben bestehen nach Wegfall der 2 obersten Jahreskurse Progymnasien, Realprogymnasien und Realschulen oder höhere Bürgerschulen mit 7jährigem Kursus.

Der Lehrplan umfaßt bei allen Anstalten drei Gruppen von Lehrgegenständen, welche je nach der Aufgabe der betreffenden Schule in verschiedener Ausdehnung vorkommen. Die erste Gruppe betrifft hauptsächlich die Pflege der Muttersprache, Geschichte und Religion, die zweite Gruppe die fremden Sprachen und die dritte die mathematisch-naturwissenschaftlichen Fächer. Die Bezeichnung der höheren Schule hängt zumeist von dem Umfang der Lehrgegenstände der zweiten Gruppe ab.

Die drei Vollanstalten: Gymnasium, Realgymnasium und Oberrealschule sind als vollständig gleichwertig anerkannt.

Die Vergleichung des Studienumfanges dieser Vollanstalten kann am besten aus nebenstehender Zusammenstellung der wöchentlichen Stundenzahl der einzelnen Fachgruppen aller 9 Jahreskurse ersehen werden.

Die nichtpreußischen Staaten des Deutschen Reiches haben sich den preußischen Lehrplänen mehr oder weniger angeschlossen.

In Österreich bestehen vollständige Gymnasien (Obergymnasien) mit 8 Klassen und unvollständige (Untergymnasien) mit 4 Klassen; vollständige Realschulen (Oberrealschulen) mit 7 Klassen und unvollständige (Unterrealschulen) mit 4 Klassen. Für beide Arten von Vollanstalten kann das 4 klassige Realgymnasium als Vorbereitungsschule dienen.

In Ungarn bestehen außer den genannten Schulen noch 6 klassige Gymnasien und Realschulen.

1338 das Gymnasium zu Stendal, im Jahre 1365 das Gymnasium zu Neu-Ruppin. Dem Anfange desselben Jahrhunderts gehört ferner das Gymnasium zu Celle an, desgleichen das städtische Gymnasium zu Liegnitz (31. Dez. 1309). Fast ebenso alt wie das Kniphöfische Gymnasium zu Königsberg i. P. ist das Altstädtische Gymnasium daselbst, welches um das Jahr 1335 vom Rate Altkönigsbergs begründet ist. Das Andreanum zu Hildesheim wird schon im Jahre 1347 erwähnt. Demselben Jahrhundert entstammen noch das Gymnasium zu Torgau und das Marienstift zu Stettin. Aus dem folgenden Jahrhundert mag erwähnt werden die Gründung des Gymnasiums am Marzellen zu Cöln im Jahre 1450 und des Gymnasiums zu Emmerich im Jahre 1474. Des Gymnasiums zu Lüneburg wird schon in einer Urkunde aus dem Jahre 1409 Erwähnung getan. Der ersten Hälfte des XVI. Jahrhunderts gehören die Anstalten zu Berlin, Herford, Quedlinburg, Weilburg und eine große Reihe anderer Anstalten an. Älter als diese Schulen sind das Stadtgymnasium zu Frankfurt a. M. (1520), das zu Nordhausen (1524), Husum (1527), Guben (schon 1530 als Gelehrtenschule genannt), Minden (1530), Luckau (seit 1533 lateinische Schule), Soest (1534) und Elbing (1536). Zwischen 1540 und 1550 entstanden das evangelische Gymnasium zu Quedlinburg (1540 von der Äbtissin *Anna II. von Stolberg* gegründet), das Cölnische Gymnasium zu Berlin (1541), das städtische evangelische Friedrichs-Gymnasium zu Herford (1541), die Gymnasien zu Weilburg (1541), Schleswig (1542), Dortmund (1543), Mühlhausen in Thüringen (27. Mai 1532), Pforta (31. Mai 1547), Düsseldorf und Wesel (1545), Rastenburg, Ilfeld, Meldorf und Eisleben (1546). Vor 1550 ist noch das Gymnasium zu Wernigerode gegründet worden.

[42]) Lehrpläne und Lehraufgaben für die höheren Schulen in Preußen. 1901.

	Gymnaſien	Realgymnaſien	Oberrealſchulen
	Summe der wochentlichen Stundenzahlen, durch alle 9 Jahreskurſe		
Religion	19	19	19
Deutſch	26	28	34
Lateiniſch	68	49	–
Griechiſch	36	–	–
Franzöſiſch	20	29	47
Engliſch	–	18	25
Geſchichte	17	17	18
Erdkunde	9	11	14
Mathematik	34	42	47
Naturwiſſenſchaften	18	29	36
Schreiben	4	4	6
Zeichnen	8	16	16
Zuſammen	259	262	262

In der Schweiz ſind in den Kantonsſchulen mit Gymnaſial- und Realabteilungen ähnliche Anſtalten wie in Deutſchland und Öſterreich vorhanden.

In Schweden ſind die Gelehrtenſchulen *(Allmänna Läroverk)* mit niederer und höherer Abteilung eingeführt; die höhere Abteilung iſt dem deutſchen Syſtem ziemlich nahe verwandt und ſtellt eine Vereinigung von Gymnaſium und Realſchule mit 9jährigem Kurſus dar, während die niedere Abteilung den 5 (oder 3) Unterklaſſen der höheren entſpricht. Norwegen beſitzt die gleichen Schulen.

Dänemark hat Latein- und Realſchulen nach deutſchem Muſter; nur ſind dieſelben vorwiegend Privatanſtalten.

Italien beſitzt humaniſtiſche Obergymnaſien *(Ginnaſi* und *Licei)* und Realſchulen *(Scuole tecniche).*

Frankreichs *Inſtruction ſecondaire* umfaßt die ſtaatlichen *Lycées*, ſowie die unter ſtaatlicher Beihilfe von den Gemeinden erhaltenen *Collèges*; beide haben 9 Jahreskurſe und ſind zur Hälfte Internate[13]. In jüngſter Zeit wird die Schaffung einer einheitlichen Mittelſchule mit 7 Jahrgängen mit einer 4jährigen Unter- und einer 3jährigen Oberſtufe angeſtrebt.

Großbritannien und Irland beſitzen in ihren *Public ſchools* und *Colleges*[13] zumeiſt Stiftungsſchulen und Internate unter ſtaatlicher Aufſicht.

Die *Academies* und *High ſchools* der Vereinigten Staaten Nordamerikas bilden teils Vorbereitungsanſtalten für die Univerſität, teils für techniſche und kaufmänniſche Fächer und zeigen ſehr verſchiedene Lehrpläne.

In Rußland beſtanden bisher Gymnaſien, Progymnaſien und Realſchulen. Im Jahre 1901 wurde daſelbſt die Einheitsſchule ohne Teilung in Gymnaſium und Realſchule mit 7jährigem Kurſus eingeführt, wobei die 3 Unterklaſſen gemeinſchaftlich und die 4 Oberklaſſen in zwei Gruppen geteilt ſind.

In Belgien ſind Mittelſchulen höheren Grades mit 2 Abteilungen, ähnlich den Gymnaſien und Realſchulen, als ſtaatliche *Athénées* und als *Collèges communaux* vorhanden.

In Holland dienen Gymnaſien und höhere Bürgerſchulen als Vorbereitung für höhere Berufsarten.

In Spanien ſind die *Inſtitutes de ſegunda enſeñanza* und die *Colegios* als Vorbereitungsſchulen für die Univerſität und andere Spezialſtudien beſtimmt.

Rumänien hat 7klaſſige Lyceen und Reallyceen, ſowie 4klaſſige Gymnaſien und Realgymnaſien.

Serbien beſitzt Ober- und Untergymnaſien und Realſchulen, Bulgarien Gymnaſien und Realſchulen und Griechenland, ähnlich wie Frankreich, *Lycées* und *Collèges*.

In Rußland beſtehen eigene Gymnaſien und Progymnaſien für Mädchen. In den *High ſchools* der Vereinigten Staaten Nordamerikas überwiegt das weib-

169. Mädchengymnaſien.

[13]) Siehe im folgenden Kap. 13: Penſionate und Alumnate.

liche Element. Auch in Deutfchland, namentlich Süddeutfchland, und Ofterreich find in jüngfter Zeit Mädchengymnafien errichtet worden, welche nach Abfolvierung der höheren Mädchenfchule oder eines Teiles derfelben zur Vorbereitung für das Hochfchulftudium dienen [11]).

b) Erforderniffe und Anlage.

170. Erforderniffe.

Für die bauliche Anlage und Einrichtung der Gymnafien und Reallehranftalten im allgemeinen, fowie für die Bauart und Einrichtung im einzelnen gelten die Grundfätze und Vorfchriften, welche bereits unter A, Kap. 1 bis 4 dargelegt wurden.

Die notwendigen und wünfchenswerten Räume für Gymnafien und Reallehranftalten find:
1) Allgemeiner Unterricht.
   α) Klaffenzimmer in der Zahl der Anftaltsklaffen,
   β) Klaffenzimmer für Parallelklaffen,
   γ) Referveklaffenzimmer für befondere Unterrichtsfächer.
2) Phyfik:
   α) Lehrzimmer,
   β) Vorbereitungszimmer,
   γ) Sammlungsraum,
   δ) Arbeitszimmer für den Lehrer,
   ε) Laboratorium für Schüler,
   ζ) kleines photographifches Atelier,
   η) Dunkelkammer,
   θ) Akkumulatorenraum.
3) Chemie:
   α) Lehrzimmer,
   β) Vorbereitungsraum,
   γ) Laboratorium für Schüler,
   δ) Arbeitszimmer für den Lehrer,
   ε) Sammlungsraum,
   ζ) chemifches Wagezimmer,
   η) Abftellraum,
   θ) Lagerraum für chemifche Materialien.
4) Naturgefchichte:
   α) Lehrzimmer,
   β) Vorbereitungszimmer,
   γ) Sammlungsräume,
   δ) Arbeitszimmer für den Lehrer.
5) Aftronomifche Station:
   α) Plattform für Beobachtungen im Freien,
   β) kleine Sternwarte,
   γ) Inftrumentenraum.
6) Zeichnen und Modellieren:
   α) Zeichenfaal für Freihandzeichnen,
   β) Modell- und Gerätegelaß für Freihandzeichnen,
   γ) Zimmer für den Freihandzeichenlehrer,

---

[11]) Siehe im folgenden Kap. 11: Höhere Mädchenfchulen.

δ) Zeichenſaal für geometriſches Zeichnen,
ε) Vorlagen- und Gerätegelaß für geometriſches Zeichnen,
ζ) Zimmer für den Lehrer des geometriſchen Zeichnens,
η) Modellierſaal,
ϑ) Gipsgießraum,
ι) Kabinett für den Modellierlehrer.
7) Sammlungen:
α) Kartenzimmer für Geographie,
β) geſchichtliche und philologiſche Sammlung,
γ) archäologiſche Sammlung.
8) Weitere Schulräume:
α) Geſangsſaal,
β) Handfertigkeitsſaal mit Nebenräumen,
γ) Feſtſaal mit Nebenräumen,
δ) Karzer.
9) Bücherei:
α) Schülerbibliothek,
β) Lehrerbibliothek,
γ) Zimmer für den Bibliothekar.
10) Körperliche Übungen:
α) Turnſaal,
β) Umkleideräume,
γ) Geräteraum,
δ) Turnlehrerzimmer,
ε) Sommer-Turn- und Spielplatz.
11) Dienſträume:
α) Amtszimmer des Direktors mit Vorzimmer,
β) Archiv,
γ) Beratungszimmer,
δ) Lehrerzimmer mit Kleidergelaß,
ε) Sprechzimmer,
ζ) Dienſtzimmer für Diener.
12) Sonſtige Anlagen:
α) Vorhalle und Flurgänge,
β) Haupt- und Nebentreppen,
γ) Aborte für Schüler und Lehrer,
δ) Kleiderablagen,
ε) Waſcheinrichtungen,
ζ) Erholungsplätze,
η) Erholungsräume,
ϑ) Frühſtückszimmer,
ι) Fahrradniederlagen,
ϰ) Schulbäder,
λ) botaniſcher Garten.
13) Dienſtwohnungen:
α) Wohnung des Direktors,
β) Wohnung des Schuldieners,
γ) Wohnung des Heizers.

Ein normales Gymnafium muß mindeftens folgende Räume enthalten: 9 Klaffenzimmer, 4 Parallelklaffenzimmer, 1 Klaffenzimmer für befondere Fächer, 1 Lehrfaal für Phyfik mit Sammlungsraum und Arbeitszimmer für den Lehrer, 1 Sammlungszimmer für Naturgefchichte, 1 Kartenzimmer, 1 Zeichenfaal für Freihandzeichnen nebft Kabinett, 1 Gefangsfaal, 1 Feftfaal, 1 Lehrerbibliothek, 1 Schülerbibliothek, 1 Direktionskanzlei mit Vorzimmer, 1 Konferenzzimmer, 1 Dienerzimmer, 1 Turnfaal mit Nebenräumen, Vorhalle, Flurgänge und Kleiderablagen, Treppen, Schüler- und Lehreraborte, Wohnungen für den Direktor und Diener, Schulhof und Spielplatz.

Falls mit dem Gymnafium eine Vorfchule (fiehe Art. 173) verbunden ift, find noch 3 weitere Klaffenzimmer erforderlich.

Das Progymnafium hat 2 Klaffen weniger als das Gymnafium.

Das Realgymnafium und die Oberrealfchule bedürfen außer den für das Gymnafium erforderten Räumen mindeftens noch 1 Lehrfaal für Chemie mit Sammlungsraum, Schülerlaboratorium und Arbeitskabinett für den Lehrer, fowie 1 Zeichenfaal für geometrifches Zeichnen nebft Kabinett.

Das Realprogymnafium, fowie die Realfchule haben 2 Klaffenzimmer weniger als die beiden letztgenannten Anftalten.

171. Schulgrundftück. Die Größe des Schulgrundftückes foll eine allfeits freie Lage des Schulhaufes und feiner Nebenanlagen, fowie die Anordnung eines paffenden Erholungshofes und Spielplatzes ermöglichen.

Es empfiehlt fich die Verteilung der Räumlichkeiten auf mehrere Gebäude: Klaffengebäude, Bedürfnisanftalt, Turnhalle und Dienftwohnhaus.

Fig. 157 zeigt den Lageplan des in Art. 203 (S. 169) näher befchriebenen Kgl. Prinz Heinrich-Gymnafiums in Berlin (Schöneberg) als Beifpiel einer guten Gefamtanordnung.

In beftimmten Fällen wird fich auch die Anlage eines befonderen Unterrichtsgebäudes für die naturwiffenfchaftlichen Fächer empfehlen. (Siehe Art. 178.)

In alten Stadtteilen wird es nicht immer möglich fein, das Klaffenhaus vollkommen freiftehend anzuordnen; man wählt dann mit Vorteil Eckplätze oder folche Mittelplätze, welche einer Straßenmündung gegenüberliegen. Unter Umftänden kann auch das Innere eines Häuferblocks als Bauplatz gewählt werden, falls der Zugang einwandfrei ift [15]).

Als geringftes Flächenmaß für das Schulgrundftück, einfchl. Sommer-Turn- und -Spielplatz, werden in Ungarn 4000 qm angegeben, und ein Mittelbauplatz foll wenigftens 60 m Gaffenfront befitzen [16]).

172. Klaffenhaus. Bei der Anordnung der Räume und Flächen eines Klaffenhaufes muß fowohl dem pädagogifchen Intereffe, der praktifchen Brauchbarkeit und der Gefundheitspflege, als auch der ftilgerechten künftlerifchen Durchbildung in allen Teilen Genüge geleiftet werden. Die Anlage foll durchwegs einfach und überfichtlich fein und eine Erweiterung durch entfprechenden Zu- oder Aufbau ermöglichen.

Für das Klaffenhaus gelten folgende Grundfätze: Einbündige Anlagen mit einer Zimmertiefe und anftoßendem Gang find unter allen Umftänden zweibündigen vorzuziehen; letztere find nur bei kleinen Anlagen oder bei Bauten in alten Stadtteilen zuläffig; in manchen Fällen werden die Anlagen teils ein-, teils zweibündig angeordnet. Infolge der großen Zahl der erforderlichen Räume find mehrere Gefchoffe notwendig, wobei jedoch nur ausnahmsweife mehr als 3 zuläffig find.

Beftimmend für die Gefamtanlage ift die Art der Unterbringung der Dienftwohnungen, der Turnhalle und des Feftfaales. Die Dienftwohnungen können im Klaffengebäude felbft, in einem Anbau oder in einem vollftändig abgetrennten

---

[15]) Siehe hier und an anderen Stellen: BURGERSTEIN, L., Ratfchläge betr. Herftellung und Einrichtung von Gebäuden für Gymnafien und Realfchulen. Wien 1900.
[16]) Anleitung zur Erbauung von Mittelfchul-Gebäuden. Erlaß des königl. ungarifchen Minifters für Kultus und Unterricht. Budapeft 1894.

Fig. 157.

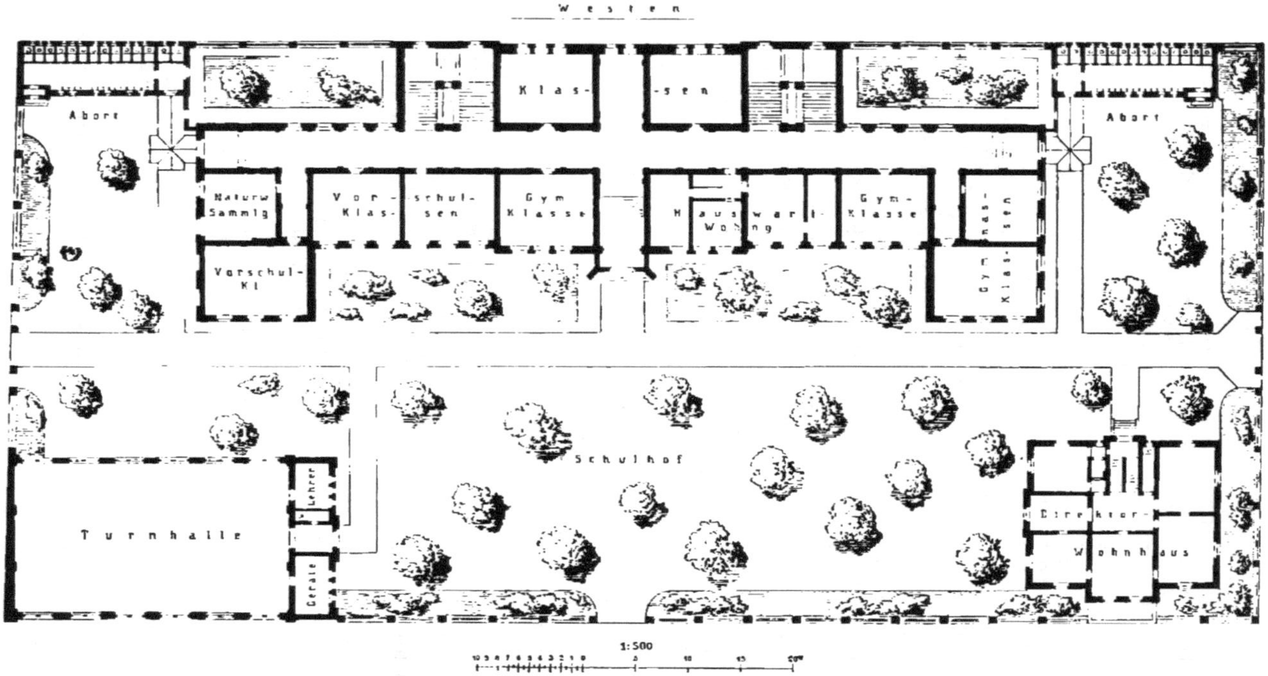

Königl. Prinz Heinrich-Gymnasium zu Berlin-Schöneberg.
Erdgeschoß und Lageplan.
Arch.: Schulze.

Wohnhaufe liegen. Die Turnhalle wird bei kleineren Anlagen auch als Feftfaal verwendet und muß alsdann in bequemer und fchöner Verbindung mit dem Haupteingang ftehen. Liegt der Feftfaal über der Turnhalle, fo empfiehlt fich ein befonderer Anbau an das Hauptgebäude, der im Sockel- und Erdgefchoß die Turnhalle, im I. und II. Obergefchoß die Aula enthält.

Wird der Feftfaal unabhängig von der Turnhalle angeordnet, fo gelangt er als vornehmfter Raum in der äußeren Architektur des Gebäudes zum Ausdruck und wird bei fymmetrifchen Anlagen mit der Schmal- oder Langfeite in die Mittelachfe der Haupt-, feltener der Rückfront, am beften in das oberfte Gefchoß verlegt, während bei unfymmetrifchen Anlagen die Aula an verfchiedenen Stellen des Gebäudes angeordnet werden kann, um entfprechend zur Geltung zu kommen.

Die unfymmetrifche Anlage erleichtert auch die Unterteilung einzelner Trakte für verfchieden hohe Räume und Raumgruppen.

173. Allgemeine Lehrzimmer.

Die erfte Berückfichtigung haben die allgemeinen Lehrzimmer zu finden, welche je nach den örtlichen Verhältniffen nach einer oder mehreren Seiten des Klaffenhaufes verlegt werden. Bei engen oder ftark befahrenen Straßen wird man Gänge, Treppen, Sammlungs- und Dienfträume nach der Straßenfeite, die Klaffenzimmer jedoch nach dem befferes Licht gewährenden und ruhigen Schulhof verlegen.

Sind Vorfchulklaffen unterzubringen, fo ordne man diefelben in abgefchloffener Lage im Erdgefchoß an [17]).

Zur Erleichterung des Verkehres und der Überwachung der Schüler in den Paufen vermeide man ifolierte Klaffen, verteile die allgemeinen Lehrzimmer möglichft gleichmäßig auf die unteren Stockwerke und befchaffe einen leichten Zugang von allen Klaffen nach den übrigen Unterrichts- und Dienfträumen.

Auf die gelegentliche Vereinigung zweier Klaffen und auf die bequeme Abhaltung der Abiturientenprüfungen kann am beften durch die Anordnung einer verfchiebbaren Zwifchenwand zweier nebeneinander liegender Lehrzimmer Rückficht genommen werden.

Für wahlfreie Fächer, fowie für den Religionsunterricht Andersgläubiger ift mindeftens ein Refervezimmer anzuordnen.

In englifchen und amerikanifchen Schulen erfordert der eigenartige Schulbetrieb oft ein befonderes gemeinfchaftliches Studierzimmer *(Recitation room)* für mehrere Klaffen.

Die Schülerzahl für Oberklaffen foll 30, für Mittelklaffen 40 und für Unterklaffen 50 nicht überfteigen.

Das geringfte Flächen- und Raummaß für einen Schüler der Oberklaffen ift $1{,}20\ qm$ und $5{,}20\ cbm$, der Mittelklaffen $1{,}10\ qm$ und $4{,}60\ cbm$ und der Unterklaffen $1{,}60\ qm$ und $4{,}50\ cbm$.

Es empfehlen fich einfeitig belichtete Längsklaffen mit $6{,}00$ bis $9{,}00^m$ Länge, $6{,}00$ bis $6{,}50^m$ Tiefe und $4{,}00$ bis $4{,}50^m$ Höhe.

In der Regel genügen 5 Größennummern des Geftühls.

174. Naturwiffenfchaftliche Fächer.

Die Unterrichts- und Sammlungsräume für die naturwiffenfchaftlichen Fächer weifen im allgemeinen einen mäßigen Umfang und eine befcheidene Ausftattung auf.

Aus pädagogifchen und praktifchen Gründen empfiehlt fich die Anlage getrennter Lehrfäle für Phyfik, Chemie und Naturgefchichte. In diefen Lehrfälen rechnet man $1{,}20$ bis $1{,}50\ qm$ für einen Schüler und ftattet fie mit anfteigenden Geftühlreihen aus, wobei fich wegen der wechfelnden Benutzung durch verfchieden große Schüler am beften die *Schenk*'fche Bank „Simplex" bewährt, welche durch den Schüler felbft rafch der verfchiedenen Körpergröße angepaßt werden kann.

---

[17]) Siehe: Jahrbücher der Philologie und Pädagogik 1886, S. 13. — Auch abgedruckt in: Deutfche Bauz. 1886, S. 237.

Das Flächenausmaß dieser Lehrsäle wird 60 bis 80 qm und die Höhe wegen der ansteigenden Gestühlreihen mehr als 4 m betragen.

Da im Lehrsaal für **Physik** zur Vornahme optischer Experimente mit dem Heliostaten zu gewissen Zeiten unmittelbares Sonnenlicht erfordert wird, sollen auch Fenster nach Süden, Südost oder Südwest angelegt werden; die Fenster haben zur raschen Verdunkelung innere Läden oder schwarze lichtundurchlässige Schiebvorhänge zu erhalten [18]).

175. Physik.

Der Experimentiertisch soll 4,00 lang, 0,90 m breit und 0,90 m hoch sein, in den seitlichen Teilen Fächer enthalten und mit Anschlußleitungen für Wasser, Gas, Druckluft und Elektrizität versehen sein.

Neben dem Lehrsaal soll der Vorbereitungsraum (Depositorium) mit wenigstens 20 qm Flächenmaß liegen, in welchem vorübergehend die im Unterrichte gerade Verwendung findenden Apparate aufbewahrt werden.

Außer einem großen freistehenden Apparatentisch sollen kleinere Tische und Schränke für verschiedene Vorräte, sowie eine Abdampfnische (Kapelle) zum Unterbringen von Apparaten, die schädliche Dämpfe entwickeln, vorhanden sein.

Ein Sammlungssaal mit 80 qm Bodenfläche soll große verschließbare doppelte und einfache Schränke und Auflegtische aufnehmen. Das Arbeitszimmer für den Lehrer soll 30 qm Größe besitzen [19]).

Von großem Wert für den Unterrichtserfolg ist das Vorhandensein eines geräumigen physikalischen Laboratoriums für die Schüler (80 qm).

Erwünscht ist ferner ein kleines photographisches Atelier, welches leicht im Dachgeschoß Platz finden kann, eine Dunkelkammer und etwa im Sockelgeschoß unter dem Vorbereitungsraum ein Raum für Motoren und Akkumulatorenbatterien zu Unterrichtszwecken.

Die Unterrichtsräume für **Chemie** werden am besten in das oberste Geschoß verlegt, um die Verbreitung von Gerüchen im Hause zu verhindern. Im Lehrsaal ist an der Wand hinter dem Experimentiertisch eine Abdampfnische anzuordnen, welche mit auf- oder seitwärts verschiebbarem Glasverschluß versehen wird. Die vom Mauerwerk gebildeten Flächen der Nische sind mit Kacheln zu verkleiden und oberhalb derselben Abzugskanäle aus Steingut oder Glas für die entweichenden sauren Dämpfe anzubringen [18]).

176. Chemie.

Der Experimentiertisch [20]) soll 0,70 bis 0,90 m breit, 2,00 von der Wand und 1,00 m von der ersten Gestühlreihe entfernt sein. Er erhält Gashähne mit *Bunsen*-Brennern, eine Quecksilberwanne, die mit Wasser-Zu- und -Abfluß versehene pneumatische Wanne, welche in die Tischplatte versenkt und bei Nichtgebrauch mit einem Deckel verschlossen sind; ferner ein kreisrunder Ausschnitt von 0,15 m Durchmesser mit Glasglocke bedeckt, unter der schädliche Gase entwickelt und durch einen Saugschlot mit Lockflamme abgeleitet werden können; eine Filtriervorrichtung, eine Wasserluftpumpe, an einem Ende eine Zapfstelle mit Ableitung zur Wasserentnahme. Für elektrolytische Arbeiten ist für elektrische Stromzuführung zu sorgen. Im unteren Teile des Tisches sind verschließbare Schränke und Schiebladen zur Aufbewahrung von Gläsern, Porzellanschalen u. s. w. vorzusehen. An der Wand hinter dem Experimentiertisch wird eine in Führungsleisten verschiebbare Wandtafel angebracht.

Das Schülerlaboratorium soll 80,00 qm Größe haben; je nach dem Umfang der Schule und der Zahl der Schüler sind Arbeitstische für je 4 Schüler in entsprechender Anzahl aufzustellen.

Jeder Tisch erhält 4 Schlauchhähne mit *Bunsen*-Brennern, eine Zapfstelle für Wasser, Filtriereinrichtung, Zuleitung von elektrischem Strom, in der Mitte einen erhöhten Aufsatz für abzustellende Gläser und dergl. In diesem Raum sind ein bis zwei Abdampfkasten, sowie einige Schränke nötig. Es empfiehlt sich auch die Anordnung eines besonderen Abstellraumes.

Das Arbeitszimmer für den Lehrer erfordert 20 qm Bodenfläche, und für die

---

[18]) Näheres siehe auch in Kap. 3, unter b.
[19]) Bezüglich der Einrichtung in naturwissenschaftlichen Unterrichtsräumen finden sich eingehende Angaben in der 1896 erschienenen „Festschrift zur Eröffnung des neuen Kantonschulgebäudes zu Aarau".
[20]) Nach: Koch, A. Die Bauart und Einrichtung der städtischen Schulen in Frankfurt a. M. Frankfurt 1900. S. 18.

Sammlung dürften 50 qm das Mindeſtmaß ſein. Das Wagezimmer (mit 30 qm) ſoll möglichſt entfernt vom Laboratorium liegen, damit die Wägevorrichtungen nicht durch die ſäurehaltigen Dämpfe leiden.

Ein Magazin für Chemikalien, ſowie auch ein kleiner Deſtillierraum können ſich im Sockelgeſchoß befinden.

177. Naturgeſchichte. Für den Unterricht in der Naturgeſchichte iſt der Lehrſaal genau wie jener für Phyſik auszugeſtalten. Er muß wegen der häufigen Benutzung von Lupe und Mikroſkop beſonders hell ſein. Auch in dieſem Raum empfiehlt ſich in der Nähe des Demonſtrationstiſches eine Abdampfniſche (Kapelle), um allfällige übelriechende Gegenſtände zu beſeitigen oder gewiſſe Operationen, bei denen unangenehm riechende Gaſe entwickelt werden, darin vorzunehmen.

Der Unterteil des Demonſtrationstiſches iſt mit verſchließbaren Laden zu verſehen, wo Bücher, Hefte, kleinere Werkzeuge und Demonſtrationsgegenſtände aller Art, ſowie Bilderwerke, die fortwährend in Gebrauch ſind, Aufnahme finden.

Die Anordnung der anſteigenden Geſtühlreihen ſoll durch geeignete Zwiſchengänge ermöglichen, daß der Lehrer zu jedem einzelnen Platz gelangen kann.

An paſſender Stelle werden Aufhängevorrichtungen für größere Wandtafeln angebracht.

Außer dem großen Demonſtrationstiſch iſt meiſt noch ein kleinerer beweglicher Tiſch erforderlich, um den ſich die Schüler verſammeln können, um einzelne Verſuche in unmittelbarer Nähe zu ſehen.

Für die richtige Aufſtellung der Mikroſkope, eines Reagenzienkaſtens und für Waſſer-Zu- und -Ableitung iſt vorzuſorgen.

Für pinakoſkopiſche Demonſtrationen oder um die Phosphoreſzenzerſcheinungen gewiſſer Minerale vorweiſen zu können, müſſen die Fenſter mit Verdunkelungsvorrichtungen verſehen werden.

Neben dem Vortragsſaal empfiehlt ſich die Anordnung eines beſonderen Vorbereitungszimmers, in welchem Gegenſtände aller Art gereinigt, geordnet und zur Demonſtration hergerichtet werden können. Dieſe Arbeiten können auch im Arbeitszimmer des Lehrers vorgenommen werden.

Für die Sammlungen ſind ein oder zwei Räume im Geſamtflächenmaß von 80 qm erforderlich. Für das Arbeitszimmer des Lehrers ſind 30 qm Fläche vorzuſehen.

Die Beförderung der Gegenſtände aus dem Sammlungsraum zum Demonſtrationstiſch im Lehrſaal kann beim naturgeſchichtlichen, ebenſowie beim phyſikaliſchen Unterricht unmittelbar durch eine Wandöffnung hinter der aufſchiebbaren Wandtafel erfolgen, oder durch die Verbindungstür kann ein auf Rädern laufender Tiſch geſchoben werden, der die Gegenſtände aufnimmt.

In den Sammlungsſälen kann längs der Wandkäſten in einem Abſtand, der mindeſtens der Breite der geöffneten Kaſtentüren gleichkommt, ein verſenktes Gleis liegen, das zum Demonſtrationstiſch im Lehrſaal führt. Die Sammlungskäſten ſollen auf ebenem Boden voll aufſtehen und keinerlei Staubwinkel bieten. Wandſchränke ſollen fugenlos an die Wände anſchließen. Wo hohe Käſten nötig ſind, läßt man dieſelben bis zur Decke reichen.

Für zoologiſche Gegenſtände, ſowie für phyſikaliſche Apparate eignen ſich Glaskäſten als Wandſchränke oder als freiſtehende Mittelſchränke am beſten [61]). Für zweiflügelige Wandſchränke genügen 1,60 m Breite, 0,65 m Tiefe und 2,20 m Höhe. Sie müſſen bequem jede Anordnung der aufzuſtellenden Gegenſtände und eine deutliche Überſicht geſtatten; daher empfehlen ſich an allen Seiten, auch für die Decken, Glastafeln.

Bei freiſtehenden Schränken wird auch die lotrechte Hinterwand aus Glastafeln hergeſtellt. Die Holzkonſtruktion iſt auf das geringſte Maß zurückzuführen, ſoweit es die Stabilität des Kaſtens und das Anbringen von Zahnleiſten erfordert; letztere geſtatten die Benutzung verſchiebbarer, ungleich breiter (5, 10 und 20 cm) Querfächer in beliebiger Anzahl und Höhe.

---

[61]) Bericht über das öſterreichiſche Unterrichtsweſen aus Anlaß der Weltausſtellung 1873. Teil II, S. 400.

Fig. 158.

Ansicht.

Fig. 159.

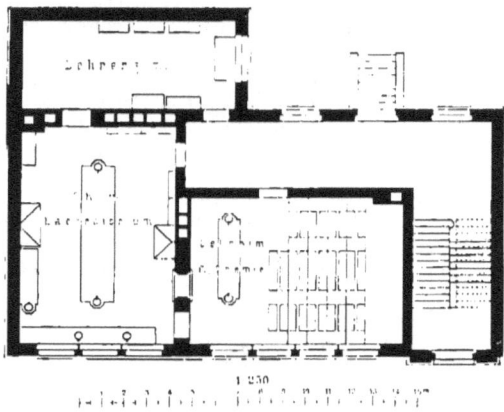

Erdgeschoß.

Städtische Oberrealschule zu Braunschweig.
Unterrichtsgebäude für Physik und Chemie[52].

[52] Nach: OSTERLOH & WERNICKE. Das Unterrichtsgebäude für Physik und Chemie der städtischen Oberrealschule Braunschweig. Braunschweig 1897. (Beil. zu den Jahresberichten.)

Für mineralogische Sammlungen werden einfache oder doppelte Pultkaften verwendet, deren Unterteil 1,50 m breit, 0,70 m tief, und 0,80 m hoch mit 2 Reihen von je 7 Laden verfehen find. Das Glaspult hat 0,60 m Höhe und enthält 7 je 8 cm breite Stufen. Die Mineralien liegen in fchwarzen Schächtelchen. Die Kaftenladen können mit Handhaben verfehen fein, um fie bequem zum Unterricht in das Lehrzimmer tragen zu können.

178. Befonderes Unterrichtsgebäude für naturwiffenfchaftliche Fächer.

In manchen Fällen wird es fich empfehlen, für die naturwiffenfchaftlichen Fächer ein befonderes Unterrichtsgebäude zu fchaffen, welches an geeigneter Stelle des Grundftückes in der Nähe des Klaffenhaufes zu errichten ift. Bei der Erbauung der älteren Anftalten wurde felten auf die fteigenden Bedürfniffe der Naturwiffenfchaften Rückficht genommen, und es mangelte nach Einführung der neuen Lehrordnungen an den erforderlichen Räumlichkeiten; in folchen Fällen war jene Löfung die befte, welche bei der feit 1876 beftehenden ftädtifchen Ober-

Fig. 160.

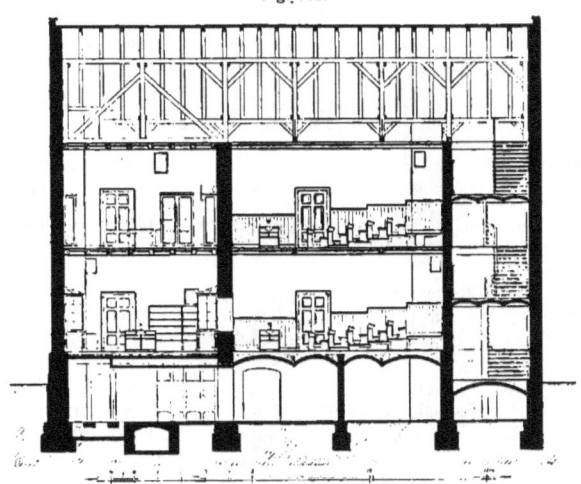

Längenfchnitt zu Fig. 158 u. 159.

realfchule in Braunfchweig gewählt wurde, wo mit dem Studienjahre 1895 ein eigenes Unterrichtsgebäude für Phyfik und Chemie nach den Plänen der ftädtifchen Bauverwaltung bezogen wurde (Fig. 158 bis 160 [52]).

Neben Keller- und Dachgefchoß wurde ein Untergefchoß für Chemie und ein Obergefchoß für Phyfik errichtet; die Umfaffungsmauern wurden aber fo ftark konftruiert, daß bei Bedürfnis noch ein II. Obergefchoß hinzugefügt werden kann.

Das Gefchoß für Chemie enthält 1 Lehrzimmer (9,00 × 6,50 m), 1 Laboratorium (9,00 × 6,50 m) und ein Zimmer für die chemifche Wage und die Mineralienfammlung (9,00 × 4,00 m). Das Gefchoß für Phyfik ift entfprechend geftaltet; es enthält ein gleich großes Lehrzimmer, einen Sammlungsraum und ein Zimmer, das zunächft als optifches Zimmer eingerichtet ift, in der Folge aber auch als Arbeitszimmer der Lehrer dienen foll.

Das Gebäude ift wie das ältere Schulhaus als einfacher Backfteinrohbau mit Verblendfteinen ausgeführt. Die Trennungspfeiler der Fenfter in der Vorderfront find zur Erzielung einer ausreichenden Erhellung der Unterrichtsräume als gußeiferne Säulen ausgebildet; die Fenfterrahmen beftehen aus Schmiedeeifen. Mit der Sammellufthcizung ift eine kräftige Lüftung verbunden. Zur Abführung der Dämpfe u. f. w. aus dem Raume für Chemie find 3 fog. Kapellen (Digeftorien) hergerichtet; eine davon liegt in der Trennungswand zwiſchen Lehrzimmer und Laboratorium und iſt von beiden Räumen aus zu benutzen. Die Lehrzimmer haben anſteigende Geſtühlreihen.

Die Räume für Chemie enthalten im Lehrzimmer die anſteigenden Geſtühlreihen und den Experimentiertiſch, im Laboratorium die 3 Kapellen, die Arbeitstiſche der Schüler, die Fachgerüſte für Chemikalien und einen Schrank für Apparate, im dritten Raum den Tiſch für die chemiſche Wage, einen zweiten Schrank für Apparate, 3 Mineralſchränke und einen Auflegtiſch. Auf den Arbeitstiſchen ſind neben einem Arbeitsplatze für den Lehrer im ganzen 18 Arbeitsplätze für Schüler eingerichtet.

Die Einrichtung des Obergeſchoſſes für Phyſik iſt bezüglich des Lehrzimmers ähnlich wie unten; die Sammlung und das als Arbeitsraum beſtimmte Zimmer erhielten Schränke, Tiſche und Werktiſche. Anſchluß an die elektriſche Zentrale der Stadt iſt eingerichtet.

Die Baukoſten, ausſchl. der Einrichtungsgegenſtände, betrugen 55 400 Mark.

Von beſonderem Wert iſt die Schaffung eines aſtrophyſikaliſchen Obſervatoriums mit einer Drehkuppel zur Aufnahme einer beſcheidenen aſtronomiſchen Station.

179. Obſervatorium

In manchen Städten haben rührige Urania-Vereine die aſtronomiſchen Inſtrumente beigeſtellt und ſorgen auch für die erforderliche Unterweiſung auf einem dem Lehrplan ſonſt fernliegenden Wiſſensfelde. Ein Kuppelraum von 5,00 m Durchmeſſer und 3,50 m Höhe bis zum Scheitel dürfte ausreichen, und die Herſtellungskoſten der Drehkuppel mit Bewegungsmechanismus ſtellen ſich auf 12 000 Mark.

Die Geſamtkoſten für die Herſtellung des Obſervatoriums beim König Wilhelm-Gymnaſium in Magdeburg (ſiehe Art. 201) betrugen, einſchl. aller Nebenarbeiten, aber ausſchl. der Apparate, 14 000 Mark.

In unmittelbarer Verbindung mit dem Kuppelraum ſoll eine geräumige Plattform zu Beobachtungen im Freien liegen; ebenſo iſt für die paſſende Unterbringung der Inſtrumente u. a. Raum zu ſchaffen.

Sind die Mittel nicht vorhanden, ſo genügt auch die Herſtellung einer auf dem Dach gelegenen, leicht zugänglichen Plattform für die Demonſtrationen beim Unterricht in der praktiſchen Aſtronomie.

Zeichenſäle werden zur Erzielung eines ruhigen Lichtes am beſten nach Norden gerichtet. Bei der Lage über anderen Lehrzimmern iſt zur Vermeidung der Lärmübertragung eine beſonders gute Schallabdichtung der Zwiſchendecke vorzunehmen.

180. Zeichenſaal

Man rechnet für einen Schüler wenigſtens 2 qm Bodenfläche. Mit Rückſicht auf die Einrichtung wird die Raumtiefe größer als 6,00 m und die Höhe mehr als 4,00 m betragen. Die Anordnung von Deckenlicht, das ſich beſonders bei Körperzeichnen empfiehlt, läßt auch größere Ausmaße des Saales zu. Für reichliche Abendbeleuchtung iſt ſtets zu ſorgen.

Die Zeichentiſche ſind in der Regel für je 2 Schüler beſtimmt, wobei als Tiſchlänge für einen Schüler 0,70 bis 0,90 m anzunehmen ſind. Die Breite der Tiſchplatte iſt für Freihandzeichenſäle 0,65 m; ſie erhält 25 Grad Neigung, wobei am Vorderrand ein 0,15 m breiter wagrechter Teil verbleibt, und bei Zeichenſälen für geometriſches Zeichnen 0,70 m und nur 3 Grad Neigung. Bei Einrichtungen zum Heben und Senken der Tiſchplatten können die Schüler auch beim Zeichnen ſtehen. Als Sitze empfehlen ſich ſog. Hocker in Form geſchloſſener Kiſten, deren drei Abmeſſungen (55 × 40 × 30 cm) ein beliebiges, der Größe des Schülers entſprechendes Höhenmaß zum bequemen Sitzen bieten.

Zum Reinigen der Reißbretter iſt das Aufſtellen eines langen Tiſches mit darüber befindlichem Zinkblechkaſten mit Zapfhähnen und Vorrichtungen zum Auffangen des Ablaufwaſſers empfehlenswert.

Die Reißbretter werden auf die hohe Kante geſtellt, in beſonderen Kaſten im Saale ſelbſt oder beſſer in einem anſtoßenden Raum untergebracht, wo auch die ſonſtigen Zeichengeräte zurückgelaſſen werden können. Neben der ſchwarzen wird auch eine weiße Wandtafel anzubringen ſein.

Die Größe der Zeichenſäle kann mit $18,00 \times 7,00 \times 5,00$ m angenommen werden, während für die Modell- und Gerätegelaſſe, ſowie für die Lehrerzimmer je 25 qm genügen.

In Gymnasien benötigt man ein bis zwei Zeichensäle für Freihandzeichnen, in Oberrealschulen und Realgymnasien außerdem noch einen oder zwei Säle für geometrisches Zeichnen.

Das Ausmaß für den **Modellierſaal** ſamt Gipsgießraum iſt mit 80 qm genügend; auch ſollen 25 qm für ein Lehrerzimmer gerechnet werden. Beiſpiele für die Anlage von Zeichenſälen ſind in Kap. 3 (unter a) vorgeführt.

<small>181 Sammlungsräume.</small> Außer den bereits genannten **Sammlungsräumen** der naturwiſſenſchaftlichen Fächer ſoll noch ein Kartenzimmer für geographiſche Lehrmittel mit 30 qm Flächenausmaß und, wenn möglich, ein ebenſogroßes hiſtoriſches und philologiſches Kabinett vorhanden ſein. In manchen Anlagen findet man ferner auch beſondere archäologiſche Sammlungen.

Fig. 161.

Aula in der Realſchule zu Bautzen.
Arch.: *Görling*.

In den öſterreichiſchen Gymnaſien und Oberrealſchulen ſind die Sammlungen beſonders reich entwickelt, da daſelbſt ſeit Jahrzehnten jeder Schüler jährlich 3 Mark Lehrmittelbeitrag leiſtet, wodurch große Fonds für Sammlungszwecke geſchaffen werden.

<small>182. Geſangſaal und Handfertigkeitsunterricht.</small> Für den Geſangsunterricht wird ſtets ein beſonderer **Geſangſaal** im Mindeſtausmaß eines Klaſſenzimmers, am beſten neben der Aula, angelegt, um bei Schulfeſten und dergleichen Anläſſen die beiden Räume zur vorübergehenden Benutzung vereinen zu können.

In manchen Ländern (Schweden, Norwegen, England und Amerika) wird auf die Pflege des Handfertigkeitsunterrichtes großer Wert gelegt und räumlich hierfür entſprechende Vorſorge getroffen.

<small>183. Feſtſaal.</small> Über die allgemeine Anlage des **Feſtſaales** oder der Aula wurde unter Vorführung eines Beiſpieles das Weſentliche bereits in Kap. 3 (unter e) angegeben.

Als Mindestmaß für die Bodenfläche ist 200 qm und für die Höhe 6,00 m anzusehen. Durch Anordnung von Galerien oder Emporen kann der Fassungsraum wesentlich vermehrt werden. Zum Zweck der Abhaltung regelmäßiger Religionsübungen wird eine Altarnische mit kleinem Nebenraum erfordert; diese Nische kann nach Bedarf durch Rollbalken oder Vorhänge abschließbar sein.

Fig. 161 zeigt die Innenansicht der Aula der Realschule in Bautzen, deren Beschreibung in Art. 210 folgt, und Fig. 162 gibt ein Bild der Aula des Königl. Prinz Heinrich-Gymnasiums in Berlin-Schöneberg, das in Art. 203 näher besprochen wird.

Die Größe der Schulbücherei richtet sich nach der Zahl der vorhandenen Bände und nach der voraussichtlichen Erweiterung der Anstalt. Für 6000 Bände werden 50 qm, für 12 000 Bände 70 qm Bodenfläche gefordert. Erwünschte Ab-

184. Bibliothek

Fig. 162.

Aula im Prinz Heinrich-Gymnasium zu Berlin-Schöneberg.
Arch.: *Schulze*.

messungen sind: für die Lehrerbibliothek 80 qm, für das anstoßende Zimmer des Bibliothekars oder Kustoden 30 qm und für die Schülerbibliothek 50 qm.

Die Lehrerbibliothek liegt am zweckmäßigsten neben dem Lehrerzimmer.

Die Größe des Turnsaales hat bei der Annahme von 4 qm freier Bodenfläche für einen Turner, bei 50 gleichzeitig Turnenden wenigstens 20 × 10 m zu betragen, wobei mit Rücksicht auf den Luftbedarf und die Geräte eine Höhe von wenigstens 5,50 m nötig ist.

Der Zugang zur Turnhalle ist durch eine Vorhalle zu vermitteln, mit welcher zwei Umkleideräume von je 25 qm und unmittelbaren Zugangstüren zum Turnsaal in Verbindung stehen müssen. Für den Geräteraum werden ebensowie für den Raum des Turnlehrers je 15 qm genügen.

Erwünscht ist ferner ein von den Umkleideräumen leicht erreichbarer Waschraum und eine besondere Bedürfnisanstalt. Über den Nebenräumen wird häufig eine Galerie für Zuschauer angeordnet. Werden zwei höhere Schulen auf demselben Grundstück errichtet, so kann eine gemeinsame Turnhalle benutzt werden.

185. Turnhalle

— 156 —

186. Turn- und Spielplatz.

Zur Vornahme der Turnübungen im Freien genügt die Aufstellung der Geräte auf dem entsprechend groß bemessenen Schulhofe.

Für die Bewegungsspiele im Freien wird es in kleineren Städten und in den Grenzgebieten großer Städte möglich sein, in unmittelbarer Nähe des Schulhauses einen Spielplatz von der wünschenswerten Größe von 3000 qm zu beschaffen, wobei jedoch die Lage an der Lehrzimmerfront zur Vermeidung von Störungen zu umgehen ist [53]).

Die Größe des Spielplatzes hängt von der Lage des Platzes, von der Zahl der Gespielschaften und von der Art der Spiele ab und wird auf freiem Felde mit 2000 bis 3000 qm, bei Gebäudenähe mit 3000 bis 4000 qm genügen. Die Entfernung eines Spielplatzes vom Schulhause darf 20 Minuten nicht überschreiten.

Bei vom Schulhaus entfernt liegenden Spielplätzen wird eine Hütte zur Verwahrung der Spielgeräte und Spielkleidungen, ein Schuppen zum Kleiderwechsel und zum Schutz bei plötzlichem Unwetter, sowie eine Bedürfnisanstalt errichtet werden müssen.

Sehr große Spielplätze erhalten für einzelne Spielgattungen Rasenflächen. Für Weitspringen ist eine 6 × 3 m große und 0,30 m tiefe Grube anzulegen und mit Gerberlohe oder reinem Sand zu füllen.

In österreichischen Mittelschulen währt die Spielzeit 12 Wochen, d. i. von Mitte September bis Mitte Oktober und von Mitte Mai bis Mitte Juli. In Österreich find 70 Vomhundert aller Spielplätze nicht in der Nähe des Schulhauses; 18,5 Vomhundert sind ausschließlich dem Spielbetrieb gewidmet; 66,2 Vomhundert werden zu diesem Zwecke leihweise und unentgeltlich und 15,3 Vomhundert gegen Entgelt überlassen.

Wo es die örtlichen Wasserverhältnisse und das Klima ermöglichen, empfiehlt sich die Anlage eines Eisplatzes im Ausmaß von 800 qm oder mehr.

Wird der geebnete Boden und der Umfang mit einer Lage von 25 cm geschlagenem Tegel abgedichtet, so kann mit einer nur wenige Centimeter hohen Wasserschicht rasch eine gefahrlose Eisdecke hergestellt werden. Zur künstlichen Beleuchtung empfiehlt sich elektrisches Bogenlicht.

Außer dem der Gesundheit förderlichen Baden und Schwimmen werden an Jugendsporten besonders Radfahren, Skilauf, Fechten und Handschlittenfahren betrieben.

187. Verwaltungsräume.

Das Amtszimmer des Direktors mit 30 bis 50 qm Flächenausdehnung soll durch ein 20 qm großes Vorzimmer erreicht werden, welches gleichzeitig als Warteraum für Parteien und als Arbeitsgelaß für einen Diener bestimmt ist.

Das Amtszimmer muß derart angelegt werden, daß es leicht auffindbar und ohne Passieren anderer Schulräume von den Parteien zu betreten ist. Die Eingangstür zum Amtszimmer ist besonders schalldicht, am besten doppelt anzubringen.

Das Beratungs- oder Konferenzzimmer der Lehrerschaft soll 60 bis 75 qm Flächenmaß erhalten.

Für die Lehrer, bezw. Lehrerinnen von je fünf Klassen ist ein Lehrerzimmer von 30 qm mit einem kleinen Nebenraum für die Kleiderablage und einer Wascheinrichtung anzulegen.

Für den Verkehr der Eltern mit den Lehrern dient ein 25 qm großes, leicht auffindbares Sprechzimmer.

In unmittelbarer Nähe des Haupteinganges wird ein 20 qm großes Dienstzimmer für den Schuldiener oder Hauswart erfordert.

188. Eingänge, Flurgänge und Treppen.

Je nach der Größe der Anstalt werden ein oder mehrere Eingänge und Treppen angeordnet. Die Anordnung der Flurgänge und Treppen ist von wesentlichem Einfluß auf die Grundrißbildung des Klassenhauses.

Bei stark besuchten Anstalten ist die Anlage einer geräumigen Vorhalle zweckmäßig.

---

[53]) Siehe: BURGERSTEIN. Wohlfahrtseinrichtungen an Gymnasien und Realschulen. Wien 1898.

Bei einbündigen Anlagen hat die Flurgangbreite mindestens 2,50 m zu betragen; bei zweibündigen Anlagen werden 4,00 m und mehr erforderlich.

Ist nur eine Treppe vorhanden, so hat dieselbe mindestens 2,50 m breite Läufe zu erhalten, um beim Stundenwechsel das Begegnen von Klassen zu erleichtern, welche besondere Unterrichtsräume aufsuchen und um bei Schulschluß jedes Gedränge zu vermeiden. Sind mehrere Treppen vorhanden, so genügen geringere Laufbreiten von 1,00 bis 2,00 m.

Die Schüleraborte müssen gut überwachbar, leicht reinzuhalten sein und frostsicher liegen. Je nach den Ortsverhältnissen und Lebensgewohnheiten werden dieselben innerhalb oder außerhalb des Gebäudes untergebracht, während die Lehreraborte in der Regel im Klassenhause selbst liegen.

<small>189. Aborte</small>

Für jede Klasse rechnet man einen Sitzraum und 2 Pißstände; für je 10 Lehrpersonen wird ein Spülabort mit Waschvorrichtung und Vorraum erfordert.

Die Schüleraborte der Ober- und Unterklassen sind getrennt anzulegen.

Da die Bedürfnisanstalten vorwiegend in den Pausen benutzt werden, verlege man sie in die Nähe der Erholungsräume und -Plätze.

Als Kleiderablagen dienen in den meisten Fällen die entsprechend breiten Flurgänge oder besondere Erweiterungen derselben; seltener sind gemeinsame Kleiderablagen für alle Klassen oder für Klassengruppen und Stockwerke und besondere Kleiderablagen an der Schmal- oder Langseite jedes Klassenzimmers.

<small>190. Kleiderablagen und Wascheinrichtungen.</small>

Aus pädagogischen und hygienischen Gründen empfiehlt sich das Anbringen von Blechrähmchen zum Einschieben von Kartonblättchen, damit jeder Schüler seinen bestimmten Kleiderplatz hat. Als Wandlänge für einen Schüler genügen 0,25 m.

Empfehlenswert ist die Anordnung von Waschräumen mit mindestens einem Waschstand für eine Klasse.

Während der schulfreien Zeit begeben sich die Schüler bei geeignetem Wetter auf die Erholungsplätze und bei schlechtem Wetter in die geschlossenen Erholungsräume. Bei ersteren rechnet man 2 qm und bei letzteren 1 qm für einen Schüler.

<small>191. Erholungsplätze und Erholungsräume, Fahrradniederlagen, Schulgarten.</small>

In dicht bebauten Stadtteilen kann außer dem Schulhof auch das flachgedeckte Dach als Erholungsplatz benutzt werden.

Als geschlossener Erholungsraum empfiehlt sich ein in mittlerer Gebäudehöhe angebrachter, ungefähr 400 qm großer Raum, der eine leichte Überwachung der Schüler ermöglicht und die Lüftung der Lehrzimmer während der Pausen durch Öffnen der Fenster und Türen ohne Zugbelästigung der Schüler gestattet.

Wo viele Schüler aus großer Entfernung zur Schule kommen und über Mittag im Schulhause verbleiben, empfiehlt sich das Aufstellen von Gas- oder Petroleumrechauds im gemeinschaftlichen Erholungsraum oder besser in einem besonderen Zimmer, woselbst etwa mitgebrachte Speisen (Milch, Schokolade u. a.) erwärmt werden können.

Im Sockelgeschoß wird an passender Stelle in der Nähe der Eingänge und Treppen für das Unterbringen von Fahrrädern zu sorgen sein.

An manchen Orten werden daselbst auch Brausebäder eingerichtet.

Für die Zwecke eines botanischen Gartens genügt eine Fläche von 1000 qm.

Bereits in Kap. 1 (unter g) wurde ausgesprochen, welche wohltuenden, die Sinne und das Schönheitsgefühl fördernden Wirkungen ein geeigneter Schmuck der Unterrichtsräume auf die Schuljugend ausübt. In den niederen Schulen handelt es sich hauptsächlich um Anschauungsbilder, die in erster Linie und allgemein dazu dienen sollen, die Schulräume freundlich und anheimelnd zu gestalten und sie zu einer „lieblichen Stätte" werden zu lassen. Etwas anders hat man in höheren Lehranstalten zu verfahren, wo der Wandschmuck im besonderen zu einer Unterstützung dessen dienen soll, was man als „künstlerische Erziehung" bezeichnen kann,

<small>192. Ausschmückung der Räume.</small>

fobald man diefes Wort nur möglichft fchlicht und einfach faßt. Auch in Gymnafien und Reallehranftalten wird es ähnlich wie in der Volks- und Mittelfchule in den unteren Klaffen vor allem das gegenftändliche Intereffe, die Anknüpfung an die geeigneten Unterrichtsftoffe fein, von wo aus die Freude am Bilderfchmuck und im Zufammenhang damit die Luft am Schauen, am älthetifchen Genießen zu erwecken ift. Allein in einer höheren Lehranftalt muß in den 7 bis 9 Jahren der Schulzeit das Beftreben auch darauf gerichtet fein, den Augen der Schüler in gewiffem Sinne eine Entwickelung der Kunft vorzuführen; es foll ein unverlierbarer Schatz von guten Vorbildern gewonnen werden, der wegweifend für die älthetifche Weiterbildung zu werden im ftande ift.

Von diefen Gefichtspunkten ausgehend, hat *Ankel* für das *Leffing*-Gymnafium zu Frankfurt a. M. (fiehe Art. 213) die Bildwerke und die Ausfchmückung des Schulhaufes ausgewählt.

Er ging hierbei von dem Gefichtspunkte aus, daß bei Verteilung des künftlerifchen Schmuckes auf die einzelnen Klaffen Rückficht genommen werden müffe:
1) auf den Zufammenhang mit den dazu geeigneten Unterrichtsftoffen, damit vom gegenftändlichen Intereffe aus die Brücke gefchlagen werden kann zur älthetifchen Vertiefung;
2) (dem ganzen Charakter des gymnafialen Unterrichts entfprechend) auf die Gewinnung der Haupttypen der kunfthiftorifchen Entwickelung;
3) auf ein gewiffes Fortfchreiten vom Leichteren, Einfacheren zum Schwereren auch in der künftlerifchen Darftellungsform;
4) auf die Herftellung einer gewiffen dekorativen Einheit in den einzelnen Räumen.

Hiernach ift zunächft in den 11 Klaffen des *Leffing*-Gymnafiums der folgende Schmückungsplan zur Ausführung gelangt.

Sexta: *Menzel* „Tafelrunde in Sansfouci"; *Camphaufen* „Choral von Leuthen"; *Thoma* „Märchenerzählerin"; *Ludwig Richter* „Chriftnacht" und „Genoveva".

Quinta: *Millet* „Abendläuten"; *Burger* „Die alte Frankfurter Schirn"; *Süß* „St. Georg" und „Geburt Chrifti".

Quarta: *Raffael* „Madonna della Sedia"; *Rembrandt* „Hundertguldenblatt"; *Botticelli* „Anbetung der Weifen" und *Murillo* „Ruhe auf der Flucht"; *Schongauer* „Kreuztragung".

Untertertia: *Schwind* „Sängerkrieg auf der Wartburg"; *Steinle* „Märchenerzählerin", *Murillo* „Eliefer und Rebekka am Brunnen" und *Rembrandt* „Befuch der Engel bei Abraham"; *Rethel* α) „Sturz der Irminful", β) „Dombau in Aachen", γ) „Konzil in Frankfurt am Main", δ) „Gottfried von Bouillon vor Jerufalem".

Obertertia a: *Lionardo* „Abendmahl"; *Velasquez* „Übergabe von Breda"; *Tizian* „Karl V. bei Mühlberg" und *Dürer* „Hans Imhof (?)".

Obertertia b: *Steinhaufen* „Gaftmahl" („Diefer nimmt die Sünder an"), „Heilung des Blindgeborenen", „Chriftus und der reiche Jüngling"; *Dürer* „Selbftbildnis von 1500" und „Allerheiligenbild".

Unterfekunda a: *Raffael* „Sixtinifche Madonna" und 3 Originalentwürfe für die Arazzi nach den Kartons im South-Kenfington-Mufeum: „Der wunderbare Fifchzug", „Berufung Petri", „Paulus predigt in Athen".

Unterfekunda b: *Holbein* „Madonna des Bürgermeifters Meyer"; *Dürer* „Die Apoftel"; *Rethel* „Die Genefung", „Der Tod als Freund", „Der Tod als Würger".

Oberfekunda: *Preller* „Odyffee-Landfchaften", die vier großen und zwei kleine; *Kaulbach* „Homer und die Griechen"; Büfte des *Homer*.

Unterprima: *Feuerbach* „Gaftmahl des Plato", Büften des Apollo von Belvedere und zweier Niobiden, Relief der fog. Medufa Ludovifi (fchlafende Erinys?), Relief der fandalenbindenden Nike, Athen.

Oberprima: *Michelangelo* „Sixtinifche Decke"; *Raffael* „Schule von Athen" und „Julius II."; *Velasquez* „Innocenz X."; *Giotto* „Dante". Singfaal: *Giorgione* „Das Konzert"; *Böcklin* „Der Eremit"; *Thoma* „Mondfcheingeiger"; *Melozzo da Forli* Zwei Engel.

Zimmer für katholifchen Religionsunterricht: *Raffael* „Chriftus und Petrus", „Kreuzgang in S. Maria Novella", Florenz.

Zimmer für ifraelitifchen Religionsunterricht: *Murillo* „Mofes fchlägt Waffer aus dem Felfen"; *Rembrandt* „Mofes die Gefetztafeln zertrümmernd".

Konferenzzimmer: *Koner* „Kaiser Wilhelm II."; *G. Richter* „Kaiser Wilhelm I." und *Angeli* „Kaiser Friedrich III."

Neben diesen Bildern und Skulpturen, die als ständiger Schmuck meist an der Rückwand der Klassen Aufnahme gefunden haben, sind in Wechselrahmen noch die nachstehenden Bilderfolgen auf die genannten Klassenräume verteilt worden: 1) Unveränderliche Photographien von antiken und Renaissancewerken (Oberklassen); 2) das XIX. Jahrhundert in Bildnissen, herausgegeben von *Karl Werckmeister* (Obersekunda, Unterprima, Physikalisches und Naturgeschichtliches Lehrzimmer); 3) *Ludwig Richter* „Der Sonntag" und „Das Vaterunser" (Quarta); 4) *Ludwig Richter* „Die Glocke" (Untersekunda); 5) *Ludwig Richter* „24 Volksbilder" (Quinta); 6) *Dürer* „Vier Holzschnittfolgen" (Oberprima); 7) Meisterbilder fürs deutsche Volk (Obertertien und Untersekunden).

Außer den Klassen verlangten aber auch die weiten Flurgänge mit ihren großen Wandflächen und das schöne, lichtdurchflutete Treppenhaus des Gebäudes in ganz besonderer Weise eine künstlerische Ausschmückung. Hier konnte neben dem Gesichtspunkte der Ergänzung des für die Klassen gewählten Bilderschmuckes ganz besonders auch der des Dekorativen zur Geltung kommen. Was zunächst das Treppenhaus angeht, so begrüßt den Eintretenden beim Hinaufgehen das in seiner Darstellung so ganz griechische und so ganz menschliche Relief aus dem *Museo Nazionale* in Neapel: „Orpheus und Eurydice Abschied nehmend". Und weiter sieht er vor sich die großen Zentren griechischer Kultur: Athen und Olympia; an der Wand rechts daneben den *Merian*'schen Plan von Frankfurt und *Menzel*'s „Eisenwalzwerk"; an der Fensterwand des dritten Treppenabsatzes ferner die *Raffael*'schen Gestalten der „Theologie" und „Philosophie", der „Poesie" und der „Gerechtigkeit" und daneben an der rechten Treppenwange das archaistische Kitharödenrelief; schließlich oben zwischen den Eingangstüren zur Aula zwei der Reliefs von *Luca della Robbia* von der Cantorie in Florenz: „Singende Knaben" und neben der Tür zum Singsaal: *Menzel* „Flötenkonzert".

Auf den Flurgängen haben dann die folgenden Bildwerke ihren Platz gefunden:

1. Unterer Flurgang: *O. Achenbach* „Konstantinsbogen"; *A. v. Werner* „Kriegsgefangen"; *Lenbach* „Bismarck-Bildnis"; *Georgi* „Pflügender Bauer" und *Haueisen* „Pfälzischer Bauernhof"; *Schreyer* „Courier impérial" und „Engagement de cavallerie"; *Ravenstein* „Schloß in Bregenz" und *Kallmorgen* „Niederleutsche Dorfstraße".

Flurgang im I. Obergeschoß: *Barlösius* „Wartburg"; *Mannfeld* „Dom in Speyer"; *Vogel* „Empfang der Refugiés durch den Großen Kurfürsten" und *Defregger* „Heimkehrender Tyroler Landsturm" (1809); *Kallmorgen* „Südamerika-Dampfer" und *Scarbina* „Königl. Schloß in Berlin"; *W. Schuch* „Seydlitz bei Roßbach" und „Zieten bei Katholisch-Hennersdorf"; *Kampf* „Einsegnung von Freiwilligen 1813"; *Bantzer* „Abendmahl in einer hessischen Dorfkirche"; *J. Scholz* „Freiwillige von 1813 vor Friedrich Wilhelm III. in Breslau."

Flurgang im II. Obergeschoß: *Mannfeld* „Frankfurt" und „Cöln"; *Stieler* „Goethe-Bildnis"; *Guido Reni* „Aurora"; *Rembrandt* die sog. „Scharwache" und *Franz Hals* „Festmahl der Offiziere des St. Adrians-Schützen"; *H. v. Volkmann* „Die Sonne erwacht" und „Wogendes Saatfeld"; *Böcklin* „Gang nach Emaus" und „Römische Villa vom Meer"; *Kampmann* „Mondaufgang" und *Biese* „Hünengrab"; *A. v. Werner* „Kaiserproklamation in Versailles"[61]).

Aus gesundheitlichen Gründen wird bei neueren Anlagen die Erbauung eines besonderen Gebäudes dem Unterbringen der Dienstwohnungen im Klassenhause vorgezogen. Das betreffende Wohnhaus wird mit einem eigenen Wirtschaftshof und Garten und einem besonderen Eingang von der Straße versehen. Eine bequeme Verbindung mit dem Schulhaus ist für den täglichen Verkehr sehr erwünscht und kann auch dadurch erzielt werden, daß das Wohnhaus einen Anbau des Klassenhauses bildet.

193. Dienstwohnungen.

Von der Wohnung des Schuldieners (Pedell, Kastellan oder Hauswart) sollen die Zugänge zu allen Gebäuden der Anstalt überblickt werden können.

Die Wohnung des Direktors soll wenigstens 4 Zimmer (zu je 25 qm), ein Vorzimmer, eine Küche, ein Mägdezimmer, ein Badegelaß, eine Speisekammer, einen besonderen Abort, Keller, Boden und Waschküche umfassen, während für den Schuldiener 2 bis 3 Zimmer mit zusammen 60 qm, eine Küche, eine Speisekammer, ein besonderer Abort, Keller, Bodenraum und Waschküche erfordert werden.

---

61) Nach: Frankfurter Ztg. 1902, Okt.

Die Wohnungen im Schulhause sollen auch ein gesundes und anständiges Familienleben, wie z. B. getrenntes Schlafen Erwachsener und Kinder beiderlei Geschlechtes, ermöglichen.

Ist die Lage von Wohnräumen unter Schulzimmern nicht zu vermeiden, so sorge man für ganz besonders gute Schalldichtung der Decke. Die Fußböden von ebenerdigen Wohnräumen sind mit Wärmedichtung zu versehen.

Bei größeren Anlagen wird man auch für die Beschaffung einer Heizerwohnung zu sorgen haben.

Fig. 163.

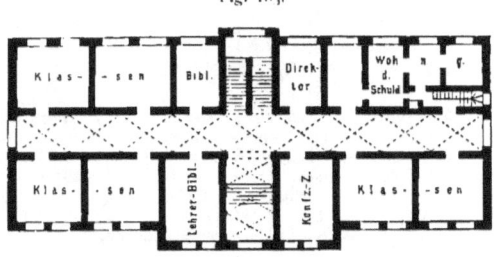

Gymnasium zu Mörs.
Erdgeschoß[56]).

Fig. 164.

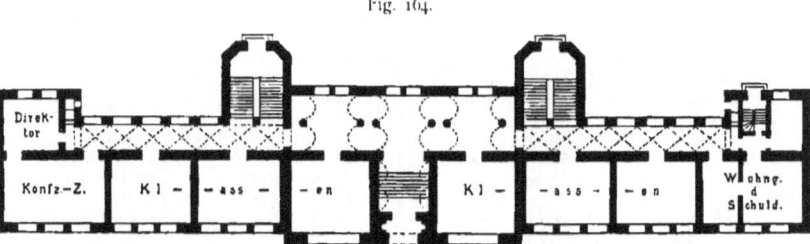

Gymnasium zu Erfurt.
Erdgeschoß[56]).

1:500

104. Bauart und Baukosten. Hinsichtlich der Bauart kann im allgemeinen auf das in Kap. 1 (unter f) Gesagte, im besonderen auf die nachfolgenden Erläuterungen zu ausgeführten Beispielen hingewiesen werden.

Wertvolles Material bieten die „Statistischen Nachweisungen der preußischen Staatsbauten", aus welchen 3 typische Beispiele mit zweibündiger, einbündiger und kombinierter Anordnung des Klassenhauses herausgegriffen werden sollen [55]).

105. Beispiel 1. Das Gymnasium zu Mörs (Fig. 163[56]) wurde 1894–96 für 300 Schüler erbaut.

α) Klassenhaus mit zweibündiger Anlage, Keller-, Erdgeschoß und Obergeschoß, enthaltend: 9 Klassenzimmer, 1 Reserveklasse, Zeichensaal, Physiksaal mit physikalischem Laboratorium

---

[55]) Statistische Nachweisungen betreffend die in den Jahren 1871 bis 1897 unter Mitwirkung der Staatsbaubeamten vollendeten Hochbauten. Berlin.
[56]) Nach ebendas., S. 22.

und Apparatenraum, 1 Sammlungszimmer, Aula, Schüler- und Lehrerbibliothekzimmer, Beratungszimmer, Direktorzimmer, Schuldienerwohnung und einer Treppe. Ziegelrohbau mit Architekturteilen aus Sandstein, hohes deutsches Schieferdach; Keller, Flure und Treppe gewölbt, sonst Balkendecken und die Aula mit sichtbarer Holzdecke. Trachytstufen auf Wangenmauern; in den Fluren Mettlacher Fliesen, in den Klassenzimmern und der Aula Buchenböden.

Überbaute Fläche 776,30 qm; umbauter Rauminhalt 9036,60 cbm; Baukosten 123 395 Mark, d. i. für 1 qm 159,00 Mark, für 1 cbm 12,40 Mark und für 1 Schüler 411,30 Mark. Hierbei betragen die Kosten für die Lüftungsmantelöfen 4385 Mark oder 129,00 Mark für je 100 cbm Rauminhalt. Kosten der inneren Einrichtung 11 406,00 Mark.

β) Abortgebäude mit 12 Sitzen; Baukosten 6083 Mark oder für 1 qm 106,70 Mark, für 1 cbm 18,70 Mark, für 1 Sitz 507,00 Mark.

γ) Nebenanlagen: Umwehrungen, Pflasterungen, Bäume u. s. w. mit zusammen 13 712 Mark. Gesamtkosten, einschl. Einrichtung, 154 596 Mark.

Das Gymnasium zu Erfurt (Fig. 164⁵⁰) wurde 1894—96 für 565 Schüler ausgeführt.

196. Beispiel II.

a) Klassenhaus mit einbündiger Anlage, Keller-, Erd- und 2 Obergeschosse, enthaltend: 16 Klassenzimmer, 1 Zeichensaal, 1 Physikklasse mit Apparatenraum, 1 naturhistorische Sammlung, Aula, 1 Schüler- und 2 Lehrerbibliotheken, Konferenzzimmer, Direktorzimmer, Schuldienerwohnung und 2 Treppen. Deutsche Renaissanceformen; Ziegelrohbau mit Verblendsteinen und Sandstein für einzelne Architekturteile; hohes deutsches Schieferdach; Keller, Flurgänge und Treppenhäuser gewölbt, sonst Balkendecken; Aula mit sichtbarer Holzdecke. Stufen aus Granit auf eisernen Trägern. In den Flurgängen Tonfliesen, sonst eichene und buchene Stabfußböden.

Überbaute Fläche 951,00 qm, umbauter Rauminhalt 17 912,50 cbm; Baukosten 312 386 Mark, d. i. für 1 qm 328,50 Mark, für 1 cbm 17,40 Mark und für 1 Schüler 552,00 Mark. Die Kosten der Luftheizung betrugen hierbei 11 287 Mark oder 339,50 Mark für je 100 cbm Rauminhalt; eiserne Regulierfüllöfen kosteten 5070 Mark oder 103,00 Mark für je 100 cbm und die Kachelöfen 324,00 Mark oder 148,00 Mark für je 100 cbm. Kosten der inneren Einrichtung 29 338 Mark.

β) Direktorwohnhaus mit Keller-, Erd- und Obergeschoß, enthält 7 Stuben, 2 Kammern, Küche, Mägdekammer, Speisekammer, Waschküche, Keller, 2 Aborte, 1 Treppe, 1 Veranda. Ausführung wie beim Klassenhaus, mit Ausnahme der Treppe, welche unterwölbte Stufen mit Eichenholzbelag erhielt.

Überbaute Fläche 193,80 qm, umbauter Raum 2087,20 cbm; Baukosten 33 354 Mark, d. i. für 1 qm 172,10 Mark und für 1 cbm 15,00 Mark.

γ) Turnhalle für 80 Turner mit Vorraum, Gerätekammer und Turnlehrerzimmer; äußere Ausführung wie bei den anderen Gebäuden; im Turnsaal sichtbare Holzdecke, eichener Stabfußboden, in der Vorhalle Tonfliesen, in den Nebenräumen Kiefernholzböden. Überbaute Fläche 333,40 qm, umbauter Raum 2381,70 cbm; Baukosten 26 720 Mark, d. i. für 1 qm 80,10 Mark, 1 cbm 11,20 Mark und für 1 Turner 334,00 Mark; hierbei kosten die eisernen Regulierfüllöfen 523,60 Mark oder 34,70 Mark für je 100 cbm Rauminhalt. Die innere Einrichtung der Turnhalle kostete 3297 Mark und die Einrichtung des Turnplatzes 952 Mark.

δ) Abortgebäude mit 20 Sitzen und 12 Pißständen. Ziegelrohbau mit Verblendsteinen und Holzzementdach. Gewölbter Tonnenraum, sonst sichtbare Dachverbindung; im Abort Zementestrich, im Pissoirraum Asphalt. Überbaut 117,40 qm, umbaut 754,00 cbm; Baukosten 14 827 Mark oder für 1 qm 126,30 Mark, für 1 cbm 19,70 Mark und für 1 Sitz 741,40 Mark.

ε) Nebenanlagen: Umwehrungen, Regelung und Befestigung des Grundstückes, Entwässerungsanlage u. a. zusammen 67 251 Mark.

Gesamtkosten einschl. innerer Einrichtung 488 125 Mark.

Das Friedrich-Gymnasium zu Breslau (Fig. 165⁵⁰) wurde 1893—96 für 770 Schüler errichtet.

197. Beispiel III.

a) Klassenhaus mit kombinierter ein- und zweibündiger Anlage mit Keller-, Erd- und 2 Obergeschossen, enthaltend: 10 Klassenzimmer, 3 Reserveklassen, 3 Vorschulklassen und 1 Klasse für seminaristische Übungen, 1 kombinierte Klasse, Zeichensaal, Physiksaal mit Vorbereitungsraum und Apparatenzimmer, eine naturwissenschaftliche Sammlung, 2 Lehrmittelsammlungsräume, Gesangsaal, Aula, 1 großen Bibliotheksaal, Konferenzzimmer, Direktorzimmer mit Warteraum, Schuldienerwohnung und 2 Treppen.

Gotische Formen; Ziegelrohbau mit Verblend-, Form- und Glasursteinen; gemustertes Ziegelkronendach. Decken wie beim vorgenannten Gebäude; Granitstufen auf Unterwölbungen.

Überbaute Fläche 1213,60 qm, umbauter Raum 22 107,70 cbm; Baukosten 300 630,00 Mark, d. i. für 1 qm 247,70 Mark, für 1 cbm 13,60 Mark und für 1 Schüler 390,10 Mark. Kosten der Feuerluftheizung 8350 Mark oder 120,10 Mark für je 100 cbm Rauminhalt; Kosten der Mantelöfen 10 800 Mark oder 182,00 Mark für je 100 cbm und der Kachelöfen mit 293 Mark oder 87,00 Mark für je 100 cbm Rauminhalt. Kosten der inneren Einrichtung 33 320 Mark.

β) Direktorwohnhaus mit Keller-, Erd- und Dachgeschoß, enthält 7 Stuben, Küche, Mägdezimmer, Speisekammer, Bad, Waschküche, Keller, 2 Aborte, 1 Treppe und 1 Veranda.

Ausführung wie beim Klassenhaus. Überbaute Fläche 255,60 qm, davon 139,40 qm unterkellert; umbauter Rauminhalt 2163,50 cbm. Baukosten 27 730 Mark, d. i. für 1 qm 108,50 Mark und für 1 cbm 12,60 Mark.

Fig. 165.

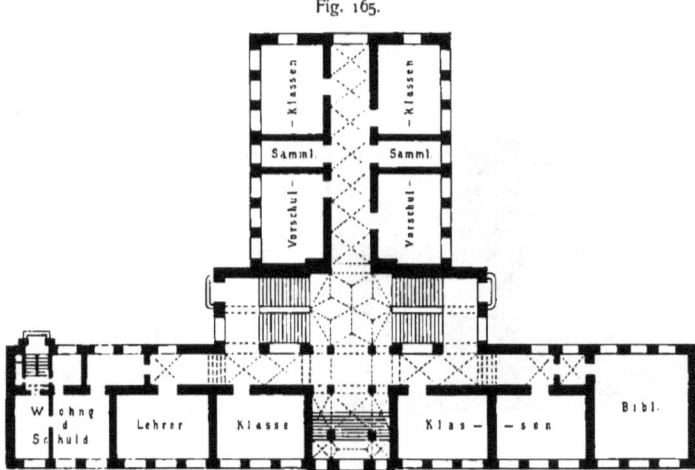

Gymnasium zu Breslau.
Erdgeschoß*). — 1/500 w. Gr.

γ) Turnhalle für 100 Turner mit Vorraum, Geräteraum und Turnlehrerzimmer; außen wie bei α und β; Holzzementdach. Überbaut 441,30 qm und umbaut 4289,50 cbm; Baukosten 28 570 Mark, d. i. für 1 qm 64,70 Mark, für 1 cbm 6,70 Mark und für 1 Turner 285,70 Mark; Kosten der eisernen Mantelöfen 1487 Mark oder 50,90 Mark für je 100 cbm Rauminhalt. Kosten der inneren Einrichtung 3030 Mark und jene des Turnplatzes 850 Mark.

δ) Abortgebäude mit 20 Sitzen und 22 Pißständen. Ausführung wie bei γ. Überbaut 103,20 qm und umbaut 544,40 cbm; Baukosten 8730 Mark, d. i. 84,60 Mark für 1 qm und 16,00 Mark für 1 cbm oder 436,50 Mark für 1 Sitz.

ε) Nebenanlagen: Umwehrung, Einebnung, Pflasterung, Gartenanlagen, Ent- und Bewässerung, sowie Beleuchtung der Höfe zusammen 38 060 Mark.

Gesamtkosten einschl. Einrichtung 440 920 Mark.

c) Beispiele.

198. Umfang.

Im nachstehenden werden 15 Beispiele von in den letzten Jahren ausgeführten Gymnasien und Reallehranstalten vorgeführt, wobei 10 Beispiele symmetrische und 5 Beispiele unsymmetrische Grundrisse des Klassenhauses aufweisen.

Diese Beispiele umfassen 6 Gymnasien, 6 Realschulen, 1 Realgymnasium und 3 vereinte Anstalten von Gymnasium und Realschule.

10 Beispiele stammen aus Städten des Deutschen Reiches, 3 Beispiele aus Österreich und je eines aus der Schweiz und aus Schweden.

Unter Hinweis auf die im vorhergehenden mitgeteilten allgemeinen Angaben werden den nachfolgenden Beifpielen nur einige Erläuterungen im einzelnen beigegeben. Die Abbildungen befchränken fich bei jedem Beifpiel auf je einen Grundriß und eine Anficht.

1) Symmetrifche Anordnungen.

Das Königliche Gymnafium zu Stade (Fig. 166 u. 167[57]) wurde 1901 vollendet; der Entwurf ftammt aus dem Minifterium der öffentlichen Arbeiten.

199. Gymnafium zu Stade.

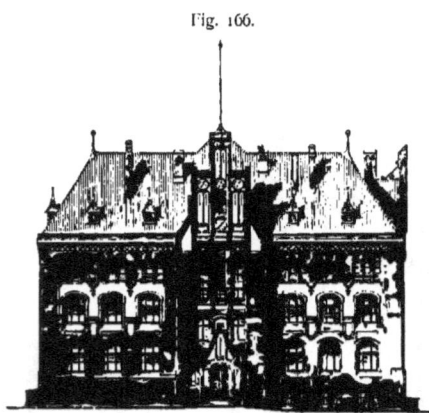

Fig. 166.

Anficht.

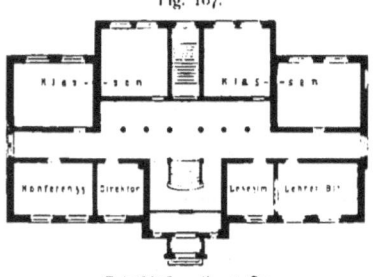

Fig. 167.

Erdgefchoß. — 1/600 w. Gr.
Königl. Gymnafium zu Stade[57]).

Das Klaffenhaus ift für 396 Schüler beftimmt und enthält 10 allgemeine Lehrzimmer, 1 Lehrfaal für Phyfik, 1 Zeichenfaal, 1 Aula, 1 Lehrer- und 1 Direktorzimmer, 1 Lehrer- und 1 Schülerbibliothek, 1 Kartenzimmer und je 1 Sammlungszimmer für Naturalien und für phyfikalifche Apparate. Im Kellergefchoß befinden fich die Schuldienerwohnung und der Heizkeffel der Niederdruck-Dampfheizung.

Der Bauplatz an der Bahnhofftraße beim Hohen Tor liegt frei und mißt rund 3100 qm.

Vor dem Klaffenhaus ift der Turn- und Spielplatz gelegen, und an der nördlichen Grenze das Abortgebäude, während die geplante Turnhalle noch nicht aufgeführt wurde.

Die Flurgänge find mit Kreuzgewölben auf Sandfteinfäulen, die übrigen Räume mit Balkendecken mit Einfchub überdeckt; die Aula erhielt eine fichtbare Holzdecke.

Als Fußbodenbelag dient in den Flurgängen Linoleum auf Beton, in den Klaffen Riemenfußboden und in der Aula Stabfußboden.

Die Stufen beftehen aus Granit; die Wände der Flure und Schulzimmer erhielten ein 1,60 m hohes Ölfarbenpaneel.

In den Schulzimmern find Doppelfenfter mit oberen Kippflügeln angeordnet. Die Aulafenfter find aus Eifen mit Kathedralverglafung in Bleifaffung hergeftellt.

Als Kleiderablagen werden die Flurgänge benutzt.

Jedes Schulzimmer enthält, außer dem zwei- und dreifitzigen Geftühl mit, verfchiebbaren Tifchplatten, ein Katheder auf einem Podium, 1 Klaffenfchrank, 1 Papierkaften 1 umzuhängende Holztafel mit fchwarzem Anftrich mit darunter befindlichem Brett, eine vor der Kathederwand angebrachte Eifenftange zum Aufhängen von Anfchauungsbildern, einen Ständer zum Aufhängen der Landkarten und in der Wand ein Thermometer mit Schaurohr zum Beobachten der Temperatur vom Flurgang aus.

---

[57]) Nach freundlichen Mitteilungen des kgl. Kreisbauinfpektors Herrn *Erdmann* in Stade, der mit der Oberleitung des Baues betraut war.

Zur künstlichen Beleuchtung dient Gasglühlicht. Die Architektur zeigt Verblendbau mit Putzflächen und gotische Backsteinformen.
Das Gebäude erhält einen Haupteingang mit Vorhalle an der Vorderfront und einen Nebeneingang an der Rückfront. Der mittlere Flurgang ist in der Mitte zu einer Wandelbahn verbreitert.

Fig. 168.

Ansicht.

Fig. 169.

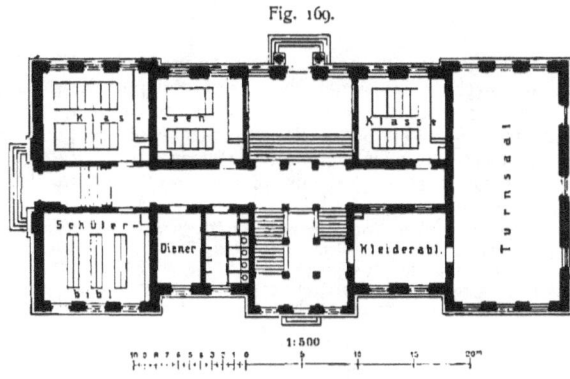

1:500

Erdgeschoß.

Obergymnasium zu Kremsmünster[54]).
Arch.: *Krackowizer.*

[54]) Nach: Allg. Bauz. 1891, S. 86.

Die Länge der Klaſſenzimmer ſchwankt zwiſchen 6,18 und 7,54 m und die Breite zwiſchen 4,00 und 6,00 m; die lichte Höhe beträgt 4,00 m.

Das maſſive Abortgebäude enthält 10 Sitzräume und 14 Pißſtände.

Die Baukoſten beliefen ſich für das Klaſſenhaus ſamt der künſtlichen Sandgründung auf 144 300 Mark, für das Abortgebäude 4700 Mark, für die Umwehrung 7900 Mark, für Geländeregelung, Bepflanzung u. a. 5600 Mark; die innere Ausſtattung koſtete 17 500 Mark.

Die Geſamtbau- und Einrichtungskoſten betrugen 180 000 Mark.

Das **Obergymnaſium zu Kremsmünſter** (Fig. 168 u. 169 [58]) wurde 1890 nach den Plänen von *Krackowizer* ausgeführt.

200. Obergymnaſium zu Kremsmünſter.

Dieſes Gymnaſialgebäude ſteht mitten im parkähnlichen, großen Stiftsgarten, 15 m von der Sternwarte, dem ſog. mathematiſchen Turm, entfernt; es bietet für 680 Schüler Raum und enthält in drei Geſchoſſen 12 allgemeine Lehrzimmer, 1 Phyſikſaal mit Vorbereitungszimmer, 1 Zeichenſaal, 1 Direktionskanzlei mit Vorzimmer, 1 Konferenzzimmer, 1 Schülerbibliothek, 2 Gelaſſe für Lehrmittel, 1 Dienerzimmer und 1 Turnhalle mit Umkleideraum. Infolge der Nähe des Stiftsgebäudes konnte von der Anlage einer beſonderen Aula und einer Lehrerbibliothek Umgang genommen werden; auch waren größere Lehrmittelſammlungen unnötig, weil letztere im nebenſtehenden Sternwartengebäude untergebracht ſind.

Das Äußere iſt in einfachen Renaiſſanceformen als Putzbau ausgeführt.

Die überbaute Fläche beträgt 1048 qm und der umbaute Rauminhalt 18 340 cbm. Die Baukoſten, ausſchl. der inneren Einrichtung, beliefen ſich auf 198 000 Mark.

Das 1901—02 nach Plänen des ſtädtiſchen Bauamtes erbaute **König Wilhelm-Gymnaſium zu Magdeburg** liegt an der Ecke der Königgrätzer- und Falkenbergſtraße (Fig. 170 u. 171 [59]).

201. König Wilhelm-Gymnaſium zu Magdeburg

Vom Hauptgebäude durch die Hofeinfahrt getrennt liegt das Wohngebäude mit den Dienſtwohnungen des Direktors und des Kaſtellans, und an der nordweſtlichen Ecke des Schulhofes befindet ſich die Turnhalle.

Das Hauptgebäude enthält in vier Geſchoſſen 18 allgemeine Lehrzimmer, 1 Lehrſaal für Phyſik nebſt Vorbereitungsraum, 1 Zeichenſaal, 1 Geſangſaal, 1 größeren Sammlungsraum, je 1 Direktor-, Lehrer- und Konferenzzimmer, 1 Lehrer- und 1 Schülerbibliothek, 1 Lehrmittelzimmer, 1 Aula, über dem ſüdlichen Treppenhaus 1 aſtrophyſikaliſches Obſervatorium und im Sockelgeſchoß die Räume für die Niederdruck-Dampfheizungs- und Lüftungsanlage, 2 Räume zum Unterbringen von Fahrrädern und in einem Anbau die Schülerbedürfnisanſtalt mit 16 Sitzräumen, während 2 Lehreraborte ſich im I. Obergeſchoß befinden.

Das Gebäude hat 2 Eingänge und 2 gleichwertig ausgebildete Treppenhäuſer, um welche ſich die Klaſſen angliedern. Im Erdgeſchoß und im I. Obergeſchoß ſtellt ein ſchmaler Flurgang die Verbindung zwiſchen beiden Aufgängen her, während im II. Obergeſchoß die Aula die ganze Tiefe des Mittelbaues einnimmt. Die Haupttreppen führen nur bis zum II. Obergeſchoß; von da an ſind ſeitliche Nebentreppen vorhanden.

Der ſüdliche Treppenhausbau iſt über Dach höher geführt und zu einer aſtronomiſchen Station ausgebaut; er wurde mit einer Drehkuppel verſehen. In der Mitte des 5,00 m im Durchmeſſer haltenden Kuppelraumes fand ein Refraktor Aufſtellung, der auf einem vom Fußboden iſolierten Steinpfeiler ruht. Zu Beobachtungen im Freien dient eine vom Kuppelraum aus unmittelbar zugängliche geräumige Plattform. Unter dem Kuppelraum ſind einige Räume zur Unterbringung von Inſtrumenten angeordnet.

Die Klaſſenräume haben verſchiedene Abmeſſungen (6,00 × 7,50 m und 6,00 × 9,00 m) zur Aufnahme von je 26 bis 44 Schülern erhalten und ſind mit zweiſitzigem Geſtühl, jede Klaſſe mit drei verſchiedenen Größen, verſehen. Die Aula iſt würdig ausgeſtattet; in der Südwand iſt auf einer Empore eine Orgel eingebaut, während die Nordwand eine größere, durch herausnehmbare Rahmen geſchloſſene Öffnung zum Einbau einer Bühne erhalten hat. Die Aula hat 300 qm Bodenfläche und 9,00 m Höhe.

Die lichten Geſchoßhöhen betragen 4,20 m; die Decken ſind durchweg maſſiv zwiſchen Trägern ausgeführt, und um dieſelben möglichſt ſchalldämpfend zu geſtalten, ſind die Trägerauflager mittels Eiſenfilz iſoliert.

---

[59]) Nach freundlichen Mitteilungen des Herrn Stadtbauinſpektors *Berner* in Magdeburg

Als fugenlofer Fußboden ift in der einen Gebäudehälfte Sanitas, in der anderen Torgament verwendet worden.

Die Stufen find aus Terrazzo hergeftellt und die Treppenläufe mit *Monier*-Kreuzgewölben unterfpannt. Die Wände der Klaffenräume haben hellen Leimfarbenanftrich mit Linienverzierung

Fig. 170.

Anficht.

Fig. 171.

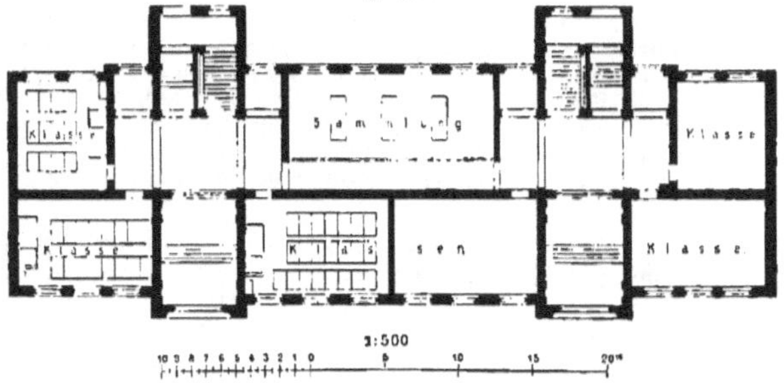

1:500

Erdgefchoß.

König Wilhelm-Gymnafium zu Magdeburg[50]).
Arch.: *Berner.*

und im unteren Teile Ölpaneele erhalten. Sämtliche Übergänge der Decken- und Fußbodenflächen in die Wandflächen find ausgerundet. Alle Fenfter haben untere Lüftungs- und obere Kippflügel und zur Abhaltung des Sonnenlichtes Vorhänge aus gelbem Köperftoff. Die Fenfter der

Aula haben teilweife Bleiverglafung erhalten; als Fußboden ift dort Eichenftab- auf Blindboden gewählt. Die kaffettierte Barockdecke ift ganz weiß mit mäßiger Vergoldung ausgeführt; die Wandflächen find zwifchen wappengekrönten Pilaftern mit rotem Juteftoff befpannt und mit vergoldeten Leiften umrahmt. Den unteren Teil nimmt ein 2,00 m hohes, olivengrau gehaltenes Holzpaneel ein. Über der Bühnenöffnung und den beiden feitlichen Eingängen dafelbft fchmücken in reich gefchnitzten Rahmen die Ölgemälde der drei Kaifer den ftattlichen Feftraum.

Die Aula hat elektrifche Beleuchtung; die übrigen Räume befitzen Gasglühlicht; das phyfikalifche Lehrzimmer ift mit elektrifcher Stromzuleitung verfehen.

Die Turnhalle umfaßt den Turnfaal, 2 Umkleideräume und 1 Gerätezimmer, über den Umkleideräumen eine Zufchauertribüne. Als Fußboden ift Afbeftgrus auf Betonunterlage gewählt, wodurch eine fugenlofe Fläche erzielt ift.

Das Wohnhaus hat gefonderte Zugänge zu den Wohnungen und ift dreigefchoffig. Der Kaftellan hat im Erdgefchoß 2 Stuben, 3 Kammern, Küche, Speifekammer und Abort, der Direktor in den beiden Obergefchoffen 4 Stuben, 5 Kammern, Küche, Speifekammer, Mädchenkammer, Badezimmer und 2 Aborte. Im Kellergefchoß befinden fich außer den Kohlen- und Vorratsräumen 2 Wafchküchen.

Die Gebäude find in Putzbau unter Verwendung von fächfifchem Sandftein zu Gefimfen, Sohlbänken und Fenftergewänden in den Formen der Münchener Barockbauten errichtet. Die Front zeigt zwifchen den großen Aulafenftern als bildnerifchen Schmuck die Büften von *Homer* und *Goethe*.

Die Größe des ganzen Grundftückes beträgt 3760 qm, wovon 870 qm überbaut find. Die Baukoften beliefen fich für das Schulhaus auf 310 000 Mark, für die innere Ausftattung desfelben auf 38 000 Mark, für die Turnhalle famt Ausftattung auf 35 500 Mark, für das Wohnhaus auf 46 000 Mark und für die Hofanlagen auf 27 000 Mark, fomit insgefamt auf 450 000 Mark.

202. Kantonfchule zu Aarau.

Die Kantonsfchule zu Aarau wurde nach dem Entwurfe *Mofer*'s 1896 vollendet und umfaßt ein Gymnafium und eine Gewerbefchule mit einer technifchen und kaufmännifchen Abteilung (Fig. 172 u. 173 [60]).

Das neue Schulhaus fteht in einer Flucht mit dem vom Staate erbauten Gewerbemufeum, welches eine Unterrichtsanftalt für Handwerk und Gewerbe enthält, inmitten einer Parkanlage, mit der gegen Süd-Südoft gekehrten Hauptfront 58 m von der Bahnhofftraße zurückgerückt. Die Gefamtgröße des Grundftückes beträgt 72 a, wovon 5 a auf einen botanifchen Garten und 2650 qm auf einen Spielplatz für die Schüler entfallen.

Das Gebäude enthält in einem Sockelgefchoß und drei Stockwerken: 12 verfchieden große, allgemeine Lehrzimmer für je 24 bis 30 Schüler, 1 Refervezimmer, Unterrichtsräume für Phyfik, beftehend aus einem Lehrfaal, einem Vorbereitungszimmer (Depofitorium), einem phyfikalifchen Sammlungsfaal und im Sockelgefchoß liegend ein Laboratorium für Phyfik und einen Mafchinenraum; die Unterrichtsräume für Chemie find in einem anderen Gebäude untergebracht; ferner je einen Zeichenfaal nebft Modellraum für Freihandzeichnen (Kunftzeichnen) und für geometrifches (technifches) Zeichnen; eine Aula mit 200 Sitzplätzen, Räume für naturgefchichtlichen Unterricht, aus einem Lehrfaal, einem Arbeitszimmer und 2 Sammlungsräumen beftehend, 1 kleines Arbeitszimmer für auswärtige Schüler, 1 kleines Mufikzimmer, 1 Rektoratszimmer, 1 Konferenzzimmer, 1 Amtszimmer und eine Wohnung des Pedellen. Außerdem befinden fich im Sockelgefchoß eine Werkftätte, Braufe- und Wannenbäder mit Ankleideraum, Keller- und Lagerräume, eine Haupttreppe und in jedem Gefchoß eine Abortgruppe mit 4 Sitzräumen, 4 Pißftänden und Vorraum.

Die Außenflächen des Gebäudes find mit Stein verkleidet und in einfacher, aber gefälliger Weife ausgebildet.

Abweichend von dem allgemein üblichen Syftem der Klaffenzimmer wurde jedem Lehrer fein eigenes Fachzimmer zugewiefen. Hierbei wurde die Anficht vertreten, daß das Anfehen des Lehrers beffer gewahrt werde, wenn er die Schüler gleichfam als feine Gäfte aufnehmen kann, ftatt in das Klaffenzimmer zu treten, welches von den Schülern als ihnen gehörig aufgefaßt wird. Auch vom gefundheitlichen Standpunkt, fowie aus Gründen der Disziplin und des bequemen Schulbetriebes wird das Fachzimmerfyftem empfohlen.

Die Aula mit 17,50 × 8,10 m Flächenmaß und 7,50 m größter Höhe wird auch als Gefangsfaal

[60]) Nach: Feftfchrift zur Eröffnung des neuen Kantonfchulgebäudes in Aarau. Aarau 1896.

Fig. 172.

Kantonsschule zu Aarau [60]).
Arch.: *Moser*.

verwendet, während einzelne Schüler und Schülergruppen in einem gegenüberliegenden kleinen Zimmer Mufikunterricht erhalten.

Die Zeichenfäle haben eine Bodenfläche von je 81 qm, und die 30 qm meffenden Modellräume find nur durch eine Holzwand abgetrennt.

Die Lehrfäle für Phyfik und Naturgefchichte haben je 80 qm Flächenmaß und Licht von zwei, bezw. drei Seiten. Ein Schulzimmer hat 64 qm, fieben haben 52 und fünf 33 qm Bodenfläche.

Rektor- und Konferenzzimmer mit je 35 qm Bodenfläche liegen zu beiden Seiten des geräumigen Veftibüls. Die Bibliothek wurde in einem nach Norden liegenden Giebelraum gut untergebracht. Für die Sammelheizung erhielt Niederdruckdampf den Vorzug vor Warmwaffer. Sämtliche Räume werden elektrifch beleuchtet.

Da die Lehrzimmer eine wechfelnde Bevölkerung aufnehmen müffen, wurde die Geftühlfrage dahin gelöft, daß zur Hälfte *Schenk*'fches (Simplex) und zur Hälfte *Lickroth*'fches Geftühl Aufftellung fanden.

Die fchiefernen Wandtafeln (1,20 m hoch und 1,50 m lang) ruhen nicht auf Geftellen, fondern find mit der Wand feft verbunden. In den 3 Lehrzimmern für mathematifchen Unterricht find 2 große, hintereinander in Rahmen verfchiebbare Holztafeln angebracht. Zum Aufhängen von Karten und Bildern dienen eiferne Stative mit nach oben verfchiebbarem Querftab als Träger.

Fig. 173.

Erdgefchoß. - Grundriß zu Fig. 172⁵⁰).
¹/₆₀₀ w. Gr.

Auf die Einrichtung der phyfikalifchen Abteilung wurde große Sorgfalt verwendet. Sie verfügt über 5 Räume, wovon 3 im Erdgefchoß und 2 im Kellergefchoß liegen.

Der Lehrfaal, das Depofitorium und der Sammlungsfaal ftehen durch fchwellenlofe Türen in Verbindung, fo daß mit einem fahrbaren Tifchchen die Apparate bequem befördert werden können. Vom Depofitorium führt eine Treppe in den gleich großen Raum im Kellergefchoß, wo ein zweipferdiger Zweiphafen-Wechfelftrommotor, eine kleine Nebenfchluß-Dynamomafchine und eine Akkumulatorenbatterie Aufftellung fanden. Unter dem Lehrfaal liegt in gleicher Ausdehnung wie diefer das phyfikalifche Laboratorium für Schüler.

Für die Pflege des Handfertigkeitsunterrichtes dient eine Werkftätte mit 2 Drehbänken, 2 Hobelbänken, einer Fräfe, einer Werkbank u. a.

Sehr zweckmäßig find die Unterrichts- und Sammlungsräume für Naturgefchichte eingerichtet.

Für die Unterrichtsräume der Chemie foll ein befonderes Nebengebäude aufgeführt werden, welches ein Lehrzimmer, ein Apparatenzimmer, ein Laboratorium, einen Wage- und Mikrofkopierraum und einen Raum für Vorräte enthalten foll.

Die Gefamtbaukoften betrugen 350 000 Mark.

Das Prinz Heinrich-Gymnafium zu Berlin-Schöneberg wurde 1890 von *Schulze* entworfen und im Oktober 1893 fertiggeftellt (Fig. 174 u. 175⁶¹).

203. Prinz Heinrich-Gymnafium zu Berlin.

Die freie Lage des Grundftückes ermöglichte eine vortreffliche Anordnung der einzelnen Gebäude. Das Klaffenhaus hat die Hauptfront gegen Often nach dem mit alten Akazienbäumen bepflanzten Schulhof, feitlich vom Haupteingang ein Direktorwohnhaus, in der entfprechenden

---

⁶¹) Abgedruckt im Jahresbericht des genannten Gymnafiums über das Schuljahr 1893/94 – und in: Centralbl. d. Bauverw. 1893. S. 213.

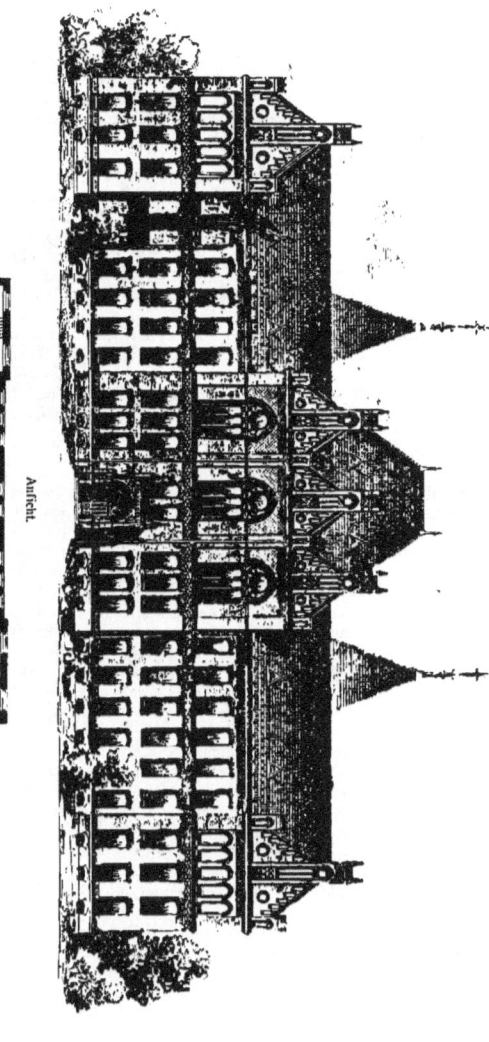

Fig. 175.
1/600 w. Gr.

Ansicht.

Erdgeschoß.

Arch.: Schulze.

Königl. Prinz Heinrich-Gymnasium zu Berlin-Schöneberg[61].

füdöftlichen Ecke eine Turnhalle. An den beiden feitlichen Eingängen des Klaffenhaufes, durch Vorhallen mit diefem verbunden, wurden die Abortgebäude errichtet. (Siehe Fig. 157 S. 147.)

Das Klaffenhaus ift für 950 Schüler berechnet, enthält 3 Vorfchulklaffen, 18 Gymnafialklaffen nebft einer Referveklaffe, eine Phyfikklaffe mit anftoßender phyfikalifcher Sammlung, einen Zeichenfaal mit Modellzimmer, eine Lehrer- und eine Schülerbibliothek, ein Direktorzimmer nebft Warteraum, ein Konferenzzimmer, eine Gefangsklaffe, je ein Zimmer für die naturwiffenfchaftliche Sammlung und für den gefchichtlich-geographifchen Lehrapparat, eine Aula und die Dienftwohnung für den Hauswart.

Der Zeichenfaal ift nach Norden und die Phyfikklaffe nach Süden gelegen. Die im II. Obergefchoß befindliche, mit 626 Sitzplätzen ausgeftattete Aula erhält ihr Licht von Often und Weften und ift von beiden Haupttreppen erreichbar. (Siehe Fig. 162 S. 155.)

Für alle Räume, mit Ausnahme der Hauswartwohnung und des Direktorzimmers, ift eine Sammelluftheizung mit 6 Heizkammern vorgefehen. Die Frifchluftzufuhr erfolgt aus 8 getrennten Luftkammern. Zur Abfaugung der verbrauchten Luft werden die Abluftkanäle im Dachboden in vier Sammelfchlote zufammengezogen, welche die dort aus Gußeifenrohren beftehenden Schornfteine der Heizung umgeben.

Die Außenfeiten aller Gebäude find in mittelalterlichen Formen aus Ziegeln mit mäßiger Verwendung von Glafur- und Formfteinen hergeftellt. Die Dächer find mit glafierten *Ludovici*-Falzziegeln gedeckt.

Die Flure, Gänge und Kellerräume find mit Ziegeln und die Treppenhäufer in rheinifchen Schwemmfteinen überwölbt; die Gänge des II. Obergefchoffes haben *Monier*-Gewölbe und die darunter gelegenen durchgehende Balkendecken erhalten.

Die Aula befitzt eine fichtbare Balkendecke mit geputzten und gemalten Feldern. Sämtliche Schul- und Amtsräume erhielten Balkendecken und Riemenfußböden aus *Yellow-pine*-Holz. Die Maßwerkfenfter der Aula find aus Eifen hergeftellt und befitzen farbige Kathedralverglafung.

Die Gefchoßhöhen des Klaffenhaufes betragen, zwifchen den Fußbodenoberkanten gemeffen, im Kellergefchoß 2,50 m und in den 3 übrigen Gefchoffen je 4,30 m. Die lichte Höhe der Aula ift 8,65 m. Die Breite der Flurgänge ift mit Rückficht auf das Unterbringen der Überkleider im Mittelbau auf 3,50 m und nach den Seiteneingängen zu auf 3,00 m bemeffen. Sämtliche Räume haben Gasbeleuchtung.

Für die Ausftattung der Klaffen ift 2- bis 4fitziges Geftühl nach den Normen der ftaatlichen und ftädtifchen Schulbauten Berlins verwendet worden. Außer dem auf der Plattform ftehenden Katheder ift ein zweiflügeliger Klaffenfchrank, ein Papierkaften, ein Thermometer, ein Schwammkaften, ein Spucknapf, eine Schultafel aus mattgefchliffenem Glas und ein nach Höhe und Breite verfchiebbarer Kartenftänder vorhanden. Die Wände haben ein dunkelgrün poliertes Zementftuckpaneel mit abfchließender Holzleifte, find graugrün angeftrichen und führen durch eine glattgeputzte Hohlkehle in die Decke über.

Das Wohnhaus des Direktors enthält im Kellergefchoß außer den zur Wohnung gehörigen Wirtfchaftsräumen eine Dienftwohnung für den Heizer des Klaffenhaufes, im Erdgefchoß die Wohnräume und im Obergefchoß die Schlaf- und Nebenräume des Direktors.

Die Turnhalle, mit Vorhalle, Geräte- und Lehrerraum und mit einer befonderen kleinen Abortanlage verfehen, erhielt kiefernen Riemenfußboden und eine fichtbare Holzdecke. Unterhalb der an den beiden Langfeiten angebrachten Fenfter wurden in der ringsumlaufenden Täfelung verfchließbare Schränke zur Aufbewahrung von Kleidern, Schuhen, Hanteln, Stäben und fonftigen kleinen Gerätfchaften untergebracht. Die Heizung erfolgt durch zwei eiferne Füllöfen. Die Halle ift 12,50 m breit, 25,00 m lang und 7,00 m hoch.

Die beiden Abortgebäude find an die ftädtifche Kanalifation angefchloffen und werden zur Verhinderung des Einfrierens der Rohrleitungen bei ftrenger Kälte durch je zwei Dauerbrandöfen erwärmt.

Die Baukoften waren folgende: Klaffenhaus, einfchl. der Bauleitungskoften, 411 500 Mark, Direktorwohnhaus 46 500 Mark, Turnhalle 30 500 Mark und beide Abortgebäude 21 000 Mark; im ganzen 585 000 Mark. Der Einheitspreis für 1 cbm umbauten Raumes beträgt beim Klaffenhaus 17,20 Mark, beim Direktorwohnhaus 18,10 Mark, bei der Turnhalle 10,90 Mark und bei den Abortgebäuden 21,20 Mark.

Die Franz Jofeph-Realfchule zu Wien, XX. Bezirk, wurde nach den Plänen des Hochbaudepartements des k. k. Minifteriums des Inneren erbaut und im September 1900 feiner Beftimmung übergeben (Fig. 176 u. 177 [62]).

204. Franz Jofeph-Realfchule zu Wien.

[61]) Nach dem Jahresbericht der k. k. Franz Jofeph-Realfchule in Wien XX. vom Schuljahre 1900 1901.

Fig. 176.

Ansicht.

Fig. 177.

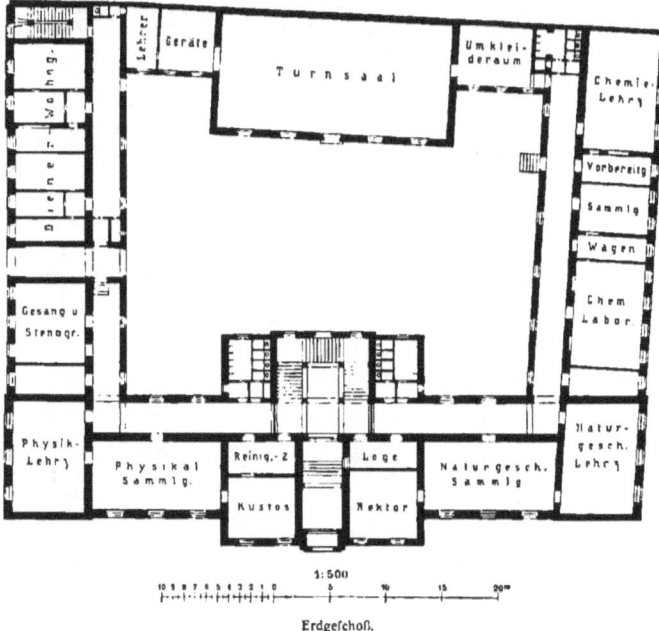

Erdgeschoß.

Franz Joseph-Realschule zu Wien[62]).

Das Schulgrundstück ist an drei Seiten von Straßen umgeben; die Hauptfront ist an der Unterbergergasse gelegen. Das Gebäude hat drei Geschosse und gliedert sich in einen Hauptbau und zwei Seitenflügel; an der vierten Seite zwischen den Enden der Seitenflügel liegt die ebenerdige Turnhalle samt Nebenräumen. Das Gebäude schließt einen 675 qm großen Schulhof ein, der als Spiel- und Erholungsplatz dient.

Das Schulhaus enthält: 11 allgemeine Lehrzimmer verschiedener Größe (7 Klassen und 4 Parallelklassen), 1 Lehrzimmer für Stenographie und Gesang, 1 Lehrzimmer für Religionsunterricht Andersgläubiger; 3 Zeichensäle, und zwar einen für Freihandzeichnen für die oberen Klassen mit 1 Kabinett, einen für Freihandzeichnen für die unteren Klassen mit 2 Kabinetten und einen für geometrisches Zeichnen mit 2 Kabinetten; 1 Exhorten- und Festsaal mit Altarnische, Empore und Sakristeiraum; die Lehrräume für Physik, und zwar einen Vortragssaal, einen großen Sammlungssaal, ein Arbeitszimmer für den Professor und ein Reinigungszimmer; die Lehrräume für Chemie, bestehend aus einem Lehrsaal, einem Vorbereitungszimmer, einem Laboratorium für die Schüler, einem Wagezimmer und einem Sammlungs- und Arbeitszimmer für den Professor; die Räume für den naturgeschichtlichen Unterricht, aus einem Lehrsaal, einem großen Sammlungsraum und einem Arbeitszimmer für den Professor bestehend; ein geographisches Kabinett, eine Lehrer- und eine Schülerbibliothek, eine Direktionskanzlei mit Vorzimmer für den Diener, ein Konferenzzimmer, ein Sprechzimmer und Archiv, ein Kabinett für die Schülerlade, ein Dienstzimmer für Schuldiener, eine Pförtnerloge, zwei Schuldienerwohnungen, die Wohnung des Direktors, einen Turnsaal mit Ankleideraum, Gerätekammer und Turnlehrerzimmer.

Im Kellergeschoß befinden sich Brennstofflager, Waschküche und für die Chemie eine Chemikalienniederlage und ein Destillierraum, letzterer durch eine Wendeltreppe mit dem Vorbereitungsraum verbunden. Am Dachboden ist ein photographisches Atelier mit Dunkelkammer und einer kleinen Plattform eingebaut.

Die 3 Lehrsäle für Physik, Chemie und Naturgeschichte sind mit ansteigenden Bankreihen versehen und elektrisch beleuchtet, während die übrigen Lehrzimmer indirekte Beleuchtung mit *Auer*-Brennern erhielten. Das Schülerlaboratorium hat 2 chemische Herde und 6 Arbeitstische für je 4 Schüler. Im Vorbereitungsraum befindet sich an der Lehrzimmerwand ein großer chemischer Herd. Die Sammlungsräume sind durchweg sehr reich besetzt.

Die Klassenzimmer haben 6,85 m Tiefe und 7,35 bis 11,70 m Länge. Der Exhortensaal ist 9,30 m breit und 17,70 m lang; die 3 Zeichensäle messen 7,15 × 14,80 m, 6,85 × 15,08 m und 6,65 × 16,76 m. Die Turnhalle hat 11,00 m Breite und 21,00 m Länge.

Neben der dreiläufigen Haupttreppe liegen zwei Abortgruppen mit entsprechenden Vorräumen. Die überbaute Fläche des dreigeschossigen Hauptgebäudes beträgt 1477 qm, jene des ebenerdigen Turnsaalbaues 376 qm; der gesamte umbaute Rauminhalt beläuft sich auf 28 140 cbm. Die Baukosten ohne innere Einrichtung beziffern sich mit 375 000 Mark.

205. Franz Joseph-Gymnasium zu Mährisch-Schönberg.

Das Kaiser Franz Joseph-Gymnasium zu Mährisch-Schönberg wurde nach den Plänen der *Brüder Drexler* 1897 fertiggestellt (Fig. 178 u. 179 [a3]).

Das Gebäude wurde an der Kaiserstraße errichtet, wobei die Mittelachse mit jener der Bahnhofstraße zusammenfällt. Es enthält 14 Lehrzimmer von je 65 qm Flächenmaß, jedes mit besonderer Kleiderablage, einen Zeichensaal mit technischem Lehrmittelgelaß, 4 Lehrmittelzimmer, je ein physikalisches und chemisches Laboratorium, eine Schülerbibliothek, einen Ausstellungsraum für Schülerarbeiten, einen Festsaal mit Versammlungszimmer, eine Direktionskanzlei, je ein Professoren-, Konferenz- und Lehrerbibliothekzimmer, eine Turnhalle von 200 qm Grundfläche mit besonderer Kleiderablage, Turnlehrerzimmer, Gerätekammer und Abortanlage und eine Schuldienerwohnung neben dem Haupteingang mit besonderem Zugang von außen.

Für die Heizung dient eine Dampfniederdruckanlage mit örtlichen Heizkörpern und Frischluftzufuhr. Die Lüftung erzeugt dreimaligen Luftwechsel in der Stunde. Für die künstliche Beleuchtung ist durch *Auer*-Gasglühlicht und für den Wasserbedarf durch Anschluß an die städtische Wasserleitung gesorgt. Als Aborte sind amerikanische Gesundheitsaborte verwendet. Die Flurgänge sind mit Mettlacher Schamotteplatten und die Lehrzimmer mit eichenen Stabfußböden versehen. Die Baukosten betrugen 250 000 Mark.

206. Städtische Realschule zu Kiel.

Die städtische Realschule an der Waitzstraße zu Kiel wurde nach Entwürfen des Stadtbauamtes unter der Bauleitung *Pauly*'s 1902 vollendet und räumlich für eine Vollanstalt (Realgymnasium oder Oberrealschule) eingerichtet (Fig. 180 u. 181 [64]).

[a3]) Nach freundlichen Mitteilungen der Architekten.
[64]) Nach freundlichen Mitteilungen des Herrn Stadtbauinspektors *Pauly* in Kiel.

Fig. 178.

Ansicht.

Fig. 179.

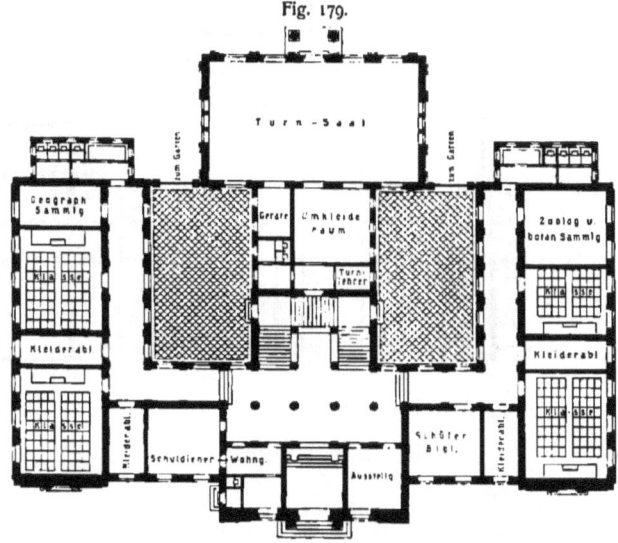

Erdgeschoß. — 1/600 w. Gr.
Franz Joseph-Gymnasium zu Mährisch-Schönberg[68]).
Arch.: Brüder Drexler.

Das Baugelände umfaßt 6180 qm und ist an drei Seiten von Straßen eingeschlossen. Die vom Hauptgebäude, der Turnhalle und dem Abortgebäude beanspruchte Fläche beträgt: 1450 + 267 + 72 = 1789 qm. Die nutzbare Hoffläche mißt 3800 qm, so daß für eine Gesamtschülerzahl von 1000 auf den Kopf 3,80 qm Hoffläche entfallen.

Fig. 180.

Ansicht.

Fig. 181.

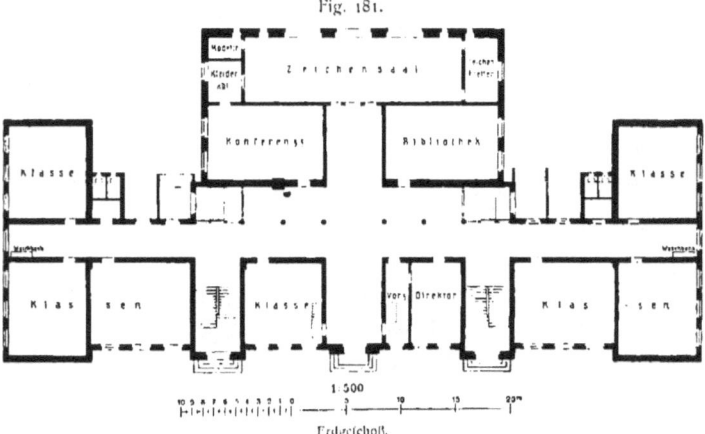

Erdgeschoß.

Realschule zu Kiel[64]).
Arch.: *Pauly*.

Das Hauptgebäude enthält in einem Sockel- und drei Obergeschossen: 21 Klassenzimmer von 7,00 bis 9,00 m Länge, 7,00 bis 7,50 m Breite und 4,25 m lichter Höhe für je 40 bis 45 Schüler; 1 Lehrsaal für Physik (75 qm) mit 2 Sammlungsräumen (je 24 qm); 1 Lehrsaal für Chemie (50 qm) mit Laboratorium (70 qm) und Dunkelkammer (9 qm); 1 Zeichensaal (117 qm) mit Modellkabinett und einem

Raum für die Reißbretter; je 1 Sammlungsraum für Erdkunde, Anthropologie, Zoologie, Botanik und Mathematik (je 24 qm); eine Aula (338 qm) mit Galerie (39 qm); ein 50 qm großes Reservezimmer für Schüler, die von einzelnen Unterrichtsstunden befreit sind; 2 Räume für Handfertigkeitsunterricht; eine Direktorkanzlei (34 qm) mit Vor- und Wartezimmer (17 qm); ein Konferenzzimmer (70 qm) mit kleinem Kleidergelaß; einen Bibliotheksaal (70 qm); ein Amtsdienerzimmer neben dem Haupteingang, ein Fahrradraum; 4 Lehreraborte; je eine Wohnung für den Schulwärter und Heizer.

Sämtliche Gebäude sind in Ziegelrohbau erbaut und durch Glasursteine und in Kaseinfarben gemalten Putzflächen belebt. Die Bedachung bilden schlesische Strangfalzziegel.

Im Inneren des Hauptgebäudes sind die Ecken und 30 cm hohen Sockel der Flurwände durch Backsteine verblendet. Die Flurgänge und Treppenruheplätze haben Tonfliesenbelag. Die Geschoßtreppen sind aus ornamentiertem Kunststein mit Eiseneinlage hergestellt; die Trittstufen sind mit Linoleumbelag versehen. Die Unterrichts- und Verwaltungsräume weisen Stabfußböden auf, diejenigen über den Sammelheizräumen beweglichen, sog. deutschen Stabfußboden. Die Decken über dem Kellergeschoß und in den Flurgängen sind zwischen Trägern gewölbt; sonst sind Balkendecken vorhanden. Die Aula wird durch eine Luftheizung, alle übrigen Räume durch eine mit der Lüftungsanlage vereinten Niederdruck-Dampfheizung erwärmt. Die Beleuchtung ist elektrisch, in den Klassen als Glühlicht-Deckenbeleuchtung, im Zeichensaal als indirekte Deckenbeleuchtung durch Bogenlampen (Reflexbeleuchtung); alle anderen Räume haben Glühlichtpendel.

Der Dachreiter, welcher einen Abluftschacht aufnimmt, hat einen besteigbaren Umgang für physikalische Versuche unter geringerem Luftdruck. Klingelanlage und Schuluhr werden elektrisch betrieben.

An den beiden Enden der als Kleiderablagen dienenden Flure befinden sich in allen Geschossen Wasch- und Trinkgelegenheiten; drei derselben sind auch an den Außenfronten. Alle Unterrichtsräume weisen Höhenmaßstab, Längenmaßstab und Windrose auf. Ein Ar ist auf dem Hofe kenntlich gemacht.

Der Fußboden der Turnhalle besteht aus schmalen *Pitchpine*-Dielen auf Balkenlagen, die auf Unterzügen ruhen. Die Wände sind bis zu 2 m Höhe verblendet, darüber geputzt. Die auf eisernen Trägern ruhenden sichtbaren Deckenbalken nehmen eine geputzte Gipsdielendecke auf. Zwei eiserne Schüttöfen sind mit Frischluftzuführung versehen.

Ansicht.

Fig. 182.

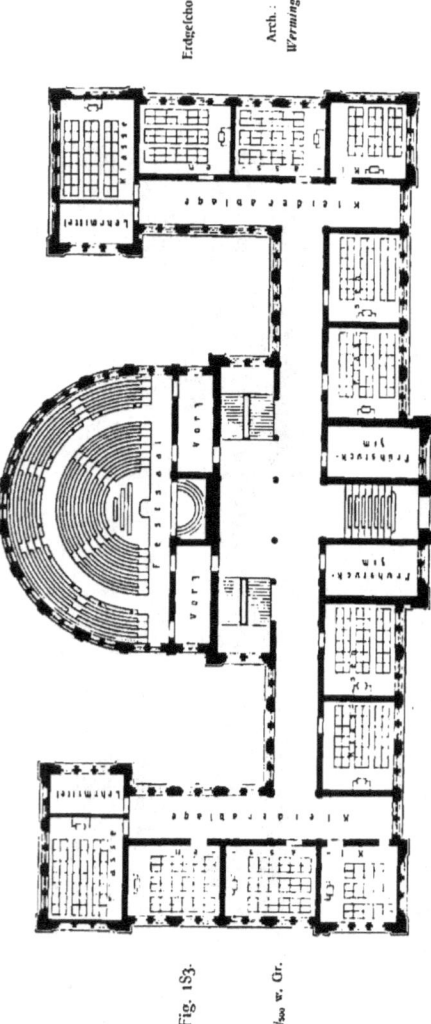

Fig. 183. ¹/₅₀₀ w. Gr.

Realschule zu Stockholm⁶³).

207.
Realschule
zu
Stockholm.

Ein etwa 270 qm großer Schulgarten auf dem Hofe dient dem botanischen und mineralogischen Unterricht.

Die Einfriedigung des Grundstückes erfolgte durch Eisengitter zwischen maffiven Pfeilern.

Die Baukosten betrugen 450 000 Mark und die Kosten der inneren Einrichtung 30 000 Mark.

Zu Stockholm wurden im Jahre 1891 zwei nach den Plänen von *Werming* erbaute höhere öffentliche Schulen vollendet, welche die gleiche Ausstattung und Einteilung aufweisen und von denen die im nördlichen Teil der Stadt gelegene eine Realschule und diejenige im südlichen eine Lateinschule ist. Die Realschule an der *Döbelnsgatan* wird in Fig. 182 u. 183⁶³) dargestellt.

Die Anlage umfaßt ein Hauptschulhaus, eine Turnhalle und ein Wohnhaus für den Direktor.

Die Gebäude haben allseits freie Lage, und es ist ein großer Spiel- und Turnplatz, sowie ein botanischer Garten vorhanden.

Das Schulhaus enthält 21 allgemeine Lehrzimmer, 2 Zeichensäle mit Lehrmittelräumen, einen Lehrsaal für Physik und Chemie samt Vorbereitungsraum, je 2 Sammlungssäle für Physik und Chemie und ein chemisches Schülerlaboratorium, für Naturgeschichte einen Lehrsaal, 2 Sammlungssäle und ein Arbeitskabinett, einen Gesangsaal, 4 Lehrmittelgelasse, ein Dienstzimmer samt Vorzimmer für den Direktor, einen Lehrersitzungssaal und Bibliotheken für Lehrer

⁶³) Nach dem Jahresbericht 1886: *Bihang Nr. 44 till Beredningsutskottets utlåtanden och memorial för år 1886*. Stockholm. — Siehe auch: WESTIN, O. E. Über neuere Schulbauten in Stockholm. Abgedruckt in: Zeitschr. f. Schulgesundheitspfl. 1890, S. 249.

und Schüler, einen großen Festsaal mit Galerien und Vorräumen, 2 Frühstückszimmer neben dem Eingang, 2 Dienerwohnungen und auf dem Dachboden 4 Slöjdsäle.

Die allgemeinen Lehrzimmer liegen im Erdgeschoß und I. Obergeschoß und haben durchschnittlich 8,00 × 6,40 m Flächenmaß, sowie 4,10 m lichte Höhe. In den unteren Klassen entfallen 1,22 qm und 5,00 cbm, in den oberen Klassen 1,42 qm und 5,83 cbm auf einen Schüler. Die unteren Klassen sind für 35 bis 40 und die oberen für 30 bis 35 Schüler bestimmt; somit beträgt die Gesamtschülerzahl 600 bis 700.

In den 2 Frühstückszimmern befinden sich je 4 Tische und je 35 Stühle; daselbst können sich die Knaben mit Hilfe eines Gasherdes mitgebrachte Schokolade, Milch u. s. w. selbst erwärmen.

Die Amtsräume für die Lehrerschaft liegen im I. Obergeschoß, während im II. Obergeschoß die Zeichensäle und alle Unterrichts- und Sammlungsräume für Naturgeschichte, Physik, Chemie und der Gesangsaal untergebracht sind. Das große Konferenzzimmer (115 qm) befindet sich im Mittelpunkt der Anlage, nämlich in der Mitte des I. Obergeschosses; der darüber befindliche Gesangsaal hat 8,45 m Höhe.

Der große Fest- und Betsaal (278 qm) bietet im Erdgeschoß Platz für 600 und auf den 132 qm messenden Galerien für weitere 300 Personen Platz, wobei für einen Sitzplatz 0,45 × 0,60 m gerechnet wurde.

Die 3,50 m breiten Flurgänge sind mit numerierten Kleiderhaken, Regenschirmständern und Überschuhfächern versehen.

Die Abortanlage befindet sich an der Nordseite unter dem Festsaal im Sockelgeschoß.

Die Turnhalle enthält außer den erforderlichen Kleiderablagen und Geräteräumen einen Turnsaal von 26,50 × 13,30 m Flächenmaß und 8,00 m Höhe.

Das Wohnhaus für den Direktor enthält 8 Wohnräume samt Nebenräumen.

Das Äußere der Gebäude ist als Ziegelrohbau ausgeführt.

Die Kosten des Schulgebäudes betrugen . . . 539 000 Mark.
jene der Turnhalle . . . . 58 300 „
jene des Direktorwohnhauses . . . . 45 100 „
somit Gesamtkosten 642 400 Mark.

208. Gymnasium und Realschule zu Bremerhaven.

Das neue Schulhaus zu Bremerhaven auf dem Dreieck zwischen der Grünenstraße, der Bismarckstraße und der Boyenstraße wurde nach den Plänen *Dieckmann*'s 1900 fertiggestellt und vereint unter einem Direktorat ein Vollgymnasium und eine Realschule mit Vorschule (Fig. 184 u. 185 [66]).

Abgesehen von den gemeinsamen Vorschulklassen sind die gemeinschaftlich zu benutzenden Räume so angeordnet, daß sie von beiden Anstalten ohne gegenseitige Störung benutzt werden können. Diese Forderung führte zu einer zweiseitigen Anlage des Gebäudes. Seine äußere Anordnung wurde durch die Gestalt des Platzes bedingt, die dazu zwang, den von Stadt zugekehrten spitzen Winkel mit dem Klassengebäude zu bebauen. Die Halbierungslinie dieses Winkels bildet die Hauptachse, um welche sich das Bauwerk gleichmäßig gruppiert. Zwei Eingänge, die durch offene Vorhallen hervorgehoben werden, führen in zwei durch Windfänge abgeschlossene Vorräume, die sich nach dem gemeinschaftlichen Vestibül und der gemeinsamen Haupttreppe öffnen. In die Grundrißspitze hinein erstreckt sich der Turnhallenflügel, dessen Anschluß an das Hauptgebäude durch zwei in den Ecken angeordnete Rundtürme verdeckt wird.

An Räumlichkeiten sind vorhanden: 6 Vorschulklassen für je 40 Schüler, je 9 Unterrichtsräume für die beiden Anstalten (3 davon als Reserve); 2 Zeichensäle; je ein Unterrichtsraum für Physik und Chemie mit den dazu gehörigen Sammlungs- und Laboratoriumsräumen; ein Singsaal, Lehrerzimmer mit Vorraum, Bibliothek und Sammlungszimmer, Direktionskanzlei mit Vorzimmer, Turnhalle für 60 gleichzeitig turnende Schüler, Aula und Schuldienerwohnung.

Die Verbindung der einzelnen Stockwerke untereinander erfolgt durch die doppelarmige Haupttreppe mit 3,00 und 2,00 m breiten Läufen. Die an der Hofseite angeordneten, vom Keller bis zum Dache führenden beiden Nebentreppen haben 1,50 m Laufbreite; vom I. Obergeschoß bis zum Dachboden führen zwei fernere Treppen von 1,10 m Laufbreite. Die Flurgänge sind durchweg 3,00 m breit angelegt worden.

Die allgemeinen Lehrzimmer haben 45,50 bis 51,60 qm Bodenfläche. Mit Ausnahme der Decke über dem II. Obergeschoß sind durchweg massive Decken zwischen Eisenträgern ausgeführt.

Der Fußboden in den Fluren und Vorhallen besteht aus Terrazzo; in den übrigen Räumen ist zur besseren Schalldämpfung und auch der größeren Wärme halber über der massiven Aus-

---

[66]) Nach freundlichen Mitteilungen des Architekten.

Fig. 184.

Ansicht.

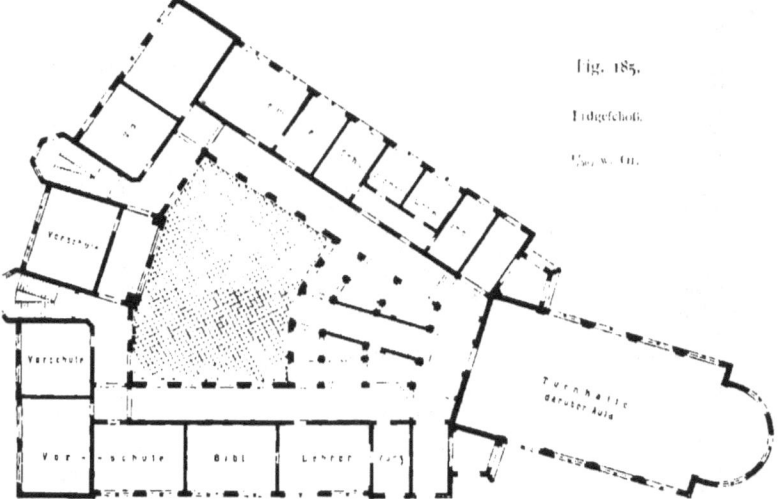

Fig. 185.

Erdgeschoß.

Gymnasium und Realschule zu Bremerhaven[66]).
Arch.: *Dieckmann*.

mauerung der Decke eine 16 cm ftarke Sandauffüllung, auf welcher ein 4 cm ftarkes Gipseftrich mit 5 mm ftarkem Linoleumbelag angebracht ift.

Die Fenfter haben eine Brüftung von 1,20 m Höhe und find bis dicht unter die Decke geführt; ihre Größe ift durchweg fo bemeffen, daß die lichtgebende Fläche $1/4$ bis $1/5$ der Bodenfläche des betreffenden Raumes ausmacht. Zu Lüftungszwecken find obere Kippflügel angeordnet. Zum Sonnenfchutz dienen Vorhänge aus grauem Drell.

Für die Beleuchtung der Treppenhäufer neben der Aula und des Gefangfaales mußte Decken- und Dachlicht zu Hilfe genommen werden, deffen Glasfläche aus Drahtglas, die innere aus mattiertem Glafe mit farbigen Einfaffungen hergeftellt wurde.

Die Treppen find aus Beton, die Haupttreppe in *Monier*-Konftruktion mit Eifeneinlage hergeftellt. Alle Stufen find zur Vermeidung der Glätte und der Abnutzung mit 14 mm ftarkem Steinholze belegt worden.

Vor der Turnhalle, fowie in jedem Flurgang find Trinkbrunnen mit Anfchluß an die Kanalifation und Wafferleitung angelegt.

Die Turnhalle hat 11,76 m Breite, 22,00 m Länge und 7,00 m Höhe; erweitert ift die Bodenfläche noch durch einen halbrunden 8,80 m breiten Ausbau, deffen Fußboden 0,40 m vertieft angelegt und mit einer Mifchung von Sand, Sägefpänen und Salz aufgefüllt ift, um als Sprungftand zu dienen. Im übrigen ift der Fußboden auf einer 12 cm ftarken Betonfchicht hergeftellt, mit 1 cm ftarker Afphaltfchicht überzogen und mit 5 mm ftarkem Linoleum belegt. Über der Turnhalle befindet fich die Aula mit 363 qm Bodenfläche und 9,50 m mittlerer Höhe. In halber Höhe ift eine geräumige Empore zur Aufnahme einer Orgel und des Sängerchors eingebaut. Der Fußboden ift Eichenparkett. Die Holzdecke zeigt die Dachkonftruktion und fchließt fich in ihrer Umrißlinie derfelben an.

Die Beleuchtung der Räume erfolgt mittels Gasglühlichtes, die Erwärmung durch eine Niederdruck-Dampfheizung.

Für die Architektur find die Formen des frühen Barock gewählt worden. Durch die Trennung des Aulabaues vom Hauptgebäude, die Höherführung der Treppenhäufer in Kuppeltürmen und die Ausbildung der Vorhallenüberbauten in den Anfchlußecken ift die Anlage lebendig gegliedert.

Das Abortgebäude mit 24 Sitzräumen ift an die entgegengefetzte Ecke des Platzes gerückt; für das Lehrperfonal und in Notfällen auch für Schüler ift im Hauptgebäude unter der Haupttreppe eine zweite Anlage gefchaffen worden. Hinter dem Abortgebäude liegt ein kleiner botanifcher Garten; der große Schulhof ift ummauert und mit Bäumen bepflanzt.

Der Bauplatz mißt 5113 qm; die überbaute Fläche des Schulhaufes umfaßt 1700 qm, der Spiel- und Turnplatz 3190 qm.

Die Bau- und Einrichtungskoften waren: für das Hauptgebäude 377 000 Mark, für die innere Einrichtung 25 000 Mark, für das Abortgebäude 9000 Mark, für Platzeinebnung, Einfriedigung und Anpflanzung 11 000 Mark; fomit zufammen 422 000 Mark.

2) Unfymmetrifche Anordnungen.

209. Realfchule zu Charlottenburg.

Das neue Realfchulgebäude in der Guericke-Straße zu Charlottenburg wurde nach Plänen des Stadtbauamtes 1900—02 erbaut (Fig. 186 u. 187[07]).

Die Bauftelle liegt zwifchen der Guerickeftraße und dem Charlottenburger Ufer mit einer durchfchnittlichen Breite von 29,00 m, einer Tiefe von 138,00 m und einem Flächenausmaß von 4082 qm.

Das Schulhaus befteht aus einem Vorderhaus, einem Seitenflügel und einem Quergebäude und bedeckt eine überbaute Fläche von 728 qm. In den 15 Klaffen find 756 Schüler untergebracht; ein Erweiterungsbau mit 6 Klaffen für 324 Schüler ift geplant. Auf dem nördlichen Teile des Grundftückes foll fpäter ein Direktorwohnhaus errichtet werden.

Folgende Räume find im Schulhaufe untergebracht: 9 Klaffen für je 48 und 6 Klaffen für je 54 Schüler, 1 Aula mit 200 qm, 1 Turnhalle mit 285 qm, 1 Raum für Handfertigkeitsunterricht mit 76 qm, 1 Gefangfaal mit 76 qm, 1 Zeichenfaal mit 110 qm, 1 gemeinfamer Hörfaal für Phyfik und Chemie mit 76 qm, je ein Nebenraum für Phyfik und Chemie, 1 Direktorzimmer und 1 Konferenzzimmer mit gemeinfamem Vorzimmer, 1 Bücherzimmer für Lehrer und eines für Schüler, 1 Kartenzimmer, 1 Schuldienerwohnung, aus Stube, Küche, Kammer und Wafchküche beftehend, 1 Stube für einen unverheirateten Heizer, Räume für die Warmwafferheizungs- und Lüftungsanlage, 18 Aborte und 20 m Piffoirwandlänge für die Schüler.

---

[97] Nach freundlichen Mitteilungen des Herrn Stadtbaurates *Bratring* in Charlottenburg.

Der Zugang zum Grundstück erfolgt durch die 3,00 m breite Durchfahrt von der Guericke-
straße aus. Zwischen dem Vorder- und Hintergebäude ist das Haupttreppenhaus mit Vorhalle gelegen. Die Turnhalle ist 6,00 m hoch und nimmt das ganze Erdgeschoß des Vordergebäudes ein.
Über der Turnhalle befindet sich in der Höhe des I. Obergeschosses die Aula, welche mit über 8 m
Höhe durch zwei Geschosse reicht. Neben der Aula liegt ein Raum für Handfertigkeitsunterricht
und ein Vorraum; diese beiden Räume haben nach der Aula hin große Türöffnungen, damit sie
bei besonderen Veranstaltungen in der Aula als Kleiderablage und Vorsaal benutzt werden können.
In ähnlicher Weise soll auch der im II. Obergeschoß befindliche Gesangsaal mit seinem Vorraum

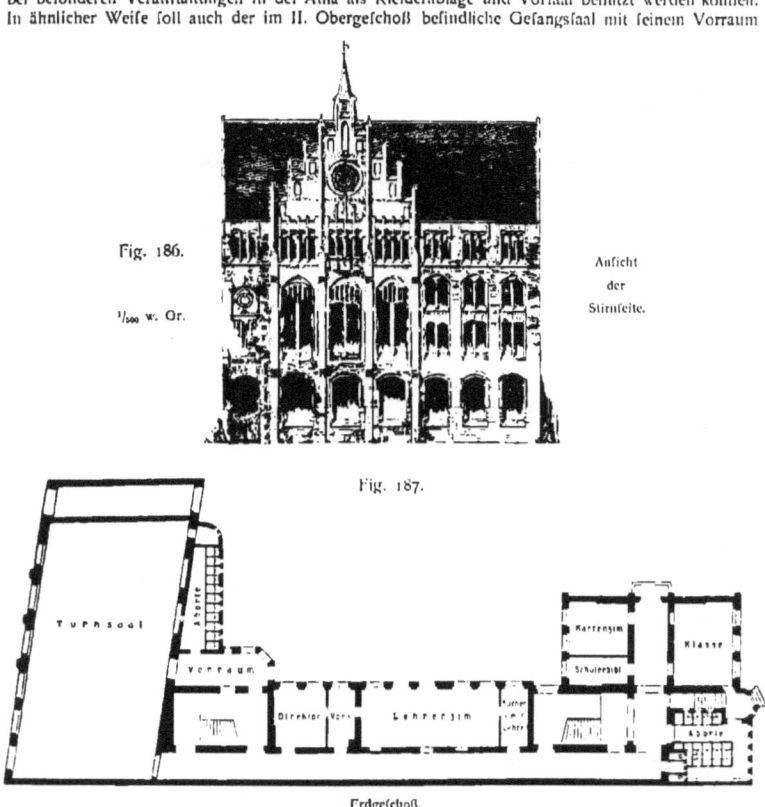

Fig. 186.

1/500 w. Gr.

Ansicht
der
Stirnseite.

Fig. 187.

Erdgeschoß.
Realschule in der Guericke-Straße zu Charlottenburg[67]).

durch große verschließbare Öffnungen mit der Aula in Verbindung gebracht werden, um nötigenfalls als Empore zur Aula hinzugezogen werden zu können.

Im obersten Geschoß des Vorderhauses sind die Räume für Physik und Chemie und der
Zeichensaal untergebracht. Im Seiten- und Querflügel liegen die allgemeinen Lehrzimmer und die
übrigen Schul- und Verwaltungsräume; daselbst befindet sich auch die zweite Treppe. Die Abortanlagen sind in zwei Teile geteilt, um für alle Schüler möglichst gleichmäßig gut erreichbar zu sein.

Diejenigen Räume, welche noch außerhalb der Schulstunden benutzt werden, wie Rektor- und
Lehrerzimmer, Turnhalle und Aula, erhalten außer der Warmwasserheizung auch Einzelöfen. Die
Schuldiener- und die Heizerwohnung haben ausschließlich Einzelöfen.

Fig. 188.

Ansicht.

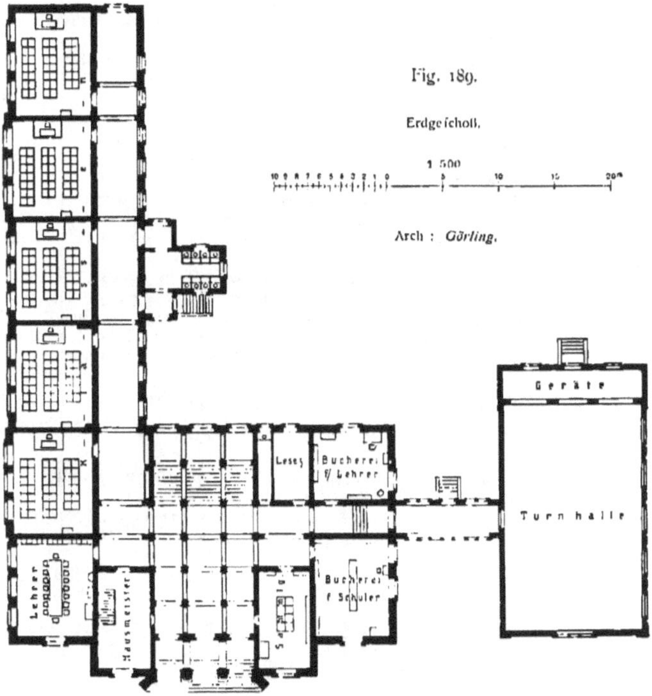

Fig. 189.

Erdgeschoß.

1 : 500

Arch.: *Görling.*

Realschule zu Bautzen [68]).

Das Äußere ist als Ziegelrohbau mit gotisierenden Formen ausgeführt.

Die Kostenermittelung für den Bau ohne innere Einrichtung ergibt 19 978 cbm umbauten Raumes zu 20 Mark oder rund 400 000 Mark, und der spätere Anbau dürfte rund 55 000 Mark kosten.

Die Realschule zu Bautzen wurde nach Plänen *Görling*'s erbaut und im September 1901 eröffnet (Fig. 188 u. 189 [68]).

210. Realschule zu Bautzen.

Das Schulhaus liegt hinter 10,00 m breiten Vorgärten und umfaßt ein Keller-, ein Erd- und zwei Obergeschosse. Für die Gestaltung des Grundplanes war die vorzugsweise Lage der Klassen nach der Ostseite bestimmend, wobei jedoch durch Verlegen des Haupteinganges, der Aula, sowie der Turnhalle mit Verbindungsgang auf die andere Straßenfront eine reichere architektonische Gliederung erzielt wurde.

Das Gebäude enthält Raum für 510 Schüler und umfaßt: 12 allgemeine Lehrzimmer mit 61 bis 66 qm, 1 Zeichensaal (121 qm) mit 2 Nebenräumen, 1 Unterrichtszimmer für Physik und Chemie mit 3 Vorbereitungszimmern, 1 Kombinationszimmer für Naturwissenschaft (107 qm) mit anschließendem Sammlungsraum, 3 Lehrmittelgelasse für Naturkunde, 2 Räume für Lehrer- und Schülerbücherei, 1 Amtszimmer für den Direktor mit Vorzimmer, 1 Beratungszimmer, 1 Lehrerzimmer, 1 Sprechzimmer für Lehrer, 1 Gesangsaal (76 qm), 1 Aula (214 qm), 1 Dienstwohnung des Hauswarts, der mit dem im Erdgeschoß an das Vestibül anstoßenden Dienstraum in bequemer Verbindung steht und 1 Karzer. In der Hauptachse des Mittelbaues führt eine offene Vorhalle zur geräumigen Wandelbahn.

Die Flurgänge sind massiv gewölbt; die übrigen Räume erhielten Balkendecken. Die Aborte sind nicht, wie sonst üblich, vom Gebäude getrennt, sondern unmittelbar in einem Anbau, der in jedem Stockwerk durch einen Vorraum erreichbar ist, untergebracht. Für Lehrer und Hauswart ist eine besondere Abortanlage vorhanden.

Die Aula hat eine sichtbare Holzdecke, deren Balkenfelder teils als Holzkassetten ausgebildet, teils geputzt und mit Malerei versehen sind. Die unteren Wandflächen sind mit einem 1,75 m hohen Holzpaneel verkleidet. Für die Beleuchtung sorgen 5 große Nordfenster mit Kathedralverglasung. Für die Abenderhellung sind 4 Kronen- und 4 Wandleuchter mit zusammen 60 Flammen vorgesehen. Eine Orgelumrahmung und Bekrönung der Ausgangstüren und auf Konsolen gestellte Büsten vervollständigen in würdiger Weise den Schmuck des Festsaales. (Siehe Fig. 161 S. 154.)

Die Schulräume sind mit zweisitzigem *Likroth*-Gestühl mit beweglichen Sitzen, Katheder, Schränken, doppelten Schiebetafeln mit festem Rahmen und Kartengehänge ausgestattet.

Das Lehrzimmer für Physik und Chemie, sowie die Kombinationsklasse haben ansteigende Sitzreihen. Zum Unterbringen der Überkleider und Schirme für die Schüler sind in den Flurgängen Kleiderhaken, sowie eiserne Schirmständer vorgesehen.

Die Erwärmung der Schul- und Verwaltungsräume erfolgt durch eine Niederdruck-Dampfheizung; das Direktorzimmer und die Schuldienerwohnung haben außerdem Kachelöfen erhalten. Die Beleuchtung aller Räume erfolgt durch Gasglühlicht; elektrischer Strom wird nur für Unterrichtszwecke benutzt.

Die Turnhalle hat 12,00 × 22,00 m Flächenmaß und 9,20 m lichte Höhe, teilweise sichtbare Dachkonstruktion mit Holzdecke. Die geputzten Wandflächen sind bis 1,50 m Höhe mit Holzlambris und Schränken zum Aufbewahren von Turnschuhen, Hanteln, Stäben etc. versehen.

Die Ausbildung der Fronten des Hauptgebäudes ist in den Formen deutscher Renaissance vorgenommen. Die Vorgärten und der teilweise als Turnplatz ausgebildete Schulhof bedecken 3498 qm.

Die gesamten Baukosten, einschl. Mobiliar, betrugen 375 000 Mark.

Das neue Realgymnasium zu Barmen wurde nach den Plänen des Hochbauamtes im Juli 1901 begonnen und 1903 seiner Bestimmung übergeben. (Fig. 190 u. 191 [69]).

211. Realgymnasium zu Barmen.

Das Gebäude liegt auf einem stark ansteigenden und sehr unregelmäßigen Grundstück an der Sedan- und Viktorstraße und hat einen L-förmigen Grundriß.

Der Haupteingang und eine Durchfahrt zum Schulhofe befinden sich an der Sedanstraße; ein weiterer Zugang zum Schulhof ist durch ein geschlossenes Treppenhaus an der Parlamentstraße, die 6,80 m tiefer als der Schulhof liegt, geschaffen.

Das Hauptgebäude hat eine überbaute Fläche von 1240 qm. Dasselbe ist zweiflügelig und enthält 18 allgemeine Lehrzimmer; die Lehrräume für Chemie, und zwar einen Lehrsaal, ein Vor-

---

[68]) Nach der von Direktor *D. R. Olbricht* verfaßten Festschrift zur Feier der Einweihung des Neubaues der Realschule zu Bautzen. Bautzen 1901.
[69]) Nach freundlichen Mitteilungen des Herrn Stadtbauinspektors *Freygang* in Barmen.

Arch : Frysang.

· REAL GYMNASIUM · BERGEN ·
· SKISSE FRAA DEN JEGENSTRESK ·

bereitungszimmer, ein Laboratorium und einen Abſtellraum; die Räume für Phyſik, und zwar einen
Lehrſaal, ein Vorbereitungszimmer, einen Apparatenraum und eine Dunkelkammer; eine Direktions-

Fig. 191.

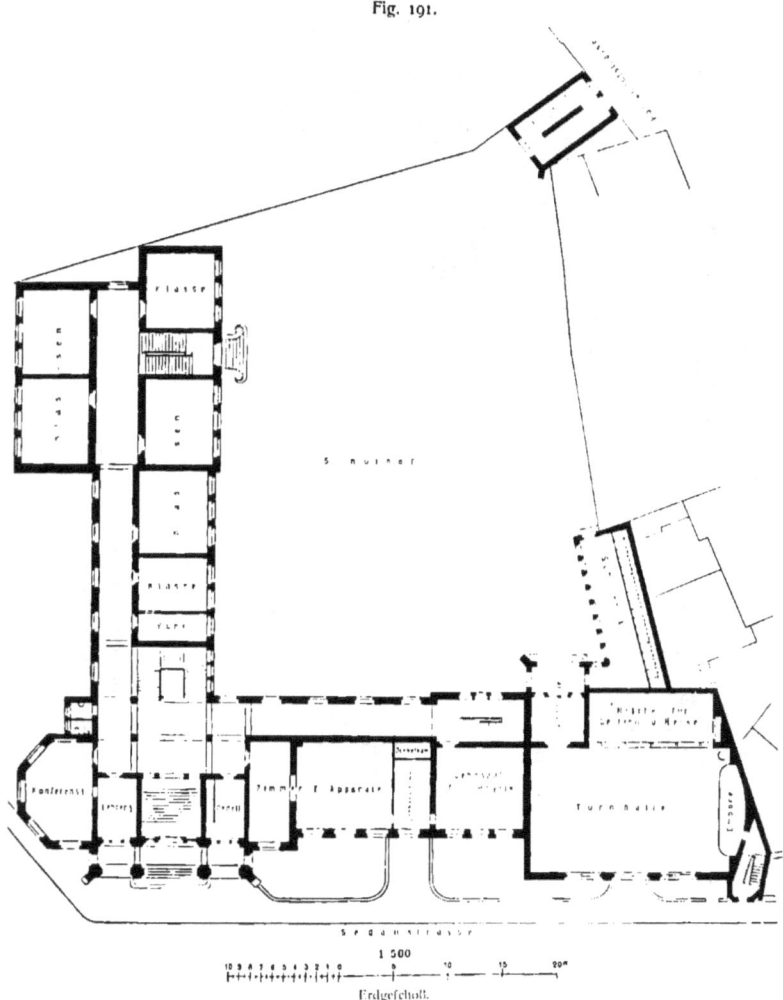

Realgymnaſium zu Barmen[69].

kanzlei mit Vorzimmer, ein Konferenzzimmer mit Kleidergelaß für die Lehrer, eine Bibliothek mit
Leſezimmer für die Lehrer und eine Schülerbibliothek, einen Lehrſaal für Naturbeſchreibung nebſt
Sammlungszimmer, ein Dienſtzimmer für den Schuldiener, einen Sammlungsſaal, einen Zeichenſaal

mit 2 Modellräumen, eine Aula mit Empore, einen Singfaal und eine kleine Sternwarte als turmartigen Aufbau; ferner eine Schuldienerwohnung mit 5 Räumen und im Kellergefchoß einen Akkumulatorenraum für Phyfik, die Niederdruck-Dampfheizungs- und Druckluftanlage. Eine Haupttreppe trennt den Straßenflügel vom rückwärtigen Flügel, von denen jeder wieder eine befondere Treppe befitzt.

Die Turnhalle ift an das Hauptgebäude angebaut, hat einen Umkleideraum, eine Empore und ift vom Schulhofe durch eine offene und überdeckte Vorhalle zu erreichen. Der Raum unter der Turnhalle wird für ein ftädtifches Bureau verwendet.

Die Bedürfnisanftalt für die Schüler ift an die Turnhalle angebaut und durch eine überdeckte Vorhalle mit dem Hauptgebäude und dem Schulhofe verbunden. Für die Lehrer find in den verfchiedenen Stockwerken Aborte angeordnet.

Der Schulhof hat 1550 qm Flächenmaß, und es münden vom Hauptgebäude drei Ausgänge nach demfelben. Nach der Viktorftraße ift eine Gartenanlage vorhanden.

Die Gefchoßhöhen aller Unterrichtsräume betragen von und bis Fußbodenoberkante 4,10 m. Die Decken find maffiv (*Koenen*'fche Voutenplatte zwifchen Trägern, 9 cm ftark mit 10 cm Betonauffüllung).

Alle Treppen find maffiv in Wolkenburger Trachyt ausgeführt. Die Flurgänge find 3,00, bezw. 4,00 m breit und erhielten Plattenbelag.

Die Fußböden der Schulräume beftehen aus eichenem Stabfußboden in Afphalt. Der Turnhallenfußboden zeigt auf einer doppelten Decke Linoleumbelag. Das Haupttreppenhaus und die Eingangshalle find mit *Rabitz*-Gewölben verfehen.

Die Aula mit 250 qm Bodenfläche ift nach Syftem *Rabitz* überwölbt; die Fenfter erhielten Bleiverglafung.

Über der Schiebetür nach dem Singfaal fand an der Wand ein Koloffalgemälde Platz. Die eingebaute Empore trägt die Orgel und bietet Plätze für Publikum.

Das ganze Gebäude wird elektrifch beleuchtet. Das Äußere der Gebäudegruppe trägt den Charakter eines Putzbaues mit teilweifer Verwendung von Pfälzer Sandftein. Als Stilrichtung ift die deutfche gotifierende Frührenaiffance gewählt worden. Der kräftige, rauh boffierte Sockel an der Straße ift aus Ruhrkohlenfandftein und die Haupteingangstreppe aus Bafaltlava.

Die Hoffronten und die Front gegen die Viktorftraße haben einen kleinen Sockel aus Ruhrkohlenfandftein und darüber bis zum Erdgefchoßfußboden eine rote Ziegelverblendung. Die Dächer find mit braunglafierten *Ludovici*-Falzziegeln eingedeckt; Dachreiter und Turmhelme find mit Schiefer bekleidet. Die Abortanlage hat ein Holzcementdach.

Die Gefamtkoften find folgende: Hauptgebäude 422 500 Mark, d. i. 16,10 Mark für 1 cbm umbauten Raumes; Turnhalle 56 400 Mark; Abortanlage 11 900 Mark; Treppenaufgang 7300 Mark; Hofanlage und Einfriedigung 45 550 Mark; Mobiliar 40 000 Mark und Insgemein 11 500 Mark; fomit Gefamtfumme 595 150 Mark.

212. Auguftinerfchule zu Friedberg.

Die Auguftinerfchule (Gymnafium und Realfchule) zu Friedberg wurde 1901—02 nach dem Entwurfe von *Thyriot* ausgeführt (Fig. 192 u. 193 [70]).

Das Schulhaus ift für 730 Schüler beftimmt und enthält 4 Vorfchulklaffen zu je 25 Schülern 9 Gymnafialklaffen zu je 25 Schülern und 9 Realklaffen (darunter 3 Refervezimmer für Parallelklaffen) zu je 45 Schülern. Die räumliche Trennung der Gymnafial- und Realklaffen war nicht gefordert. Ferner find vorhanden: 1 Zeichenfaal, 1 Gefangsfaal, 1 Lehrfaal für Phyfik und Chemie nebft Vorbereitungs- und zwei Sammlungszimmern, 1 Zimmer für die Altertumsfammlung, 1 Direktorzimmer mit Vorzimmer, 1 Beratungs- und Lehrerzimmer, 1 Bibliothek, 1 Sammlungsraum für befchreibende Naturwiffenfchaften und 1 Sammlungszimmer für Lehrmittel, fowie 1 Zimmer für den Pedellen.

In einem befonderen Anbau ift dem Hauptgebäude die Turn- und Fefthalle nebft dem Archiv angegliedert; über dem Haupteingange zu erfterer, der Kleiderablage und dem Geräteraum, fowie über dem Archiv und der Halle find, durch eine befondere Treppe zugänglich, Galerien nebft Kleiderablagen untergebracht.

An die nördliche Schmalfeite der Turn- und Fefthalle lehnt fich das Schülerabortgebäude nebft Vorraum an, während an der Nordfeite des Hauptgebäudes das Pedellenhaus angebaut wurde; letzteres enthält 3 Zimmer, Küche, Wafchküche, Keller und Bodenraum.

Im Kellergefchoß des Hauptgebäudes ift die Sammel- (Niederdruck-Dampf- und Luft-) Heizung mit ihren Frifchluftkammern, Räume für Brennftoff und ein zweiter großer Raum für

---

[70] Nach freundlichen Mitteilungen des Architekten.

Fig. 193.

Fig. 192.

Anficht.

Erdgeichoß.

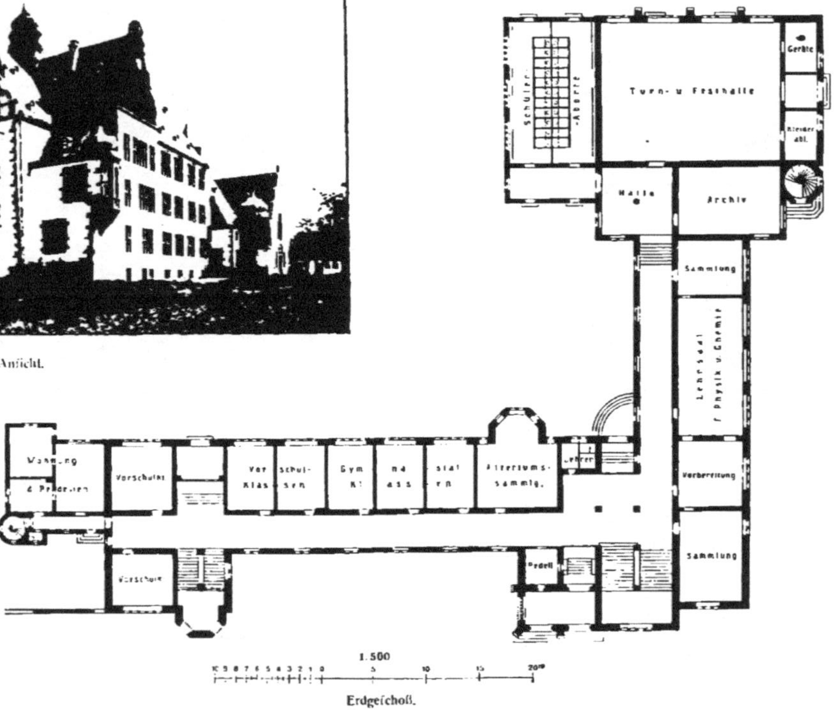

Augustinerschule
(Gymnasium und Realschule)
zu Friedberg[20]).

Arch.: *Thyriot.*

die Altertumsfammlung untergebracht; letzterer dient für die größeren, fchwer zu bewegenden Stücke von kunft- und kulturgefchichtlicher Bedeutung, welche teilweife von Ausgrabungen herrühren. Im Hauptgebäude vermitteln zwei Treppen den Verkehr zwifchen den einzelnen Gefchoffen.

Die allgemeinen Lehrzimmer liegen nach Often und Süden und bieten für kleinere Schüler 1,00 qm und 4,20 cbm und für größere Schüler 1,50 qm und 5,20 cbm. Die lichten Stockwerkhöhen betragen je 4,05 m. Die Fenfterlichtmaße find mit reichlich $1/5$ der Grundfläche der einzelnen Lehrzimmer bemeffen.

Die freie Spielplatzfläche bietet 2,75 qm für jeden Schüler; auch ift ein befonderer Turnplatz und ein botanifcher Garten vorhanden.

Die Architektur ift im Stil deutfcher Frührenaiffance entworfen, und vielfach find Motive heffifcher Eigenart, gefchieferte Giebel und Türmchen verwandt worden.

Fig. 194[71]).

Leffing-Gymnafium zu Frankfurt a. M.

Arch.: *Schmidt*.

Die Flure, Hallen und Treppenhäufer find in *Rabitz*-Bauweife überwölbt. Die Decke der Turn- und Fefthalle hat eine Holzkonftruktion unter teilweifer Einbeziehung des Dachwerkes erhalten. Alle Turngeräte können leicht befeitigt werden.

Das Erdgefchoß mißt 1692, das I. Obergefchoß 980 qm überbauter Fläche; der umbaute Raum aller Gebäudeteile beträgt 21 270 cbm. Die Gefamtbaukoften belaufen fich auf 345 000 Mark; 1 cbm umbauten Raumes berechnet fich fonach mit 16,20 Mark.

21). *Leffing*-Gymnafium zu Frankfurt a. M.

Das *Leffing*-Gymnafium zu Frankfurt a. M. wurde nach Plänen und unter der Leitung *Schmidt*'s im Oktober 1902 fertiggeftellt (Fig. 194 u. 195[71]).

Der Neubau ift auf dem an der Hanfaallee und Fürftenberger Straße gelegenen Eckplatz vollkommen freiftehend errichtet und umfaßt das Hauptgebäude, die Turnhalle und Bedürfnisanftalt, fowie das Wohnhaus für den Direktor und den Pedell.

Das Hauptgebäude enthält 17 allgemeine Lehrzimmer, 4 Sammlungs- und Arbeitszimmer,

[71]) Nach freundlichen Mitteilungen des Architekten.

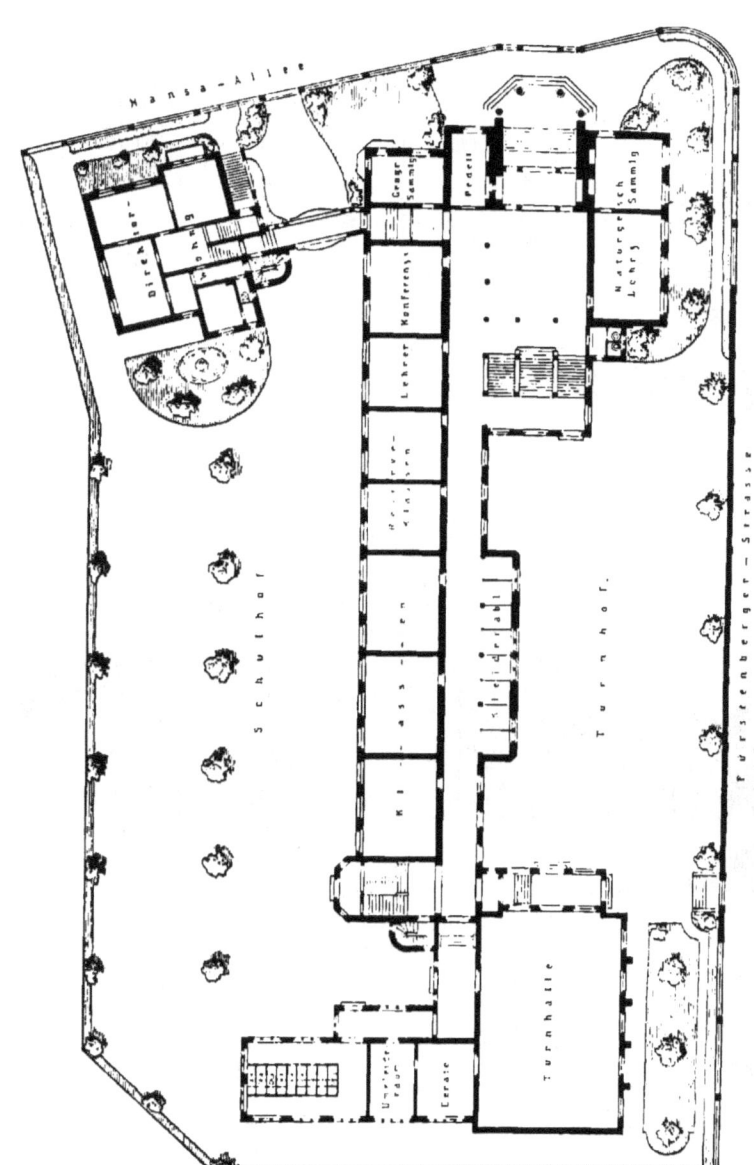

Lessing-Gymnasium zu Frankfurt a. M.
Erdgeschoß.

2 Bibliothekzimmer, je 1 Direktor-, Lehrer-, Konferenz-, Pedell- und Wartezimmer, 1 Aula, 3 Lehrzimmer und Sammlungszimmer für Naturgeschichte, Phyſik und Chemie, 1 Zeichenſaal, 1 Geſangsſaal, Kleiderablagen in der Gangerweiterung, eine Haupt- und eine Nebentreppe, ſowie in jedem Geſchoß 2 Lehreraborte.

Am Ende des Hauptgebäudes liegt die Turnhalle mit Vorflur, Geräteraum und Umkleideraum, ſowie die Bedürfnisanſtalt mit 18 Sitzräumen.

Das Wohnhaus ſteht durch einen überdeckten Gang mit dem Klaſſenhaus in Verbindung und enthält im Erdgeſchoß die Wohnung des Pedellen und in den beiden Obergeſchoſſen die Wohnung des Direktors.

Alle allgemeinen Lehrzimmer ſind nach Norden gerichtet; 6 davon haben 40, 9 etwa 58 und 2 etwa 61 qm Flächenmaß. Die Höchſtſchülerzahl iſt für die 5 unteren Klaſſen zu 40 und für die 4 oberen zu 30 angenommen. Über die Ausſchmückung des Inneren ſiehe Art. 192 (S. 158).

Die Architektur der gruppierten Anlage zeigt neuzeitliche Renaiſſanceformen, wobei der Aufbau der Aula und des turmartigen Anbaues zu kräftiger Wirkung gelangt.

Das Schulhaus beſitzt einen Haupt- und fünf Nebeneingänge. Außer kleinen Vorgartenanlagen verblieben Turn- und Spielhöfe an den beiden Langſeiten des Hauptgebäudes.

Die Innenwände ſind geputzt und mit Linkruſta-Lambris verſehen, Treppen- und Gangwände erhielten Backſteinverblendung. Die Fußböden haben Linoleum- und Xylopalbelag.

Die Niederdruck-Dampfheizung iſt mit der Lüftungsanlage verbunden. Zur künſtlichen Beleuchtung der Räume dient eine elektriſche Lichtanlage.

Die Schulbänke ſind zweiſitzig mit beweglichem Sitz und Pult. Zur Verwendung gelangen Nr. III bis VIII des Geſtühls für die ſtädtiſchen Schulen Frankfurts.

Die überbaute Fläche umfaßt 2076 qm, und die Baukoſten betrugen 644 000 Mark.

Literatur

über „Gymnaſien und Reallehranſtalten".

α) Anlage und Einrichtung.

Ueber Gymnaſialbauten. Deutſche Bauz. 1886 S. 237.
BENKÖ KAROLY. Muſterzeichnungen für die innere Ausſtattung von Mittelſchulgebäuden. Budapeſt 1886.
BURGERSTEIN, L. Hygieniſche Fortſchritte der öſterreichiſchen Mittelſchulen ſeit September 1890. Wien 1893.
Anleitung zur Erbauung von Mittelſchul-Gebäuden. Erlaß des königl. ungariſchen Miniſteriums für Cultus und Unterricht. Budapeſt 1894.
BURGERSTEIN, L. Ratſchläge betreffend die Herſtellung und Einrichtung von Gebäuden für Gymnaſien und Realſchulen. Wien 1900.
BURGERSTEIN, L. Wohlfahrtseinrichtungen an Gymnaſien und Realſchulen. Wien 1900.
Lehrpläne und Lehraufgaben für die höheren Schulen in Preußen. Berlin 1901.

β) Ausführungen [72]).

Gymnaſien und Realſchulen in Wien: WINKLER, E. Techniſcher Führer durch Wien. 2. Aufl. Wien 1874. S. 228 u. 230.
Realgymnaſium und höhere Bürgerſchule in Karlsruhe: Die Großherzoglich Badiſche Haupt- und Reſidenzſtadt Karlsruhe in ihren Maßregeln für Geſundheitspflege und Rettungsweſen. 1876. Abth. I. S. 77 u. 78. — Ausg. von 1882. III.
Gymnaſien und Realſchulen in Berlin: Berlin und ſeine Bauten. Berlin 1877. Theil I, S. 191.
Gymnaſien und Realſchulen in Dresden: Die Bauten, techniſchen und induſtriellen Anlagen von Dresden. Dresden 1878. S. 197 u. 203.
Höhere Schulen in Berlin: BOERNER, P. Hygieniſcher Führer durch Berlin. Berlin 1882. S. 173.

---

[72]) Unter Bezugnahme auf Fußnote 8 (S. 81) muß auch hier darauf verzichtet werden, die ziemlich beträchtliche Zahl von veröffentlichten Bauten für Gymnaſien und Reallehranſtalten aufzuzählen. Auch an dieſer Stelle war, um für die Literaturangaben nicht zu viel Raum in Anſpruch zu nehmen, die Einſchränkung geboten, nur ſolche Gruppen von Bauwerken fraglicher Art anzuführen, die einer größeren Verwaltung unterſtehen.

ENDELL & FROMMANN. Statiftifche Nachweifungen, betreffend die in den Jahren 1871 bis einfchl. 1880 vollendeten und abgerechneten Preußifchen Staatsbauten. Abth. I. Berlin 1883. S. 72: IV. Gymnafien, Realfchulen etc.
Gymnafien und Real-Lehranftalten in Stuttgart: Stuttgart. Führer durch die Stadt und ihre Bauten. Stuttgart 1884. S. 85.
Gymnafien und Realfchulen in Frankfurt a. M.: Frankfurt a. M. und feine Bauten. Frankfurt 1886. S. 187.
Gymnafien und fonftige höhere Lehranftalten in Cöln: Köln und feine Bauten. Köln 1888. S. 421 u. 433.
Höhere Lehranftalten in Cöln: LENT. Köln. Feftfchrift für die Mitglieder und Theilnehmer der 61. Verfammlung deutfcher Naturforfcher und Aerzte. Köln 1888. S. 409.
Gymnafien zu Hamburg: Hamburg und feine Bauten, unter Berückfichtigung der Nachbarftädte Altona und Wandsbeck. Hamburg 1890. S. 117.
Höhere Lehranftalten in Halle a. S.: STAUDE, HÜLLMANN & v. FRITSCH. Die Stadt Halle a. S. im Jahr 1891. Feftfchrift für die Mitglieder und Theilnehmer der 64. Verfammlung der Gefell-fchaft deutfcher Naturforfcher und Aerzte. Halle 1891. S. 283.
Höhere Schulanftalten zu Leipzig: Die Stadt Leipzig in hygienifcher Beziehung etc. Leipzig 1891. S. 226.
Gymnafien in Leipzig: Leipzig und feine Bauten. Leipzig 1892. S. 169 u. 322.
Höhere Schulen in Magdeburg: Magdeburg. Feftfchrift für die Theilnehmer der 19. Verfammlung des deutfchen Vereins für öffentliche Gefundheitspflege. Magdeburg 1894. S. 139.
Höhere Lehranftalten in Berlin: Berlin und feine Bauten. Berlin 1896. Bd. II, S. 296.
Höhere Schulen zu Bremen: Bremen und feine Bauten. Bremen 1900. S. 253.
Höhere Lehranftalten in Effen: Die Verwaltung der Stadt Effen im XIX. Jahrhundert etc. Erfter Verwaltungsbericht etc. Bd. I. Effen 1902. S. 268.

10. Kapitel.

Mittlere technifche Lehranftalten.

Von Dr. EDUARD SCHMITT.

Durch die Fortfchritte auf dem Gebiete der Mathematik, der Naturwiffen-fchaften und der aus beiden hervorgegangenen Mechanik, welche namentlich feit dem Ende des XVIII. Jahrhunderts gemacht wurden, durch die zahlreichen Ent-deckungen und Erfindungen, fowie durch manche andere Einflüffe entftand nach und nach eine Menge neuer Berufszweige. Viele der althergebrachten Berufsarten erfuhren eine vollftändige oder doch fehr erhebliche Umbildung; manche derfelben verfchwanden ganz und gar. Immer mehr trat das Bedürfnis hervor, für die neuen Berufstätigkeiten eine geeignete Vorbildung zu begründen und für die übergroße Fülle des neuen Wiffensftoffes fefte Sammelpunkte und geficherte Pflegeftätten zu errichten; immer mehr erkannte man, daß für viele Berufszweige, für welche die Volksfchule nicht genügte, die Latein- oder fog. Gelehrtenfchule gleichfalls keine genügende Vorbildung gewährte. Diefe Erkenntnis führte, wie fchon in Art. 167, (S. 142) gefagt worden ift, zur Begründung der Realfchulen, aber auch zur Er-richtung von technifchen Unterrichtsanftalten und von Fachfchulen der verfchie-denften Einrichtung und Geftaltung. Von den niederen Lehranftalten diefer Art war bereits in Kap. 8 die Rede; an diefer Stelle wird von den mittleren tech-nifchen Schulen, deren Lehrziele allerdings ziemlich weit auseinander gehen, zu fprechen fein.

In Preußen ift der Begriff der technifchen Mittelfchule oder mittleren Fachfchule feit 1878—79 amtlich feftgeftellt: man verfteht darunter Fachfchulen, die als Eintrittsbedingung den Befitz der-jenigen allgemeinen Bildung vorausfetzen, durch welche der Schüler die Berechtigung zum ein-jährigen Militärdienft erhält. Die Lehrziele find durch die Prüfungsordnung vom 17. Oktober 1883 beftimmt.

214. Entftehung und Verfchiedenheit.

Die derzeit beftehenden mittleren technifchen Lehranftalten verfolgen im einzelnen ziemlich mannigfaltige Ziele; in den einzelnen Staaten herrfcht hierin, felbft annähernd, keine Übereinftimmung; ja fogar in einem und demfelben Lande haben gleichnamige Schulen nicht immer diefelbe Einrichtung. Die wichtigeren der in Rede ftehenden Unterrichtsanftalten laffen fich nach folgenden Gruppen unterfcheiden:

1) **Höhere Gewerbefchulen** (fiehe Art. 155, S. 129, unter 2). Diefelben bilden junge Leute, welche bereits im Befitz der fog. Bürgerfchulbildung find, für den Betrieb der höheren Gewerbe aus und erteilen Unterricht in den Naturwiffenfchaften, in Mathematik, Mechanik, Technologie und neueren Sprachen, im Zeichnen, Modellieren etc.

Die höheren Gewerbefchulen unterfcheiden fich von den großenteils aus ihnen hervorgegangenen **technifchen Hochfchulen** (fiehe das nächfte Heft des vorliegenden Halbbandes) einerfeits durch die weit geringere Vorbildung ihrer Zöglinge, andererfeits dadurch, daß fie fich an die Praxis und das nächfte Bedürfnis unmittelbar anfchließen.

Die in Bayern beftehenden **Induftriefchulen** gehören in ihren Endzielen gleichfalls zu den höheren Gewerbefchulen. Diefelben haben Jünglingen, welche aus dem oberften Kurfe der Realfchulen treten und fich einem ausgedehnteren und höheren Gewerbe- oder Fabrikbetrieb zu widmen beabfichtigen, die hierfür notwendigen, umfaffenderen Kenntniffe und Fertigkeiten in den technifchen Wiffenfchaften und Künften in abfchließender, für die unmittelbare praktifche Anwendung berechneter Weife zu vermitteln. Sie beftehen in der Regel aus einer mechanifch-technifchen, einer chemifch-technifchen und einer bautechnifchen Abteilung.

In die in Rede ftehende Gruppe von technifchen Mittelfchulen ließen fich ferner wohl auch die **Kunftgewerbefchulen**, felbft gewiffe fog. **Zeichenakademien**, einreihen. Allein in Rückficht darauf, daß folche Anftalten in ihrer Gefamtanordnung und befonders in ihrer Einrichtung mit den Kunftfchulen viel Gemeinfames haben, werden fie beffer im Verein mit diefen (fiehe Heft 3 des vorliegenden Halbbandes, Abfchn. 3, A) zu befprechen fein; nur jene Fälle, in denen der kunftgewerbliche Unterricht fich an den fachgewerblichen anlehnt, werden in diefem Kapitel zu berückfichtigen fein.

2) Mit den höheren Gewerbefchulen in ihrer Einrichtung verwandt ift eine Reihe von Privatanftalten, welche die Bezeichnung **Technikum** und **technifches Inftitut**, felbft **Polytechnikum** und **polytechnifche Schule** führen, die aber mit den technifchen Hochfchulen wenig gemein haben; fie entbehren fowohl der höchften Lehrziele, als auch der Bildungsvorausfetzungen, durch welche fich die neuzeitlichen technifchen Hochfchulen einen Platz neben den Univerfitäten erobert haben.

3) **Höhere technifche Fachfchulen**. Unter Bezugnahme auf das in Art. 155 (S. 128) über Fachfchulen im allgemeinen Gefagte ift an diefer Stelle zu bemerken, daß die höheren technifchen Fachfchulen die Ausbildung junger Leute in einem befonderen Zweige der höheren Gewerbe anftreben. Wie a. a. O. gleichfalls fchon bemerkt wurde, fpielen die das Baugewerbe pflegenden Fachfchulen, insbefondere die **Baugewerkfchulen**, eine große Rolle.

Weiters find zu erwähnen die höhere Ziele verfolgenden anderweitigen gewerblichen Fachfchulen, wie **Webefchulen**, Schulen für Färber, Müller und verwandte Fächer.

Gefchichtliches. Dem Bedürfnis an technifchen Lehranftalten wurde in großartiger Weife zuerft in England und Frankreich abgeholfen.

In letzterem Lande dient für einen mittleren Grad von technifcher Bildung die 1829 gegründete *École centrale des arts et manufactures* zu Paris, welche ein Privatunternehmen ift; ebenfo find vom Staate einige Gewerbefchulen, die fog. *Écoles des arts et métiers* (die erfte 1803 zu Compiègne) und die fog. *Écoles nationales profeffionelles* errichtet worden. In letzteren werden die

Zöglinge kaserniert und unter militärische Disziplin gestellt; neben der theoretischen Ausbildung geht eine Unterweisung in verschiedenen praktischen Handarbeiten her.

In Deutschland entwickelte sich das technische Unterrichtswesen erst weit später und auch von anderen Grundlagen aus; selbst einzelne schon früh errichtete Fachschulen, wie z. B. die bereits 1765 gegründete Bergakademie zu Freiberg, blieben auf die allgemeine Ausbildung des technischen Unterrichtswesens ohne Einfluß.

Die ersten in Deutschland gegen die Mitte des XVIII. Jahrhunderts auftretenden Bestrebungen zur Anbahnung eines geeigneten Unterrichtes für die gewerblichen und technischen Berufsarten waren nicht auf eine unmittelbar fachtechnische Ausbildung gerichtet, sondern glaubten das Ziel durch eine veränderte Gestaltung der Mittelschulen erreichen zu müssen. Dies waren die mannigfachen, anfangs unsicheren und tastenden, allmählich aber bestimmtere Form gewinnenden Versuche, welche später zur Errichtung von Realschulen führten.

Während der großen Kriege zu Anfang des XIX. Jahrhundertes konnten die Gewerbe zu keinem Aufschwunge gelangen, so daß das Bedürfnis für eine höhere gewerbliche, bezw. technische Bildung kaum hervortrat.

Die Anfänge der technischen Lehranstalten Deutschlands waren ziemlich bescheiden. Die älteste derselben war die „Technische Schule" zu Berlin, 1821 von *Beuth* gegründet, welche später die Bezeichnung „Gewerbe-Institut" erhielt und aus der 1866 die „Gewerbe-Akademie" hervorging.

Österreich war auf dem fraglichen Gebiete vorangegangen. Im Jahre 1806 wurde in Prag das „polytechnische Institut" in das Leben gerufen, und 9 Jahre später (1815) wurde das „polytechnische Institut" zu Wien eröffnet.

In Deutschland sind hauptsächlich während der Jahre 1825–40 in den Mittelstaaten eine Reihe technischer Lehranstalten entstanden, welche, von der Forderung des Augenblickes gedrängt, den mittleren gewerblichen Unterricht mit der höheren technisch-wissenschaftlichen Ausbildung zu vereinigen strebten; die meisten derselben führten die Bezeichnung „höhere Gewerbeschule". Dies sind vor allem die bezüglichen Lehranstalten zu Karlsruhe (1825), München (1825), Dresden (1828), Stuttgart (1829), Hannover (1831), Chemnitz (1836) und Darmstadt (1836).

216. Gesamtanlage.

Bei so verschiedenartigen Lehrzielen und so mannigfaltiger Einrichtung der in Rede stehenden Lehranstalten kann auch die bauliche Anlage derselben nur wenige gemeinsame und einheitliche Gesichtspunkte zeigen. Soweit letzteres dennoch der Fall ist, lehnen sich Anlage und Einrichtung solcher Schulen im wesentlichen an die Gesamtanordnung und Ausrüstung anderer höherer Lehranstalten, insbesondere der Realschulen, an. Was sonach über solche Schulen in fraglicher Richtung im vorhergehenden Kapitel gesagt worden ist, hat im allgemeinen auch hier seine Gültigkeit; bisweilen nehmen einzelne Räume, wie z. B. Zeichen- und Modelliersäle, Laboratorien, Sammlungen etc. die gleiche oder nahezu dieselbe Ausstattung in Anspruch, wie sie an den Hochschulen üblich ist, so daß in dieser Beziehung auf das nächste Heft des vorliegenden Halbbandes verwiesen werden muß. Sind mit einer mittleren technischen Lehranstalt Lehrwerkstätten verbunden, so müssen Anlage und Ausrüstung derselben dem jeweiligen Sonderbedürfnis angepaßt werden. Immerhin ist bezüglich dieser Säle der auch sonst für die Anordnung von Unterrichtsräumen maßgebende Grundsatz im Auge zu behalten, daß Zimmer, welche dem Gange des Unterrichtes entsprechend im wesentlichen zusammengehören, auch zusammengelegt und nicht durch andere Räume unterbrochen werden.

217. Höhere Gewerbeschulen.

Die höheren Gewerbeschulen sind, wie schon angedeutet, durchaus nicht gleichartig organisiert. Bald sind sie vollständig, bald nur zum Teile mit höheren Bürger- und Realschulen als deren oberste Klassen verbunden; bald sind sie selbftändige, allgemein wiffenfchaftlich-technifche, aus drei oder vier Klaffen, bezw. Kurfen beftehende Lehranftalten ohne befondere Gliederung nach den verfchiedenen Gewerben; bald ift eine folche Gliederung nach mehr oder weniger fcharf gefonderten Abteilungen durchgeführt etc. In ihrer Einrichtung find fie bald mit den Gymnafien, bald mit den Realfchulen verwandt etc.

In Preußen erhielten die Gewerbefchulen erft durch eine Verordnung vom 21. März 1870[73]) eine feftere Organifation.

Danach beftand eine fog. reorganifierte Gewerbefchule aus 3 Klaffen, jede mit einjährigem Kurfus; die beiden unteren Klaffen waren hauptfächlich für den theoretifchen Unterricht beftimmt, die obere, die Fachklaffe, für die Anwendung des Erlernten auf die Gewerbe und für die Vorbereitung zum Befuche der höheren technifchen Lehranftalten. Die Fachklaffe beftand aus 4 Abteilungen: 1) einer Abteilung für diejenigen, welche die Schule zu ihrer Vorbereitung für den Eintritt in eine höhere technifche Lehranftalt befuchten; 2) einer Abteilung für Bauhandwerker; 3) einer Abteilung für mechanifch-technifche Gewerbe, und 4) einer Abteilung für chemifch-technifche Gewerbe. Vorbereitungsklaffen konnten hinzugefügt werden.

Zur Feftftellung des Raumbedürfniffes wurden für jede Klaffe mindeftens 40, alfo für die 3-klaffige Gewerbefchule 120 Schüler angenommen. Sofern mit der Gewerbefchule eine Vorfchule verbunden wurde, traten noch die für diefelbe erforderlichen Klaffenzimmer und Nebenräume hinzu, und es ftellte fich dann, unter Annahme einer 3-klaffigen Vorfchule, die Gefamtzahl der Zöglinge auf 140 bis 150. Zur Beurteilung der für letztere Annahme benötigten Räumlichkeiten wurden als Anhalt fchematifche Grundriffe aufgeftellt[74]), die indes als muftergültig nicht bezeichnet werden können; die Flurhalle ift zu klein; eine Aula ift nicht vorgefehen; zur Bibliothek bildet das Empfangszimmer des Direktors den einzigen Zugang; die Zeichenfäle find zumeift an die Südfront verlegt; in den Vortragfälen ift ein Geftühl eingezeichnet, in welchem 7 Schüler auf derfelben Bank (ohne Mittelgang) fitzen follen etc.

218. Beifpiel I.

Auf Grund diefer Organifation wurde 1870—73 für die Gewerbefchule zu Kaffel, welche an die Stelle des ehemaligen Polytechnikums dafelbft getreten war, von *Hindorf* ein Neubau ausgeführt, mit dem auch noch die Gewerbehalle vereinigt wurde.

Derfelbe befteht aus einem Langbau von etwa 48,00 m Länge und 18,50 m Tiefe, dem fich an der rückwärtigen Seite ein Flügel von 14,00 m Länge und 13,00 m Breite anfchließt. Über einem Sockelgefchoß befitzt das Gebäude noch 3 Stockwerke von resp. 3,04, 4,38 und 4,48 m lichter Höhe. Das Sockelgefchoß enthält, außer den erforderlichen Nutzräumen für Vorräte, Heizungsanlagen etc., die Wohnung des Schuldieners, einige Werkftätten und ein chemifches Laboratorium. Im Erdgefchoß find Konferenz- und Gefchäftszimmer und außerdem die nötigen Räume für den Unterricht in Phyfik und Chemie gelegen. Im I. Obergefchoß find die Bibliothek, das Archiv, die Sammlungszimmer für Kunftgegenftände, fowie für Zoologie und Botanik, ferner 3 Zeichenfäle und 1 Vortragfaal gelegen. Im II. Obergefchoß befinden fich 3 Vortragfäle, 2 Zeichenfäle, 3 Sammlungszimmer für Bauwiffenfchaften, Technologie, Mineralogie und Geognofie und 2 Lehrerzimmer.

In fämtlichen Sälen und Zimmern find die Wände mit etwa 33 cm hohen Holzfockeln verfehen; die Wände der oberen Flurgänge und des Treppenhaufes haben Lambris von 1,00 m Höhe erhalten; die unteren Wandflächen in den Vortrag- und Zeichenfälen find bis zur Höhe von 1,70 m über dem Fußboden mit Ölfarbe angeftrichen, und es fchließt diefer Anftrich nach oben mittels einer profilierten Holzleifte ab, in welche die nötigen Kleiderhaken eingefchraubt find. Die Heizungsanlagen find darauf bemeffen, daß die Gefchäftszimmer, die Bibliothek, die Vortrag- und Zeichenfäle, fowie die Laboratorien bei jeder äußeren Temperatur auf 19 bis 20 Grad C., die Sammlungszimmer nebft Flurgängen und Treppenhaus auf 15 Grad C. erwärmt werden können; für das Sockelgefchoß ift Ofenheizung gewählt; der nach rückwärts liegende Gebäudeflügel hat Feuerluftheizung erhalten, während fämtliche Räume des Hauptbaues für Warmwafferheizung eingerichtet find. Für die Zwecke der Lüftung find einfache Rohre, die nahe unter den Saaldecken beginnen, in den Mauern hinauf bis über Dachhöhe geführt; für die Lüftung des großen Laboratoriums ift dicht über dem Fußboden eine mit Schieber verfehene Öffnung vorhanden, von der aus ein Kanal nach einem den eifernen Schornftein des Luftheizungsofens umgebenden Lockfchornftein führt; in derfelben Weife ift die Winterlüftung der fämtlichen Räume des Hauptbaues eingerichtet.

---

[73]) Diefelbe ift abgedruckt in: Zeitfchr. f. Bauw. 1870, S. 359.
[74]) Siehe diefelben ebendaf., Bl. Z.

Der Sockel des Gebäudes, die Brüstungs- und Gurtgesimse, sowie die Sohlbänke sind aus Sandstein hergestellt, der Aufbau in Rohbau unter Verblendung mit gelben Backsteinen, das Hauptgesims, samt Friesen und Fensterbrüstungen, aus reich ornamentierten Terrakotten von gelber Farbe. Durch Zusammenfassen je zweier übereinander befindlicher Fenster der beiden oberen Geschosse unter einen kräftig profilierten Rundbogen erhielt die Fassadenarchitektur einen ziemlich aufstrebenden Charakter.

Fig. 196.

1:250

École centrale des arts et manufactures zu Paris.
Ansicht der Mittelpartie [16]).

Auf demselben Grundstück, aber als besonderes Gebäude, schließt sich die Gewerbehalle an, welche in den zwei unteren Stockwerken große Räume für angekaufte oder vorübergehend ausgestellte Erzeugnisse der Kunst und Industrie darbietet, und im II. Obergeschoß die Räume für die gewerbliche Zeichenschule enthält.

Die Baukosten haben 367 800 Mark betragen, wovon rund 59 400 Mark auf den Grunderwerb entfallen [7A]).

Die oben geschilderte und bei der Anlage der Kasseler Schule zu Grunde gelegte Organisation hat sich nicht bewährt.

Die betreffenden Schulen gaben als Vorbereitungsanstalten für die technischen Hochschulen an allgemeiner Vorbildung zu wenig, dagegen an verfrühter Fachbildung zu viel, während sie als abschließende Fachschulen vermöge des nur einjährigen Fachkursus in letzterer Beziehung ihrer Aufgabe in keiner Weise gerecht werden konnten. Im Jahre 1878 wurde deshalb eine Umgestaltung dieser Schulen in das Leben gerufen. Dieselben wurden hiernach entweder in eigentliche 6-klassige Gewerbeschulen oder in 9-klassige Oberrealschulen, welche zur Vorbereitung für höhere technische Studien dienen sollten (siehe Art. 168, S. 142), umgewandelt.

Die eigentlichen Gewerbeschulen haben die Aufgabe, unmittelbar für den gewerblichen Beruf die Vorbildung zu gewähren; in 4 einjährigen Kursen wird die erforderliche allgemeine Schulbildung erreicht, und ein darauf

---

[7A]) Nach: Deutsche Bauz. 1873, S. 285
[16]) Nach: *Moniteur des architectes* 1885, Pl. 27, 44, 50.

Fig. 197.

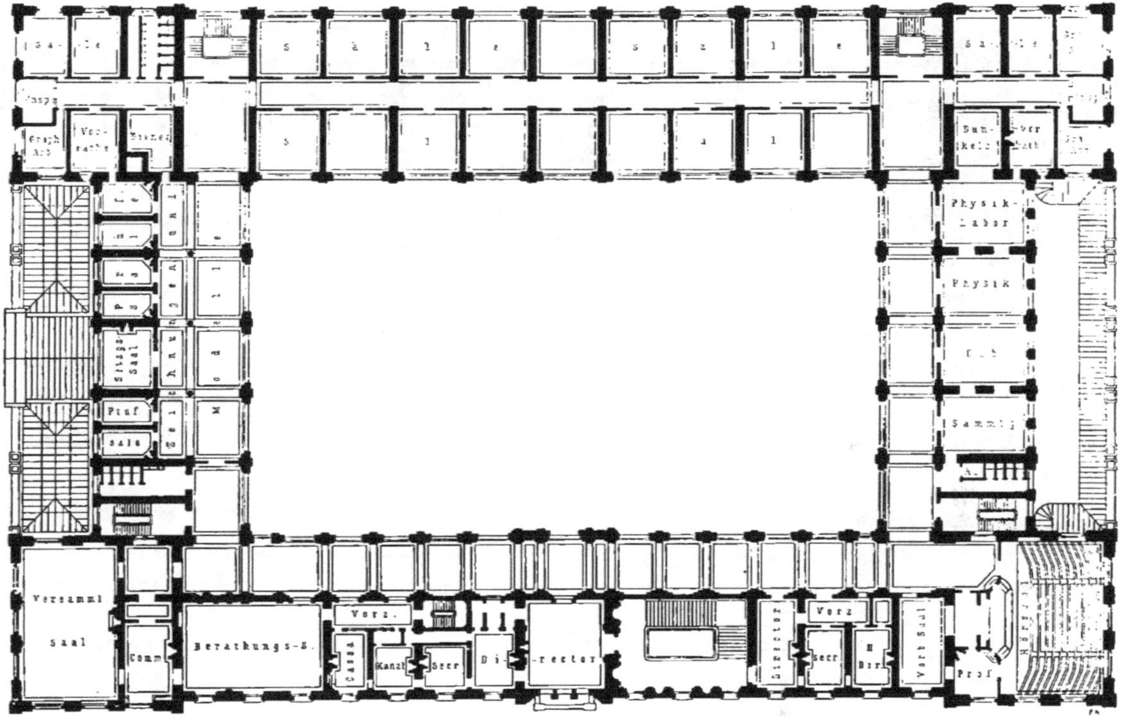

I. Obergeschoß.

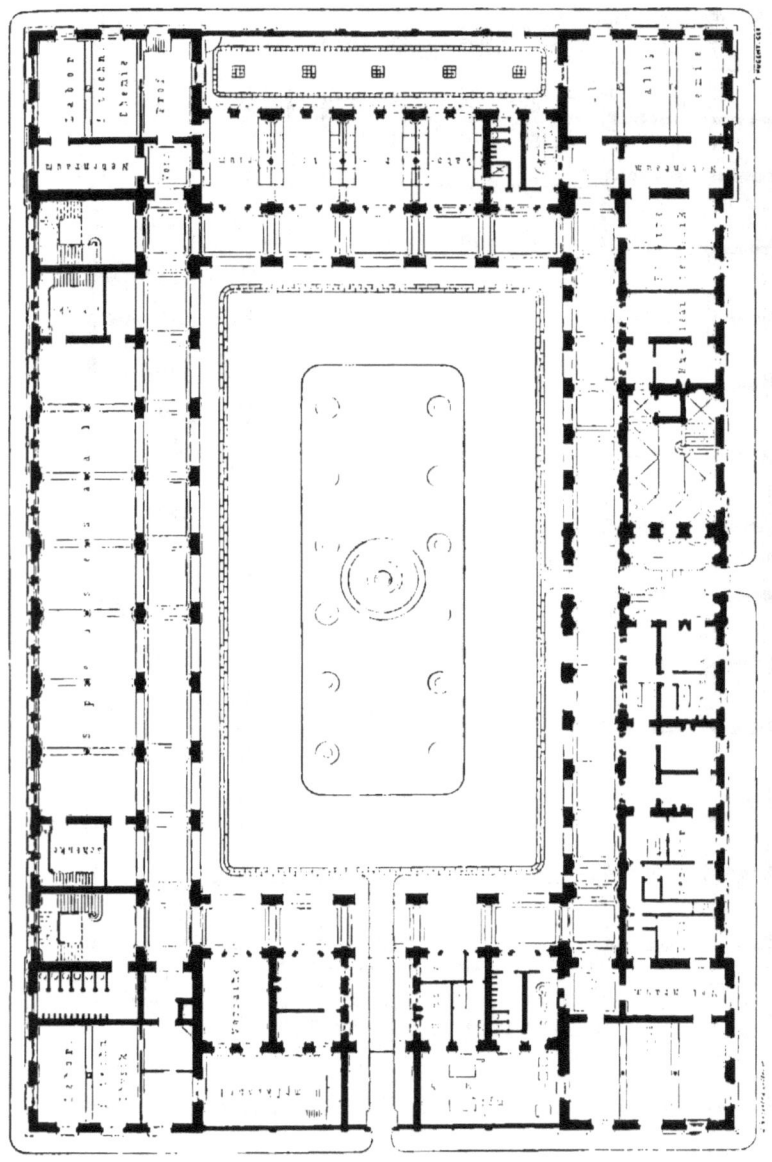

École centrale des arts et manufactures au Paris.
Arch. Dufer.

folgender zweijähriger Fachkurfus bildet die Zöglinge entweder für die Baugewerke oder für die mechanifch-technifchen oder für die chemifch-technifchen Gewerbe aus. Durch diefe Umgeftaltung hat indes der gewerbliche Unterricht in Preußen die erwünfchte Förderung nicht vollftändig erreicht. Viele der betreffenden Schulen wurden aufgehoben, fo auch die foeben befchriebene Kaffeler Anftalt (1888).

In anderen deutfchen Staaten war man in diefer Beziehung glücklicher; man trat vor vornherein zielbewußter auf und hat infolgedeffen auch beffere Ergebniffe erzielt.

219. Beifpiel II.

Letzteres war auch in Frankreich der Fall, und unter den hier in Frage kommenden Lehranftalten ragt vor allem die bereits erwähnte *École centrale des arts et manufactures* hervor, für welche 1882–84 von *Denfer* ein von *Demimuit* begonnener Neubau errichtet worden ift, von dem in Fig. 197 u. 198 [70]) zwei Grundriffe wiedergegeben find.

Diefe 1829 gegründete Lehranftalt war früher in dem 1656 von *Aubert de Fontenay* erbauten Haufe untergebracht, welches für eines der fchönften Gebäude von Paris galt. Der Neubau ift an der Stelle des früheren *Hôtel de Juigné-Thorigny* errichtet und befteht aus 4 großen Trakten, welche einen geräumigen, rechteckigen Binnenhof umfchließen; die 4 Hausfronten grenzen an die *Rues Montgolfier, Ferdinand Berthoud, Vacanfon* und *Conté* und fchließen eine Grundfläche von rund 30 000 qm ein, wovon rund 4000 qm überbaut find.

Das Schulhaus befteht aus Keller-, Erd- und 2, zum Teile 3 Obergefchoffen; von den letzteren ift jedes für je einen Jahrgang des 3-jährigen Studiums beftimmt; die Vortragsfäle enthalten je 250 bis 300 Sitzplätze und werden durch Fenfter, bezw. durch *Edifon*-Lampen erhellt.

Im Kellergefchoß befinden fich Laboratorien für allgemeine Chemie, gewerbliche Phyfik und gewerbliche Chemie, ferner Magazine für verfchiedene Materialien, Keffel- und Mafchinenanlagen, endlich einige Dienftwohnungen für Unterbeamte und die Heizeinrichtungen. Im Erdgefchoß befindet fich der Haupteingang an der *Rue Montgolfier*, und Fig. 196 [70]) zeigt den betreffenden Teil der Faffade; die Zöglinge treten an einer der Seitenfronten ein; die Raumeinteilung und -Beftimmung in diefem Stockwerk find aus Fig. 204 zu entnehmen. Das I., II. und III. Obergefchoß find bezw. für den I., II. und III. Jahrgang des Studiums beftimmt; Fig 197 veranfchaulicht die Anordnung der Räume im I. Obergefchoß; im II. Obergefchoß ift nahezu die gleiche Raumverteilung vorhanden; nur ift an der rückwärtigen Front (im Plan an der rechtsfeitigen Ecke) noch ein großer Vortragsfaal angeordnet.

Die gefamten Baukoften haben 6 160 000 Mark (= 7 700 000 Franken) betragen, wovon 1 440 000 Mark auf den Grunderwerb und 960 000 Mark auf die innere Einrichtung entfallen.

220. Vereinigung höherer und niederer Gewerbefchulen.

Bisweilen hat man mit einer höheren Gewerbefchule auch noch eine niedere Gewerbefchule zu einer gemeinfamen Anftalt vereinigt. Bei den ftaatlichen Gewerbefchulen Öfterreichs ift dies grundfätzlich gefchehen.

Die feit 1875 beftehenden öfterreichifchen Staatsgewerbefchulen fetzen fich aus einer „höheren Gewerbefchule" und einer „Werkmeifterfchule" zufammen, und jede diefer Abteilungen trennt fich wieder in eine bautechnifche und in eine mechanifch-technifche Anftalt. Die höhere Gewerbefchule fchließt fich an die vollendete IV. Klaffe des Gymnafiums, der Realfchule und des Realgymnafiums an, befteht aus 3 Klaffen und hat die Aufgabe, jungen Männern, die fich einem ausgedehnteren und höheren Gewerbebetriebe nach bautechnifcher oder mechanifch-technifcher Richtung zu widmen beabfichtigen (als Baumeifter und Bauunternehmer, als Leiter mechanifcher und metallurgifcher Werkftätten, kleinerer Mafchinenfabriken und Gasanftalten, als Mafchinenmeifter im Eifenbahnwefen und in technifchen Fabriken, als Befitzer induftrieller, mit Mafchinenbetrieb verfehener Etabliffements etc.) die hierfür notwendigen Kenntniffe und Fertigkeiten in den technifchen Wiffenfchaften und Künften in einer für die unmittelbare praktifche Anwendung berechneten Weife zu vermitteln, dabei aber auch denjenigen Grad allgemeiner Bildung zu erteilen, welcher für folche Gewerbetreibende zur Verwertung ihrer fachlichen Kenntniffe heutzutage erforderlich ift. Die Werkmeifterfchule bietet Arbeitern auf dem Gebiete der Bau- und Metallinduftrie (Zimmerleuten, Maurern, Steinhauern, Schreinern, Mafchinenbauern, Mechanikern, Schloffern, Schmieden, Blecharbeitern) Gelegenheit, fich eine fachliche Ausbildung in möglichft kurzer Zeit zu erwerben und fich dadurch einen weiteren und ergiebigeren Wirkungskreis als Handwerksmeifter, Werkführer, Bauführer, Zeichner zu eröffnen; fie fetzt den vollendeten Befuch einer Volksfchule und eine mindeftens zweijährige Lehrzeit in einem der einfchlägigen Handwerke voraus; jede der beiden Abteilungen (für Bauhandwerker und Metallarbeiter) umfaßt 4 Semefterkurfe [77]). Ein Neubau für eine folche Schule wurde zu Ende der 80er Jahre des vorigen Jahrhunderts in Wien, I. Bezirk, von *Avanzo & Lange* ausgeführt; doch hatte das betreffende Bauwerk nicht nur die Staatsgewerbefchule, fondern auch die Lehrerinnenbildungsanftalt, die Vorbereitungsfchule der Kunftgewerbefchule und die Verkaufsräume des ftaatlichen Schulbücherverlages, fowie die Bureaus und Archive der ftatiftifchen Zentralkommiffion aufzunehmen.

221. Beifpiel III.

Diefer Gebäudekomplex, deffen Pläne in der unten genannten Quelle [78]) zu finden find, fteht auf einem trapezförmig geftalteten Grundftück, welches von der Schelling-, Hegel-, Fichte- und Schwarzenberg-Gaffe eingefchloffen ift; dasfelbe befteht aus Sockel-, Erd-, Zwifchen- und 3 Obergefchoffen. Jedes der genannten Inftitute hat einen befonderen Zugang mit eigener Treppe erhalten; doch konnte infolge ihrer verfchiedenen Ausdehnung und der voneinander fehr abweichenden

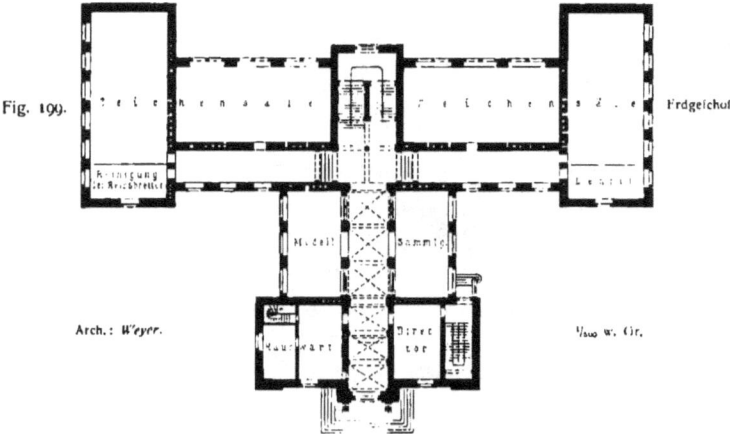

Fig. 199. Arch.: *Weyer*.

Gewerbliche Fachfchule zu Cöln [80]).

Zwecke eine fcharfe Trennung derfelben in lotrechtem und wagrechtem Sinne nicht durchgeführt werden, fo daß ein öfteres Übergreifen der einzelnen Anftalten in den verfchiedenen Gefchoffen nicht zu vermeiden war.

Die in Rede ftehende Baugruppe enthält zwei große Binnenhöfe, nach denen zu die Flurgänge angeordnet find; die Unterrichtsräume find faft ausnahmslos gegen die genannten Straßen gerichtet, und zwar jene der Staatsgewerbefchule, welche in fämtlichen Gefchoffen gelegen find, hauptfächlich gegen die Schelling- und Schwarzenberg-Gaffe.

Der gefamte Bauplatz mißt etwa 5400 qm, wovon etwa 1137 qm auf Vorgärten und etwa 1020 qm auf die Höfe abgehen, fo daß die überbaute Fläche etwa 3213 qm beträgt; die Baukoften beliefen fich auf rund 1 444 000 Mark (= 722 000 Gulden), fo daß auf 1 qm 445,02 Mark (= 222,63 Gulden) entfallen.

Auch in nichtöfterreichifchen technifchen Mittelfchulen ift hier und da mit der höheren Gewerbefchule eine niedere verbunden worden. Dies ift in Deutfchland z. B. bei der Hamburger Gewerbefchule [79]) und bei der gewerblichen Fach-

222. Beifpiel IV.

[77]) Siehe: Die Organifation der öfterreichifchen Staatsgewerbefchule, insbefondere der k. k. Staats-Gewerbefchule zu Brünn etc. Deutfche Bauz. 1875, S. 348.
[78]) Nach: Allg. Bauz. 1888, S. 37 u. Bl. 26 29.
[79]) Siehe: Ein Befuch in der Hamburger Gewerbefchule. Deutfche Bauz. 1875, S. 374.
[80]) Nach: Deutfche Bauz. 1886, S. 534.

schule zu Cöln der Fall; vom Schulhause der letzteren, welche 1885—86 nach *Weyer*'s Plänen von *Gans* ausgeführt worden ist, zeigt Fig. 199[80]) den Grundriß des Erdgeschosses.

In diesem Gebäude ist eine seit 1876 bestehende Handwerker-Fortbildungsschule mit einer 1879 gegründeten gewerblichen Fachschule verbunden; in letzterer sind eine Maschinenbauschule, eine Baugewerbeschule und eine Kunstgewerbeschule (mit besonderen Fachabteilungen für Dekorationsmaler, Kunstschreiner, Bildhauer und Modelleure) vereinigt. Ursprünglich war diese gewerbliche Lehranstalt in einem ehemaligen Elementarschulhause untergebracht; das rasche Wachsen der Anstalt bedingte sehr bald den in Rede stehenden Neubau, welcher auf einem dreieckigen Baublock in unmittelbarer Nähe des Salier-Ringes errichtet worden ist.

Infolge dieser Gestalt der Baustelle wurde die aus Fig. 199 ersichtliche, im allgemeinen T-förmige Grundrißanordnung gewählt. Das Gebäude besteht aus Keller-, Erd- und 2 Obergeschossen; die Raumverteilung im Erdgeschoß zeigt der umstehende Grundriß; die beiden Geschosse haben im rückwärtigen Langbau dieselbe Raumanordnung erhalten; im Flügelbau sind über den beiden Modellsälen im II. Obergeschoß 2 Zeichensäle, im I. Obergeschoß ein Zeichen- und ein Vortragssaal gelegen, wobei in beiden Fällen der Mittelflur nicht vorhanden ist; am vorderen Ende des Flügelbaues (über dem Amtszimmer des Direktors und der Wohnung des Kastellans) befindet sich, in beiden Obergeschossen verteilt, die Wohnung des Direktors. Im Kellergeschoß sind an den Stirnseiten des rückwärtigen Langbaues ein Stein- und ein Holzmodelliersaal und im Flügelbau ein Metall- und ein Reservemodelliersaal angeordnet. Im ganzen sind sonach in diesem für 600 Schüler bemessenen Schulhause 15 Zeichensäle, 2 Sammlungssäle und 4 Modelliersäle vorhanden; im Dachgeschoß sind noch 2 Säle für die Malerabteilung untergebracht. Davon gehören den Bauhandwerkern und den Maschinenbauern je 4 Zeichensäle und den Dekorationsmalern deren 2; für kunstgewerbliche Arbeiten und Zeichnen nach Gipsmodell ist je 1 Saal vorgesehen, so daß noch 3 Reservezeichensäle übrig bleiben.

Die Aborte sind außerhalb des Schulhauses in einem besonderen Gebäude untergebracht.

Die Haupttreppe, sowie die Freitreppe sind in bayerischem Granit ausgeführt. Die Flure sind auf **I**-Trägern überwölbt; ihre Fußböden haben Zementplattenbelag erhalten. Der an den Haupteingang sich anschließende Mittelflur ist mit Kreuzgewölben überspannt und mit Stuckarbeiten verziert. Das ganze Gebäude, mit Ausnahme der Direktorwohnung, ist mit Feuerluftheizung versehen. Das Dach ist mit deutschem Schiefer gedeckt und durch reizvolle Lukarnen, Walmspitzen aus Schmiedeeisen etc. belebt.

Dieses Schulhaus ist in einfachen Formen der deutschen Renaissance aus roten Verblendern und unter Verwendung von Niedermendiger Basaltlava für den Sockel und von hellem Teutoburger Sandstein für die Gesimse und die Architekturteile der Vorderfront hergestellt. Der Mittelrisalit am vorderen Teile des Flügelbaues trägt ein Kuppeldach, auf welchem sich ein Ziertürmchen erhebt. Die beiden seitlichen Risalite sind mit Sandsteinnischen versehen, worin zwei Standbilder (allegorische Gestalten, den Maschinenbau und die Baukunst darstellend) Platz gefunden haben.

Die Baukosten betrugen, einschl. der Grundstückskosten, welche sich auf 71 820 Mark beliefen, 383 000 Mark; die überbaute Fläche mißt rund 1060 qm, so daß 1 qm derselben auf 36,13 Mark zu stehen kommt.

Die Vereinigung von höherer und niederer Gewerbeschule wurde ferner auch in Frankreich bei den neu errichteten, bereits erwähnten *Écoles nationales professionelles* zu Vierzon, Armentières und Voiron ausgeführt.

Unterm 1. August 1881 erstattete eine Sonderkommission unter dem Vorsitze *Tolain*'s einen Bericht an den Minister des öffentlichen Unterrichtswesens, auf Grundlage dessen, behufs Hebung verschiedener Gewerbszweige, die gedachten drei Anstalten gegründet wurden. Näheres über dieselben ist in der unten genannten Quelle zu finden [81]).

Eine ähnliche Vereinigung ist in Italien zu finden, wo Einrichtung und Lehrgang der sog. technischen Schulen durch einen Königlichen Erlaß vom Jahre 1885 geregelt sind.

Eine solche Anstalt besteht aus 2 Hauptabteilungen: die technische Schule und das technische Institut. Die erstgenannte umfaßt 3 Klassen, von denen die I. und II. Klasse von allen Schülern der Anstalt durchzumachen sind; beim Übertritt in die III. Klasse jedoch haben sich dieselben

---

[81]) *Revue gén. de l'arch.* 1886, S. 180, 241, 256 u. Pl. 44—53, 66—67.

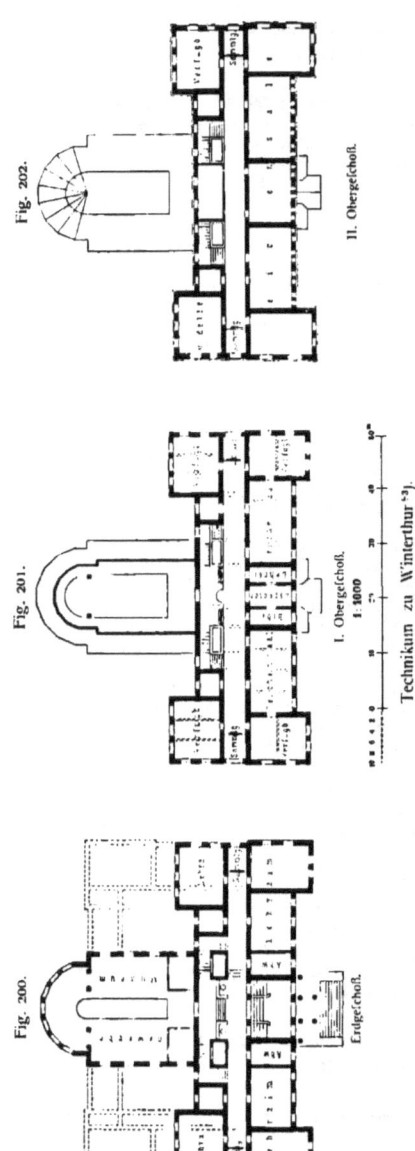

Fig. 202.
Fig. 201.
Fig. 200.

II. Obergeschoß.
I. Obergeschoß. 1:1000
Erdgeschoß.

Technikum zu Winterthur [a].

darüber zu entſcheiden, ob ſie mit letzterer ihre Schulbildung überhaupt abſchließen oder ob ſie weiterhin auch noch das techniſche Inſtitut beſuchen wollen; im erſteren Falle treten ſie in die 1. Abteilung, im letzteren in die 2. Abteilung der III. Klaſſe ein. Das techniſche Inſtitut iſt vierklaſſig und zerfällt in die Unterabteilungen für: α) Phyſik und Mathematik, β) Feldmeßkunde, γ) Landwirtſchaftskunde, δ) Handels- und Rechnungsweſen und ε) Gewerbefleißkunde. Nicht jede Schule beſitzt alle genannten Abteilungen; es werden jeweilig nur diejenigen davon eingerichtet, deren Vorhandenſein durch die örtlichen Verhältniſſe der Stadt oder Provinz, in welcher die Anſtalt liegen ſoll, wünſchenswert erſcheint [b]).

Bereits in Art. 214 (S. 192) wurde geſagt, daß es eine nicht geringe Zahl von mittleren techniſchen Lehranſtalten gibt, welche ähnliche Ziele wie die höheren Gewerbeſchulen haben, aber andere Bezeichnungen, wie Technikum, techniſche Fachſchulen etc., führen.

Als Beiſpiel für dieſe Gruppe von Unterrichtsanſtalten ſind in Fig. 200 bis 202 [a·d]) die Pläne des Technikums zu Winterthur wiedergegeben; mit dieſer Schule iſt auch ein Gewerbemuſeum verbunden.

Das eigentliche Schulhaus hat eine H-förmige Grundrißgeſtalt und das bloß ebenerdige Gewerbemuſeum iſt an der Rückſeite in der Hauptachſe angebaut; die Anordnung des letzteren, ſowie die Treppenanlage erinnert einigermaßen an die von *Semper* im Polytechnikum zu Zürich (ſiehe das nächſte Heft des vorliegenden Halbbandes, Abſchn. 2, A, gewählte; doch iſt ſie weniger ſchön und großartig, als das Vorbild.

Das Vordergebäude beſteht aus Sockel-, Erd-, I. und II. Obergeſchoß; die Raumverteilung in den 3 zuletzt genannten Stockwerken zeigen Fig. 200 bis 202. Im Flurgang des Erdgeſchoſſes iſt die Anordnung von Stufen, die man bald empor-, bald niederzuſteigen hat, mißſtändig.

Das zu dieſer Anſtalt gehörige Laboratoriumsgebäude wird im nächſten Hefte des vorliegenden Halbbandes (Abſchn. 2, B, beſchrieben werden.

Ein anderes Beiſpiel iſt das kan-

223. Techniken etc.

224. Beiſpiel V.

225. Beiſpiel VI.

[a]) Siehe: Centralbl. d. Bauverw. 1887, S. 165.
[b]) Nach: Eiſenb., Bd. 9, S. 133.

tonale Technikum des Kantons Bern zu Burgdorf, für welches nach den preisgekrönten Plänen von *Dorer & Füchslin* 1892—94 ein Neubau errichtet worden ist.
Die Unterrichtsräume des in Hufeisenform gebauten Hauses find in 4 Geschossen untergebracht. Alle Zeichensäle haben je 7 × 15 m Grundfläche, sind gegen Nord gelegen, während in den beiden Flügelbauten die Theorieklassen und die Sammlungsräume vorgesehen sind. Die Pläne und weitere Einzelheiten sind in der unten genannten Zeitschrift[64]) zu finden.

Des weiteren sei hier der baulichen Anlagen der technischen Fachschulen zu Buxtehude, welche ursprünglich je einen Kursus für Bauhandwerker, Ingenieure und Maschinenbauer befaßten, gedacht; Pläne des von *Hittenkofer* errichteten Hauptgebäudes sind in der unten [85]) genannten Quelle dargestellt.

Der im Sommer 1876 erbaute „Pavillon" dieser Anstalt erwies sich sofort in räumlicher Beziehung als unzulänglich, weshalb das für später in Aussicht genommene „Hauptgebäude" schon im Jahre 1878 ausgeführt werden mußte. Zwischen dem Hauptgebäude und dem Pavillon ist der Raum zum Abwaschen der Reißbretter und hinter dem Pavillon das freistehende Arbeitsgebäude angeordnet. In einem Kasernement werden jedem Schüler Wohnung und Kost gewährt.

Das Hauptgebäude ist ohne jeden Flurgang entworfen und enthält im Erd- und I. Obergeschoß je 4 geräumige Klassenzimmer, im II. Obergeschoß hingegen eine große Aula, einen Bossier- und Schnitzsaal und einen Modelliersaal für Zimmerei; im Sockelgeschoß sind der Modelliersaal für Maurer, die Hausmeisterwohnung, die Räume für die Sammelheizung etc. verteilt. Im I. und II. Obergeschoß sind je 2 kleinere Zimmer vorgesehen, die als Geschäftszimmer des Direktors, des Hauptlehrers etc. aufzufassen sind. Die Klassenzimmer nehmen je 45 bis 54 Schüler auf, denen je ein am Fußboden festgeschraubter Tisch mit verschließbarer Schublade und beweglichem Sitz zugewiesen ist; die Fenster sind mit meterhohen Winterfenstern versehen, und im Außenfenster ist nur eine Scheibe (zur Sommerlüftung) zum Öffnen eingerichtet.

Die Sammelheizung und Lüftung, welche in nebeneinander gelegenen lotrechten Kanälen warme und kalte Luft zuführen, die in der Sammelkammer beliebig gemischt oder abgestellt werden kann, dient sämtlichen Klassenzimmern. Die verdorbene Luft wird während des Tages durch die untersten Füllungen der Türen, die nach dem Treppenhause münden, abgeführt; am Abend hingegen, wenn die Gasflammen brennen und keine warme, sondern nur noch frische kalte Luft dem Raume zuströmt, wird die schlechte Luft durch große Klappen, die über der Tür angeordnet sind, in das Treppenhaus gesaugt. Über jedem Treppenhause ist ein großer Dachreiter angebracht, der aus demselben die Luft in das Freie befördert. In jeder Klasse wird die Heizung und Lüftung von einem älteren Schüler gehandhabt. Die Heizungs- und Lüftungsanlage wurde von *Fischer & Stiehl* in Essen ausgeführt und hat, ohne Maurerarbeiten etc., 12 000 Mark gekostet.

Im Äußeren ist das Haus in Zementputz gehalten; das II. Obergeschoß zeigt etwas Sgraffitodekoration. Die Bausumme beziffert sich, einschl. Abortgebäude, Gasanlage und innerer Einrichtung, auf rund 200 000 Mark.

Der Kursus für Ingenieure und Maschinenbauer besteht z. Z. nicht mehr; an dieser Anstalt werden nur noch Bauhandwerker zu Polieren und Meistern vorgebildet, so daß dieselbe nunmehr den im nächsten Artikel zu besprechenden Schulen sehr nahe steht.

Ferner läßt sich hier das *Owen's college* zu Manchester einreihen, welches Abteilungen für Kunst, Naturwissenschaften, Ingenieurwesen und Chemie umfaßt. Der dasselbe aufnehmende Neubau (Fig. 203 [86]) wurde zu Anfang der siebenziger Jahre von *Waterhouse* errichtet.

Wie der nebenstehende Plan zeigt, besteht diese Anlage aus einem vorderen, langgestreckten, nach *Oxford-road* zu gelegenen Hauptbau und einem davon getrennten, indes durch einen gedeckten Verbindungsgang von ersterem aus zugänglichen, nach *Burlington street* gerichteten Hinterbau, der das chemische Laboratorium enthält; der zu letzterem gehörige große Hörsaal befindet sich noch im Vorderbau.

Die Verteilung der verschiedenen Räumlichkeiten im Erdgeschoß ist aus Fig. 203 zu ersehen. Im Obergeschoß sind drei große Klassensäle, Lehrerzimmer, die naturwissenschaftliche Sammlung,

---

[84]) Schweiz. Bauz., Bd. 24, S. 98.
[85]) Nach: Baugwks.-Zeitg. 1878, S. 20.
[86]) Nach: *Builder*, Bd. 28, S. 281; Bd. 29, S. 85.

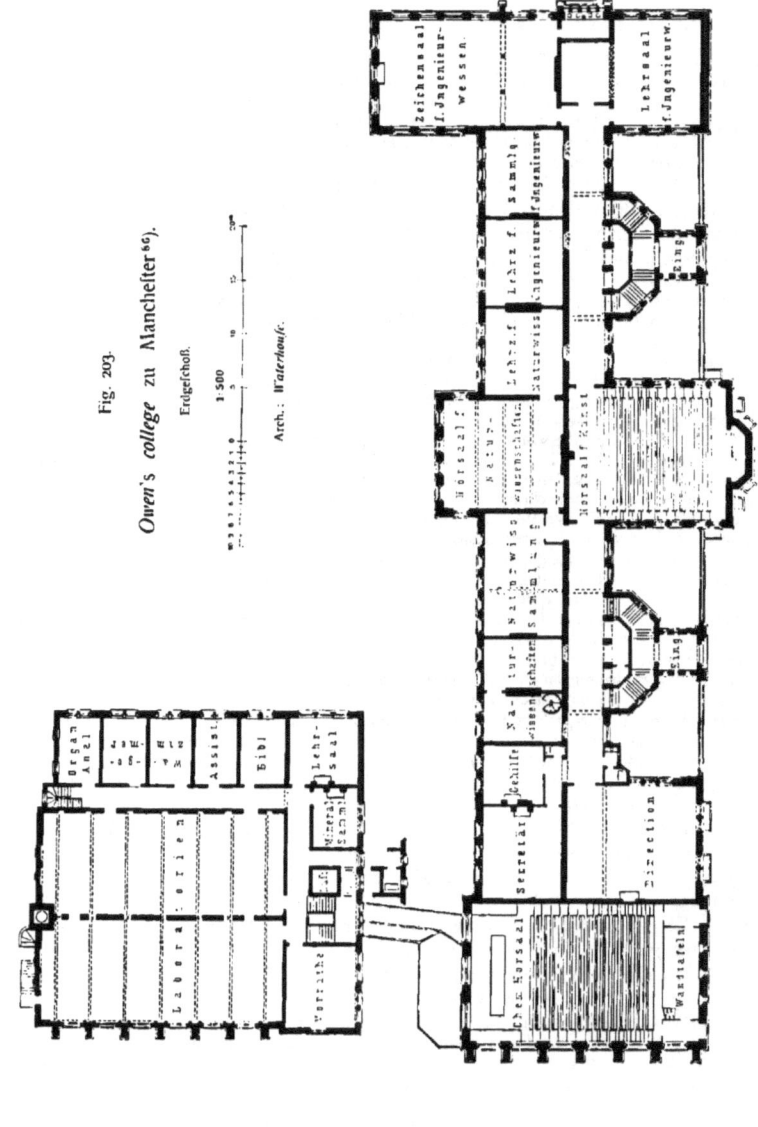

Fig. 203.
Owen's college zu Manchester[86].
Erdgeschoß.
Arch.: *Waterhouse*.

die Bibliothek, das Lefezimmer der Zöglinge und kleinere Lehrzimmer für Kunftunterricht untergebracht; das Dachgefchoß ift zum Teile ausgebaut. Das chemifche Laboratorium zeigt eine ähnliche Grundrißanordnung, wie das im nächften Hefte des vorliegenden Halbbandes vorzuführende chemifche Inftitut des *Univerfity college* zu Dundee. Im ganzen find 90 Haupträume vorhanden, von denen der chemifchen Abteilung 28, den Naturwiffenfchaften 9, dem Kunftunterricht 9 und dem Ingenieurwefen 8 gewidmet find.

Die Stockwerkshöhen betragen im Lichten: im Sockelgefchoß 4,57 m, im Erdgefchoß 5,18 m, im Obergefchoß 5,33 m und in den wenigen Zimmern des Dachgefchoffes 3,05 m; ausgenommen find der Hörfaal für Chemie mit 8,53 m lichter Höhe und jener für Kunft mit etwa 6,70 m lichter Höhe.

Die Erwärmung der Räume gefchieht durch eine Heißwafferheizung; Keffel und Dampfmafchine befinden fich im Sockelgefchoß. Für die wichtigeren Räume ift Drucklüftung vorgefehen; im übrigen find in den Türen und Fenftern bezügliche Einrichtungen angebracht.

Das Gebäude ift in *Yorkftone* und in den Bauformen des gotifchen Stils ausgeführt; das Dach ift mit Schiefer gedeckt. Eine namhafte Erweiterung diefer Anlage ift von vornherein vorgefehen [80]).

228. Beifpiel IX.

Auch das *Central technical college* zu London (Kenfington), welches 1881—84 nach den Plänen *Waterhoufe*'s erbaut wurde, ift in die in Rede ftehende Gruppe von technifchen Mittelfchulen zu zählen. Fig. 204 [87]) zeigt den Grundriß des Erdgefchoffes.

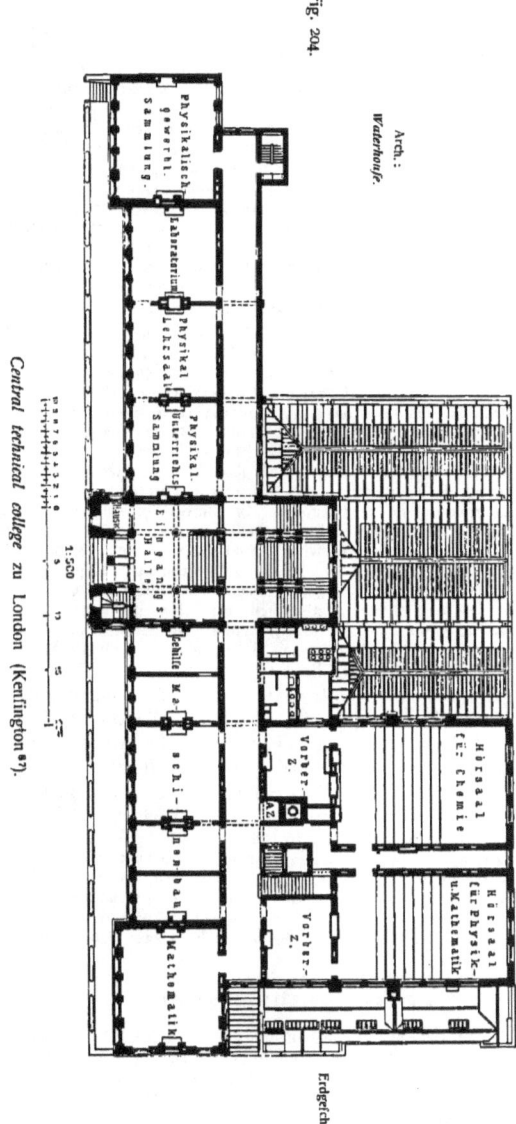

Fig. 204.

[81]) Nach: *Builder*, Bd. 46, S. 39.

Diefes Gebäude ift in den meiften Teilen fünfgefchoffig. Im Sockelgefchoß befinden fich große mechanifche Werkftätten, und die im Erdgefchoß untergebrachten Räumlichkeiten find aus Fig. 204 zu entnehmen. Im I. Obergefchoß ift über der Eingangshalle ein großes Lefezimmer mit Bibliothek und zu den beiden Seiten find Experimentierzimmer und Lehrfäle angeordnet; am Nordende des langen Flurganges find die Verwaltungsräume gelegen. Das II. Obergefchoß enthält in der Mitte ein Kunftmufeum und wieder zu beiden Seiten desfelben Lehrfäle, von denen die dem chemifchen Unterricht dienenden über den großen Hörfälen für Phyfik und Chemie untergebracht find. Im III. Obergefchoß nimmt ein großer Sammlungsraum die Gebäudemitte ein; an eine Seite desfelben ift ein Erfrifchungsraum für die Zöglinge etc., mit Küche, Speifekammer etc., und auf die andere Seite find chemifche Sonderlaboratorien verlegt worden.

Die Erwärmung der Räume gefchieht durch eine Sammelheizung. Die zugeführte frifche Luft wird im Winter an Dampfrohren vorgewärmt und mittels Gebläfen in die Räume gepreßt; für den Kopf und die Stunde werden nahezu 20 cbm Frifchluft zugeführt.

Das Gebäude ift in roten Backfteinen mit Terrakottaverzierungen ausgeführt **).

229. Baugewerkfchulen.

Die Baugewerkfchulen find, wie bereits erwähnt, zur Ausbildung von Bauhandwerkern, insbefondere von Maurern und Zimmerleuten, beftimmt.

Die erfte (ftaatliche) Baugewerkfchule (Königl. Baugewerbefchule) wurde unter *Friedrich dem Großen* in Berlin gegründet; doch ließ Preußen diefe Anftalt verfallen, und 1857 wurde fie gefchloffen. Bayern rief 1823 die Baugewerkfchule zu München in das Leben, und 1832 wurde als Privatunternehmen von *Haarmann* die Baugewerkfchule in Holzminden errichtet. Ihr folgten 1837 die Baugewerkfchule zu Chemnitz, 1840 die Baugewerkfchule zu Zittau und 1845 die Baugewerkfchule zu Stuttgart, 1853 jene zu Nienburg a. W. und 1864 diejenige zu Höxter i. W. In Preußen beftand von 1857 bis 1866 keine ftaatliche Lehranftalt diefer Art; erft im genannten Jahre gelangte diefer Staat mit Erwerbung der Provinz Hannover in den Befitz der blühenden Baugewerkfchule zu Nienburg. Im Jahre 1879 ftellte der „Verband der Deutfchen Baugewerkmeifter" zu Kaffel eine Reihe von Thefen auf, die für die weitere Entwickelung des Baugewerkfchulwefens geradezu ausfchlaggebend geworden find. In den Jahren 1881 und 1882 übernahm der preußifche Staat zum Teile einige der beftehenden Privatfchulen; zum Teile ließ er anderen eine bedeutende Unterftützung zukommen; 1882 erließ der Unterrichtsminifter eine Prüfungsordnung für die vom Staate unterhaltenen, bezw. fubventionierten Baugewerkfchulen des Landes. Doch dauerte es bis zum Jahre 1891 (Gründung der Baugewerkfchule zu Pofen), daß die Reihe der neuen ftaatlichen Gründungen begann, wodurch ficher fundierte Mufteranftalten gefchaffen worden find.

230. Beifpiel X.

Eine der allerälteften Anftalten der in Rede ftehenden Gattung, die Baugewerkfchule zu Holzminden, ift in die beiden Fachabteilungen: Fachfchule für Bauhandwerker (Maurer, Steinhauer, Zimmerer, Dachdecker, Tifchler etc.) und Fachfchule für Mafchinenbauer, Schloffer, Müller, Mühlenbauer und fonftige Metallarbeiter und Mechaniker getrennt; erftere hat 4 Klaffen, letztere 4 Klaffen und 1 Oberklaffe. Für diefe Schule wurde in den Jahren 1900—02 ein neues Unterrichtsgebäude (Fig. 205 bis 207 [88]) errichtet, welches für 900 Schüler bemeffen ift.

Dasfelbe enthält in Erd-, Ober- und Dachgefchoß 20 Klaffenräume, welche bis auf einen im Erd- und Obergefchoß untergebracht find; im Dachgefchoß ift noch ein entfprechend ausgeftatteter Raum für den Unterricht in Phyfik vorgefehen. Diefe Unterrichtsräume gruppieren fich im Rechteck um einen großen, mit doppeltem Glasdach verfehenen Lichthof, nach dem fich die Flurgänge mit Arkaden öffnen und in welchem auch die nach dem Obergefchoß führenden Treppen gelegen find. An der Hinterfront befinden fich noch zwei Nebentreppen, mittels deren alle drei Gefchoffe erreichbar find.

Im Sockelgefchoß find ein Erfrifchungsraum mit Küche, mehrere Ausftellungs- und Modellierräume, die Wohnung des Hauswarts und die Gelaffe für die Niederdruck-Dampfheizung untergebracht.

Das Erdgefchoß hat die aus Fig. 206 erfichtlichen Räume aufgenommen. Das Obergefchoß zeigt nahezu die gleiche Raumanordnung wie Fig. 206; nur find über der Eintrittshalle das Zimmer des Direktors, desjenige feines Stellvertreters und die Kanzlei angeordnet.

Das Dachgefchoß ift nur in der Mittelvorlage der nach Weften liegenden Voranficht und der beiden Seitenanfichten ausgebaut; darin ift die Bücherei etc. untergebracht. Der übrige Teil desfelben ift als Manfardenftockwerk ausgebildet und enthält Räume zur Aufbewahrung von Büchern, Reißbrettern, Vorlagen, Zeichengeräten u. f. w.

---

[88] Nach: HAARMANN's Zeitfchr. f. Bauhdw. 1901, S. 1; 1902, S. 121.

Fig. 205.

Schaubild.

Fig. 206.

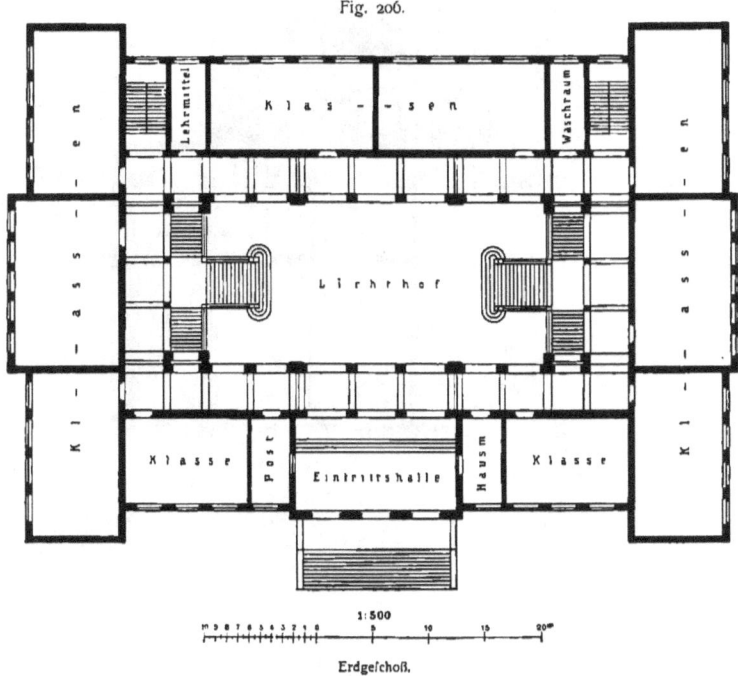

Erdgeschoß.

Herzogl. Baugewerkschule zu Holzminden[86]).

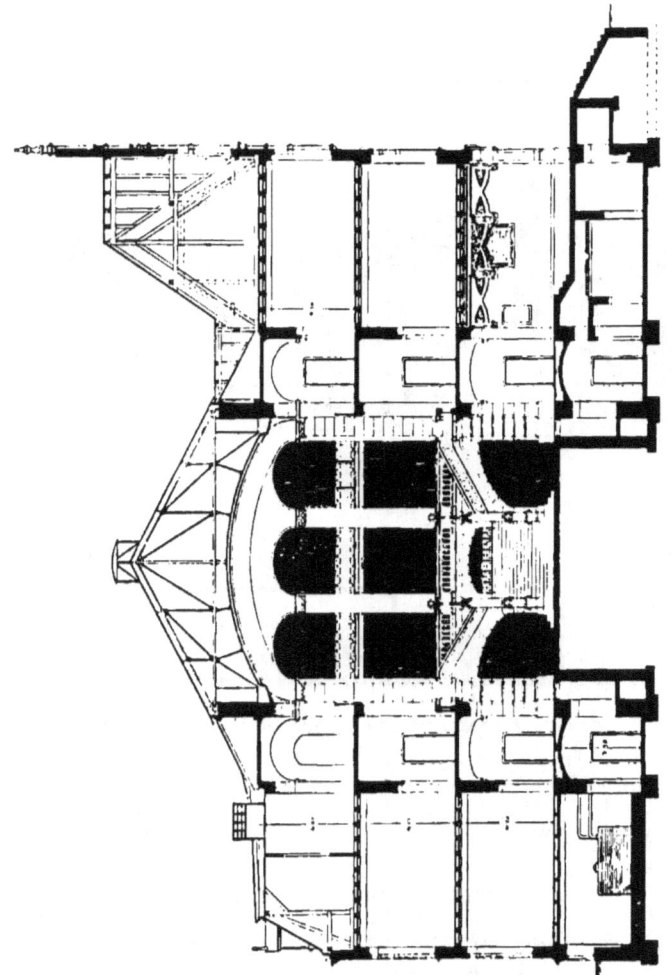

Herzogl. Baugewerkschule zu Holzminden.
Schnitt nach der Hauptachse.

An Deckenkonstruktionen weist das Gebäude über dem Sockelgeschoß und über den Flurgängen in allen Stockwerken die *Koenen*'sche Voutendecke, sonst Balkendecken auf. Die Flure und der Lichthof sind mit Sandsteinplatten belegt; die sonstigen Räume der Obergeschosse haben buchenen Stabfußboden und die größeren Räume des Sockelgeschosses Asphaltfußboden erhalten. Die Haupt- und die freitragenden Nebentreppen sind aus Solling-Sandsteinstufen mit Ruheplätzen aus Beton gebildet. Die Wände der Klassenzimmer und der Flurgänge sind in einer Höhe von 1,50 m mit Ölfarbe, im übrigen wie die Decken mit Leimfarbe angestrichen.

Sämtliche Schauseiten des Gebäudes sind mit kräftigem, hohem Sockel aus Solling-Sandstein versehen und in lederfarbenen Verblendsteinen unter mäßiger Verwendung von Sandstein ausgeführt.

Das Gebäude bedeckt eine Grundfläche von 2184 qm, wovon auf den Lichthof etwa 500 qm entfallen; die bewilligte Bausumme betrug (ohne innere Einrichtung) 450 000 Mark, so daß sich 1 qm überbauter Grundfläche (den Lichthof mit eingerechnet) auf etwa 206 Mark stellt **).

Das alte Schulhaus soll für die Maschinenbauabteilung umgebaut werden.

Mit dieser Schule ist eine Verpflegungsanstalt mit mehreren großen Wohnhäusern für Schüler nebst Speiseanstalt verbunden; die Wohnhäuser enthalten außer geräumigen Schlafzimmern größere heizbare Versammlungsräume, in welchen die im betreffenden Gebäude wohnenden Schüler ihre Erholungs- und Mußestunden zubringen können. Zur Schule gehört auch eine besondere von derselben eingerichtete Waschanstalt und ein eigenes Krankenhaus mit 12 Zimmern.

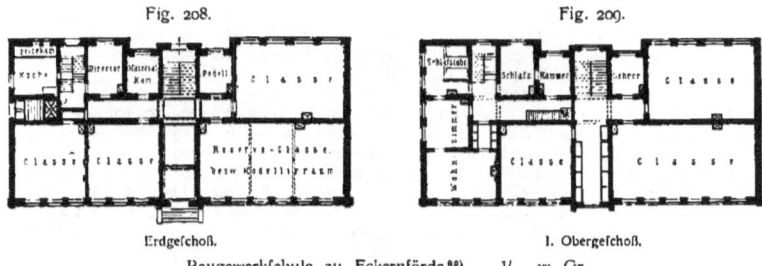

Fig. 208.   Fig. 209.

Erdgeschoß.   1. Obergeschoß.

Baugewerkschule zu Eckernförde⁸⁹). - ¹/₁₀₀ w. Gr.

Arch.: *Faber.*

231. Beispiel XI.

Als Beispiel für eine kleinere Anlage sei hier die nach *Faber*'s Plänen 1869—70 erbaute Baugewerkschule zu Eckernförde, welche etwa 250 Schülern hinreichenden Platz gewährt, eingefügt (Fig. 208 u. 209 ⁸⁹).

Dieses Schulhaus steht auf einem städtischen Grundstücke, welches an der Kieler Landstraße, zwischen der Stadt und der Kaserne, gelegen ist, und enthält einerseits die Räumlichkeiten für die Schule, andererseits die Direktorwohnung; beide haben ihren besonderen Eingang, wovon der für die Schule in der Hauptseite, angeordnet ist. Die Raumverteilung ist aus den beiden obenstehenden Plänen zu ersehen, und es ist nur hinzuzufügen, daß der Modelliersaal später als Reserveklasse (für 50 Schüler) benutzt und in einem späteren Anbau ein neuer Modelliersaal errichtet werden sollte. Die lichte Stockwerkshöhe beträgt 3,73 m.

Die Lüftung der Schulzimmer geschieht mittels Klappfenster über dem Losholz der Fenster und über den Türen nach dem Flurgang. Die Heizung wird durch eiserne Regulieröfen bewirkt. Die innere Ausstattung ist einfach, aber solide.

Das Gebäude ist nicht unterkellert; nur unter der Küche der Direktorwohnung ist ein kleiner Keller angeordnet; doch mußte erstere eine geringere Höhe erhalten, damit der Keller, des Grundwassers wegen, nicht so tief in den Erdboden einzubauen war. Ein Nebenhaus enthält Waschküche, Brennstoffräume und eine Pedellenwohnung.

Für den ganzen Bau waren bloß 45 000 Mark zur Verfügung, weshalb auf die Fassade nur wenig Gewicht gelegt werden konnte. Daher wurde Backsteinrohbau gewählt, und zwar als Hauptmaterial der heimische rote Ziegel mit braun glasierten Fliesen und grau gedämpften Steinen. Im Mittelfeld der Bekrönung des Risalits ist eine Uhr mit Transparentzifferblatt angebracht, und die seitlichen Felder sind mit Asphaltlack bemalt ⁸⁹).

---

⁸⁹) Nach: ROMBERG's Zeitschr. f. prakt. Bauk. 1870, S. 327.

Als eine hervorragende architektonifche Leiftung erfcheint die 1867—70 von *v. Egle* erbaute Baugewerkfchule zu Stuttgart (Fig. 210 bis 212).

232.
Beifpiel
XII.

Den Hauptbeftandteil diefer Schule bildet (feit 1879) der Kurs für Bautechniker, aus 6 Semeftralklaffen beftehend; hierzu kommen noch einige Zweigfchulen, und zwar (feit 1865) die Geometerfchule, (feit 1866) die Mafchinenbaufchule und (feit 1856) ein Semeftralkurs für niedrige Wafferbautechniker; außerdem beftehen (feit 1875), in Verbindung mit den 3 unteren Schulklaffen, ausgiebige Unterrichtsgelegenheiten für Schreiner, Glafer, Schloffer, Flafchner etc.

Bis zum Jahre 1870 war die Baugewerkfchule in einem Teile der fog. Legionskaferne untergebracht. Der an der Kanzleiftraße gelegene, aus Sockel-, Erd-, 2 Obergefchoffen und einem manfardierten Dachgefchoß beftehende Neubau ift an drei Seiten von Straßen und an der vierten von einem breiten Hofe begrenzt; derfelbe hat demnach ringsum gutes Licht, und die 7 m tiefen Lehrfäle find deshalb fämtlich an feinen äußeren Umfang verlegt. Den Kern des Haufes bilden zwei glasbedeckte Binnenhöfe, auf welche die Flurgänge in Form von offenen Säulenarkaden münden, was den freien Einblick in den öffentlichen Teil des Haufes und damit die Aufrechthaltung der Hausordnung erleichtert und ein malerifches Architekturbild gibt. Die beiden Höfe famt den Flurgängen, fomit das ganze Innere, find heizbar eingerichtet.

Im Zwifchenbau (zwifchen den beiden Höfen) liegen in den unteren Stockwerken, Sammlungsräume und im II. Obergefchoß der (wegen Mangels an Mitteln unvollendet gebliebene) Feftfaal. Im übrigen enthält jedes Gefchoß 8 große Lehrfäle und 4 bis 6 Zimmer für Lehrer und Lehrmittel. Das Verwaltungszimmer ift im I. Obergefchoß in der Mitte der Hauptfront, das Bibliothekzimmer an der gleichen Stelle im II. Obergefchoß und darüber noch ein Hauptfammlungsraum angeordnet. Die Schuldienerwohnung und die Modellierfäle find an der Rückfeite des Sockelgefchoffes gelegen und durch einen breiten Lichtgraben erhellt.

Die 21 Zeichenfäle enthalten 840 Zeichenplätze mit je 1,00 m Tifchlänge und 1,60 m Tiefe. Sämtliche Lehrräume find 4,00 bis 4,70 m im Lichten hoch. An den Wänden der Säle find fortlaufende Reihen von 2 m hohen Kaften für Kleider und Zeichenbretter, fowie für Wandtafelvorlagen, welche über diefen Kaften an durchlaufenden Eifenftangen aufgehängt werden können, angebracht. Elf im Sockelgefchoß befindliche Luftheizungsöfen dienen zur Erwärmung des ganzen Haufes. Sämtliche Außen- und Hofmauern beftehen ganz aus Quadern; alle Gänge find gewölbt.

Das 61 m lange und 36 m tiefe Schulhaus bedeckt eine überbaute Grundfläche von 2160 qm; fein Rauminhalt beträgt, einfchl. der benutzten Teile des Sockelgefchoffes, aber ausfchl. der Dachräume, 39 470 cbm; die Baukoften haben fich (ausfchl. der Gasbeleuchtungsanlagen und der inneren Einrichtung) auf faft genau 600 000 Mark belaufen, fo daß auf 1 cbm Rauminhalt 15,20 Mark entfallen 90).

Da der verfügbare Raum die Vorführung weiterer Beifpiele von Baugewerkfchulen nicht geftattet, fo fei hier nur noch auf die neueren Veröffentlichungen des Neubaues der Baugewerkfchule zu Deutfch-Krone [91]), der Baugewerkfchule zu Karlsruhe [92]) und der Baufchule zu Sternberg [93]) aufmerkfam gemacht.

In manchen Fällen, wie dies fchon aus einigen der vorgeführten Beifpiele hervorgeht, hat man verfchiedene mittlere technifche Lehranftalten, wegen der zahlreichen gemeinfamen Berührungspunkte, in einem und demfelben Schulhaufe vereinigt. Dadurch, daß man gewiffe Räume, wie Aula, Bücherfammlung etc., mehreren Anftalten zur gemeinfchaftlichen Benutzung zuweifen kann, laffen fich die Baukoften herabmindern, und die Möglichkeit, gewiffe Fachlehrer in mehr als einer der betreffenden Schulen zu verwenden, kann auch eine Verringerung der Unterhaltungskoften herbeiführen.

233.
Vereinigung
verfchiedener
Schulen.

Ein älteres Beifpiel diefer Art ift das 1846—48 von *Schramm* erbaute Schulhaus zu Zittau, in welchem die dortige Gewerbe- und Baugewerkfchule untergebracht find.

234.
Beifpiel
XIII.

Diefes dreigefchoffige Bauwerk liegt auf einem der höchften Punkte der Stadt (in der Nähe des fog. Budiffiner-Zwingers), und feine Hauptfront ift gegen die Promenade gekehrt. Seine An-

---

90) Nach: Stuttgart. Führer durch die Stadt und ihre Bauten. Stuttgart 1884. S. 76.
91) In: Baugwks.-Ztg. 1896, S. 933.
92) In: BAUMEISTER, R. Hygienifcher Führer durch die Haupt- und Refidenzftadt Karlsruhe. Karlsruhe 1897. S. 167.
93) In: Baugwks.-Ztg. 1899, S. 1535.

lage und Einrichtung genügt allerdings den Anfprüchen der Gegenwart nicht mehr ganz; allein zu feiner Zeit zählte es mit Recht zu den gelungeneren Anlagen diefer Art.

Das Erd- und I. Obergefchoß dienen der Gewerbefchule; im Erdgefchoß ift auch noch eine Schuldienerwohnung gelegen, und die Räume für den chemifchen Unterricht wurden gleichfalls in diefem Stockwerk untergebracht. Im II. Obergefchoß befinden fich die Unterrichtsräume der Baugewerkfchule, fowie ein Konferenz- und Bibliothekzimmer. Auf eine eingehendere Befchreibung diefes Schulhaufes muß verzichtet und auf die unten namhaft gemachte Quelle[114]) verwiefen werden.

235.
Beifpiel
XIV.

Eine große, hier einfchlägige Anlage ift die Gebäudegruppe der technifchen Staatslehranftalten zu Chemnitz, welche 1874—77 nach *Gottfchaldt*'s Plänen ausgeführt wurde und in der die höhere Gewerbefchule (mit einer mechanifch-technifchen, einer chemifch-technifchen und einer bautechnifchen Abteilung), die Baugewerkfchule, die Werkmeifterfchule und die Gewerbezeichenfchule unter gemeinfchaftlicher Direktion vereinigt find (Fig. 213 bis 215[115]).

Diefe Anlage befindet fich am Schillerplatze, einem der fchönften und zugleich ruhigften Stadtteile von Chemnitz, und gliedert fich, außer dem auf den erworbenen Grundftücken fchon vorhanden gewefenen und zur Direktorwohnung fich trefflich eignenden Wohnhaufe, in ein Hauptgebäude mit zwei Gebäudeflügeln von 2497 qm Grundfläche, einen Laboratoriumsbau von 1132,50 qm

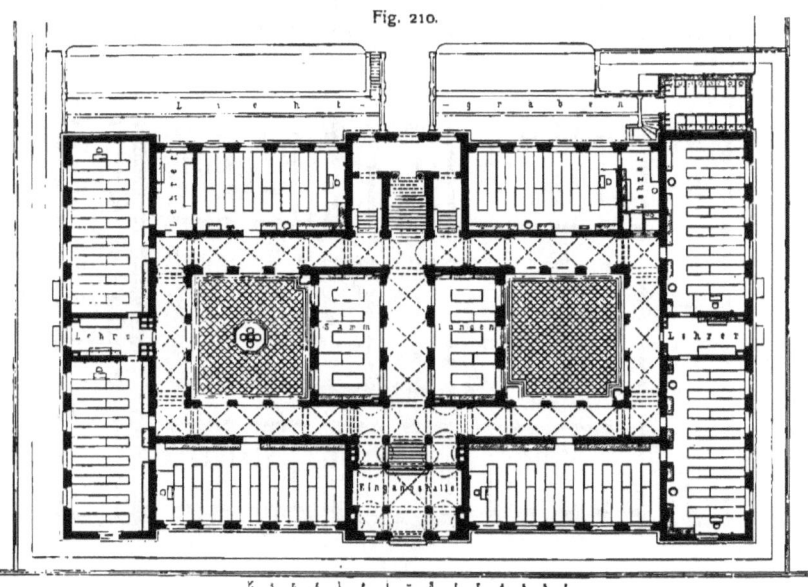

Fig. 210.

Erdgefchoß.

Baugewerkfchule

Grundfläche und ein Keffelhaus mit Schornftein (181 qm), welche nach einer gemeinfchaftlichen Hauptachfe gruppiert find (Fig. 213).

Das im Grundriß U-förmig geftaltete Hauptgebäude (Fig. 213 bis 215), aus einem 4 Gefchoffe hohen Vorderhaufe (von 74,00 m Länge und 18,50 m Tiefe) und zwei (etwa 40,00 m langen und 11,50 m)

[114]) Siehe: ROMBERG's Zeitfchr. f. prakt. Bauk. 1852, S. 243.
[115]) Nach: Allg. Bauz. 1887, S. 38 u. Bl. 24—31.

Fig. 211.

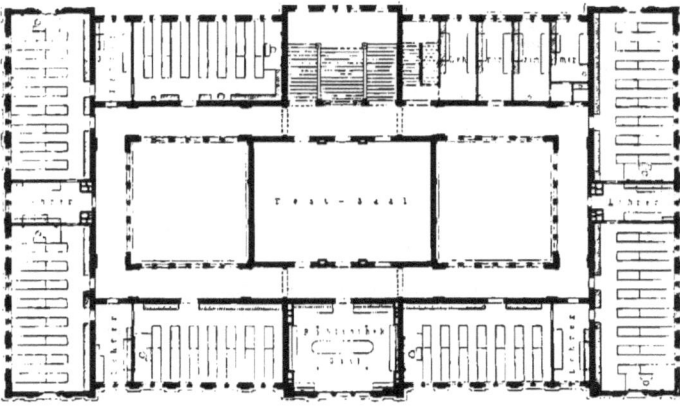

II. Obergefchoß.

Fig. 212.

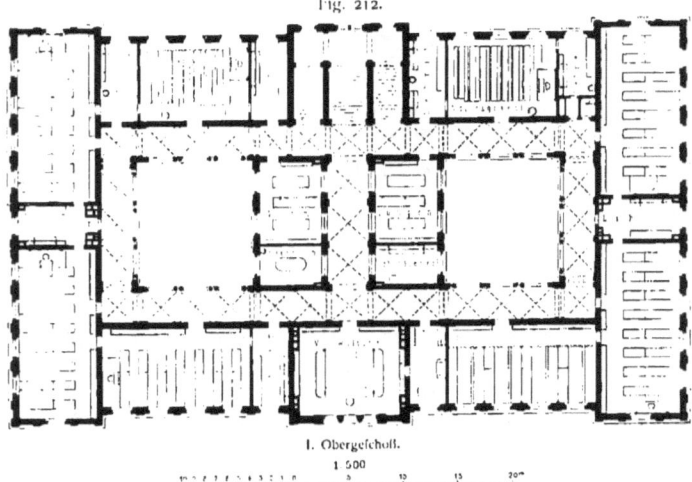

I. Obergefchoß.
1:500
Arch.: v. Egle.

zu Stuttgart.

tiefen, jedoch nur dreigefchoffigen Flügeln beftehend, nimmt die hauptfächlichften Lehr-, Sammlungs- und Verwaltungsräume der fämtlichen Anftalten in fich auf, und die Raumverteilung ift fo getroffen, daß den meiften Vortrags- und Zeichenfälen vorwiegend Nordoft-, bezw. Nordweftlicht zu gute kommt. Eine breite, doppelarmige Haupttreppe von Granit und zwei an den Kreuzungspunkten der Gebäudeflügel gelegene Nebentreppen vermitteln den Verkehr zwifchen den einzelnen Stockwerken.

14.*

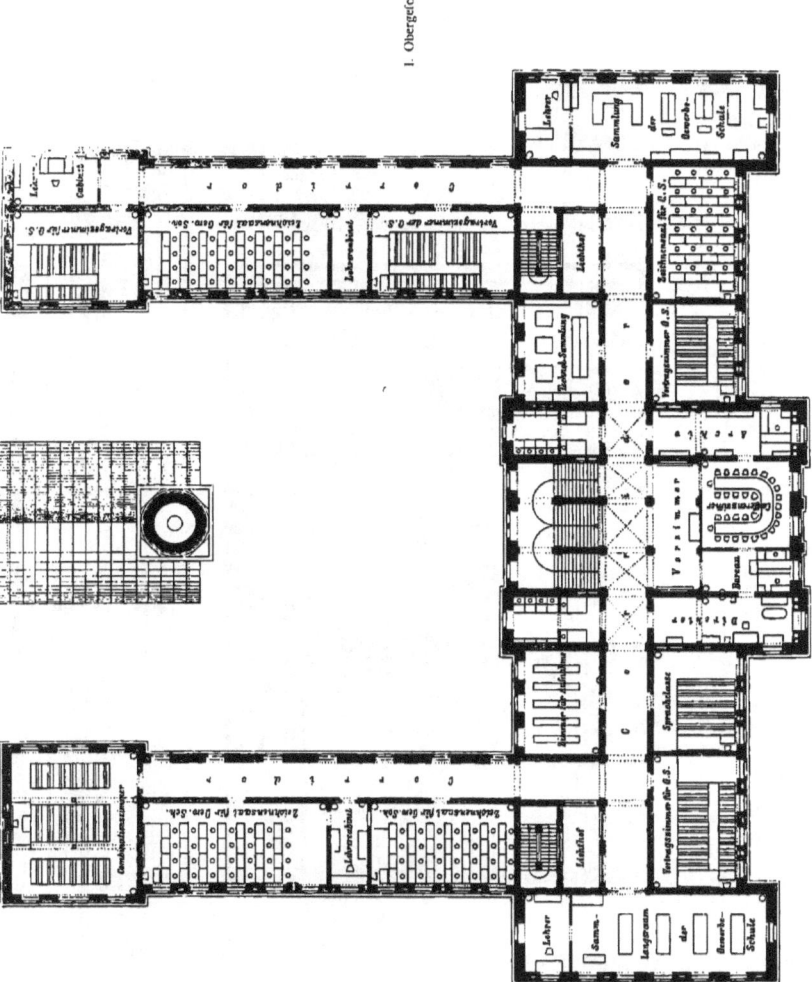

1. Obergeschoß.

Fig. 213.

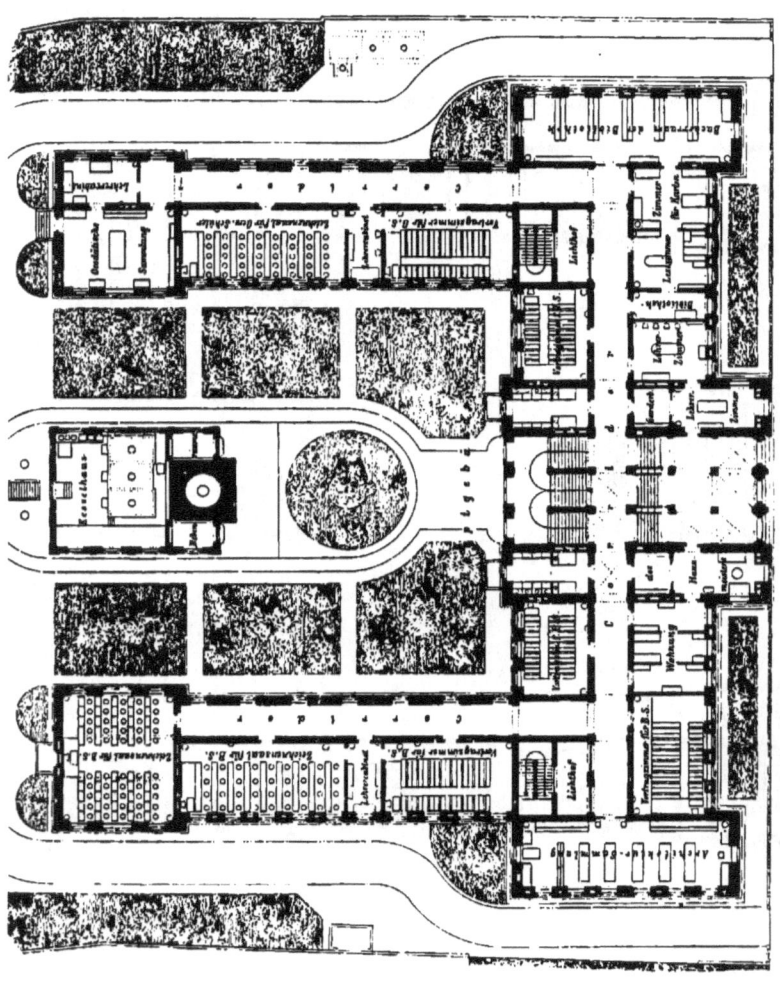

Fig. 214. Technische Staats-Lehranstalten zu Chemnitz[93]. Erdgeschoß. Arch.: *Gottschaldt.*

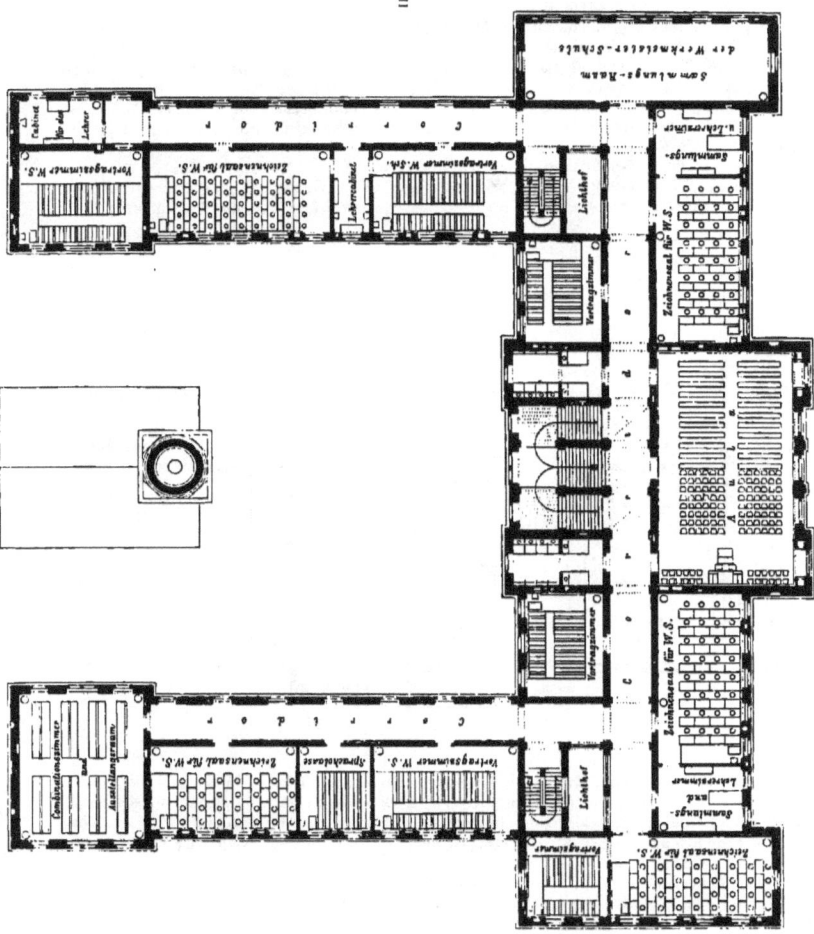

Fig. 215.

1:500

Das Erdgeſchoß (Fig. 214) enthält hauptſächlich die Lehrzimmer der Baugewerkſchule und der unteren Kurſe der höheren Gewerbeſchule, das I. Obergeſchoß (Fig. 23) die Lehr- und Sammlungszimmer der oberen Kurſe der letzteren Anſtalt und die Verwaltungsräume, während das II. Obergeſchoß (Fig. 215) für die beiden Abteilungen der Werkmeiſterſchule beſtimmt iſt. Das III. (hier nicht dargeſtellte) Obergeſchoß nimmt die großen Freihandzeichen- und Gipszeichenſäle für ſämtliche Anſtalten auf und iſt aus dieſem Grunde nach außen hin durch große, galerieartige Rundbogenfenſter gekennzeichnet.

Im dreigeſchoſſigen Laboratoriumsbau ſind die Räumlichkeiten für Chemie, Phyſik und Mineralogie untergebracht; in Heft 2 des vorliegenden Halbbandes wird noch eingehender von dieſem Haufe die Rede ſein.

Das Keſſelhaus dient hauptſächlich den Zwecken der von *Gebrüder Sulzer* in Winterthur eingerichteten Dampfheizung in den beiden ebengenannten Gebäuden. Dasſelbe enthält zwei Haupt- und einen Reſervekeſſel, den Kondenſations-Waſſerbehälter und die Speiſepumpe; es iſt

Fig. 216.

Gewerbeſchule zu Hagen i. W.,

Erdgeſchoß.

1 : 500

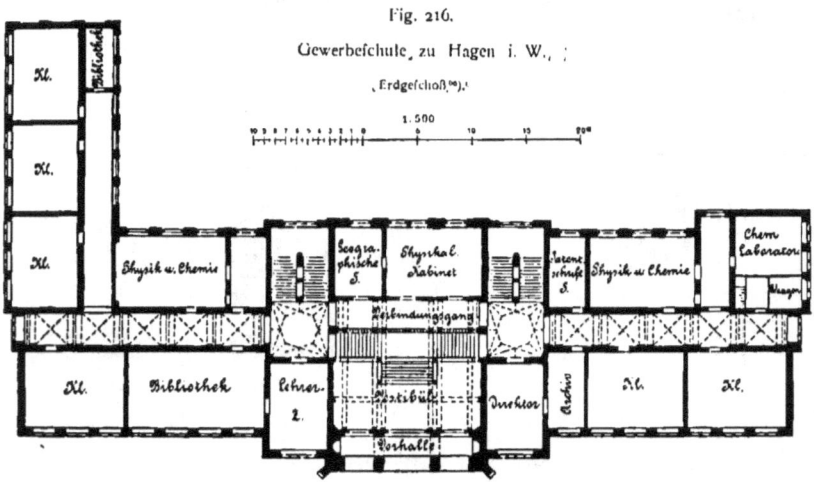

Arch.: *Geuzmer.*

durch unterirdiſche Kanäle, welche die Dampfrohre nach dem Gebäude führen und die Kondenſationsrohre von denſelben herleiten, zugleich aber auch als Lüftungskanäle dienen, mit den beiden Gebäuden verbunden. Der 30 m hohe, im Lichten 3,30 m weite Schornſtein umfaßt den 24 m hohen, eiſernen Rauchſchornſtein der Keſſelfeuerungen, und der letzteren umgebende ringförmige Mantelraum wirkt als Saugſchlot.

Die Außenflächen des Haupt- und des Laboratoriumsbaues ſind geputzt, unter reichlicher Verwendung von Sandſtein-Architekturteilen und Sgraffitodekoration; die Sockel ſind in Ruſtika von Rochlitzer Porphyrtuff ausgeführt.

Die Baukoſten des Hauptgebäudes haben rund 850 000 Mark betragen, ſo daß auf 1 qm überbauter Grundfläche 340,58 Mark entfallen; das Keſſelhaus hat rund 94 000 Mark und 1 qm desſelben 520,28 Mark gekoſtet.

Eine eigenartige Vereinigung von zwei Lehranſtalten zeigt die Gewerbeſchule zu Hagen i. W., welche aus zwei ſelbſtändigen Schulabteilungen (Realſchule und Fachklaſſen) unter einem gemeinſchaftlichen Direktor und gemeinſamen Lehrerkollegium beſteht.

236. Beiſpiel XV.

---

*) Faks.-Repr. nach: Deutſche Bauz. 1895, S. 93.

Fig. 217.

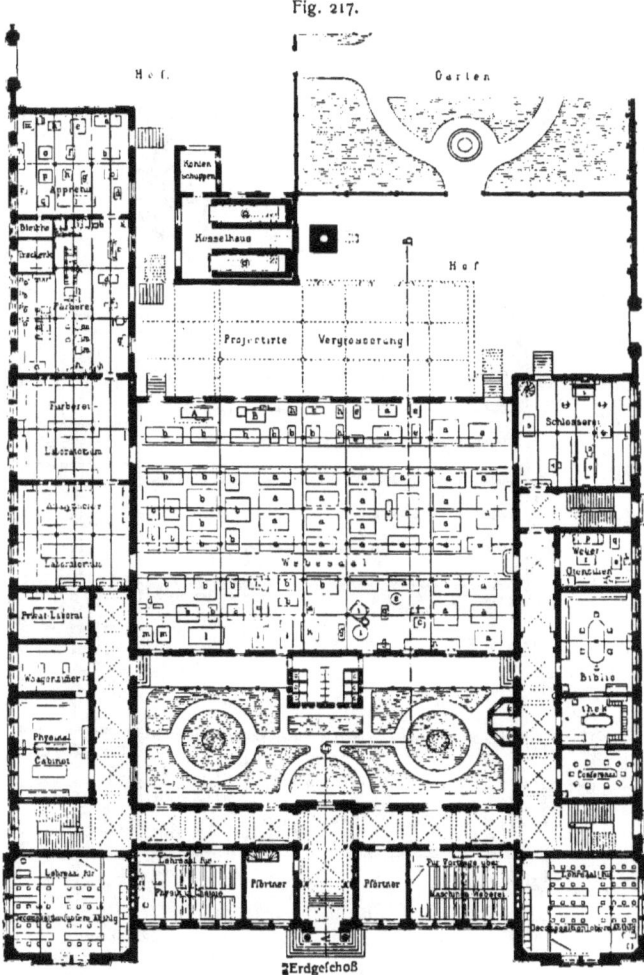

Königliche Webe-

A. Verbund-Dampfmaschine.
B. Gaskraftmaschine.

Webesaal:
- a. Handwebstuhl.
- b. Mechanischer Webstuhl.
- c. Jacquard-Maschine.
- d. Jacquard-Kartenschlagmaschine.
- e. Ringzwirn- und Kunstwindemaschine.
- f. Harnisch-Vorrichtegestell.
- g. Spulengestell.
- h. Duplier-Spulmaschine.
- i. Scherrahmen.
- k. Schermaschine.
- l. Bäummaschine.
- m. Bäumtrommel.
- n. Materialschrank.
- o. Schnürungsstuhl.

Weberutensilien:
- p. Meß- und Legetisch.
- q. Meßmaschine.
- r. Waren-Kontrolletisch.
- s. Noppmaschine.
- t. Spindelschnur-Klöppelmaschine.
- u. Maillonlitzen-Strickmaschine.
- v. Zwirnlitzen-Strickmaschine.

Schmiede und Schofferei:
- 1. Schmiedefeuer.
- 2. Bohrmaschine.
- 3. Drehbank.
- 4. Feilmaschine.
- 5, 6, 7. Mechanischer Webstuhl.

Fig. 218. Fig. 219.

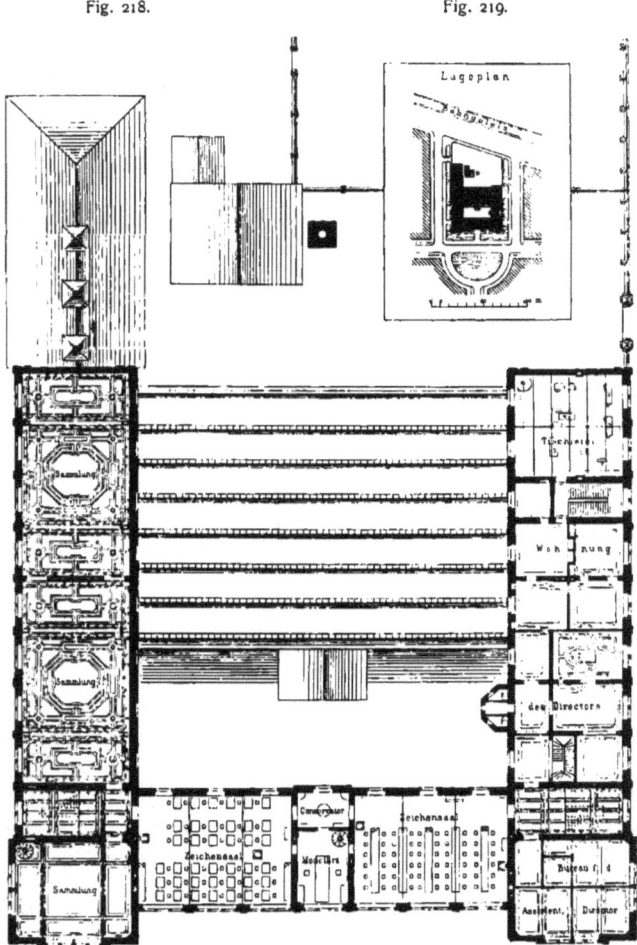

Obergeschoß.

[s]chule zu Crefeld[97].

Tifchlerei:
1, 2, 3. Hobelbänke.
4. Kreisſäge.
5. Holzdrehbank.
6. Schmirgelſtein.
7. Schleifſtein.

Färberei:
a. Gummitragant-Schlagfaß.
b. Farbholz-Extrakteur.
c. Krappmaſchine.
d. Walgenwalke.
e. Hämmer-Waſchmaſchine.
f. Garnmangel.
g. Strähn-Waſchmaſchine.

Arch.: Burkart.

h. Kochapparat.
i. Farbholzlager.
k. Farbe-Diggers.
l. Dampfapparat.
m. Bake.
n. Waſſerbehälter.
o. Recktiſch.

a. Gas-Sengemaſchine.
b. Riegel-Appreturmaſchine.
c. Kalander.
d. Brechmaſchine.
e. Auskehrmaſchine.
f. Druckmaſchine.
g. Quetſchmaſchine.
h. Rauhmaſchine.
i. Gummiermaſchine.

Appretur:
k. Waſſerkraftpreſſe.
l. Ofen zum Anwärmen der Preßſpäne.
m. Spindelpreſſe.
n. Einſpäntiſch.
o. Scheuermaſchine.
p. Schermaſchine.
q. Aufrollſtuhl.
r. Garndruckmaſchine.

Da die völlige Trennung beider Abteilungen verlangt wurde, hat der Architekt des Haufes *(F. Genzmer)* die der Realfchule dienenden Räume links von der Mittelachfe und die für die Fachfchule beftimmten Räume rechts davon angeordnet; in der Mitte wurden die von beiden Abteilungen gemeinfam zu benutzenden Räume (Eintrittshalle, Aula und Sammlungsräume) vorgefehen. Die Anftalt zählt etwa 600 Schüler, für welche 16 Klaffenräume, 2 Lehrzimmer für naturwiffenfchaftlichen Unterricht, ein Raum für chemifches Praktikum, 1 Modellierfaal, 4 Zeichenfäle, eine Aula, umfangreiche Sammlungsräume, die nötigen Nebenräume für den naturwiffenfchaftlichen Unterricht und die Zeichenfäle, eine Bibliothek und Verwaltungsräume notwendig waren.

Der leitende Grundgedanke der Plananordnung ift aus dem Erdgefchoßgrundriß in Fig. 216[96]) zu erfehen.

Fig. 220.

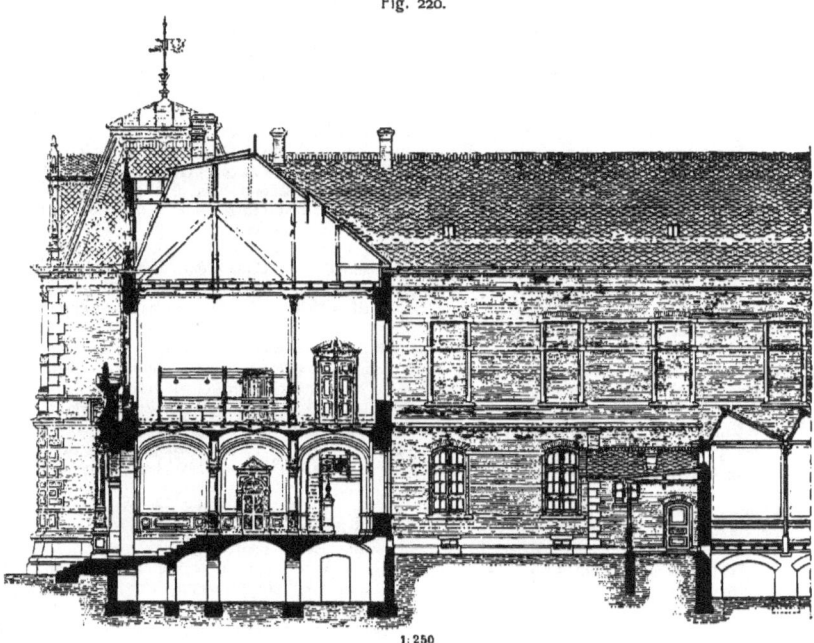

Webefchule zu Crefeld. — Schnitt nach *A B* in Fig. 217 bis 219[97]).

Daraus ift zu entnehmen, daß jede Abteilung ihr eigenes, vom Veftibül leicht zu erreichendes Treppenhaus befitzt, daß aber zwifchen beiden ein Verbindungsgang vorgefehen ift, der es ermöglicht, daß die von einer zur anderen Schulabteilung gehenden Lehrer nicht treppab und treppauf die Eintrittshalle zu durchfchreiten brauchen. Hierdurch ergab fich für letzteres ein reizvolles Architekturmotiv.

Weitere Einzelheiten bringt die unten genannte Zeitfchrift[98]).

237. Andere technifche Fachfchulen.

Außer den Baugewerkfchulen befteht eine nicht geringe Zahl anderer technifcher Fachfchulen für befondere Zwecke, von denen, foweit es fich um niedere Lehranftalten diefer Art handelt, bereits in Kap. 8 (Art. 160 bis 163, S. 133 bis 138) einige Beifpiele vorgeführt worden find. Streben folche Schulen eine höhere

---

[97]) Fakf.-Repr. nach: Zeitfchr. f. Bauw. 1887, Bl. 41 u. 42.

Ausbildung, namentlich in theoretifch-wiffenfchaftlicher, wohl auch in fachlicher Richtung an, fo gehören fie in die Gruppe der mittleren technifchen Lehranftalten und haben an diefer Stelle Aufnahme zu finden.

Eine nicht geringe Entwickelung haben vor allem die Webefchulen erfahren, unter denen namentlich die zu Lyon, Zürich, Mühlhaufen und Crefeld zu nennen find. Die letztgenannte Anftalt fei hier im befonderen vorgeführt und durch die von *Burkart* herrührenden Pläne in Fig. 217 bis 220[97]) veranfchaulicht.

238. Beifpiel XVI.

Die Stadt Crefeld, der Mittelpunkt niederrheinifcher Seideninduftrie, befaß bereits feit dem Jahre 1853 eine Webefchule; da diefelbe indes vornehmlich nur die praktifche Ausbildung der Werkmeifter bezweckte, fo vermochte fie den Anforderungen nicht zu entfprechen, welche die Seidenerzeugung gegenwärtig ftellt. Deshalb wurde eine Neubildung diefer Anftalt als ftaatliche Hauptfachfchule für die Webekunft befchloffen; in der neu zu errichtenden Königl. Webfchule follten Werkmeifter, Zeichner und Fabrikanten durch theoretifchen und praktifchen Unterricht für alle Zweige der Weberei, fowie Mafchinenbauer für diefelbe herangebildet und ferner denjenigen, welche fich als Ein- oder Verkäufer dem Fache widmen wollen, mit genauer Kenntnis der Fabrikation ausgerüftet werden. Die Anftalt hat demgemäß 3 Abteilungen erhalten: eine Zeichenfchule, eine eigentliche Webefchule und eine Schule für Webftuhlbauer und Monteure.

Der hierfür notwendige Neubau follte zur Aufnahme von 150 Schülern beftimmt fein und 4 Lehrklaffen, 2 Zeichenfäle, einen geräumigen Webefaal, Räume für mechanifche Werkftätten und für Sammlungen, die Bibliothek, ein phyfikalifches Zimmer, ein Laboratorium, endlich die Wohn- und Dienfträume des Direktors enthalten. In welcher Weife diefes Programm in dem 1881—83 ausgeführten Neubau gelöft wurde, zeigen die Pläne in Fig. 217 bis 220.

Das Webefchulhaus befteht aus einem im Grundriß U-förmigen zweigefchoffigen Hauptbau, zwifchen deffen Flügeln der geräumige Webefaal eingebaut ift. Zeichenfäle und Webefaal wurden nach Norden gerichtet; die Färb- und Appreturfchule bildet als eingefchoffiger Bau die Verlängerung des öftlichen Flügels. Das Dachgefchoß ift teils zu Ateliers, teils zu Dienft- und untergeordneten Wohnräumen ausgebaut.

Der große Webefaal von $34{,}20 \times 23{,}00$ m Grundfläche dient zur Aufnahme der mannigfachen Hand- und mechanifchen Webftühle, fowie der für die Weberei notwendigen kleineren Nebenmafchinen; der ganze Raum ift mit Sägedächern, deren Lichtfläche nach Norden gerichtet ift, überdeckt.

Das Gebäude ift mit Schiefer gedeckt; nur zur Deckung der Färberei und des Webefaales wurde Zink-, bezw. Wellblech verwendet. Die Erwärmung des Webefaales, der Werkftätten, Laboratorien, Färberei und Appretur erfolgt durch eine Dampfheizung von Gebr. *Körting* in Hannover; die übrigen Räume werden mittels Regulierfüllöfen geheizt. Die Beleuchtung fämtlicher Räume wird durch elektrifche Glühlichter bewirkt; zur Erzeugung des für die Heizung, fowie für die Dynamo- und anderen Mafchinen notwendigen Dampfes dienen zwei Keffel. Die Ausbildung des Äußeren ift mit Rückficht auf die Beftimmung des Haufes und auf die verfügbaren Koften einfach gehalten; doch ließ fich eine weitergehende Verwendung von Hauffeinen ermöglichen.

Die eigentlichen Baukoften haben rund 467 000 Mark betragen; dazu kommen noch die Koften des Bauplatzes und die Koften für die innere Einrichtung, die Sammlungen etc. mit rund 312 000 Mark, fo daß die Gefamtkoften fich auf rund 779 000 Mark belaufen[98]).

Ein weiteres Beifpiel einer hierher gehörigen Fachfchule bietet die Färberei- und Appreturfchule zu Crefeld.

239. Beifpiel XVII.

Diefe Anftalt hat die Aufgabe, fowohl für Farbenfabriken, als auch für Färbereien, Druckereien, Bleichereien und Appreturanftalten Leute auszubilden, welche im ftande find, die in ihrem Fach vorkommenden chemifchen Vorgänge zu verftehen, fowie in kleinen angeftellten Verfuche fchnell und ficher in den Betrieb zu übertragen. Dementfprechend erftreckt fich der Unterricht auf die theoretifchen Vorträge über anorganifche, organifche und technifche Chemie, über Färben, Bleichen, Drucken und Appretieren, fowie über Phyfik, analytifche Chemie und technifche Analyfe; ferner auf die Arbeiten in den Laboratorien.

Diefe Schule war zunächft in dem von der eben befchriebenen Webefchule verlaffenen Bau untergebracht; doch erwiefen fich die Räume bald als unzureichend, und es wurde dafür 1893—95 der durch Fig. 221 u. 222[99]) veranfchaulichte Neubau ausgeführt.

---
[97]) Nach ebendaf., S. 297.
[98]) Nach: Centralbl. d. Bauverw. 1895, S. 164 u. 165.

Fig. 221.

Schnitt nach A B.

Fig. 222.

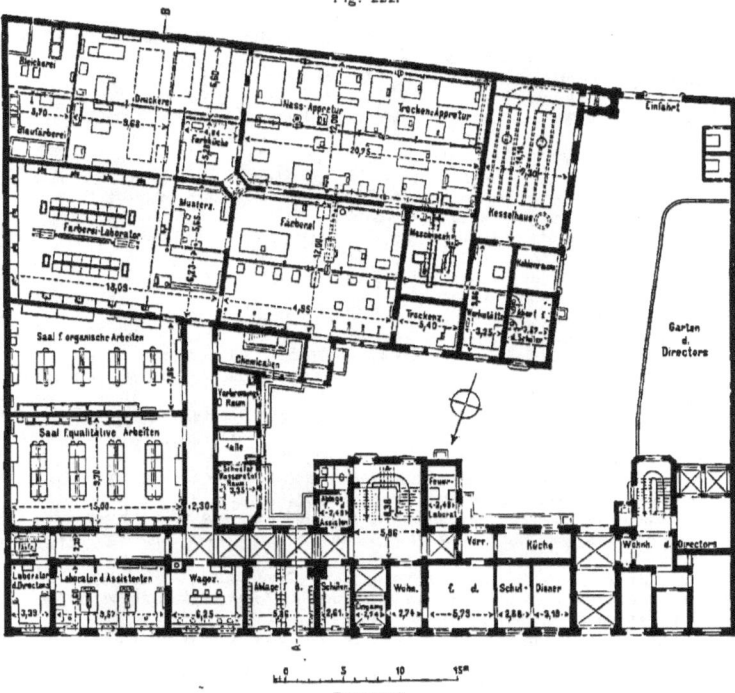

Erdgeschoß.

Färberei- und Appreturschule zu Crefeld [99]).

Die Bauanlage besteht aus dem Haupt- und Lehrgebäude und dem unmittelbar sich daran anschließenden Fabrikationsgebäude, dem sog. Shedbau. Das erstere enthält die Hörsäle mit den Vorbereitungs- und Sammlungszimmern, die Bibliothek nebst Lesezimmer, die Arbeitszimmer des

Direktors, die Privatlaboratorien des letzteren und der Affiftenten, ein Feuerlaboratorium, ein Wagezimmer, Ablegeräume für die Schüler, einen Lager- und Geräteraum und die Wohnung des Schuldieners. Im Shedbau befinden fich die Schülerlaboratorien und Fabrikationsräume, das Keffelhaus, der Mafchinenraum, die Werkftätte, die Schüleraborte und verfchiedene kleinere Nebengelaffe. In diefem Gebäude find die Räume für qualitative und organifche Arbeiten mit je einem in der ganzen Länge des Laboratoriums durchlaufenden fattelförmigen Dachlicht verfehen; die übrigen Räume haben Sheddachbeleuchtung (Fig. 221).

Außer der für die Beleuchtung beftimmten Gasleitung ift noch eine folche für technifche Zwecke vorgefehen. Zur kalten Jahreszeit gefchieht die Erwärmung durch eine Niederdruck-Dampfheizung. Das Haupt- und Lehrgebäude ift mit glafierten Dachpfannen und der Shedbau mit Dachpappe eingedeckt. Für die Straßenfront des Hauptbaues find rote Verblendfteine mit dunklen Bändern verwendet; für die Hoffronten und den Shedbau wurden beffere Ringofenfteine von roter Farbe gewählt.

Der Bau war zu 280 000 Mark veranfchlagt.

Literatur
über „Mittlere technifche Lehranftalten".

Ausführungen.

SCHRAMM, A. Das neue Gebäude der Königl. Gewerb- und Baugewerkenfchule in Zittau. ROMBERG's Zeitfchr. f. pract. Bauk. 1852, S. 243.
Leeds mechanic's inftitution and fchool of art. Builder, Bd. 25, S. 695.
Keighley mechanic's inftitute and fchool of fcience and art. Builder, Bd. 27, S. 529.
WANDERLEY, G. Die Baugewerkfchule zu Eckernförde. ROMBERG's Zeitfchr. f. pract. Bauk. 1870, S. 327.
Owen's college, Manchefter. Builder, Bd. 28, S. 281; Bd. 20, S. 85.
Royal Indian civil engineering college, Cooper's Hill, near Staines. Builder, Bd. 29, S. 597.
Die Königliche höhere Gewerbefchule zu Kaffel. Deutfche Bauz. 1872, S. 106; 1873, S. 285.
MATHYS, J. *Le collège induftriel de la Chaux-de-fonds.* Eifenb., Bd. 6, S. 3.
HITTENKOFER. Hauptgebäude der technifchen Fachfchulen zu Buxtehude. Baugwks.-Ztg. 1878, S. 20.
Das Technikum in Winterthur. Eifenb., Bd. 9, S. 131, 147, 173.
Bradford new technical fchool. Builder, Bd. 39, S. 511.
Mechanic's inftitute, Pudfey, near Leeds. Builder, Bd. 39, S. 565.
Technical fchool, Bradford. Building news, Bd. 38, S. 714.
The engineer ftudents' quarters. Keyham, Devonport. Builder, Bd. 41, S. 247.
Central inftitution for the city and guilds of London inftitute for the advancement of technical education, South Kenfington. Building news, Bd. 41, S. 824.
Kgl. Baugewerkfchule in Stuttgart: Stuttgart. Führer durch die Stadt und ihre Bauten. Stuttgart 1884. S. 76.
The central technical college, South Kenfington. Builder, Bd. 46, S. 39.
École centrale des arts et manufactures. Moniteur des arch. 1885, S. 80 u. Pl. 27, 40, 44, 50, 51, 62.
The new »École centrale, Paris. Builder, Bd. 49, S. 135.
The trade and mining fchool of the venturers, Briftol. Building news, Bd. 48, S. 890.
Mechanic's hall, local and fchool board offices, Stainland, near Halifax. Building news, Bd. 49, S. 52.
Einweihung der neuen gewerblichen Fachfchule in Köln. Deutfche Bauz. 1886, S. 534.
École nationale d'Armentières. Enfeignement primaire fupérieur et enfeignement profeffionel. Revue gén. de l'arch. 1886, S. 180, 241 u. Pl. 44 -53.
École nationale profeffionelle de Voiron. Revue gén. de l'arch. 1886, S. 256 u. Pl. 66 - 67. Encyclopédie d'arch. 1887 - 88, S. 33.
BURKART, G. Die Königl. Webefchule in Crefeld. Zeitfchr. f. Bauw. 1887, S. 297.
GOTTSCHALDT, A. Gebäude der technifchen Staats-Lehranftalten zu Chemnitz. Allg. Bauz. 1887, S. 39.
AVANZO & LANGE. Die Staats-Gewerbefchule in Wien, I. Bezirk. Allg. Bauz. 1888, S. 37.
WEYER. Die neue Gewerbefchule zu Köln am Rhein. Deutfches Baugwksbl. 1888, S. 38, 58. Wiener Bau-Ind.-Zeitg., Jahrg. 5, S. 136.
Competition defign for Blackburn technical fchools. Builder, Bd. 50, S. 104.

New technical and training college, Newcaftle-on-Tyne. Building news, Bd. 54, S. 424.
Dewsbury technical fchool. Building news, Bd. 55, S. 104.
The central inftitution of the city and guilds of London technical inftitute. Engng., Bd. 46, S. 419, 473, 497.
École primaire fupérieure et profeffionelle à Rouen. Nouv. annales de la conft. 1889, S. 7.
The Stevens inftitute. Engng., Bd. 47, S. 634.
Baugewerkfchule zu Höxter a. W. Baugwks.-Ztg. 1889, S. 846.
DUTERT. *École nationale des arts induftriels à Roubaix. La femaine des conft.*, Jahrg. 15, S. 452.
Chelfea polytechnic inftitute. Builder, Bd. 60, S. 230.
The competition for the Batterfea Polytechnic Inftitute. Builder, Bd. 60, S. 303, 312.
Manchefter technical fchool competition. Building news, Bd. 63, S. 421, 455, 489.
Higher grade fchools, Batley. Building news, Bd. 62, S. 90.
Defign of technical fchools and colleges. Architecture and building, Bd. 16, S. 88, 102.
Manchefter technical fchool. Architect, Bd. 48, S. 393.
Das kantonale Technikum des Kantons Bern zu Burgdorf. Schweiz. Bauz., Bd. 24, S. 98.
GENZMER, F. Der Neubau der Gewerbefchule zu Hagen i. W. Deutfche Bauz. 1895, S. 93.
Die neue Färberei- und Appreturfchule in Crefeld. Centralbl. d. Bauverw. 1895, S. 164.
The Heywood municipal fcience art, and technical fchool. Building news, Bd. 68, S. 581.
Neubau der Königl. Baugewerkfchule zu Dt.-Krone. Baugwks.-Ztg. 1896, S. 933.
The Bradford technical college. Engng., Bd. 61, S. 5.
Baugewerkefchule zu Karlsruhe: BAUMEISTER, R. Hygienifcher Führer durch die Haupt- und Refidenzftadt Karlsruhe. Karlsruhe 1897. S. 167.
Das neue Baufchul-Gebäude in Sternberg in Mecklenburg. Baugwks.-Ztg. 1899, S. 1535.
Neubau des Unterrichts-Gebäudes der Herzogl. Baugewerkfchule Holzminden. HAARMANN's Zeitfchr. f. Bauhdw. 1901, S. 1.
Das neue Unterrichtsgebäude der Herzogl. Baugewerkfchule Holzminden. HAARMANN's Zeitfchr. f. Bauhdwk. 1902, S. 177.

---

11. Kapitel.
Höhere Mädchenfchulen.
Von Dr. EDUARD SCHMITT.

240.
Wefen
und
Entwickelung.

Höhere Mädchenfchulen follen die Geifteskräfte der Schülerinnen gleichmäßig entwickeln, für alle Hauptrichtungen des Wiffens Verftändnis und Intereffe erwecken und die Schülerinnen mit den Kenntniffen und Fertigkeiten ausrüften, welche in ihrem künftigen Berufe nötig oder nützlich fein werden.

Unter den höheren Schulen haben fich die höheren Mädchenfchulen, die wohl auch höhere Töchterfchulen genannt werden, am fpäteften entwickelt; in gewiffem Sinne find fie heute noch in der Entwickelung begriffen.

Im Mittelalter wurden die hochgeborenen Fräulein zur Erziehung einem fremden Hofe oder Schloffe anvertraut; fie wurden unter die Obhut einer Erzieherin, der fog. Meifterin oder Zuchtmeifterin, getan. Der Fürftentochter wurde ein ftandesgemäßer Kreis von Genoffinnen und Gefpielinnen zugefellt, wodurch eine Art Hoffchule entftand; die Zuchtmeifterin war in erfter Linie Ehrendame; fie, ein Geiftlicher (Mönch- oder Hof- und Schloßkaplan) oder der Kämmerer leiteten die Erziehung und Ausbildung der Zöglinge, falls nicht vorgezogen wurde, die Erziehung ganz in das Nonnenklofter zu verlegen. Letzteres gefchah, nachdem die Frauenklöfter durch die Gunft der Fürften und vor allem der Fürftinnen reich bedacht worden waren. Manche diefer Klofterfchulen ftanden in bedeutendem Rufe.

Allmählich entftanden förmliche Schulen auch außerhalb der Klöfter, und nicht bloß an den Höfen; fie wurden von weiblichen Händen geleitet. Seit dem XIII. Jahrhundert, hie und da fchon früher, begegnet man ordnungsmäßig angeftellten und voll befchäftigten Lehrerinnen, den fog. „Lerfrouwen". Sehr bald fuchte jede bedeutendere Stadt eine Ehre darin, „aine fonder Maidlinfchuel uffzurichten" und zu erhalten.

Zur Zeit der Reformation nahm das Mädchenfchulwefen neuen Auffchwung, vornehmlich in denjenigen Städten, welche fich der neuen Lehre anfchloffen. Denfelben erfreulichen Fortgang zeigt das XVII. Jahrhundert nicht mehr; die Urfache ift der Verfall der Städte infolge des dreißigjährigen Krieges. Zu Ende diefes Jahrhundertes zwang ein felbftbewußter, im vollen Ruhmesglanze ftrahlender Nachbar dem deutfchen Volke feine Kultur auf, und die franzöfifche Mädchenerziehung in Klöftern und Penfionaten wurde auch bei uns eingeführt.

In der Schweiz entftanden unter dem Einfluffe der Dichter *Bodmer*, *Breitinger* und *Ufteri* die erften „höheren Töchterfchulen". Indes für das eigentliche Deutfchland nutzte diefer fchöne Anfang noch wenig; erft mit dem Beginne des XIX. Jahrhunderts trat eine bahnbrechende Wendung ein. Die neue Zeit fing mit der Gründung der Königlichen *Luifen*-Stiftung in Berlin am 10. März 1811 an; vor diefer Zeit waren höhere Mädchenfchulen in Breslau, Celle, Küftrin, Deffau, Frankfurt a. M., Lübeck, Nordhaufen etc.[100]).

241. Organifation.

Lehrplan und Bildungsziele der höheren Mädchenfchule find zur Zeit noch ziemlich verfchiedenartigen Auffaffungen unterworfen, wenn auch zugeftanden werden kann, daß das höhere Mädchenfchulwefen in erfreulichem inneren, wie äußeren Umfchwunge begriffen ift. Immerhin ift die äußere Geftaltung derartiger Schulen, mit welcher naturgemäß die bauliche Anordnung auf das innigfte zufammenhängt, eine fehr mannigfaltige. Die Zahl der Klaffen und der Bedarf an Sälen für gewiffe befondere Unterrichtszweige find — abgefehen von etwa vorhandenen Parallelklaffen — ungemein verfchieden; dazu kommt noch, daß ein Teil der höheren Mädchenfchulen auch noch mit einer Elementarfchule, welche im allgemeinen das Lehrziel einer Volksfchule verfolgt und die als Vorfchule für die höhere Mädchenfchule aufzufaffen ift, verbunden ift, bei einem zweiten Teile diefe Elementarfchule aber fehlt.

Infolge diefer und mancher anderer Gründe ift es gekommen, daß es unter den höheren Mädchenfchulen folche mit 1, 2, 3, 4, 5, 6, 7, 8, 9 und 10 Klaffen gab und vielleicht heute noch zu finden find; ja es beftehen folche, welche (die Parallelklaffen niemals mitgezählt) noch mehr als 10 Klaffen haben.

Der 1886 bekannt gewordene, unter den Aufpizien des preußifchen Kultusminifteriums entworfene „Normal-Lehrplan für die höheren Mädchenfchulen zu Berlin" fetzt eine neunklaffige Schule, die fich nach Unter-, Mittel- und Oberftufe gliedert, voraus.

Unterm 31. Mai 1894 hat der preußifche Unterrichtsminifter eine Verordnung erlaffen, durch welche Grundfätze für die Neuordnung des höheren Mädchenfchulwefens aufgeftellt werden. Danach foll eine Anftalt nur dann als höhere Mädchenfchule angefehen werden, welche 9 Jahreskurfe in 7 auffteigenden Klaffen hat und bei der allgemein verbindlichen Unterricht in zwei fremden Sprachen erteilt wird. Die höhere Mädchenfchule darf in ihrer oberften Klaffe nicht den Charakter einer Fachfchule annehmen, insbefondere nicht zu einer Vorbereitungsfchule für Lehrerinnenfeminare werden; fie hat vielmehr in ihrer ganzen Einrichtung von unten bis oben den Zweck allgemeiner Bildung ihrer Schülerinnen feftzuhalten.

Eine noch weitergehende Mannigfaltigkeit wird dadurch hervorgebracht, daß an manche höhere Mädchenfchulen eine Lehrerinnenbildungsanftalt, alfo ein Seminar für Lehrerinnen (fiehe Kap. 14), angefchloffen ift. Endlich ift mit einigen diefer Lehranftalten auch noch ein Penfionat vereinigt, wodurch in organifatorifcher Beziehung fowohl, wie in baulicher ein neues Element hinzukommt. Über Penfionate wird im folgenden (in Kap. 13) noch die Rede fein.

Die franzöfifchen höheren Mädchenfchulen find faft ausfchließlich Penfionate; es wird deshalb von denfelben im vorliegenden Kapitel nicht weiter, fondern erft an der eben angezogenen Stelle gefprochen werden.

Auch in England find mit den höheren Mädchenfchulen mehrfach Penfionate vereinigt; doch fehlen letztere bei nicht wenigen folcher Anftalten. Hingegen ift es üblich, daß die Schülerinnen den ganzen Tag im Schulhaufe zubringen und auch das Mittageffen darin einnehmen.

Um den Mädchen eine weitergehende Ausbildung zu ermöglichen, als fie die jetzt meift übliche neunklaffige höhere Mädchenfchule gewährt, ift mehrfach,

242. Mädchengymnafien.

---

[100]) Nach: KREYENBERG, G. Die deutfche höhere Mädchenfchule. Rhein. Blätter f. Erziehung u. Unterricht 1887, S. 124—138.

wie schon erwähnt, noch eine zehnte Klasse oder es sind wahlfreie Kurse, bezw. Fachklassen angegliedert worden [101]). Aus gleichem Grunde, hauptsächlich aber, um den Mädchen das Hochschulstudium zugänglich zu machen, machten sich in den letzten Jahren Bestrebungen immer mächtiger geltend, **Mädchengymnasien** zu errichten, und tatsächlich sind bereits einige derselben in das Leben gerufen worden.

243. Erfordernisse. Wie in jedem anderen einer höheren Schule dienenden Gebäude werden auch hier Klassenzimmer, Zeichensaal, physikalischer, bezw. chemischer Lehrsaal, Singsaal, Bibliothek, Sammlungsraum, Kleiderablagen und Festsaal vorhanden sein müssen. Ein Saal für weibliche Handarbeiten sollte nicht fehlen, ebenso ein Turnsaal, der äußerstenfalls durch einen bedeckten Spielplatz zu ersetzen ist; auch in den höheren Mädchenschulen verlassen die Schülerinnen während der Pausen, jedenfalls während der länger dauernden, die Klasse; sie halten sich alsdann in der Turnhalle oder auf dem Spielplatz auf, wo Freiübungen und Bewegungsspiele getrieben werden. Da in solchen Anstalten der Unterricht von Lehrern und Lehrerinnen erteilt wird, so ist für erstere und letztere je ein Zimmer vorzusehen; hierzu kommt noch das Geschäftszimmer des Direktors und das Konferenzzimmer. Endlich ist noch der Dienstwohnungen für den Direktor und den Hauswart, bezw. Schuldiener, bisweilen auch für eine Lehrerin, zu gedenken.

Wird in einer höheren Mädchenschule auch Musikunterricht erteilt, so sind dafür besondere Musikzimmer vorzusehen, welche nicht nur zum Unterrichten, sondern auch für die Übungen der Schülerinnen dienen.

Dem in vorhergehenden Artikel über die englischen Mädchenschulen Gesagten entsprechend muß in denselben ein Speisesaal *(Dining-hall)* vorhanden sein, in welchem die Schülerinnen das gemeinschaftliche Mittagessen einnehmen können. An die Stelle des Festsaales oder der Aula tritt die *Examinations-hall* oder *Lecture-hall*, in welcher die Schulandachten einschl. der Predigten, die Prüfungen und Preisverteilungen etc. abgehalten werden; in verhältnismäßig wenigen Fällen dient die *Lecture-hall* auch als *Dining-hall*. Besonders ausgedehnt sind in den englischen Mädchenschulen die Kleiderablagen *(Cloak rooms)*; fast jede Klasse hat einen besonderen derartigen Raum mit Waschtischeinrichtungen und Aborten. Häufig sind auch Kochschulen vorhanden.

244. Größe und Ausrüstung. Die Form und Größe der Klassenzimmer ist nach den in Kap. 2 entwickelten Grundsätzen und Regeln zu ermitteln. In Rücksicht auf die Kleider der Mädchen werden häufig feste Schulbänke den beweglichen vorgezogen; findet der Unterricht in gewissen weiblichen Handarbeiten im Klassenzimmer statt, so empfiehlt es sich, der leichteren Unterweisung jeder einzelnen Schülerin wegen, nur zweisitziges Gestühl in Anwendung zu bringen, was ja auch für den Schreibunterricht von großem Wert ist.

Der Gesangssaal ist hier ebenso einzurichten, wie in sonstigen Schulhäusern; hiernach werden in der Regel Tische zu entbehren und nur Bänke vorzusehen sein. Haben die Mädchen ihre Schulsachen in den Singsaal mitzunehmen, so ist unter dem Sitzbrett noch ein Brett zum Niederlegen derselben vorzusehen (Fig. 223 [102]).

Der Zeichensaal, der physikalische Hörsaal und der Festsaal sind in gleicher Weise auszurüsten, wie bei den anderen höheren Schulen. Sind Musikzimmer vorhanden, so müssen dieselben von tunlichst schallundurchlässigen Mauern und Decken begrenzt sein

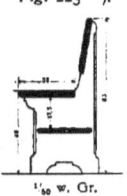

Fig. 223 [102]).

¹⁄₆₀ w. Gr.

---

[101]) Durch die erwähnte Verordnung des preußischen Unterrichtsministers von 1894 ist es gestattet, „an die höhere Mädchenschule wahlfreie Kurse anzugliedern, durch welche jungen Mädchen die Gelegenheit geboten wird, ihre allgemeine Bildung in einzelnen Zweigen zu erweitern oder ihre Kenntnisse derart zu ergänzen, daß sie dann ohne besondere Schwierigkeit in eine Fachschule eintreten können".

[102]) Nach: Zeitschr. f. Bauw. 1887, S. 216.

und Doppeltüren erhalten; auch werden fie im Grundriß fo anzuordnen fein, daß fie für den übrigen Unterricht nicht mißftändig wirken können.

Für die Gefamtanlage der Gebäude für höhere Mädchenfchulen find diefelben Anfchauungen und Gefichtspunkte maßgebend wie bei fonftigen Schulhäufern, insbefondere wie bei denjenigen für andere höhere Schulen. Im allgemeinen ift hier die Mannigfaltigkeit in der Planbildung eine verhältnismäßig größere als bei Gymnafien, Realfchulen etc., was hauptfächlich von der bereits erörterten, fehr verfchiedenartigen Organifation der in Rede ftehenden Lehranftalten herrührt.

245. Gefamtanlage.

Geht man von der einfachften Grundrißform, d. i. von der rechteckigen, aus, fo kann als Beifpiel einer kleinen derartigen, für 220 Schülerinnen beftimmten Anlage die durch Fig. 224 [103]) veranfchaulichte höhere Töchterfchule zu Münfter i. W., 1882—84 nach den Entwürfen *Hauptner*'s von *Balzer* ausgeführt, dienen.

246. Beifpiel I.

Das Gebäude liegt an der vom Domplatze nach dem Lehrerinnenfeminar führenden fiskalifchen Straße, angelehnt an die Giebelmauer des Kataftergebäudes und mit der Hauptfront dem neuen Poftgebäude zugewendet. Es befteht aus einem 2,47 m hohen gewölbten Kellergefchoß, einem Erd- und Obergefchoß von je 4,50 m Höhe; die beiden letzteren Stockwerke enthalten je 3 Klaffenzimmer nebft Kleiderablage und je 2 Lehrer- und Lehrerinnenzimmer.

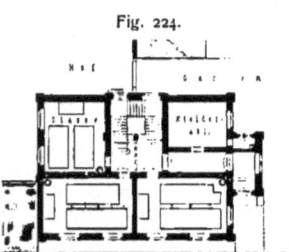

Fig. 224.

Höhere Töchterfchule zu Münfter i. W.[103]).
Erdgefchoß. — 1/400 w. Gr.
Arch.: *Hauptner*.

Die Faffaden find in Rohbau mit teilweifer Verwendung von Hauftein ausgeführt und die Dachflächen mit Schiefer eingedeckt. Die Kellertreppe ift aus Ibbenbürener Kohlenfandftein, die freitragend konftruierte Hausfreppe und die äußeren Eingangsftufen find aus Stenzelberger Trachyt hergeftellt; für die Verblendung der Vorderfront und des füdlichen Giebels find Wefeler Backfteine verwendet, während für die übrigen Fronten geringeres Material als ausreichend erachtet wurde. Die Flure des Erdgefchoffes und das Treppenhaus find überwölbt und die Fußböden dafelbft mit Mettlacher Platten belegt; alle übrigen Räume haben geputzte Balkendecken und Fußböden mit Tannenholzdielung erhalten. Zur Lüftung der Klaffen find Abluftkanäle angelegt, welche im Dachboden ausmünden; die Heizung erfolgt in den Klaffenräumen durch Lüftungsfchnöfen, in den Lehrer- und Lehrerinnenzimmern durch Regulierfüllöfen.

An die rückwärtige Front fchließt fich ein niedriges, für Abfuhr eingerichtetes Abortgebäude mit 5 Sitzen an. Die Baukoften haben 40 667 Mark betragen, fo daß fich bei 252 qm überbauter Grundfläche 1 qm auf 131 Mark und bei 3158 cbm Rauminhalt 1 cbm auf 10,50 Mark beläuft.

Sollen größere Schulhäufer in rechteckiger Grundrißform ausgeführt werden, fo kommt man zu Anlagen mit mittlerem Flurgang, zu deffen beiden Seiten die Klaffenzimmer etc. angeordnet find. Daß eine folche Planbildung nur wenig empfehlenswert ift, wurde bereits in früheren Kapiteln erörtert; nur bei Bauftellen in großen Städten, bei denen man in der Tiefe fehr befchränkt ift, erfcheint eine folche Anlage als zuläffig.

Zu den Grundrißanlagen mit rechteckiger Grundform darf wohl auch die in Fig. 225 u. 226[104]) dargeftellte höhere Mädchenfchule zu Heilbronn, welche 1885—86 von *Wenzel* erbaut worden ift, gezählt werden.

247. Beifpiel II.

Diefes Schulhaus ift an der Ecke der Turm- und Gartenftraße, mit der Hauptfront gegen erftere, gelegen und längs beider Straßen mit 5, bezw. 6 m breiten Vorgärten umgeben. Das-

---

[103]) Nach: Centralbl. d. Bauverw. 1884, S. 8.
[104]) Nach den von Herrn Stadtbaumeifter WENZEL zu Heilbronn freundlichft überlaffenen Plänen.

Handbuch der Architektur. IV. 6, a. (2. Aufl.) 15

felbe besteht aus Sockel-, Erd- und 2 Obergeschossen; die 3 letzteren Stockwerke haben je 4 m lichter Höhe.

Das Sockelgeschoß enthält einen Teil der Schuldienerwohnung, den Heizraum, einen Keller und 2 Räume für Holz und Kohlen; von der rückwärtigen Seite führt ein bedeckter Gang in das im Hofe errichtete Abortgebäude. Die Turnhalle reicht durch Sockel- und Erdgeschoß hindurch. In letzterem befinden sich überdies die aus Fig. 226 ersichtlichen Räumlichkeiten. Im I. Obergeschoß ist über dem Eingangsflur das Rektorzimmer gelegen; sonst sind 5 Klassenzimmer und ein Lehrerzimmer daselbst untergebracht. Die Raumverteilung im II. Obergeschoß ist aus Fig. 225 zu entnehmen; das Bibliothekzimmer ist vom Zeichensaal durch eine herausnehmbare Wand getrennt kann somit bei Festlichkeiten leicht zur Vergrößerung des anstoßenden Saales hinzugezogen werden.

Das Gebäude ist durchweg massiv, teils aus den Sandsteinen der Umgebung, teils aus Backsteinen erbaut und mit einem Schieferdach bedeckt. Der Fußbodenbelag in den Gängen besteht aus Asphalt, durch Terrazzofriese geteilt, im Eingangsflur hingegen ganz aus Terrazzo. In den Klassenzimmern sind eichene Friesböden, im Turnsaal ein Fußboden von *Pitch-pine* zur Anwendung gekommen. In sämtlichen Schulräumen, einschl. des Turnsaales, haben die Wände eine Holztäfelung von 1,45 m Höhe erhalten.

Alle Räume, mit Ausnahme der Gänge, des Treppenhauses und der Schuldienerwohnung, werden durch eine Niederdruck-Dampfheizung, System *Bechem & Post*, erwärmt.

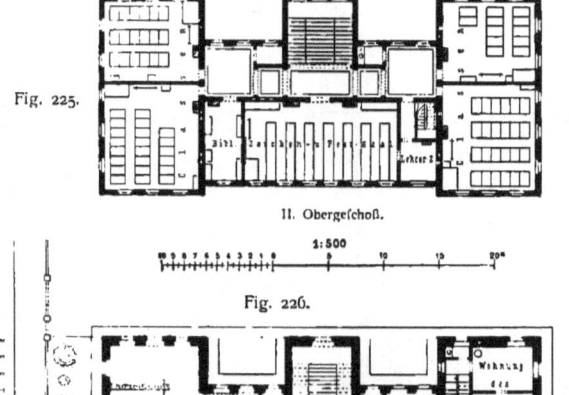

Fig. 225.

II. Obergeschoß.

1:500

Fig. 226.

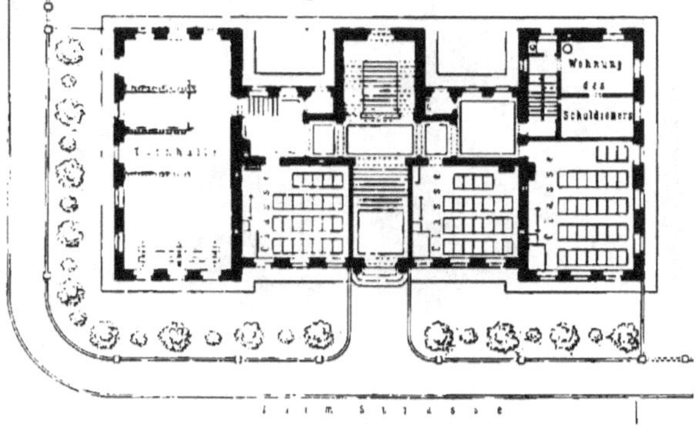

Erdgeschoß.

Höhere Mädchenschule zu Heilbronn [101]).

Arch.: *Wenzel*.

248.
Beispiel
III.

Die Baukosten haben, ausschl. Bauplatz und Bauführung, 138 650 Mark betragen.

Der rechteckigen Grundrißgestalt steht die L-förmige am nächsten; dieselbe wird hauptsächlich bei Eckbauplätzen und dann in Frage kommen, wenn der Bauplatz nach der Straße zu eine verhältnismäßig nicht beträchtliche Längenentwickelung hat und die Erbauung eines Hofflügels notwendig ist.

Für den zweiten Fall sei hier die „Königliche *Augusta*-Schule" zu Berlin als Beispiel wiedergegeben, wodurch zugleich eine Anlage vorgeführt ist, bei der die höhere Mädchenschule nicht allein mit einer Elementarschule, sondern auch mit einer Lehrerinnenbildungsanstalt, dem „Königlichen Lehrerinnenseminar" vereinigt ift. Diefes Gebäude wurde 1884—86 von *Schulze* erbaut und ift durch Fig. 227 bis 232 [105]) veranfchaulicht.

Dasfelbe ift auf einem an die Kleinbeerenftraße grenzenden Teile des zwifchen dem Hallefchen Ufer, der Möckernftraße und der Kleinbeerenftraße liegenden Grundftücke von rund 40 ª Grundfläche mit 62 m Frontlänge an der zuletzt genannten Straße errichtet. Durch das Bauprogramm wurden gefordert: 1) für das Seminar 3 Klaffen für je 40 Mädchen im Alter von 16 bis 19 Jahren und 1 Arbeitsfaal für 40 Seminariftinnen zum Aufenthalt während der Zeit, in welcher diefelben in der Schule nicht befchäftigt find; 2) für die Schule 4 obere, 5 untere und 5 Abteilungsklaffen mit zufammen 525 Sitzplätzen; 3) an gemeinfamen Räumen 1 Gefangsfaal für 100 Schülerinnen, 1 Zeichenfaal für 50 Schülerinnen, 1 Aula mit rund 525 Sitzplätzen, 1 Zimmer für den phyfikalifchen Unterricht mit 1 daneben gelegenen Apparatenraum, 1 Raum für Sammlungen (Wandkarten, Naturalien etc.),

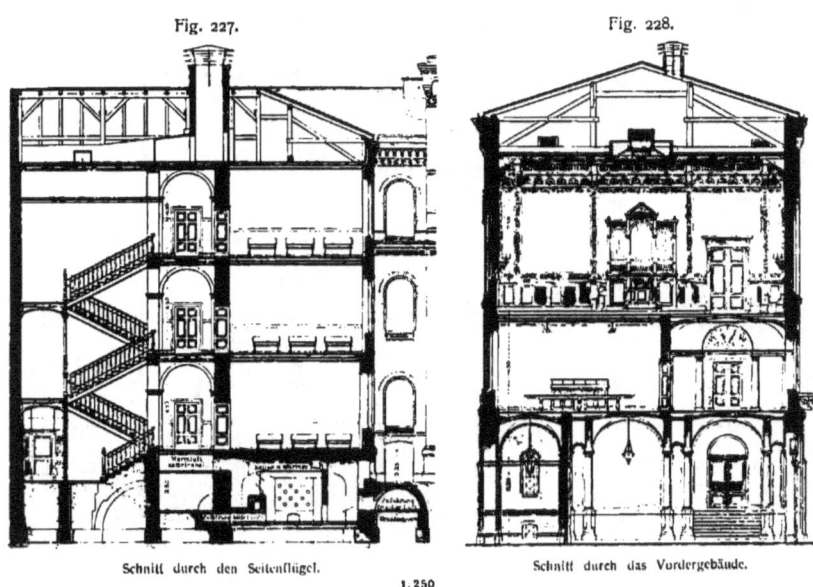

Fig. 227. Fig. 228.

Schnitt durch den Seitenflügel.   Schnitt durch das Vordergebäude.

Augufta-Schule und Lehrerinnen-Seminar zu Berlin [105]).

1 Bibliothek von rund 60 qm Grundfläche, 1 Lehrerzimmer, zugleich als Beratungszimmer dienend, 1 Lehrerinnenzimmer, 1 Gefchäftszimmer nebft Vorzimmer für den Direktor, 1 Turnhalle von 22 m Länge und 11 m Breite und 1 Abortgebäude mit 24 Sitzen (d. i. 2 Sitze für jede Klaffe); 4) je eine Dienftwohnung für den Direktor, die erfte Lehrerin und den Schuldiener.

Wie der Lageplan in Fig. 229 zeigt, ift an der Kleinbeerenftraße, unter Belaffung eines fchmalen Vorgartens, ein dreigefchoffiges Vordergebäude und daran anfchließend an der Weftfeite des Grundftückes ein ebenfo hoher Seitenflügel, die Turnhalle und das Abortgebäude dagegen find an der Südfeite aufgeführt. Der in der Mitte verbliebene, an 3 Seiten von Gebäuden umfchloffene Turn- und Spielplatz ift mit Gartenanlagen und Baumpflanzungen verfehen; eine Durchfahrt in der Mitte des Vordergebäudes und zwei daneben gelegene Eingänge vermitteln den Verkehr fowohl nach den Gebäuden, als auch nach dem Spielplatz. Da nach der Schulordnung die Eingangstüren erft kurze Zeit vor Beginn des Unterrichtes geöffnet werden follen, fo ift zum Schutze der zu frühzeitig

[105]) Fakf.-Repr. nach: Zeitfchr. f. Bauw. 1887, Bl. 25 u. 26.

15*

fich einfindenden Schülerinnen gegen Witterungsunbilden eine befondere Vorhalle an der Straßenfeite vorgefehen worden.
Die Raumverteilung im Erd- und I. Obergefchoß ift aus den Grundriffen in Fig. 230 u. 232 zu entnehmen. Im II. Obergefchoß liegen über den Klaffen VIa, Va und Vb die 3 Seminarklaffen, über der Klaffe VIb der Sammlungsraum und über der Phyfikklaffe, dem Apparatenraum und der Klaffe VIIb der gemeinfchaftliche Arbeitsfaal für die Seminariftinnen, während über den Klaffen II und III im Vordergebäude der Zeichenfaal (mit Nordlicht) Platz gefunden hat; der übrige Teil des Vordergebäudes hat die aus Fig. 231 erfichtliche Verwendung gefunden. Über dem Arbeitsfaal (im III. Obergefchoß) endlich ift der gegen Süden gelegene Gefangsfaal untergebracht, um den Unterricht in den Klaffen durch den Gefang fo wenig als möglich zu ftören. Das Kellergefchoß

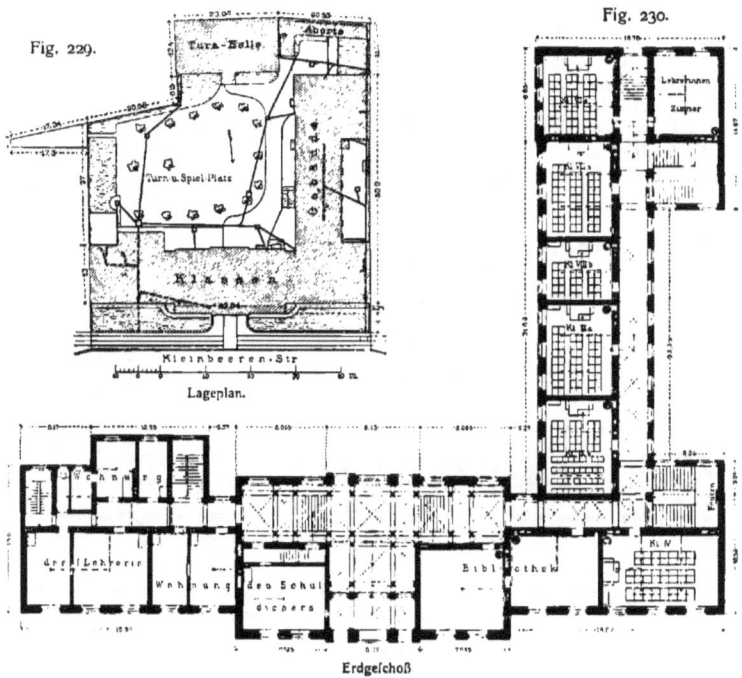

Fig. 229.

Lageplan.

Fig. 230.

Erdgefchoß

Augufta-Schule und Lehrerinnen-

ift rechts von der Durchfahrt für die Zwecke der Sammelheizungen und links davon für Wirtfchaftszwecke ausgenutzt; auch befindet fich ein Teil der Schuldienerwohnung dafelbft. Schließlich fei noch erwähnt, daß unterhalb der erften Ruheplätze der beiden Schultreppen je 2 Spülaborte für die Lehrer, bezw. Lehrerinnen vorgefehen find.
Die Stockwerkshöhen betragen (von und zu Fußbodenoberkante gemeffen) für das Kellergefchoß 2,80 m und für die übrigen Gefchoffe je 4,50 m; die Aula hat eine lichte Höhe von 7,50 m und der Gefangsfaal eine folche von 4,20 m. Die Räume des Kellergefchoffes und fämtliche Flurgänge find gewölbt, während die Klaffen geputzte, die Aula und der Gefangsfaal dagegen fichtbare, in mehreren Tönen gebeizte Holzdecken erhalten haben. Die Fußböden beftehen in den Flurgängen aus Terrazzo, in den Unterrichtsräumen und der Aula aus 10 cm breiten kiefernen Brettern, in den Lehrer- und Lehrerinnenzimmern aus einem 3 cm ftarken, mit Korkteppich belegten Gipfeftrich.
Die Unterrichtsräume und die Flurgänge, mit Ausnahme der Aula und des Gefangsfaales, welche mit

Holztäfelungen an den Wänden verfehen find, haben Wandbekleidungen von geglättetem und mit heißem Eifen polierten Zementputz in roter, bezw. grüner Farbe erhalten, welche in den Klaffenzimmern mit einer gegen die Wand nur wenig vorfpringenden Leifte aus derfelben Maffe, in den Flurgängen dagegen durch die hölzernen Kleiderriegelleiften nach oben abgefchloffen find.

Im übrigen ift die innere Ausftattung des Gebäudes feinem Zweck entfprechend fehr einfach gehalten. Die Decken und Wände der Unterrichtsräume, fowie der Flurgänge und Treppenhäufer haben einen einfachen, erftere einen weißen, letztere meift einen grauen oder grünlichen Leimfarbenanftrich erhalten und find mit wenigen farbigen Linien abgefetzt; nur in der Aula (Fig. 228) ift ein etwas reicherer Farbenfchmuck entfaltet worden.

Die Erwärmung der Unterrichtsräume erfolgt mittels einer Warmwaffer-Niederdruckheizung,

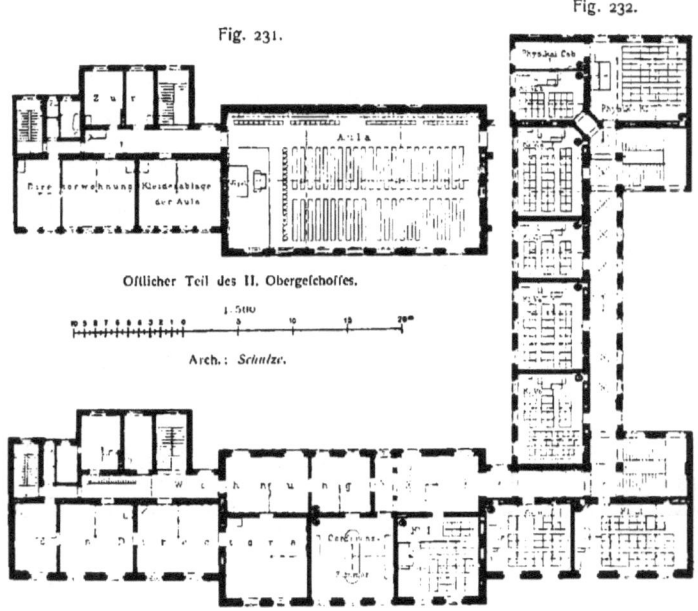

Fig. 231.

Fig. 232.

Öftlicher Teil des II. Obergefchoffes.

Arch.: Schulze.

I. Obergefchoß.

Seminar zu Berlin[105]).

die der Aula mittels einer Feuerluftheizung. Die Lüftung der Unterrichtsräume gefchieht durch Zuführung von frifcher, vorgewärmter Luft, fowie durch Abfaugung der verbrauchten Luft über das Dach hinaus. Die Wohnräume werden ausfchließlich durch Kachelöfen geheizt. Die Wärmeabgabe erfolgt in den Unterrichtsräumen durch Zylinderöfen, in den Flurgängen durch Röhrenöfen, bezw. durch Rippenkaften.

Die Faffaden find in Backfteinrohbau im freien Anfchluß an die Formen der märkifchen Backfteinbauten hergeftellt worden. Für die Hauptfront find zur Belebung der Flächen, neben mäßiger Benutzung farbiger Terrakotten, Mufterungen aus Steinen zur Verwendung gelangt, welche durch Überfangen fchwarz gefärbt find und zur roten Farbe der Verblendfteine einen wirkfamen Gegenfatz bilden. Die Hinterfronten dagegen find bei nur ganz fpärlicher Verwendung von Formfteinen entfprechend einfach behandelt worden.

Die Baukoften haben fich auf nahezu 496 000 Mark belaufen, fo daß diefelben für 1 qm über-

249.
Beispiel
IV.

bauter Grundfläche beim Hauptgebäude 284,50, bei der Turnhalle 93,00 und beim Abortgebäude 96,30 Mark betragen; 1 cbm Rauminhalt beziffert sich bezw. zu 15,30, 11,60 und 30,50 Mark [100]).

Eine der hervorragendsten Anlagen der letzten Jahre ist zweifelsohne die 1898—1901 von *Genzmer* erbaute höhere Mädchenschule zu Wiesbaden (Fig. 233 bis 236 [107]), welche infolge ihrer Lage und Umgebung eine äußere Ausstattung erforderte, wie sie wohl nur ausnahmsweise Gebäuden für höhere Lehranstalten zugewendet wird.

Das Schulhaus sollte tunlichst zentral gelegen sein, und deshalb wurde als Baustelle dafür der von der evangelischen Hauptkirche, dem Rathaus und dem Kaiser Wilhelm-Stift umgrenzte „Schloßplatz" gewählt. Die Rücksicht auf die Er-

Höhere Mädchenschule zu Wiesbaden [107]).
Arch.: *Genzmer*.

haltung des letzteren in entsprechender Ausdehnung bedingte die Behandlung des Neubaues als Platzwandung, um gleichzeitig eine geschlossene Erscheinung der Platzbilder zu erzielen. So entstand die mit L-förmigem Grundriß ausgeführte Anlage (Fig. 235 u. 236 [107]).

In die einspringende Ecke sind der Haupteingang, die Eingangshalle und das Haupttreppenhaus verlegt, von wo aus 3,50 m breite Flurgänge bei beiden Gebäudeflügeln durchziehen; am Haupttreppenhause (Fig. 234) entstanden so hallenartige Erweiterungen der Gänge, welche bei schlechtem Wetter in den Pausen den Mädchen Aufenthalt gewähren. Die Aula ist im II. Obergeschoß, in dem dem Wilhelm-Stift gegenüberliegenden Flügel, untergebracht und hat eine kreuzförmige Grundrißgestalt. Der Flurgang des nordwestlichen Gebäudeflügels ist über diejenige Stelle, wo er sich mit dem anderen Flurgang kreuzt, verlängert, und dieser verlängerte Teil führt zu den an der

[10⁶]) Nach: Zeitschr. f. Bauw. 1887, S. 205.
[10⁷]) Faks.-Repr. nach dem einschlägigen Berichte des Herrn Architekten und: Schweiz. Bauz., Bd. 39.

äußerften Oftecke angeordneten Aborten mit Wafchgelegenheit. Die Turnhalle ift mit dem Erdgefchoß (Fig. 235) fo in Verbindung gefetzt, daß fie unmittelbar vom Inneren des Haufes betreten werden kann; fie hat 25,00 × 10,80 m Fußbodenfläche.

Auf drei Gefchoffe verteilt enthält das Schulhaus etwa 8 m lange und 7 m breite Säle für 20 Schul- und 3 Seminarklaffen, fowie eine größere Kombinationsklaffe, ferner einen Zeichenfaal, ein Lehrzimmer für Phyfik und Chemie nebft Vorbereitungszimmer und befonderem Sammlungsraum. Hierzu kommen ein Zimmer für katholifchen Religionsunterricht, Räume für die Sammlungen, Bibliotheken für Lehrer und Schülerinnen, Zimmer für Lehrer und Lehrerinnen, Zimmer für den Direktor mit Wartezimmer (im Erdgefchoß) und Pedellenzimmer.

Fig. 234.

Höhere Mädchenfchule zu Wiesbaden.
Treppenhaus.

Das Sockelgefchoß ift zum Teile für ein öffentliches Braufebad verwendet; fonft find darin noch Weinlagerkeller vorgefehen worden. Als Kleiderablagen dienen die Flurgänge.

Im Inneren ift der farbigen Behandlung in weitgehendem Maße Raum gewährt. In fämtlichen Lehrzimmern find die Wände in einem warmen, fteingrünen Ton und die Decken weiß angeftrichen; alles Holzwerk ift kräftig braunrot gefärbt. Reichere Ausbildung in Architektur und Farbe haben die Treppenhäufer und Flurgänge erhalten. Die dreiläufige Treppe ruht auf gekuppelten und einfachen Säulen, die durch maßwerkgefüllte Bogen verbunden find; zwifchen diefen fpannen fich Gewölbekappen, die in den unteren Gefchoffen zu einfachen Kreuzgewölben und in den oberen Gefchoffen zu Netz- und Sterngewölben ausgebildet worden find (Fig. 234).

Für das Äußere wurde in Rückficht auf die Umgebung der rote Farbton und die an fpätgotifchen Aufbau fich anlehnende, mit Frührenaiffance-Motiven deutfcher Art durchfetzte Architektur gewählt und als Material dafür roter Sandftein verwendet. Um das Äußere reicher auszubilden, wurden in die beiden Schloßplatzfronten Arkaden eingebaut (Fig. 233), und um die Platzwandung möglichft gefchloffen erfcheinen zu laffen, zwifchen der Kirche und dem Neubau ein Torbogen eingefügt. Für den bildnerischen Schmuck der Schaufeiten ist der Stoff ausschließlich der heimischen Tier- und Pflanzenwelt entnommen.

Die überbaute Grundfläche beträgt 1812 qm und der umbaute Raum 35 600 cbm; die Gesamtbaukosten belaufen sich (ohne Heizungs- und Entwässerungsanlage, Mobiliar, Schulhof, Einfriedigung, Platzregelung und Straßenbau) auf 623 500 Mark, so daß 1 qm auf 342 und 1 cbm auf 17$^1/_2$ Mark zu stehen kommen.

250. Beispiel V.

Der **L**-förmigen Grundrißgestalt sehr nahe verwandt ist die **⊥**-förmige. Dieselbe setzt im allgemeinen eine größere Längenentwickelung der Straßenfront voraus, weil sonst die zwei zu beiden Seiten des Flügelbaues gelegenen Höfe zu klein werden.

Fig. 235.

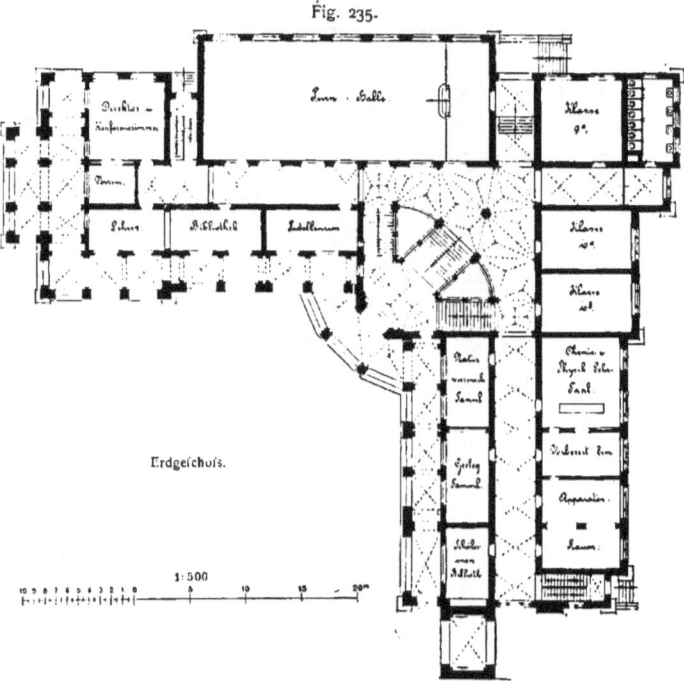

Höhere Mädchenschule

Ein Beispiel für eine derartige Anordnung ist in Teil IV, Halbband 1 (Abt. I, Abschn. 3, Kap. 4, unter b, 1) dieses „Handbuches" zu finden, nämlich das Töchterschulhaus des St. Johannis-Klosters zu Hamburg. Dies ist eine Anlage, bei welcher die meisten Schulsäle in den ruhigen Flügelbau, die Aula und die Dienstwohnungen, sowie einige Elementar- und Seminarklassen in den Vorderbau gelegt worden sind.

251. Beispiel VI.

Wenn indes die betreffende Straße genügend ruhig, die Lage gegen die Himmelsrichtungen günstig und die Möglichkeit guter Erhellung vorhanden ist, so kann man auch im Vorderbau eine größere Zahl von Klassenzimmern unterbringen. Dies ist z. B. bei der durch Fig. 237 u. 238 [108]) veranschaulichten, von *Bohnsack* 1879—80 erbauten höheren Töchterschule zu Helmstedt geschehen.

Das Programm für dieses Schulhaus forderte je 14 Klassenzimmer für je 50 Kinder, 1 Pedellenzimmer, 1 Konferenz-, bezw. Lehrerzimmer, 1 Zimmer für den Direktor, 1 Zimmer für Lehrerinnen, 1 Zimmer für Bibliothek und Lehrmittel, 1 Zeichensaal, 1 Aula und 1 Wohnung für den Pedell (bestehend aus 2 Stuben, 2 Kammern, Küche und Speisekammer). Der mit der Südseite an die Straße grenzende Bauplatz wird nach rückwärts enger und ist an den beiden Seiten von Nachbarhäusern begrenzt; hierdurch war die umstehend dargestellte Grundrißanlage zum großen Teile von vornherein gegeben.

Dieses Schulhaus besteht aus Sockel-, Erd- und 2 Obergeschossen; die Stockwerkshöhen be-

Fig. 236.

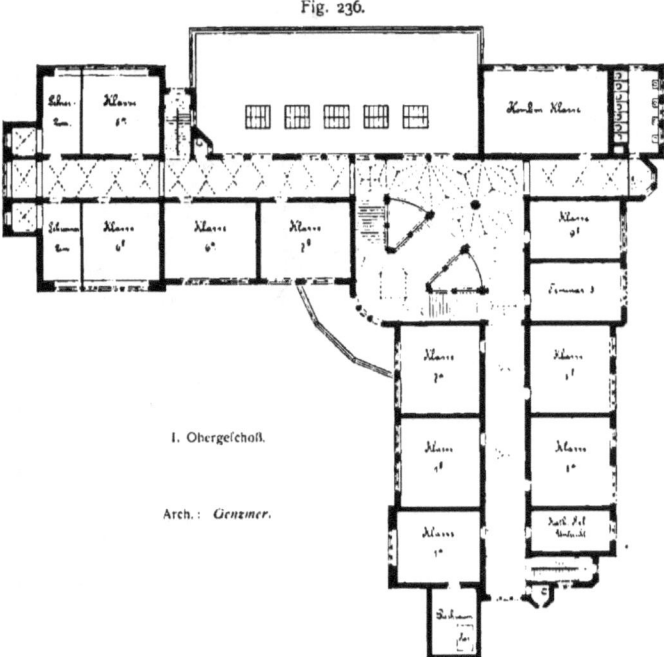

I. Obergeschoß.

Arch.: *Genzmer*.

zu Wiesbaden [107]).

tragen (von und bis Fußbodenkante gemessen) im Kellergeschoß 3,00 m und in den übrigen Geschossen je 4,40 m. Die Pedellenwohnung wurde im Sockelgeschoß untergebracht. Im Erdgeschoß (Fig. 238) war eine Durchfahrt nötig, so daß im Vorderbau die Anordnung von 4 und im Flügelbau von 2 Klassenzimmern möglich wurde; das daselbst gleichfalls vorhandene Zimmer des Pedellen steht durch eine am Ende des Flurganges vorhandene Lauftreppe mit seiner Wohnung in Verbindung. Die beiden oberen Geschosse (Fig. 237) enthalten je 4 Klassenzimmer, denen sich die übrigen programmmäßig geforderten Räume zweckentsprechend anschließen. Der nach Norden gelegene, etwa 8 m tiefe Zeichensaal ist durch eine Brüstung in zwei ungleiche Hälften geteilt, deren größere, den Fenstern zugewendete den eigentlichen Zeichensaal, die kleinere das Modellzimmer bildet. Für

---

[108]) Nach: Baugwks.-Ztg. 1880, S. 182.

die Lage der übrigen Räume war noch der Gesichtspunkt maßgebend, daß das Direktorzimmer einen Überblick über den hinter dem Schulhause verbleibenden Spielplatz und die Aborte gestatten sollte. Das Gebäude ist in Backsteinrohbau unter Mitverwendung des in der Nähe von Helmstedt stehenden weißen Sandsteines hergestellt. Die Balkenlagen ruhen auf schmiedeeisernen Unterzügen. Die im II. Obergeschoß nach Norden gelegene Aula (16,48 × 8,09 × 5,15 m) hat eine größere Höhe als die benachbarten Räume erhalten; zur Unterstützung ihrer Balkendecke wurden 3 schmiedeeiserne Kastenträger (45 × 30 cm) verwendet [109]).

252.
Beispiel
VII.

Hat eine höhere Töchterschule einen noch größeren Umfang, so wird ein Hofflügel meistens nicht mehr genügen; in vielen Fällen hat man alsdann, insofern die Lage gegen die Himmelsrichtungen dies gestattet, die U- oder hufeisen-

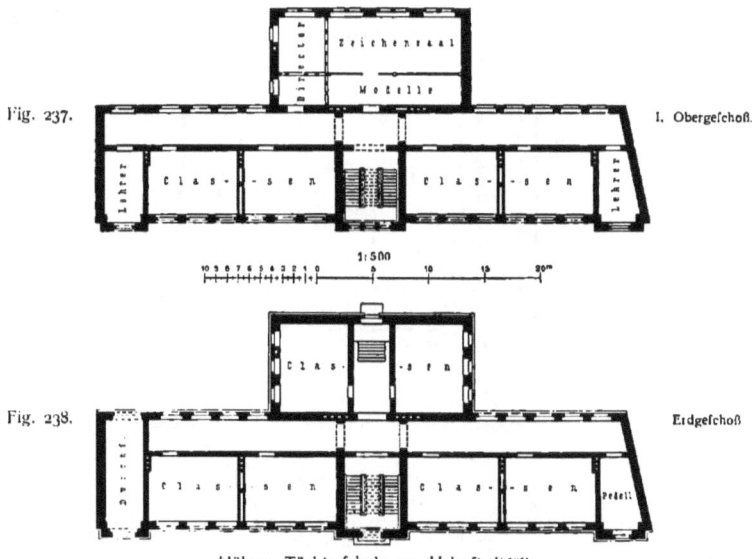

Fig. 237.   I. Obergeschoß.

Fig. 238.   Erdgeschoß

Höhere Töchterschule zu Helmstedt [105]).
Arch.: *Bohnsack*.

förmige Grundrißanlage gewählt. In solcher Weise ist die höhere Mädchenschule in der Labenwolfstraße zu Nürnberg erbaut.

Die Raumverteilung im Erdgeschoß geht aus Fig. 239 [110]) hervor. Leider stehen keinerlei Quellen zur Verfügung, um nähere Anhaltspunkte für die Plananordnung des I. und II. Obergeschosses zu geben; doch dürfte aus Fig. 239 das Wichtigere hierfür wohl zu entnehmen sein.

253.
Beispiel
VIII.

Bei noch größerem Raumerfordernis oder, wenn die Gestalt der Baustelle dazu Anlaß gibt, fügt man zu den beiden Seitenflügeln der eben vorgeführten Grundrißform noch einen Mittelflügel hinzu, wodurch ein ⊔-förmig gestalteter Grundplan entsteht. Als Beispiel für einen solchen sei hier die von *Reese* 1883—84 erbaute Töchterschule zu Basel (Fig. 240 bis 242 [111]) vorgeführt.

Diese Schule besteht aus einer unteren (Elementar-) und einer oberen Abteilung (höhere

---
[109]) Nach ebendas.
[110]) Faks.-Repr. nach: BECK11, W., F. GOLDSCHMIDT & C. WEBER. Festschrift zur 24. Versammlung des Deutschen Vereins für öffentliche Gesundheitspflege in Nürnberg 1899. Nürnberg 1899. S. 110.
[111]) Nach: Schweiz. Bauz., Bd. 7, S. 111 - 114.

Mädchenschule), und es war für diefelbe urfprünglich eine einheitliche Anlage mit einer gemeinfamen großen Treppe vorgefehen; fpäter wurde indes von den Schulbehörden eine vollftändige Trennung beider Abteilungen, demnach auch die Anordnung zweier Treppenhäufer verlangt. Eine gewiffe Schwierigkeit bei der endgültigen Feftftellung des Grundriffes beftand in der Lage und verhältnismäßig geringen Größe des Bauplatzes. Forderten nämlich einerfeits die an der Straße (Kanonengaffe) liegenden hohen Häufer ein möglichft weites Zurückfetzen des Neubaues, fo ließen anderer\feits die gegebenen Abmeffungen der Klaffenzimmer und Flurgänge, fowie die Nähe der Nachbargrenzen eine Verfchiebung nach rückwärts nur in befchränktem Maße zu. Daher kommt es, daß, nachdem der Abftand des Neubaues von den gegenüberliegenden Gebäuden auf etwa 24 m feftgefetzt worden war, bei einigen gegen den Hof gelegenen Klaffenzimmern je eines der 4 Fenfter nicht den ganzen freien Lichteinfall erhalten konnte, was indes, infolge der reichlich bemeffenen Lichtmenge, nicht von zu großer Bedeutung fein dürfte. Eine andere Erfchwerung der Grundrißanlage war darin zu fuchen, daß neben der Töchterfchule noch eine Turnhalle für das dem Neubau gegenüberliegende Primarfchulhaus für Knaben mit einem befonderen Eingange von der Kanonengaffe her gefordert wurde.

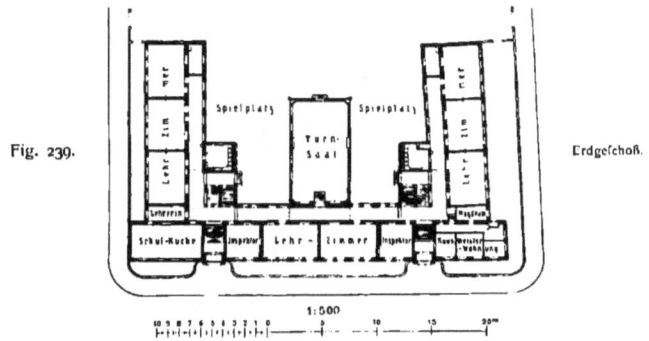

Fig. 239.   Erdgefchoß.

Höhere Mädchenfchule zu Nürnberg, Labenwolfftraße [110]).

Der Neubau enthält in 3 Gefchoffen folgende Räume: 1) für die obere Abteilung (linke Seite und Mittelbau) 5 Klaffenzimmer zu je 36, 1 Klaffenzimmer zu 32 und 1 Klaffenzimmer zu 30 Plätzen (zufammen 242 Sitzplätze), ferner 1 Lehrfaal für Phyfik und Chemie nebft Sammlungsraum und 1 geräumiger Zeichenfaal mit Modellkammer; 2) für die untere Abteilung 11 Klaffenzimmer zu je 48 und 1 Klaffenzimmer zu 42 Plätzen (zufammen 570 Plätze), ferner 1 Zeichenfaal mit Modellkammer im III. Obergefchoß des gegen den Hof um ein Stockwerk höher geführten Mittelbaues; 3) gemeinfchaftlich für beide Abteilungen find der Prüfungsfaal und die durch einen gedeckten Gang mit dem Hauptbau verbundene Turnhalle. Die Wohnung des Abwarts liegt im Mittelbau gegen den Hof in zwei niedrigen, übereinander liegenden Stockwerken.

In der oberen Abteilung entfallen auf die Schülerin im Durchfchnitt 1,60 qm Bodenfläche und 5,02 cbm Luftraum, in der unteren Abteilung 1,25 qm und 4,80 cbm bei einer durchfchnittlichen Klaffentiefe von 6,70 m und einer lichten Höhe von 3,80 m. Der Prüfungsfaal hat einen Flächeninhalt von 138 qm und eine Höhe von 6,00 m; die beiden Zeichenfäle meffen je etwa 90 qm, der Phyfikfaal 75 qm. An Fläche der Flurgänge kommen bei einer mittleren Breite derfelben von 3,60 m auf die Schülerin der oberen Abteilung 1,43 qm, der unteren 0,65 qm. Die Turnhalle hat einen Flächeninhalt von 202 qm und eine Höhe von 6,00 m. Die Beleuchtung der Klaffenzimmer, von denen 12 mit ihren Fenftern nach Südoft, 3 nach Südweft, 2 nach Nordweft und 2 nach Nordoft gerichtet find, erfolgt durch je 4, bezw. 3 Fenfter, welche 1,40, bezw. 1,70 m breit find und bis nahe unter die Decke reichen; das Verhältnis der Bodenfläche zur Fenfterfläche beträgt im Durchfchnitt 3,05 : 1, das der Bodenfläche zur reinen Glasfläche 5,25 : 1.

Für die Aborteinrichtungen find Trogaborte mit Anfchluß an die ftädtifche Kanalifation gewählt worden; in der oberen Abteilung ift für jeden Sitz ein Becken mit befonderer Spülung oberhalb des Troges angebracht. Die Heizung und Lüftung gefchieht durch eine von *Gebrüder Sulzer* in Winterthur ausgeführte Dampfwafferheizung. Der innere Ausbau ift durchweg folid hergeſtellt; eichene Riemenböden und 1,40 m hohes Holzgetäfel in den Klaſſenzimmern, Fußböden von Granit und Mettlacher Platten in den gewölbten Teilen der Flurgänge, Granitſtufen und ſchmiedeeiſerne Geländer für die Treppen. Eine etwas reichere Ausſtattung in Architektur und Ausſchmückung hat nur der Prüfungsſaal erhalten, deſſen Wände überdies mit drei Schweizerlandſchaften geziert ſind.

Die Hauptfaſſade iſt in grauem Berner und gleichfarbigem Zaberner Stein hergeſtellt und etwas reicher gehalten, als die Hoffronten, die in geputztem Bruchſteinmauerwerk ausgeführt wurden.

Die geſamten Baukoſten haben 430 000 Mark (= 537 500 Franken) betragen, worunter 55 200 Mark (= 69 000 Franken) für die Sammelheizung; 1 cbm des Hauptgebäudes (von Unterkante Sockel bis Oberkante Hauptgeſims gemeſſen) koſtet 19,68 Mark (= 24,35 Franken).

Fig. 240.

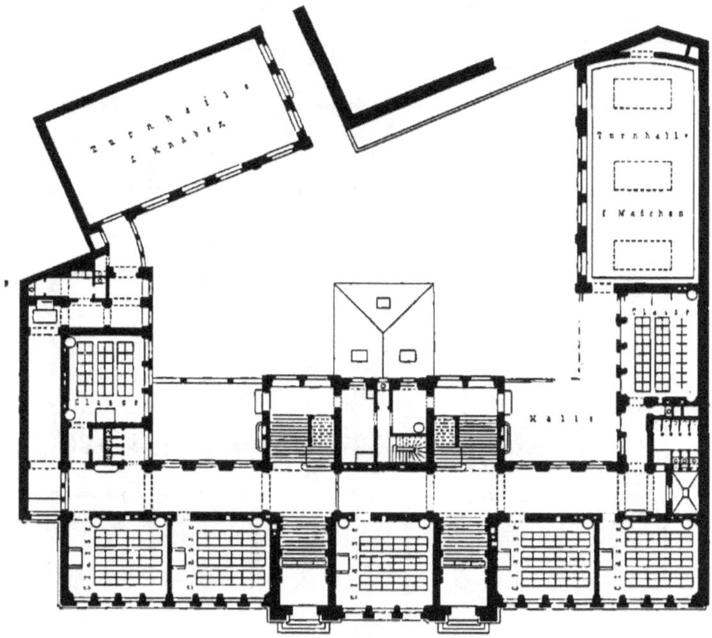

Erdgeſchoß.

Arch.: *Reeſe*.

Töchterſchule

253.
Beiſpiel
IX.

Wird der zur Verfügung ſtehende Bauplatz an zwei einander gegenüberliegenden Seiten von Straßen begrenzt und ſind dieſe Straßen bezüglich der Lage zu den Himmelsrichtungen, ſowie der erforderlichen Lichtmenge als günſtige anzuſehen, ſo beſteht eine naturgemäße Grundrißanlage darin, daß man an jede der beiden Straßenfronten eine tunlichſt ununterbrochene Reihe von Klaſſenzimmern verlegt, die von einem gemeinſchaftlichen Flurgang begrenzt ſind; zur Vereinigung dieſer beiden Gebäudetrakte dient alsdann ein Zwiſchenbau, in welchem Haupttreppenhaus, Sammlungsraum, Bibliothek, Singſaal etc., wohl auch Kleiderablagen,

Aborte etc. untergebracht werden können. Hierdurch entsteht eine I-förmige Grundrißgestalt.

Als treffliches Beispiel einer solchen Anordnung, die sich überdies auch noch durch große Knappheit und infolgedessen große Billigkeit auszeichnet, ist *Lietzen-*

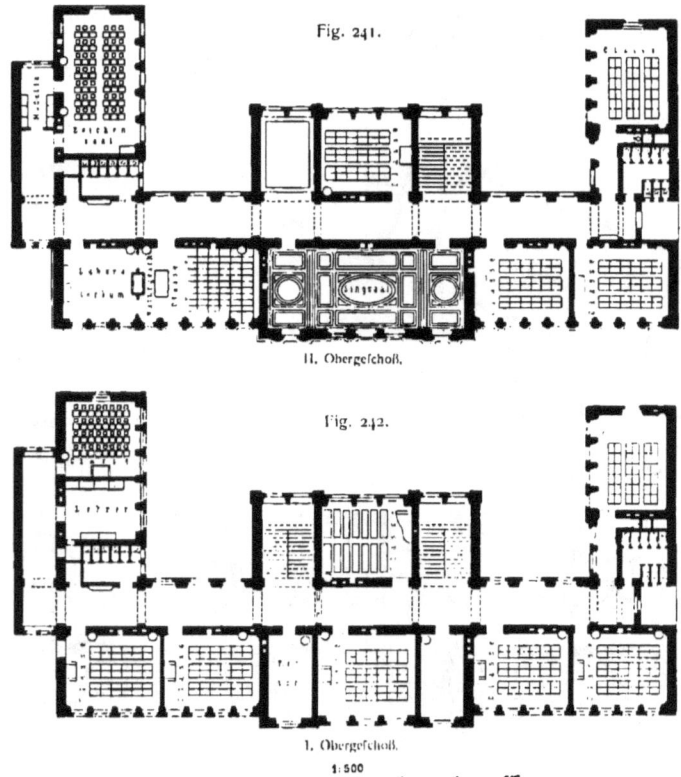

Fig. 241.

II. Obergeschoß.

Fig. 242.

I. Obergeschoß.
1:500

zu Basel,[111]).

mayer's Entwurf (1877) für eine höhere Töchterschule zu Karlsruhe zu bezeichnen; Pläne und Beschreibung sind in der unten angezogenen Quelle [112]) zu finden.

Abweichend von den seither vorgeführten Grundrißanlagen ist die Planbildung der englischen höheren Mädchenschulen; dies hängt zum Teile mit der schon in Art. 241 u. 243 (S. 223 u. 224) berührten anderweitigen Einrichtung dieser Anstalten zusammen, hat aber namentlich in der Benutzungsweise und Bedeutung der sog. *Lecture-* oder *Examinations-hall* seinen Grund.

254. Beispiel X.

[111]) Deutsche Bauz. 1878, S. 51.

In einer englischen Mädchenschule pflegen die Kinder zunächst in die meist im Untergeschoß gelegenen geräumigen Kleiderablagen *(Cloak-rooms)* einzutreten, wo sie Hüte, Mäntel etc. ablegen, wohl auch die Schuhe wechseln; von hier aus begeben sie sich über die Haupttreppe nach der

Fig. 243.

Lecture hall.

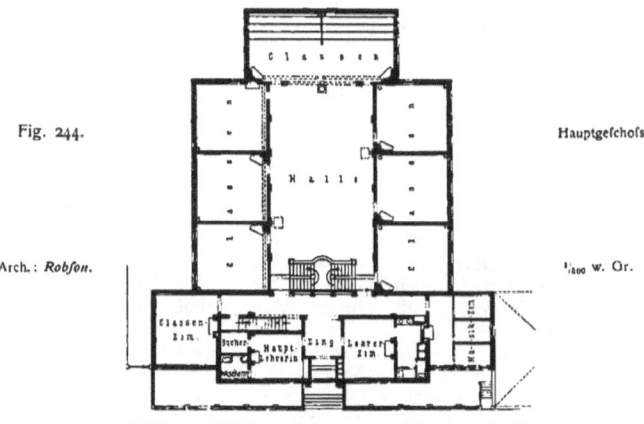

Fig. 244.

Arch.: *Robson*.

Hauptgeschofs.

1/400 w. Gr.

Höhere Mädchenschule zu Blackheath[113]).

Lecture-hall, nehmen dort die für sie bestimmten Sitze ein, singen bei Orgelbegleitung die Morgenhymne und hören dann die mit Gebet verbundene Ansprache des Predigers. Nach Vollendung dieser Morgenandacht werden die Mädchen in die Klassenzimmer geführt.

113) Nach: *Builder*, Bd. 38, S. 117.

Angesichts der Rolle, welche die *Lecture-hall* spielt, in Rücksicht darauf, daß dieselbe täglich benutzt wird, also von der Aula unserer Mädchenschulen ganz verschieden ist, erscheint es geboten, dieselbe in den Mittelpunkt der Gesamtanlage zu verlegen und die Klassenzimmer so anzuordnen, daß sie tunlichst unmittelbar von jenem Saale erreicht werden können.

Die erste hier vorzuführende Anlage der fraglichen Art ist die von *Robson* erbaute höhere Mädchenschule zu Blackheath (Fig. 243 u. 244 [110]).

Den Mittelpunkt der ganzen Anlage bildet die rund 19,00 × 9,30 m große, durch Deckenlicht erhellte *Lecture-hall* (Fig. 243), um welche herum, in gleicher Höhe, 8 Klassenzimmer (je 6,40 × 6,10 m) gruppiert und von ihr aus zugänglich sind; zwei derselben, an der einen Stirnseite des Saales gelegen, sind so eingerichtet, daß sie zu einem Raume umgewandelt und alsdann noch zum Saal hin-

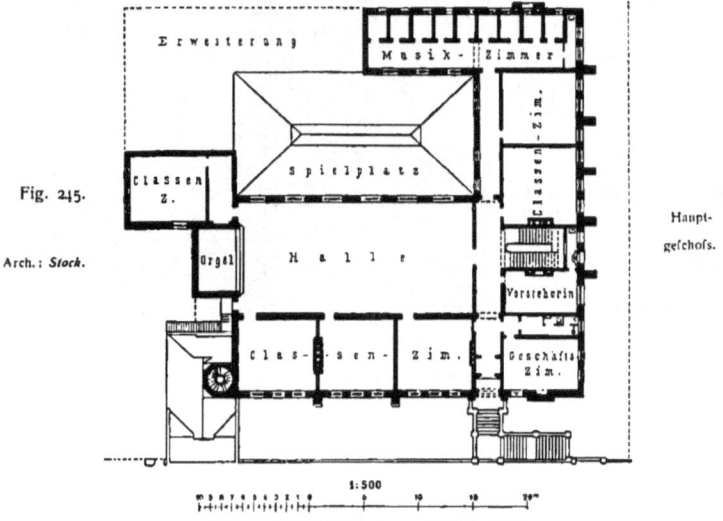

Fig. 245.

Arch.: *Stock*.

Hauptgeschoß.

Höhere Mädchenschule zu Hatcham [111]).

zugezogen werden können. An der entgegengesetzten Schmalseite des Saales führt eine doppelte Freitreppe zum Hauptgeschoß des Vorderbaues, in dem die aus Fig. 244 ersichtlichen Räume angeordnet sind. In dem darunter befindlichen Untergeschoß sind der Schuleingang, die Kleiderablagen, die Waschtischeinrichtungen, die Küche mit Zubehör etc. gelegen.

Eine zwar von gleichen Grundanschauungen ausgehende, im einzelnen indes verschiedene Grundrißanlage zeigt die höhere Mädchenschule zu Hatcham (Fig. 245 [111]), 1886 von *Stock* erbaut.

255. Beispiel XI.

Diese Anstalt ist für einen Besuch von 400 Schülerinnen errichtet worden; doch ist eine möglich werdende Erweiterung vorgesehen. Im Erdgeschoß ist der unter der *Lecture-hall* gelegene Speisesaal, sind die Kleiderablagen und Räume mit den Waschtischeinrichtungen, die Küche mit den zugehörigen Nebenräumen, die Arbeitsräume für die Dienerschaft und der bedeckte Spielplatz mit Turneinrichtungen gelegen. Die im Ober- oder Hauptgeschoß enthaltenen Räume zeigt der Grundriß in Fig. 245; der große Saal besitzt hier an der einen Langseite Fenster (über dem Dache des Spielplatzes); die Musikzimmer sind in großer Zahl vorhanden und ganz abseits gelegen. Das Dachgeschoß enthält Wohnräume für die Dienerschaft etc.

[111]) Nach: *Builder*, Bd. 51, S. 376.

Das ganze Gebäude ift in Backfteinrohbau ausgeführt und wird durch eine Warmwafferheizung erwärmt. Die Gefamtkoften haben, einfchl. Grunderwerb, 470000 Mark (= £ 23500) betragen.

Literatur
über „Höhere Mädchenfchulen".
Ausführungen.

Viktoria-Töchterfchule in Berlin. Deutfche Bauz. 1867, S. 244.
ROBINS, E. C. *Middle-clafs fchools for girls. Builder*, Bd. 31, S. 225. *Building news*, Bd. 24, S. 300, 313.
WEYER. Höhere Töchterfchule in Cöln. Notizbl. d. Arch.- u. Ing.-Ver. f. Nied. u. Weftf. 1876, S. 85.
Höhere Töchterfchulen in Dresden: Die Bauten, technifchen und induftriellen Anlagen von Dresden. Dresden 1878. S. 209.
Der preisgekrönte Konkurrenz-Entwurf zum Bau einer Höheren Töchterfchule in Karlsruhe. Deutfche Bauz. 1878, S. 51.
The North London collegiate fchool for girls. Building news, Bd. 34, S. 624.
Neubauten zu Frankfurt a. M. Frankfurt a. M. 1878.
Bl. 28, 29: Elifabethenfchule, ftädtifche höhere Töchterfchule; von BEHNKE.
Die neue höhere Töchterfchule in Elbing. Deutfche Bauz. 1879, S. 283.
Die neue Töchterfchule in Helmftedt. Baugwks-Ztg. 1880, S. 182.
The Blackheath high fchool for girls. Builder, Bd. 38, S. 417.
North London collegiate fchools. Builder, Bd. 38, S. 438.
Die Großherzoglich Badifche Haupt- und Refidenzftadt Karlsruhe in ihren Maßregeln für Gefundheitspflege und Rettungswefen 1882. V. Die Höhere Mädchenfchule in Karlsruhe.
École de filles à la Trétoire. Moniteur des arch. 1882, S. 175 u. Pl. 74.
High fchool for girls, South Hampftead. Builder, Bd. 42, S. 578.
Jewifh middle-clafs girl's fchool, Chenies-ftreet. Building news, Bd. 42, S. 358.
Harpur Truft girl's fchool, Bedford. Building news, Bd. 44, S. 788.
Der Neubau für die höhere Töchterfchule in Münfter. Centralbl. d. Bauverw. 1884, S. 8.
SCHULZE, F. Die Königliche Augufta-Schule in Berlin. Centralbl. d. Bauverw. 1886, S. 149.
Concurrenz für eine höhere Töchterfchule in Laufanne. Schweiz. Bauz., Bd. 6, S. 133, 160; Bd. 7, S. 31, 36, 43, 50.
Die neue Töchterfchule zu Bafel. Schweiz. Bauz., Bd. 7, S. 111.
ASKE's *fchools for girls, Hatcham. Builder*, Bd. 51, S. 376.
SCHULZE, F. Augufta-Schule und Lehrerinnen-Seminar in Berlin. Zeitfchr. f. Bauw. 1887, S. 205.
High fchool for girls, Stroud green. Building news, Bd. 57, S. 178.
Die Schulen des St. Johannis-Klofters zu Hamburg: Hamburg und feine Bauten, unter Berückfichtigung der Nachbarftädte Altona und Wandsbeck. Hamburg 1890. S. 129.
Höhere Schule für Mädchen zu Leipzig: Die Stadt Leipzig in hygienifcher Beziehung etc. Leipzig 1891. S. 192.
Höhere Mädchenfchule in Leipzig: Leipzig und feine Bauten. Leipzig 1892. S. 318.
Das neue Mädchenfchulhaus am Hirfchengraben zu Zürich. Schweiz. Bauz., Bd. 24, S. 37, 45, 47.
Streatham Hill and Brixton high fchool for girls. Building news, Bd. 68, S. 299.
Höhere Mädchenfchulen zu Karlsruhe: BAUMEISTER, R. Hygienifcher Führer durch die Haupt- und Refidenzftadt Karlsruhe. Karlsruhe 1897. S. 195.
École de filles à Buenos-Aires. La conftruction moderne, Jahrg. 12, S. 593.
Defign for girl's fchool, Hammerfmith. Builder, Bd. 73, S. 328.
Höhere Mädchenfchule zu Freiburg i. B.: Freiburg im Breisgau. Die Stadt und ihre Bauten. Freiburg 1898. S. 536.
École primaire fupérieure de filles et école maternelle à Saint-Maixent. La conftruction moderne, Jahrg. 13, S. 187.
High fchool for girls, Shrewsbury. Building news, Bd. 74, S. 60.
Höhere Mädchenfchule zu Nürnberg: BECKH, W., F. GOLDSCHMIDT & C. WEBER. Feftfchrift zur 24. Verfammlung des Deutfchen Vereins für öffentliche Gefundheitspflege in Nürnberg 1899. Nürnberg 1899. S. 110.
Clapham high fchool for girls. Building news, Bd. 82, S. 235.
Höhere Mädchenfchule zu Wiesbaden. Schweiz. Bauz., Bd. 39, S. 259.

12. Kapitel.
Sonstige höhere Lehranstalten.
Von Dr. Eduard Schmitt.

Es erübrigt noch, einer Reihe von höheren Lehranstalten zu gedenken, welche in die seither vorgeführten Gruppen derselben nicht eingefügt werden können; dieselben sind fast ausschließlich Fachschulen, wenn auch nicht solche vorwiegend technischen Charakters. Insbesondere werden die land- und forstwirtschaftlichen Lehranstalten, die Handels- und die Schiffahrtsschulen zu berücksichtigen sein.

a) Land- und forstwirtschaftliche Schulen.

250. Landwirtschaftsschulen.

Den technischen Fachschulen zunächst stehen die höheren land- und forstwirtschaftlichen Lehranstalten. In den ersteren wird Unterricht in der gesamten Landwirtschaft oder in einzelnen Zweigen derselben erteilt; von denselben kommen hier hauptsächlich die sog. landwirtschaftlichen Akademien und die landwirtschaftlichen Mittelschulen in Betracht, während die niederen Fachschulen dieser Art bereits in Art. 155 (S. 129) Erwähnung gefunden haben. Die weitgehendste wissenschaftliche Ausbildung auf dem Gebiete der Landwirtschaft wird in denjenigen Fällen erzielt, wo mit Universitäten oder technischen Hochschulen Lehrstühle und Institute für Landwirtschaft vereinigt sind, bezw. an den selbständigen landwirtschaftlichen Hochschulen (wie z. B. jene zu Berlin und die Hochschule für Bodenkultur zu Wien).

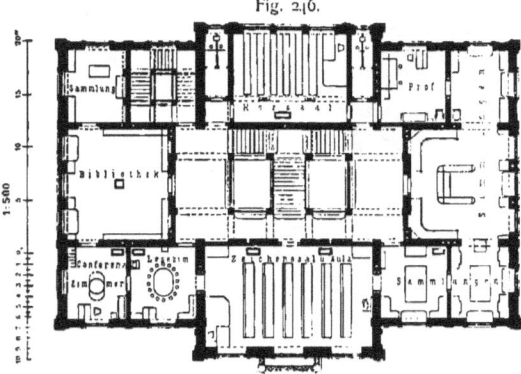

Fig. 246.
II. Obergeschoß.

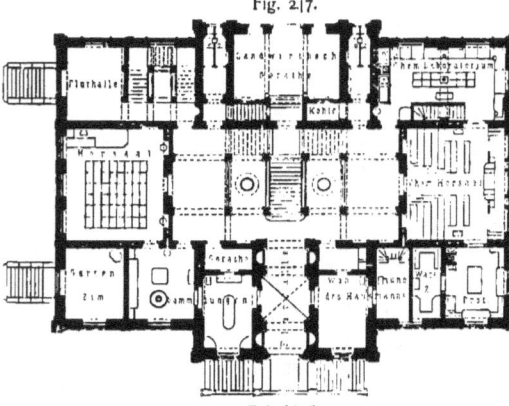

Fig. 247.
Erdgeschoß.
Akademie für Land- und Forstwirte zu Tharandt[115]).
Arch.: *Hänel.*

[115]) Nach: Romberg's Zeitschr. f. prakt. Bauk. 1851, S. 213.

Handbuch der Architektur. IV. 6. a. (2. Aufl.)

Die niederen landwirtſchaftlichen Lehranſtalten ſind hauptſächlich für kleinere Landleute, Ackervögte, ſelbſt Knechte, beſtimmt und ſind dementſprechend für minder hohe Ziele organiſiert; vor allem gehören die ſog. Ackerbauſchulen hierher; allein es gibt auch Winter-, Abend- und Sonntagsſchulen, welche dahin einzureihen ſind. Auf den älteren landwirtſchaftlichen Mittelſchulen verband man mit dem theoretiſchen Unterricht der künftigen Landwirte die praktiſche Ausbildung derſelben an Muſterwirtſchaften; an dieſen Anſtalten wurde die Landwirtſchaft mit ihren Hilfswiſſenſchaften gelehrt und der Gutsbetrieb als Demonſtrationsgegenſtand benutzt. Gegenwärtig ſcheint man es als zweifellos zu halten, daß man an derartigen Lehranſtalten nur theoretiſchen Unterricht zu erteilen, die Übungen im Praktiſchen aber der Schule des Lebens zu überlaſſen habe.

Die landwirtſchaftlichen Akademien ſind in erſter Reihe für die künftigen Bewirtſchafter größerer Güter beſtimmt; die landwirtſchaftlichen Mittelſchulen errichtet man hauptſächlich für alle diejenigen, welche Güter mittlerer Größe bewirtſchaften ſollen, alſo beſonders für die Angehörigen des wohlhabenden Bauernſtandes; man kann letztere auch als Realſchulen für Landwirte bezeichnen.

257. Forſtwirtſchaftsſchulen.

Bei den forſtwiſſenſchaftlichen Lehranſtalten liegen die Verhältniſſe ähnlich wie bei den landwirtſchaftlichen. Abgeſehen von den niederen Lehranſtalten dieſer Art ſind es die Forſtakademien und die mittleren Forſtſchulen, welche hier in Frage kommen. Die letzteren ſind für die Ausbildung der niederen Forſtbeamten beſtimmt, während die Akademien die Forſtwiſſenſchaft mit allen Hilfswiſſenſchaften pflegen; ein Gleiches iſt an denjenigen Univerſitäten und techniſchen Hochſchulen der Fall, welche Lehrſtühle und Inſtitute für Forſtwiſſenſchaft beſitzen.

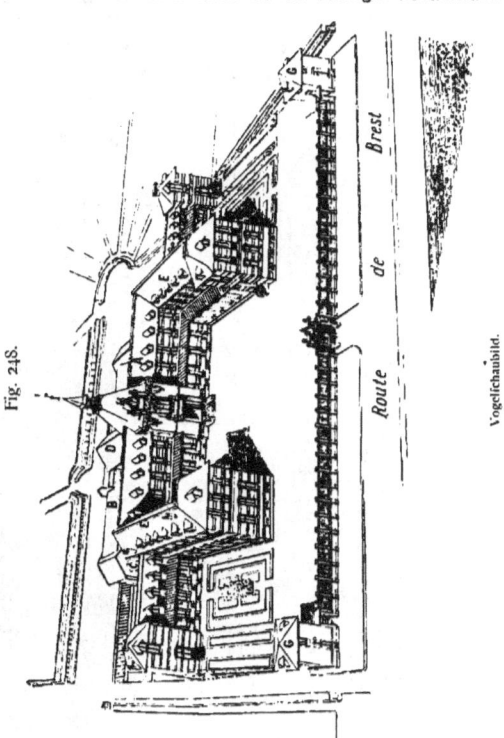

Fig. 248.

Die Organiſation der verſchiedenen in Rede ſtehenden Lehranſtalten iſt keine einheitliche, infolgedeſſen ihre bauliche Anlage auch eine mannigfaltige. Andere Grundſätze als diejenigen, die für höhere Lehranſtalten überhaupt aufgeſtellt werden, laſſen ſich hier nicht entwickeln.

258. Akademie für Land- und Forſtwirte zu Tharand.

Wir ſind nicht in der Lage, neuere Ausführungen von landwirtſchaftlichen, bezw. Forſtakademien dem vorher Geſagten als Beiſpiele hinzuzufügen; nur eine ältere Anlage dieſer Art, die Akademie für Forſt- und Landwirte zu Tharandt, welche 1847—49 durch *Hänel* erbaut worden iſt, kann hier vorgeführt werden. Wir geben in Fig. 246 u. 247[118]) zwei Grundriſſe des für ſeine Zeit recht bemerkenswerten Bauwerkes.

Fig. 249.

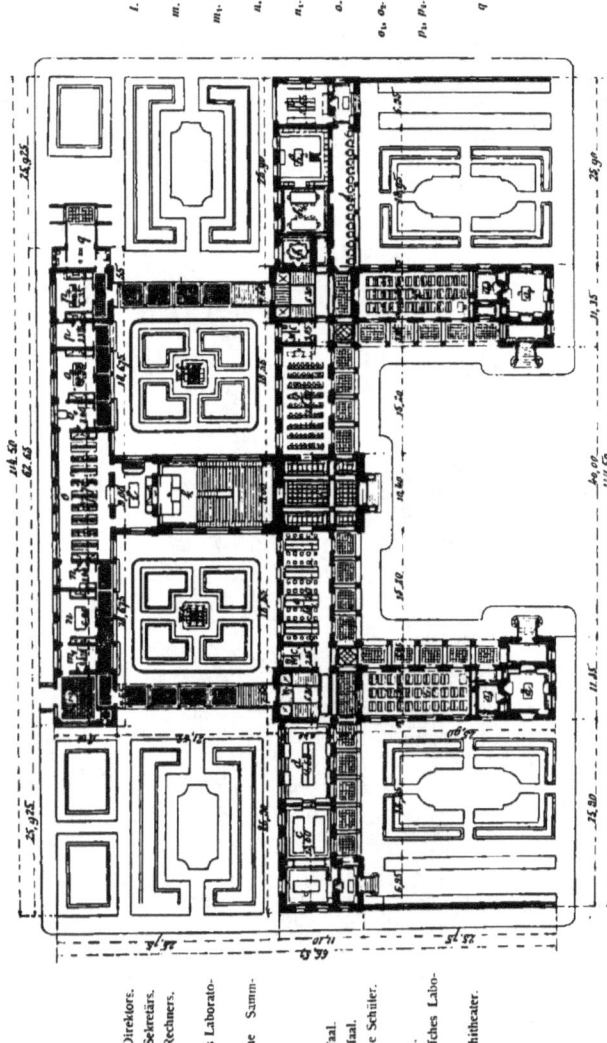

a. Bureau des Direktors.
a₁. Bureau des Sekretärs.
a₂. Bureau des Rechners.
b. Studiensaal.
c. Physikalisches Laboratorium.
d. Mineralogische Sammlung.
e. Zeichensaal.
f. Vestibül.
g. Kleiner Hörsaal.
h. Großer Hörsaal.
h₁. Raum für die Schüler.
h₂. Bibliothek.
i. Pflanzenhaus.
j. Mikrographisches Laboratorium.
k. Großes Amphitheater.

l. Vorbereitungslaboratorium.
m. Schuppen für Zootechnik.
m₁. Kabinett des zugehörigen Professors.
n. Zootechnisches Laboratorium.
n₁. Zimmer des Präparators.
o. Chemisches Schülerlaboratorium.
o₁, o₂. Zimmer u. Laboratorium des Professors.
p₁, p₂. Zimmer u. Laboratorium des Professors der Technologie.
q Photographisches Zimmer.

Erdgeschoß. — ¹⁄₁₅₀ w. Gr.

École nationale d'agriculture zu Rennes¹¹⁸).

Arch.: Laloy.

16*

Dasselbe besteht aus Sockel-, Erd-, I. und II. Obergeschoß; die Stockwerkshöhen betragen bezw. 3,40, 4,67 4,05 und 3,91 m. Im Sockelgeschoß ist hauptsächlich das chemische Laboratorium mit einem Vorratsraume für Chemikalien, Geräte etc. hervorzuheben; im übrigen sind daselbst anderweitige Vorrats- und Wirtschaftsräume untergebracht. Die Raumverteilung im Erd- und I. Obergeschoß zeigen die Pläne in Fig. 246 u. 247. Das II. Obergeschoß enthält die Wohnung des Direktors, einige Zimmer für den königlichen Kommissarius und einen Saal für größere Konferenzen. Die Gesamtbaukosten, einschl. innerer Einrichtung, haben 21 000 Mark betragen.

259. Schule für Forst- und Landwirtschaft zu Zürich.
Das Gebäude der Schule für Forst- und Landwirtschaft zu Zürich wurde 1872 nach den Plänen *Müller's* vom Kanton Zürich errichtet.

Dies ist ein in bescheidenen Grenzen gehaltener Bau, der den besonderen Anforderungen der Forstkultur und der Landwirtschaft entspricht. Der Grundriß des zweistöckigen Gebäudes zeigt eine ungekünstelte Anordnung, die sich dem herkömmlichen Typus eines größeren Schulhauses anschließt. Außer den Hörsälen und zugehörigen Nebenräumen enthält das Gebäude hauptsächlich Laboratorien für Agrikulturchemie, Botanik und Zoologie, sowie die erforderlichen Sammlungen. — Ein Schaubild desselben ist in der unten genannten Schrift [117] zu finden.

260. Agrikulturschule zu Rennes.
Die Agrikulturschule *(École nationale d'agriculture)* zu Rennes besteht in dieser Stadt neben zwei anderen, gleichfalls der Landwirtschaft dienenden Schulen: der *École pratique de laiterie* und der *École pratique d'agriculture*. Während die beiden letzteren für den niederen Unterricht in bestimmten Zweigen der Landwirtschaft bestimmt sind, stimmt das Lehrziel der erstgenannten mit demjenigen der deutschen landwirtschaftlichen Akademien nahezu überein [117]. Die von 110 bis 120 Zöglingen besuchte Schule zu Rennes wurde 1896 eröffnet, und zwar in dem durch *Laloy* erbauten und durch Fig. 248 u. 249 [118]) veranschaulichten Gebäude.

Die Hauptachse desselben ist von Nordost nach Südwest gerichtet. Die zwei Gebäudetrakte *A* und *B* sind parallel zur *Route de Brest* gestellt und miteinander durch die verglasten Galerien *C, C*, sowie durch den Flügel *D*, der das große Amphitheater für 180 Zuhörer enthält, verbunden. Zwei Flügelbauten *E, E*, die senkrecht zum Hauptbau *A* gestellt sind, umschließen den Eintrittshof; die beiden an der *Route de Brest* gelegenen Pavillons *G* sind für den Pförtner bestimmt.

Die Raumeinteilung im Erdgeschoß geht aus Fig. 249 hervor. Da, ähnlich anderen französischen Lehranstalten, auch an diese Schule ein Pensionat angegliedert ist, so enthalten die beiden Flügelbauten *E, E* im Obergeschoß hauptsächlich die Schlafzellen der Schüler mit Wasch- und Kleiderräumen; im übrigen befinden sich in diesem Stockwerk der Krankenraum, die Badegelasse, die Weißzeugkammer, der Lagerraum für Koffer, das Zimmer des Aufsehers, der Speisesaal und die Küche; ferner mehrere Professorenzimmer und ein Beratungssaal. Die sehr geschickte Anordnung der beiden Haupttreppen ist aus Fig. 249 ersichtlich.

Der Maschinenraum befindet sich unter dem Vestibül; darin sind ein Gasmotor, eine Dynamomaschine und eine Akkumulatorenbatterie untergebracht. — Die Gesamtbaukosten, einschl. Architektenhonorar, haben rund 416 800 Mark (= 521 000 Franken) betragen [119]).

261. Onologisches Institut zu Klosterneuburg.
Im Eingang des Art. 256 wurde bemerkt, daß es höhere Lehranstalten gebe, welche nur einzelne Zweige des landwirtschaftlichen Unterrichtes pflegen. Eine solche Schule ist das von *v. Trojan* erbaute önologische und pomologische Institut zu Klosterneuburg.

Mit dieser Doppelanstalt ist auch eine chemisch-physiologische Versuchsstation vereinigt. Die Räume der letzteren nehmen zunächst die eine Hälfte des Sockelgeschosses ein, während die andere Hälfte dieses Stockwerkes der Obst- und Weinschule als Versuchs- und Lagerkeller für Weine etc. dient. Im Erdgeschoß befinden sich die übrigen Räume der Versuchsstation, während das Obergeschoß für Zwecke der önologischen und pomologischen Lehranstalt bestimmt ist. Die Pläne mit eingehenderer Beschreibung dieses Gebäudes sind in der unten genannten Quelle [119]) zu finden.

262. Agronomisches Institut zu Paris.
Das agronomische Institut zu Paris *(Institut national agronomique)* war ursprünglich im Park von Versailles, später im *Conservatoire des arts et métiers* untergebracht. Das Ungenügende und Mißständige der Raumverhältnisse nötigte,

---

[116]) Festschrift zur Feier des 25jährigen Bestehens der Gesellschaft ehemaliger Studierender der Eidgenössischen polytechnischen Schule in Zürich. Zürich 1894. S. 73.
[117]) Es gibt in Frankreich nur noch zwei solcher Anstalten: diejenigen zu *Grignon* und zu *Montpellier*.
[118]) Faks.-Repr. nach: *Le génie civil*, Bd. 35, S. 70 u. Pl. V.
[119]) Allg. Bauz. 1880, S. 55.

1882—88 nach den Entwürfen *Hardy's* auf dem früheren Gelände der *École de pharmacie* und unter teilweiser Benutzung ihrer Baulichkeiten einen nur für diese Anstalt bestimmten Bau zu schaffen.

Die Gebäudegruppe enthält 16 Studiensäle, Säle für Mikrographie, die Bibliothek, einen Getreidespeicher, Laboratorien, Sammlungsräume, Magazine, Hörsäle für Physik und Chemie mit dem nötigen Zubehör, Stallungen, den Schuppen für Zootechnik, die Versuchsstation für Getreide, das Gärungslaboratorium u. s. w. Pläne davon mit Beschreibung befinden sich in der unten genannten Zeitschrift[120]).

Literatur
über „Land- und forstwirtschaftliche Schulen".

Ausführungen.

HÄNEL. Das Gebäude der Königl. Akademie für Forst- und Landwirthe zu Tharand. Zeitschr. f. pract. Bauk. 1851, S. 213.
TISCHLER. Entwurf einer höheren landwirthschaftlichen Lehranstalt auf dem königlichen Domänenamte Waldau in Ostpreussen. ROMBERG's Zeitsch. f. prakt. Bauk. 1854, S. 9.
École impériale d'agriculture de Grignon. Gaz. des arch. 1868 -69, S. 6.
DANCKELMANN, B. Die Forstakademie Eberswalde von 1830 bis 1880. Berlin 1880.
TROJAN, E. v. K. k. önologisches und pomologisches Institut in Klosterneuburg bei Wien. Allg. Bauz. 1880, S. 55.
Das landwirthschaftliche Museum und Lehrinstitut zu Berlin. Zeitsch. f. Bauw. 1880, S. 467.
Institut national agronomique, rue Claude-Bernard, à Paris. Nouv. annales de la const. 1892, S. 8.
Schule für Forst- und Landwirtschaft zu Zürich: Festschrift zur Feier des 25 jährigen Bestehens der Gesellschaft ehemaliger Studirender der Eidgenössischen polytechnischen Schule in Zürich. Zürich 1894. S. 73.
Dauntsey agricultural school, West Lavington, Wilts. Building news, Bd. 68, S. 654.
École nationale d'agriculture de Rennes. Le génie civil, Bd. 35, S. 69.

b) Kaufmännische Lehranstalten; Handelsakademien.

Junge Leute für den kaufmännischen Betrieb wissenschaftlich vorzubereiten, ist Aufgabe der Handelsschulen. Nach den Zielen, welche dieselben verfolgen, kann man höhere Handelslehranstalten oder Handelsakademien und mittlere kaufmännische Schulen unterscheiden. Letztere schließen unmittelbar an die Volksschulbildung den sachlichen Unterricht an und stehen etwa im Range einer Realschule; höhere und weitergehende Zwecke verfolgen die Handelsakademien, die vor allem die Vereinigung von allgemeiner und Fachbildung anstreben.

<small>263. Handelsschulen und -Akademien.</small>

Die erste Handelsakademie wurde 1768 in Hamburg eröffnet. Österreich besitzt in Wien, Prag etc. solche Schulen. In Frankreich bestehen angesehene Handelslehranstalten, deren bedeutendste die *École supérieure de commerce* zu Paris ist, welche bereits 1820 unter dem Namen *École spéciale de commerce et d'industrie* in das Leben trat. — In England ist für kaufmännischen Unterricht verhältnismäßig wenig geschehen[121]). In Italien ruht die Schulvorbildung für den kaufmännischen Beruf in den Händen der *Instituti tecnici*, die nach dem Besuche eines drei- bis vierjährigen Kursus den Titel eines *Ragioniere* verleihen, und der sich an die *Instituti tecnici* angliedernden höheren Handelsschulen, der *Scuole superiori di commercio*, deren es drei gibt (in Venedig, Genua und Bari). Diese Anstalten bezwecken eine Fachschulbildung für den unmittelbaren Gebrauch in der Praxis.

Nicht unerwähnt sollen die Lehrlingsschulen bleiben, welche Handelslehrlingen, in der Regel außer der Geschäftszeit, eine Fachbildung verschaffen wollen; dieselben sind indes nicht hier, sondern unter die niederen Lehranstalten einzureihen.

---

[120]) Nouv. annales de la constr. 1892, S. 8.
[121]) Siehe auch: Über Handelsakademien. Im neuen Reich 1879 — II, S. 233.

264.
Handels-
Hochschulen.

In der Neuzeit sind weitgehende Bestrebungen vorhanden, dem Kaufmann eine weitergehende Ausbildung zu gewähren, als sie die Handelsakademie gewährt, namentlich auf volkswirtschaftlichem Gebiete; man will aber auch anderen Kreisen der Gebildeten die kaufmännischen Wissenschaften zugänglich machen. Auf diesem Wege entstand der Gedanke, Handelshochschulen zu errichten.

Fast 200 Jahre sind verflossen, daß der sächsische Staatsmann *Marperger* ein Programm von Handelsakademien, als besonderen Abteilungen an Universitäten, entwarf; sie waren für Kaufleute, hauptsächlich aber für Verwaltungsbeamte bestimmt, für sog. „Kommerzräte", Beiräte der Krone in Handelsfragen. Die aus der Zeit des Merkantilismus stammende Idee ward auch sonst unterstützt. *Friedrich Wilhelm I.* errichtete 1727 an der Universität Halle eine „Kameralabteilung", später in Frankfurt a. d. Oder.

Zur Zeit bestehen in Deutschland vier Handelshochschulen, deren jede nach einem anderen „Typus" geschaffen worden ist: in Leipzig hat man Angliederung an die Universität, in Aachen an die technische Hochschule; in Cöln besteht das Institut für sich, und die Akademie für Sozial- und Handelswissenschaften zu Frankfurt a. M. hat das breite Fundament der Volkswirtschaft.

Italien besitzt seit kurzem in Mailand eine Handelshochschule unter dem Namen *Università commerciale Luigi Bocconi*.

Durch die ansehnliche Stiftung *Bocconi*'s (von 1 Mill. Lire) konnte sie sofort in ein neues geräumiges Gebäude an der *Piazza del Statuto* einziehen. Sie trägt Universitätscharakter. Das Hauptgewicht legt die Anstalt auf die Nationalökonomie.

Zu Ende des Jahres 1902 beschloß der Große Rat des Kantons Basel-Stadt die Errichtung einer Handelshochschule in Basel.

265.
Anlage
und
Einrichtung.

In der Anlage und Einrichtung stimmen die Handelslehranstalten mit den Realschulen in vielen Fällen völlig überein; eine gewisse Verschiedenheit zeigt sich nur dann, wenn für den Kontorunterricht besonders ausgerüstete Räume vorgesehen werden. In den betreffenden Sälen ist alsdann das Gestühl mit breiteren Pulten, als sonst üblich, auszustatten, damit die Geschäftsbücher darauf die entsprechende Unterlage finden; ferner ist zu berücksichtigen, daß der die kaufmännische Buchführung unterrichtende Lehrer zu jedem Zögling ungehinderten Zutritt haben muß, um dessen Arbeiten in Augenschein nehmen, dieselben berichtigen etc. zu können. Infolgedessen ist für solchen Unterricht nur zweisitziges Gestühl geeignet; wir geben in Fig. 250 als Beispiel einen der Kontorsäle der *École des hautes études commerciales, Rue Tocqueville* zu Paris.

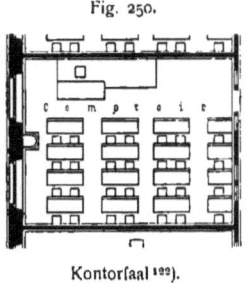

Fig. 250.

Kontorsaal [122]).
1/150 w. Gr.

Da im übrigen die Organisation der Handelslehranstalten eine ziemlich verschiedene ist, sind auch die baulichen Erfordernisse und die Gesamtanlage solcher Schulen ziemlich mannigfaltige. Im folgenden sollen drei solcher Anstalten: eine deutsche, eine österreichische und eine französische in Wort und Bild vorgeführt werden.

266.
Handels-
lehranstalt
zu Leipzig.

Das für die öffentliche Handelslehranstalt zu Leipzig bestimmte, an der Löhrstraße errichtete Gebäude (Fig. 251 bis 253) wurde 1888—91 nach den Plänen *Brückwald*'s ausgeführt, welche bei einem vorhergegangenen Wettbewerb den ersten Preis erhalten hatten.

---

[122]) Nach: WILLIAM & FARGE. *Le recueil d'architecture*. *13e année, f. 22, 23, 28, 36, 69, 70*.
[123]) Faks.-Repr. nach: Leipzig und seine Bauten. Leipzig 1892. S. 328.

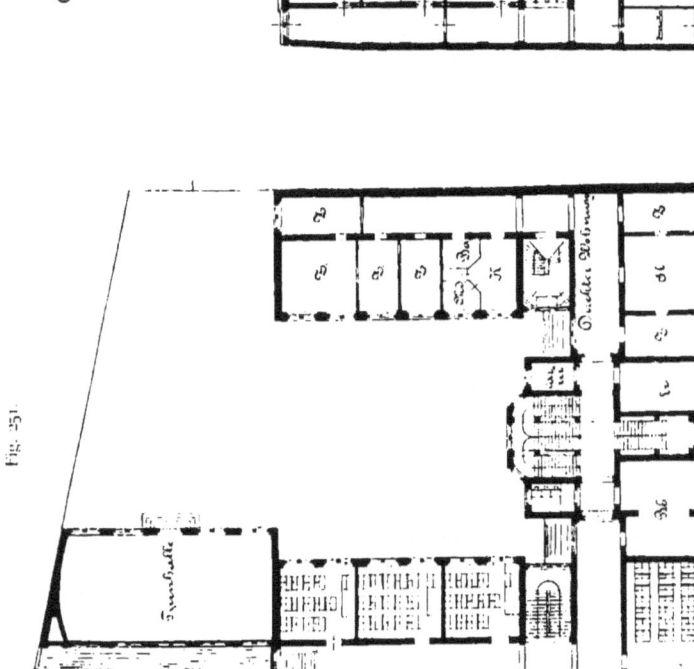

Fig. 253.

Arch.:
Brückwald.

Ansicht zu Fig. 251 u. 252.

In der Mitte des Haufes ift der Haupteingang gelegen, welcher vom Dienftzimmer des Expedienten und des Schulhausmannes überfehen und überwacht wird. Links und rechts vom Mittelrifalit find im Sockelgefchoß zwei Durchfahrten angeordnet, die nach dem Hof und nach dem Garten führen. An diefe fchließen fich die Hausmannswohnung und drei vermietbare Räume, ferner die Abortanlagen, die Räume für die Warmwafferheizung, die Kohlengelaffe, die Heizerftube, die Werkftätte und das Wafchhaus an.

Das Gebäude enthält im rechtsfeitigen Flügel 9 nach Süden gelegene Klaffenzimmer für die kaufmännifche Lehrlingsabteilung, welche nur in den früheften Morgenftunden (bis 9 Uhr) benutzt werden, und im linksfeitigen die höhere Abteilung, deren Zimmer nach Norden gerichtet find.

Fig. 254.

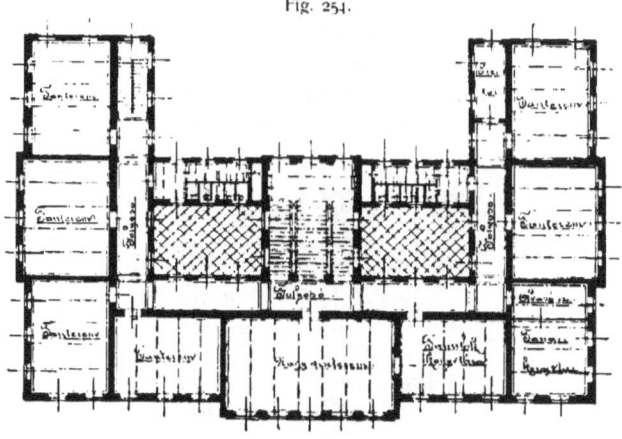

Handelsakademie zu Budapeft[126]).
II. Obergefchoß. — 1/950 w. Gr.
Arch.: Czigler.

In dem nach Often gelegenen Vorderbau befinden fich im Erdgefchoß die Direktorwohnung, das Lehrerzimmer, die Bibliothek und das Kombinationszimmer; im I. Obergefchoß der Haupttreppe gegenüber ein Empfangszimmer nebft dem Direktorzimmer und Archivzimmer, rechts zwei Klaffenzimmer und links der Zeichenfaal nebft Zimmern zur Aufftellung von Schränken für die Reißbretter und Vorlagen; im II. Obergefchoß die künftlerifch reich ausgeftattete Aula, rechts ein Klaffenzimmer und ein Lehrerzimmer, links der Hörfaal für Phyfik nebft Nebenzimmer zur Auf-

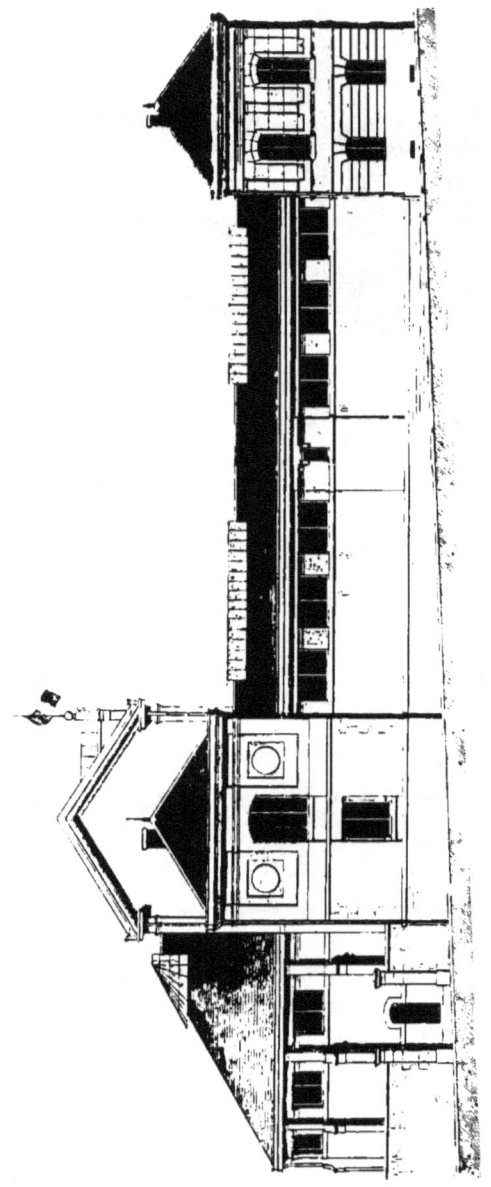

École supérieure de commerce zu Paris.
Seitenansicht.

bewahrung der phyfikalifchen Inftrumente u. Apparate, und im linksfeitigen Flügelbau desfelben Stockwerkes die Sammlungszimmer für Naturwiffenfchaft und Warenkunde, darüber der große Hörfaal für Chemie nebft Vorzimmer.

Zum Lehrgebäude gehört auch noch die an den linksfeitigen Flügel angebaute Turnhalle (Fig. 251). Die Gründung des Haufes war eine fehr fchwierige. Die Baukoften haben 511000 Mark betragen [121]).

267. Handelsakademie zu Budapeft.

Im Jahre 1882 wurde nach den Plänen *Czigler*'s der Neubau für die Handelsakademie zu Budapeft aufgeführt, von dem in Fig. 254 [125]) der Grundriß eines Obergefchoffes wiedergegeben ift.

268. École fupérieure de commerce zu Paris.

Zum Schluffe fei das urfprüngliche Gebäude der fchon erwähnten *École fupérieure de commerce* zu Paris *(Avenue Trudaine)* als Beifpiel aufgenommen, welche Bezeichnung feit 1830 befteht und von der Parifer Handelskammer gegründet worden ift. Von diefem durch *Lifch* errichteten Gebäude find in Fig. 255 bis 257 die Grundriffe des Erd- und Obergefchoffes und eine Seitenanficht [126]) wiedergegeben.

Das Gebäude ift an drei Seiten von Straßen umgeben und befteht aus zwei Flügelbauten, die an den nach der *Avenue Trudaine* gerichteten Enden durch Pavillons ausgezeichnet

Fig. 256.

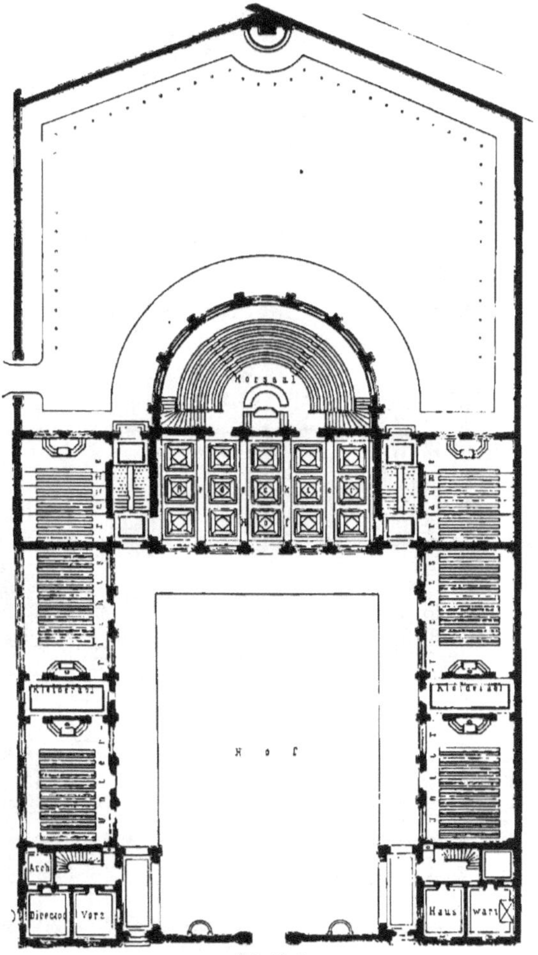

Erdgefchoß.
1:500

École fupérieure de

[121]) Nach ebendaf., S. 326.
[125]) Nach: Technifcher Führer von Budapeft etc. Budapeft 1896. S. 142.
[126]) Nach: *École commerciale fondée par la chambre de commerce de Paris.* Gaz. des arch. et du bât. 1863. S. 85 148, 205, 211, 246.

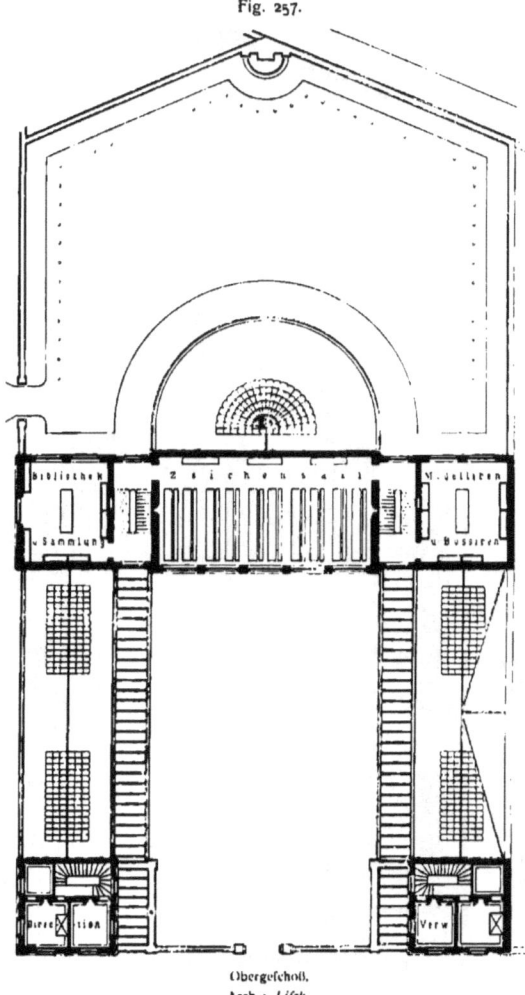

Fig. 257.

Obergefchoß.
Arch.: Lifch.

commerce zu Paris [120]).

find, während fie an den entgegengefetzten Enden durch einen Querbau verbunden find. Der (in den Plänen) linksfeitige Pavillon (Ecke der *Avenue Trudaine* und der *Rue Bochard de Sarron*) ift für den Direktor der Schule beftimmt; der andere enthält im Erdgefchoß die Räume für den Hauswart und im Obergefchoß jene für die Verwaltung. In den Flügelbauten felbft find je 3 Klaffenzimmer enthalten, von denen die 4 vorderen hauptfächlich durch Deckenlicht erhellt werden; die in den zwei nach der *Rue Bochard der Sarron* gelegenen Zimmern vorhandenen, hoch gelegenen und niedrigen Seitenfenfter (Fig. 255) dienen mehr den Zwecken der Lüftung als der Beleuchtung.

In Erdgefchoß werden die beiden Flügel durch eine im Querbau gelegene Halle verbunden, welche bei regnerifchem Wetter den Zöglingen als Erholungsftätte dient. An diefe fchließt fich ein als Ringtheater angelegter, halbkreisförmiger Saal an, welcher die Zöglinge aller 4 Jahrgänge aufzunehmen im ftande ift; derfelbe ift für den Unterricht in der Sittenlehre und Religion, für Feftlichkeiten, Preisverteilungen etc. beftimmt; unter den höchft gelegenen Teilen (am äußeren Umfange) diefes Saales find die Aborte angeordnet. Das gefamte Erdgefchoß wird durch im Keller befindliche Feuerluftheizungseinrichtungen erwärmt.

Über dem Querbau ift noch ein Obergefchoß (Fig. 257) errichtet, welches einen großen Zeichenfaal, einen Raum für den Unterricht im Modellieren und Boffieren und ein Zimmer für die Bücher- und fonftigen Sammlungen enthält; auch diefe Räumlichkeiten find an die Sammelheizanlage angefchloffen.

Die gefamten Baukoften haben 245 120 Mark (= 306 400 Franken) betragen; die überbaute Grundfläche beziffert fich zu 1205 qm, fo daß 1 qm derfelben etwa 194 Mark gekoftet hat [121]).

Diefes Gebäude wurde im Laufe der Jahre räumlich ungenügend, fo daß von 1893 an Erweiterungsbauten angefügt wurden. Doch reichte auch dies nicht aus, fo daß man fich 1896 zu einem Neubau auf anderer Stelle entfchloß. (Siehe hierüber die im nachfolgenden Literaturverzeichnis mitgeteilten Quellenangaben.)

269. Handelshochfchule zu Cöln. Das Ende Juli 1898 begonnene Gebäude der Handelshochfchule zu Cöln enthält nicht nur diefe Lehranftalt, fondern auch die Handelsfchule. Es erhebt fich an der Nordfeite der inneren Ringftraße, am Hanfaring, auf dem Gelände eines früheren, unter Straßengleiche gelegenen Kinderfpielplatzes in den gefälligen Formen der Spätgotik und ift nach den Plänen *Heimann*'s ausgeführt worden.

Über dem Hauptveftibül baut fich ein 35 m hoher Giebel auf, der von drei mächtigen Fenftern durchbrochen ift, hinter denen fich die Aula befindet. In jenes Veftibül, worin eine einzige Syenitfäule das Deckengewölbe trägt, gelangt man über eine 15,84 m breite Freitreppe und durch eine fich daran anfchließende fchmale Vorhalle. Von hier aus erreicht man rechts die für die Hochfchule beftimmten Räume, nebft ftreng getrennten Räumlichkeiten der Handelsfchule. Auch die Eingänge find verfchieden: nur die Hochfchüler gehen durch das Hauptveftibül, während die Handelsfchule links davon eine befondere Eingangstür hat.

Diefer linke Flügel, der an der Ritterftraße liegt, befitzt auch ein Stockwerk mehr als der Hauptbau, vier ftatt drei, weil dort das Grundftück bedeutend abfällt. Das Kellergefchoß diefes Flügels ift zur Aufnahme der Feuerluftheizungsanlage nochmals unterkellert, während das Kellergefchoß felbft zum großen Teil noch Räume für die Hochfchule enthält. So findet fich hier der Lehrfaal für Phyfik und Chemie, der auch verdunkelt werden kann, nebft Vorbereitungszimmer, ein Arbeitszimmer, das fich durch Niederlaffen eines Ladens in eine Dunkelkammer umwandeln läßt, die Arbeitszimmer der Dozenten für Phyfik und Chemie, ein Laboratorium mit 15 Arbeitsplätzen, Chemikalienlager und Sammlungsraum. Ferner enthält diefes Stockwerk noch eine Klaffe für die Handelsfchule, Aborte und mehrere Heizungsräume.

Das Erdgefchoß zeigt links vom Veftibül einen fchönen Raum für den Handelsfchuldirektor, ein Vorzimmer und ein Lehrer-Konferenzzimmer, weiter das Laboratorium der Handelsfchule und ein Vorbereitungszimmer für Chemie. Über dem Haupteingang befindet fich ein großer Zeichenfaal, darüber, im II. Obergefchoß, die Aula, das einzige Prunkfaal des Gebäudes; nur zu feiner Ausfchmückung hat man fich nicht auf cölnifche Künftler befchränkt. Sie dient zur gemeinfamen Benutzung für beide Anftalten, mißt 175 qm und kann durch Aufziehen einer Holzwand mit der daneben gelegenen, 97 qm großen Gefangsklaffe vereinigt werden. Die letztere ift nur halb fo hoch wie die Aula, befitzt aber eine Empore, von welcher die Befuchter in die Aula hinabfehen können. Die 10 Holzkonfolen, welche die Decke zu tragen fcheinen, ftützen fich unten auf bewegt gehaltene plaftifche Verkörperungen der Handelswiffenfchaft, der Landwirtfchaft, der Buchdruckerei, der Schiffahrt, des Handels und Verkehres, des Bauhandwerks, der Mafchinenbaukunft und der Fifcherei; in der Mitte diefer Figuren zu beiden Seiten des Saales find die Colonia und Germania dargeftellt. Eine Wandtäfelei geht in Mannshöhe empor. Das Ganze überwölbt ein etwas elliptifch gekrümmtes *Rabitz*-Tonnengewölbe, das bis in das Dach hineinreicht und am Dachgewölbe aufgehängt ist. Eine 3,40 m in Durchmeffer haltende fchmiedeeiferne Ringkrone mit 60 Flammen Licht verbreiten; doch find im ganzen mit der Gefangklaffe und Empore deren 151 vorgefehen. Die Aula mißt bis zum Scheitel des Gewölbes in der Höhe 10,40 m. Die drei großen, oben fchon erwähnten gotifchen Fenfter zeigen bei 8,00, bezw. 6,50 m Höhe eine lichte Breite von 3,13 m.

Im ganzen befinden fich in drei Gefchoffen des Flügels der Handelsfchule außer den fchon obengenannten Räumen 13 Klaffenräume und ein Bibliotheksraum. Die Hochfchule befitzt außer den fchon erwähnten Räumen im Seitenflügel und den Aborten in den drei Gefchoffen des Hauptbaues 7 Hörfäle, Mufterkontor, Bibliothek, je ein Direktor- und Lehrzimmer, Zimmer für den Pedell, fowie Sekretariat und Kaffe. Für die Hochfchule find Bänke mit Klappfitzen verwandt; für die Handelsfchule ift die verbefferte Cölner Schulbank eingeführt.

Die ganze Faffade ift in Sandftein und Tufffftein ausgeführt. Das Dach, aus dem große, mit gotifchen Auffätzen verfehene Fenfter herauswachfen, ift mit glafierten Pfannen in Teppichmufter gedeckt. Der figürliche Schmuck der Hauptfaffade, darunter ein allegorifcher Fries, ift ziemlich reich; auf Poftamenten foll die alte und neue Zeit durch Perfönlichkeiten verewigt werden, die für den cölnifchen Handel von Bedeutung gewefen find.

Das Gebäude bedeckt einen Flächenraum von 1480 qm und hat eine Gefamtfrontlänge von 278,08 qm. Die Baukoften find auf 1 482 800 Mark veranfchlagt, wozu noch die innere Einrichtung hinzukommt, fo daß einfchl. Grunderwerb die Gefamtkoften nicht wefentlich unter 2 Mill. Mark bleiben werden.

Die für die Hochfchule vorgefehenen Räume find nur als ein Proviforium anzufehen; bereits ift ein Wettbewerb für einen Neubau im Gange.

Literatur

über „Handelsfchulen und -Akademien".

École commerciale fondée par la chambre de commerce de Paris. Gaz. des arch. et du bât. 1863, S. 85, 148, 244, 246.
École commerciale, Avenue Trudaine. Moniteur des arch. 1866, Pl. 48.
Ueber Handelsakademien. Im neuen Reich 1879 – II, S. 233.
DUSERT. *Une académie de commerce.* Moniteur des arch. 1877, S. 103 u. Pl. 31–32.
RIVOALEN, E. *Académie commerciale de Montréal.* La femaine des conftructeurs, Jahrg. 4, S. 114.
Scientific and technical education in Briftol: the merchant venturer's fchool. Builder, Bd. 42, S. 514.
Oeffentliche Handelslehranftalt in Leipzig: Leipzig und feine Bauten. Leipzig 1892. S. 326.
Concurrenz-Project für den Bau der Chrudimer Handels-Akademie. Wiener Bauind.-Ztg., Jahrg. 10, S. 37.
Agrandiffement de l'école de commerce à Paris. La conftruction moderne, Jahrg. 10, S. 5, 14, 28.
Projet d'école de commerce et de tiffage à Lyon. La femaine du bâtiment, Jahrg. 1, S. 4.
Handels-Akademie zu Budapeft: Technifcher Führer zu Budapeft. Budapeft 1896. S. 144.
LUCAS, CH. *Concours pour la conftruction de l'école de commerce.* La conftruction moderne, Jahrg. 12, S. 102, 113, 122 u. Pl. 22 26.
ROWALD. Die ftädtifche höhere Handelsfchule zu Hannover. Baugwks-Ztg. 1898, S. 397.
Verhandlungen über das kaufmännifche Unterrichtswefen in Preußen zu Berlin am 31. Januar und 1. Februar 1898. Verfaßt im Minifterium für Handel und Gewerbe nach kurzfchriftlichen Aufzeichnungen. Berlin 1898.
La nouvelle école fupérieure de commerce à Paris. Le génie civil, Bd. 34, S. 81.
WANDERLEY, H. Entwurf zu einer höheren Handelsfchule. Der Architekt 1899, S. 24 u. Taf. 37.
Die ftädtifche Handels-Hochfchule in Köln, die erfte felbftändige Handels-Hochfchule in Deutfchland. Berlin 1901.
WULLIAM & FARGE. *Le recueil d'architecture.*
  1e année, f. 4–7.
  13e année, f. 22, 23, 28, 36, 69, 70.
Croquis d'architecture. Intime club. Paris.
  1897, No. V, F. 1 6: *Conftruction d'une école fupéricure de commerce à Paris.*

c) Schiffahrtsfchulen.

270. Aufgabe.

Zum Schluffe fei noch einer befonderen Art von Fachfchulen gedacht: der Schiffahrts- oder Navigationsfchulen, auf denen die Seeleute die theoretifche Ausbildung zum Seefteuermann und zum Seefchiffer empfangen.

In Deutfchland beftehen derartige Schulen in Hamburg, Königsberg, Stettin, Bremen etc.; die Unterrichtszeit dauert nur die Wintermonate hindurch; derfelben muß eine beftimmte Fahrzeit (zum Befuch der Steuermannsklaffe 33 Monate, zu dem der Schifferklaffe außerdem noch 24 Monate als Steuermann) auf feegehenden Schiffen vorangehen. Ähnliche Lehranftalten find auch in anderen Staaten vorhanden.

Für die Binnenfchiffahrt hat fich die Errichtung verwandter Schulen als notwendig herausgeftellt [127]).

Die baulichen Erforderniffe einer folchen Lehranftalt und die Art und Weife, wie man denfelben gerecht werden kann, gehen aus den nachfolgenden drei Beifpielen hervor.

271. Seefahrtsfchule zu Bremen.

Die Seefahrtsfchule zu Bremen, welche 1878 von *Rippe* erbaut worden ift, dient zur Ausbildung von Steuerleuten und Schiffern der Handelsflotte.

Die Haupttunterrichtsräume (4 Klaffenzimmer, 1 Beflecksimmer und 1 Bücherzimmer) befinden fich großenteils im Obergefchoß, während im Erdgefchoß das Inftrumentenzimmer, Dienftwohnungen

---

[127]) Siehe: JASMUND. Die Elbefchiffer-Fachfchulen. Centralbl. d. Bauverw. 1888, S. 256.

und Verwaltungsräume untergebracht find; außerdem find ein Obfervationsturm und eine Terraffe zur Aufnahme von Sternftellungen mit feften Punkten für künftliche Horizonte vorhanden. Das Gebäude ift genau nach den Himmelsrichtungen orientiert, und die Lage der Klaffenzimmer, fowie die Aufftellung der Schulbänke ift derart, daß die Schüler genau nach Norden fehen. Der Bau ift in den Formen griechifcher Renaiffance ausgeführt; Grundrißfkizzen find in der untengenannten Quelle [12b] zu finden.

272. Seefahrtsfchule zu Amfterdam.

Die Seefahrtsfchule zu Amfterdam (Fig. 258 u. 259 [120]) ift nach den Entwürfen von *W. & J. L. Springer* ausgeführt worden.

Fig. 258.

Fig. 259.

Arch.:
W. & J. L. Springer.

Erdgefchoß.

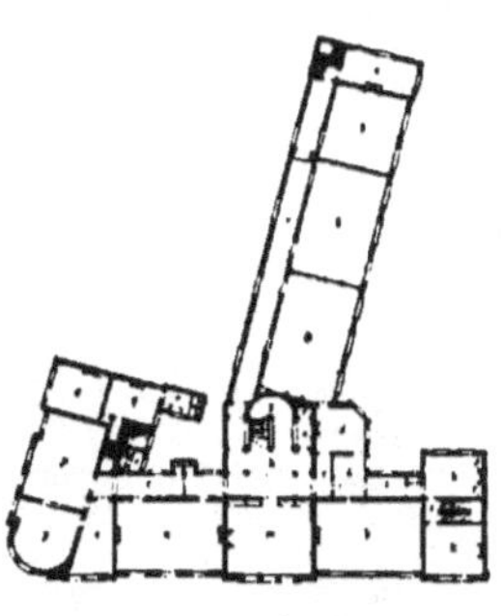

I. Obergefchoß.

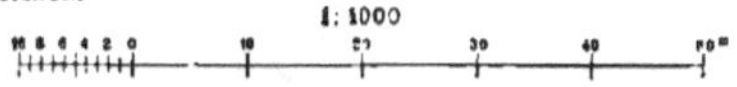

1:1000

Seefahrtsfchule zu Amfterdam [120]).

Erdgefchoß:

a. Anfteckende Krankheiten.
b. Turnhalle.
c. Schränke.
d. Flurgang.
e. Speifefaal.
f. Übungsfchiff.
g. Übungsplatz.
h. Notgang.
i. Schrank.
k. Aufzug.
l. Treppen zum I. Obergefchoß.
m. Treppenflur.
n. Speifekammer.
o. Eingang.
p. Flurgang.

q. Magazinmeifterwohnung.
r. Küche.
s. Telegraphenamt.
t. Vermietete Kontors.
u. Haupteingang.
v. Botenzimmer.
w. Wartezimmer.
x. Küche.
y. Koch.
z. Pförtner.
a'. Abort.
b'. Hof.
c'. Kellereingang.
d'. Eingang für Interne.
e'. Treppe zur Fortbildungsfchule.

Obergefchoß:

a. Bibliothek.
b. Schulraum.
c. Flurgang.
d. Amtszimmer des Direktors.
e. Aufzug.
f. Schrank.
g, l. Treppen zum II. Obergefchoß.
h. Flur.
i. Mufikzimmer.
k. Wohnung des Direktors.
m. Verwaltungszimmer.
n. Inftrumentenzimmer.
o. Kleiderablage.
p. Fortbildungsfchule.
q, z. Wohnung des I. Steuermanns.

Die Grundrißanlage ift ⊥-förmig geftaltet; der Vorderbau bildet die Ecke zweier fich kreuzender Straßen; im Flügelbau find die meiften Schulräume untergebracht. Das Gebäude befteht aus Sockel-, Erd-, I. und II. Obergefchoß, fowie einem großenteils ausgebauten Dachgefchoß. Im Sockelgefchoß find Vorratsmagazine, Brennftoffräume, Badezimmer und Wirtfchaftskeller untergebracht; vier Außentüren mit zugehörigen Treppen gewähren Zutritt in diefes Stockwerk; außerdem führen vier Eingänge von den Höfen aus in das Sockelgefchoß. Im Erdgefchoß befinden fich an der Hauptfront der Haupteingang, die Flurhalle und die Haupttreppe, welche vom Sockelgefchoß bis zum Dache führt; die übrigen Räumlichkeiten des Vorderbaues find aus Fig. 249 zu erfehen. Im

---

[12b] BÖTTCHER, E. Bauten und Denkmale des Staatsgebiets von Bremen. 2. Aufl. Bremen 1887. S. 19.
[120] Fakf.-Repr. nach: Allg. Bauz. 1882, Bl. 58, 59.

Flügelbau find Speifefaal, Turnhalle und die Zimmer für abzufondernde Kranke gelegen; letztere find von erfteren ganz getrennt und haben einen eigenen Eingang an einer anderen Straße.

Fig. 259 zeigt die Raumverteilung im I. Obergefchoß; die zwei Räume für den Fortbildungsunterricht haben einen befonderen Eingang von der kürzeren Frontfeite; die beiden Schulfäle im Flügelbau find mittels einer beweglichen hölzernen Wand voneinander gefchieden und können für Verfammlungszwecke zu einem Raume vereinigt werden. Im II. Obergefchoß befinden fich: ein Mufeum, ein Archivarium, ein Zimmer für den Schneider, ein Equipierungsmagazin, ein Krankenfaal mit Badezimmer und getrenntem Raum für Genefende, fowie ein Zimmer für den Bootsmann, zugleich Krankenwärter; das Schlafzimmer des Direktors grenzt an den Schlaffaal der Zöglinge. Über letzterem (im Dachgefchoß) ift ein Raum gelegen, in welchem die Zöglinge in Segel- und Tauwerk praktifchen Unterricht erhalten. An den Enden der beiden Frontfeiten find, in alle Gefchoffe verteilt, die Wohnungen des Direktors und des Perfonals untergebracht. Am freien Ende des Flügelbaues wurde, 25 m über der Straßenoberfläche, das Obfervatorium angeordnet, wo die Zöglinge in der praktifchen Aftrologie geübt werden; unter diefem Obfervatorium ift ein Raum für Übungen im Winkelmeffen vorhanden, und unterhalb des letzteren befindet fich der Raum für den Zeitfignalapparat zum Dienfte der Schiffahrt.

Auf dem Übungsplatze, neben der Turnhalle, fteht für den praktifchen Unterricht ein armiertes dreimaftiges Schiff (22 m lang, 5 m breit, 1,50 m hoch).

Die Hauptfaffade ift in den Formen der holländifchen Backfteinarchitektur des XVI. und XVII. Jahrhunderts gehalten: zur Mauerverblendung wurden farbige Ziegel, für die Hauptglieder blauer Hartftein *(Petit granit de l'Oueft)* und für die Ornamente weißer Sandftein verwendet; im halbkreisförmigen Tympanon des Mittelrifalites befindet fich eine allegorifche Gruppe, die Entftehung und den Zweck der Lehranftalt darftellend. Zur Dachdeckung wurden für den Vorderbau Schiefer, für den Flügelbau Ziegel und für das Obfervatorium Zinkblech in Anwendung gebracht.

Die Baukoften des ganzen Gebäudes haben ungefähr 340 000 Mark betragen [130]).

Die Königl. Navigationsfchule zu Altona wurde 1875–77 erbaut.

273. Navigationsfchule zu Altona.

Diefe Anftalt fetzt fich aus 3 Steuermannsklaffen, eine Schifferklaffe und eine Vorfchule zur Vorbereitung in die Steuermannsklaffe und für die Prüfung zum Schiffer aus fleiner Fahrt zufammen. Das Schulhaus enthält im Kellergefchoß Wirtfchaftsräume und Dienerwohnung, im Erdgefchoß die Wohnungen des Direktors und zweier Lehrerafpiranten und im Obergefchoß die Schulzimmer. An den Ecken der Vorderfront fpringen zwei achteckige Turmbauten vor, auf denen fich je eine Beobachtungshütte befindet. Den Grundriß des Obergefchoffes ift im untengenannten Werk [131]) zu finden.

Es gibt noch eine nicht geringe Zahl von Fachfchulen und fonftigen Lehranftalten, welche infolge ihrer Eigenart, bezw. ihres Sonderzweckes in keine der in den vorhergehenden Kapiteln vorgeführten Gruppen von höheren Lehranftalten fich einreihen laffen. Insbefondere ift England reich an folchen eigenartigen Schulen; in den unten [132]) genannten Zeitfchriften find mehrere derfelben, auch einige franzöfifche Sonderanftalten, in Wort und Bild dargeftellt.

---

[130]) Nach: Allg. Banz. 1882, S. 85.

[131]) Hamburg und feine Bauten, unter Berückfichtigung der Nachbarftädte Altona und Wandsbeck. Hamburg 1890. S. 138.

[132]) *École Saint-Thomas, du convent de Jacobins à Paris*. Revue gén. de l'arch. 1856, S. 321 u. Pl. 38, 39.
The Bedfordfhire middle-clafs school, Bedford. Builder, Bd. 27, S. 765.
Schools of fcience and art, Gloucefter. Builder, Bd. 29, S. 460.
St. Chad's fchool, Denftone. Builder, Bd. 30, S. 507.
École laïque de garçons, rue Ordener, à Paris. Encyclopédie d'arch. 1875, S. 27 u. Pl. 265, 266, 271, 272.
The Grocer's company's middle-clafs day fchool. Builder, Bd. 35, S. 398.
St. Edward's fchool, Oxford. Building news, Bd. 41, S. 296.
St. Paul's fchool, Kenfington. Builder, Bd. 43, S. 283.
The natural fcience fchools, Harrow. Builder, Bd. 51, S. 857.

D. Sonstige Unterrichts- und Erziehungsanstalten.

Unter obiger Überschrift würden nicht allein die Pensionate und Alumnate, die Lehrer- und Lehrerinnenseminare und die Turnanstalten, sondern auch die Erziehungsanstalten für Nichtvollsinnige (für Blinde, Taubstumme, Schwachsinnige etc.), die Waisenhäuser, die Erziehungs- und Besserungsanstalten für verwahrloste Kinder, die militärischen Erziehungs- und Unterrichtsanstalten etc. zu besprechen sein. Da indes ein Teil der in zweiter Reihe gedachten Gebäudearten bereits im vorhergehenden Halbband (Abt. V, Abschn. 2) dieses „Handbuches" behandelt wurde, der andere Teil in Halbband 7 (Abt. VII, Abschn. 4) vorgeführt werden soll, so werden sich die nachfolgenden Schlußkapitel des vorliegenden Heftes nur mit den an erster Stelle genannten Gebäudearten zu beschäftigen haben.

13. Kapitel.
Pensionate und Alumnate.
Von † Dr. HEINRICH WAGNER[138]).

a) Allgemeines und Kennzeichnung.

274. Begriff und Wesen. Pensionate heißen diejenigen Erziehungs- und Bildungsanstalten, in welchen die Zöglinge, in der Regel gegen Bezahlung, Wohnung, Verpflegung und Erziehung, meist auch Unterricht erhalten und unter mehr oder weniger strenger Aufsicht stehen.

Die Pensionate sind zum größten Teile Privatanstalten, vielfach aber auch Anstalten, welche vom Staate, von der Gemeinde, von Vereinen oder einzelnen Stiftern gegründet und aus deren Mitteln unterhalten werden.

Die geschlossenen höheren Erziehungs- und Unterrichtsanstalten, welche die oberen Gymnasialklassen, unter Umständen auch philosophische und theologische Kurse enthalten, heißen Alumnate, bezw. Konvikte, ihre Zöglinge Alumnen, bezw. Konviktoristen. Sie haben meist Freistellen und sind in ihrem Zusammenleben streng an die Hausgesetze gebunden.

275. Entstehung. Die katholischen Lehr- und Erziehungsanstalten sind auf die schon im frühen Mittelalter gestifteten Kloster-, Dom- und Stiftsschulen (siehe Art. 167, S. 141) zurückzuführen; durch das Konzil von Trient erfuhren sie eine zeitgemäße Umgestaltung. Die ältesten Alumnate in protestantischen Ländern stammen aus dem Reformationszeitalter, in welchem die leergewordenen Klosterräume und die reichen Klostergüter zu Zwecken solcher höherer Lehr- und Erziehungsanstalten dienstbar gemacht wurden.

---

[138]) In der vorliegenden 2. Auflage umgearbeitet und ergänzt durch die Redaktion.

In folcher Weife gründete 1543 der fpätere Kurfürft, Herzog *Moritz von Sachfen*, im Einverftändnis mit feinen Landftänden, die Schulen in Meißen, Pforta und Merfeburg zur Heranbildung von „Kirchendienern und fonftigen gelehrten Leuten", für Knaben des Landes „aus allen Ständen". Diefe dem Landesherrn unmittelbar unterftellten **Fürftenfchulen**, (fpäter auch **Landesfchulen** genannt, kamen noch im Jahre ihrer Gründung zu Meißen und zu Pforta zu ftande, nicht aber in Merfeburg, wo die Errichtung der Schule am Widerftande des dortigen Domkapitels fcheiterte, dagegen aber in Grimma in den Räumen des aufgehobenen Auguftinerklofters von Kurfürft *Moritz* 1550 wirklich gegründet wurde.

Ähnlichen Urfprunges und nahezu gleichzeitig ift das Alumnat der Klofterfchule zu Roßleben, und ebenfo verhält es fich mit den Vorbildungsanftalten für das Studium der Theologie in Württemberg, welche Herzog *Chriftoph* 1556 aus Klöftern feines Landes gefchaffen hat und welche erft zu Anfang diefes Jahrhundertes den Namen „Klofter" ablegten, um — im Gegenfatz zu dem 1536 gegründeten „Stift", dem evangelifch-theologifchen Seminar der Univerfität Tübingen, fowie dem katholifch-theologifchen Konvikt dafelbft — **niedere Seminare** genannt zu werden. Der Vorbereitung für den katholifchen Priefterftand dienen die **kleinen** oder **Knabenfeminare**, deren Organifation mehr oder weniger auf die Vorfchriften des Konzils von Trient zurückgeht.

Von anderen aus alter Zeit ftammenden Alumnaten fei noch das von Kurfürft *Joachim Friedrich* 1607 geftiftete Joachimsthalfche Gymnafium erwähnt, das 1650 nach Berlin und 1880 nach dem nahe gelegenen Wilmersdorf verlegt wurde.

Ähnlicher Art find die **Pädagogien** (fiehe Art. 167, S. 141), infofern man darunter namentlich Gelehrtenfchulen, die mit Alumnat verbunden find, verfteht.

Auguft Hermann Francke gründete 1695 in Halle eine Erziehungsanftalt für Knaben aus den höheren Ständen, die er „Pädagogium" nannte und 1712 in ein hierfür neu errichtetes Gebäude verlegte. Unter anderen Erziehungs- und Lehranftalten gründete *Francke* in Halle auch eine Lateinfchule mit Penfionsanftalt, welche noch jetzt befteht. Das Pädagogium ging 1870 als Schule ein.

Unter die mit Penfionaten verfehenen ftaatlichen Inftitute zählen auch die meiften militärifchen Unterrichtsanftalten, deren Entftehung in die zweite Hälfte des XVII. Jahrhundertes zurückgeht.

276. Sonftige Schulen mit Penfionaten.

Faft fämtliche der in den vorhergehenden Kapiteln befprochenen Arten von niederen und höheren Lehranftalten kommen in Verbindung mit Penfionaten oder Alumnaten vor. Die Zahl der hiermit verfehenen Gymnafien und anderen höheren Schulen ift in Deutfchland verhältnismäßig klein, umfo größer aber in England und Frankreich. Die *Colleges* in England, die Univerfitätskollegien nicht ausgenommen (fiehe das folgende Heft diefes „Halbbandes" unter A, Kap. 1, a), welche den Charakter ihrer meift mittelalterlichen Herkunft und die klofterartige Anlage jener Zeit zum Teile bewahrt haben, pflegen mit Penfionaten für die Zöglinge, bezw. Studenten ausgerüftet zu fein. Ähnlich verhält es fich in Frankreich mit den *Lycées* und *Collèges*, den ftaatlichen, bezw. den ftädtifchen Gymnafien, welche dort eine befondere Bedeutung, insbefondere auch in baulicher Beziehung haben.

Der Unterricht in diefen Anftalten ift nicht allein den Penfionären derfelben, fondern in der Regel auch außerhalb wohnenden Schülern zugänglich. Man unterfcheidet demgemäß die **Internen** von den **Externen** und **Semi-Externen** der Anftalt. Letztere werden darin unterrichtet und verköftigt, fchlafen aber außerhalb derfelben. Die Internen haben in manchen diefer Erziehungs- und Unterrichtsinftitute ganz oder teilweife Freiftellen.

Schon bei den mittelalterlichen Klofterfchulen fchied man die *Schola interior* oder *ecclefiaftica*, welche die für den geiftlichen Stand beftimmten Knaben *(Oblati)* frühzeitig aufnahm, und die *Schola exterior* oder *canonica*, welche den verfchiedenen Ständen zugänglich war.

Im vorhergehenden ift vornehmlich von Erziehungs- und Bildungsanftalten für Jünglinge und Knaben die Rede gewefen; doch fehlt es felbftverftändlich nicht an folchen für Jungfrauen und Mädchen, insbefondere nicht an Privatinftituten hierfür, welche fich feit mehr als einem Jahrhundert ganz außerordentlich verbreitet haben.

277 Mädchenpenfionate.

Seit dieser Zeit ungefähr ist es hergebrachte Sitte und gehört gewissermaßen zum „guten Ton", die Tochter auf ein oder zwei Jahre in das Pensionat zu schicken, um dort ihre Bildung abzuschließen. Die Einrichtung und Leitung dieser Anstalten [131]) wurde zuerst ausschließlich Französinnen anvertraut, weil die Pensionserziehung in Frankreich bekanntlich schon längst im Brauch war und weil vor hundert Jahren in Deutschland nicht allein die Kenntnis der französischen Sprache und Literatur, sondern auch die Aneignung französischer Umgangsformen und Bildung als unerläßlich betrachtet wurden. Mit der französischen Vorsteherin und Lehrerin hielten auch der *Professeur de grâce* und der *Maître de danse* ihren Einzug. Außerdem waren etwas Malerei, Musik und Mythologie die Hauptbildungsmittel der Pensionsfräulein; und bis auf den heutigen Tag haben nicht wenige jener Anstalten die französische Herkunft und den französischen Charakter bis zu einem gewissen Grade bewahrt.

Das Mädchenpensionat übernimmt, vermöge seiner Einrichtungen, die vollständige Erziehung des Mädchens von einem gewissen Alter an. Es will also dem Zögling so viel als möglich die Familie, das Leben im Elternhaus ersetzen. Das gleiche Ziel haben viele Knabenpensionate.

278. Gruppierung der Zöglinge.

Um diesem Ziele möglichst nahe zu kommen, darf die Zahl der in einem Hause zusammenlebenden Zöglinge nicht groß sein. In größeren Erziehungsanstalten werden daher mitunter die Pensionäre in eine Anzahl engerer Kreise verteilt, von denen jeder Kreis für sich, unter der Leitung seines eigenen Oberhauptes, dem Erzieher oder der Erzieherin, in einem besonderen Hause oder in besonderer Wohnungsabteilung des Hauses lebt und gewissermaßen eine „Familie" bildet. Dem Oberhaupt jeder Familie stehen Gehilfen, bezw. Gehilfinnen zur Seite. Schulhaus, Wirtschaftshaus, Krankenanstalt, gleich anderen nur einmal vorhandenen Anlagen und Einrichtungen, pflegen von sämtlichen Familien gemeinsam benutzt zu werden. Die Bestrebungen der neueren Zeit in Deutschland sind, insbesondere bei Stiftungshäusern und sonstigen mit Pensionat versehenen gemeinnützigen Anstalten, auf die weitere Einführung und Verbreitung dieses Systems — Teilung der Zöglinge in einzelne Familiengruppen und Errichtung besonderer Gebäude für die verschiedenen Zweige der Anstalt — gerichtet.

Die meisten Pensionate aber vereinigen sämtliche erforderliche Räume in einem einzigen zusammenhängenden Bau, der mitunter eine beträchtliche Ausdehnung hat, was indes nicht ausschließt, daß, den verschiedenen Altersklassen der Zöglinge entsprechend, nicht allein die erforderliche Anzahl von Schulräumen, sondern auch in der Regel mehrere Abteilungen von Wohn- und Verpflegungsräumen für große, mittelgroße und kleine Zöglinge gemacht oder auch kleinere Gruppen von 12, 15, höchstens 20 Zöglingen aus sämtlichen Klassen gebildet werden, die unter der Aufsicht ihres Seniors und eines eigenen Leiters stehen.

b) Haupterfordernisse und Gesamtanlage.

279. Verschiedenheit

Die vorhergehende Übersicht über die verschiedenen Arten von Pensionaten gibt die nötigsten Anhaltspunkte für die Feststellung der Haupterfordernisse, sowie für den Entwurf der Gesamtanlage der Anstalt und der einzelnen Gebäude, aus denen sie besteht.

Hierbei sind hauptsächlich folgende Unterschiede zu machen:

α) Die Zöglinge erhalten nur Wohnung und Verpflegung in der Anstalt, werden aber zum Unterricht in die öffentlichen Schulen geschickt.

β) Die Zöglinge erhalten außer Wohnung und Verpflegung in der Anstalt selbst auch vollständigen Unterricht. Wenn an letzterem außer den Internen auch Externe teilnehmen, so müssen die für beide nötigen Einrichtungen getroffen sein.

[131]) Siehe: ERKELENZ, H. Über weibliche Erziehung etc. Cöln 1872.

Von wesentlichem Einfluß auf die Gesamtanlage der Anstalt ist ferner, ob für sämtliche vorerwähnte Zwecke, gleichwie für Verwaltung und Wirtschaftswesen, ein einziges Gebäude, bezw. ein einziger Gebäudekomplex dienen soll, oder ob für diese verschiedenen Zwecke mehrere selbständige Gebäude zu errichten sind.

Jeder dieser Zwecke erfordert eine Anzahl Haupt- und Nebenräume. Ohne auf die Einrichtung dieser unter c zu betrachtenden Räume hier einzugehen, sollen vorerst nur die nach ihrer Bestimmung zusammengehörigen Räume gruppenweise zusammengefaßt werden:

280. Zusammengehörige Räume.

1) Arbeits- und Wohnzimmer, sowie Schlafräume der Zöglinge, nebst Wasch- und Bedürfnisräumen, Kleider- und Putzkammern.

2) Speisesäle der Zöglinge, mit Anrichten, Kochküche, allen zugehörigen Nebenräumen und Kellern, sowie sonstigen Vorratsräumen.

3) Baderäume für Wannen-, Brause- und Fußbäder, mitunter Schwimmbad u. a. m.

4) Krankenzimmer, Wärterzimmer und Teeküchen, mit besonderen Bade- und Bedürfnisräumen, mitunter Apotheke, Zimmer der Ärzte und dergl.

5) Waschküche, Roll- und Plättstube, sowie alle anderen zur Besorgung der Wäsche, zur Ausbesserung und Aufbewahrung derselben erforderlichen Räume.

6) Räume für allgemeine Benutzung und Erholung der Angehörigen der Anstalt, sowie für die Verwaltung derselben, in geeigneter Weise im Gebäude verteilt, nämlich: Betsaal oder Hauskapelle, mitunter Festsaal, Bibliothek und Lesezimmer, Tanzsaal, wohl auch (in Knabenpensionaten) Fechtboden, Exerzier- und Turnhalle; anschließend hieran bedeckte und unbedeckte Spielplätze, Hof- und Gartenanlagen; außerdem am Haupteingang Pförtnerzimmer, Anmeldebureau und Besuchzimmer, an passender Stelle ein Sitzungszimmer, Sprech- und Arbeitszimmer für den Direktor der Anstalt und andere Beamte, Wohnungen für dieselben und für die Dienerschaft.

7) Unterrichtsräume, wenn innerhalb der Anstalt, nach Maßgabe des Ranges und der Schülerzahl derselben.

Man ersieht aus diesem Verzeichnis, daß man es bei großen Erziehungs- und Unterrichtsanstalten mit einer Art von Ansiedelung, einem kleinen Gemeinwesen für sich zu tun hat, dessen Gebäudeanlage seitens des Architekten ein vielseitiges, vertieftes Studium der Aufgabe erfordert.

An den Bauplatz eines Pensionats sind im wesentlichen dieselben Anforderungen zu stellen, wie an den Bauplatz eines Schulhauses (siehe unter A, Kap. 1, c). Viel Luft, Licht und Raum, in gesunder, womöglich ländlicher Gegend und in ruhiger Umgebung sind Haupterfordernisse. Allseitig freie Lage des Bauplatzes ist für die Anstalt am günstigsten. Bei nicht allseitig freier Lage müssen die Gebäude der Anstalt von vorhandenen oder noch zu errichtenden Nachbarhäusern, diesseits der Grenze einen angemessenen Abstand erhalten. Auch wird in solchem Falle die Grundrißbildung und – insbesondere bei ganz zusammenhängendem Baukomplex – der Zugang zu den einzelnen Teilen der Anstalt erschwert. Um zu den Nebeneingängen für Hauswirtschaftsräume, Dienstwohnungen und dergl. gelangen zu können, müssen dann mitunter erst Wege um die Gebäude-, Hof- und Gartenanlagen auf dem Gelände selbst geschaffen werden. Letzter ist ringsum mit einer Einfriedigung zu umgeben [133]).

281. Bauplatz.

[133]) Vergl.: Note sur l'installation des lycées et collèges. Moniteur des arch. 1882, S. 85 – ferner: GOUT, P. Étude sur les lycées. Encyclopédie d'arch. 1883, S. 17 – endlich: BAUDOT, A. DE. Étude théoretique sur les lycées. Revue gén. 1886, S. 72. Diese Schriften wurden für die folgenden Darlegungen mehrfach benutzt.

282. Größe.

Für französische Lyceen, welche Pensionäre, Halbpensionäre und Externe aufzunehmen haben, wird ein Bauplatz von 20 000 bis 25 000 qm Ausmaß verlangt.

Anhaltspunkte über die Größe der Anstalt und die jeweilig erforderliche Ausdehnung des Grundstückes geben die 1882 erlassenen Bestimmungen des französischen Ministeriums des öffentlichen Unterrichtes über Bau und Einrichtung der Lyceen und Kollegien, sowie die über diesen Gegenstand veröffentlichten Abhandlungen [135]).

Hiernach sollen die Lyceen mindestens 200 Pensionäre, 80 Halbpensionäre und 100 Externe, höchstens 400 Pensionäre und 400 Halbpensionäre oder Externe enthalten. Nach der Zahl der Zöglinge bemißt sich die Größe des Grundstückes, und zwar sind für ein Lyceum von 200 Pensionären und 60 Halbpensionären ungefähr 1,50 ha, für ein solches von 300 Pensionären 2 ha verlangt.

Die geforderte Ausdehnung des Grundstückes wird, insbesondere bei sehr großen Anstalten, mitunter nicht erreicht; z. B. das kleine Lyceum *Louis le Grand* zu Paris [136]), das 200 Pensionäre, 200 Halbpensionäre und 400 Externe enthält, umfaßt nur 1,40 ha, während das Lyceum von Quimper (siehe unter d, 2), das 200 Interne, 80 Halbpensionäre und 100 Externe aufnimmt, ein ebensogroßes Grundstück von 1,4 ha besitzt. Auch kommen hier und da kleinere Anstalten mit viel geringerer Zahl von Zöglingen vor; eine solche ist das städtische Kollegienhaus zu Coulommiers [137]), das bei einer Zahl von 100 Internen und 50 Externen 0,71 ha umfaßt; ferner das städtische Kollegienhaus von Issoudun [138]), das für 30 Interne und 100 Externe erbaut ist und nur über 0,35 ha verfügt.

Daß auch in Deutschland und England die Größe der Grundstücke von Pensionaten von Fall zu Fall verschieden bemessen wird, zeigen die nachfolgenden Beispiele.

Das Englische Institut B. M. V. zu Nürnberg (siehe unter d, 1) wird von 30 Internen und 450 Externen besucht; Gebäude, Hof- und Gartenanlagen nehmen eine Grundfläche von rund ¼ ha ein.

Die Ende der achtziger Jahre erbaute Fürsten- und Landesschule zu Grimma (siehe unter d, 1 und Fig. 260), die zur Aufnahme von im ganzen ungefähr 180 Zöglingen, wovon 126 auf das Internat, 54 auf das Externat kommen, bestimmt ist, hat ein Grundstück von rund 1 ha. Zur Erholung dient ferner ein breiter Spazierweg längs der Hauptfront am Ufer der Mulde.

Das Joachimsthalsche Gymnasium bei Berlin (siehe unter d, 1 und Fig. 261) besteht aus einem Hauptgebäude mit Alumnat und Gymnasium für 160 Interne und 400 bis 420 Externe und Dienstwohnungen, ferner aus besonderen Gebäuden für Speiseanstalt, Wasch- und Badeanstalt, Krankenhaus mit Dienstwohnungen, Turnhalle und aus 5 Wohnhäusern mit zusammen 10 Lehrerwohnungen — alles auf einem Grundstück von 3,40 ha 1876–80 errichtet. Seitdem ist hierzu das angrenzende Grundstück von 0,87 ha erworben und als Spielplatz angelegt worden.

Das *St. Paul*'s-Kollegienhaus bei Knutsford (siehe unter d, 2) nimmt 500 in der Anstalt zu verpflegende Scholaren auf und verfügt über ein Gelände von rund 16 ha (= 40 *Acres*).

283. Lage gegen die Himmelsrichtungen.

Über die Stellung der Pensionatsgebäude und die Lage ihrer Haupträume gegen die Himmelsrichtungen sind die Meinungen weniger widerstreitend, wie bei der gleichen Frage hinsichtlich der Schulhäuser (siehe Art. 17, S. 15).

Für die Unterrichtsräume pflegt eine solche Lage gegen die Himmelsrichtungen verlangt zu werden, daß sie zur Zeit ihrer Hauptbenutzung nicht zu sehr der Sonne ausgesetzt sind. Treppenhäuser und sonstige Verkehrsräume können ihr zugekehrt sein, und auch bei seltener zu benutzenden Räumen ist solche Lage wohl zulässig. Für Arbeits- und Zeichensäle, Speisesäle, Küchenräume, Waschanstalt, Aborte und dergl. ist nördliche Lage am geeignetsten. Dagegen sollen die Höfe und Spielplätze, von denen die umliegenden Räume Luft und Licht erhalten, ziemlich nach Süden gekehrt, den Sonnenstrahlen frei geöffnet oder nach dieser Seite nur durch niedrige, eingeschossige Gebäude begrenzt sein, andererseits nach Norden und Nordosten Schutz gegen rauhe Winde durch hochgeführte, mehrgeschossige Gebäude gewähren. Auch die bedeckten Spielplätze, Wandelhallen

---

[135]) Siehe: *Revue gén. de l'arch.* 1885, Pl. 57.
[137]) Siehe: *Moniteur des arch.* 1881, Pl. 43; 1882, Pl. 17.
[128]) Siehe: *Nouv. annales de la constr.* 1863, Pl. 9, 10.

und dergl. follen nach der herrfchenden Windrichtung zu gefchloffen fein. Eine gefchützte Lage, nichtsdeftoweniger aber freien Zutritt von Licht und Luft, erfordert auch die Krankenanftalt.

Im allgemeinen wird man bei der Anordnung von Penfionaten, gleichwie beim Entwurf von Wohnhäufern aller Art, am beften tun, wenn man die Anftaltsgebäude nicht genau nach den Himmelsgegenden, fondern fchräg zu denfelben ftellt, fo daß die Einflüffe der Himmelsrichtung nicht fo ausgefprochen in Wirkfamkeit treten.

Die Höfe feien groß genug für die Erholung der Zöglinge fämtlicher Abteilungen der Anftalt und für jede derfelben abgeteilt durch niedrige Mauern oder Holzwände, Hecken und dergl., fo daß doch jede Abteilung den Vollgenuß von Licht und Luft der gefamten Hofräume hat. Auf einen Zögling find nach Analogie deutfcher Vorfchriften 3 ^{qm} völlig ausreichend, nach franzöfifchen 5 ^{qm} Spielhof und 1 bis 2 ^{qm} bedeckter Spielplatz zu rechnen.

284. Höfe.

Für die Speife- und Wafchanftalt ift ein eigener Wirtfchaftshof mit befonderer Einfahrt zweckmäßig; durch letztere erfolgt auch der Zugang der Lieferanten und des Gefindes.

Auch die Abteilung für Kranke und Genefende bedarf eines Gartens und Hofraumes.

Der Einblick in die Höfe und Gartenanlagen der Anftalt von benachbarten Grundftücken aus ift durch geeignete Anordnung der Gebäude, durch Anbringen von Wandelhallen, Einfriedigungen und dergl. möglichft zu verhindern.

Für kleinere Penfionate ift die Anlage eines in fich gefchloffenen Baukörpers am zweckmäßigften und wird deshalb in der Regel angewendet. Geftaltung und Grundrißbildung nehmen, wie die unter d dargeftellten Beifpiele zeigen, je nach den örtlichen und räumlichen Erforderniffen der Aufgabe, teils mehr das Gepräge des Wohnhaufes, teils mehr den Charakter der Gebäude für Beherbergung und Verpflegung einer mäßigen Zahl von Zöglingen an. Demgemäß kommen die üblichen einfachen Grundrißformen: Rechteck, Winkel ⌐, Hufeifen ⊔, fowie zufammengefetztere Flügelbauten: ⊔, 工, I u. a. m., außerdem aber auch frei gruppierte unregelmäßige und fchiefwinkelige Grundformen vor.

285. Grundrißanordnung und Raumeinteilung.

Kleinere Anftalten beftehen gewöhnlich nur aus zwei Stockwerken, größere aus drei Stockwerken über dem Keller-, bezw. Sockelgefchoß. Über die Verteilung der Räume läßt fich im allgemeinen nur fagen, daß im Erdgefchoß die Tagesräume, Verwaltungsräume und andere, leichte Zugänglichkeit erfordernde Zimmer, in den oberen Gefchoffen die Schlaffäle und Wohnzimmer der Zöglinge und Erzieher angeordnet zu werden pflegen. Keller- oder Sockelgefchoß enthalten meift nur Wirtfchafts- und Vorratsräume.

Man fucht, foviel wie möglich, nicht zweibündig, fondern einbündig zu bauen, alfo die Anlage von zwei Bünden oder zwei Reihen von Räumen, zugänglich von einem gemeinfamen Mittelgang, zu vermeiden, jedenfalls aber durchaus helle und luftige Flure und Treppenhäufer zu fchaffen.

Das Erdgefchoß wird gewöhnlich nicht niedriger als 4,00 ^{m} und felten höher als 4,50 ^{m} im Lichten gemacht. Die lichte Höhe der Obergefchoffe pflegt 3,70 bis 4,20 ^{m} zu betragen, je nach Maßgabe der Zahl der in den Räumen aufzunehmenden Zöglinge und des ihnen zugemeffenen Luftraumes.

Auch bei größeren Anftalten erfcheinen die Gebäude nach einer jener in fich gefchloffenen Grundformen gebildet, meift aber wegen ihrer Ausdehnung mit einem oder mehreren Binnenhöfen verfehen. Anftatt der Errichtung eines folchen die

1. Hauptgebäude.
a. Westflügel, zweigeschossig, mit den Eingängen, Aufnahme- u. Geschäftszimmern, Archiv, Bibliothek u. Dienstwohnungen.
b, c. Süd- u. Ostflügel, dreigeschossig, mit Wohn- und Unterrichtsräumen d. Zöglinge, Betsaal, Synodalsaal, Direktorwohnung u. Haupttreppe.

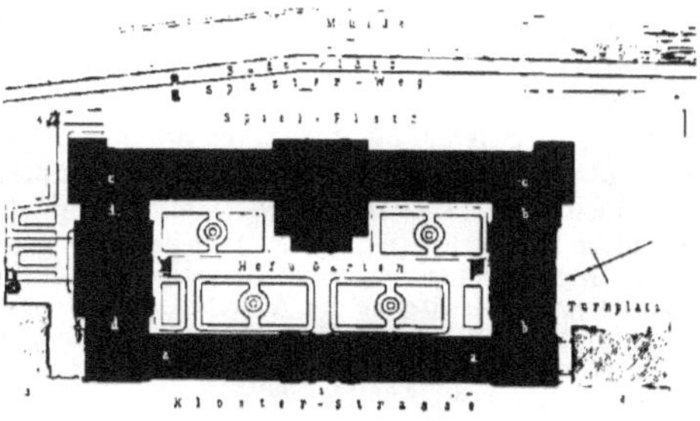

Fig. 260.

d. Nordflügel, dreigeschossig, mit Speisesaal und Küchenräumen, Aula und Nebenräumen, Tanzsaal und Gefangsaal.

2. Turnhalle.
3. Kesselhaus.
4. Gartenhäuschen.

Fürsten- und Landesschule zu Grimma [187]).
Arch.: *Nauck.*

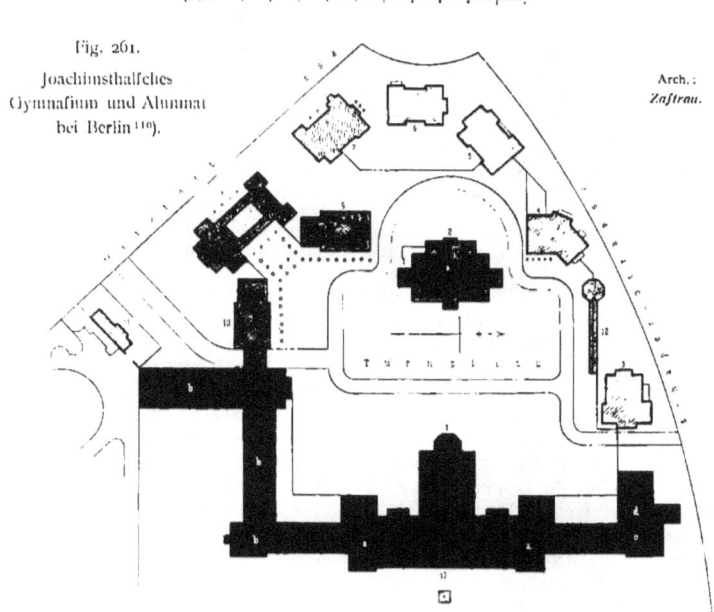

Fig. 261.
Joachimsthalsches Gymnasium und Alumnat bei Berlin [110]).

Arch.: *Zastrau.*

1. Hauptgebäude:
 a. Mittelbau, mit Flurhalle, Kasse, Archiv, Bibliothek und Sälen.
 b. Flügel des Alumnats mit Direktorwohnung etc.
 c. Flügel des Gymnasiums mit Dienstwohnungen.
 d. Turnflügel mit Dienstwohnungen.

2. Turnhalle.
3—7. Lehrerwohnhäuser.
8. Wasch- und Badeanstalt.
9. Krankenhaus.

10. Wirtschaftsgebäude.
11. Pferdestall.
12. Kegelbahn.
13. Standbild des Kurfürsten *Joachim.*

ganze Anstalt umfassenden, zusammenhängenden Baukörpers wird allerdings in Deutschland, wie bereits in Art. 278 (S. 258) erwähnt ist, in neuerer Zeit hier und da die Herstellung einzelner, den verschiedenen Zwecken der Erziehung dienenden Gebäude, die nicht in unmittelbarem Zusammenhang untereinander stehen, vorgezogen.

Bedeutende Neubauten ersterer, bezw. letzterer Art sind die beiden im Blockplan dargestellten staatlichen Anstalten: Fürsten- und Landesschule in Grimma (Fig. 260[139]); siehe auch unter d, 1) und Joachimsthalsches Gymnasium und Alumnat zu Wilmersdorf bei Berlin (Fig. 261[140]); siehe auch unter d, 1).

Aus den den Plänen beigefügten Legenden erhellt die Anlage im großen Ganzen. Bei beiden Anstalten sind die Räume durchweg einreihig an den Außenseiten, und zwar in solcher Weise angeordnet, daß für die Klassensäle, Wohn- und Studierzimmer, Schlafsäle u. dergl. durchweg in Fig. 261 die Ost- und Südseite, in Fig. 260 die Ostsüdost- und Südsüdwestseite benutzt sind. Die breiten, hellen und luftigen Flurgänge liegen in Fig. 261 an der Nord- und Westseite, in Fig. 260 rings um den Hof. Die Treppenhäuser sind in angemessener Weise verteilt. (Näheres unter d, 1.)

Ein Beispiel, bei dem die Teilung der Zöglinge in eine Anzahl „Familien" auch in der baulichen Anlage völlig durchgeführt erscheint, ist das Pensionat Paulinum des „Rauhen Hauses" zu Horn bei Hamburg (Fig. 262[141]).

Das Pensionat (siehe unter d, 1) enthält ein siebenklassiges Progymnasium und eine sechsklassige höhere Bürgerschule. Den Zwecken des Pensionats dienen die im Lageplan schwarz angegebenen Gebäude, nämlich:

α) Die Wohnhäuser *1, 3, 4, 5* für je eine Knabenabteilung von 12 bis 15 Knaben, den leitenden Lehrer und dessen zwei Gehilfen, sowie das Wohnhaus *2* für zwei solcher Abteilungen.

β) Das Haus *6*, mit Wohnungen für verheiratete Lehrer, deren einer auch im Hause *1* wohnt; in diesem befindet sich ferner die Bibliothek, und im Hause *3* nimmt der große Turn- und Exerziersaal das Erdgeschoß ein.

γ) Das Wirtschaftsgebäude *7* mit Wohnungen des Verwalters und der Dienstboten.

δ) Das Schulhaus *8*, welches zugleich Räume für andere Schüler der Anstalt enthält.

ε) Außerdem die kreuzweise schraffierten Gebäude, welche Zwecken der ganzen Anstalt des „Rauhen Hauses" dienen, nämlich: das Vorsteherwohnhaus *22*, den Betsaal *23*, das Waschhaus *25*, die Krankenbaracke *26* und dergl., sowie die Ökonomiegebäude *19* bis *21*.

Die schräg schraffierten Gebäude *8a* bis *14* gehören zur Kinderanstalt, *15* bis *18* zum Lehrlingsinstitut[178]).

Die Einrichtungen der Pensionatsgebäude *2* und *7* werden unter c dargestellt.

Die Vorzüge des letzteren Systems, insbesondere für die Erziehung der Zöglinge, sind einleuchtend. Auch können die einzelnen Häuser sehr kompendiös angeordnet, die wenigen in einem Geschoß befindlichen Räume um einen gemeinsamen Vorplatz gruppiert und lange Flurgänge vermieden werden, so daß die Teilung der Anstalt in eine Anzahl kleiner Häuser nicht notwendigerweise eine Erhöhung, sondern unter Umständen eine Ermäßigung der Baukosten zur Folge haben kann. Allerdings erfordert die Durchführung dieses Systems mehr Raum, d. h. eine größere Ausdehnung des Grundstückes als die Planbildung nach dem ersteren System (vergl. Fig. 260 u. 261), bei dem die Gebäudeanlage zusammenhängend und konzentriert, der Verkehr mit den einzelnen Teilen der Anstalt auf kürzestem Wege hergestellt und vor den Einflüssen der Witterung geschützt ist, somit auch die Oberleitung und Verwaltung des Instituts im ganzen erleichtert wird. Die Wahl der einen oder der anderen Anordnung ist also eine Frage wesentlich pädagogischer und organisatorischer Natur.

---

[139]) Nach den mit Genehmigung des Königlich sächsischen Ministeriums von Herrn Baurat *Nauck* in Leipzig erhaltenen Plänen.

[140]) Nach dem mit Ermächtigung der Königlich preußischen Ministerial-Baukommission von Herrn Bauinspektor *Klutmann* erhaltenen Plan.

[141]) Nach dem vom Direktor des „Rauhen Hauses", Herrn *Wichern*, zur Verfügung gestellten Plan.

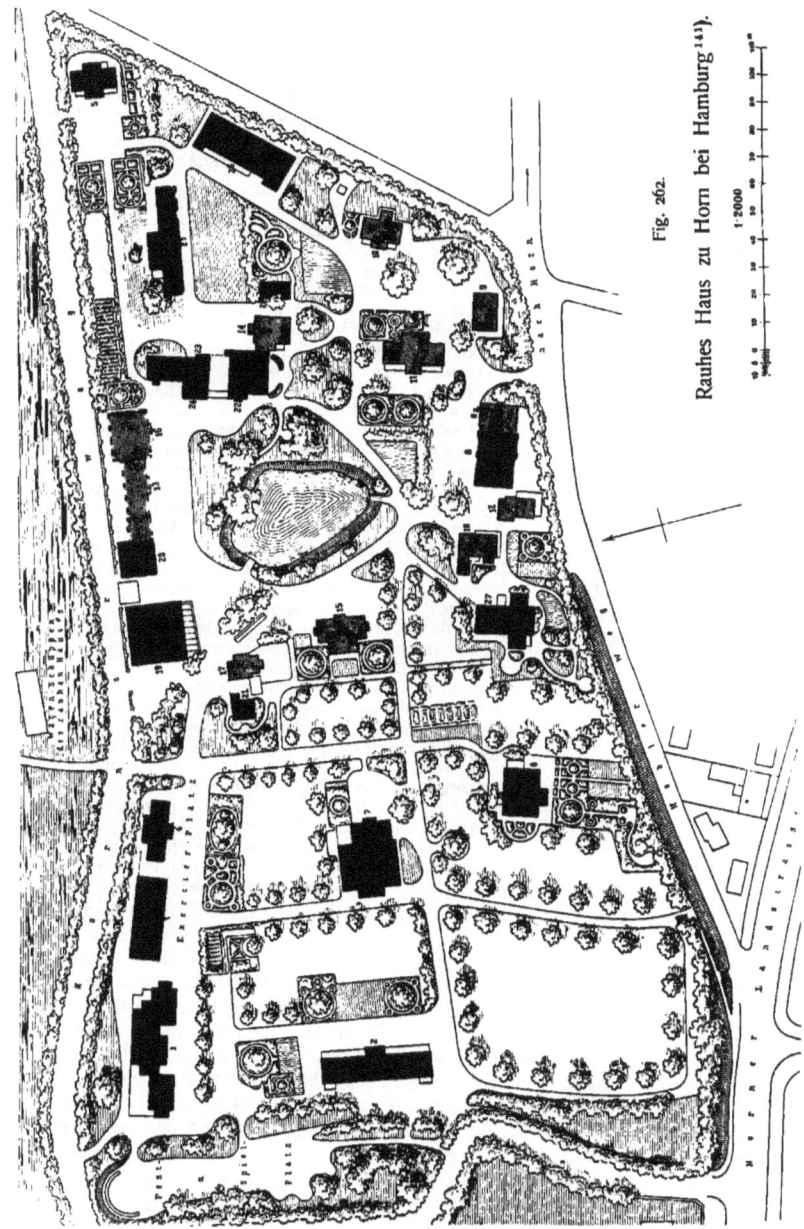

Fig. 262.

Rauhes Haus zu Horn bei Hamburg[141]).

Penfionat Paulinum:

1. *Weinberg*, mit Wohnung für 12—15 Knaben, für Lehrer und ihren Direktorftellvertreter, sowie Bibliothek.
2. *Köcher*, mit Wohnungen für 2 Abteilungen von je 12 bis 15 Knaben.
3. *Adler*, im E.G. Turnhalle, im O.G. Wohnung für 12 bis 15 Knaben.
4. *Eiche*
5. *Bienenkorb* } mit Wohnungen für je 12—15 Knaben.
6. *Weißes Haus*, mit Wohnungen für verheiratete Lehrer.
7. Wirtfchaftsgebäude mit Speifefaal.
8. Schulhaus mit Zeichenfaal.

Kinderanftalt und Lehrlingsinftitut:

8a. Schulräume, zugleich für die Brüderanftalt.
9. *Altes Haus* } mit Wohnungen für je 12—15 Knaben.
10. *Schönburg*
11. *Anker*, mit Wohnungen für 2 Abteilungen von je 12 bis 15 Knaben.
12. *Linde*
13. *Goldener Boden* } mit Wohnungen für je 12—15 Knaben.
14. *Küchenhaus*, zugleich für die Brüderfchaft.
15. Lehrlingshaus, mit Wohnungen für 2 Abteilungen von je 12—15 Knaben.
16. Werkftätten mit Meiferwohnungen.
17. Bäckerei.
18. Druckerei.

Landwirtfchaftliche Gebäude:

19. Ställe für Pferde, Kühe und Schweine.
20.
21. Wohnhaus des Ökonomen.

Gebäude für allgemeine Zwecke.

22. *Grüne Tanne*, Wohnhaus des Vorlehrers.
23. Betfaal.
24. Spritzenhaus.
25. Wafchhaus.
26. Krankenbaracke.
27. Buchhandlung.
28. Kohlen.

Diefe erftere Art der Gebäudeanlage, von der Fig. 260 ein deutliches Beifpiel gibt, ift bei den franzöfifchen Lyceen und Kollegien ausnahmslos und ftreng fyftematifch durchgeführt. Die zahlreichen hierfür errichteten Neubauten können in mancher Beziehung als Mufter genommen werden.

Der Gefamtanlage diefer franzöfifchen Lehr- und Erziehungsanftalten liegt der Grundgedanke der Teilung der Zöglinge in drei Altersklaffen zu Grunde. Jede diefer drei Abteilungen für große, mittelgroße und kleine Zöglinge hat ihre eigenen Unterrichts-, Wohn- und Studierräume, Schlaf- und Speifefäle, bedeckte und unbedeckte Erholungs- und Spielplätze, während alle fonft erforderlichen Räume gemeinfam find.

Hiernach unterfcheidet man bei den Grundriffen der Lyceen und Kollegien mehrere meift von Nord nach Süd oder von Nordweft nach Südoft fich erftreckende, mehrgefchoffige Gebäudeflügel, anreihend hieran ebenfolche Querbauten an der Nord- oder Nordweftfeite, welche die Räume der drei Abteilungen für Interne enthalten und die zugehörigen drei Höfe abfcheiden. Letztere, denen fich mitunter ein befonderer Hof für Externe anfchließt, find nach der Südfeite zu teils ganz offen, teils nur durch niedrige eingefchoffige Bauten begrenzt. Angereiht an diefe Abteilungen finden fich Badeanftalt, Küchen- und andere Wirtfchaftsgebäude, die den zugehörigen Wirtfchaftshof einfchließen. Diefe Teile, gleichwie andere Räume für gemeinfchaftliche Benutzung haben, wenn möglich, zentrale Lage. Der Betfaal oder die Hauskapelle braucht keine dominierende Bedeutung zu erhalten und kann aus der Hauptachfe der ganzen Anlage gerückt fein. Die Krankenanftalt liegt ftets abgefondert; Aufnahme- und Verwaltungsräume, fowie Pförtnerhaus pflegen in der Nähe des Haupteinganges und die Beamtenwohnungen nicht zu weit entfernt davon angeordnet zu fein.

Die Gebäudeflügel haben der Tiefe nach durchweg nur eine Reihe von Räumen, die gewöhnlich nicht über 7,50 m weit und von luftigen, feitlich offenen Gängen oder Wandelhallen zugänglich find. Letztere kommen längs der Schlaffäle, welche pavillonartig in den Obergefchoffen die ganze Länge der betreffenden Gebäudeflügel einnehmen, in Wegfall. Die Treppenhäufer find meift in die Kreuzungen der Gebäudeflügel verlegt.

Im Jahre 1891 erließ der franzöfifche Minifter des öffentlichen Unterrichtes ein eingehendes Programm über die Bedingungen, welche ein Lyceumsgebäude zu erfüllen hat[118]).

Das in Fig. 263[119]) dargeftellte Lyceum von Grenoble verdeutlicht diefes Baufyftem und deffen Verfchiedenheit mit den ungefähr gleichartigen deutfchen Anftalten (fiehe Fig. 260 u. 261), bei denen fich die Feftgaltung ganz beftimmter Regeln und Normen für den Entwurf der Gebäudeanlage nicht wahrnehmen läßt, die aber, wie der Vergleich mit den auch unter d im einzelnen dargeftellten Plänen zeigt, darum nicht minder zweckmäßig ift. Gefamtanlage, Grundrißbildung und Geftaltung des Bauwerkes müffen fich eben natur-

---

[118]) Siehe hierüber: *Inftallation des lycées et collèges. Encyclopédie d'arch.* 1891—92, S. 41, 54, 62, 96, 101, 110, 126.
[119]) Fakf.-Repr. nach: *Encyclopédie d'arch.* 1886, Pl. 1074.

gemäß der Organifation der Anftalt, den Gepflogenheiten, dem Gebrauche und dem Herkommen des Landes anpaffen.

In neuerer Zeit hat man in einigen Fällen die allfeitig umfchloffenen Binnenhöfe verlaffen und mehr zerklüftete Anlagen gewählt, die in reichlicherer Weife Luftzutritt gewähren. Das Schaubild in Fig. 264 [144]) veranfchaulicht eine folche Anordnung.

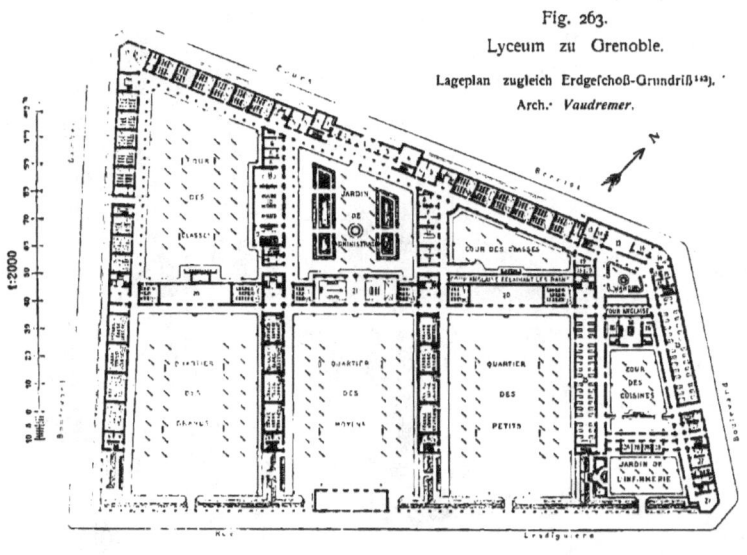

Fig. 263.
Lyceum zu Grenoble.
Lageplan zugleich Erdgefchoß-Grundriß [113]).
Arch.: *Vaudremer*.

Externat:
1. Eingangshalle.
2. Hauswart.
3. Wartezimmer der Eltern.
4. Sprechzimmer.
5. Profefforenzimmer.
6. Rektor.
7. Studieninfpektor.
8. Ökonom.
9. Saal \} für Naturgefchichte.
10. Sammlung
11. Bibliothek.
12. Klaffen.
13. Gefangfaal.
14. Eingang der Kleinen.
15. Hauswart.
16. Wartezimmer der Eltern.
17. Sprechzimmer.
18. Gefchäftszimmer des Ökonomen.
19. Vorratsräume.

Internat:
20. Bedeckter Hof.
21. Turnhalle.
22. Studierzimmer der Internen.
23. Studierzimmer der beauffichtigten Externen.
24. Mufikfaal.
25. Speifefaal.
26. Kochküche mit Nebenräumen.

Krankenanftalt:
27. Teeküchen, Apotheke, Bäder, Saal der Genefenden.
28. Konfultations- und Arztezimmer.

Von gleichen Gefichtspunkten ausgehend wie bei den meiften franzöfifchen Lyceen und Kollegien find auch die englifchen Penfionate und Kollegien *(Colleges)* angeordnet und ausgeftaltet.

Sie bilden meift eine zufammenhängende Gebäudeanlage, deren einzelne Teile aber freier gruppiert zu fein pflegen als die der franzöfifchen Lyceen und Kollegien. Die englifche Anlage ift von Fall zu Fall verfchieden, ftets aber in folcher Weife geplant und geordnet, daß fich einzelne Gebäudeteile oder wenigftens Abteilungen von Räumen, den verfchiedenen Zweigen der Anftalt dienend, erkennen laffen. Mitunter find indes zu diefem Zweck auch einzelnftehende Häufer errichtet.

[144]) Pakf.-Repr. nach: *Encyclopédie d'arch*. 1889–90, Pl. 57.

Ein bemerkenswertes Beifpiel ift das *Jefus College* der Univerfität Cambridge.

Die Gefamtanlage des Baukomplexes geht aus dem in Fig. 265 [113]) abgebildeten Lageplan, die Beftimmung feiner Hauptteile aus der beigefügten Legende hervor. Man erfieht daraus, daß *Jefus College*, gleich anderen englifchen Univerfitätskollegien, hauptfächlich nur Räume zur Beherbergung, Verpflegung und zum Einzelftudium der Studenten und Kollegiaten, fowie Wohnungen von Rektor, Dekan und Dozenten umfaßt. Das Bauwerk hat im ganzen noch den Charakter bewahrt, den es bei feiner Erbauung nach der 1497 erfolgten Gründung des Kollegs durch Bifchof *Alcock* von *Ely* erhalten hatte, wenngleich es fchon feit Anfang des XVI. Jahrhunderts bis in die neuefte Zeit häufig Veränderungen und Vergrößerungen erfahren mußte. Überrefte eines Klofterbaues aus dem XII. und XIII. Jahrhundert ftecken noch in den an deffen Stelle um die Wende des XV. zum XVI. Jahrhundert entftandenen Kollegiengebäuden, insbefondere in der zugehörigen Kapelle.

Fig. 264.

Lyceum zu Tulle [114]).
Arch.: *de Baudot*.

280.
Äußere und innere Architektur.

Hinfichtlich der baukünftlerifchen Geftaltung und Durchbildung fei kurz erwähnt, daß das Bauwerk in feiner äußeren und inneren Erfcheinung prunklos, aber anfprechend, das Gepräge einer behaglichen Heimftätte für die Angehörigen und Pfleglinge der Anftalt haben foll. Dies wird erreicht durch finnige Ausfchmückung der Erholungs- und Feft räume, fowie der Flure mittels Anfichten, Bildern und dergl., die meift von Zöglingen geftiftet und Erinnerungen an das Haus wach erhalten. Im Äußeren wird durch angemeffene Maffenwirkung und Ausgeftaltung, ferner durch Verwendung guter, vermöge ihrer natürlichen Farbe und Textur zufammenpaffender Bauftoffe ein gefälliger, anmutender Eindruck auf Infaffen und Fremde hervorgebracht.

---
[113]) Nach: *Builder*, Bd. 53, S. 328 — dafelbft ift auch ein Vogelfchaubild der Gebäude zu finden.

Fig. 265.

A. Kapelle.
B. Kolleg- und Speise-
halle.
C. Rektorwohnung.
D. Küchenräume.
E. Torturm.
F. Ältere } Studenten-
G. Neuere } häuser.
H. Dekans- u. Dozen-
tenwohnung.
I. Wirtschaftshof.
J. Pförtnerhaus.
K. Kollegiatengarten.
L. Rektorgarten.
M. Dekans- u. Dozen-
tengarten.
N. Alter Hof.
O. Kreuzgang.
P. Neuer Hof.
Q. Neuer Zugang.
R. Alter Zugang.
S. Jesusgasse.
T. Gehege.

1/2000 w. Gr.

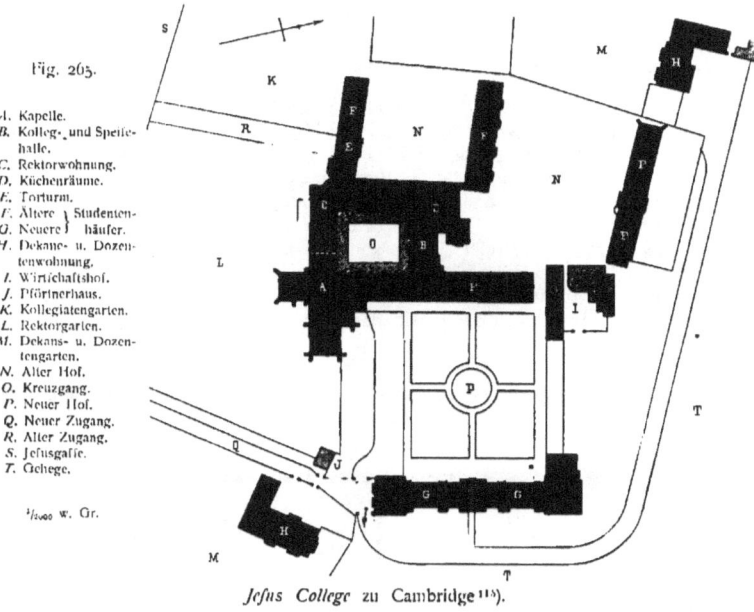

Jesus College zu Cambridge[115]).

c) Besondere Räume und Einrichtungen.

1) Tagräume, Schlafsäle und zugehörige Nebenräume.

267.
Arbeits-
und
Wohnzimmer.

Die Zöglinge bedürfen zum Aufenthalt außerhalb der Unterrichtszeit einen Wohnraum, der zugleich als Arbeits- oder Studierzimmer dient. Die Größe desselben bemißt sich nach der Zahl der Zöglinge, die einem dieser Räume zugewiesen sind, und diese beträgt in den deutschen Anstalten mitunter nur 8 bis 10, meist 12 bis 15 und nur ganz ausnahmsweise mehr. Hierbei sind auf einen Pensionär nicht unter 4,0 qm Bodenfläche und 15 bis 20 cbm Luftraum gerechnet. Jeder Zögling verfügt über einen gut erhellten Tisch- und Sitzplatz und einen Zimmerschrank oder hat mindestens Anteil an einem solchen, sowie ein eigenes Büchergefach.

Fig. 266.

Fig. 266[116]) zeigt die Einrichtung eines Wohn- und Studierzimmers im Alumnatsgebäude des Pädagogiums zu Züllichau (erbaut 1878—80); die lichte Höhe des Raumes beträgt 3,70 m; drei solcher Zimmer, eines zu 9, zwei zu je 8 Zöglingen, gehören zu einer „Inspektion" von 25 Alumnen. — Im Alumnat des Joachimsthalschen Gymnasiums (Fig. 267) bei Berlin besteht eine „Inspektion" aus 20 Zöglingen, wovon je 10 ein Zimmer von 45 bis 52 qm Bodenfläche und 4,20 bis 4,40 m lichter Höhe gemeinsam bewohnen; die skizzierte Einrichtung ist indes für einen (in Fig. 267 punktiert angegebenen) 11. Platz getroffen. — In der Fürsten- und Landesschule zu Grimma kommen 15

Wohn- u. Arbeitszimmer
im Pädagogium zu
Züllichau[116]).

a. Zimmerschrank.
b. Seniorenpult.
c. Geräteschuppen.
○ Gasflamme.

---

[116]) Nach: Zeitschr. f. Bauw. 1880, S. 464 u. Bl. 61 — ferner: Deutsches Bauhandbuch. Bd. II, Teil 2. Berlin 1884. S. 366—368.

Zöglinge auf ein Zimmer von 59 bis 63 qm Grundfläche und von 4,30 m Höhe, ausgenommen ein größeres Zimmer (von 103 qm Grundfläche) für 21 Zöglinge.

Als Sitze find bewegliche Stühle, jedenfalls bequem zugängliche Einzelfitze mit Rücklehnen zu verwenden. Die Größenverhältniffe derfelben müffen der Altersstufe und Körpergröße der Zöglinge angemeffen fein. Gleiches gilt von den Pulten, welche infolge ärztlicher Vorfchriften von manchen anftatt gemeinfamer Tifche benutzt werden und verfchiedene Höhe haben oder mit Stellvorrichtungen verfehen fein follen. Auf jeden Arbeitsplatz foll das Licht von der linken Seite einfallen. Der Senior oder Zimmervorftand hat einen befonderen Platz, von dem aus der Raum leicht überblickt werden kann.

Für die Lichtfläche der Fenfter, ihre Anordnung und Konftruktion, fowie für fonftige Einzelheiten der Bauart des Zimmers gilt dasfelbe wie bei den Klaffen-

Fig. 267.

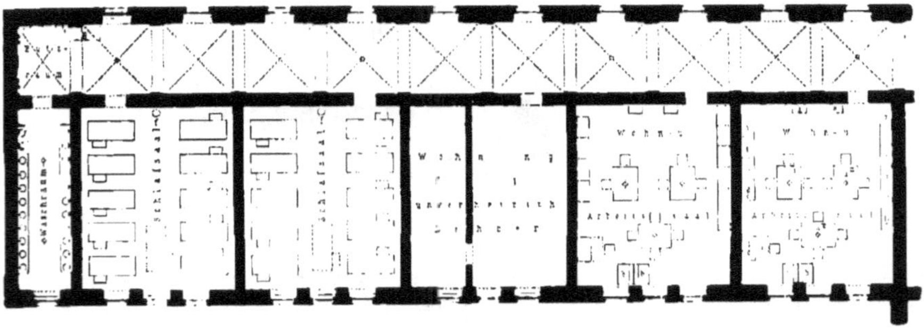

Räume einer Infpektion im Alumnat des Joachimsthalfchen Gymnafiums zu Berlin.

a. Seniorenplatz.
*a*I. Primanertifch.
*a*II. Sekundanertifch.
*a*III. Tertianertifch.
b. Pult für Kurzfichtige.

⊕ Gasflamme.

⊔⊔ ⊔⊓ Rechen zum Kleiderreinigen.

c. Schrank.
d. Papierkorb.
e. Korb für Abfälle.
f. Nachttifch.
g. Putzzeugfchrank.

zimmern (fiehe unter A, Kap. 2). Meift wird für die Fenfterfeite der Wohn- und Studierzimmer nordöftliche, öftliche oder füdöftliche Richtung vorgezogen. Für geeignete künftliche Erhellung ift Sorge zu tragen.

Als felbftändige, eigenartige Anlagen erfcheinen die Wohnungen des Penfionats Paulinum im „Rauhen Haufe" zu Horn bei Hamburg (fiehe Art. 285, S. 263). Eines diefer Wohnhäufer, der „Köcher", welches 2 Familien von 12 bis höchftens 15 Knaben aufnimmt und 1881 erbaut wurde, ift in Fig. 268 u. 269 [117]) dargeftellt. Jede Familie bewohnt eine Hälfte des fymmetrifch geftalteten Haufes und verfügt im Erdgefchoß über einen großen Wohnraum von 90 qm und 3,60 m Lichthöhe, fo daß auf einen Zögling 6,40 bis 8,00 qm Bodenfläche und 23 bis 29 cbm Luftraum kommen. Jedes diefer Wohnzimmer ift mit der nötigen Anzahl von Pulten, mit Wandgefachen für Bücher, mit Schränken für Spiele und Gerätfchaften zu Schnitzarbeiten und dergl., ferner mit größeren und kleineren Tifchen, ja fogar mit einem Klavier ausgerüftet. An jeden Wohnraum der Zöglinge reiht fich im Mittelbau nach vorn eine Wohnftube für den leitenden Lehrer, nach hinten eine folche für feine zwei Gehilfen. An der Oftfeite des Haufes ift eine bedeckte, feitlich offene Halle vorgelegt; an den beiden Schmalfeiten des Gebäudes, nach Norden und Süden, find Eingang, Treppenhaus,

[117]) Nach den vom Direktor des „Rauhen Haufes", Herrn *Wichern*, zur Verfügung geftellten Plänen.

Vorraum und Aborte, letztere in einem befonderen einftöckigen Anbau, angeordnet. (Wegen des Obergefchoffes fiehe Art. 291.)

Das 1881 in Gebrauch genommene Wohnhaus erforderte an Baukoften 27 000 Mark, für innere Einrichtung weitere 3000 Mark.

Fig. 268.   Fig. 269.

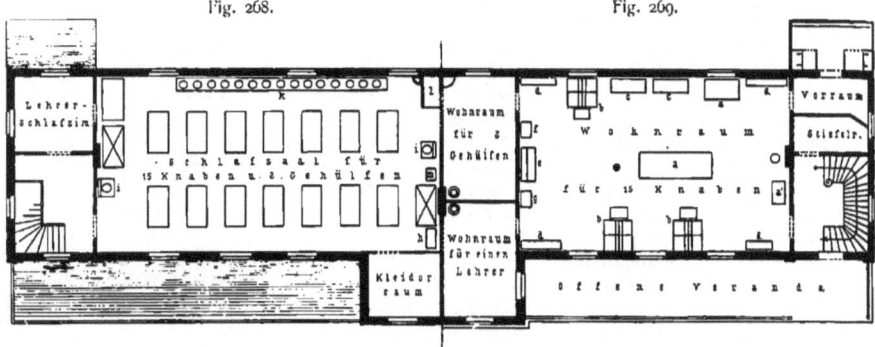

I. Obergefchoß.   Erdgefchoß.

Wohnhaus „Köcher" im Penfionat „Paulinum" des „Rauhen Haufes" zu Horn bei Hamburg[118]).
1/250 w. Gr.

h. Kleiderfchrank für 2 Gehilfen.	k. Wafcheinrichtung für 15 Knaben.	a. Großer Tifch. a'. Kleiner Tifch.	d. Büchergeftell. e. Klavier.
i. Wafchtifch für 1 Gehilfen.	l. Wafferbehälter. m. Stuhl.	b. Pult. c. Schrank für Geräte etc.	f. Notengefach. g. Kaften für Inv.-Gegenftände.

In den franzöfifchen Lyceen und Kollegienhäufern pflegen einer jeden der *Salles d'étude* eine zwei- bis dreimal größere Zahl von Zöglingen zugewiefen zu werden als den Wohn- und Studierzimmern der gleichartigen deutfchen Anftalten. Demgemäß beträgt die auf einen Penfionär entfallende Bodenfläche einer *Salle d'étude* nur 2,00 bis 2,30 qm. Die lichte Höhe der Räume ift dagegen mitunter beträchtlich.

Früher wurden die Arbeitstifche in Hufeifenform aufgeftellt, was für die Überwachung zwar fehr günftig, für die Beleuchtung der Arbeitsplätze indes unvorteilhaft war. Gegenwärtig werden diefe Tifche ausfchließlich in Rückficht auf gute Erhellung angeordnet.

Fig. 270[119]) verdeutlicht die Einrichtung eines folchen Saales für 35 Penfionäre im Lyceum zu Quimper (fiehe unter d, 2). Die Schränke oder Gefache erftrecken fich zum Teile über die Fenfternifchen weg. Die fchraffiert angegebenen Fenfteröffnungen find in den Hochwänden angebracht und dienen nur zur Lüftung.

Fig. 270.

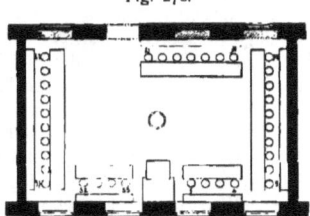

Studier- und Wohnzimmer im Lyceum zu Quimper[119]). — 1/250 w. Gr.

Häufiger als diefe Art der Einrichtung kommt in diefen franzöfifchen Studierfälen die Ausrüftung mit einfitzigem, klaffenartigem Geftühl vor, wobei jeder der Zöglinge an einem Pult für fich allein fitzt; z. B. im *Collège Sainte Barbe* zu Paris[119]), wo die Zahl der in einem Saale vereinigten Zöglinge 24 bis 26 beträgt. Nach neuerer Vorfchrift follen die Arbeitstifche nicht unter 50 cm Breite haben. Für den die Arbeiten überwachenden Lehrer wird ein erhöhter Arbeitsplatz vorgefehen; die erfte Tifchreihe der Zöglinge muß mindeftens 1,00 m davon entfernt fein.

[118] Nach: *Encyclopédie d'arch.* 1884, Pl. 853.
[119] Siehe: *Encyclopédie d'arch.* 1882, Pl. 825 u. 829.

In den englischen Universitäts-*Colleges* pflegt jedem Studierenden ein eigenes Wohn- und Studierzimmer zugeteilt zu sein. In den Gymnasial-*Colleges* und anderen Pensionaten Englands werden oft anstatt besonderer Wohn- und Arbeitszimmer zu gleichen Zwecken die Unterrichtsräume benutzt, was indes schon mit Rücksicht auf Ordnung und die Notwendigkeit der Reinhaltung und Lüftung der Räume nicht nachgeahmt werden sollte.

Die Musikzimmer werden nur von einzelnen Zöglingen benutzt und erfordern eine abgesonderte Lage, damit die darin abzuhaltenden Übungen die Benutzung der übrigen Räume möglichst wenig stören. Deshalb müssen auch Decken und Wände in solcher Weise hergestellt werden, daß sie die Verbreitung des Schalles tunlichst verhindern. Die Musikzimmer haben die Größe eines gewöhnlichen einfenstrigen Raumes. Drei oder vier solcher Zimmer sind in der Regel für größere Knabenpensionate ausreichend; Mädchenpensionate bedürfen ein oder zwei Musikzimmer mehr als Knabenpensionate von gleicher Zahl der Zöglinge.

288. Musikzimmer.

In manchen Erziehungshäusern werden die Knaben zur Erlernung eines Handwerkes in geeigneten Werkstätten der Anstalt angehalten, und in einzelnen Knabenpensionaten findet man auch besondere Arbeitsräume oder Werkstätten zur Ausübung einer der Veranlagung und Neigung der Zöglinge angemessenen Beschäftigung mit Holzschnitzer-, Tischler-, Mechaniker-, Buchbinderarbeiten und dergl.[150]). Die Räume müssen gut erhellt und luftig, im Winter mäßig erwärmt und mit den für die betreffenden Arbeiten nötigen Gerätschaften und Einrichtungen ausgerüstet sein; ferner sind Wände, Fußboden und Decke in solcher Weise herzustellen, daß sie gegen Beschädigung und rasche Abnutzung genügenden Widerstand leisten.

289. Werkstätten.

In den Mädchenpensionaten dienen gewöhnlich die Wohn- und Studierzimmer zugleich zur Beschäftigung der Zöglinge in weiblichen Handarbeiten; mitunter kommen indes auch besondere, hierfür geeignete Arbeitsräume vor. Die Anforderungen hinsichtlich Erhellung, Lüftung und Heizung dieser Räume sind diegleichen wie bei den Knabenwerkstätten. Ein ebener, dichter Stabfußboden, trockene glatte Putzwände mit Leimfarben- oder Kalkfarbenanstrich und auf 1,20 bis 1,50 m Höhe mit Ölfarbenanstrich oder Holztäfelung sind zweckmäßig. Zur Unterweisung und Übung in Stickerei, Näherei, Schneiderei und anderen weiblichen Arbeiten müssen bequeme Einzelsitze oder Stühle, sach- und ordnungsgemäße Einrichtungen zum Auflegen der Stickrahmen, Ausbreiten und Zuschneiden der Stoffe, Auflegen der Muster und dergl. vorhanden sein. Vor allen Dingen ist hierzu ein großer, gut beleuchteter Arbeitstisch nötig; derselbe hat Schubladen für sämtliche Schülerinnen, die daran arbeiten. Ist die Zahl der zu gleicher Zeit beschäftigten Mädchen ziemlich groß, so erscheint ein Tisch von hufeisenförmiger Anlage geeignet. Inmitten derselben nimmt die Lehrerin ihren mitunter etwas erhöhten Sitz ein[151]). Ein mit Gefachen und Schubladen versehener Schrank, worin die Muster, Modejournale u. s. w. geordnet aufbewahrt werden, ist an einer Wand aufgestellt; Haken zum Aufhängen von Kleidungsgegenständen und ein Spiegel vervollständigen die Ausrüstung. Auf eine Schülerin sind mindestens 4 qm Bodenfläche zu rechnen.

290. Zimmer für weibliche Handarbeiten.

In den Schlafsälen deutscher Erziehungsanstalten und Pensionate kommen auf ein Bett mitunter kaum 4 qm Bodenfläche (*Pestalozzi*-Stift zu Dresden), gewöhnlich

291. Schlafräume.

---

[150]) Den preußischen Ahnmaten durch Verfügung des Ministers der geistlichen etc. Angelegenheiten empfohlen. (Siehe Centralbl. f. d. ges. Unterrichtswesen in Preußen 1880, S. 521.)

[151]) Siehe: NARJOUX, P. *Les écoles normales primaires.* Paris 1880. S. 280.

4,50 bis 5,00 qm (Alumnat des Joachimsthalfchen Gymnafiums bei Berlin und des Pädagogiums zu Züllichau), felten 6 qm und darüber (Fürftenfchule zu Grimma u. a.) Nach der bayerifchen Minifterial-Verfügung vom 12. Febr. 1874 follen dem Bett eines Alumnen, Seminariften oder Penfionärs nicht weniger als 6 qm Bodenfläche und 20 cbm Luftraum zugeteilt werden. Die Betten follen fo geftellt fein, daß zwifchen den einzelnen Betten, fowie in der Mitte zwifchen den Bettreihen ein Abftand von 1,50 m frei bleibt.

Selbft die oberen Zahlen, die hier angegeben find, erfcheinen noch ziemlich mäßig, wenn man erwägt, daß der hiernach bemeffene Bettraum nur wenig größer ift als der im Gefängnis für jugendliche Strafgefangene am Plötzenfee bei Berlin auf eine Schlafbucht entfallende Teil von 5,80 qm Bodenfläche und 18 cbm Luftraum [151]), wobei noch jedem Gefangenen eine äußerft kräftige Druck- und Sauglüftung zu ftatten kommt.

Eine reichlichere Raumbemeffung als die vorgenannten Anftalten haben die Schlaffäle des zum Penfionat des „Rauhen Haufes" bei Hamburg gehörigen Wohnhaufes „Köcher", nämlich 7,00

Fig. 271.

Schlaffaal im *Collège Sainte Barbe* zu Paris [152]). Arch.: *Lehureux*.

bis 7,50 qm Bodenfläche und 29 bis 36 cbm Luftraum für ein Bett, einfchl. Wafchraum. Fig. 268, linksfeitige Hälfte, verdeutlicht die Einrichtung der Schlafräume einer Familie von 12 bis 15 Knaben, des leitenden Lehrers und feiner 2 Gehilfen, von deren Wohn- und Arbeitsräumen bereits in Art. 287 (S. 269) die Rede war.

In den Schlaffälen franzöfifcher Penfionate kommen auf ein Bett mindeftens 6,30 qm Bodenfläche und 25 cbm Luftraum, in dem abgebildeten Schlaffaal des *Collège Sainte Barbe* (Fig. 271 [152]) zu Paris fogar 7,80 qm Bodenfläche und 29 cbm Luftraum.

Am meiften Raum, im Verhältnis zur Zahl der Betten, hat der Schlaffaal des Englifchen Inftituts B. M. V. zu Nürnberg (fiehe unter d, 1), nämlich rund 10 qm Bodenfläche und 40 cbm Luftraum für ein Bett. In dem 25 m langen, 9 m breiten und über 4 m hohen Saal verbleibt ftets die gleiche Anzahl von 23 Betten: 20 Betten für die Zöglinge und 3 Betten für die Auffichtsdamen.

Zu bemerken ift übrigens, daß in diefem Saale, gleichwie in den beiden vorhergehenden Beifpielen von reichlich bemeffenen Schlaffälen, außer den Betten auch die Wafcheinrichtungen aufgeftellt find, fomit der hierzu erforderliche Raum vorhanden fein muß.

Nach neuerer franzöfifcher Vorfchrift genügt für die Schlaffäle eine Höhe von 4,00 m.

Aus dem Durchfchnittsmaß für einen Bettraum und aus der Zahl der Betten, die in einem Schlafraum vereinigt werden follen, ergibt fich die Größe des letz-

---

[151]) Siehe: Zeitfchr. f. Bauw. 1878, S. 515 u. Bl. 57, 58.
[152]) Fakf.-Repr. nach: *Encyclopédie d'arch.* 1882, Pl. 831 u. 832.

teren. Mitunter werden große Säle für 25, 30 und mehr Betten, oft aber Zimmer für 10, 12 bis 15 Betten, hier und da wohl auch kleine Schlafzimmer für ein oder zwei Betten (9 bis 15 qm), angeordnet.
Durch die neuen französischen Bestimmungen über den Bau von Lyceen können in einem Schlafsaal 30 bis 45 Zöglinge untergebracht werden.

In allen diesen Fällen ist auf zweckmäßige, möglichst vorteilhafte Aufstellung der Betten Bedacht zu nehmen, d. h. es muß von vornherein nach der zu wählenden Aufstellung der Betten Tiefe und Länge des Schlafraumes, sowie die Entfernung der Fensterachsen geplant werden. Die Betten pflegen lotrecht zu den Fensterwänden gestellt zu werden, wenn der Saal langgestreckt, durch Fenster an beiden Langseiten erhellt und für eine beträchtliche Zahl von Betten bestimmt ist (siehe Fig. 268, S. 270); dieselben stehen meist parallel zur Außenwand und lotrecht zu den Scheidewänden, wenn das Zimmer nur an einer Seite Fenster und eine kleinere Zahl von Betten aufzunehmen hat (Fig. 267, S. 269). Mitunter werden letztere teils in der einen, teils in der anderen Richtung in einem und demselben Raume (siehe den Grundriß des *Pestalozzi*-Stiftes zu Dresden unter d, 1) und, insoweit tunlich, entlang den Innenwänden aufgestellt. Der Abstand der Betten

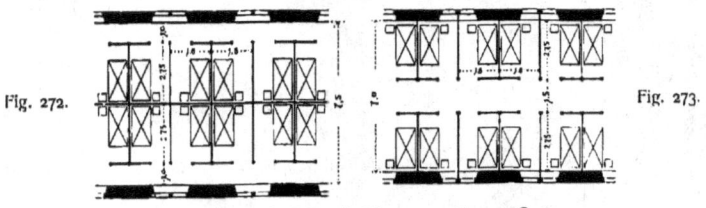

Fig. 272. Fig. 273.

Schlafsäle mit Zelleneinrichtung. — 1/250 w. Gr.

von den Außenwänden soll mindestens 20 cm sein; von den Scheidewänden brauchen sie nur einige Centimeter abzustehen. Die Entfernung der Langseiten der Betten beträgt durchschnittlich 0,70 bis 1,00 m.

Die Überwachung der Schlafsäle haben die mit der Aufsicht betrauten Beamten, Lehrer oder Lehrerinnen, deren Adjunkte oder Adjunktinnen, welche entweder inmitten der Zöglinge ihre durch Gardinen abgesonderte, mitunter auf etwas erhöhtem Boden stehende Bettstelle haben oder in einem Nebenzimmer schlafen, von dem aus der ganze Schlafsaal überblickt werden kann.

Um die Vorteile der Anlage großer gemeinsamer Schlafsäle mit der Bequemlichkeit ungestörter Benutzung einzelner Schlafräume zu vereinen, werden in manchen Pensionaten, und namentlich in ausländischen Anstalten dieser Art, die Säle durch leichte getäfelte Querwände von ungefähr 2 m Höhe in eine Anzahl Einzelzellen von etwa 1,80 × 2,75 m abgeteilt. Die Schmalseite dieser Zellen bedarf nur eines Zugvorhanges, welcher von dem die Aufsicht führenden Beamten leicht geöffnet werden kann und dem Luftwechsel nicht hinderlich ist. Die Zellen werden entweder nach Fig. 273 zu beiden Seiten eines gemeinsamen Mittelganges oder nach Fig. 272 in solcher Weise angeordnet, daß zu jeder Zellenreihe ein besonderer Gang längs jeder Fensterwand führt. Letztere Anordnung beansprucht etwas mehr Raum als erstere, gewährt aber den Vorteil, daß die Gardinen die durch die Außenwand etwa eindringende Zugluft von den Schlafenden abhalten.

Fig. 271 zeigt die in den Schlafsälen des *Collège Sainte Barbe* zu Paris getroffene Einrichtung, wo außer dem Mittelgang auch Gänge an den Fensterwänden angeordnet sind, somit die Zellen an beiden Schmalseiten Eingänge haben. An den Fensterpfeilern sind kleine Waschschränkchen, je zwei und zwei mit gemeinsamem Abwasserrohr, darüber Spiegel angebracht.

In einigen wenigen französischen Lyceen sind Schlafsäle zu finden, die in vollständig abgeschlossene Schlafzellen abgeteilt sind; die Zwischenwände reichen also bis an die Decke. Ohne die Vorzüge dieser Anordnung unterschätzen zu wollen, so sind die Nachteile — große Anlagekosten und schwierige Überwachung — doch so bedeutend, daß man gegenwärtig davon absieht.

Die Schlafsäle sind in der Regel nicht heizbar; insoweit dies jedoch der Fall ist, was in nördlichen kalten Ländern ratsam erscheint, sollte mit der Heizung nur eine mäßige Wärme von etwa 12 bis 14 Grad C. erzielt und insbesondere die frische, von außen zu schöpfende Zuluft angemessen erwärmt werden. Denn für Zuführung frischer und Entfernung verbrauchter Luft während der Schlafenszeit muß umsomehr gesorgt sein, je kärglicher mitunter der Luftraum bemessen ist. Die Abluft kann mittels Saugschloten, in manchen Fällen (bei Schlafsälen, die unmittelbar überdacht sind) mittels Firstlüftern in Zug gebracht werden. Der Luftwechsel wird den Tag über durch Öffnen der Fenster bewirkt und ist besonders ausgiebig, wenn dieselben an gegenüberliegenden Wänden angebracht sind.

Zum Zweck bequemer Lüftung sind Schiebefenster nach englischer Art nicht ungeeignet, da sie bis zur Hälfte der Höhe durch Zusammenschieben von oben herab oder von unten hinauf geöffnet werden können und keiner besonderen Sperrvorrichtung gegen Sturm und Wind bedürfen. Solche sind notwendig bei gewöhnlichen zwei- oder dreiflügeligen Fenstern. Letztere haben einen für Zwecke der Lüftung dienenden oberen Flügel, der nach innen aufklappt und durch Scheren festgehalten wird. Fenster an den Wetterseiten sind mit Läden zu versehen. Die Brüstungshöhe der Fenster kann 1,00 bis 1,10 m betragen.

In neueren französischen Lyceen ist der Fußboden parkettiert und gewachst.
Nahe bei jedem Schlafsaal sollen gelegen sein: ein Waschraum, ein Kleidergelaß, der Abort und das Dienerzimmer.

292. Waschraum.
Bei der in Fig. 272 u. 273 dargestellten Anordnung, überhaupt bei reichlicher Raumbemessung der Schlafräume, können darin die Waschtische, mitunter auch die Kleiderschränke der Zöglinge Platz finden. Gewöhnlich enthalten jedoch die Schlafsäle nur die Betten nebst dem zu jeder Schlafstätte gehörigen Schemel oder Stuhl, einigen Kleiderhaken und dergl.

Die Anordnung eines gemeinsamen Waschraumes hat den Vorteil, daß im Schlafsaal, bezw. in den einzelnen Schlafzellen die Zu- und Ableitung des Wassers in Wegfall kommt, dieses nicht verschüttet werden kann und andere damit zusammenhängende Mißstände vermieden werden. Der Waschraum soll unmittelbar neben dem Schlafraume liegen. Die Einrichtung ist nach Teil III, Band 5 (Abschn. 5, A, Kap. 5) dieses „Handbuches" zu treffen; Boden- und Wandflächen sind wasserdicht zu machen. Auf einen Kopf kann 1,00 bis 1,50 qm Bodenfläche gerechnet werden.

Für die neueren französischen Lyceen wird eine unmittelbare Verbindung zwischen Schlafsaal und Waschraum verlangt, damit die Zöglinge zur Winterszeit nach dem Aufstehen nicht einer zu niedrigen Temperatur ausgesetzt werden.

293. Kleiderraum.
Nächst jedem Schlafsaal der Zöglinge ist eine Kleiderkammer anzuordnen. Die neue französische Vorschrift empfiehlt, an der einen Stirnseite des Schlafsaales den Waschraum, an der anderen das Kleidergelaß anzuordnen. Bei vorteilhafter Einrichtung desselben genügt die Hälfte der Grundfläche des Waschraumes. Der Kleiderraum muß luftig sein, damit der Geruch, den die Kleider, insbesondere bei

naſſer Witterung, verbreiten, nicht läſtig wird. Aus gleichem Grunde ſollen auch die Kleiderſchränke dem Luftzutritt frei geöffnet ſein.

Fig. 274 [151]) zeigt die Schrankeinrichtung der Kleiderkammer im Lyceum zu Vanves.

Eine kleine Kammer zur Aufbewahrung der Stiefel und Schuhe, ſowie zum Reinigen derſelben wird zweckmäßigerweiſe im Erdgeſchoß angeordnet (Fig. 269, S. 270). Stiefel und Schuhe ſind in offenen Gefachen oder in ſonſt geeigneter Weiſe frei im Raume aufzuſtellen. Der Raum muß trocken und luftig ſein.

294 Putzkammern u. dergl.

Fig. 274.

Kleiderſchrank im *Veſtiaire* des Lyceums zu Vanves [151].
1/50 w. Gr.

Der Kleider- oder Stiefelkammer zunächſt iſt der geeignete Platz für eine Knechtkammer zum Reinigen der Kleider und Stiefel.

Für die von den Zöglingen mitgebrachten Koffer und Kiſten findet ſich Raum in einem Lattenverſchlag auf dem Dachboden.

Bei der Anordnung der Aborte iſt auf je 20 Zöglinge ein Sitzplatz zu rechnen. Die Aborte werden am beſten in einen Anbau des Hauſes verlegt, der durch einen Vorraum mit dem Hauptgebäude verbunden iſt. Falls nicht beſondere Aborte in demſelben Stockwerke wie die Schlafräume angeordnet ſind, ſo ſollen erſtere von letzteren aus leicht erreichbar ſein, ohne in das Freie gehen zu müſſen. Hinſichtlich der Einrichtung gilt das, was bereits in Art. 86 bis 87 (S. 66 ff.) über die Schulaborte mitgeteilt iſt.

2) Speiſe- und Wirtſchaftsräume.

Im Speiſeſaal werden die Tiſche, an denen je 10 bis 12, mitunter 16 bis 20 Zöglinge zu ſpeiſen pflegen, am beſten in parallelen Reihen ſenkrecht zu den Fenſterwänden aufgeſtellt, ſo daß keiner der Speiſenden mit dem Rücken gegen das Licht gewendet ſitzt. Dies iſt bei der Hälfte der Speiſenden der Fall, wenn die Tiſche gleichlaufend mit den Fenſterwänden ſtehen. In geiſtlichen Häuſern iſt ein geeigneter Platz für den Vorleſer anzuordnen.

295. Speiſeſaal.

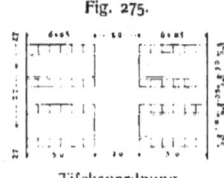

Fig. 275.

Tiſchanordnung in einem Speiſeſaal.
1/150 w. Gr.

Rechnet man die Tiſchbreite zu 1,00 m, die Bank- oder Sitzbreite zu 0,45 m, den Gang zwiſchen den Sitzen zu 0,80 m, den mittleren Hauptgang zwiſchen zwei Reihen Tiſchen zu 2,00 m, ferner die Länge eines Sitzplatzes zu mindeſtens 0,70 m, ſo ergibt ſich nach Fig. 275 für den Abſtand der Tiſche von Mitte zu Mitte 2,70 m und für die Größe eines Sitzplatzes 0,00 qm Grundfläche.

[151] Fakſ.-Repr. nach: *Encyclopédie d'arch.* 1873. S. 166.

18*

Fig. 276.

Refektorium im *Collège Sainte Barbe* zu Paris [155]).
Arch.: *Lheureux.*

Die hier angegebenen Zahlen können zwar äußerstenfalls, durch Zufammenrücken der Tifche und durch Anwendung fchmalerer Tifche, etwas verringert werden, jedoch zum Teile auf Koften der leichten Zugänglichkeit der Sitzplätze. Wenn man indes nicht auf größte Einfchränkung — die bei fehr großer Zahl

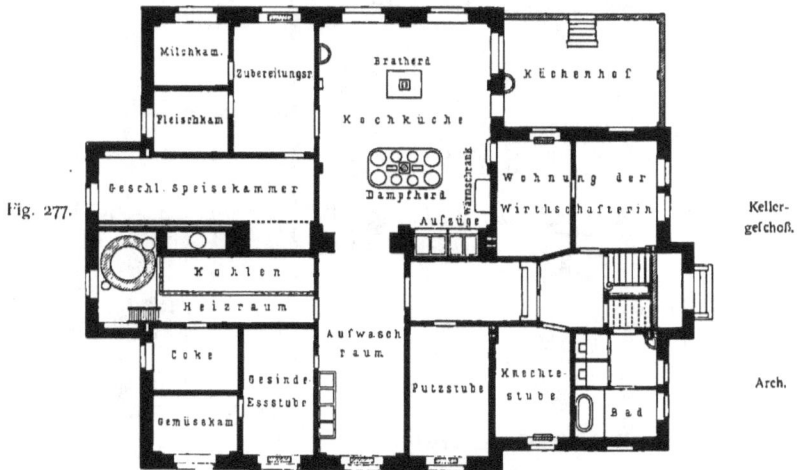

Fig. 277.

Kellergefchoß.

Arch.

Wirtfchaftsgebäude für das Penfionat "Paulinum" des

[155]) Fakf.-Repr. nach: *Encyclopédie d'arch.* 1882, Pl. 813 u. 814.

von Zöglingen geboten sein mag — angewiesen ist, so vermehrt man die Abstände der Tische von Mitte zu Mitte bis zu 3,00 m und läßt überhaupt die Platzbemessung etwas reichlicher machen als in Fig. 275, damit die Entleerung rasch und leicht vor sich gehen kann und der nötige Raum für einige Abstelltische an den Wänden

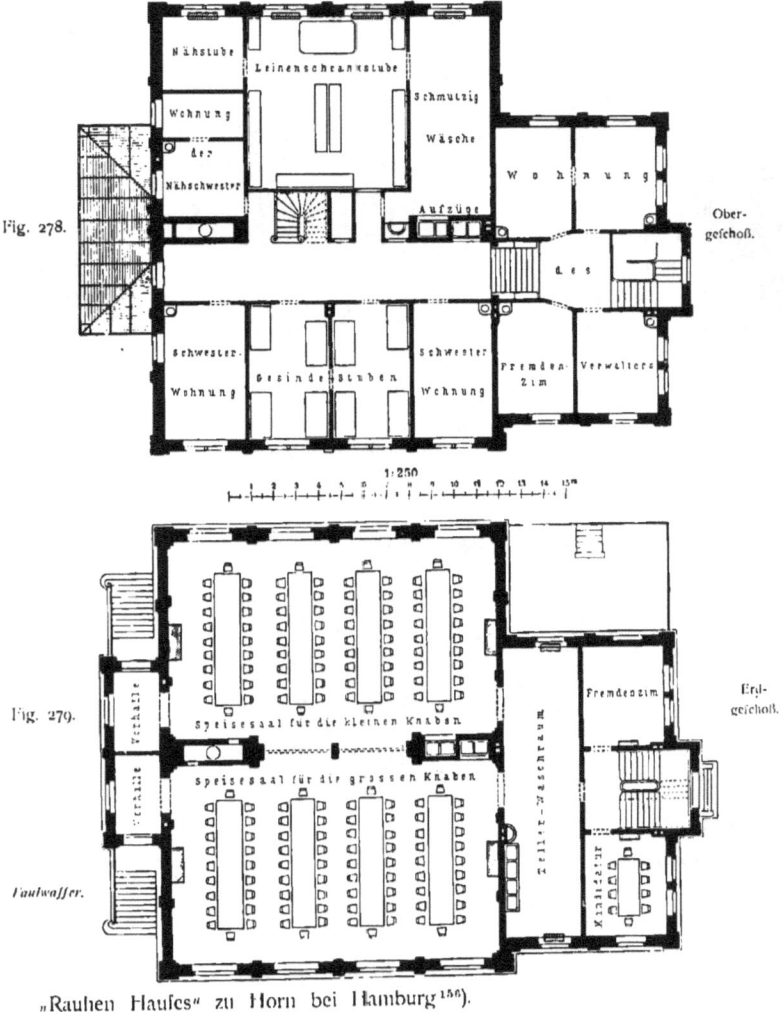

Fig. 278. Obergeschoß.

Fig. 279. Erdgeschoß.

„Rauhen Hauses" zu Horn bei Hamburg[159]).

---
[159]) Nach den vom Direktor der Anstalt, Herrn *Wichern* zu Horn bei Hamburg, mitgeteilten Plänen

verbleibt. In Berückfichtigung alles deffen find 1,00 bis 1,50 qm Grundfläche für einen Platz anzunehmen.

Zweckmäßig erfcheint die Anordnung mehrerer Abteilungen des Speifefaales für Zöglinge verfchiedener Altersklaffen, wie z. B. in Fig. 279.

In den franzöfifchen Lyceen und Kollegienhäufern pflegen 3 folcher Abteilungen, je eine folche für große, mittelgroße und kleine Zöglinge, angeordnet zu fein (fiehe den Grundriß des Lyceums zu Quimper unter d, 2). Mitunter haben Externe und Interne befondere Speifefäle (fiehe den Grundriß des Penfionats zu Gifors ebendaf.).

Für die neueren franzöfifchen Lyceen wird für den Speifefaal eine Breite von 8,00 m empfohlen; ebenfo werden Tifche für je 8 bis 12 Zöglinge als vorteilhaft bezeichnet; für jeden Zögling werden 50 cm Sitzbreite gerechnet.

Die Sitzbänke oder Stühle müffen mit Rücklehnen verfehen fein und find gleich wie die Tifche, in der Regel ganz aus Holz, mitunter aber mit eifernen Geftellen verfehen (Fig. 276 [155]). In vielen der in Rede ftehenden franzöfifchen Anftalten find Marmortifchplatten mit gußeifernen Füßen eingeführt. Die hölzernen Tifchplatten werden zweckmäßigerweife aus Ahorn hergeftellt, der fich weiß fcheuern läßt, oder aus Kiefern-, Tannenholz etc., das gebeizt oder poliert wird. Unter die Tifche gehört ein Mattenbelag oder Holzfußboden; im übrigen kann der Saal mit Fliefenbelag oder mit Terrazzofußboden verfehen fein.

Die Wände werden zuweilen auf 1,20 bis 1,30 m Höhe vom Fußboden mit gebeizter Holztäfelung oder mit Schmelzfliefen bekleidet oder, in Ermangelung des einen wie des anderen Stoffes, mit Ölfarbe angeftrichen. Auch der obere Teil der Wände erhält eine in lichteren Tönen gehaltene, einfache Bemalung in Ölfarbe. Dies ermöglicht das Abwafchen der Wandungen und verhindert das Eindringen des Speifengeruches.

Die Speifefäle müffen gut erhellt, fowie mit zweckmäßigen Heizungs- und Lüftungseinrichtungen verfehen fein.

Fig. 279 verdeutlicht die Einrichtung der Speifefäle des mehr erwähnten Penfionats Paulinum des „Rauhen Haufes" zu Horn bei Hamburg. Jede der Saalabteilungen für kleine und für große Knaben hat eine befondere Vorhalle und gewährt reichlichen Raum für je 80 Sitzplätze; auf einen derfelben kommt durchfchnittlich eine Grundfläche von 1,00 qm; die lichte Höhe beträgt 4,04 m. In einem niedrigeren Anbau erftreckt fich längs der beiden Speifefäle ein gemeinfamer Tellerwafchraum, an den fich ein befonderes Speifezimmer für Kandidaten, das Treppenhaus und das Fremdenzimmer anreihen. Die Räume haben Dampfheizung, die Speifefäle und Küche außerdem Sauglüftung. Trotz diefer wird die Wirkung des Auftriebes der Küchendünfte in den beiden Aufzügen nicht ganz zu vermeiden fein, da letztere unmittelbar von der Kochküche aus befchickt und die Speifen in den Sälen felbft herausgeholt werden. Beffer wäre die Anordnung der Aufzüge in befonderen Nebenräumen der Kochküche und der Speifefäle gewefen.

Aus den Grundriffen in Fig. 277 u. 278 erhellt ohne weiteres die Anordnung der Hauswirtfchaftsräume, Wohnungen der Wirtfchafterin, des Verwalters und der Dienftboten im Kellergefchoß und Obergefchoß. Erfteres hat 2,95 m, letzteres 2,80 m Lichthöhe.

Das Wirtfchaftsgebäude [156] wurde 1887—88 von *Faulwaffer* ausgeführt.

Ein bemerkenswertes Beifpiel eines Penfionats-Speifefaales außergewöhnlicher Art ift das Refektorium des Kollegienhaufes *Sainte Barbe* zu Paris. Fig. 276 [157]) veranfchaulicht feine Ausrüftung und Ausftattung, welche im wefentlichen der foeben empfohlenen Behandlung entfpricht. Der im Grundriß ⌐-förmige Saal hat im Lichten eine Länge von 50,00 m und eine Breite von 8,60 m, welche fich in der Mitte durch den um 9,00 m vorfpringenden Querarm erweitert. Hierdurch werden drei Abteilungen des Saales gebildet, welche zufammen 500 Zöglinge, außer den die Auffficht führenden Lehrern, faffen. Um diefe große Zahl von Speifenden gleichzeitig aufnehmen zu können, find die Tifche fo nahe als irgend möglich, nämlich auf 1,80 m von Mitte zu Mitte, zufammengerückt; doch find die Sitzbänke für je 5 Plätze, fowohl von dem breiten Mittelgang, als auch von Gängen an den äußeren Langwänden aus zugänglich. Die Lichthöhe des Saales beträgt 4,00 m. Er ift in gleicher Höhe mit der an den Raum angereihten Kochküche im Grundgefchoß des Gebäudes angeordnet. Dasfelbe ift von *Lheureux* entworfen und ausgeführt.

An den Speifefaal reiht man zweckmäßig einen damit durch Schalter verbundenen Nebenraum, der als Anrichte, Abftell- und Aufwafchraum für Gefchirr benutzt wird und zugleich als Mittelglied zwifchen Speifefaal und Wirtfchaftsräumen zur Abhaltung der Küchendünfte dient. Ein folcher Nebenraum des Speifefaales ift nicht allein erforderlich, wenn fich die Kochküche unmittelbar daran anreihen läßt, fondern insbefondere auch dann, wenn letztere in einem unteren Stockwerk liegt. In diefem Falle legt man vor die Kochküche die Speifenabgabe, welche in ähnlicher Weife, wie die Anrichte des oberen Stockwerkes, ein weiteres Mittelglied zwifchen Speifefaal und Küche bildet.

Eine geräumige, helle und luftige Kochküche mit allen zugehörigen Hilfs- und Vorratsräumen ift ein Haupterfordernis einer Penfionsanftalt. Die übliche Lage der Kochküche im Keller- oder Sockelgefchoß ift nur dann zu billigen, wenn hierdurch dem reichlichen Zutritt von Luft und Licht nichts im Wege fteht. Bezüglich der Einrichtung größerer Küchenanlagen, fowie der dazu gehörigen Neben- und Kellerräume wird auf Teil IV, Halbbd. 4 (Abfchn. 1, Kap. 3, unter 6) und Teil III, Band 5 (Abfchn. 5, A, Kap. 1 bis 3) diefes „Handbuches" verwiefen.

<small>Eine fehr gut getroffene Anordnung der Kochküche mit Zubehör zeigt u. a. der Erdgefchoßgrundriß der Fürftenfchule zu Grimma (fiehe unter d, 1). Auch im Gebäude des Englifchen Inftituts B. M. V. zu Nürnberg (fiehe ebendaf.) find die Küchenräume in geeigneter Weife im Erdgefchoß in der Nähe der Speifefäle angeordnet.</small>

Unentbehrlich ift ferner ein kleiner Küchenhof, durch den der Eingang zu den Küchenräumen für Lieferanten und Küchenperfonal ftattfindet.

Eine Gefinde-Eßftube pflegt in nächfter Nähe der Kochküche angeordnet zu fein.

Für die nötigen Schlafftuben und Aborte der Dienftboten ift an geeigneter Stelle Sorge zu tragen.

3) Baderäume.

Die Notwendigkeit der Einrichtung von Wannen- und Braufebädern zum Gebrauch der Angehörigen der Anftalt während der Winters- und Sommerszeit ift einleuchtend. Wenn möglich wird auch Gelegenheit zum Baden und Schwimmen im Freien oder in einem zu diefem Behufe hergeftellten eigenen Schwimmhaufe der Anftalt geboten.

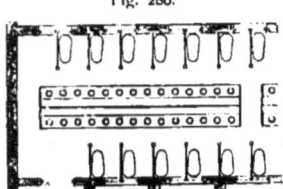

Fig. 280.

Baderaum im Lyceum zu Vanves [157]. 1/150 w. Gr.

Auf je 20 Zöglinge ift ein Wannen- und ein Braufebad zu rechnen. Über die Einzelheiten der Einrichtung gibt Teil III, Band 5 (Abfchn. 5, A, Kap. 6) diefes „Handbuches" allen nötigen Auffchluß.

Eine empfehlenswerte Einrichtung in den franzöfifchen Penfionaten find die Fußbäder. Die Größe des Raumes und die Zahl der darin anzubringenden Badeeimer richtet fich nach der Zahl der zu einer Abteilung gehörigen Zöglinge (ungefähr 30), welche gleichzeitig das Fußbad zu nehmen pflegen. Diefe fitzen inmitten des Badefaales in zwei Reihen, Rücken an Rücken, auf Bänken ungefähr 0,40 m über einem hölzernen Tritt, in den die Badeeimer eingelaffen find. Der Boden der letzteren, fowie der gewöhnlich zementierte Fußboden des ganzen Baderaumes ift mit Abfluß und Entwäfferungseinrichtungen verfehen.

<small>[157] Fakf.-Repr. nach: *Encyclopédie d'arch.* 1873, S. 161.</small>

Fig. 280 bis 282 [167]) geben ein Bild der Einrichtung des Badefaales im Lyceum zu Vanves. Die Zellen für Wannenbäder haben eine Breite von 1,40 m, find durch niedrige Holzwändchen voneinander getrennt und nach außen hin mit Zugvorhängen gefchloffen. Eine Zellenreihe ift an jeder Langfeite des Saales, die Fußbädereinrichtung in der Mitte desfelben angeordnet. Die einzelnen Eimer haben eine Entfernung von 0,60 m von Mitte zu Mitte.

Das Alumnat des Joachimsthalfchen Gymnafiums bei Berlin verfügt über eine eigene Badeanftalt mit Schwimmbecken (Fig. 261, S. 262, in dem mit 8 bezeichneten Gebäude). Die Zöglinge der neuen Fürften- und Landesschule zu Grimma haben einen Badeplatz an der am Gebäude vorbeifließenden Mulde.

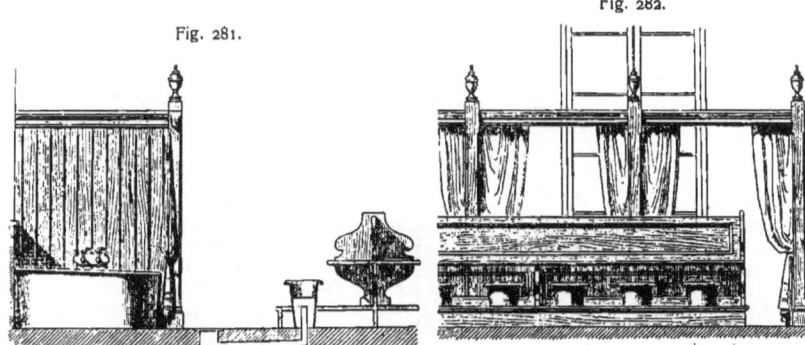

Fig. 281. Fig. 282.

Badeeinrichtung im Lyceum zu Vanves [167]). — $^1/_{50}$ w. Gr.

4) Krankenräume.

301. Abfonderung.
Die Krankenzimmer follen von den übrigen Räumen der Anftalt möglichft abgefondert fein. Dies wird am vollkommenften erreicht, wenn nach dem Vorgang einiger Erziehungsanftalten ein eigenes Gebäude für die Krankenabteilung errichtet ift.

Innerhalb der Krankenabteilung follen die einzelnen Zimmer nötigenfalls auch abgefondert werden können.

302. Abmeffungen.
Für Schwerkranke find Einzelzimmer mit einem Bett oder mit zwei Betten anzuordnen; Leichtkranke haben größere Zimmer oder einen Saal mit einer entfprechenden Zahl von Betten gemeinfam.

Nach der mehrfach gedachten bayerifchen Minifterial-Verfügung ift auf je 10 Zöglinge 1 Krankenbett vorzufehen und für jedes derfelben ein Luftraum von mindeftens 28 cbm zu fchaffen. Doch geht die hieraus zu berechnende Zahl der Krankenbetten in der Regel über das wirkliche Erfordernis hinaus, während 28 cbm für ein Bett etwas gering bemeffen erfcheint, wenn man erwägt, daß in Krankenhäufern hierfür 40 cbm Luftraum verlangt zu werden pflegen.

Ein eigenes Krankenhaus befitzt das Alumnat des Joachimsthalfchen Gymnafiums bei Berlin (in dem mit 9 im Lageplan auf S. 262 bezeichneten Gebäude). Hierbei kommen 13 Betten auf 160 bis 180 Alumnen, d. i. ungefähr 8 oder 7 auf 100. Auch für die Zöglinge des Penfionats, der Knaben- und der Lehrlingsanftalt des „Rauhen Haufes" zu Horn bei Hamburg ift eine einftöckige Lazarettbaracke (im Lageplan auf S. 264 mit 26 bezeichnet) erbaut worden, die mit allen zur Krankenpflege nötigen, im nächften Artikel vermerkten Räumen und Einrichtungen verfehen ift. Hier kommen allerdings auf 210 Zöglinge (der 3 Anftalten zufammen) 21 Betten, alfo 10 auf 100 und auf ein Bett 26 bis 28 cbm.

303. Nebenräume.
An die Krankenzimmer reihen fich Wärterzimmer mit Teeküche, befondere Aborte, Wafch- und Baderäume für die Kranken. Außerdem ift für Wiedergenefene

ein Wohn-, Speise- und Aufenthaltszimmer während der Tageszeit, sowie eine offene Halle oder ein Balkon zur Erholung im Freien anzubringen.

Hierzu kommen noch mitunter: ein Zimmer zur Aufnahme der Kranken, ein Zimmer für Ärzte, eine Hausapotheke und dergl.

5) Räume zur Besorgung der Wäsche.

Auf dem Lande sind für Pensionate eigene Wascheinrichtungen ganz unentbehrlich. Jedoch auch in größeren städtischen Instituten, wo die Wäsche aus dem Hause gegeben und in öffentlichen Waschanstalten besorgt werden könnte, ist die Anordnung einer solchen in eigenem Betriebe ratsam und vorteilhaft.

304. Waschküche und Zubehör.

Die Waschküche wird am besten in einem besonderen Bau oder, in Ermangelung dessen, in einem Gebäudeteile, in der Regel im Keller- oder Erdgeschoß, eingerichtet, der nur von außen zugänglich und mit den zum Pensionat gehörigen Räumen weder durch Gänge, noch durch Treppenhäuser unmittelbar verbunden ist, um das Eindringen der Dämpfe und Gerüche der Wäsche möglichst zu verhindern.

Angaben über die Bauart der Waschküchen, sowie über die gewöhnlich darin vorkommenden Einrichtungen, ferner über Anordnung und Ausrüstung von Trockenanlagen, Mangel- und Plättstuben, sind in Teil III, Band 5 (Abschn. 5, B, Kap. 4) dieses „Handbuches" zu finden; Anhaltspunkte für größere Anlagen solcher Art mit Maschinenbetrieb gibt die Beschreibung der öffentlichen und privaten Waschanstalten in Teil IV, Halbbd. 5 (Abt. V, Abschn. 3) daselbst.

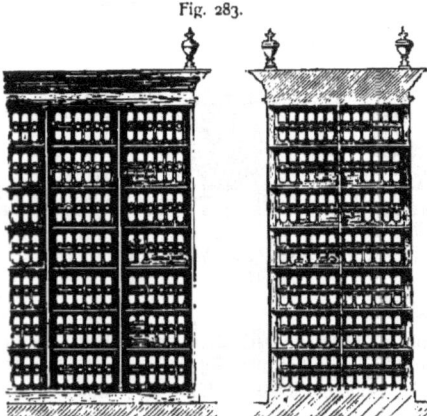

Fig. 283.

Weißzeugschrank in der *Lingerie* des Lyceums zu Vanves [158]). · 1/50 w. Gr.

305. Sonstige Räume.

Ehe die schmutzige Wäsche zur Reinigung in die Waschküche kommt, wird sie in der Zwischenzeit, die möglichst kurz sein soll, in einem luftigen, trockenen Raume aufgehängt, in dem auch das Sortieren der Wäsche, je nach Stoff, Farbe, Größe u. dergl., erfolgen kann. Hierzu dient gewöhnlich eine Dachbodenkammer.

Die gereinigte Wäsche wird in der Leinenschrankstube aufbewahrt, die zu diesem Behufe geräumig, luftig, sowie mit Schränken und offenen Gefachen ausgerüstet sein muß, zu denen die Luft leicht Zutritt hat (Fig. 283 [158]). Außerdem muß sich in der Leinenschrankstube in der Nähe der Fenster Platz finden für einen großen Tisch, auf welchem die Wäsche aufgelegt und zum Einräumen in die Schränke geordnet werden kann.

An die Leinenschrankstube oder an die Plättstube reiht sich eine Stube zur Ausbesserung der schadhaften Wäsche, falls hierzu nicht die Plättstube verwendet wird, was häufig der Fall ist. Ein einfenstriger, heller Raum mit einigen Arbeitsplätzen für die Näherinnen ist ausreichend.

---
[158]) Faks.-Repr. nach: *Encyclopédie d'arch.* 1873, S. 166.

Die vorerwähnten Wäsche- und Weißzeugräume find in Fig. 278 (S. 277) in Zufammenhang gebracht, und nebenan ift die Wohnung der Näherin angeordnet.

6) Räume für allgemeine Benutzung und Verwaltung.

306. Betfaal.
Ift keine Hauskapelle vorhanden, fo ift doch ein eigener Raum für Abhaltung der Morgen- und Abendandacht erforderlich, weil die Benutzung anderer Räume für diefen Zweck deren rechtzeitige Reinigung und Lüftung erfchwert und weil die Zöglinge ihre Andacht in einem Betfaale in gefammelterer Stimmung verrichten, als in einem Raume, der gewöhnlich ganz anderen Zwecken dient.

Ohne die ethifche Bedeutung des Betfaales zu unterfchätzen, braucht derfelbe doch nicht in der Art behandelt zu werden, daß man diefem Raume einen ausfchließlich kirchlichen Charakter gibt. Nicht einmal die Lage in der Hauptachfe des Bauwerkes ift unbedingt erforderlich. Die Ausftattung desfelben foll einfach ernfter, echt baukünftlerifcher Art fein.

Der Betfaal hat gewöhnlich keine außerordentliche Höhe, fondern 4,00 bis 4,30 m, wie das jeweilige Stockwerk. Für jeden Zögling ist 1 qm Bodenfläche zu rechnen. Der Raum muß hell, leicht heizbar und unter den Sitzbänken mit einem hölzernen Fußboden verfehen fein; die Gänge können mit Fliefen und dergl. belegt werden.

307. Bibliothek und Lefezimmer.
Für die Penfionate haben Bibliothek und Lefezimmer infofern eine noch größere Bedeutung als in Anftalten, die ausfchließlich Unterrichtszwecken dienen, weil die Zöglinge der Penfionate ihre ganze freie Zeit darin verbringen, deshalb auch auf Bibliothek und Lefezimmer angewiefen find und darin geiftige Anregung und Gelegenheit zum Selbftftudium finden follen. Das Lefezimmer der Zöglinge ift daher mit bequemen Einrichtungen zum Lefen und Schreiben, wohl auch mit befonderen Arbeitsplätzen zum Zeichnen und Auflegen großer Werke zu verfehen. Die Bibliothek umfaßt Räume von genügender Größe und Ausrüftung für eine Bücherfammlung, deren Umfang der Bedeutung der Anftalt angemeffen ift.

In diefer und anderer Hinficht kann auf die Bibliotheken des Joachimsthalfchen Gymnafiums bei Berlin (Fig. 291, S. 289), fowie der Fürftenfchule zu Grimma (Tafel bei S. 288) verwiefen werden. Erftere nimmt die Höhe von Erd- und I. Obergefchoß ein und ift mit Magazineinrichtung verfehen.

308. Tanz- und Fechtfaal.
Als Tanzfaal dient ein Raum, deffen Größe nach der Zahl der zu einer Klaffe gehörigen, gleichzeitig übenden Tanzfchüler bemeffen ift, wobei auf einen Zögling etwa 2 qm zu rechnen find. Jedenfalls foll der diefem Zwecke dienende Raum nicht kleiner als 50 qm fein. In den Tanzfaal gehört ein Stabfußboden von gewächftem Eichen- oder Kiefernholz, in Nut und Feder gelegt, um das Auftreiben des Staubes möglichft zu verhindern und das Tanzen zu erleichtern.

Einen eigenen Fechtfaal findet man oft in großen franzöfifchen Knabenpenfionaten; in deutfchen Anftalten diefer Art pflegt die Turnhalle zugleich als Fechtboden benutzt zu werden. Zur Aufbewahrung der Waffen und Fechtgeräte dient ein Nebenraum.

309. Turnhalle, Spielplätze, Höfe und Gärten.
Hinfichtlich der Turnhalle, die in franzöfifchen Erziehungsanftalten für Knaben zugleich Exerzierhaus ift, fowie der bedeckten und unbedeckten Spielplätze, Höfe und Gartenanlagen (S. 261), gilt dasfelbe, was fchon in Art. 96 bis 98 (S. 75 bis 77) über diefe Beftandteile der Schulhausanlagen ganz allgemein auseinandergefetzt wurde. Doch ift ergänzend zu bemerken, daß — mehr noch als bei den Gymnafien und Realfchulen, in denen die Schüler nur während des Unterrichtes verweilen — bei den Penfionaten, in denen die Zöglinge den ganzen Tag zubringen müffen, für Wandelhallen, Spielplätze und andere geeignete Erholungsräume Sorge

zu tragen ift, um fich darin, auch bei fchlechter Witterung, nach der Arbeit frei bewegen und tummeln zu können.

Zur Pflege der Körperübungen und der darauf hinwirkenden Spiele in gefchloffenen Schulanftalten (Alumnaten und dergl.) mahnt eine 1889 erlaffene Verfügung des preußifchen Minifters der geiftlichen, Unterrichts- und Medizinalangelegenheiten [150]). Darin werden folche Einrichtungen empfohlen, welche die Jugend anregen, ihre Mußeftunden entweder zu Spielen, die fowohl den Körper ftählen, als harmlofe Freude bereiten, oder zu finniger Handarbeit zu verwenden. Insbefondere ift das Kegelfchieben erwähnt, das bei Schülern aller Altersklaffen in Anftalten, in denen es eingeführt ift, in großer Beliebtheit ftehe.

Die Erfolge, die in englifchen Erziehungsanftalten in diefer Hinficht erzielt wurden, find bekannt.

Der Pförtner braucht ein Dienftzimmer zunächft dem Haupteingang, den er zu überwachen hat, und eine Wohnung, beftehend aus Wohn- und Schlafftube, Kammer, Küche und Keller. Wohnung und Dienftzimmer find zuweilen in einem befonderen Pförtnerhaufe, meift aber im Hauptgebäude felbft, im Erd- oder Sockelgefchoß, untergebracht.

310. Empfangs- und Verwaltungsräume; Dienftwohnungen.

Bei gefchloffenem Baufyftem der Gebäudeanlage gelangt man vom Eingangstor zu einer geräumigen Flurhalle, die zugleich Wartehalle für Fremde und für auswärtige Schüler ift, falls das Penfionat mit Externat verbunden ift. Hieran reihen fich zwei Sprechzimmer, je ein folches für die Angehörigen der älteren und der jüngeren Zöglinge. Die Sprechzimmer follen hell, behaglich und mit bequemen Sitzmöbeln, Tifch, Büchergeftell und dergl. ausgerüftet fein. In nächfter Nähe des Einganges und der Flurhalle find ferner anzuordnen: Anmeldezimmer, Rechner- und Kaffenzimmer und Zimmer der in der Anftalt wirkenden Lehrer. Das Direktorzimmer nebft Vorzimmer ift meift mit dem Sitzungszimmer in Zufammenhang gebracht und in möglichft zentraler Lage angeordnet.

Alle vorgenannten Räume pflegen in einem befonderen Verwaltungs- oder Direktionsgebäude eingeteilt zu fein, wenn die Gefamtanlage der Anftalt kein gefchloffenes Baufyftem bildet, fondern in eine Anzahl einzelner Gebäude aufgelöft ift.

Bei ländlichen Penfionaten ift die Notwendigkeit der Anordnung von Wohnungen für den Direktor, Verwalter und Auffeher, fowie für die Lehrer der Anftalt ohne weiteres einleuchtend. Auch in ftädtifchen Penfionaten dürfen Wohnungen des Direktors und wenigftens eines Beamten der Anftalt nicht fehlen; fei es nun, daß diefe Wohnungen im Hauptgebäude felbft enthalten find, fei es, daß befondere Wohnhäufer diefem Zwecke dienen.

Das Dienftperfonal bewohnt teils einzelne Zimmer, teils gemeinfame Schlafftuben und Kammern, welche an paffenden Stellen der Anlage eingereiht find.

7) Unterrichtsräume.

Bezüglich Anlage und Einrichtung aller zum Penfionat gehörigen Klaffen- und fonftigen Schulräume kann wiederum auf die bezüglichen eingehenden Darlegungen in den vorhergehenden Kapiteln verwiefen werden.

311. Unterrichtsräume.

Die in Abfchn. 1, A, Kap. 1 u. 2 befchriebenen Vorkehrungen für Wafferverforgung und Entwäfferung, für Heizung, Lüftung und Erhellung der Gebäudeanlage find in den Penfionaten umfo nötiger, als letztere nicht allein zur Erziehung und zum Unterricht, fondern auch zur Beherbergung einer mitunter fehr erklecklichen Anzahl von Zöglingen verfchiedener Altersklaffen beftimmt find.

[150]) Siehe: Centralbl. f. d. gef. Unterr.-Verw. in Preußen 1889, S. 521.

d) Beifpiele.

Zur Verdeutlichung der im vorhergehenden gefchilderten verfchiedenartigen Anlagen von Penfionaten und Alumnaten dienen die nachfolgenden Vorbilder kleinerer und größerer Anftalten diefer Art.

1) Deutfche Penfionate und Alumnate.

312. Beifpiel I.

Das *Dina-Zaduck-Nauen-Cohn*'fche Stiftshaus zu Berlin (Fig. 284 bis 286 [160]), 1880 von *Schwatlo* erbaut, ift eine derjenigen Erziehungsanftalten, welche keine Schulräume zu enthalten brauchen, da die Zöglinge zum Zweck des Unterrichtes in die öffentlichen Schulen gefchickt werden.

Das zur Erziehung und Ausbildung einer kleinen Zahl unbemittelter jüdifcher Knaben beftimmte Gebäude liegt im Hinterland des betreffenden Grundftückes, das nach der Straße zu mit einem Vordergebäude felbftändiger Art, Verkaufsläden und Herrfchaftswohnungen enthaltend, überbaut ift. Das Stiftshaus hat die ausfchließliche Benutzung eines Gärtchens und eines Turnplatzes, welche vom Hof des Vorderhaufes durch ein fchmiedeeifernes Gitter abgefchloffen find.

Das Stifts- und Penfionshaus enthält außer dem 2,70 m hohen Kellergefchoß ein Erdgefchoß von 3,30 m, ein I. und II. Obergefchoß von je 4,50 m und ein Dachgefchoß von 2,50 m Höhe (von

Fig. 284.   Fig. 285.   Fig. 286.

Erdgefchoß.   I. Obergefchoß.   II. Obergefchoß.

1:500

Dina-Zaduck-Nauen-Cohn'fches Stiftshaus zu Berlin [160]).
Arch.: *Schwatlo*.

Oberkante zu Oberkante Fußboden gemeffen). Im Untergefchoß befindet fich vom Eingangsflur rechts die große Kochküche mit Aufwafchraum, Aufzug und Speifekammer, fowie Mädchenftube, links die Wafchküche, Roll- und Plättftube. Durch den in der Achfe des Eingangsflurs gelegenen Deckenlichtraum gelangt man auf der maffiven Treppe, welche in I. Obergefchoß zum Arbeitszimmer der Zöglinge, dem Wohn- und Arbeitszimmer des Penfionsvaters, fowie zum großen Speifefaal nebft Anrichteraum führt. Im II. Obergefchoß erftrecken fich über diefen Räumen die Schlafzimmer der Familie des Penfionsvaters und der Schlaffaal der Zöglinge nebft Wafchraum; im Dachgefchoß find Refervezimmer, ein großes Badezimmer, fowie ein Krankenzimmer angelegt. Alle Stockwerke haben Aborte mit Wafferfpülung, fowie Lüftungs- und Deckenlichteinrichtungen.

313. Beifpiel II.

Ein Beifpiel eines freiftehenden Gebäudes einer kleinen Erziehungs- und Unterrichtsanftalt ift das *Peftalozzi*-Stiftshaus zu Dresden (Fig. 287 u. 288 [161]), welches 1876 von *Heyn* erbaut worden ift.

Das *Peftalozzi*-Stift, das 1830 vom pädagogifchen Verein in Dresden gegründet wurde, hat die Beftimmung, Knaben, deren Eltern tot oder infolge fchweren Unglückes außer ftande find, ihre Kinder felbft zu erziehen, außerdem auch andere Knaben gegen ein angemeffenes Penfionsgeld aufzunehmen und zu unterrichten. Hierzu dient das nebenftehend dargeftellte Gebäude, das von einem ziemlich ausgedehnten, an den Wald grenzenden Garten umgeben ift. Das 49 m lange Haus ift für 60 Zöglinge berechnet und befteht, außer dem Kellergefchoß, aus Erdgefchoß und Obergefchoß, über dem nur im Mittelbau ein weiteres niedriges Obergefchoß aufgefetzt ift. Aus den Grundriffen des Erd- und I. Obergefchoffes geht die Anordnung der Haupträume, die fämtlich

---

[160]) Nach: ROMBERG's Zeitfchr. f. prakt. Bauk. 1880, Taf. 36.
[161]) Nach den von Herrn Baurat Profeffor *Heyn* in Dresden freundlichft zur Verfügung geftellten Plänen.

durch hell erleuchtete Gänge, Treppen und Vorräume in Verbindung gebracht find, hervor. Die Zöglinge gelangen aus den im Erdgefchoß gelegenen Schlaffälen zunächft in die Wafchräume, dann in die Ankleideräume und von hier aus über Flur und Haupttreppe nach dem Obergefchoß, wo die Lehrzimmer[102], der Speife- und Feftfaal, fowie die übrigen, teils für den Unterricht und die Verforgung der Zöglinge, teils für die Verwaltung erforderlichen Räume der Anftalt angeordnet find. Im II. Obergefchoß des Mittelbaues liegt die Wohnung des Stiftsdirektors, beftehend aus 5 geräumigen Zimmern, Kammer und Küche. Das Kellergefchoß umfaßt, an der Vorderfeite links beginnend: Nähftube, Wafchküche, Vorratsraum, Kohlenkeller, Küchenftube, Kochküche, Baderaum; an der Rückfeite: Wirtfchaftskeller, Hausmannsftube, bezw. Wichsraum und Aborte; an der Nebenfeite in Verlängerung der Gänge: Kohlenkeller, bezw. Gartengeräteraum. Ein Speifenaufzug vermittelt die Verbindung zwifchen Küche und Speifefaal.

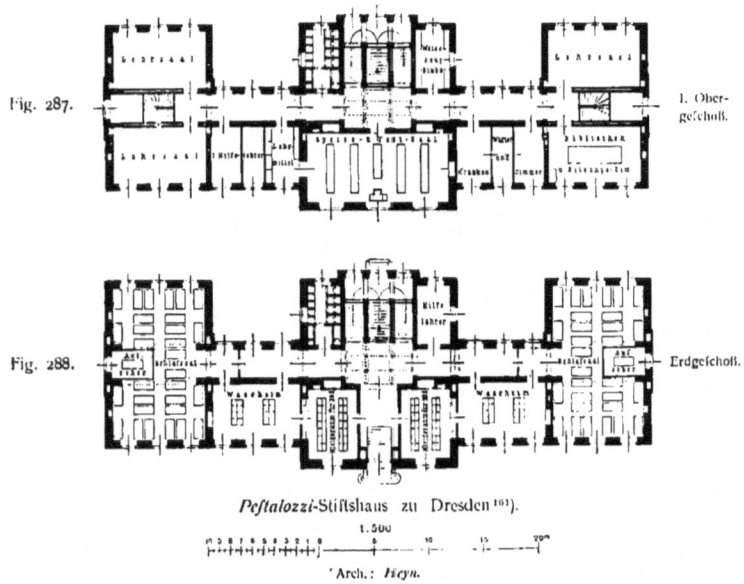

Fig. 287.   I. Obergefchoß.

Fig. 288.   Erdgefchoß.

Peftalozzi-Stiftshaus zu Dresden[101].
1:500
' Arch.: *Heyn*.

Die Gefchoßhöhen (von Fußboden zu Fußboden-Oberkante) betragen: Kellergefchoß 3,10 m, Erdgefchoß 4,30 m, I. Obergefchoß in den Seitenflügeln 4,70 m, im Mittelbau 5,10 m, II. Obergefchoß des Mittelbaues 3,82 m.

Zur Erwärmung der Räume dient eine Luftheizung nach *Kelling*'fchem Syftem, mit welcher wirkfame Lüftungsvorkehrungen für Entfernung der verdorbenen Luft in Verbindung ftehen. Die Ausführung des Gebäudes erforderte im ganzen eine Summe von 168 500 Mark, wovon auf 1 cbm umbauten Raum, von Kellerfußboden bis Oberkante Hauptgefims, 16,50 Mark entfallen.

Das **Englifche Inftitut B. M. V. zu Nürnberg** ift ein Penfionat mit höherer Mädchenfchule und interne Schülerinnen. Der für diefe Zwecke 1880 von *Eyrich* errichtete Neubau (Fig. 289 u. 290[103]) mußte auf enger Baustelle von rund 1/4 ha, die an drei Seiten von Nachbargrundftücken, an der vierten Seite von der Tafelhofftraße begrenzt ift, errichtet werden.

114. Beifpiel III.

[102] Eines diefer Lehrzimmer, fowie ein Zimmer des Erdgefchoffes find nunmehr als Arbeits- und Wohnzimmer der Zöglinge eingerichtet worden.
[103] Nach den von Herrn Architekten *Eyrich* in Nürnberg freundlichft zur Verfügung geftellten Plänen.

Gestalt und Lage des Bauplatzes waren naturgemäß von Einfluß auf die Grundrißanordnung, bei welcher es vor allem darauf ankam, die Haupträume, insbesondere die Schulzimmer, gut zu erhellen und vom störenden Straßenlärm abzusondern, anderenteils in bequeme Verbindung mit

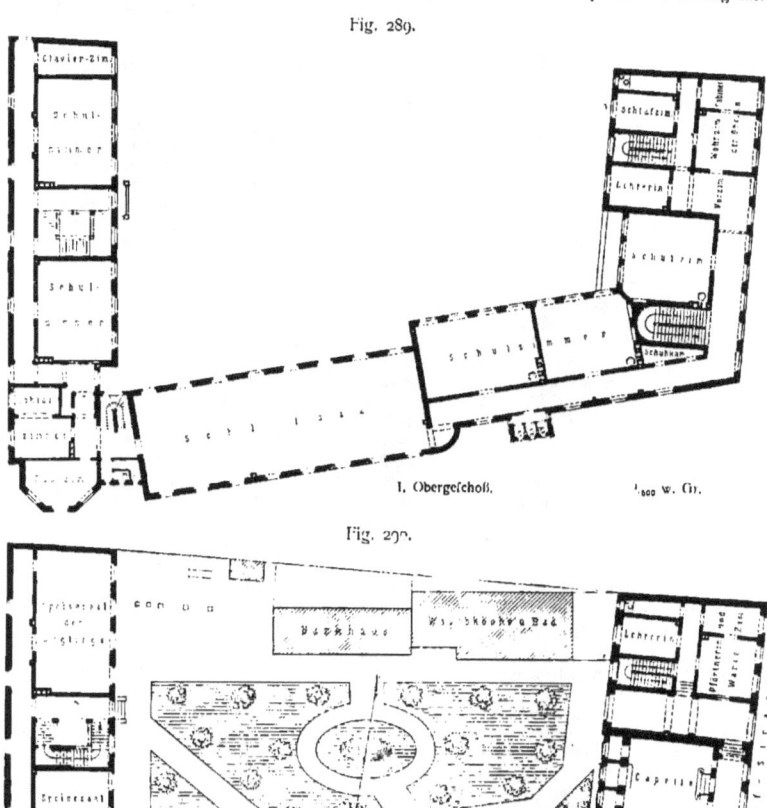

Englisches Institut B. M. V. zu Nürnberg[103]).
Arch.: Eyrich.

dem Garten zu bringen. Diesen umfaßt das im Grundriß hufeisenförmige Gebäude, dessen westliche und östliche Teile dreigeschossig sind, wogegen der die Verbindung herstellende Schlafsaalbau nur zweigeschossig ist. Von der Straße aus gelangt man durch die überbaute Einfahrt in das Innere des Haufes, deffen Raumeinteilung im Erdgefchoß und im I. Obergefchoß aus Fig. 289 u. 290 hervorgeht. Das II. Obergefchoß bildet im öftlichen Flügel ein hoher Manfardendachftock, der füdlich vom Treppenhaus 2 einfenftrige Schlafzimmer und 1 zweifenftriges geräumiges Krankenzimmer, nördlich vom Treppenhaus 1 Schulzimmer, die Bodentreppe und 2 Mufikzimmer enthält. Das II. Obergefchoß des am Schlaffaalbau beginnenden, weftlichen Gebäudeteiles hat genau diefelbe Einteilung wie im I. Obergefchoß. Auch die Beftimmung der Räume ift diefelbe, mit Ausnahme der Räume über den Zimmern der Oberin, der Lehrerin und des Vorzimmers, die im II. Obergefchoß den Englifchen Fräulein zugeteilt find; fie bilden mit den zugehörigen Zimmern des I. Obergefchoffes und des Erdgefchoffes gewiffermaßen das Ordenshaus, d. h. denjenigen Gebäudeteil, deffen Anordnung kennzeichnend ift für das zur Erziehung der weiblichen Jugend im katholifchen Glauben beftimmte Englifche Inftitut B. M. V. Einen Hauptteil desfelben bildet die im Erdgefchoß gelegene Hauskapelle. Die Schule unterrichtet 470 bis 480 Schülerinnen im Alter von 6 bis 16 Jahren [101]. Davon kommen ungefähr 450 auf das Externat und 30 auf das Internat. Für Zwecke des Unterrichtes und der Übungen dienen die in den einzelnen Stockwerken verteilten 12 Schulzimmer, mehrere Mufik-, bezw. Klavierzimmer und im Erdgefchoß ein großer Erholungs- und Turnfaal, der zugleich bei mufikalifchen Aufführungen und dergl. als Feftfaal dient. Als Arbeitszimmer der Penfionärinnen wird der im Erdgefchoß des öftlichen Flügels gelegene vierfenftrige Speifefaal benutzt, der während der Schulzeit vormittags und nachmittags gelüftet wird. Die Penfionärinnen haben einen gemeinfamen Schlaffaal, der fehr reichlich Raum hat für 20 Zöglingsbetten und für 3 Betten der Auffichtsdamen, nämlich rund 10 qm Bodenfläche und 40 cbm Luftraum für 1 Bett. Die übrigen Zöglinge fchlafen in mehreren kleineren Räumen. Das Erdgefchoß des Oftflügels enthält außer dem vorerwähnten vierfenftrigen Speifefaal der Zöglinge noch den näher bei den Küchenräumen gelegenen, dreifenftrigen Speifefaal der Ordensfrauen.

Die Stockwerkshöhe, einfchl. Gebälke, beträgt 4,30 m; nur die Hauskapelle, deren Fußboden um 3 Stufen tiefer liegt als derjenige des Erdgefchoffes, ift etwas höher.

Die Schaufeite des Haufes nach der Tafelhofftraße zu ift in Sandftein in den Formen der italienifchen Renaiffance, in den beiden Obergefchoffen durch Pilafter- und Bogenftellungen, im Erdgefchoß durch Bogenfenfter und Boffenquader gegliedert. Die nach dem Hofe zu liegenden Schulräume haben in üblicher Weife Fenfteröffnungen mit wagrechtem Sturz. Auch diefe Hoffronten und von den Außenfronten insbefondere die Nordoftecke des Gebäudes find in wirkfamen, wenngleich einfachen Bauformen durchgebildet.

An der Südfeite des Gartens find Wafch- und Badehaus, fowie Backhaus errichtet.

Eine fehr anfehnliche Anlage von gefchloffenem Baufyftem mit großem Binnenhof ift die neue, von *Nauck* erbaute Fürften- und Landesfchule zu Grimma (fiehe die nebenftehende Tafel).

315. Beifpiel IV.

Die Entftehung der Anftalt ift in Art. 275 (S. 257), die Gebäudeanordnung im großen und ganzen in Art. 285 (S. 263) befchrieben und auf die Einrichtung im einzelnen wurde mehrfach unter c Bezug genommen.

Die Schule umfaßt die 6 oberen Gymnafialklaffen mit ungefähr 180 Schülern, von denen 126 in dem mit der Schule verbundenen Internat, fämtlich durch Verleihung von Alumnatsftellen, vollftändig verpflegt werden. Das Hauptgebäude, welches fämtliche hierzu erforderlichen Räume mit Ausnahme der felbständigen Nebenbauten (Turnhalle und Keffelhaus) enthält, hat eine durchfchnittliche Länge von 112 m, eine Tiefe von 57 m und umfchließt den mit Gartenanlagen verfehenen Hofraum von ziemlich 80 m Länge und 32 m Breite. Das Bauwerk ift aus dem Baugrund fo hoch herausgehoben, daß felbft bei ganz außergewöhnlichen Hochwaffern der nahe vorüberfließenden Mulde die Räume des Erdgefchoffes noch über der Hochwafferlinie liegen. Die nach Norden, Often und Süden gelegenen Gebäudeteile haben außer dem Kellergefchoß drei Stockwerke, während der nach Weften gerichtete, zwifchen den Seitenflügeln gelegene Verbindungsbau nur zweigefchoffig ift. In letzterem find im Erdgefchoß die Eingänge, der Haupteingang mit Flurhalle in der Mitte, fowie zwei Nebeneingänge zu beiden Seiten angeordnet; dazwifchen liegen links Warte- und Befuchszimmer, Archiv und Abfertigungsräume, rechts Gefchäftszimmer und Wohnung des Hausmeifters. Im Obergefchoß erftrecken fich über diefen Räumen Bibliothek und Lefezimmer, fowie die Wohnung des Wirtfchaftsfekretärs, im Dachftock Bodenraum, Kammern und einige Refervekrankenzimmer. Nebentreppe und Aborte liegen an den beiden Enden diefes Verbindungsbaues. Die anfchließenden drei Gebäudeflügel enthalten: im Erdgefchoß, Nordflügel, die Kochküche mit Zubehör und den Speifefaal; Oftflügel, 6 Klaffen zu je 30 Schülern, fonftige Unterrichtsräume und den Betfaal; Süd-

[101]) Nach den gefälligen Mitteilungen der Frau Inftitutsoberin.

flügel, einige weitere Schulzimmer, Baderäume und die Wohnung des Heizers; im I. Obergeschoß, in derselben Reihenfolge, Tanzsaal, Vorraum und Festsaal mit Buffet, zugleich Eingangsflur und einer Kleiderablage für Damen; ferner 8 Studier- und Wohnzimmer der Zöglinge mit den zugehörigen 8 Kleiderkammern, 6 Musikzimmer, sowie die abgeschlossene Krankenabteilung mit Zimmer des Arztes und Wohnung des Krankenwärters; im II. Obergeschoß, wieder am Nordflügel beginnend, Gesangssaal mit Musikalienzimmer, oberer Teil des durch beide Obergeschosse gehenden Festsaales mit Tribünen, sodann die Rektorswohnung, dessen Amtszimmer und den Synodal- oder Schulratssaal, ferner die Schlaf- und Waschsäle der Zöglinge mit einem Aufwärterzimmer. Das Kellergeschoß erstreckt sich unter dem ganzen Gebäude und enthält, außer den Luftzuführungs- und Heizkammern, die Waschküchen, Wirtschafts- und Kohlenkeller der Anstalt, sowie der einzelnen Wohnungen, ferner Putzräume, Gerätekammern, Arbeits- und Werkzeugsräume für den Maschinisten und dergl. Die stattliche Haupttreppe liegt im Mittelbau des Ostflügels gegen den Hof; anschließend an diesen Langbau sind zwei Nebentreppen, je eine am Nord- und Südflügel, außerdem im Westflügel die zwei vorerwähnten Nebentreppen angeordnet. Aborte finden sich an geeigneten Stellen in jedem Stockwerk. Von den Hof- und Gartenanlagen führen im Erdgeschoß in der Mitte des Nord-, Ost- und Südflügels Eingänge mit vorgelegten Freitreppen in das Innere des Hauses, zu dem man in Westflügel von den drei Einfahrten aus gelangt.

Entlang der Mulde befindet sich ein geräumiger, etwa 270 m langer, durchschnittlich 16 m breiter Spielplatz für die Schüler, der bedeutend aufgefüllt und, durch eine Futtermauer gestützt, über dem gewöhnlichen mittleren Hochwasser der Mulde liegt. Dort befindet sich auch ein Badeplatz zur Benutzung der Schüler während des Sommers.

Der von den beiden Kammern des Landtages im Frühjahr 1886 zur Ausführung genehmigte und im Herbst desselben Jahres in Angriff genommene Neubau steht in der Hauptsache wieder auf der alten historischen Stelle des ehemaligen Augustinerklosters, das seit seiner 1550 erfolgten Umwandelung zur Fürstenschule mehrere Umbauten erfahren hatte. Doch ist das neue Hauptgebäude etwas nach Norden derart verschoben, daß es einen größeren Abstand von der zur Anstalt gehörigen Klosterkirche hat als früher. Der hierdurch entstehende Platz wird als Turnplatz benutzt und ist nach der Straße zu durch die unmittelbar mit diesem Platze in Verbindung stehende Turnhalle abgeschlossen.

Außer der Turnhalle befindet sich an der Klostergasse ein besonderes Dampfkesselhaus, welch letzteres für die Kesselanlage der im Hauptgebäude auszuführenden Sammelheizungs- und Lüftungsanlage dient.

Von der äußeren und inneren Erscheinung geben die beiden Ansichten auf nebenstehender Tafel [166] einen Begriff. Die Gebäude sind in den Formen der deutschen Renaissance im Rohbau von Porphyr, Sandstein und Ziegeln ausgeführt.

Das Hauptgebäude mußte in zwei Abschnitten ausgeführt werden, damit ein Teil der Unterrichts- und Wohnräume der alten Schule während der Bauzeit noch erhalten und benutzt werden kann. Die nördlichen Teile sind einschl. Mittelbau des neuen Schulhauses und des Dampfkesselhauses sind seit Ostern 1889 im Gebrauch; der übrige Teil des Gebäudes wurde 1891 beendet. Die Baukosten für sämtliche Gebäude und Anlagen, einschl. der inneren Ausrüstung, waren zu 1 131 666 Mark veranschlagt.

316. Beispiel V.

Das Joachimsthalsche Gymnasium und Alumnat zu Wilmersdorf bei Berlin zählt zu den bedeutendsten Instituten seiner Art und kennzeichnet sich durch die Anlage einer Anzahl einzelner für die verschiedenen Zwecke der Anstalt für sich errichteter Gebäude. Dasselbe wurde 1876—80 nach *Zastrau's* Entwürfen von *Klutmann* ausgeführt.

Nachdem bereits in Art. 285 (S. 263) von dieser Anstalt im allgemeinen die Rede gewesen und ihr Lageplan in Fig. 261 (S. 262) dargestellt ist, auch ihre Einrichtungen unter c mehrfach hervorgehoben worden sind, braucht an dieser Stelle hauptsächlich nur das Hauptgebäude beschrieben zu werden. Dasselbe hat, außer dem unterkellerten Erdgeschoß, noch 3 Stockwerke. Fig. 291 [166] zeigt den Grundriß des I. Obergeschosses, und in dem beigegebenen Verzeichnis

---

[166] Die mit Genehmigung des königlichen Ministeriums des Kultus und des öffentlichen Unterrichts in Dresden erfolgte Mitteilung der Pläne der neuen Fürstenschule verdanken wir, außer Herrn Geheimen Oberbaurat *Canzler*, dem mit dem Bau betrauten Herrn Baurat *Nauck*.

[166] Nach dem mit Genehmigung der Königl. preußischen Ministerial-Baukommission von Herrn Bauinspektor *Klutmann* erhaltenen Plan, sowie auch: Statistische Nachweisungen, betreffend die in den Jahren 1881 bis einschl. 1885 vollendeten und abgerechneten Preußischen Staatsbauten aus dem Gebiete des Hochbaues. S. 29 u. 36.

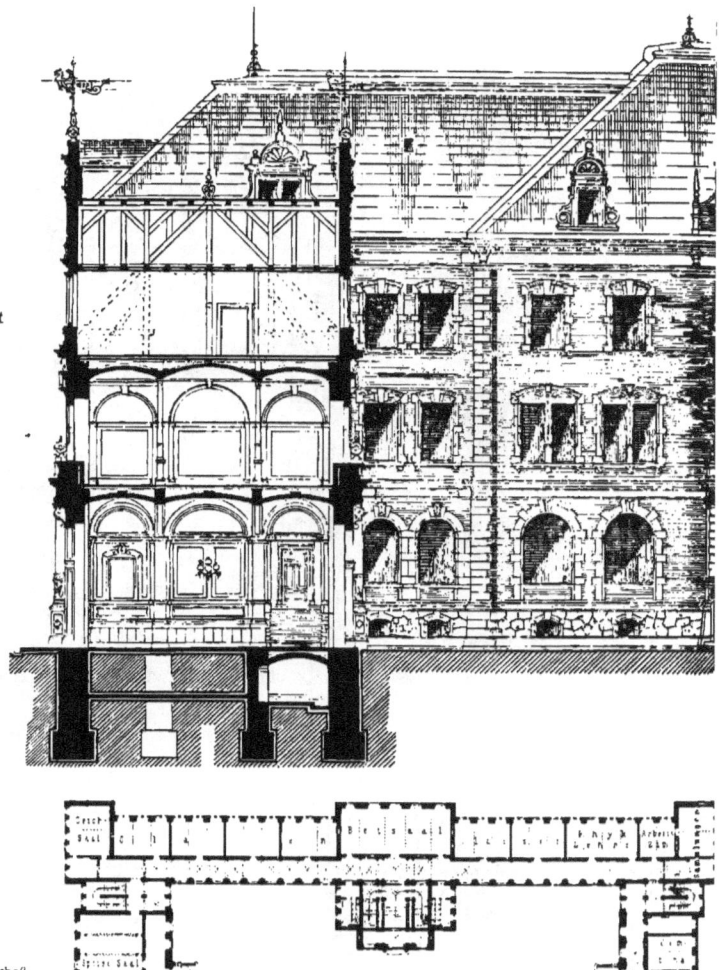

Durchschnitt und Hofansicht nach Norden.

Erdgeschoß.

Handbuch der Architektur, IV, 6, a. (2 Aufl.)

Fürsten- un(

Teil der Hauptansicht von Osten.

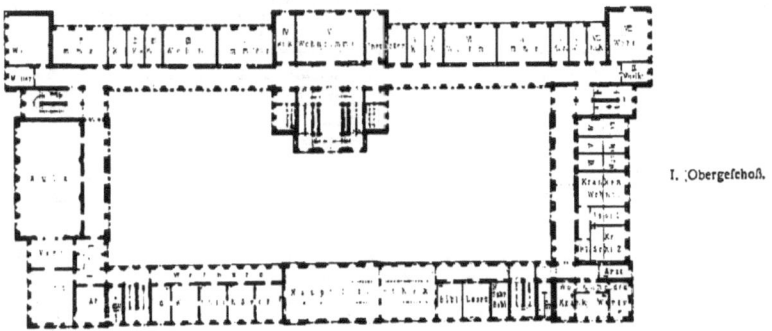

I. Obergeschoß.

zu Grimma.

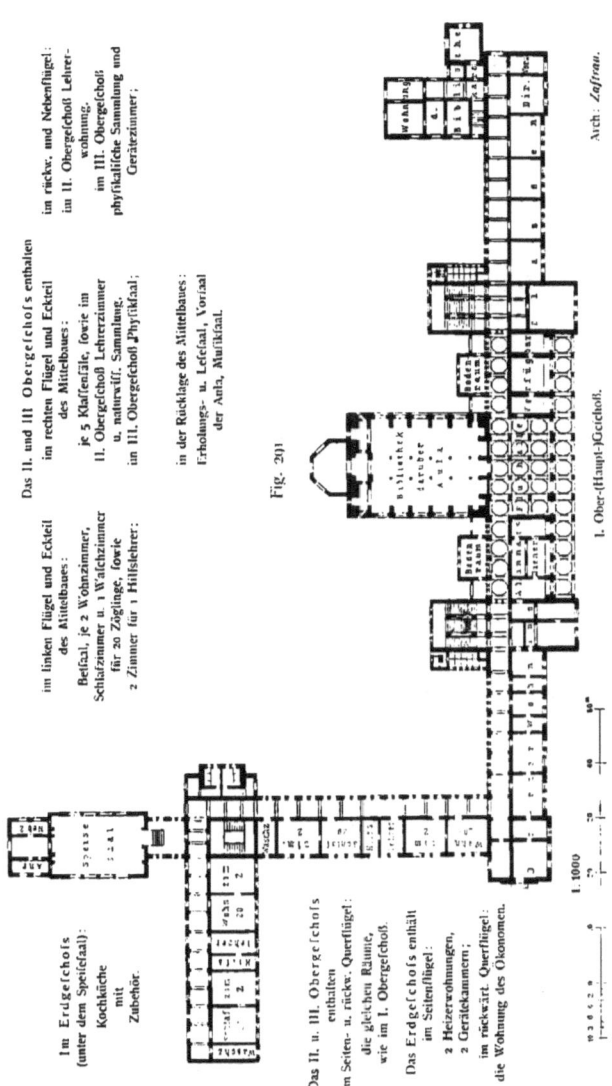

Fig. 291.

Joachimsthalsches Gymnasium und Alumnat in Wilmersdorf bei Berlin [106].

Arch. *Lafrau*.

Im Erdgeschoß
(unter dem Speisesaal):
Kochküche
mit
Zubehör.

Das II. u. III. Obergeschoß
enthalten
im Seiten- u. rückw. Querflügel:
die gleichen Räume,
wie im I. Obergeschoß.
Das Erdgeschoß enthält
im Seitenflügel:
2 Heizerwohnungen,
2 Gerätekammern;
im rückwärt. Querflügel:
die Wohnung des Ökonomen.

im linken Flügel und Eckteil des Mittelbaues:
Betsaal, je 2 Wohnzimmer,
Schlafzimmer u. 1 Waschzimmer
für 20 Zöglinge, sowie
2 Zimmer für 1 Hilfslehrer;

Das II. und III. Obergeschoß enthalten
im rechten Flügel und Eckteil
des Mittelbaues:
je 5 Klassensäle, sowie im
II. Obergeschoß Lehrerzimmer
u. naturwiss. Sammlung,
im III. Obergeschoß Physiksaal;

in der Rücklage des Mittelbaues:
Erholungs- u. Lesesaal, Vorsaal
der Aula, Musiksaal.

im rückw. und Nebenflügel:
im II. Obergeschoß Lehrerwohnung,
im III. Obergeschoß
physikalische Sammlung und
Gerätezimmer;

I. Ober-(Haupt-)Geschoß.

Das Erdgeschoß enthält

im linken Flügel und Mittelbau bis zur Flurhalle:
die Wohnungen des Schuldieners und eines Heizers, die Küchenräume und einige Stuben der Direktorwohnung, sowie die Pförtnerwohnung;

im Mittelbau von der Flurhalle an, sowie im rechten rückwärtigen
und Nebenflügel:
Archiv, Kasse, Bibliothek, die Kassierwohnung und
2 Lehrerwohnungen.

der Räume des II. und III. Obergeschosses, sowie des Erdgeschosses ist auch die Verteilung derselben im wesentlichen angegeben.

Daraus erhellt, daß das Hauptgäude, außer 22 Dienstwohnungen, im linken Z-förmigen Flügel einschl. des anstoßenden Eckteiles des Mittelbaues, die Räume des eigentlichen Alumnats, dagegen im rechten Flügel, einschl. des anstoßenden Eckteiles des Mittelbaues, sämtliche Unterrichtsräume des Gymnasiums enthält, während der Mittelbau im übrigen vornehmlich die Räume für allgemeine Zwecke, sowie für die Abhaltung von Festlichkeiten und für die Erholung der Angehörigen der ganzen Anstalt umfaßt, nämlich unten: Kassenräume, Archiv, Bibliothek, oben: Gesangsaal, Lesesaal, in welchem auch Erfrischungen genossen und gesellige Unterhaltungen gepflogen werden dürfen, ferner die Voraula und im Anschluß hieran die große, 600 Personen fassende Aula, deren Apsis mit einer Bühneneinrichtung für Theatervorstellungen versehen ist.

Das Internat setzt sich aus 8 Inspektionen zusammen, welche durchschnittlich 17 Zöglinge enthalten, nötigenfalls aber bis zu 22 aufnehmen können. Jede Inspektion verfügt über 2 Wohn- und Studiersäle, 2 Schlafsäle, einen gemeinsamen Waschraum, sowie über 1 Wohn- und 1 Schlafzimmer eines unverheirateten Hilfslehrers, der die Aufsicht über die Zöglinge der Inspektion allein zu führen hat. Diese zusammengehörigen Räume sind, wie der Grundriß zeigt, in 3 Abteilungen gruppiert und jede für sich in den 3 Südflügeln bis einschl. des Mittelbaueckteiles angeordnet. In letzterem, sowie im anstoßenden linken Flügel des Vorderbaues befindet sich, im I. Obergeschoß und in einem Teile des Erdgeschosses, die Wohnung des Direktors; das II. und III. Obergeschoß des südöstlichen vorderen Eckrisalits nimmt der Betsaal ein. Die Geschoßhöhen betragen: im Erdgeschoß 3,70 m, im I. Obergeschoß 4,75 m, im II. und III. Obergeschoß je 4,50 m; die Aula hat eine Höhe von 11,52 m.

Nach Westen reiht sich an den rückwärtigen Querflügel des Alumnats das Wirtschaftsgebäude an, das in dem 4,98 m hohen Erdgeschoß die Kochküche mit zugehörigen Räumen, darüber den vom I. Obergeschoß aus zugänglichen Speisesaal für 200 Personen enthält. Die Höhe desselben, einschl. Gebälk, beträgt 7,14 m. Am Wirtschaftsgebäude entlang (siehe Fig. 261, S. 262, bei 10) führt eine bedeckte Halle, die sich zu einem Hallenhof, dem Vorhof der Wasch- und Badeanstalt (8) erweitert und die Verbindung mit diesem Gebäude, sowie weiterhin mit dem Krankenhaus (9) herstellt. Die Wasch- und Badeanstalt bildet ein wohlgeordnetes Bauwerk mit einem unterkellerten, 90 m großen Schwimmbecken, an das sich einerseits die Räume für Einzelbäder, andererseits Waschküche, Rollkammern, Kesselhaus und Dampfpumpenraum anreihen. Das Krankenhaus besteht aus dem unterkellerten Erdgeschoß und dem Obergeschoß, in denen Krankenräume mit 13 Betten und Zubehör, sowie 2 Dienstwohnungen untergebracht sind. In der Hauptachse der Bauanlage, im Mittelpunkte des ganzen Anwesens, liegt die Turnhalle (2), welche ohne die Nebenräume eine Fläche von 360 qm bedeckt und 7,25 m hoch ist. In der Nähe befindet sich die Kegelbahn (12). Außerdem sind im westlichen und nördlichen Teil des (ohne Spielplatz) 3,4 ha großen Grundstückes 5 unterkellerte, zweistöckige Wohnhäuser (3 bis 7) mit je 2 Familienwohnungen für Lehrer errichtet. Ein Pferdestall (11) mit 2 Pferdeständen steht an der südöstlichen Grenze.

Das Hauptgebäude ist in Ziegelmauerwerk mit Verblendern und in Sandstein für die Architekturteile ausgeführt und hat, trotz der im ganzen einfachen baukünstlerischen Behandlung, ein sehr stattliches Aussehen. Von besonders kräftiger Wirkung ist der stark vortretende Mittelbau, mit den durch Erdgeschoß und I. Obergeschoß durchgeführten Bogenhallen, sowie den hohen Sälen der oberen Stockwerke. Ein am nördlichen Nebenflügel angeordneter Wasserturm von 30,50 m Höhe überragt das Bauwerk. Das Standbild des Kurfürsten *Joachim*, des Stifters der Anstalt, schmückt den Platz, der die Eingangshalle des Hauptgebäudes von der von Berlin nach Wilmersdorf führenden Kaiserstraße trennt.

Die Anstalt verfügt über eine eigene Wasserleitung. Die Aborte sind mit Tonneneinrichtung versehen. Das Hauptgebäude wird mit Feuerluftheizung, die mit Kachelöfen versehenen Dienstwohnungen ausgenommen, erwärmt. Auch das Wirtschaftsgebäude hat Feuerluftheizung, die Wasch- und Badeanstalt Dampfluftheizung. Das Krankenhaus wird teils mit eisernen Mantelöfen, teils mit Kachelöfen, die übrigen Gebäude werden mit Kachelöfen geheizt.

Die Gesamtkosten der Ausführung, einschl. Einrichtung sämtlicher Gebäude, beliefen sich auf 2 596 973 Mark. Hiervon entfallen auf: das Hauptgebäude 1 495 067 Mark (1 cbm 15,70 Mark) und einschl. innerer Einrichtung 1 558 065 Mark; Turnhalle einschl. Turngeräte 99 213 Mark; 5 zweistöckige Wohnhäuser zusammen 260 144 Mark (1 cbm 15,30 bis 15,90 Mark); Wasch- und Badeanstalt 102 760 Mark (1 cbm 26,50 Mark) und einschl. der inneren Einrichtung, sowie der Anlage des Dampfpumpwerkes und des Kesselhauses 125 403 Mark; Krankenhaus 60 992 Mark (1 cbm 14,50 Mark) und mit innerer Einrichtung 62 763 Mark; Wirtschaftsgebäude 64 820 Mark (1 cbm 13,70 Mark) und einschl. Kocheinrichtung 69 585 Mark; Pferdestall 8200 Mark (1 cbm 23,70 Mark); Kegelbahn 9125 Mark;

endlich Umwehrungsmauern, Nebenanlagen, Insgemein, Refervefonds und Bauleitung zufammen die Reftfumme von 404 475 Mark.

Das Penfionat Paulinum des „Rauhen Haufes" zu Horn bei Hamburg bildet mit der zugehörigen Kinderanftalt und dem Lehrlingsinftitut die größte Anlage folcher Art, bei welcher der Grundgedanken der Auflöfung oder Zerteilung der Anftalt in einzelne, für die verfchiedenen Zwecke dienende Gebäude völlig durchgeführt ift.

317. Beifpiel VI.

Dies zeigt der in Fig. 262 (S. 264) abgebildete Lageplan der Anftalt, deren Anlage, infoweit fie in diefem Kapitel in Betracht gezogen werden konnte, in Art. 285 (S. 263) im ganzen, in Art. 287 (S. 269), 291 (S. 272) u. 295 (S. 278) im einzelnen bereits erörtert wurde.

2) Fremdländifche Penfionate.

Ein kleines englifches Knabenpenfionat mit Lehrerwohnhaus, deffen Zöglinge außer dem Haufe unterrichtet werden, ift in Fig. 292 u. 293 [107]) dargeftellt; dasselbe wurde zu Anfang der achtziger Jahre von *May* erbaut.

318. Beifpiel VII.

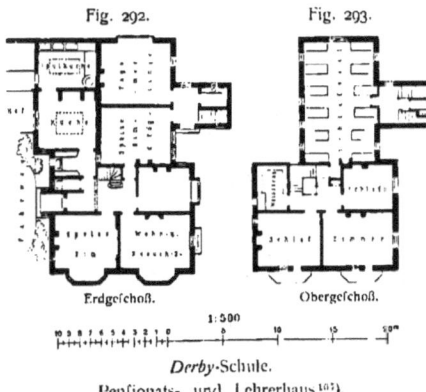

Fig. 292. Fig. 293.
Erdgefchoß. Obergefchoß.
1:500

Derby-Schule.
Penfionats- und Lehrerhaus [107]).
Arch.: *May*.

Das Haus fteht in Verbindung mit der nahe gelegenen *Derby fchool*, der älteften, bereits 1160 gegründeten, öffentlichen Schule Englands; und auch die 25 Penfionäre, welche in dem zugehörigen Lehrerhaus aufgenommen werden können, find Schüler diefer Anftalt.

Das Gebäude befteht aus einem zweiftöckigen Haufe mit einftöckigem Anbau, letzterer für Wirtfchaftszwecke beftimmt, erfteres für das Penfionat und die Lehrerwohnung, deren Räume, wie die nebenftehenden Grundriffe zeigen, je für fich gruppiert und zweckdienlich geordnet find. Vom Fahrweg aus gelangt man durch eine Vorhalle in das Lehrerhaus, durch einen auf der Rückfeite gelegenen Eingang in das Knabenhaus. Die mit befonderem Eingang verfehenen Küchenräume ftehen im Erdgefchoß durch die Aufwärterftube fowohl in Verbindung mit dem Speifezimmer der Zöglinge, als auch mit der Flurhalle und dem Speifezimmer der Lehrerwohnung. Diefe, gleich wie das Penfionat, haben befondere Treppen. Die Treppe des Knabenhaufes liegt mit dem Wafchraum, der Schuhkammer und den Aborten in einem befonderen Anbau und führt zu den Schlafräumen der Knaben, die im 1. Obergefchoß und im Dachftock angeordnet find. Das Obergefchoß der Lehrerwohnung enthält, außer den Schlafzimmern der Familie, die Leinenzeugftube.

Die Baukoften haben 36 000 Mark (= £ 1800) betragen.

Die niedere und höhere Mädchenfchule *(École élémentaire et fupérieure de filles)* zu Gifors ift zugleich Penfionsanftalt und enthält Wohnungen der Vorfteherin und Lehrerinnen. Diefes Gebäude (Fig. 294 u. 295 [108]) wurde von *Friefé* auf einem etwa $1/3$ ha großen Grundftück erbaut.

319. Beifpiel VIII.

Das freiftehende, zweiftöckige Gebäude kann in feiner Art als mufterguiltig bezeichnet werden. Nichts fehlt zu einer guteingerichteten Mädchenfchule mit Internat, und alle Räume find am richtigen Platze. Man gelangt durch einen ftattlichen Vorhof in das Innere des Haufes. In der Hauptachfe desfelben liegt die Flurhalle, welche geradeaus zur Haupttreppe und zu den Ausgängen in den offenen Spielhof, zur Linken in die Abteilung für interne, zur Rechten in die Abteilung für externe

---

[107]) Nach: *Building news*. Bd. 42, S. 696.
[108]) Nach: WULLIAM & FARGE. *Le recueil d'architecture*. Paris. 11e année, f. 35, 36.

Fig. 294.

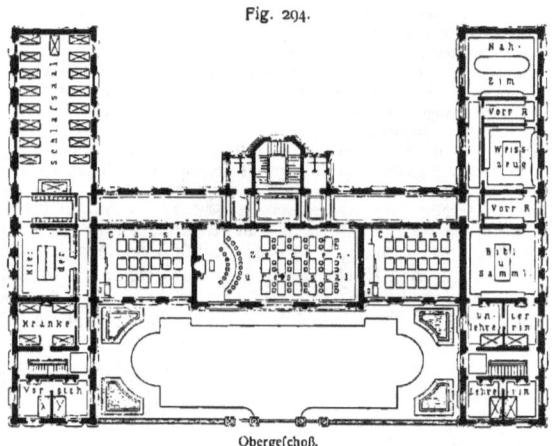

Obergeschoß.

Fig. 295.

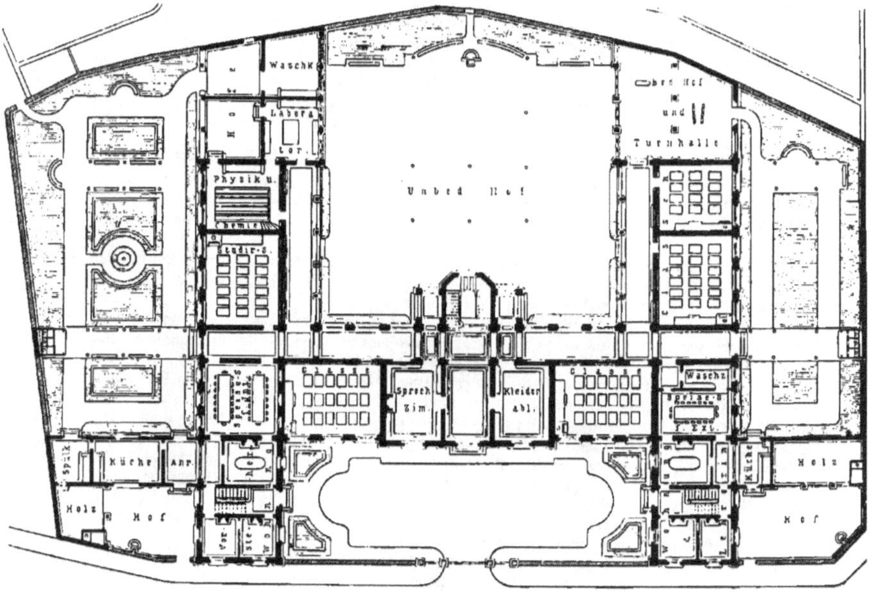

Erdgeschoß.
1:500

Mädchen-Pensionat und Schulhaus zu Gisors[168]).
Arch.: *Friesé*.

Zöglinge führt. Jede dieser Abteilungen hat im Erdgeschoß außer den Schulräumen einen besonderen Speisesaal und in einstöckigen Anbauten eigene Küchenräume nebst Küchenhof. Hieran reihen sich in den nach der Straße zu gerichteten Flügeln einerseits die Wohnung der Vorsteherin, andererseits die Wohnungen der Erzieherin und der Unterlehrerin, welche vom Vorhof aus unmittelbar zugänglich und mit besonderen Treppen versehen sind. Zu den Schulräumen führen luftige, hell erleuchtete Flurgänge und Hallen, von denen aus man zu einstöckigen rückwärtigen Anbauten für Laboratorium und Waschhaus, bezw. für Turnhalle und bedeckten Spielplatz gelangt. Im Obergeschoß liegen, im Mittelbau: 2 Schulsäle und der zugleich als Festsaal dienende Zeichensaal; in den beiden Flügelbauten, außer einigen der vorerwähnten Wohnräume, links: ein großer Schlafsaal mit zugehörigem Waschraum und Kleiderraum der Pensionärinnen, sowie das Krankenzimmer; rechts: der Saal für Näharbeit, der Leinenzeugsaal, zwei Stuben für Vorräte und der Sammlungssaal. Eine Hauskapelle fehlt. Die lichte Stockwerkshöhe ist 4,00 m.

320. Beispiel IX.

St. Paul's College bei Knutsford nimmt 500 Studierende auf, welche nach den Grundsätzen der englischen Kirche erzogen und von 24 in der Anstalt wohnhaften Lehrern unterrichtet werden (Fig. 296 [109]). Die Gebäude des nach dem Vorbild der großen Schulen von Winchester, Harrow u. dergl. gearteten *St. Paul's College* sind, ungefähr 3 km von der wunderlichen alten Stadt Knutsford und 20 km von Manchester entfernt, auf einer für den Zweck wohlgeeigneten Baustelle von rund 16 ha durch *Pennington & Bridgen* errichtet und seit 1875 dem Gebrauch übergeben.

Das dreigeschossige Hauptgebäude hat nur eine Reihe von Räumen längs der gleichlaufenden hellen Flurgänge, welche einen großen Binnenhof umschließen. An der Ostseite des Vorderhauses sind zwei stark vorspringende Flügel mit den Wohnungen des Rektors, Konrektors und anderer Lehrer der Anstalt angeordnet. Hierdurch wird ein Vorhof gebildet, in welchem der zur Vorhalle des Hauses führende Fahrweg angelegt ist. Gleichlaufend mit diesen Vorderflügeln liegt südlich vom Hauptgebäude die Kapelle, die mit dem Hause durch einen langen Flurgang verbunden ist. Nach rückwärts reihen sich an die nordwestliche Ecke des Hausviereckes die Wirtschaftsgebäude, die mit einem besonderen, hierzu gehörigen Wirtschaftshof versehen sind.

Die Einteilung des Erdgeschosses erhellt aus dem in Fig. 296 abgebildeten Grundriß. Außer dem in der Mittelachse liegenden Haupteingang sind mehrere zu den verschiedenen Teilen des Gebäudes führende Eingänge an passenden Stellen angeordnet.

Das I. Obergeschoß enthält 70 Studierzimmer verschiedener Größe, ferner die Schlafsäle und zugehörigen Waschräume für die jüngeren Studierenden, sowie die über 45 und 46 sich erstreckende Speisehalle, die nahezu 40,00 m lang, 10,70 m weit und der Höhe nach durch die zwei Obergeschosse bis in das Dachwerk geführt, mit sichtbarem Zimmerwerk und Deckentäfelung versehen ist.

Das II. Obergeschoß und der als III. Obergeschoß ausgebaute Dachstock sind hauptsächlich zu Schlafräumen für die Studierenden der mittleren und oberen Altersklassen in der Weise verwendet, daß jeder eine Stube mit besonderem Fenster hat.

Gleichwie die Grundrißbildung der ganzen Gebäudeanlage an alte Klosterbauten erinnert, so erscheint auch die äußere und innere Gestaltung in denjenigen Architekturformen durchgebildet, welche die Bestrebungen der Neuzeit zur Wiedererweckung der gotischen Architektur in England gezeitigt haben. Das Hauptgebäude ist durch drei Türme A ausgezeichnet, von denen der höhere in der Mitte des Ostflügels angeordnet ist, die beiden niedrigeren an dessen Enden über den Treppenhäusern der anschließenden südlichen und nördlichen Vorderflügel errichtet sind. Der mittlere Hauptturm hat eine Höhe von reichlich 52,00 m, an der Grundfläche 7,30 m in Geviert und bildet im Erdgeschoß die offene spitzbogige Torhalle. Steile Giebel krönen sämtliche Vorlagen; vier Dachreiter zieren die Dachkreuzungen zu beiden Seiten des östlichen Hauptflügels und über den Mitten der südlichen und nördlichen rückwärtigen Flügel. Das Attika ausgebildete III. Obergeschoß wird durch Giebellukarnen erhellt. Die Fenster sind meist spitzbogig und paarweise gruppiert, die Kreuzgangfenster mit Maßwerk versehen.

Die schmucke Kapelle ist im Einklang mit den übrigen Gebäuden in den Formen der englisch-gotischen Bauweise durchgeführt. Ein 36 m hohes Glockentürmchen auf der Vierung des Chors und Querschiffes überragt den Bau. Am westlichen Ende desselben und über dem dreijochigen Kapellenvorraum ist die Orgelempore eingebaut. Der Ostchor ist überwölbt.

---

[109] Nach: *Builder*, Bd. 31, S. 765.

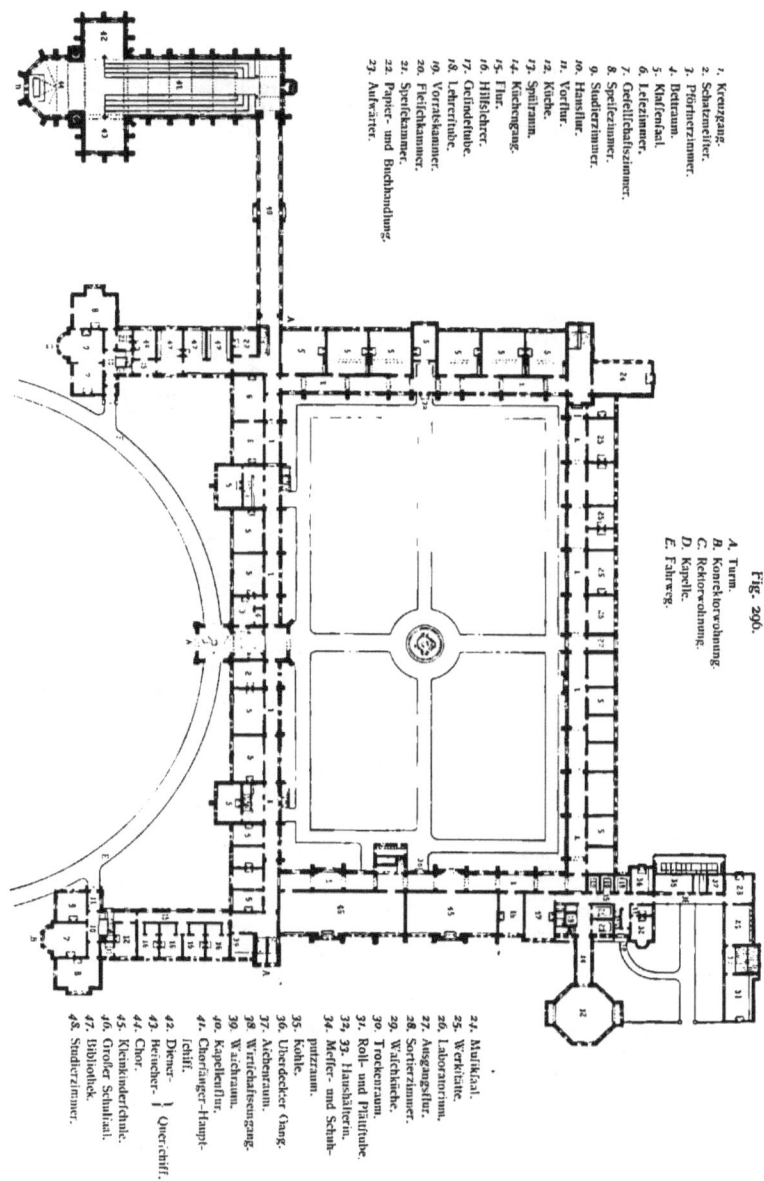

Fig. 296.

1. Kreuzgang.
2. Schatzmeister.
3. Pförtnerzimmer.
4. Betraum.
5. Klassenzimmer.
6. Lehrzimmer.
7. Gesellschaftszimmer.
8. Speisezimmer.
9. Studierzimmer.
10. Hausflur.
11. Vorflur.
12. Küche.
13. Spülraum.
14. Küchengang.
15. Flur.
16. Hilfslehrer.
17. Gesindestube.
18. Lehrerstube.
19. Vorratskammer.
20. Fleischkammer.
21. Speisekammer.
22. Papier- und Buchhandlung.
23. Aufwärter.

A. Turm.
B. Konrektorwohnung.
C. Rektorwohnung.
D. Kapelle.
E. Fahrweg.

24. Musiksaal.
25. Werkstätte.
26. Laboratorium.
27. Ausgangsflur.
28. Sortierzimmer.
29. Waschküche.
30. Trockenraum.
31. Roll- und Plättstube.
32, 33. Haushälterin.
34. Messer- und Schuhputzraum.
35. Kohle.
36. Überdeckter Gang.
37. Aschenraum.
38. Wirtschaftseingang.
39. Wachtraum.
40. Kapellenflur.
41. Chorsänger-Hauptschiff.
42. Diener- } Querschiff.
43. Heizer-
44. Chor.
45. Kleinkinderschule.
46. Großer Schulsaal.
47. Bibliothek.
48. Studierzimmer.

Sämtliche Gebäude find in Ziegelmauerwerk mit roten Verblendern, die Sinnfe und Schmuckteile des Kolleg- und Wirtfchaftsgebäudes in Formfteinen, diejenigen der Kapelle in Haufteinen ausgeführt. Die Baukoften der erfteren find zu 720 000 Mark (= £ 36 000), die der letzteren zu 280 000 Mark (= £ 14 000) angegeben.

Das Lyceum von Quimper, von 1883 an durch *Gout* erbaut, ift ein gutes Beifpiel einer franzöfifchen ftaatlichen Penfions- und Schulanftalt (Fig. 297 [170]).

321. Beifpiel X.

Das Lyceum von Quimper ift zur Aufnahme von 200 Internen, 80 Halbpenfionären und 100 Externen beftimmt. Bei der Errichtung des Bauwerkes hatte man foviel als möglich die Grundmauern des alten ftädtifchen Kollegienhaufes, an deffen Stelle der Neubau zu ftehen kam, zu benutzen und die alte, am Lyceumsplatz gelegene Kapelle zu erhalten.

Gefamtanlage, Anordnung und Einteilung der Räume find nach den in Art. 285 (S. 261) gefchilderten Grundzügen entworfen. Hierbei ift den klimatifchen und örtlichen Erforderniffen der Aufgabe tunlichft Rechnung getragen. Namentlich find, da fich die Gegend der Bretagne dem über die Meeresküfte fegenden Weftwind, begleitet von heftigem Schlagregen, ausgefetzt ift, Höfe und Hallen nach Weften gefchloffen und außerdem alle Formen vermieden, die dem Angriff des Sturmes preisgegeben wären. Die hohe Lage der Bauftelle am nördlichen Ende der Stadt und ihr ftarkes Gefälle in der Richtung von Nordweft nach Südoft begünftigte die Anlagen zum Zweck des rafchen oberirdifchen Abfluffes des Tagewaffers und zur Trockenhaltung der Höfe. Diefe Umftände veranlaßten ferner zu der Anordnung, die hohen dreiftöckigen Gebäudeflügel in der Richtung von Süd nach Nord zu ftellen und nach letzterer Himmelsrichtung zu einem nahezu gleich hohen Querflügel aufzuführen, welcher die nach der Südfeite offenen, nur durch niedrige Gebäudeteile begrenzten Höfe gegen den kalten Nordwind möglichft fchützt.

Noch weiter nördlich als diefer Querflügel wurden die eingefchoffigen Wirtfchafts- und Badehäufer, fowie die Turnhalle gelegt, und im Anfchluß an letztere fand das dreigefchoffige Krankenhaus, das nach Nordweft durch einen vorgelegten Flügel gefchützt ift, feinen Platz.

Die am Lyceumsplatz ftehenden Gebäude find an fich fchon niedrig am unteren Ende des Grundftückes gelegen und haben über dem Kellergefchoß nur ein Gefchoß, um den Höfen den Licht- und Luftzutritt möglichft wenig zu verfperren. Im Mittelbau find Haupteingang, Wartehallen, Sprechzimmer und Verwaltungsräume angeordnet. Das Erdgefchoß enthält ferner: im vorderen linken Seitenflügel und in den beiden vom Süd nach Nord gerichteten Mittelflügeln die Klaffenräume und die Bibliothek, im nördlichen Querflügel die Studier- und Wohnräume der Zöglinge, das naturgefchichtliche Kabinett, fowie eine als bedeckter Spielraum dienende Halle. Eine zweite folche Halle verbindet den vorderen Mittelbau mit dem im füdöftlichen Teile des Anwefens gelegenen chemifchen Laboratorium.

Die zwei Obergefchoffe erftrecken fich nur über den langen Nordflügel und die beiden fenkrecht dazu geftellten Mittelflügel. Das I. Obergefchoß enthält 4 große, mit Wafcheinrichtungen verfehene Schlaffäle von je 34 Betten (einfchl. Auffeherbett) und die zugehörigen Kleiderräume, außerdem die Räume für Weißzeug und Wohnung der Verwalterin im weftlichen Teile, Lehrfaal und Sammlungsfaal für Phyfik im öftlichen Teile des Querflügels, die Wohnungen des Rektors *(Provifeur)* und des Studieninfpektors *(Cenfeur)* an den füdlichen Enden der Mittelflügel. Im II. Obergefchoß liegen, unmittelbar über diefen Wohnungen, diejenigen des Ökonomen und feines Gehilfen einerfeits, die des Predigers der Anftalt *(Aumônier)* und 4 Schlafzimmer von Hilfslehrern andererfeits. Hieran fchließ fich in den Mittelflügeln 2 Schlaffäle an, von gleicher Größe und Einrichtung, wie die im I. Obergefchoffes, mit den zugehörigen Kleiderkammern. Im nördlichen Querflügel find im Mittelbau 2 Zeichenfäle und 2 Gipsmodellzimmer, im kürzeren, linken Flügelbau die Schuhkammer mit Putzraum und Flickftube, fowie 6 Schlafzimmer für Hilfslehrer, im längeren rechten Flügelbau Koffer- und Kiftenräume (für jede der 3 Altersklaffen ein Raum), ferner Dienftbotenkammern angeordnet.

Das Krankenhaus enthält: im Erdgefchoß Konfultationszimmer der Ärzte, Apotheke, Teeküche und Zimmer für Genefende; im I. Obergefchoß einen Krankenfaal mit 8 Betten und 3 Zimmer mit je 1 Bett; im II. Obergefchoß 1 Zimmer mit 5 Betten und 4 Zimmer mit je 1 Bett für anfteckende Kranke, fowie 3 Zimmer für die Pflegefchweftern.

Die aus dem Grundriß erfichtliche Anordnung der 3 Höfe für große, mittelgroße und kleine Zöglinge, fowie der Wirtfchaftshöfe und des Exerzierhofes, bedarf nur der Bemerkung, daß die umgebenden offenen Fallen im Erdgefchoß an den dem Wind und Wetter ausgefetzten Seiten nicht angebracht find.

---

[170] Nach: *Encyclopédie d'arch.* 1883. S. 27 u. Pl. 853.

A. Wartezimmer für Externe.
B. Sprechzimmer.
C. Sommersprechzimmer.
D. Ökonom.
E. Gehilfszim. d. Ökonomen.
F. Vorzimmer.
G. Rektor.
H. Studieninspektor.
I. Raum für klassische Bücher.
J. Bibliothek.
K. Verbindungshallen.
L. Klassen.
M. Studierzimmer.
N. Chemical.
O. Laboratorium.
P. Werkhüttenschuppen.
Q. Naturgesch. Kabinett.
R. Überdeckter Hof.
S. Speisesaal.
T. Kochküche.
U. Speiseabgabe.
V. Bäder.
W. Speisekammer.
X. Gesindezimmer.
Y. Mehl und Konserven.
Z. Gemüse.
a. Fleischkammer.
b. Spülraum.
c. Vorsäle.
d. Turnhalle.
e. Konsultations- u. Ärztezimmer.
f. Apotheke.
g. Teeküche.
h. Studierzimmer für Geneserie.
i. Halbzelle des Jesuitenkollegiums.
l. Alte Kapelle (Séquestré).

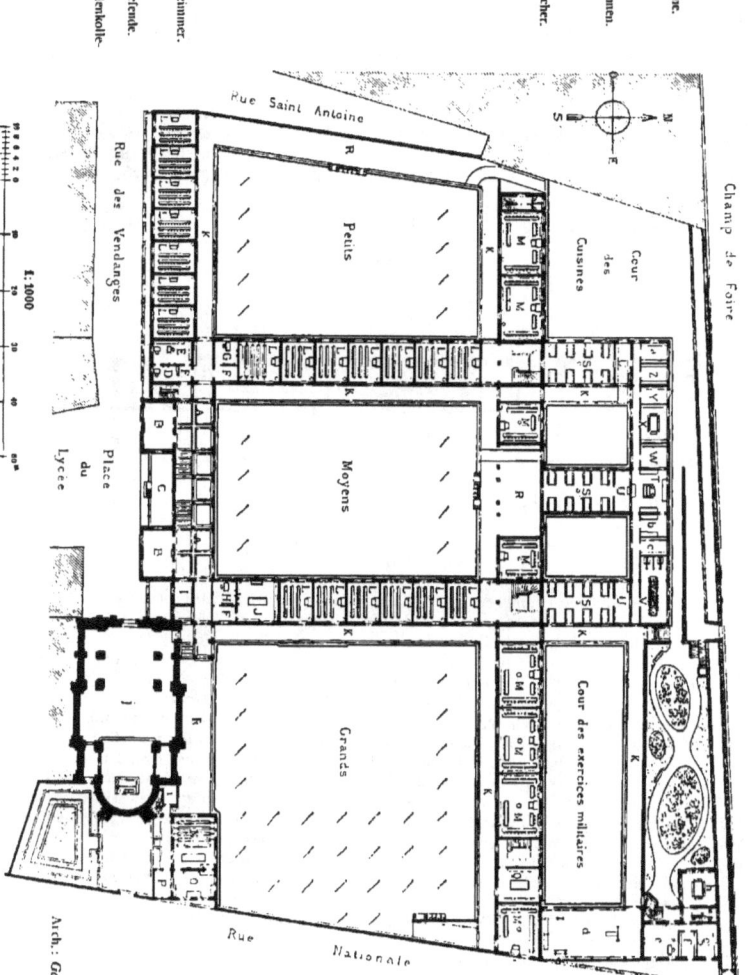

Arch.: Gout.

Die Baukoften diefes Lyceums waren zu rund 1 090 000 Mark (= 1 362 207 Franken) veranfchlagt. Die Gebäude find in einfacher, tüchtiger Formbildung, das Sims- und Quaderwerk ift aus grauem, grobkörnigem Granit, das Mauerwerk — wegen der Einflüffe der falzhaltigen Luft — aus Klinkern hergeftellt. Die Dachdeckung befteht aus Schiefer.

Der neue Hausblock von *Pembroke College* zu Cambridge (Fig. 298 [171]), um 1882 von *Scott* erbaut, ift ein Beifpiel der eigenartigen Anlage der zu den englifchen Univerfitäten gehörigen Kollegiaten- und Studentenhäufer.

322. Beifpiel XI.

Die Univerfitäten Oxford und Cambridge beftehen noch heute aus einer Reihe aus mittelalterlichen Schenkungen und Privilegien gegründeten und mit kirchlichen Einrichtungen und Pflichten verbundenen Kollegien, den alten *Studia dotata*, die einer Anzahl von Gelehrten bedeutende Pfründen und mehr oder weniger zahlreichen Scholaren Wohnung, Koft und Unterricht gewähren. Einen Begriff von der Gefamtanlage eines diefer alten Univerfitätskollegien, mit allen zugehörigen Gebäuden für Kapelle, Bibliothek, Kolleg- und Speifehalle, für Wohnungen des Rektors, des Dekans und der Dozenten, der Kollegiaten, Scholaren oder Studenten, fowie für Pförtnerei, Wirtfchafts- und Nebenräume, nebft Höfen und Gartenanlagen u. dergl. gab Fig. 265 (S. 268 ff.).

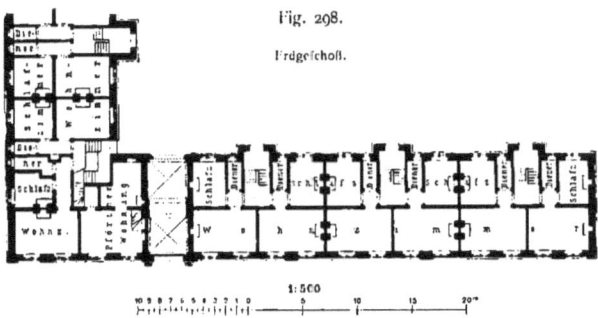

Fig. 298.
Erdgefchoß.

1:500

Neuer Hausblock des *Pembroke-College* zu Cambridge [171]).
Arch.: G. G. *Scott*.

Dort, gleich wie in anderen englifchen Univerfitätskollegien, mußten in den letzten Jahren neue, den Anforderungen unferer Zeit entfprechende Häufer für Zwecke der Beherbergung von Kollegiumsmitgliedern und Studenten erbaut werden.

Fig. 298 ftellt den Grundriß des Hauptteiles eines folchen Hausblocks dar, welcher ein neues Viereck *(Quadrangle)* oder einen „Hof" *(Court)* bildet und in Cambridge *Hoftel* genannt wird. Der dreiftöckige Bau enthält im ganzen 37 Wohnungen für Nichtgraduierte *(Undergraduates)*, d. h. Studenten, die ihren erften Grad *(Degree)* noch nicht erworben haben, ferner die Wohnung eines Kollegiaten *(Fellow)*, d. i. Mitglied des Kollegiums, fowie die Wohnung des Pförtners. Faft diefelbe Einteilung, wie das Erdgefchoß, haben I. und II. Obergefchoß, nur mit dem Unterfchiede, daß über der Einfahrt ein Zimmer liegt; diefes bildet die Mitte der Wohnung des Kollegiaten, welcher über 3 Zimmer mit Kabinett, Dienerftube, Vorplatz und eigenen Abort verfügt. Jedem der Nichtgraduierten find ein Wohn- und Studierzimmer, Schlafzimmer, Vorplatz und Dienerftube *(Gyp-room)* zugeteilt; jede diefer kleinen Wohnungen ift für fic 1 abgefchloffen und zugänglich von einer Treppe, die in jedem Gefchoß auch noch zu einer fymmetrifch gelegenen Wohnung führt. Im I. Obergefchoß werden die Wohnzimmer abwechfelnd von dreifeitigen vorfpringenden Erkern und von zweiteiligen Fenftern, in der Mittelachfe jedes Zimmers angeordnet, erhellt. Das II. Obergefchoß, zugleich Dachftock, erfcheint nach außen als Attika, mit krönenden Giebelchen über den dreiteilig gekuppelten Fenftern jedes Zimmers.

Der Hausblock ift in den Formen der englifchen Renaiffance aus dem Anfange des XVII. Jahrhunderts ganz in Schichtfteinen und Haufteinen ausgeführt.

---

[171]) Nach: *Building news*, Bd. 42, S. 704.

Literatur
über „Penfionate und Alumnate".

a) Anlage und Einrichtung.

Note fur l'inftallation des lycées et collèges. Moniteur des arch. 1882, S. 85.
Règlement pour la conftruction et l'ameublement des maifons d'école. Moniteur des arch. 1882, S. 18, 33, 49.
GOUT, P. *Étude fur les lycées.* Encyclopédie d'arch. 1883, S. 17.
BAUDOT, A. DE. *Étude théorétique fur les lycées.* Revue gén. de l'arch. 1886, S. 72 u. Pl. 31—32.
BAUDOT, A. DE. *Lycées modernes.* Encyclopédie d'arch. 1889—90, S. 33, 44 u. Pl. 57.
Inftallation des lycées et collèges. Encyclopédie d'arch. 1891—92, S. 41, 54, 62, 96, 103, 110, 126.
TROUILLET, A. *Hygiène des lycées etc.* Paris 1892.
RÉGNIER, L.-R. *Les inftallations fanitaires des grands lycées de Paris.* Revue d'hygiène 1895, S. 605.
Alumnate, Penfionate, Internate: Handbuch der Schulhygiene. Von A. BAGINSKY & O. JANKE. 3. Aufl. Stuttgart 1898. S. 725.

β) Ausführungen und Entwürfe.

a) Ausgeführte deutfche Penfionate und Alumnate find zu finden in:
Hamburg und feine Bauten etc. Hamburg 1890. S. 200.
ROMBERG's Zeitfchr. f. pract. Bauk. 1880, S. 465.
Die Stadt Leipzig in hygienifcher Beziehung etc. Leipzig 1891. S. 195.
Civiling. 1893, S. 177.
Der Architekt 1895, S. 50, 52.
Zeitfchr. d. öft. Ing.- u. Arch.-Ver. 1896, S. 273.
Die Stadt Freiburg und ihre Bauten. Freiburg 1898, S. 551.
Centralbl. d. Bauverw. 1901, S. 136.

b) Ausgeführte franzöfifche *Lycées* find zu finden in:
Encyclopédie d'arch. 1854, Pl. 51; 1873, S. 144 u. Pl. 162, S. 96, 164 u. Pl. 91, 99, 107, 149, 154; 1886—87, Pl. 1062, 1074, 1107—1108, 1116; 1887—88, Pl. 1183, 1205; 1888—89, S. 3, 85, 93, 100, 124, 155, 171, 189 u. Pl. 2, 25, 31, 39, 43, 47; 1889—90, S. 20; 1890—91, Pl. 76, 115; 1891—92, S. 94, 124 u. Pl. 155, 162, 163, 168.
Revue gén. de l'arch. 1864, S. 5 u. Pl. 5; 1885, S. 243 u. Pl. 56—58; 1887, S. 35, 118 u. Pl. 10—12.
Nouvelles annales de la conft. 1883, S. 129.
La femaine des conftr., Jahrg. 16, S. 325; Jahrg. 17, S. 282.
La conftruction moderne, Jahrg. 1, S. 221, 235, 342, 354, 369; Jahrg. 2, S. 54, 66, 557, 571, 582; Jahrg. 3, S. 283, 293; Jahrg. 5, S. 19, 474; Jahrg. 6, S. 369, 533, 544; Jahrg. 11, S. 329, 343; Jahrg. 13, S. 482.
L'architecture 1889, S. 428; 1890, S. 491.
Le génie civil, Bd. 7, S. 16; Bd. 8, S. 341; Bd. 11, S. 318.
Le recueil d'architecture, 15me année, f. 16, 23, 24; 17me année, f. 42, 59, 60, 67; 18me année f. 19—21.

Ausgeführte franzöfifche *Collèges* find zu finden in:
Architektonifche Rundfchau 1892, Taf. 31.
Encyclopédie d'arch. 1882, S. 90 u. Pl. 804, 805, 812—814, 819, 820, 824—826, 831, 832; 1883, S. 81 u. Pl. 849—850, 879—880, 882, 891—892, 894, 911; 1889—90, S. 107, 116.
Revue gén. de l'arch. 1878, S. 5 u. Pl. 3—9.
Moniteur des arch. 1869, Pl. 47, 53, 62; 1870—71, Pl. 18, 26; 1881, Pl. 43; 1882, S. 47, 62, 79, 175, 195 u. Pl. 17, 27, 28, 34, 74, 78; 1883, Pl. 12.
Gazette des arch. et du bât. 1875, S. 155.
La femaine des conftr., Jahrg. 15, S. 426, 439, 461.
Nouvelles annales de la conft. 1891, S. 38; 1894, S. 21.
Le génie civil, Bd. 5, S. 200, 289.
Le recueil d'architecture, 19me année, f. 34—36, 38.
Croquis d'architecture. Intime club. Paris. 1867—68, No. XI, f. 2; u. No. XII, f. 2; 1868—69, No. X, f. 2, 3 u. No. XI, f. 2, 3.

Sonftige ausgeführte franzöfifche Penfionate find zu finden in:
Encyclopédie d'arch. 1873, S. 115 u. Pl. 142, 148, 156; 1888—89, S. 74 u. Pl. 19.
Revue gén. de l'arch. 1870—71, S. 230 u. Pl. 58—59; 1886, S. 180, 241 u. Pl. 44—53.
Le recueil d'architecture, 11e année, f. 35, 38; 13e année, f. 22, 24, 28, 36, 70.

8) Ausgeführte englifche *Colleges* find zu finden in:
Builder, Bd. 8, S. 607; Bd. 9, S. 786; Bd. 13, S. 42; Bd. 14, S. 85; Bd. 17, S. 62; Bd. 18, S. 152; Bd. 20, S. 28; Bd. 22, S. 846; Bd. 25, S. 129, 835; Bd. 27, S. 186; Bd. 28, S. 304; Bd. 29, S. 669; Bd. 30, S. 829; Bd. 31, S. 765; Bd. 38, S. 278; Bd. 40, S. 728; Bd. 41, S. 765; Bd. 51, S. 36; Bd. 54, S. 284, 322; Bd. 60, S. 509; Bd. 62, S. 46.
Building news, Bd. 3, S. 689; Bd. 10, S. 162; Bd. 15, S. 49; Bd. 26, S. 418, 474, 638; Bd. 30, S. 492; Bd. 38, S. 570, 670; Bd. 40, S. 578; Bd. 42, S. 794, 790; Bd. 49, S. 206.

Sonftige ausgeführte englifche Penfionate find zu finden in:
Builder, Bd. 8, S. 68; Bd. 23, S. 816; Bd. 34, S. 1003; Bd. 38, S. 380; Bd. 40, S. 773; Bd. 42, S. 23; Bd. 45, S. 752; Bd. 46, S. 606.
Building news, Bd. 10, S. 630; Bd. 13, S. 392; Bd. 15, S. 94; Bd. 21, S. 232; Bd. 26, S. 49; Bd. 31, S. 336; Bd. 42, S. 696; Bd. 45, S. 446; Bd. 51, S. 568; Bd. 53, S. 543; Bd. 59, S. 356.
Architecture and building, Bd. 24, S. 234.

14. Kapitel.
Lehrer- und Lehrerinnenfeminare.
Von † Heinrich Lang und Dr. Eduard Schmitt[172]).

a) Allgemeines.

323. Zweck und Entftehung.

Seminare im Sinne des vorliegenden Kapitels find Anftalten zur Heranbildung künftiger Lehrer und Lehrerinnen für Volksfchulen.

Seminare (von *Seminarium*, d. i. Pflanzfchule) find urfprünglich Vorbereitungsfchulen für Geiftliche und Lehrer. Bifchöfliche Seminare oder Bildungsftätten für den katholifchen Klerus kommen feit dem IX. Jahrhundert unter dem Namen "Seminar" vor. Die Domfchulen des Mittelalters, deren Zweck in der Regel auch war, künftige Geiftliche auszubilden, führten den gleichen Namen. In der Kirchenverfammlung zu Trient (1545—63) wurde allen Bifchöfen die Errichtung folcher Anftalten zur Pflicht gemacht, und diefelben erhielten amtlich die Bezeichnung "Seminar". (Siehe Art. 275, S. 256.)

Die Gründung eines Seminars zur Heranbildung von Volksfchullehrern beabfichtigte in der zweiten Hälfte des XVII. Jahrhunderts Herzog *Ernft* der *Fromme* von Sachfen-Gotha. Indes wurde diefe Abficht erft von *Hermann Francke* der Verwirklichung zugeführt, welcher 1695 in feinem Haufe ein *Seminarium praeceptorum* errichtete.

Nach dem Mufter diefer Bildungsftätte entftanden im XVIII. Jahrhundert einige andere Anftalten gleicher Art in Preußen, Hannover, Rudolftadt etc. Doch begann, namentlich in Preußen, die eigentliche Begründung von Lehrerfeminaren im heutigen Sinne hauptfächlich erft nach den Freiheitskriegen; diefelben wurden im Geifte *Peftalozzi's* errichtet. Von da an hat man in allen Kulturländern die Fürforge für die Heranbildung tüchtiger Volksfchullehrer als wichtige ftaatliche Pflicht anerkannt, und namentlich in der zweiten Hälfte des XIX. Jahrhunderts ift eine große Anzahl folcher Anftalten — nicht nur in Deutfchland, fondern auch in Frankreich (wo fie *Écoles normales primaires* heißen), England etc. — entftanden, in neuerer Zeit auch zur Heranbildung von Lehrerinnen.

In einzelnen Gegenden, insbefondere in Öfterreich, führen folche Seminare den Namen "Pädagogien", obwohl diefe Bezeichnung hauptfächlich für eine andere Gattung von Lehranftalten gebraucht wird (fiehe Art. 167, S. 141 u. Art. 275, S. 256).

An den Univerfitäten werden folche Anftalten, in denen die Studierenden zu felbftändigen wiffenfchaftlichen Arbeiten und Übungen herangezogen werden, gleichfalls Seminare genannt. Über folche Bildungsftätten ift im nächften Heft diefes "Handbuches" (in Abfchn. 2, A) das Erforderliche zu finden.

Schließlich mag auch noch der proteftantifchen Predigerfeminare Erwähnung gefchehen,

---
[172]) In der vorliegenden 2. Auflage umgearbeitet und ergänzt durch die Redaktion.

welche von bereits geprüften Kandidaten der Theologie noch befucht werden, um fich auf das praktifche Predigeramt vorzubereiten.

324. Umfang und Dauer des Unterrichtes. Die Ausbildung, welche die Lehrer- und Lehrerinnenfeminare geben, zerfällt in eine fchulwiffenfchaftliche und in eine pädagogifche Ausbildung nach Theorie und Praxis. Die Erwerbung der fchulwiffenfchaftlichen Kenntniffe und des theoretifchen Teiles der pädagogifchen Ausbildung wird durch den eigentlichen Seminarunterricht gewährt; die Aneignung der pädagogifchen Praxis wird durch eine fog. Übungsfchule ermöglicht.

Abgefehen von diefer allgemeinen Organifation des Unterrichtes, die wohl auf den allermeiften Seminaren die gleiche ift, befteht bezüglich der Unterrichtsdauer und des Unterrichtsplanes eine große Verfchiedenheit. Man hat bloß zweijährige, aber auch fechsjährige Kurfe, und es geht dem Befuch des Seminars der Befuch einer Präparandenfchule voran oder nicht. Hinfichtlich der Unterrichtspläne ift nicht nur der Umfang der einzelnen Lehrfächer ein verfchiedener; auch bezüglich der zu lehrenden, bezw. obligatorifchen Unterrichtsgegenftände herrfcht Verfchiedenheit, fo z. B. hinfichtlich der fremden Sprachen.

Da das Lehramt vielfach mit Dienftleiftungen in der Kirche verbunden ift, wird in den meiften Seminaren Mufikunterricht, hauptfächlich im Orgelfpiel, erteilt. In neuerer Zeit wird faft überall auch dem Turnen die nötige Zeit zugewendet.

325. Internate und Externate. Werden fchon durch die berührten Verfchiedenheiten Zahl und Anordnung der in einem Seminar notwendigen Räume wefentlich beeinflußt, fo ift hierbei auch noch in hohem Grade maßgebend, ob die betreffende Anftalt als Internat oder als Externat oder ob fie in gemifcher Weife eingerichtet ift. In den Internaten erhalten die Seminariften neben dem erforderlichen Unterricht zugleich Wohnung und Koft, fo daß zu den Schulräumen noch eine Art Penfionat (fiehe das vorhergehende Kapitel, insbefondere Art. 276, S. 257) hinzukommt. Bei Externatseinrichtung wohnen die Zöglinge in Privathäufern und empfangen im Seminar nur den Unterricht; durch die Seminarleitung findet eine Überwachung der außerhalb der Anftalt wohnenden Seminariften ftatt. Im erfteren Falle heißen die Zöglinge Interne, im letzteren Externe oder Extraneer. Bei gemifchter Einrichtung der Seminare find die Zöglinge zum Teile Interne, zum Teile Externe (Semi-Externe).

Das Internat bildet in einzelnen Staaten (Württemberg, Baden, Frankreich etc.) die Regel. In anderen (Preußen, Sachfen etc.) find Internat und Externat in Übung. In Bayern hält man, mit wenigen Ausnahmen, das Externat für die zweckmäßigfte Einrichtung.

326. Hauptteile. Faßt man in den beiden vorhergehenden Artikeln über die Aufgaben eines Seminars Gefagte zufammen, fo ergeben fich für dasfelbe folgende Hauptteile:

1) Die Seminarfchule, in welcher fich die Zöglinge allgemeine und theoretifch-pädagogifche Kenntniffe aneignen. Diefelbe hat in Sachfen, Württemberg, Preußen etc. 3, in Bayern bloß 2 Jahreskurfe oder Klaffen. Die Zahl der Seminariften beträgt durchfchnittlich 75 bis 100, fo daß auf eine Klaffe etwa 25 bis 30, auf eine vereinigte (fog. kombinierte) Klaffe 50 bis 60 Schüler kommen; bei größerer Schülerzahl find Parallelklaffen zu errichten.

2) Die Volksfchule, Übungs- oder Mufterfchule genannt, welche den fortgefchrittenen Seminariften unter Afficht und Leitung ihrer Lehrer Gelegenheit zu felbftändigen Lehrverfuchen darbietet; fie ift die Stätte der eigentlichen Lehrpraxis, welche fich den theoretifchen Unterweifungen der Seminarfchule anfchließt. Die Übungsfchule ift durchfchnittlich vierklaffig.

Zu diefen zwei Hauptteilen kommen unter Umftänden noch folgende hinzu:

3) Die Präparandenfchule, auch Profeminar genannt, in welcher fich die jungen Leute zum Eintritt in das Seminar vorbereiten. Die Präparandenfchulen find entweder felbftändige Anftalten oder mit Seminaren verbunden; felbftredend kann an diefer Stelle nur von letzteren die Rede fein. Die Präparandenfchule hat 3, oft auch 4 Klaffen; je nach den örtlichen Bedürfniffen find nicht felten noch weitere Klaffen mit diefer Anftalt verbunden.

4) Die Räume für das Wohnen und die Verpflegung der Seminariften, wohl auch Konvikt genannt, fobald das Seminar ganz oder teilweife als Internat eingerichtet ift.

Hiernach wird man die unter 1 und 2, bezw. 1 bis 3 genannten Teile mit Zubehör als **Schulabteilung**, die unter 4 angeführten Räume mit Zubehör als **Wohn- und Verpflegungsabteilung** des Seminars bezeichnen können; bei Internaten find beide Abteilungen vorhanden; in Externaten fehlt die letztere.

Im einzelnen find in diefen beiden Abteilungen die folgenden Räumlichkeiten und fonftigen baulichen Erforderniffe notwendig.

1) In der Schulabteilung:
  α) Für die Seminarfchule:
    a) Klaffenzimmer, deren Zahl von der Anzahl der notwendigen Klaffen und deren Größe von der unterzubringenden Schülerzahl abhängt (fiehe Art. 326, unter 1);
    b) ein Zeichenfaal;
    c) ein Saal für phyfikalifchen und chemifchen Unterricht;
    b) ein Bibliothekraum;
    e) ein oder mehrere Räume für fonftige Sammlungen;
    f) Räume für den Mufikunterricht;
    g) die Aula oder der Feftfaal; bisweilen
    h) in Lehrerfeminarien ein Modellierzimmer, in Lehrerinnenfeminaren ein Saal für weibliche Handarbeiten; ferner
    i) das Konferenzzimmer für Direktor und Lehrer;
    f) Dienftwohnungen für den Direktor, für Lehrer und für den Hauswart; weiters, wenn Externatseinrichtung vorhanden ift,
    l) die Kleiderablagen und ein Erholungszimmer für die Seminariften; endlich in manchen Seminaren
    m) ein Gaft- oder Kommiffionszimmer, in welchem die zur Befichtigung eintreffenden Infpektoren übernachten.
  β) Für die Übungsfchule:
    n) die erforderlichen Klaffenzimmer und Kleiderablagen.
  γ) Für die Seminar- und die Übungsfchule gemeinfchaftlich:
    o) Räume für Turnunterricht und Spielplätze;
    p) Höfe, Gärten, Turn- und Turnübungen;
    q) Aborte und Piffoirs.

2) In der Wohn- und Verpflegungsabteilung:
  a) Wohn-, Arbeits- oder Studierräume;
  b) Speifefaal;
  c) Schlaffäle;
  b) Wafchräume;
  e) Baderäume;
  f) Putzräume;

g) Krankenzimmer;
h) Befuch- oder Sprechzimmer;
i) Räume zur Aufbewahrung von Wäfche, Vorräten und Geräten, von Koffern und fonftigem Eigentum der Seminariften etc.;
f) Küche mit Vorrats- und fonftigen Nebenräumen;
l) Stallung;
m) Wafchküche, Rollkammer, Plättftube und Trockenböden;
n) Dienftwohnung für den Ökonomen und Wohnräume für das Gefinde;
o) Höfe und Gärten;
p) Aborte für die Seminariften, den Ökonomen und das Gefinde.

Wie leicht erfichtlich und erklärlich, ftimmen die baulichen Erforderniffe der Seminare mit jenen der Penfionate (fiehe Art. 280, S. 259) in vielen Dingen völlig überein.

328. Bauplatz und Gefamtanlage.
Ein für ein Seminar geeigneter Bauplatz muß den gleichen Bedingungen entfprechen, welche für größere Schulhäufer maßgebend find und im vorliegenden Hefte (unter A, Kap. 1, Art. 11 bis 14, S. 13 u. 14) bereits erörtert worden find. Dazu kommt noch die weitere Anforderung, daß die Verforgung mit Trinkwaffer in tunlichft einfacher Weife möglich, der Platz nicht zu weit von der Ortfchaft, zu der das Seminar gehört (nicht über 400 ^{m}), entfernt und genügend groß fein foll. In letzterer Beziehung ift bei Internatseinrichtung eine Grundfläche von 2 ^{ha} als Mindeftmaß anzufehen und dafür beffer 2,5 ^{ha} in Auficht zu nehmen.

Bezüglich der Lage der einzelnen Teile und Räume gegen die Himmelsrichtungen gilt im allgemeinen auch hier das in Art. 283 (S. 260) für Penfionate und Alumnate Gefagte.

Die Gefamtanlage eines Seminars mit Internatseinrichtung wird dann am klarften und zweckentfprechendften, wenn man die beiden Hauptabteilungen: Schulabteilung und Wohn- und Verpflegungsabteilung, in zwei voneinander gefonderten Gebäuden anordnet, alfo Schulhaus einerfeits, Wohn- und Verpflegungshaus andererfeits voneinander völlig trennt. Durch eine folche Scheidung tritt für den Architekten eine erwünfchte Vereinfachung und Klärung des Programms ein, wodurch er in den Stand gefetzt wird, den Anforderungen der einzelnen Räume bezüglich ihrer Lage, Zufammengehörigkeit mit anderen Räumen, Erhellung etc. leichter und vollkommener Rechnung zu tragen als fonft. Auch in Rückficht auf etwaige Feuersgefahr ift die Trennung des Wohn- und Verpflegungshaufes vom Schulhaufe zu empfehlen.

Bei franzöfifchen Seminaren wird nicht felten die Übungsfchule in ein vom Seminarhauptgebäude getrenntes Haus verlegt und mit befonderem Spielhof verfehen; ftets wird indes darauf gefehen, daß der Verkehr zwifchen beiden Gebäuden ein tunlichft bequemer fei.

Gegen eine folche Trennung werden die höheren Baukoften, die fchwierigere Beauffichtigung und Überwachung und der Mangel einer geeigneten Verbindung zwifchen den beiden Abteilungen angeführt. Der an erfter Stelle gedachte Einwand muß allerdings innerhalb gewiffer Grenzen zugegeben werden, follte aber — in Rückficht auf die erzielten großen Vorteile — nicht als zu fchwerwiegend angefehen werden. Den beiden anderen Mißftänden kann man zum größten Teile begegnen, wenn man die beiden Gebäude nicht zu weit voneinander abrückt und fie durch einen überdeckten Gang miteinander in Verbindung fetzt.

Wird von der vorgeführten Trennung der beiden Hauptabteilungen abgefehen, fo vermeide man bei der Grundrißbildung des nunmehr ungeteilten Gebäudes von völlig gefchloffenen Grundformen, verfehe dasfelbe vielmehr mit einer größeren

Zahl von Flügeln, deren jeder eine zufammengehörige Gruppe von Räumlichkeiten aufzunehmen hat.

Viele der in Preußen errichteten Seminargebäude beftehen (auf Grundlage eines im preußifchen Minifterium der öffentlichen Arbeiten ausgearbeiteten Normalentwurfes) aus einem langgeftreckten Hauptbau, an deffen Enden fich nach vorn oder (feltener) nach rückwärts zwei Flügel und in deffen Achfe fich nach rückwärts ein dritter Flügel anfchließen. Unter d wird hiervon noch die Rede fein und werden einfchlägige Beifpiele vorgeführt werden.

Auch der von *Narjoux* ausgearbeitete Normalplan für ein franzöfifches Lehrerinnenfeminar hat einen ähnlichen Grundriß. An ein ⊢-förmiges Vordergebäude fchließt fich ein in der Hauptachfe angeordneter Hofflügel an. Die Scheidung der Räume ift hauptfächlich eine wagrechte: im Erdgefchoß find die Unterrichts- und alle fonftigen Räume untergebracht, in denen fich die Zöglinge zur Tageszeit aufhalten; im Obergefchoß befinden fich die Wohn- und Schlafräume [173]).

Seminare mit Externatseinrichtung fchrumpfen auf ein Schulhaus mittlerer Größe, in welchem der Eigenart des Unterrichtes gebührend Rechnung zu tragen ift, zufammen.

Für die Grundrißanordnung des Schulhaufes, bezw. der Schulabteilung im einzelnen haben die für Schulhäufer im allgemeinen maßgebenden Grundfätze auch hier Gültigkeit, ebenfo für das Wohn- und Verpflegungshaus, bezw. die Wohn- und Verpflegungsabteilung die für Penfionate aufgeftellten Regeln. Gewiffe Einzelheiten und Befonderheiten werden noch im nachftehenden (unter b) erwähnt werden.

329. Bauweife.

Auch bezüglich der Konftruktion und baulichen Durchführung find die gleichen Regeln zu beobachten wie bei anderen Schulhäufern; nur pflegt man, in Rückficht auf die Baukoften, jeden unnützen Aufwand zu vermeiden. Man fieht aus gleichem Grunde häufig von der Anordnung einer Sammelheizung ab, benutzt wohl auch Gasöfen, führt aber Gasbeleuchtung nur dann ein, wenn der Betrieb derfelben nicht zu teuer kommt. Hingegen follte eine ausreichende Wafferverforgung in dem betreffenden Gebäude niemals fehlen.

b) Beftandteile und Einrichtung.

1) **Wichtigere Räume des Schulhaufes, bezw. der Schulabteilung.**

330. Klaffen, Zeichenfaal etc.

Die Klaffenzimmer der Übungsfchule und der etwa vorhandenen Präparandenfchule find in gleicher Weife zu bemeffen und auszuftatten wie die ebenfchrumigen Räume anderer niederer Schulen; nur ift für eine Reihe von Sitzplätzen für die dem Unterricht beiwohnenden Seminariften Sorge zu tragen, die fo angeordnet werden müffen, daß die Seminariften die Gefichter der Kinder fehen können (Fig. 209). Ähnliches ift von den Seminarklaffen zu fagen, bei denen namentlich das bezüglich der höheren Schulen Gefagte zu berückfichtigen ift. Ebenfo weichen Geftaltung und Ausrüftung des Saales für phyfikalifchen und chemifchen Unterricht, des Zeichenfaales, der Bibliotheks- und anderer Sammlungsräume von den in Reallehranftalten üblichen Einrichtungen in keiner Weife ab.

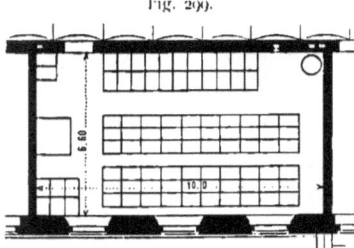

Fig. 209.

Übungsklaffe im Lehrerfeminar zu Delitzfch.
¹⁄₁₀₀ w. Gr.

331. Mufikräume.

Die für den Unterricht und die Übungen in Mufik beftimmten Räume find

---

[173] Näheres fiehe in: NARJOUX, F. *Les écoles normales primaires.* Paris 1880. S. 265—269.

zweierlei Art: erftlich ein größerer Mufikfaal und alsdann eine nicht zu geringe Zahl von Mufikzellen.

In erfterem vereinigen fich alle Seminariften zu gemeinfchaftlichen Gefangsübungen, und ebenfo finden in diefem Saale auch die gemeinfamen Übungen im Geigenfpiel ftatt.

Die Ausrüftung eines folchen Saales befteht hauptfächlich aus einem Klavier, aus den Schränken, welche die Geigenkaften der Seminariften aufzunehmen haben, aus Notenpulten und Sitzbänken ohne Lehne; bisweilen ift auch eine kleine Übungsorgel vorhanden (Fig. 300).

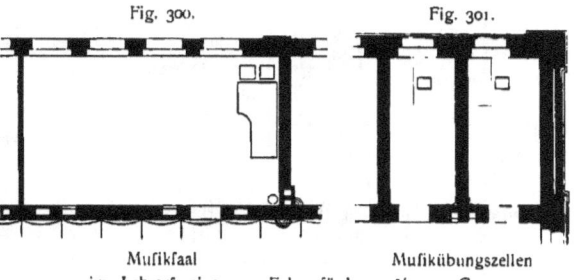

Fig. 300. Mufikfaal im Lehrerfeminar zu Eckernförde. — $1/200$ w. Gr.

Fig. 301. Mufikübungszellen

In den Mufikzellen oder Mufikübungszellen üben fich die Zöglinge im Klavier- und Geigenfpiel. In der Regel find deren 4 bis 6 vorhanden, und fie müffen im Gebäude fo angeordnet werden, daß durch die Inftrumentübungen der übrige Unterricht nicht geftört werde und auch die übenden Zöglinge fich gegenfeitig nicht ftören (fiehe auch Art. 288, S. 271). Zu den Einrichtungsgegenftänden einer folchen Zelle gehört ein Klavier (in der Regel Pianino), ein Stuhl ohne Lehne und einige Kleiderhaken (Fig. 301). Die Zelle follte nicht unter 2,50 m Breite und nicht unter 7 qm Grundfläche haben.

Die für mufikalifchen Unterricht und Übungen beftimmten Räume find im Grundplan eines Seminargebäudes ftets fo anzuordnen, daß der anderweitige Unterricht und die fonftigen Arbeiten der Seminariften nicht geftört werden. Man legt fie deshalb gern an die freien Enden der Flügelbauten. In befonders glücklicher Weife ift dies in dem von *Waldow* erbauten Lehrerfeminargebäude zu Plauen gefchehen, wo die Mufikräume in einen befonderen Kopfbau *M* des Mittelflügels verlegt worden find.

Fig. 302.

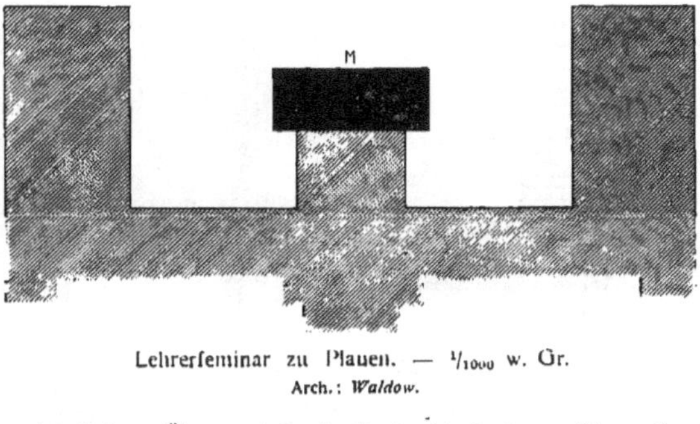

Lehrerfeminar zu Plauen. — $1/1000$ w. Gr.
Arch.: *Waldow.*

Derfelbe enthält im Erdgefchoß 2 Orgel- und 3 Klavierübungszimmer; im Obergefchoß 2 größere und 3 kleinere Übungsgelaffe; im Dachgefchoß einen größeren Orgelfpiel- und Harmonielehrefaal und 2 Zellen für Violinfpiel.

In einigen Fällen hat man aus dem gleichen Grunde auf dem hinter dem Schulhaufe gelegenen Gelände und in größerer Entfernung von demfelben ein kleineres Häuschen für die Pflege der Mufik errichtet. In Fig. 303 ift das „Mufikübungsgebäude" des Seminars zu Neu-Ruppin im Grundriß dargeftellt; dasfelbe liegt in rund 60 m Abftand hinter dem Hauptgebäude und in gleicher Flucht mit der Turnhalle.

Fig. 303.

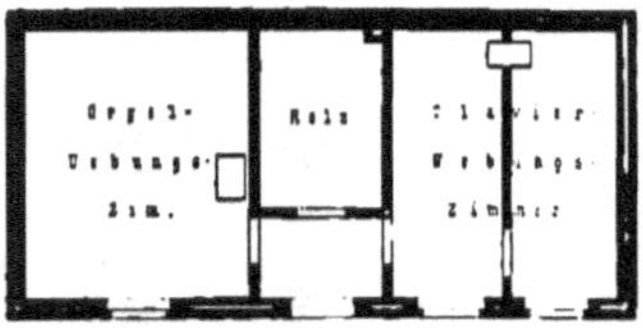

Mufikübungsgebäude des Lehrerfeminars zu Neu-Ruppin. — $^1/_{200}$ w. Gr.

In den Lehrerinnenfeminaren pflegt wohl auch ein Zimmer, bezw. ein Saal für weibliche Handarbeiten vorhanden zu fein. Bezüglich diefes Raumes, namentlich feiner Einrichtung, genügt es, auf Art. 290 (S. 271) hinzuweifen und zu bemerken, daß in den Seminaren die Ausftattung eine einfachere als in den Mädchenpenfionaten ift.

332. Zimmer für weibliche Handarbeiten.

Das über die Aula oder den Feftfaal der Schulhäufer in Art. 78 (S. 60) Gefagte hat auch hier im allgemeinen Gültigkeit. Zu den Zwecken, dem diefer größte Raum zu dienen hat, kommt bei Seminaren mit Internatseinrichtung noch hinzu, daß die Aula zugleich Betfaal zu fein pflegt. An Einrichtungsgegenftänden find hervorzuheben (Fig. 304): ein Podium, auf dem ein Pult für rednerifche Vorträge (Katheder) und ein Klavier Platz finden; eine Orgel, die am beften in einer Wandnifche (Apfis) untergebracht wird; Sitzbänke mit Lehnen und Stühle für die an den Schulfeftlichkeiten fich beteiligenden Angehörigen der Zöglinge und andere Feftgäfte etc.

333. Aula.

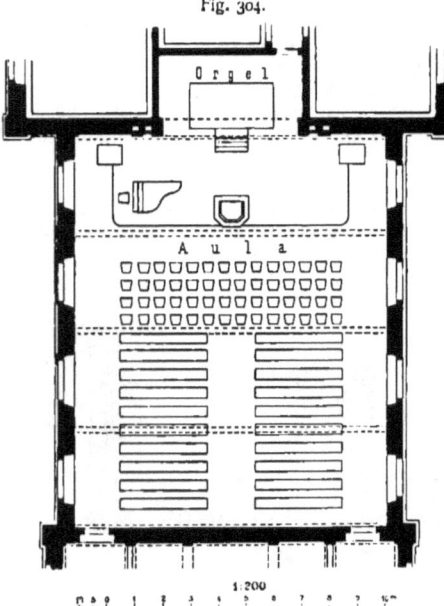

Fig. 304.

Aula im Lehrerfeminar zu Karlsruhe.

In preußifchen Seminaren foll die Aula 150 Perfonen faffen; für die Orgel find 3,50 m Breite und 2,50 m Tiefe vorgefehen.

In katholifchen Seminaren wird, wenn in der Nähe des Schulhaufes keine Kirche vorhanden ift, die Orgelnifche fo erweitert, daß darin ein kleiner Altar errichtet werden kann; in der Aula wird alsdann der Gottesdienft abgehalten, und die Orgel ift an geeigneter Stelle unterzubringen. Findet kein Gottesdienft ftatt, fo wird der Altar verhangen.

Für die Orgel ift ftets eine Bälgekammer vorzufehen.

Aula und Mufikfaal erhalten immer eine größere Höhe wie die übrigen Schulräume; bei erfterer wird man nicht leicht unter 5,50 m und bei letzterem nicht unter 4,50 m gehen; doch findet man, namentlich bei der Aula, auch wesentlich größere Höhenabmessungen.

In bayerischen Seminaren wird keine Aula, sondern nur ein Betsaal vorgesehen; selbst dieser wird nicht für unbedingt notwendig erachtet, weil Morgen- und Abendandachten auch in anderen Räumen verrichtet werden können. Indes hält man doch das Vorhandensein eines besonderen Raumes für den in Rede stehenden Zweck für wünschenswert, weil die Benutzung derselben Räumlichkeiten für verschiedene Zwecke ihre Reinhaltung, die andauernde und rechtzeitige Lüftung erschwert, weil die Zöglinge ihre Andachten in einem besonderen Betsaale in mehr gesammelter Stimmung verrichten, als dies in Räumen zu geschehen pflegt, die zu anderen Zwecken bestimmt sind (wie z. B. Speise- und Schlafsäle), und weil der Frühgottesdienst oder die Morgenandacht im Hause aus Gesundheitsrücksichten jedenfalls dem Besuche entfernter und kalter Kirchen vorzuziehen ist.

Ein solcher Betsaal soll mindestens 3,50 m hoch sein und für jeden Zögling 3 cbm Luftraum bieten.

2) Wichtigere Räume des Wohn- und Verpflegungshauses, bezw. der Wohn- und Verpflegungsabteilung.

331 Arbeitsräume.

Ähnlich wie in den Pensionaten (siehe Art. 287, S. 268) werden für den Aufenthalt der Seminaristen nach Schluß der Unterrichtsstunden gleichfalls Wohn-, Arbeits- oder Studierräume (wohl auch Museen genannt) notwendig, in denen auch Gelegenheit geboten sein muß, das Erlernte zu wiederholen und auf die folgenden Stunden sich vorzubereiten. In neuerer Zeit ordnet man zu diesem Zwecke eine größere Zahl kleinerer Arbeitszimmer an, wovon jedes für 6 bis 8, seltener bis 10 und 12 Zöglinge bestimmt ist. In der Regel sind es zweifenstrige Zimmer, bei deren Bemessung man für jeden Zögling 4,00 bis 4,50 qm Grundfläche zu rechnen hat; die lichte Höhe sollte nicht unter 3,50 m, besser nicht unter 3,75 m betragen.

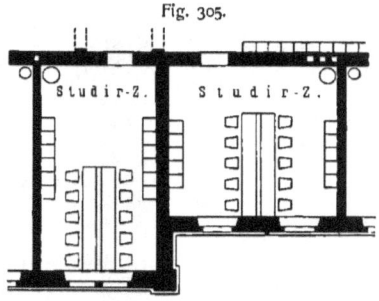

Fig. 305.

Studierzimmer im Lehrerseminar zu Karlsruhe.
1/100 w. Gr.

In Bayern sollen die Studiersäle eine Höhe von mindestens 4,00 m haben und so groß sein, daß auf jeden Zögling ein Luftraum von mindestens 20 cbm entfällt. In Preußen werden 1,00 bis 1,10 qm Fußbodenfläche für den Kopf verlangt. Auch in Frankreich wird für die Studiersäle eine lichte Höhe von 4,00 m gefordert.

An Einrichtungsgegenständen sind hauptsächlich Arbeitstische, bezw. -Pulte und Schränkchen mit Bücherbrettern erforderlich (Fig. 305).

Die Arbeitstische und -Pulte müssen den Zöglingen freiere Bewegung gestatten, als dies in den Klassen bezüglich des darin befindlichen Gestühls möglich ist. In norddeutschen Seminaren sind Arbeitstische üblich, am besten für etwa je 4 Seminaristen ein gemeinschaftlicher Tisch mit je einer Schublade für jeden Zögling. In Bayern sind Pulte vorgeschrieben; dieselben besitzen eine Stellvorrichtung, um einerseits den Seminaristen abwechselnd das Arbeiten im Stehen und Sitzen zu ermöglichen, andererseits um die Höhe der Pultplatte nach der Körpergröße der Zöglinge zu bemessen.

Der rückwärtige Teil der Pultplatte soll wagrecht und 9 cm breit, der vordere Teil geneigt (im Verhältnis von 1 : 6 sich senkend) und mindestens 33 cm breit sein. Diese Pulte sind für je zwei Zöglinge bestimmt und enthalten zwei verschließbare Fächer zur Aufbewahrung von Büchern etc. und je zwei im wagrechten Teile der Pultplatte eingesenkte Tintenfässer. Die Pulte sind so zu konstruieren, daß die freie Bewegung der Füße der sitzenden Seminaristen nicht beeinträchtigt ist.

Als Sitze werden Stühle mit Rücklehne verwendet. In neueren französischen Seminaren erhält jeder Zögling einen besonderen pultartigen Tisch mit einem damit fest verbundenen Stuhle (ähnlich wie beim Klassengestühl der niederen Schulen).

Die obenerwähnten Schränkchen dienen zur Aufbewahrung von Schreibmaterialien, größeren Büchern etc., sind verschließbar und in Abteilungen von etwa 60 cm Länge getrennt, deren je eine jedem Seminaristen zugewiesen wird. Sie sind nur niedrig (von etwa Tischhöhe), und über denselben sind Bücherbretter angebracht, die offen sein können.

Statt solcher kleinerer Arbeitszimmer hat man wohl auch, namentlich in früherer Zeit, einige größere Arbeitssäle vorgesehen, die in ähnlicher Weise ausgerüstet werden müssen und von einer wesentlich größeren Zahl von Seminaristen benutzt werden; in manchen Fällen ist nur ein einziger Saal dieser Art angeordnet worden.

Im Pädagogium zu Petrinja ist für die 50 Zöglinge ein gemeinschaftlicher Studiersaal vorhanden. Derselbe hat eine Länge von nahezu 34 m und eine Tiefe von nahezu 7 m; um gut beleuchtete Studiertische zu erhalten, wurden breite und hohe, durch schmale Mittelpfeiler geteilte Doppelfenster angeordnet. Die Studiertische nehmen samt den Stühlen eine Länge von 1,90 m und eine Breite von 1,40 m ein; jeder Tisch hat an der einen Seite eine 1,40 m hohe, gestemmte Bretterverschalung, damit die Zöglinge während ihrer Arbeiten einander nicht stören können. Die Bretterwand dient zugleich als feste Rückwand für das Bücherbrett, welches vorn und an der offenen Seite des Tisches in 1,40 m Höhe angebracht ist; jeder Tisch hat 3 verschließbare Schubladen. Zwischen beiden Tischreihen ist auf die ganze Saallänge ein 4,40 m breiter Gang, der in den Erholungsstunden als Unterhaltungsraum dient.

Die bayerischen Seminare besitzen nur große Studiersäle, in denen die bereits beschriebenen Arbeitspulte so aufgestellt sind, daß die daran Arbeitenden das Licht von der linken Seite erhalten. Um auch den weiter nach rechts Sitzenden genügendes Licht zu sichern, dürfen nicht mehr als zwei solcher Pulte nebeneinander gestellt werden, so daß nicht mehr als 4 Seminaristen in einer Reihe sitzen. Nur wenn die Fensterhöhe 3 m erreicht, ist es zulässig, daß 3 Pulte für 6 Zöglinge in eine Reihe gestellt werden. Der Zwischenraum zwischen den einzelnen Pultreihen muß mindestens 1 m betragen.

In den französischen Seminaren sind gleichfalls größere Studiersäle *(Salles d'étude)* üblich; die Einrichtung derselben ist eine ähnliche wie in den Klassenzimmern. Man rechnet dort im Mittel für jeden Zögling 2 qm Bodenfläche.

Auch in Externaten dürfen solche Arbeitsräume nicht fehlen, da die Zöglinge nach Ablauf der eigentlichen Unterrichtsstunden sich in der Anstalt gleichfalls noch aufzuhalten und zu beschäftigen haben.

Der Speisesaal muß so groß bemessen werden, daß sämtliche Zöglinge gleichzeitig speisen können, und muß der Küche tunlichst nahe gelegen sein. Man rechne für jeden Seminaristen 1,20 bis 1,30 qm Grundfläche und wähle die lichte Höhe nicht unter 4,00 m, besser nicht unter 4,50 m. In Bayern werden für einen Zögling nur 0,90 qm Grundfläche gerechnet; in Frankreich werden von Sachverständigen 1,50 qm gefordert.

335. Speisesaal.

Außer den langen Tischen oder Tafeln, längs deren Bänke ohne oder mit Lehne aufgestellt werden, sind noch Schränke zur Aufbewahrung der Speisegeräte und des Tischzeuges erforderlich. Im übrigen sei auf Art. 295 (S. 275) verwiesen. Es empfiehlt sich, dem Speisesaal einen kleinen Anrichteraum anzuschließen. (Siehe Art. 296, S. 279.)

Konnte schon bei den seither besprochenen Räumlichkeiten beobachtet werden, daß in den Abmessungen etc. eine gewisse Sparsamkeit sich kundgibt, so ist dies in noch höherem Grade bei den nunmehr vorzuführenden Schlaf-, Wasch- und Putzräumen der Fall. Bei diesen Räumlichkeiten pflegt man das Maß des gerade

336. Schlafräume.

20*

noch Zuläffigen nicht zu überfchreiten; bei weiteftgehender Raumausnutzung läßt man tunlichfte Bequemlichkeit und äußerfte Sparfamkeit Hand in Hand gehen.

In Deutfchland und Öfterreich, wo man hauptfächlich von diefem Grundfatze ausgeht, werden deshalb in den Internaten größere Schlaffäle vorgefehen, in deren jedem bis 30, felbft noch mehr Seminariften ihre Schlafftelle erhalten; die Höhe diefer Säle beträgt bisweilen nur 3,00 m; doch follte man nicht unter 3,50 m gehen. In Frankreich wird von maßgebender Seite eine lichte Höhe von 4,00 m gefordert. Die Schlaffäle find in der Regel nicht heizbar eingerichtet; nur in befonders rauhen Klimaten wird dafür Sorge getragen, daß bei großer Kälte eine teilweife Erwärmung möglich ift. In Rückficht auf Feuersgefahr follte jeder derartige Schlaffaal mehr als einen feuerficheren und rauchfreien Ausgang in das Freie haben.

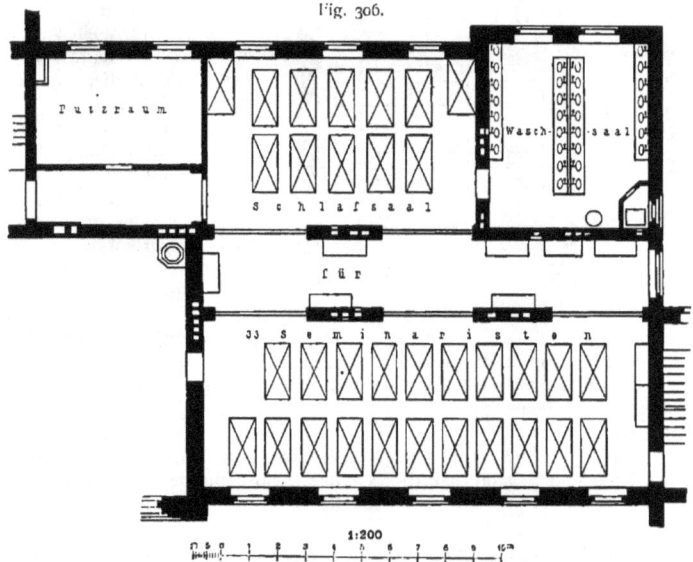

Fig. 306.

Schlaffaal im Lehrerfeminar zu Delitzfch.

Naturgemäß wird man die Schlaffäle in das oberfte Stockwerk verlegen; in manchen Fällen hat man das Dachgefchoß für diefen Zweck zum Teile ausgebaut. Wenn es tunlich ift, verfehe man diefe Säle an beiden Langfeiten mit Fenftern, weil dadurch die Lüftung wefentlich erleichtert wird. Doch follte man unmittelbar an die Fenfterwände keine Betten ftellen, fondern erft in einiger Entfernung davon; läßt fich dies indes nicht umgehen, fo mache man die Fenfterbrüftung möglichft hoch, um ungehindert von der Fenfterteilung die Betten anordnen zu können.

In den Schlaffälen wird jedem Seminariften eine Bettftelle, ein Stuhl und meiftens auch ein Schrank, bezw. eine Schrankabteilung zugewiefen.

Die fenkrecht zu den Längswänden aufzuftellenden Betten werden meift in 2 (Fig. 306), feltener in 3 Reihen (Fig. 307) angeordnet; die Bettftelle erhält je 1,95 m

Fig. 307.

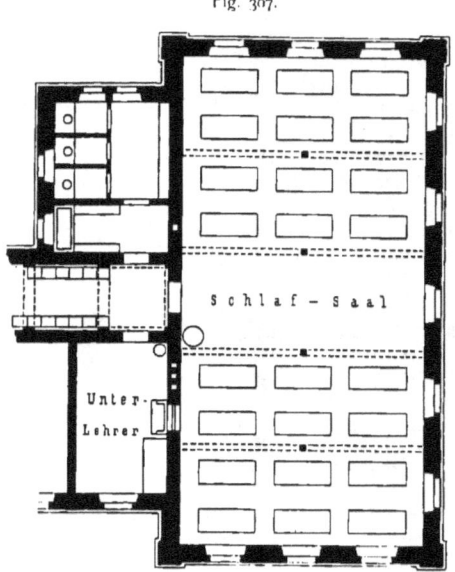

Schlaffaal im Lehrerfeminar zu Karlsruhe.
¹/₁₅₀ w. Gr.

Länge und 0,80 bis 0,90 m Breite. Der Gang zwischen den Bettreihen wird 0,90 bis 1,00 m, der Gang zwischen je zwei Betten 0,45 bis 0,50 m breit gemacht; der Abstand der Bettreihen von der nächsten Fensterwand kann mit 0,50 bis 0,60 m bemessen werden. In Bayern wird zwischen den einzelnen Betten und in der Mitte zwischen den Bettreihen ein Abstand von 1,50 m freigelassen. Eine französische Kommission empfiehlt zwischen je 2 Betten 1,00 m Abstand und zwischen den Bettreihen einen Gang von 3,00 m Breite.

Auf Grund dieser Maßangaben ist die Stellung der Betten in den Grundriß einzutragen und dabei zu beachten, daß die Lage der Fenster, der Türen, der etwaigen Heizkörper etc. damit im Einklange fei. Einschließlich der Zugänge und des Raumes, den die Schränke etc. einnehmen, ergibt sich als Mindestmaß für ein Bett eine Grundfläche von 5,00 qm, die man indes auf 5,50 qm erhöhen follte; hier und da findet man auch 6,00 qm Bodenfläche. Der Luftraum für 1 Bett follte nicht unter 17 cbm bemessen werden; doch ist man auch schon bis 25 cbm und darüber gegangen.

Die Bettstellen find in der Regel aus Eisen hergestellt; zur Sicherung der Füße des Schlafenden kann man die betreffende Stirnseite der Bettstelle mit einem

Fig. 308.

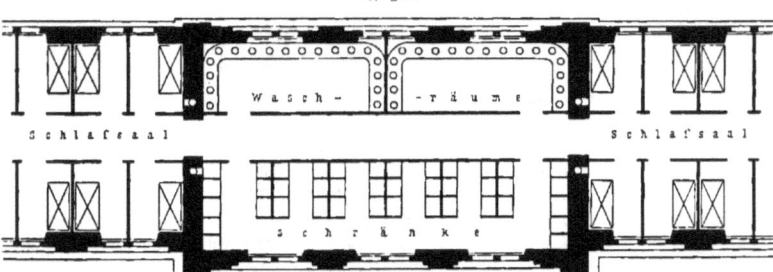

Vom Lehrerfeminar zu Dijon[174]). — ¹/₂₀₀ w. Gr.

[174]) Nach: WILLIAM & FARGE, Le recueil d'architecture. Paris, 12e année, f. 2, 7.

aufrechten, beiderseits mit Ölfarbe angestrichenen Fußbrett von etwa 40 cm Höhe verkleiden. Wenn die Kleiderschränke nicht in unmittelbarer Nähe der einzelnen Betten aufgestellt sind, so muß man an jedem Bette einen Kleiderständer anordnen, an welchen der Zögling vor dem Schlafengehen die abgelegten Kleider hängen kann. In der einfachsten Form ist dies ein am Fußende der Bettstelle angebrachter eiserner Ständer, der oben gabelförmig endet.

Die Schränke erhalten 0,40 bis 0,50 m Tiefe und 1,95 bis 2,00 m Höhe; die jedem Seminaristen zugewiesene Abteilung wird mit 0,60 bis 0,80 m Breite bemessen.

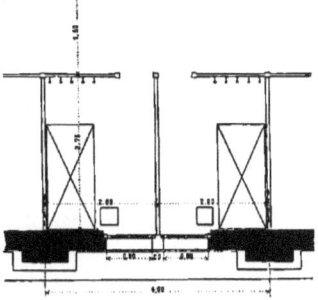

Fig. 309.

Im Lehrerseminar zu Karlsruhe sind in jede Schrankabteilung zwei Bretteinlagen eingesetzt: das hohe Mittelfach dient zum Aufhängen der Kleider; das obere und untere Fach sind zum Unterbringen der Wäsche etc. bestimmt. Im Lehrerinnenseminar zu Saarburg hat jede Schrankabteilung nur eine Bretteinlage erhalten, in welche 8 Kleiderhaken von unten eingeschraubt sind; das 0,42 m hohe Fach oberhalb dieses Bodens dient für Wäsche, Tücher, Hüte etc.

Diese Schränke werden nicht immer in den Schlafsälen (Fig. 306) angebracht; bisweilen werden sie in den Waschräumen und auf den Gängen längs der Schlafsäle aufgestellt. Man hat wohl auch besondere, zwischen den Schlaf- und Waschsälen angeordnete Schrankzimmer vorgesehen (Fig. 308 [174]).

In den meisten französischen und englischen Seminaren sind die Schlafsäle mit Zelleneinteilung versehen worden (Fig. 308, 309 u. 310 [176]), derart, daß zu beiden Seiten eines Mittelganges durch etwa 2 m hohe Holzwände Abteilungen von etwa 2,80 m Länge und 1,80 m Breite gebildet werden, deren je eine jedem Seminaristen zugewiesen wird. (Siehe auch Art. 291, S. 273.)

In der Nähe der Schlafsäle ist eine abgeschlossene Kammer mit 1 bis 2 Leibstühlen vorzusehen; letztere dürfen indes nur in den dringendsten Fällen benutzt werden. Ferner ist in unmittelbarer Nachbarschaft der Schlafsäle, nicht selten zwischen je zwei solchen

Schlafsaal im Lehrerinnenseminar zu Dijon [171]. — 1/100 w. Gr.

Sälen, das Schlafzimmer des die Seminaristen bei Nachtzeit Überwachenden (in der Regel eines Unter- oder Hilfslehrers) anzuordnen (Fig. 307).

337. Wasch- und Baderäume.

Die Waschtische der Seminaristen sind bisweilen in den Schlafsälen untergebracht worden; doch ist es aus Gründen, die bereits in Art. 292 (S. 274) auseinandergesetzt worden, vorzuziehen, für diese Zwecke besondere Räume vorzusehen und dieselben in unmittelbarer Nähe der Schlafsäle anzuordnen; am vorteilhaftesten ist es, wenn erstere von letzteren aus unmittelbar erreicht werden können. Solche Waschräume werden meist heizbar eingerichtet, um bei starkem Frost die Kälte etwas mäßigen zu können.

---

[175] Faks.-Repr. nach: NARJOUX, F. *Les écoles normales primaires*. Paris 1880. S. 173.

Fig. 310.

Schlaffaal im Lehrerinnenseminar zu London[175].

Auch in den französischen und englischen Seminaren hat man früher die Wascheinrichtungen in den Schlafzellen der Zöglinge untergebracht (siehe Fig. 310); indes haben sich dabei so viele Mißstände gezeigt, daß man in Frankreich in neuerer Zeit davon abgekommen ist und gleichfalls besondere Waschräume vorsieht.

Die Waschtische werden am besten in ununterbrochener Reihe an den Langwänden des betreffenden Raumes (in einfacher Reihe), erforderlichenfalls auch noch in der Längsachse desselben (Doppelreihe), aufgestellt, und es sollte jeder Seminarist ein besonderes Waschbecken erhalten; die Einrichtung, daß je zwei Seminaristen ein Waschbecken zusammen benutzen, ist nur als ein Notbehelf anzusehen.

Die für ein Waschbecken erforderliche Länge der Waschtischreihe sollte nicht unter 55 cm betragen; besser ist es, hierin bis 60 und 65 cm zu gehen. Die Breite der Waschtische ist bei einfacher Reihe mit 0,55 m, bei Doppelreihe mit 1,00 m zu bemessen; die Breite des Ganges zwischen je 2 Waschtischreihen wähle man mit 1,25 bis 1,40 m.

Die Konstruktion der hier zur Anwendung kommenden Waschtischeinrichtungen ist bereits in Teil III, Bd. 5 (Abschn. 5, A, Kap. 5) vorgeführt worden. Im besonderen wurde dort die Waschtischeinrichtung im Seminar zu Auerbach i. V. beschrieben, und in Fig. 311[174]) wird die einschlägige Konstruktion im Seminar zu Dijon hinzugefügt.

Fig. 311.

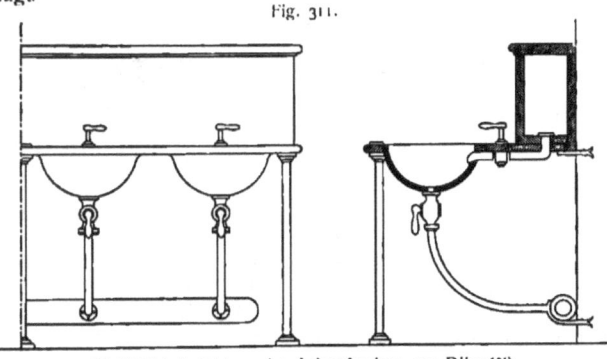

Waschtischeinrichtung im Lehrerseminar zu Dijon[174]).
1/18 w. Gr.

Einige Badezellen follten in der Wohn- und Verpflegungsabteilung, bezw. im Wohn- und Verpflegungshaus eines Seminars niemals fehlen; zum mindeften follten im Sockelgefchoß eine Braufebadeinrichtung (fiehe Art. 84, S. 63) angeordnet werden. Auch neben den noch zu erwähnenden Krankenzimmern foll eine Badeftube vorhanden fein. In franzöfifchen Seminaren ift häufig ein Raum für Fußbäder zu finden. (Siehe auch Art. 299, S. 279.)

Französische Seminargebäude befitzen wohl auch ein kleineres Schwimmbecken.

Im Seminargebäude zu Lyon befindet fich im rückwärtigen Teile der Plananlage ein befonderer Bau der im Sockelgefchoß das Schwimmbecken enthält; im Erdgefchoß desfelben befindet fich das chemifche Laboratorium und im Obergefchoß ein großer Hörfaal mit anfteigenden Sitzreihen.

338. Putzräume.

Das Putzen des Schuhwerkes und das Reinigen der Kleider feitens der Zöglinge foll nicht in den Schlaffälen vorgenommen werden, weil der dabei entftehende Staub und Geruch davon fern gehalten werden follen; diefe Arbeit gefchieht am geeignetften in hierzu beftimmten Putzräumen, die den Schlaf- und Wafchfälen nahe zu legen find. Zur Aufbewahrung des Schuhwerkes bringe man an den Wänden Konfolebretter an, die in Abteilungen von etwa 75 cm Länge getrennt werden. Solche Räume bedürfen einer kräftig wirkenden Lüftungseinrichtung.

In älteren Seminargebäuden hat man vielfach befondere Putzräume nicht vorgefehen, und felbft bei neueren Anlagen ift davon Umgang genommen worden. Alsdann gefchieht das Reinigen der Kleider und des Schuhwerkes in den Schlaffälen, auf den Gängen längs derfelben, in den Wafchräumen etc.

Im Seminar zu Karlsruhe ift in jedem Wafchfaal ein Kaften zur Unterbringung des Putzzeuges aufgeftellt, der mit fo vielen Abteilungen verfehen ift, als Zöglinge fich in einem Saal zu wafchen haben.

339. Krankenzimmer.

In der Wohn- und Verpflegungsabteilung eines jeden Seminars ift mindeftens ein Krankenzimmer mit 2 Betten vorzufehen; beffer ift es, deren zwei anzuordnen, eines mit 4, das andere mit 2 Betten. Diefe Zimmer find nach der Sonnenfeite und auch fo zu legen, daß fie vom Verkehre im Haufe möglichft wenig geftört werden; ferner darf eine Heizeinrichtung nicht fehlen.

Für mit anfteckender Krankheit Behaftete ift weiters ein ganz abgefondert gelegenes Krankenzimmer einzurichten; häufig wird dasfelbe in das Dachgefchoß verlegt.

Unter Bezugnahme auf Art. 301 bis 303 (S. 280) find die Krankenzimmer fo groß zu bemeffen, daß auf jedes Bett mindeftens ein Luftraum von 28 cbm entfällt. Zwifchen je zwei Krankenzimmern ordne man ein Wärterzimmer an. Ferner befinde fich in unmittelbarer Nähe der Krankenzimmer ein nur für die Kranken zugänglicher Abort, welcher regelmäßig mehrmals des Tages gereinigt und desinfiziert werden muß.

340. Koch-, Wafchküche etc.

Bezüglich der Anordnung und Ausrüftung der Kochküche und ihres Zubehörs, fowie der Wafchküche und der fonftigen Räume, welche das Reinigen, Ausbeffern, Aufbewahren etc. des Weißzeuges erfordert, wird nur auf Art. 297 (S. 279), 304 (S. 281) u. 305 (S. 281) hingewiefen.

c) Sonftige Räumlichkeiten und Anlagen.

341. Turnfaal.

Für den Unterricht und die Übungen im Turnen pflegt bisweilen im Sockelbezw. Erdgefchoß des Seminargebäudes ein Turnfaal vorgefehen zu werden. Üblicher ift es indes und auch vorzuziehen, auf dem zum Seminar gehörigen Gelände und in einiger Entfernung davon eine befondere Turnhalle zu errichten. Für diefelbe genügt unter Umftänden fchon eine Grundfläche von 15 × 10 m; doch ift man in diefen Abmeffungen fchon wefentlich weiter gegangen.

Außer diefem zum Turnen dienenden Saale ift nur noch ein Geräteraum und allenfalls ein Vorraum, der zugleich als Umkleideraum dient, erforderlich.

Die Einrichtung der Turnhallen wird im nächften Kapitel noch ausführlich befprochen werden, fo daß an diefer Stelle hierauf nicht eingegangen zu werden braucht. Unter den dort vorzuführenden Beifpielen wird auch die zu den Seminaren zu Delitzfch und zu Saarburg gehörige Turnhalle vorgeführt werden.

An die Turnhalle fchließt fich ein Turn- und Spielplatz an, deffen Flächeninhalt nicht unter 1000 qm haben follte; doch ift dies als das eben nur noch zuläffige Maß anzufehen, und man follte ftets 2000 qm zu erreichen trachten; man hat aber auch Turn- und Spielplätze von 3000 qm Flächeninhalt und darüber.

Wie aus Art. 327 (S. 301) hervorgeht, ift in einem Seminar, namentlich in einem folchen mit Internatseinrichtung, eine Reihe von Dienftwohnungen erforderlich. In einem Externat find mindeftens für den Direktor, einen verheirateten Lehrer und den Hauswart Dienftwohnungen vorzufehen. Ift Internatseinrichtung vorhanden, fo find für 4 bis 5 Lehrer, bezw. Lehrerinnen, für den Ökonomen, bezw. die Wirtfchafterin, für das Gefinde etc. Wohnungen einzurichten. Im einzelnen ift das Folgende zu bemerken.

342. Dienftwohnungen.

1) Verheiratete Lehrer erhalten in der Regel 2 größere Wohnzimmer, 2 größere Schlafzimmer, 1 Küche mit Speifekammer, 1 Magdkammer und, wenn möglich, noch 1 Kammer.

2) Für den Direktor werden meift die gleichen Räume vorgefehen, doch in befferer Ausftattung; dazu kommt noch ein Amtszimmer, das gleichzeitig als Empfangs- und Arbeitsraum dient.

3) Die Wohnung eines unverheirateten Lehrers, bezw. einer Lehrerin befteht in den meiften Fällen aus einem größeren, heizbaren und einem kleineren, unheizbaren Zimmer.

Die unter 1 bis 3 angeführten Dienftwohnungen follten untereinander eine abgefchloffene Gruppe bilden, zu der ein kleiner Hofraum von 700 bis 800 qm Flächeninhalt gehört. Am beften wäre es, fie in einem befonderen Haufe unterzubringen; doch werden fie in der Regel in einem befonderen Gebäudeflügel angeordnet, und zwar derart, daß der Direktor und die Lehrer, ohne in das Freie treten zu müffen, unmittelbar in die Schlaffäle, Arbeitszimmer und Klaffen der Seminariften gelangen können.

4) Die Wohnung des Hauswarts muß in der Nähe des Einganges in die Schulabteilung, bezw. in das Schulhaus gelegen fein; fie befteht aus 1 Wohnzimmer, 1 bis 2 Kammern und 1 Küche. Ein Raum davon liegt im Erdgefchoß, die übrigen, einfchl. der Küche, können auch im Sockelgefchoß untergebracht werden.

5) Die Wohnung des Ökonomen, bezw. der Wirtfchafterin muß in unmittelbarer Nähe der Anftaltsküche gelegen fein. Zu erfterer gehören 1 bis 2 Zimmer und 1 bis 2 Kammern, ferner 1 bis 2 Kammern für das Gefinde; zu letzterer 1 Speifekammer und die erforderlichen Vorratskeller. Ferner ift im Anfchluß an die Anftaltsküche, die eben gedachte Dienftwohnung und das noch vorzuführende Wirtfchaftsgebäude ein Wirtfchaftshof von 500 bis 1000 qm Grundfläche vorzufehen.

314. Aborte und Piſſoirs.

Im Seminargebäude ſelbſt werden in der Regel ſehr wenige Aborte vorgeſehen, und dieſe bloß im unmittelbaren Anſchluß an die Dienſtwohnungen des Direktors und der verheirateten Lehrer. Die Aborte und Piſſoirs für die übrigen Lehrer, für die Seminariſten, für die Schüler, bezw. Schülerinnen der Übungsſchule, für den Hauswart, für den Ökonomen, bezw. die Wirtſchafterin und für das Geſinde werden in einem beſonderen Nebengebäude untergebracht. Bei der Anordnung des letzteren iſt darauf zu ſehen, daß die Zugänge für die Lehrer, die Seminariſten, die Schüler, den Ökonomen etc. voneinander getrennt ſind. Wenn die Übungsſchule von Knaben und Mädchen beſucht wird, ſo müſſen die Aborte der letzteren von jenen der erſteren gleichfalls geſchieden werden. Noch mehr empfiehlt es ſich, für die Mädchen einen geſonderten Abortbau zu errichten und denſelben von den für die Mädchen beſtimmten Spielplätzen zugänglich zu machen.

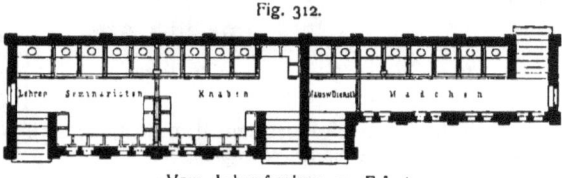

Fig. 312.

Vom Lehrerſeminar zu Erfurt.

Im einzelnen findet man hauptſächlich die nachſtehenden drei Anordnungen.

1) Die als erforderlich bezeichneten Aborte und Piſſoirs werden ſämtlich in einem beſonderen Abortgebäude vereinigt, und das letztere enthält, der gebotenen Trennung wegen, verſchiedene ſcharf geſonderte Abteilungen und Zugänge. In Fig. 312 u. 313 ſind hierfür zwei Beiſpiele gegeben.

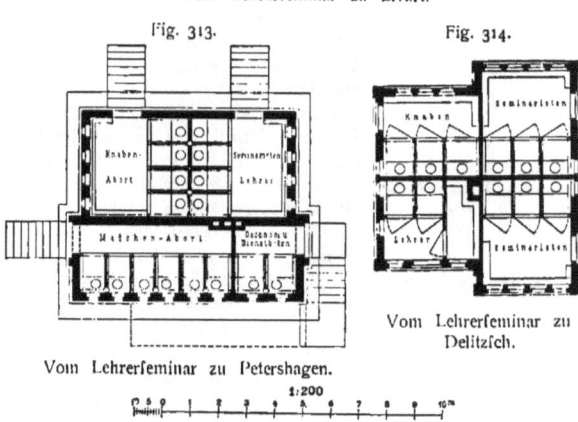

Fig. 313.

Vom Lehrerſeminar zu Petershagen.

Fig. 314.

Vom Lehrerſeminar zu Delitzſch.

Abortgebäude. 1:200

2) Das Abortgebäude nimmt nur die für Lehrer, Seminariſten und Schüler beſtimmten Aborte und Piſſoirs auf und erhält dem entſprechend 3 bis 4 geſonderte Abteilungen; die Aborte für den Ökonomen, das Geſinde etc. werden mit dem Wirtſchaftsgebäude (ſiehe den nächſten Artikel) verbunden. Für einen derartigen Abortbau bietet Fig. 314 ein Beiſpiel dar; für die in einem ſolchen Falle entſtehende Geſtaltung des Wirtſchaftsgebäudes ſind im folgenden Artikel Beiſpiele vorgeführt.

3) Abort- und Wirtſchaftsbau werden zu einem gemeinſamen Nebengebäude vereinigt; Beiſpiele hierfür gibt der nächſte Artikel.

Eine eigenartige, aus Fig. 315 [170]) näher erſichtliche Anordnung hat der Abortbau des Lehrerſeminars zu Rouen erhalten.

[170]) Fakſ.-Repr. nach: *La conſtruction moderne*, Jahrg. 5, S. 366.

Fig. 315.

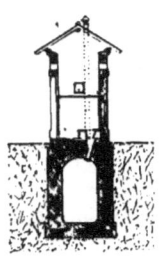

Schnitt nach A B

Abortbau des Lehrerseminars zu Rouen [179].
1/200 w. Gr.

Das Wirtschaftsgebäude enthält stets einen Schweinestall und in der Regel auch einen Raum für die verschiedenen Geräte; häufig ist auch ein Raum für Gänse, Enten, Hühner etc. vorhanden, der allerdings auch über den Schweinestall gelegt werden kann. Ein Kuhstall wird in verhältnismäßig selteneren Fällen vorgesehen. In Fig. 316 ist das zum Lehrerseminar zu Neu-Ruppin gehörige Wirtschaftsgebäude dargestellt, bei dem sich an die Stallung rückwärts der Geräteschuppen anschließt.

344. Wirtschaftsgebäude.

Fig. 316.

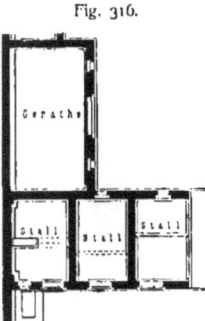

Geräteschuppen und Stallgebäude des Lehrerseminars zu Neu-Ruppin.
1/400 w. Gr.

Wie im vorhergehenden Artikel bemerkt wurde, pflegt man mit dem Wirtschaftsgebäude wohl auch die Aborte für den Ökonomen und dessen Gesinde zu vereinigen; die in Fig. 317 wiedergegebene Anlage zeigt eine solche Vereinigung.

An gleicher Stelle wurde auch gesagt, daß bisweilen sämtliche Aborte und Pissoirs, sowie die Stallungen etc. zu einem gemeinschaftlichen Nebengebäude vereinigt werden; die aus Fig. 318 ersichtliche Anordnung zeigt, in welcher Weise dies geschehen kann.

Bereits in den vorhergehenden Artikeln wurde angedeutet, daß dem Gebäudeflügel, der die Dienstwohnungen des Direktors und der verheirateten Lehrer enthält, ein kleiner Wirtschaftshof beigefügt werden sollte, ebenso daß der Anstaltsküche und dem Wirtschaftsgebäude niemals ein größerer Wirtschaftshof fehlen darf. Desgleichen war bereits vom Spiel- und Turnplatz die Rede, der sich an die Turnhalle anzuschließen hat.

Fig. 317.

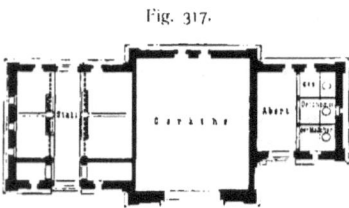

Wirtschafts- und Abortgebäude des Lehrerseminars zu Delitzsch.

Fig. 318.

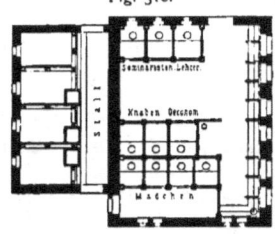

Abort- und Stallgebäude des Lehrerseminars zu Peiskretscham.

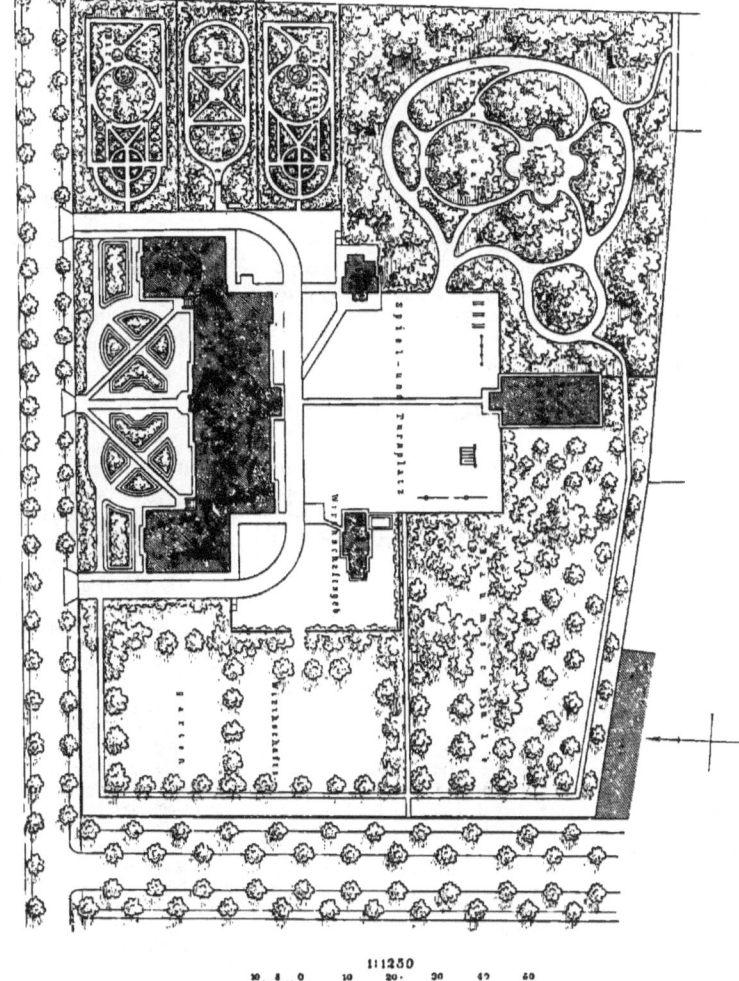

Fig. 319.
Lageplan des Lehrerseminars zu Delitzsch.
Arch.: *Lucas.*

Des weiteren sind in einem Seminar notwendig:
1) der Garten für die Seminaristen, 5500 bis 8000 qm [177]);
2) der Garten für den Direktor, 1000 bis 2500 qm;
3) der Garten für den ersten Lehrer, bezw. die erste Lehrerin, 800 bis 1500 qm;
4) der Garten für den zweiten Lehrer, bezw. die zweite Lehrerin, 600 bis 800 qm;
5) der Garten des Ökonomen, bezw. der Wirtschafterin, zugleich Wirtschaftsgarten, 1500 bis 3500 qm.

Ferner werden bisweilen vorgesehen:
6) ein Baumgarten oder eine Baumschule von 2000 bis 3500 qm, und
7) ein kleiner Garten für den Hauswart.

Diese verschiedenen Höfe, Gärten etc. werden auf dem Seminargrundstück in geeigneter Weise verteilt. Die Verteilung selbst hängt hauptsächlich von der Form und Größe, sowie von den Gefällsverhältnissen dieses Grundstückes, von der Lage gegen die Himmelsrichtungen, von der Umgebung etc. ab; der in Fig. 319 wiedergegebene Lageplan des Seminars zu Delitzsch zeigt eine derartige Verteilung. Das ganze Grundstück ist einzufriedigen.

d) Gesamtanlage und Beispiele.

In erster Reihe wird hier ein Seminar vorzuführen sein, bei welchem das Schulhaus vom Wohn- und Verpflegungshaus baulich vollständig getrennt, somit eine Lösung der betreffenden Aufgabe erzielt ist, welche in Art. 328 (S. 302) als die vorteilhafteste bezeichnet werden konnte; dies ist das von *Lang* 1874 erbaute Lehrerseminar (II) zu Karlsruhe (Fig. 320 bis 325), welches mit dem Wohn- und Verpflegungshause an der Rüppurrer Straße gelegen und für 120 Zöglinge eingerichtet ist.

345. Lehrer-Seminar II zu Karlsruhe.

Die Gesamtanordnung ist aus dem Lageplan in Fig. 323 ersichtlich; das Schulhaus ist mit seiner Hauptfront (mit dem Zeichensaal) nach Norden gerichtet; das gesamte Grundstück mißt 2,25 ha.

1) Das Wohn- und Verpflegungshaus (Fig. 320 bis 322), mit seiner Hauptfront nach Westen gewendet, ist im Grundriß ⊥-förmig gestaltet und zerfällt in 3 Teile: in den vorderen dreigeschossigen Hauptbau, welcher die Wohnung des Direktors, die Arbeits- und Schlafräume der Seminaristen und das Haupttreppenhaus enthält; ferner in den daranstoßenden Mittelbau mit Speisesaal und Aula, und endlich in den Hinterbau, in dessen Erdgeschoß die Küche und die übrigen Wirtschaftsräume untergebracht sind, während im 1. Obergeschoß eine Hauptlehrerwohnung und im darüber befindlichen Halbgeschoß die Dienerwohnung angeordnet wurden. Mittel- und Hinterbau sind nur zweigeschossig; da indes die Höhe der Aula derjenigen der Hauptlehrer- und Dienerwohnung zusammen entspricht, so konnte das Hauptgesims an beiden Bauteilen in gleicher Höhe herumgeführt werden.

Zu den Grundrissen in Fig. 320 bis 322 ist das folgende zu bemerken. Die 10 in 3 Geschossen verteilten Studierzimmer der Seminaristen sind für je 10 Zöglinge eingerichtet; in Fig. 305 (S. 306) wurden 2 derselben im Grundriß dargestellt. Diese Zimmer haben Gasbeleuchtung und Ofenheizung; auf 1 Seminaristen kommen 11 bis 12 cbm Luftraum. — Der möglichst luftigen Lage wegen wurden die 4 Schlafsäle (siehe Fig. 307, S. 309) in den beiden Obergeschossen angeordnet; sie sind so bemessen, daß auf jeden Zögling 20 cbm Luftraum entfallen. Sobald die äußere Temperatur unter Null sinkt, werden die Schlafsäle auf 8 bis 10 Grad erwärmt. Die Überwachung der Schlafsäle findet durch Unterlehrer statt, welche daran unmittelbar anschließend ihre Wohnzimmer haben; von jeder dieser Stuben gestattet ein kleines Fenster Einblick in den benachbarten Schlafsaal. In Rücksicht auf die Winterszeit sind in der Nähe jedes Schlafsaales Aborte vorgesehen. Die numerierten und verschließbaren Kleiderschränke der Seminaristen stehen auf den Gängen, die zu

[177]) *Narjoux* empfiehlt, für jeden Zögling 8 bis 10 qm Bodenfläche zu rechnen.

den Schlaffälen führen (fiehe Art. 336, S. 310). — Aus den Schlaffälen begeben fich die Zöglinge in die Wafchfäle; der Fußboden der letzteren wird von zwifchen ⌶-Trägern eingefpannten Kappengewölben getragen, welche mit Beton ausgeebnet find; auf diefem ift ein Afphalteftrich verlegt. Auch die Wände find in Brüftungshöhe mit Afphalt überzogen. — In Ermangelung einer Turnhalle ift für die beiden erften Kurfe des Seminars im Erdgefchoß proviforifch ein Turnfaal eingerichtet, während die Zöglinge des oberften Kurfes zu ihrer vollftändigen Ausbildung im Turnen die Turnlehrerbildungsanftalt befuchen.

Für den im Erdgefchoß gelegenen Speifefaal wurde die erforderliche Höhe dadurch erzielt, daß fein Fußboden um 5 Stufen tiefer als in den übrigen Teilen diefes Stockwerkes angeordnet wurde. In demfelben fpeifen die Seminariften und die Unterlehrer; die Bedienung gefchieht durch Zöglinge, welche die Speifen am Küchenfchalter in Empfang nehmen. Aus der Küche führt eine Treppe in den abgefchloffenen, im Lageplan angedeuteten Wirtfchaftshof. — Die Aula (fiehe Fig. 304, S. 305) hat 7 m Höhe und bietet 176 Sitz- und 350 Stehplätze; Decke und Wände find mit reichem Farbenfchmuck, paffenden Sprüchen, Büften etc. geziert. Durch eine Tür hinter der Orgel kann der Hauptlehrer aus feiner Wohnung in den Vorderbau (zu den Seminariften) gelangen. — Der Ausgang nach dem Schulhaufe findet im Erdgefchoß bei *m* und *n* ftatt.

Die Faffaden find aus Sandftein (rot für die Wandflächen und weiß für die Gefimfe) hergeftellt; das Dach ift mit Schiefer gedeckt. Die Treppen find in rotem Sandftein konftruiert, die Fußböden der Flurgänge und Vorhallen mit Zementplatten belegt. Im ganzen Gebäude ift Gas- und Wafferleitung vorgefehen; der Anftaltsgarten wird von den Seminariften bearbeitet.

2) Das Schulhaus (Fig. 324 u. 325) ist zweiftöckig und enthält im Obergefchoß die eigentliche Seminarfchule, im Erdgefchoß die Übungsfchule. Die Seminariften treten in dem Verbindungsbau zwifchen Treppenhaus und Abortgebäude (Fig. 325), die Schüler der Übungsfchule durch den nördlichen Haupteingang in das Gebäude ein. Bezüglich der Raumverteilung fei auf die beiden Grundriffe in Fig. 324 u. 325 verwiefen; in den Klaffenzimmern der Übungsfchule ent-

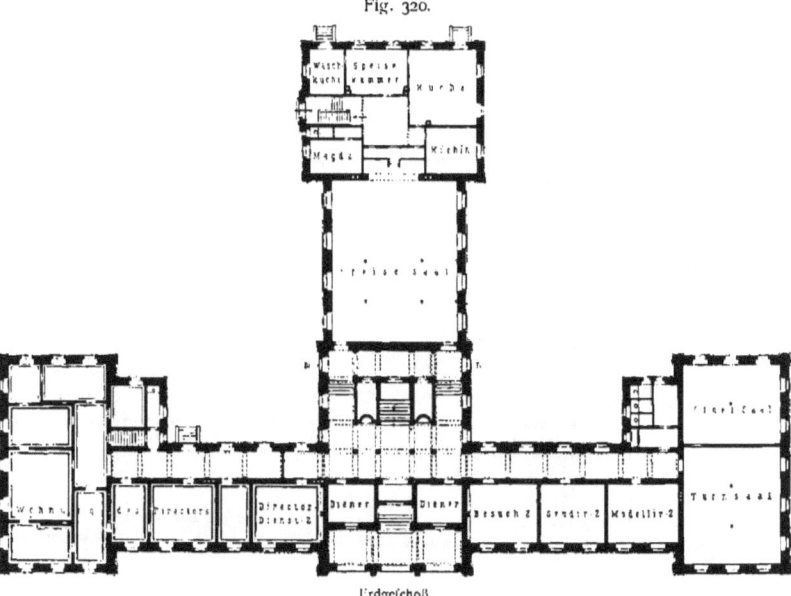

Fig. 320.

Erdgefchoß.

Wohn- und Verpflegungshaus des

Arch.: *Lang*.

fallen auf jeden Schüler 1,10 qm und in den Seminarklaſſen auf jeden Zögling 1,60 qm Bodenfläche, auf erſteren 5,70 cbm und auf letzteren 7,10 cbm Luftraum.

Die Erwärmung der Räume zur Winterszeit geſchieht mittels einer Feuerluftheizung; Gas- und Waſſerleitung ſind im ganzen Gebäude vorhanden. Flurgänge und Vorhalle im Erdgeſchoß ſind überwölbt; die Haupttreppe iſt in Stein konſtruiert. Für Faſſaden und Dachdeckung ſind die gleichen Materialien wie unter 1 verwendet. Die Aborte ſind durch einen gedeckten Gang mit dem Schulhauſe verbunden.

Ein vom eigentlichen Seminargebäude vollſtändig getrenntes „Klaſſenhaus" beſitzt auch das Lehrerſeminar zu Karalene [17]).

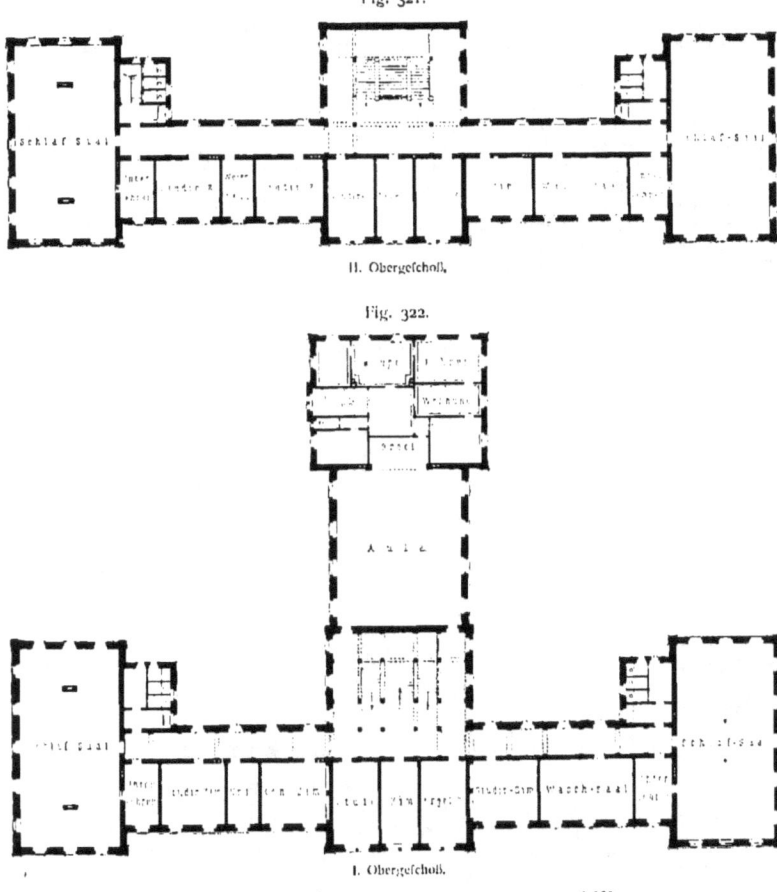

Lehrerſeminars II zu Karlsruhe.

[17]) Siehe hierüber: Centralbl. d. Bauverw. 1896, S. 289.

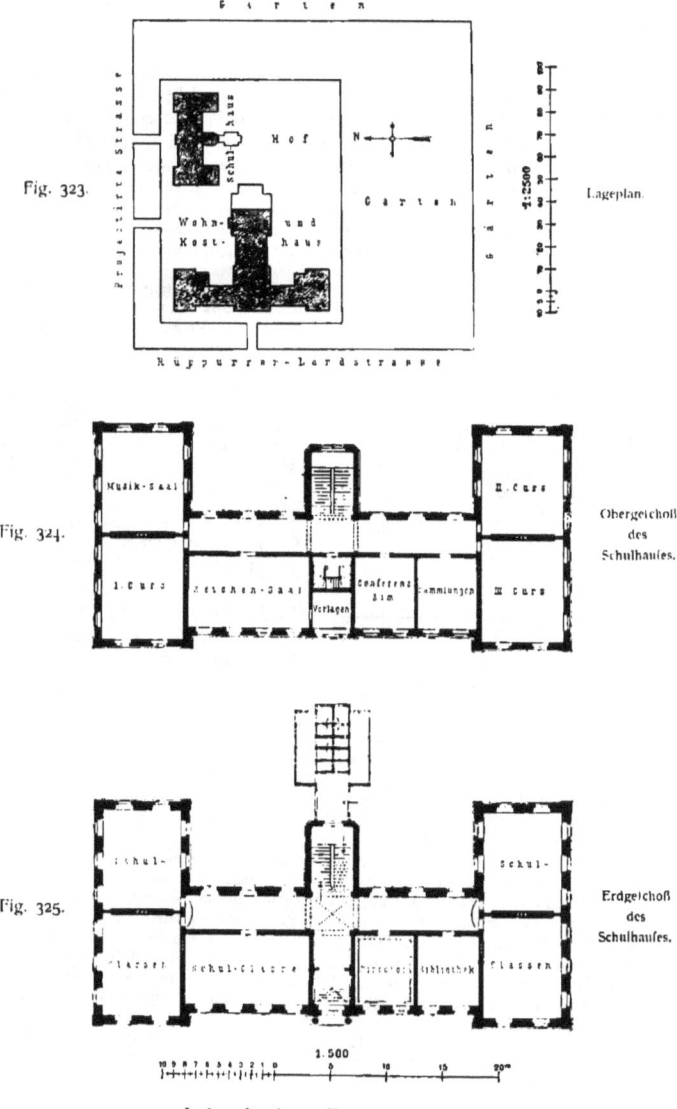

Fig. 323. Lageplan.

Fig. 324. Obergeschoß des Schulhauses.

Fig. 325. Erdgeschoß des Schulhauses.

Lehrerseminar II zu Karlsruhe.
Arch.: *Lang.*

Bei der weitaus größten Zahl von Lehrer- und Lehrerinnenfeminaren mit Internatseinrichtung find Schulabteilung und Wohn- und Verpflegungsabteilung in einem einzigen Gebäude vereinigt. Wie in Art. 328 (S. 302) bereits gefagt wurde, wähle man alsdann Grundrißformen mit einer größeren Zahl von Flügeln, in deren jedem eine zufammengehörige Gruppe von Räumlichkeiten untergebracht wird. Auch wurde an derfelben Stelle der in Fig. 326 fkizzierten Gefamtanordnung mit einem Hauptbau A und drei Flügelbauten B, C und D gedacht.

346. Lehrerfeminar zu Pyritz.

Wie dort fchon erwähnt, liegt im allgemeinen diefe Anordnung dem Normalentwurf zu Grunde, der aus dem preußifchen Minifterium für öffentliche Arbeiten herrührt.

In den nach diefem Schema entworfenen Seminargebäuden find meiftens in die beiden Vorderflügel C und D die Dienftwohnungen des Direktors und der Lehrer verlegt worden; dazu gehört nach vorn zu ein kleiner Garten, nach rückwärts ein kleiner Wirtfchaftshof. In der Regel genügt es, wenn diefe Flügelbauten aus Keller-, Erd- und Obergefchoß beftehen.

Fig. 326.

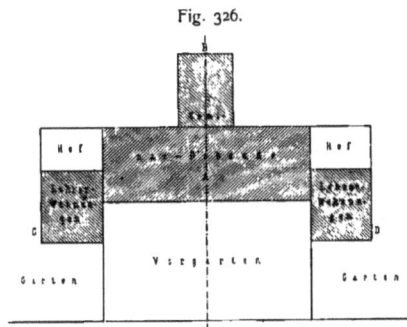

Der in der Hauptachfe angeordnete Hinterflügel B nimmt im Erd- und Kellergefchoß die Wohnräume des Ökonomen und feines Gefindes, die Anftaltsküche mit den erforderlichen Vorratsräumen etc. auf; in dem darüber vorhandenen I. Obergefchoß befindet fich der Speifefaal mit Anrichteraum etc., und im II. Obergefchoß wird die Aula untergebracht. Nach rückwärts oder nach der einen Seite wird der große Wirtfchaftshof der Anftalt zu verlegen fein.

Alle übrigen Räumlichkeiten find im Hauptbau A anzuordnen.

Diefer Gefamtanlage entfpricht im allgemeinen das 1878—82 von *Bötel* erbaute, zur Aufnahme von 60 Internen und 30 Externen beftimmte Lehrerfeminar zu Pyritz (Fig. 328 bis 330); der Hinterflügel (B in Fig. 326) ift vom Hauptbau (A ebendaf.) völlig losgelöft und nur durch einen ganz fchmalen Bau damit verbunden.

Die Anordnung der verfchiedenen Räume im Erd-, I. und II. Obergefchoß ift aus den Grundriffen in Fig. 328 bis 330 zu entnehmen. Das Kellergefchoß enthält im Hauptbau Wirtfchaftskeller, Räume für Brenn- und Beleuchtungsftoff, die Küche und den Keller des Hauswarts; im linksfeitigen Vorderflügel die Keller des Direktors und des Hilfslehrers; im rechtsfeitigen Vorderflügel die Keller des erften und des Mufiklehrers; im Hinterflügel die Wafch- und Spülküche, Roll- und Plättftube und noch einige Wirtfchaftskeller.

Das ganze Gebäude ift in Backfteinrohbau, die Fundamente in gefprengten Feldfteinen ausgeführt; die Haupttreppen find aus Stein hergeftellt und die Dächer mit englifchem Schiefer eingedeckt. Sämtliche Räume des Kellergefchoffes find gewölbt und mit flachem Backfteinpflafter verfehen. In den übrigen Gefchoffen find nur die Flurgänge und die Anftaltsküche gewölbt; fämtliche Wand- und Deckenflächen find glatt geputzt und mit Leimfarbe angeftrichen; die Flurgänge find teils mit Afphaltaftrich, teils mit Tonfliefenbelag, die Zimmer mit Bretterfußboden verfehen. In der Aula find die hölzernen Paneele, die Pilafter, das Holzwerk der Decke, der geputzte Architrav und die aus Stuck hergeftellte Voute mit Ölfarbe angeftrichen und unter Zufatz von Wachs lackiert.

Die gefamten Baukoften haben rund 360 900 Mark betragen. Die überbaute Grundfläche beträgt 1439 qm, fo daß 1 qm auf 192,20 Mark zu ftehen kommt; der Rauminhalt beziffert fich auf 21 184 cbm, und 1 cbm koftet hiernach 13,60 Mark.

Nördlich vom Seminargebäude, durch den Spiel- und Turnplatz und den Wirtfchaftshof davon getrennt, find Turnhalle, Abortbau und Stall gelegen; nach der Südfeite erftreckt fich der ziemlich große Seminargarten.

Handbuch der Architektur. IV. 6, a. (2. Aufl.)

347. Lehrerseminar zu Graudenz.

Die vorstehend erläuterte Grundrißanordnung hat bei einigen Ausführungen eine Umwandelung in dem Sinne erfahren, daß die Flügelbauten C, C nicht an der Vorderseite des Hauptbaues A, sondern an seiner Rückseite angefügt wurden (Fig. 327). Eine grundsätzliche Änderung ist hierdurch nicht bedingt.

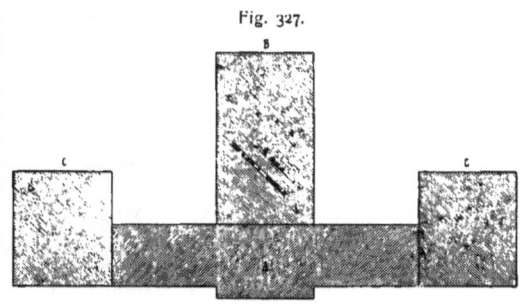

Fig. 327.

Diesem Grundgedanken folgt das 1897 vollendete Lehrerseminargebäude zu Graudenz, worüber Näheres in der unten genannten Zeitschrift[179]) zu finden ist.

348. Lehrerseminar zu Plauen.

Bisweilen sind die in Fig. 326 mit C bezeichneten Flügelbauten räumlich stärker ausgedehnt worden, wodurch eine ⊔-förmige Grundrißgestalt entsteht. Hierher gehört das nach den Plänen Waldow's ausgeführte, Ostern 1896 der Benutzung übergebene Lehrerseminargebäude zu Plauen, von dem bereits in Fig. 302 (S. 304) eine Grundrißskizze gegeben worden ist; eine eingehende Beschreibung mit Plänen befindet sich in der unten genannten Zeitschrift[180]).

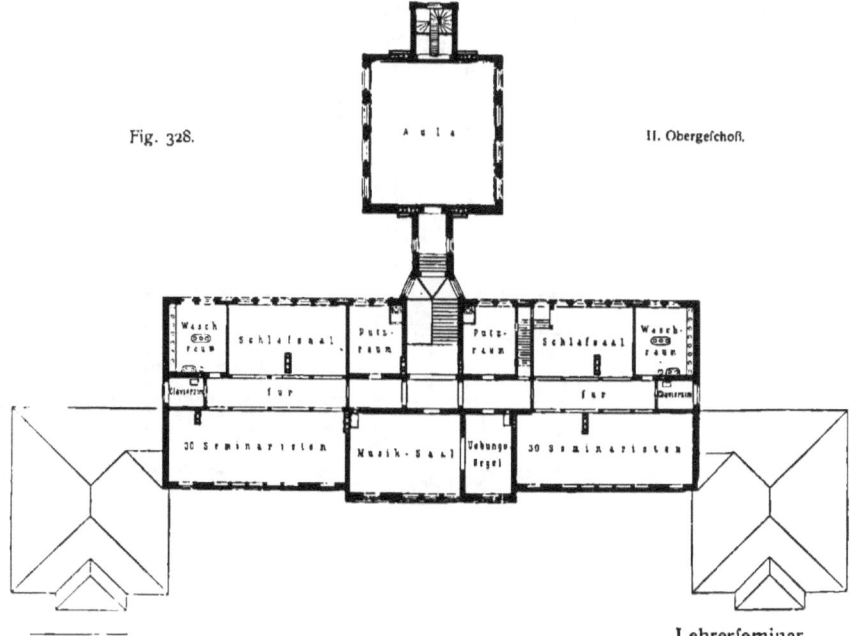

Fig. 328. II. Obergeschoß.

Lehrerseminar

---
[179]) Centralbl. d. Bauverw. 1895, S. 318.
[180]) Zeitschr. f. Arch. u. Ing., Heftausg., 1898, S. 377.

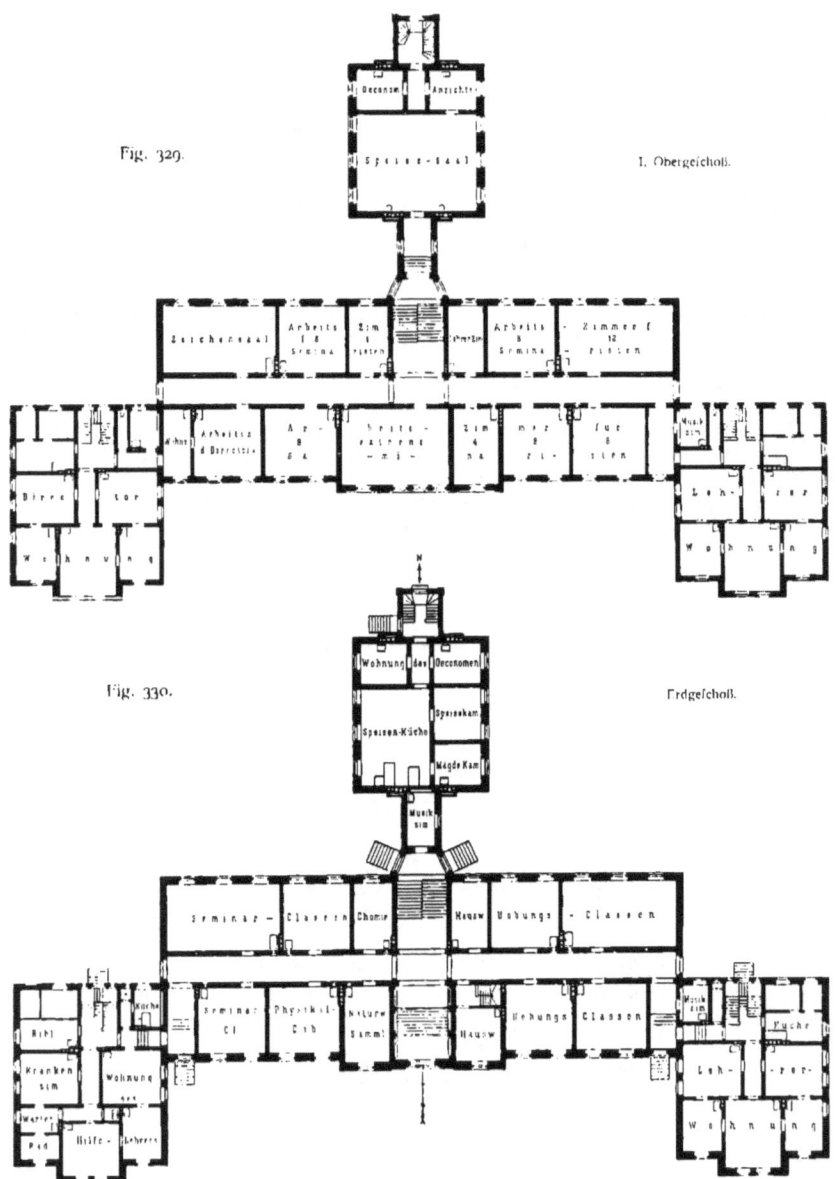

Fig. 329. I. Obergeschoß.

Fig. 330. Erdgeschoß.

349. Lehrerinnenseminar zu Auxerre.

In manchen französischen Seminaren pflegen die verschiedenen Räume, bezw. Raumgruppen in einer noch größeren Zahl von Gebäudeflügeln verteilt zu sein. Als charakteristisches Beispiel diene das durch die umstehende Tafel, sowie durch Fig. 331 u. 332 [161]) dargestellte, von *Bréasson* erbaute und zur Aufnahme von 90 Zöglingen bestimmte Lehrerinnenseminar zu Auxerre.

Die gesamte Anlage besteht aus einer einen großen Hof einschließenden Hauptgebäudegruppe, dem eigentlichen Seminar, und aus zwei kleineren, links und rechts vom Vorgarten gelegenen Häuschen, welche als Übungsschulen dienen: die Mädchenschule (im Plan) links und die Kleinkinderschule rechts. Bei der Grundrißbildung wurde einerseits auf leichte und bequeme Verbindungen, andererseits auf gute Erhellung und reichliche Luftzuführung der größte Wert gelegt. Deshalb ist vor allem der große Spielhof nur an drei Seiten von Gebäudeflügeln umgeben; der im Hintergrunde desselben befindliche Quertrakt hat bloß ein Erdgeschoß. Auch die beiden Flügel mit der Krankenabteilung und mit dem Speisesaal bestehen nur aus Keller- und Erdgeschoß, so daß die in Obergeschoß gelegenen Schlafsäle an beiden Langseiten freien Luftzutritt haben.

Die einzelnen Raumgruppen sind im Grundriß scharf getrennt. Im Mittelpunkt befindet sich der Ver-

[161]) Nach: *Nouv. annales de la construction* 1888, S. 165 u. Pl. 49—52.

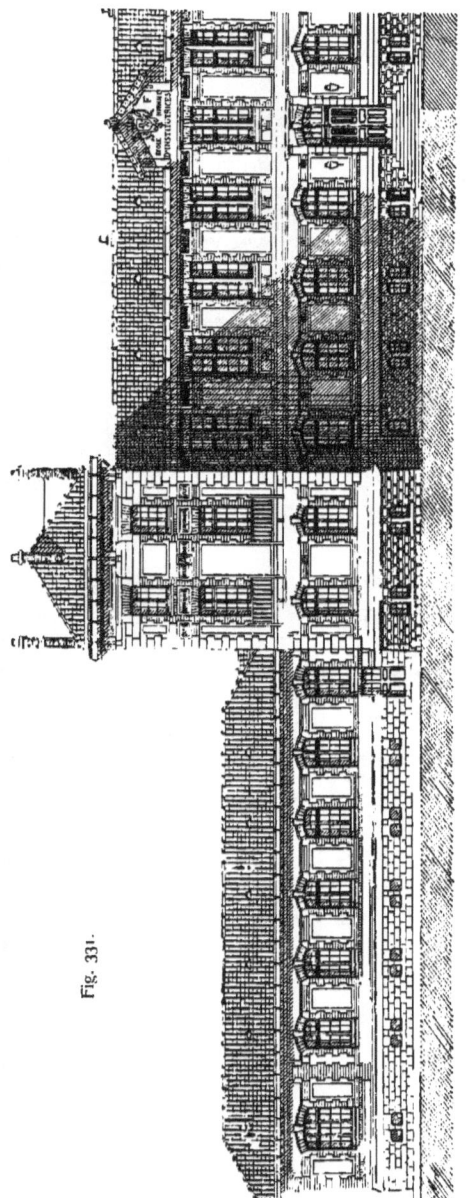

Fig. 331.

1:250 Hauptschauseite.

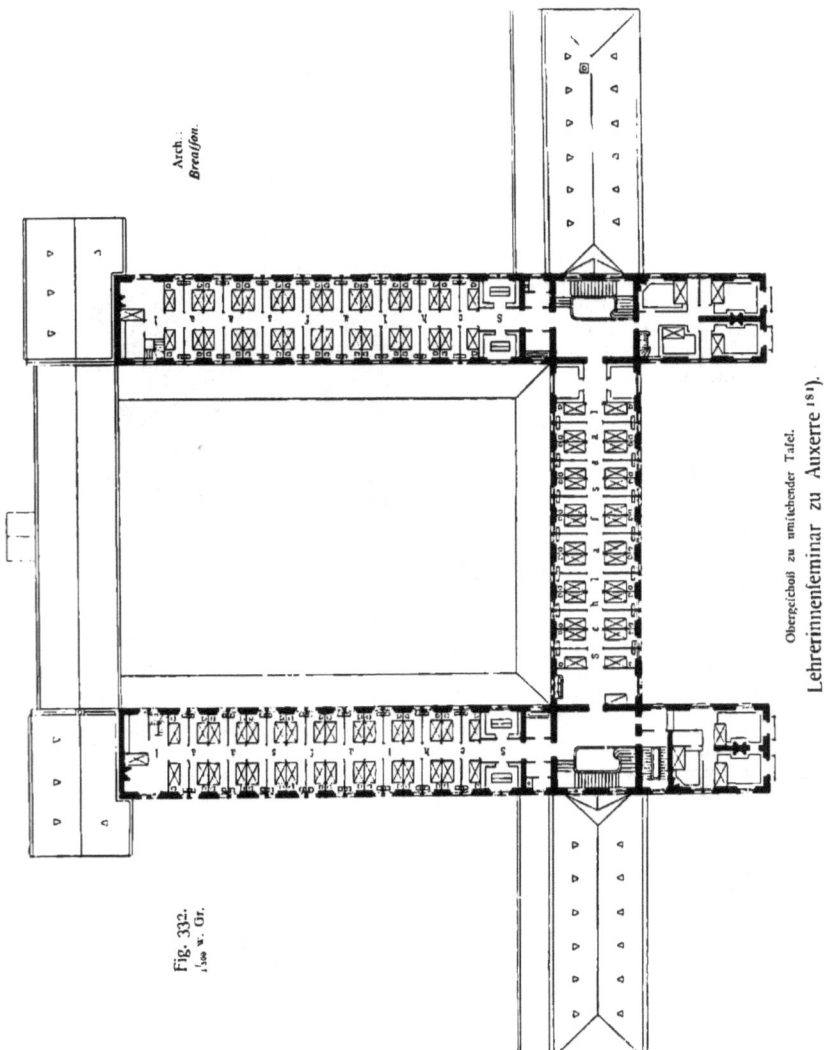

Fig. 332.
1/500 w. Gr.

Arch.:
Bredtson.

Obergeschoß zu umstehender Tafel.
Lehrerinnenseminar zu Auxerre[181].

waltungsbau, an den fich nach vorn zwei kurze Flügel anfchließen, wovon der rechtsfeitige die Wohnungen der Lehrerinnen, der linksfeitige die Wohnung der Vorfteherin enthält. In der Verlängerung des Verwaltungsbaues fteht links ein Flügel mit der Krankenabteilung, rechts ein Flügel, in deffen Erdgefchoß der Speifefaal für die Seminariftinnen und Lehrerinnen etc., in deffen Sockelgefchoß Küche, andere Wirtfchaftsräume etc. untergebracht find. Den großen Spielhof begrenzen links der Trakt mit den Unterrichtsräumen und rechts der Trakt mit den Arbeitsfälen; im Obergefchoß diefer beiden Trakte und des Verwaltungsbaues befinden fich die Schlaffäle. Der rückwärtige Quertrakt endlich enthält einen bedeckten Spielhof, in deffen rechtsfeitiger Partie die Turngeräte aufgeftellt find. Breite Flurgänge verbinden die einzelnen Räume und Raumgruppen.

Der Pavillon, welcher die Wohnung der Vorfteherin enthält, befitzt noch ein II. Obergefchoß, in welchem die Vorrats- und Ausbefferungsräume für das Weißzeug gelegen find; im Untergefchoß diefes Pavillons, fowie auch des Verwaltungsbaues befinden fich die Vorratskeller. Der Pavillon mit den Wohnungen der Lehrerinnen hat gleichfalls ein II. Obergefchoß erhalten, worin ein Vorratsmagazin untergebracht ift; das Untergefchoß diefes Pavillons enthält 2 Zellen mit Wannenbädern und einen größeren Raum für Fußbäder mit 20 Ständen.

Im Krankenflügel befinden fich: ein Raum mit 4 Betten für gewöhnliche Kranke, 4 Zimmer für anfteckend Kranke und eine Kammer für die Wärterin; ferner find dafelbft ein Niederlagsraum für Schuhwerk und zwei kleinere Gelaffe für andere Aufbewahrungszwecke vorhanden. Im Speifefaal können 60 Seminariftinnen und 8 Lehrerinnen gleichzeitig fpeifen. Der kleinere Studierfaal nimmt 30, der größere 60 Zöglinge auf; im Zeichenfaal befinden fich 30 Zeichenplätze und 20 Modellierplätze. Die Klaffenzimmer find für je 30 Schülerinnen eingerichtet; der im gleichen Flügel angeordnete Hörfaal befitzt anfteigendes Geftühl mit 60 Sitzplätzen.

Jeder der 3 großen Schlaffäle enthält 32 Schlafzellen; in der Nähe der beiden Haupttreppen, die zu denfelben führen, befinden fich 2 Schrankzimmer, 1 Wafchraum mit 5 bis 6 Ständen, ein Abort, eine Wafferzapfftelle und eine Kammer für die Auffeherin. An den Stirnenden der beiden Parallelflügel ift je eine Dienfttreppe angeordnet.

Sämtliche Räume werden mittels Feuerluftheizung erwärmt; 2 große Öfen find in den Kellergefchoffen der den großen Spielhof links und rechts begrenzenden Gebäudeflügel aufgeftellt; 2 andere kleinere Öfen dienen zur Heizung der Krankenabteilung und des Speifefaales.

Die Faffaden (Fig. 331) find in ihren Strukturteilen aus Haufteinen, in den glatten Wandteilen aus Blendfteinen hergeftellt; der Sockel an der Vorderfront des Hauptgebäudes ift in kräftiger Ruftika, die übrigen Sockel find in Schichtfteinen ausgeführt. Die gefamten Baukoften haben fich auf rund 370 000 Mark (= 462 263 Franken) belaufen, fo daß bei 2840 qm überbauter Fläche 1 qm auf 166 Mark (= 207 Franken) zu ftehen kommt [181]).

350.
Lehrerfeminar zu Dijon.

Eine andere Gruppierung der Räume, bezw. eine anderweitige Anordnung der verfchiedenen Gebäudetrakte zeigt das von *Vionnois* erbaute Lehrerfeminar zu Dijon, welches zur Aufnahme von 72 Zöglingen beftimmt und in Fig. 333 [181]) im Blockplan dargeftellt ift.

Dasfelbe befteht aus einem im Grundriß ⊢-förmig geftalteten Hauptgebäude *A B D C*, an welches fich links und rechts 2 Flügelbauten *E* und *F* anfchließen; außerdem find nach rückwärts noch zwei getrennte Gebäude *G* und *H* vorhanden. Das Hauptgebäude befitzt Erd-, I. und II. Obergefchoß; auch das Dachgefchoß ift zum Teile ausgebaut. Alle übrigen Gebäudeteile find nur erdgefchoffig.

Der Langbau *L* des Hauptgebäudes enthält (im Plane) links von der Eingangshalle *a*, die zugleich als bedeckter Spielhof dient, 3 Klaffenzimmer *b* und rechts 2 Studierfäle *c*; im I. und II. Obergefchoß befinden fich je 2 Schlaffäle, zwifchen denen Schrankzimmer und Wafchräume gelegen find (fiehe Fig. 308, S. 309). Vor diefem Langbau ift ein größerer Vorgarten, hinter demfelben der große Seminargarten (mit dem Abortbau *J*) angeordnet.

Im Trakt *A B* dient der vordere Teil *d* als Wohnung des Hauswarts, der rückwärtige *f* für Verwaltungsräume und Bibliothek. In *e* und über *d*, *e* befindet fich die Wohnung des Direktors und im I. Obergefchoß weiters noch die Wohnung des Ökonomen. Im II. Obergefchoß find über *d*, *e* die Krankenräume und über *f* Lehrerwohnungen untergebracht.

Der Trakt *C D* enthält im Erdgefchoß noch einen Studierfaal *c*, nach vorn (*h*) die Schufterei und Aborte, nach rückwärts den Speifefaal *g*. Im I. Obergefchoß find über *h*, *c* Sammlungen, über *g* der auch in das II. Obergefchoß hineinreichende Lehrfaal für Phyfik und Chemie, daran anfchließend ein Laboratorium gelegen. Über letzterem ift (im II. Obergefchoß) ein Modellzimmer, über *h*, *c* (ebendaf.) der Zeichenfaal angeordnet.

Der Anbau *E* ift für die Übungsfchule beftimmt; er hat die beiden Klaffen *i* und den be-

Zu S. 326.

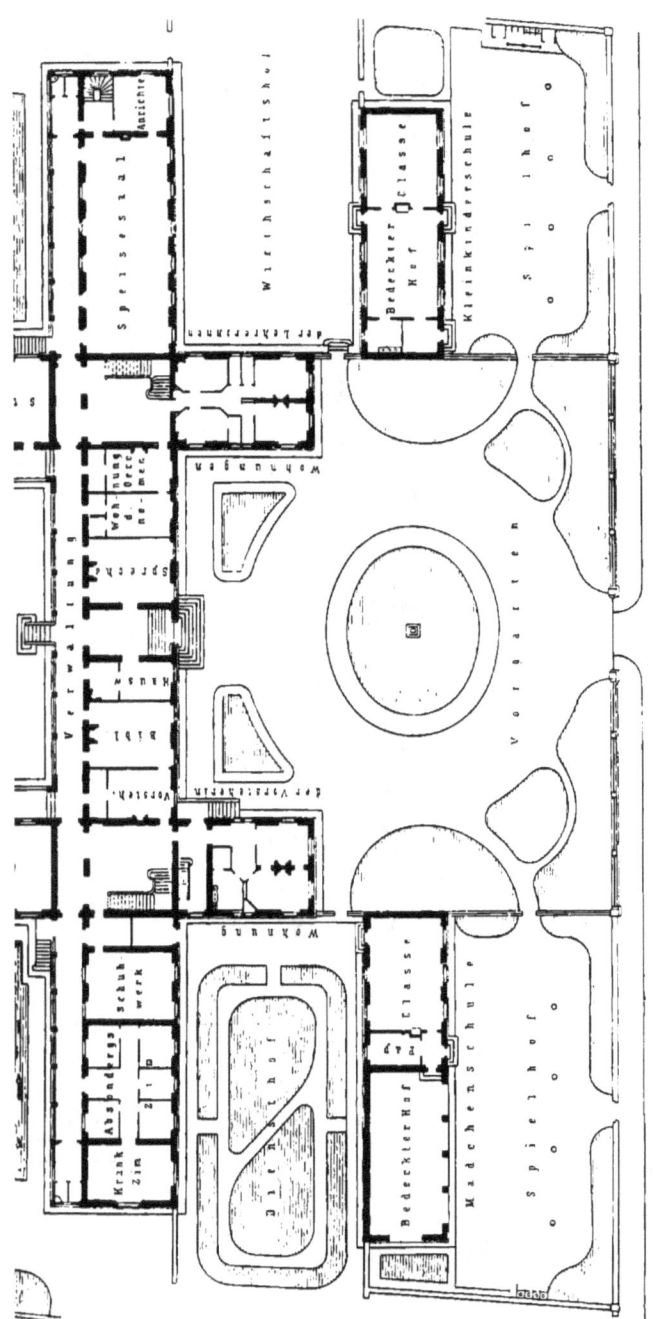

Lehrerinnenseminar zu Auxerre.

Arch.: *Bréasson.*

deckten Spielhof *k* aufgenommen; vor demfelben befindet fich der offene Spielhof mit den Aborten *K*; der Zugang zur Übungsfchule findet bei *l* ftatt. Im Anbau *F* dient der Teil *m* für Anftaltsküche und Zubehör, der Teil *n* als Badehaus; vor diefem Trakt ift der Wirtfchaftshof mit dem Schuppen *o*, hinter demfelben der Gemüfegarten gelegen; der Zugang zu den Wirtfchaftsräumen gefchieht von *r* aus.

G ift die Turnhalle. Im Gebäude *H* befindet fich der Saal *p* für Handfertigkeiten und 2 Mufikzimmer *q*.

Wie leicht erfichtlich, ift die Trennung der einzelnen Raumgruppen im vorliegenden Beifpiele nicht weniger fcharf als im vorhergehenden; auch hier haben fämtliche Räume reichlich Licht und Luft.

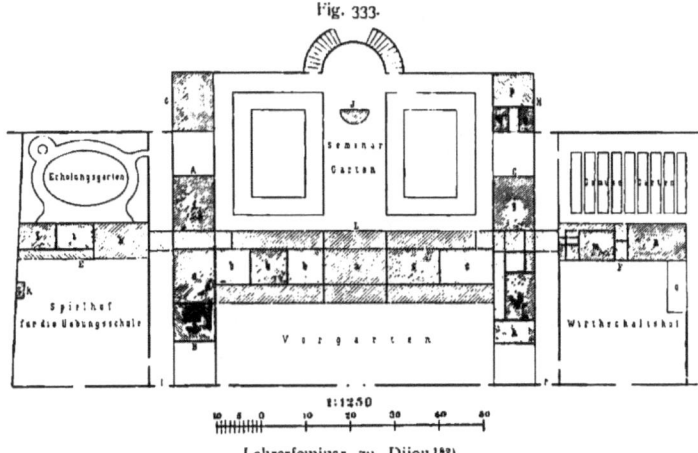

Fig. 333.

Lehrerfeminar zu Dijon[182]).
Arch.: *Vionnois*.

Die vorgeführten Beifpiele zeigen, daß bei der durch Fig. 326 fchematifch angedeuteten Grundform der Seminargebäude die Trennung der verfchiedenen Raumgruppen voneinander keine fo günftige ift, wie bei den in Art. 349 u. 350 dargeftellten Anordnungen. Noch ungünftiger geftalten fich naturgemäß diefe Verhältniffe, wenn man noch einfachere Grundrißformen wählt; es find in diefer Richtung folche in ⊓-Form und rechteckige zur Anwendung gekommen.

351. Lehrerfeminar zu Delitzfch.

Für erftere Grundrißgeftalt kann das von *Lucas* 1882—84 erbaute, zur Aufnahme von 90 Seminariften und 200 Übungsfchülern beftimmte Lehrerfeminar zu Delitzfch (Fig. 334 u. 335) als Beifpiel dienen.

Der Lageplan diefes Seminars wurde bereits in Fig. 319 (S. 316) gegeben. Das eigentliche Seminargebäude ift mit der Hauptfront nach Norden gerichtet und befteht aus Sockel-, Erd- und 2 Obergefchoffen. Im Sockelgefchoß find Wafchküche, Roll- und Plättftube und die Küche des Hauswarts, fonft nur Kellerräume zu finden.

Der Haupttrakt enthält im Erdgefchoß zu beiden Seiten des Mittelganges 4 Übungsklaffen, 3 Seminarklaffen, 2 Krankenzimmer, das Arbeitszimmer des externen Seminariften und einen Raum, der als naturhiftorifches Kabinett und als Lehrerzimmer dient. Im I. Obergefchoß find in der weftlichen Hälfte die aus Fig. 335 erfichtlichen Räume, in der öftlichen Hälfte der Zeichenfaal, die Bibliothek, das Konferenzzimmer, das Arbeitszimmer des Direktors, 2 Seminariftenarbeitszimmer

---

[182]) Nach: WULLIAM & FARGE *Le recueil d'architecture*. Paris. *12e année, f. 10.*

und die Wohnung eines Hilfslehrers untergebracht. Fig. 334 zeigt die Raumverteilung in der östlichen Hälfte des II. Obergeschosses, in deffen Hauptachfe die 6,60 m hohe Aula gelegen ist; die westliche Hälfte ist ganz symmetrisch angeordnet (siehe auch Fig. 306, S. 308).

Im östlichen Flügelbau befindet sich in den 3 Geschossen je eine Dienstwohnung, von denen die im I. Obergeschoß für den Direktor, die beiden anderen für je einen verheirateten Lehrer bestimmt sind. Das Erdgeschoß des Westflügels dient als Wohnung des Ökonomen, der sich die Anstaltsküche unmittelbar anschließt; die Raumanordnung im I. Obergeschoß ist aus Fig. 335 zu entnehmen; über dem Speisesaal liegt der Musiksaal, und im übrigen Teile des II. Obergeschosses sind 5 Musikzellen vorgesehen.

Das zu diesem Seminar gehörige Abort- und das Wirtschaftsgebäude sind in Fig. 314 u. 317 dargestellt.

Die Stockwerkshöhen betragen für das Kellergeschoß 3 und für die übrigen Geschosse je 4 m. Das Gebäude ist in Backsteinrohbau unter Verwendung von Blend- und Formsteinen errichtet und mit deutschem Schiefer auf Schalung gedeckt. Das Kellergeschoß und die Flurgänge sind überwölbt; die Treppen sind freitragend aus Granit hergestellt; der Fußboden der Flurgänge hat Asphaltbelag erhalten.

Die gesamten Baukosten haben rund 304 500 Mark betragen. Bei 1320 qm überbauter Grundfläche kommt 1 qm auf 172,10 Mark und bei 21 081 cbm Rauminhalt 1 cbm auf 10,50 Mark zu stehen.

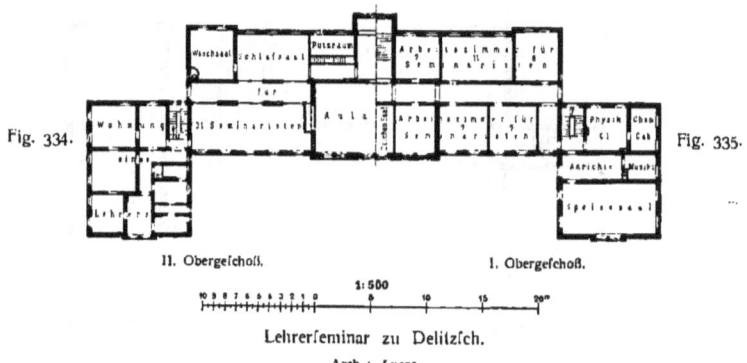

Fig. 334. Fig. 335.

II. Obergeschoß.   I. Obergeschoß.

1:500

Lehrerseminar zu Delitzsch.

Arch.: *Lucas.*

352. Lehrerseminar zu Toulouse.

Auch das Lehrerseminar zu Toulouse (Fig. 336 u. 337 [183]) ist in ⌐-förmiger Grundrißgestalt erbaut worden. Diese Anstalt ist für 56 Zöglinge bestimmt und wurde 1876 eröffnet.

Dieses Gebäude besteht aus Erd- und 2 Obergeschossen und ist zum Teile unterkellert. Die Raumverteilung in Erd- und I. Obergeschoß ist aus den nebenstehenden Grundrissen ersichtlich. Die Küche und die sonstigen Wirtschaftsräume liegen im Kellergeschoß und sind durch eine Nebentreppe vom Speisesaal aus zu erreichen (Fig. 337). Das II. Obergeschoß besitzt eine ähnliche Raumanordnung, wie das I. Viele wichtige Räume, wie Musiksaal, Zeichensaal, Konferenzzimmer etc., fehlen; andere sind räumlich ungenügend.

Die Übungsschule ist vom Seminar vollständig getrennt; sie liegt jenseits des Seminarvorhofes und nahe am Eingang zur gesamten Anlage; sie besitzt einen besonders eingefriedigten Spielhof.

Die Baukosten haben 349 000 Mark (= 436 000 Franken), also für jeden Zögling 6228 Mark (= 7785 Franken) betragen.

353. Lehrerseminar zu Eckernförde.

Bisher sind nur Seminare mit Internatseinrichtung in Betracht gezogen worden. Bei Externaten wird die Planbildung im allgemeinen eine wesentlich einfachere; sie wird von denselben Gesichtspunkten vorzunehmen sein wie bei

[183] Nach: NARJOUX, F. *Les écoles normales primaires.* Paris 1880. S. 54.

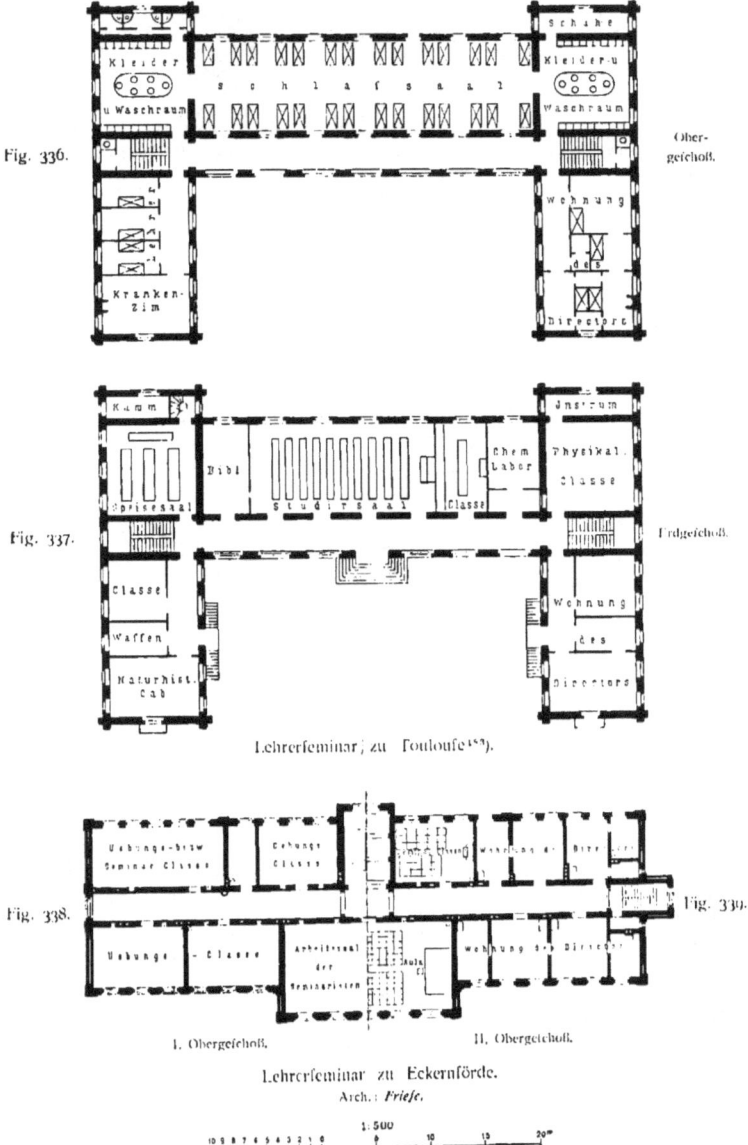

Fig. 336. Obergeschoß.

Fig. 337. Erdgeschoß.

Lehrerseminar zu Toulouse.

Fig. 338. I. Obergeschoß.   Fig. 339. II. Obergeschoß.

Lehrerseminar zu Eckernförde.
Arch.: Friese.

1:500

fonftigen Schulhäufern. Das durch Fig. 338 u. 339 veranfchaulichte, für 110 Seminariften und 240 Übungsfchüler beftimmte Lehrerfeminar zu Eckernförde, welches nach den im preußifchen Minifterium der öffentlichen Arbeiten ausgearbeiteten Plänen durch *Friefe* 1882—85 ausgeführt wurde, ift eine folche Anlage.

Diefelbe fetzt fich aus Unter-, I. und II. Obergefchoß zufammen. Das Untergefchoß enthält in der Hauptachfe den Hauseingang und die Treppe; links (im Plane) davon find nach vorn ein Sammlungszimmer und 6 Mufikübungszellen (fiehe Fig. 301, S. 304), rechts davon nach vorn die Wohnung des Hauswarts gelegen; der rückwärtige Teil diefes Stockwerkes ift zu Kellerräumen ausgenutzt.

Die Obergefchoffe haben je 4,10 m Höhe. Im I. Obergefchoß find links die in Fig. 338 eingetragenen Räume, rechts die Bibliothek, welche zugleich als Konferenzzimmer dient, eine Seminarklaffe und eine Lehrerwohnung untergebracht. Das II. Obergefchoß enthält im vorfpringenden Rifalit die 6,60 m hohe Aula, in der linken Hälfte eine Seminarklaffe, den phyfikalifchen Hörfaal mit anftoßendem Kabinett, ein Klavierzimmer, den Mufikfaal (fiehe Fig. 300, S. 304) und den Zeichenfaal, in der rechtsfeitigen Hälfte die aus Fig. 339 erfichtlichen Räume.

Das Gebäude ift in Backfteinrohbau unter Anwendung von Verblend- und Formfteinen errichtet und mit deutfchem Schiefer auf Schalung gedeckt. Das Untergefchoß, die Flure und Treppenhäufer find gewölbt; im übrigen find Balkendecken zur Anwendung gekommen. Die Haupttreppe befteht aus Sandfteinftufen, auf eifernen Trägern ruhend; die Nebentreppe ift freitragend aus Granit hergeftellt. Die Flurgänge haben einen Afphaltbelag erhalten.

Die gefamten Baukoften haben rund 245 000 Mark betragen; bei 861 qm überbauter Grundfläche entfallen für 1 qm 200,70 Mark, und bei 11 798 cbm Rauminhalt koftet 1 cbm 14,70 Mark.

<small>354. Lehrerinnenfeminar zu Berlin.</small> Eine weitere hier einfchlägige Anlage ift das mit der *Augufta*-Schule zu Berlin verbundene „Königliche Lehrerinnenfeminar". Bezüglich der Pläne diefes Gebäudes und der Befchreibung desfelben kann auf Art. 248 (S. 226) verwiefen werden.

Literatur
über „Lehrer- und Lehrerinnenfeminare".

GOURLIER, BIET, GRILLON & TARDIEU. *Choix d'éfices publics projetés et conftruits en France depuis le commencement du XIXme fiècle.* Paris 1845—1850.
  Bd. 1, Pl. 67, 68: *Séminaire à Moulins.*
  „ 2, Pl. 236—238: *Séminaire à Paris (Saint-Sulpice).*
  „ 3, Pl. 378, 379: *Séminaire à Langres.*
Central London diftrict fchools, Hanwell. Building news, Bd. 3, S. 1327.
Le grand féminaire de Kouba, près d'Alger. Revue gén. de l'arch. 1859, S. 127, 180 u. Pl. 32—35.
Séminaire. Moniteur des arch. 1862, S. 614 u. Pl. 887.
HOBURG. Ueber Lehrer-Seminare und im Speciellen über das neuerbaute Seminar zu Preußifch-Eylau. Zeitfchr. f. Bauw. 1863, S. 517.
Grand féminaire de Bauvais. Moniteur des arch. 1864, Pl. 1005, 1006.
KRÜGER. Das Seminar zu Neu-Klofter in Mecklenburg-Schwerin. ROMBERG's Zeitfchr. f. pract. Bauk. 1866, S. 207.
DODERER, W. Das Pädagogium zu Petrinja. Allg. Bauz. 1871, S. 279.
LANG, H. Das evangelifche Schullehrer-Seminar zu Carlsruhe. Zeitfchr. f. Bauw. 1872, S. 351.
Training college, Darlington. Building news, Bd. 26, S. 228.
Seminare in Berlin: Berlin und feine Bauten. Berlin 1877. Theil I, S. 187.
Grand féminaire de Dijon. Encyclopédie d'arch. 1876, Pl. 487, 483—495, 497.
Seminare in Dresden: Die Bauten, technifchen und induftriellen Anlagen von Dresden. Dresden 1878. S. 207.
Das neue Seminar für Stadtfchullehrer in Berlin. Deutfche Bauz. 1879, S. 213.
NARJOUX, F. *Les écoles normales primaires. Conftruction et inftallation.* Paris 1880.
Zufammenftellung der bemerkenswertheren Preußifchen Staatsbauten, welche im Laufe des Jahres 1879 in der Ausführung begriffen gewefen find. V. Seminarbauten, Pädagogien. Zeitfchr. f. Bauw. 1880, S. 462.
Seminary at Clapham, for the Roman catholic diocefe of Southwark. Builder, Bd. 39, S. 290.

St. Katharine's training college for school miſtreſſes, Tottenham. Builder, Bd. 41, S. 185.
WALDOW. Das Kgl. Sächſiſche Schullehrer-Seminar zu Auerbach i. V. Deutſche Bauz. 1882, S. 587.
Enſeignement primaire. Commiſſion des bâtiments ſcolaires. Projet de règlement pour la conſtruction et l'ameublement des écoles normales. Gaz. des arch. et du bât. 1882, S. 27, 33.
NARJOUX, F. Paris. *Monuments élevés par la ville* 1850—1880. Paris 1883.
    Bd. 2: *École normale primaire d'inſtituteurs du département de la Seine;* von SALLERON.
École normale d'inſtitutrices à Chalons-ſur-Marne. Moniteur des arch. 1883, Pl. 42—44.
École normale d'inſtitutrices, à Chaumont. La conſtruction moderne, Jahrg. 1, S. 461, Pl. 81, 82.
RITGEN, v. Lehrerinnen-Seminar-Gebäude in Saarburg. Centralbl. d. Bauverw. 1886, S. 50.
SCHULZE, F. Augufta-Schule und Lehrerinnen-Seminar in Berlin. Zeitſchr. f. Bauw. 1887, S. 205.
RITGEN, O. v. Die innere Ausſtattung von Seminargebäuden. Centralbl. d. Bauverw. 1887, S. 241.
Schullehrer-Seminar in Stade. Centralbl. d. Bauverw. 1888, S. 31.
École normale d'inſtitutrices à Auxerre. Nouv. annales de la conſt. 1888, S. 165.
Das neue Lehrer-Seminar in Heiligenſtadt. Centralbl. d. Bauverw. 1889, S. 159.
École normale d'inſtituteurs à Rouen. La conſtruction moderne, Jahrg. 5, S. 357, 364, 381, 393 u. Pl. 69—72.
École normale d'inſtituteurs à Bruges. L'émulation 1887, Pl. 35—44.
Die Schulen des St. Johannis-Kloſters zu Hamburg: Hamburg und ſeine Bauten, unter Berückſichtigung der Nachbarſtädte Altona und Wandsbeck. Hamburg 1890. S. 129.
Das neue Lehrerſeminar in Verden a. Aller. Centralbl. d. Bauverw. 1891, S. 217.
Neubau des Lehrer-Seminars in Linnich. Centralbl. d. Bauverw. 1893, S. 297.
Das neue Lehrer-Seminar in Ragnit. Centralbl. d. Bauverw. 1894, S. 532.
Lehrer- und Lehrerinnen-Seminar zu Straßburg: Straßburg und ſeine Bauten. Straßburg 1894. S. 507.
École normale d'inſtitutrices à Lyon. La ſemaine des conſtr., Jahrg. 18, S. 502, 512.
Das neue Lehrerſeminar in Graudenz. Centralbl. d. Bauverw. 1895, S. 318.
Seminare in Berlin: Berlin und ſeine Bauten. Berlin 1896. Bd. II, S. 330.
Neues Klaſſenhaus beim Lehrerſeminar in Karalene bei Inſterburg. Centralbl. d. Bauverw. 1896, S. 289.
Lehrer- und Lehrerinnen-Seminare zu Karlsruhe: BAUMEISTER, R. Hygieniſcher Führer durch die Haupt- und Reſidenzſtadt Karlsruhe. Karlsruhe 1897, S. 178.
WALDOW. Schullehrerſeminargebäude zu Plauen bei Dresden. Zeitſch. f. Arch. u. Ing., Heftausg., 1898, S. 377.
Training college for pupil teachers, Leeds. Building news, Bd. 80, S. 501.
WULLIAM & FARGE. *Le recueil d'architecture.* Paris.
    12e année, ſ. 2, 3, 9, 10, 24, 47: École normale d'inſtituteurs pour 72 élèves-maîtres, à Dijon; von VIONNOIS.
    13e année, ſ. 39, 45, 53: École normale à Cahors; von RODOLOSSE.
    15e année, ſ. 34, 35, 52, 71: École normale d'inſtitutrices à Auxerre; von BRÉASSON.
Croquis d'architecture. Intime club.
    1880, No. V, ſ. 2—5: Un ſéminaire.
    1882, No. XI, ſ. 4 et 5: École normale pour 60 inſtitutrices à Rennes.
    1886, No. VIII, ſ. 1—6 } : *École normale d'inſtitutrices pour 60 élèves à Charleville.*
    No. IX, ſ. 1—2

15. Kapitel.
Turnanſtalten.
Von † OTTO LINDHEIMER [181]).
a) Allgemeines.

Turnanſtalten ſind zum Erteilen von Unterricht im Turnen und zur Ausführung von Turnübungen beſtimmt. Die baulichen Anlagen, die hierzu dienen, ſind erſt ſeit verhältnismäßig kurzer Zeit in das Leben gerufen worden.

355. Aufgabe und Verſchiedenheit.

Bereits im XVIII. Jahrhundert ſtellten hervorragende Männer, wie *Rouſſeau* und andere, den Grundſatz auf, daß ein geſunder Geiſt nur in einem geſunden Körper wohnen könne, und

---

[181]) In der vorliegenden 2. Auflage umgearbeitet und ergänzt durch die Redaktion.

ſtreben dementſprechend ſchon damals die Ausbildung des Körpers an. *Baſedow* in Deſſau ließ ſeine Schüler zuerſt 1774 gemeinſame körperliche Übungen ausführen, ebenſo *Salzmann* und *Gutsmuths* 1784 in der Erziehungsanſtalt zu Schnepfenthal. Auch *Peſtalozzi* verſuchte es 1807, in der Schweiz Turnübungen in den Schulen einzuführen.

Mit dem Aufſchwunge des deutſchen Volkes, die verhaßte Herrſchaft der Franzoſen abzuſchütteln, erwachte auch das Beſtreben, das Volk in jeder Weiſe zu kräftigen und zu ſtärken; hervorragende Männer, wie *Frieſen, Harniſch, Bormann*, namentlich aber *F. L. Jahn* (geb. 11. Aug. 1778, geſt. 15. Okt. 1852) vereinigten ſich zu gemeinſamen körperlichen Übungen. *Jahn* errichtete 1811 den erſten öffentlichen Turnplatz auf der Haſenheide zu Berlin, und von hier aus breitete ſich das Turnweſen immer weiter in Deutſchland aus.

Anfänglich wurden dieſe Beſtrebungen von den deutſchen Regierungen mit Wohlwollen betrachtet; doch bald, mit dem Eintreten der Reaktion, wurde Mißtrauen geſäet und ſchließlich die Vereinigung zu Turnzwecken als ſtaatsgefährlich betrachtet und verfolgt. Teils offen, teils geheim beſtand indeſſen das Turnweſen fort, hielt trotz vielfacher Kämpfe tapfer aus, und ſchließlich rang ſich die gute Sache glücklich durch, nachdem mit dem friſcheren, freieren Geiſte der Neuzeit der gewaltige Wert der edlen Turnkunſt, zur Hebung der Volkskraft, auch ſeitens der Regierungen voll erkannt wurde. Nach und nach bürgerte ſich das Turnen in allen Kreiſen, in allen Schulen und ſelbſt im Militär ein und wird nun als weſentlicher Faktor der Erziehung überall hoch geſchätzt.

Im Laufe der Zeit wurden beſtimmte Geräte erfunden, namentlich durch *Jahn*, und zu den Übungen verwendet; ebenſo wurden die einzelnen Übungen benannt und Lehrbücher darüber geſchrieben, überhaupt die ganze Turnerei in beſtimmte Formen und Regeln gebracht. In Deutſchland haben ſich die Turner in der „Deutſchen Turnerſchaft", im „Deutſchen Turnerbund", im „Arbeiter-Turnerbund" etc. einen Zuſammenhalt gegeben. Dieſelbe zählt in 17 Kreiſen mit Deutſch-Öſterreich an 200 000 Mitglieder.

Von Deutſchland aus hat ſich das Turnweſen in ſämtliche ziviliſierte Staaten ausgebreitet, und die urſprünglich deutſche Turnkunſt hat in allen Ländern ſiegreichen Einzug gehalten.

Die derzeit beſtehenden Turnanſtalten ſind je nach der Perſon oder Stelle, von der ſie errichtet und unterhalten werden, je nach gewiſſen Sonderzwecken etc., denen ſie mit zu dienen haben, ziemlich verſchieden. Man kann hauptſächlich unterſcheiden:

1) Turnanſtalten, welche mit niederen und höheren Schulen verbunden ſind — Schul-Turnanſtalten. (Siehe Art. 99 u. 100, S. 77 ff., ſowie Art. 185, S. 155.)

In England fehlen auch an den meiſten Hochſchulen Räume für das Turnen nicht; an den deutſchen Hochſchulen ſind ſolche kaum (vielleicht nur mit Ausnahme der Univerſität zu Wien) zu finden; nur für die eifrig gepflegte Kunſt des Fechtens ſind hier und da Räumlichkeiten eingerichtet. (Siehe das folgende Heft dieſes „Handbuches, Abt. VI, Abſchn. 2, A, Kap. 1, unter a.)

Das Schulturnen zeigt je nach der Art der Schule, dem Alter und der Menge der Übenden bald eine mehr ſpielartige Form des Betriebes, bald eine Annäherung an die ſtraffe, militäriſche Drillung oder auch an die freiere Betriebsart der Vereine. Doch weicht die letztere Form, infolge der dafür häufig mangelnden Vorbedingungen, mehr und mehr dem Turnen der geſchloſſenen Schulklaſſen unter einzelnen Lehrern.

2) Turnanſtalten, die vom Staate, von der Stadt oder von Privaten errichtet und unterhalten werden, welche aber an keine Schule angeſchloſſen ſind und weiteren Kreiſen die Möglichkeit darbieten, das Turnen zu erlernen und darin ſich zu üben.

3) Turnlehrer-Bildungsanſtalten, welche zur Ausbildung von Turnlehrern beſtimmt ſind.

Dieſelben ſind für die weitere Entwickelung des Schulturnens und die methodiſche Verarbeitung des Übungsſtoffes von Bedeutung.

4) Vereins-Turnanſtalten, von Turnvereinen, bezw. -Geſellſchaften errichtet und unterhalten.

Das Vereinsturnweſen hat ſeit den vierziger Jahren des vorigen Jahrhunderts mehr und mehr an Boden gewonnen; dasſelbe iſt auch für die Einführung des Jugendturnens, ſowie für die techniſche Geſtaltung des Turnbetriebes von großem Einfluß geweſen. Da das Vereinsturnen auf der freiwilligen Beteiligung beruht und auch auf die verſchiedenſten Altersklaſſen Rückſicht genommen werden muß, fo tritt beim Turnen die lehrhafte Form zurück; der Bewegungs- und Leiftungsluft auf Auswahl und Ausführung der Übungen wird größerer Einfluß geftattet, daher auch das Kunftturnen an Geräten bevorzugt.

In Nordamerika pflegt man vielfach in den Gebäuden für die gefelligen Vereine, in den dortigen Klubhäufern etc., Turnfäle einzurichten.

5) **Turnhallen**, welche in Verbindung mit Arbeiteranfiedelungen errichtet werden und den Bewohnern der letzteren zur körperlichen Ausbildung zur Verfügung ftehen. Sie gehören alfo in gleicher Weife zu den **Wohlfahrtseinrichtungen**, wie die Anfiedelungen felbft.

6) **Militärifche Turnanftalten**.

Beim Turnen der Soldaten wird, außer den Rückfichten auf die befondere Verwendung der einzelnen Waffengattungen, eine befchränkte Auswahl aus der großen Menge erreichbarer Übungen getroffen und diefe in der ftraffen Übungsform militärifcher Disziplin ausgeführt. Diejenigen, welche folche Übungen zu leiten haben, werden in befonderen Turnanftalten darin ausgebildet.

Ungeachtet diefer ziemlich weitgehenden Verfchiedenheit der Turnanftalten ift die bauliche Anlage und zum großen Teile auch die Einrichtung derfelben eine ziemlich übereinftimmende.

Der wichtigfte Raum einer Turnanftalt, auch derjenige, der bezüglich feiner Abmeffungen alle übrigen Gelaffe bei weitem überragt ift, 356. Erforderniffe.

α) der **Turnfaal oder die Turnhalle**.

Bei ganz einfachen baulichen Anlagen der fraglichen Art ift nur noch

β) ein **Vorraum** vorhanden, der zugleich zum Aufbewahren der Geräte etc. dient; beffer ift es, einen befonderen

γ) **Geräteraum** vorzufehen.

In allen Turnanftalten, wo man in den Mitteln nicht zu fehr befchränkt ift oder wo man den gleichen Zweck nicht in anderer Weife befriedigt, ift

δ) ein **Umkleideraum** oder eine **Garderobe** erforderlich. Wünfchenswert find ferner:

ε) ein **Raum mit Wafcheinrichtungen** und

ζ) ein **Zimmer für den Turnlehrer**. Endlich dürfen

η) **Aborte und Piffoirs** niemals fehlen, außer bei Schulturnhallen, da für diefes Bedürfnis meift anderweitig geforgt ift.

In den vorftehend unter 2 angeführten felbftändigen Turnanftalten ift nicht felten

ϑ) eine **Wohnung für den Diener**, bezw. den Hauswart vorzufehen.

Bei Vereinsturnanftalten find weiters erforderlich:

ι) ein **größeres Zimmer für die Vorftandsmitglieder** des Vereins, welches zugleich als Sitzungszimmer, Aktenarchiv, Bibliothek und Lefezimmer Verwendung finden kann, und

κ) die **Wohnung des Vereinsdieners**.

Wenn es die Mittel erlauben, fo fieht man wohl auch vor:

λ) außer dem großen Turnfaal noch einen kleineren,

μ) ein **Fechtzimmer**, bezw. einen **Fechtfaal**,

ν) einen größeren **Saal zu Kneip- und Tanzvergnügungen**, für Vorlefungen etc. mit den entfprechenden Nebenzimmern, und

ξ) eine **Kegelbahn** mit daranftoßender Kegelftube.

ο) Bisweilen, namentlich in Amerika, pflegen auch Zellen mit Badewannen und Braufeeinrichtungen vorhanden zu fein.

π) Schließlich follte zu jeder Turnanftalt, um bei günftiger Witterung im Freien turnen zu können, ein genügend großer **Turnplatz** gehören.

357. Gesamtanlage.

Die Gesamtanordnung der meisten Turnanstalten ist eine sehr einfache. An den räumlich hervorragenden Turnsaal sind an der einen Schmal- oder Langseite, seltener an zwei Seiten, die wenigen Nebenräume angereiht, die erforderlich sind; sie werden in solcher Weise gruppiert und an den Turnsaal angeschlossen, daß ihre Benutzung in tunlichst bequemer und zweckentsprechender Weise geschehen kann.

Nur bei Vereinsturnanstalten wird die Gesamtanlage eine weniger einfache, wenn reichere räumliche Bedürfnisse zu befriedigen sind; die am Schluß des vorliegenden Kapitels beigefügten einschlägigen Beispiele zeigen, in welcher Weise man in den betreffenden Fällen die Aufgabe gelöst hat. Im übrigen werden im nachfolgenden, namentlich unter c und d, noch verschiedene Fingerzeige für die Planbildung der Turnanstalten gegeben werden.

In der Regel werden die Turnanstalten in Backsteinrohbau ausgeführt. Die württembergischen und manche andere Turnhallen sind allerdings nur in Holzfachwerkbau mit Backsteinausmauerung hergestellt. Solcher Bauweise entsprechend, pflegt auch die Außenarchitektur meist nur sehr einfach gestaltet zu werden: glatte Wände, welche in entsprechenden Abständen zur Verstärkung Lisenen oder Strebepfeiler erhalten, und hochgelegene Fenster, welche behufs besserer Gruppierung wohl auch gekuppelt sind, kennzeichnen im Äußeren den Turnsaal. Sind für etwas weitergehende Ausschmückung Mittel vorhanden, so hat sich letztere, dem Zwecke entsprechend, in ernsten Formen zu bewegen. Eine reichere Außenarchitektur zeigen die in gotischen Formen errichteten Turnhallen in Hannover (Arch.: *Schulz & Hauers*) und zu Brünn (Arch.: *Prokop*); die württembergischen Fachwerkbauten haben vielfach ausgeschnittene Holzverzierungen erhalten.

Weit ausladende Hauptgesimse oder gar überhängende Dächer sind als lichtraubend nicht zu empfehlen.

b) Turnsaal.

358. Lage und Grundform.

Wenn die örtlichen Verhältnisse es gestatten, stelle man den Turnsaal mit seiner Längsachse von Nord nach Süd, damit er einerseits von der Sonne nicht zu sehr erwärmt, andererseits seine Nordseite möglichst kurz werde; auch ordne man ihn so an, daß nach Norden nur Lichtöffnungen, aber keine zur Lüftung dienenden Fensteröffnungen notwendig werden. Am besten ist es, wenn die Turnanstalt völlig frei steht und sich an vorhandene Bauten gar nicht anlehnt. Wie in Art. 100 (S. 78) bereits erwähnt worden ist, pflegt man die Schulturnhallen häufig durch einen überdeckten Gang mit dem Schulhause zu verbinden, um es zu ermöglichen daß die Schüler bei schlechtem Wetter den Turnsaal völlig geschützt erreichen können.

Dem Turnsaal gibt man erfahrungsgemäß am besten im Grundriß die Gestalt eines Rechteckes, dessen Länge sich zu seiner Breite wie 3:2 verhält. In einem quadratisch geformten Saal lassen sich die feststehenden Turngeräte nicht zweckmäßig anbringen, da entweder ein zu kleiner quadratischer Raum oder ein rechteckiger Raum von unbequemer Grundform frei bleibt. Bei der gedachten rechteckigen Grundrißgestalt können die feststehenden Geräte derart aufgestellt werden, daß für die Freiübungen ein sehr bequemer und genügend großer quadratischer Raum übrig bleibt.

359. Länge und Breite.

Der Turnsaal soll eine so große Grundfläche haben, daß eine entsprechende Anzahl von Turnenden genügenden Raum zum Geräte- und Freiturnen hat; demnach wird das Ausmaß dieser Grundfläche stets der Anzahl der voraussichtlich zu gleicher Zeit Turnenden zu entsprechen haben.

Im Laufe der Zeit haben sich gewisse Erfahrungssätze über die Größe des Turnsaales herausgebildet; dabei ist zu beachten, ob die Turnhalle von Schulkindern oder von Männern benutzt werden soll, da dies selbstredend einen Maßunterschied bedingt.

Über die Abmessungen der Schulturnhallen sind bereits in Art. 100 (S. 78) die erforderlichen Angaben gemacht worden. Rowald hält [185]) für Fälle, in denen man sehr sparsam umgehen muß, einen lichten Raum von $10 \times 20^m = 200^{qm}$ für ausreichend; eine solche Halle sei bei zweimal wöchentlichem Turnunterricht von je einer Stunde für 28 Klassen ausreichend. Soll die Halle an Abendstunden an Vereine erwachsener Turner vermietet werden, so erhöhe man die Grundfläche auf $12 \times 22^m = 264^{qm}$.

Für Vereinsturnhallen ist eigentlich die Zahl der aktiven Mitglieder des Vereins mit der etwa zu erwartenden Vermehrung derselben maßgebend. Besser ist es indes, der Raumbemessung die Zahl der gleichzeitig bei Freiübungen aufzustellenden Turner zu Grunde zu legen.

Für jeden Turner ist als Breitenmaß die Entfernung zwischen den Spitzen seiner Mittelfinger bei seitwärts gehobenen Armen (1,80 bis 1,90 ^{m}) und als Tiefenmaß der Abstand des Rückens von der Mittelfingerspitze des vorwärts gehobenen Armes (1,00 bis 1,10 ^{m}) anzunehmen. Kennt man nun die beabsichtigte Zahl der Reihenaufstellungen; erwägt man ferner, daß die aufgestellte Turnergruppe nach vorwärts, rückwärts und nach jeder Seite etwa 5 Schritte machen können muß, so daß in Länge und Breite etwa 3,00 bis 3,50 ^{m} noch hinzuzurechnen sind; berücksichtigt man endlich, daß der Turnlehrer, bezw. der Kommandierende in etwa 2 bis 3 ^{m} Entfernung von der vordersten Turnerreihe sich aufzustellen hat — so erhält man die gewünschten Flächenabmessungen. Im allgemeinen ergeben sich für jeden Turner bei den Freiübungen 3,00 bis 3,50 ^{qm} Grundfläche als erforderlich [186]).

In solcher Weise ergeben sich für die Turnhallen größerer Vereine unter Umständen sehr bedeutende Grundrißabmessungen. So z. B. Turnverein zu Limbach $23,50 \times 14,00^m$; Turngemeinde zu Pirna $26,00 \times 14,00^m$; Straßburger Turnverein zu Straßburg $29,50 \times 16,00^m$; Turnerschaft München zu München $32,00 \times 17,00^m$; Turnverein Westvorstadt zu Leipzig $39,00 \times 26,00^m$; Allgemeiner Turnverein zu Dresden $35,50 \times 25,00^m$; Friesenturnhalle zu Magdeburg $38,29 \times 19,57^m$; Turnerschaft von 1816 zu Hamburg $42,00 \times 22,00^m$.

360. Höhe.

Die Höhe des Turnsaales wählt man einerseits nicht gern zu groß, weil sonst die Erwärmung zur Winterszeit eine zu schwierige und kostspielige wird; andererseits ist durch das Breitenmaß des Saales eine nicht zu geringe Höhe bedingt, sowie auch die festen Turngerüste eine in ziemlich engen Grenzen bestimmte lichte Höhe (von etwa 5,30 bis 5,40 ^{m} bis Balkenunterkante) erfordern. Auch der Umstand, ob der Turnsaal eine Decke besitzt oder ob die Dachkonstruktion sichtbar ist, ist für die Höhenabmessung einigermaßen bestimmend. Ist eine Decke vorhanden, so wird man, der guten Verhältnisse wegen, den Abstand der Deckenunterkante vom Fußboden größer wählen als bei freier Dachkonstruktion die Höhe der Fußpfette über dem Fußboden.

Das Höhenmaß von 5,50 bis 6,00 ^{m} ist ein häufig vorkommendes und in vielen Fällen auch ausreichend; für ganz einfache Turnhallen hält Rowald [186]) eine Höhe von 5,00 ^{m} für ausreichend, obwohl eine so geringe Höhe bezüglich des Staubes

---

[185]) In: Haarmann's Zeitschr. f. Bauhdw. 1893, S. 26.
[186]) Siehe: Wagner, W. Ueber Turnvereins-Hallen etc. Deutsche Bauz. 1886, S. 603.

nicht ohne Bedenken ist. Deshalb findet man meist größere Höhenabmessungen; man ist sogar bis 13 m gegangen, was als übermäßig bezeichnet werden kann, wenn man nicht gerade auf einen sehr hohen Mastbaum oder ein langes Klettertau besonderes Gewicht legt.

Die Nebenräume, von denen noch unter c die Rede sein wird, können selbstredend niedriger gehalten werden; unter Umständen genügt für diese schon eine Höhe von 3,20 m.

361. Wände und Türen.

Die Außenmauern eines Turnsaales sollen nicht nur fest genug sein, um die Decken- und Dachkonstruktion mit Sicherheit tragen zu können, sondern auch eine solche Stärke haben, damit sie den Saal im Winter genügend warm halten. Deshalb sollten dieselben niemals unter 1 1/2 Stein stark sein, und die bereits erwähnten württembergischen Fachwerkwände sind aus diesem Grunde nicht zu empfehlen. Letztere haben auch noch den Nachteil, daß durch den Regenschlag leicht ein Durchnässen der Außenwände eintritt. Letzterem Mißstande wird am besten dadurch vorgebeugt, daß man die Backsteinmauern mit Hohlräumen herstellt (äußerer Teil 1 Stein stark, Hohlraum 8 cm breit, innerer Teil 1/2 Stein stark); eine solche Konstruktion empfiehlt sich auch in Rücksicht auf die Abkühlung im Winter.

An den Auflagerungsstellen der Dachbinder erhalten die Mauern entsprechende Verstärkungen; gegen den Seitenschub des Daches werden wohl auch Pfeilervorlagen oder Strebepfeiler vorgemauert. Pfeilervorlagen im Inneren sind zu vermeiden.

Der untere Teil der Mauern wird, wenn geputzt, beim Turnen leicht verstoßen und beschädigt; deshalb sollte man in allen Turnsälen die Innenwände auf mindestens 1,80 m Höhe mit einer Holztäfelung, die am besten dunkel gebeizt wird, verkleiden.

Die in den Umfassungsmauern des Turnsaales anzuordnenden Türen müssen hinreichend breit sein, um in mehreren Gliedern durchmarschieren zu können. Sie werden in der Regel aus Holz konstruiert und in mehrere Flügel zerlegt; sie sind sehr solid auszuführen. Ähnlich wie bei öffentlichen Gebäuden sollen auch hier alle Türen nach außen aufschlagen.

Über die Anordnung, bezw. Verwahrung der Haupteingangstür wird noch in Art. 371 die Rede sein.

362. Fußböden.

Auf die Anlage und Ausführung der Fußböden in Turnsälen ist ein besonderer Wert zu legen. Ein solcher Fußboden soll folgende Bedingungen erfüllen:

1) er soll vollständig eben und fest sein und keinen Staub entwickeln;

2) er soll nicht glatt sein und das Ausgleiten nicht befördern;

3) er soll nicht zu hart und dabei etwas elastisch sein, soll auch nicht hohl klingen [187]);

4) er soll gegen das Entstehen von Spänen und Splittern genügende Sicherheit bieten, und

5) er soll ein tunlichst schlechter Wärmeleiter sein.

Allen diesen Anforderungen zu genügen, ist allerdings schwierig, wenn, wie bei Vereinsbauten, die Mittel beschränkt sind.

In diesem Falle ist ein etwa 14 cm dicker Boden von geschlagenem und gestampftem Lehm (wie in einer Tenne), die obere Schicht mit Salz vermischt, wohl zu empfehlen und billigen Ansprüchen genügend. Ein solcher Boden ist eben, staubt bei mäßiger Benetzung fast gar nicht, ist nicht allzu hart und immerhin

---

[187]) Die Turnlehrer wünschen einen gewissen Grad von Elastizität und Resonanz des Fußbodens, damit bei den Freiübungen der Tritt des Turnenden sich „scharf markiert".

etwas elaftifch. Für ftark benutzte Männerturnhallen ift bei befchränkten Mitteln ein folcher Boden allen anderen vorzuziehen. Allerdings erhält der Lehm bei heißer Witterung bald Riffe; letztere laffen fich jedoch mit einem Gemifch von Lehm und Zement leicht ausgießen.

Steinpflafter und Zementeftrich find ihrer Härte wegen zu verwerfen. Afphalt wird im Sommer zu weich, und Sand ftaubt zu viel.

Am empfehlenswerteften, weil am wenigften ftauberzeugend, allerdings auch am teuerften, ift ein gedielter Fußboden auf Balkenunterlagen, deren Zwifchenräume ausgeftakt oder ausgerollt find. Eichene Riemen, 3 bis 4 cm ftark, 14 bis 18 cm breit, in Feder und Nut verlegt, geben einen guten Fußboden, der allerdings etwas hart ift und glatt wird; Böden aus weichem Holz, *Pitch-pine* ausgenommen, erzeugen leicht Splitter, welche gefährlich werden können. Allerdings haben Fichte, Kiefer und *Pitch-pine* vor dem Eichenholz den Vorteil, daß fie nicht fo leicht glatt werden und daher nicht fo häufig Anlaß zum Ausgleiten geben können.

Eichenparkettboden in Afphalt hat fich, namentlich bei diagonaler Lage, gleichfalls gut bewährt, ift aber härter als Dielung auf Balkenunterlagen.

Die Dielungsbretter werden zweckmäßigerweife in der Querrichtung der Turnhalle, die Lagerhölzer demnach nach der Längsrichtung verlegt, weil auf diefe Weife Befchädigungen der Turner durch losgeriffene Holzfplitter weniger häufig vorkommen. Die Richtung, in der diefe Bretter zu verlegen find, kommt auch dann in Frage, wenn auf das Zufammenfchieben gewiffer Geräte, z. B. der Reckpfeiler, Rückficht zu nehmen ift; alsdann foll dies durch die Bretterrichtung begünftigt werden.

Bei allen hölzernen Fußbodenkonftruktionen ift darauf zu achten, daß die Feuchtigkeit des Untergrundes genügend vom Holzwerk abgehalten ift, und zwar entweder durch Zementbeton oder durch hinreichend ftarke Luftgewölbe.

In den Leipziger Schulturnhallen wurde für die Fußböden Xylolith, in Hamburg und Hannover ein Linoleumbelag auf Dielung verwendet; doch hat fich Xylolith als zu glatt und hart erwiefen.

Welches Material auch zum Fußboden gewählt wird, fo ift zu empfehlen, ein Drittel der Halle auf eine Tiefe von 14 bis 16 cm auszugraben und mit reiner Gerberlohe auszufüllen, welche gegen das Stauben öfters benetzt und zeitweilig erneuert wird. In diefem Drittel find die Klettergerüfte und Seile, die Leitern, Recke, Streckfchaukel und Schwebreck anzubringen, fowie die Sprungplätze für Hoch- und Weitfprung anzuordnen. Der Lohboden zeigt entweder ftarke Staubentwickelung oder im Gegenteil große Feuchtigkeit und Schlüpfrigkeit. In der Halle des Turnvereines München, in der neuen Turnhalle der Römerfchule zu Stuttgart etc. hat man deshalb als Bodenmaterial eine Mifchung von 3 cbm Sägefpäne aus weichem Fichtenholz, $1/_2$ cbm feinem Fluß- oder Schwemmfand und 25 kg rohem Viehfalz mit gutem Erfolg zur Anwendung gebracht; diefe Deckfchicht ift 40 cm dick und muß ähnlich wie die Lohe befeuchtet werden [188]).

Ferner empfiehlt fich ein Lohboden noch an den Plätzen, wo die Übungen mit Gewichtfteinen, Hanteln, Keulen und dergl. ftattfinden.

Auch andere Stellen des Fußbodens beftreut man, zur Milderung feiner Härte, bisweilen mit Gerberlohe; doch wird dies in neuerer Zeit von Autoritäten im Turnfach verworfen. Als Erfatz hierfür dienen mit Pferdehaar gefüllte Matratzen und geeignete Matten, namentlich die fog. Kokosturnmatten.

Matratzen entwickeln fich bei unrichtiger Behandlung leicht zu Staub- und Bakterienherden;

[188]) Siehe: Fortfchr. d. öff. Gefundheitspfl. 1893, S. 138.

jeder Niedersprung wirbelt eine Staubwolke daraus auf. Um diesem Übelstande zu steuern, werden die Matratzen mit Wasser begossen. Wiederholtes Befeuchten ruft indes im Matratzeninhalt einen Fäulnisvorgang hervor, wodurch die Luft des Turnsaales dumpfig und übelriechend gemacht wird. Deshalb sollte man das Begießen der Matratzen, namentlich der Seegrasmatratzen, unterlassen und die Reinhaltung durch häufiges Klopfen bewirken[150]). Auch wird empfohlen, diese Matratzen oben und unten mit Leder zu beziehen und vor allem staubfreie Füllung zu wählen. Kokosmatten können ohne Bedenken begossen werden.

363. Decke

Eine wagrechte Decke wird in Turnsälen nur dann ausgeführt, wenn über der Halle andere Räume angeordnet werden sollen, was z. B. in Schulhäusern vorkommen kann, oder wenn man die Beheizung zur Winterszeit erleichtern will.

364. Dach.

In den meisten Fällen wird allerdings der Turnsaal nur durch die sichtbare Dachkonstruktion nach oben hin abgeschlossen; doch müssen die Sparren auch hier an der Unterfläche verschalt und geputzt werden. Durch eine in Felder geteilte Holzschalung allein kann man zwar ein hübscheres Aussehen erzielen; indes ist dieselbe für Wärme und Kälte leichter durchlässig.

Die Dachbinder werden aus Holz, aus Holz und Eisen, wohl auch nur aus Eisen konstruiert. Freistützen, welche den Dachstuhl tragen, sind tunlichst zu vermeiden; wenn sie indes nicht zu umgehen sind, so ordne man sie derart an, daß sie den freien Raum der Halle nicht stören und daß sie gleichzeitig als Gerüste für gewisse Geräte dienen können. Bei Anordnung der Dachbinder ist darauf zu achten, daß an denselben die feststehenden Gerüste bequem befestigt werden können; sonst müssen zu diesem Zwecke besondere wagrechte Balken vorgesehen werden.

Alle Holzteile des Dachstuhles sind zu hobeln und die Kanten abzufasen; ein Ölfarbenanstrich darf niemals fehlen.

Für die Dachdeckung wird am besten Schiefer oder Ziegel gewählt; bei billiger Ausführung empfiehlt sich ein Holzzementdach.

365. Tageserhellung.

Die zur Tageserhellung dienenden Fenster werden behufs reichlicher Luftzuführung möglichst groß gemacht, bis unter die Decke geführt und daselbst durch flachbogige Stürze geschlossen; die Fensterbrüstung soll nicht niedriger als 1,80 m gelegen sein. Die gesamte lichtgebende Fläche der Fenster soll nicht unter $1/_6$ der Saalgrundfläche betragen. Zur Vermeidung des von den Turnlehrern so sehr gefürchteten Blendlichtes ordne man die Fenster nur an einer Langseite an. Findet der Turnunterricht, bezw. finden die Turnübungen nur am Nachmittag statt, so stelle man den Turnsaal so, daß die Fenster nach Osten gerichtet sind.

Von mancher Seite ist zur Erzielung einer gleichmäßigen Beleuchtung Deckenlicht empfohlen worden. Besser ist jedoch hohes Seitenlicht mit einer Fensterbrüstungshöhe von 3,00 bis 3,50 m; Blendlichter können alsdann nicht vorkommen, und man kann an allen Seiten Fenster anbringen.

Die äußersten Fenster einer jeden Wand sollen mindestens 1,50 m von den Ecken des Innenraumes abstehen.

Für die Turnhallen sind schmiedeeiserne Fenster mit nicht zu großen Glasscheiben und einzelnen Luftflügeln am meisten zu empfehlen; letztere sind tunlichst im oberen Fensterviertel anzubringen und zum Herunterlegen einzurichten. Hölzerne Fenster in der hier erforderlichen Größe haben infolge der ständigen Feuchtigkeit, herrührend von dem durch das starke Ausatmen erzeugten Schwitzwasser, nur kurze Dauer. Zum Auffangen des unvermeidlichen Schwitzwassers bringe man an den Fensterunterkanten Zinkrinnen an, welche das Wasser auffangen und in einen angehängten Behälter aus Zinkblech leiten.

[150]) Siehe: Zeitschr. f. Schulgesundheitspfl. 1895, S. 87.

Die meisten Turnhallen werden auch des Abends benutzt; deshalb muß für künstliche Erhellung derselben geforgt werden. Gegenwärtig ist häufig Gasbeleuchtung im Gebrauche: einfache Kronleuchter, welche in 4 bis 5 m Höhe über dem Fußboden hängen, und Wandarme, an hierzu geeigneten Stellen angebracht, dienen diesem Zwecke. Elektrisches Licht findet gleichfalls Anwendung. 366. Künstliche Beleuchtung.

Um im Turnsaal den nötigen Luftwechsel zu erzeugen, richte man $1/_3$ der gesamten Fensterfläche zum Öffnen ein; außerdem sind im Dachfirst Luftzugsöffnungen anzubringen. In einer Halle von 20 bis 25 m Länge sollten deren zwei von je 4 bis 6 qm Querschnitt vorhanden sein. Am besten ist es, sog. Firstlaternen oder Dachreiter von etwa 1 m Höhe aufzusetzen, dieselben nach oben zu dicht abzudecken und nach den beiden Seiten hin mit Jalousiebrettchen zu versehen. Bewegliche Jalousieeinrichtungen werden bald untauglich; deshalb wähle man feste Jalousiebrettchen und bringe seitliche, zweiflüglige Läden an, die man von unten aus, mit Hilfe von Zugschnüren, nach Belieben öffnen oder schließen kann. 367. Lüftung.

Will man eine solche Deckenlüftung nicht einrichten, so sehe man vier Abzugsrohre von je 500 qcm lichtem Querschnitt vor.

Während des Turnens darf niemals Gegenzug entstehen.

Wenn auch einzelne Turnhallen mit einer Sammelheizanlage versehen worden sind, so ist eine solche doch nicht zu empfehlen, weil die Luft leicht zu warm wird. Eiserne Füllöfen, ebenso Gasöfen, welche in richtiger Entfernung voneinander aufgestellt werden (z. B. in den vier Ecken), sind aus dem Grunde vorzuziehen, weil man je nach der Außentemperatur nur einen Teil oder alle Öfen in Betrieb setzen kann, und namentlich deshalb, weil es nur in der Nähe des Ofens warm zu sein braucht, während für den übrigen Teil des Turnsaales eine Temperatur von 10 bis 12 Grad C. ausreicht; nur bei so niedriger Temperatur arbeiten sich die Turner wirklich warm; zu hohe Temperatur führt leicht schädliche Überhitzung herbei. Wollen sich einzelne, namentlich der Turnlehrer, der wenig Bewegung macht, erwärmen, so brauchen sie nur in die Nähe eines brennenden Ofens zu treten. Gasöfen bieten noch den Vorteil dar, daß die Halle im Bedarfsfall rasch erwärmt werden kann. Hinter, oder, wenn es die Konstruktion der Öfen gestattet, in denselben bringe man ein bis über die Ofenoberkante hinausreichendes Luftzuführungsrohr an, welches an einen mit der Außenluft in Verbindung stehenden Zuführungskanal von 500 qcm Querschnitt anschließt. 368. Heizung.

Auch bei Sammelheizungen darf der Turnsaal auf keine höhere als die angegebene Temperatur gebracht werden; doch hat dann der Turnlehrer keinerlei Gelegenheit, sich auch nur die Hände zu wärmen. Auch der Vorteil, daß man mit einer Sammelheizanlage leicht eine kräftig wirkende Lüftungseinrichtung verbinden kann, ist im vorliegenden Falle nicht allzu hoch anzuschlagen, da ja im vorhergehenden Artikel gezeigt wurde, daß man hier mit verhältnismäßig einfachen Mitteln einen ausreichenden Luftwechsel erzielen kann. Schließlich darf auch nicht außer acht gelassen werden, daß eine Sammelheizung in Anlage und Betrieb wesentlich teuerer zu stehen kommt als die Ofenheizung.

Ihrem Zwecke entsprechend werden die Turnhallen im Inneren meist einfach und solid durchgeführt. Der innere Schmuck beschränkt sich in der Regel auf das schon erwähnte Holzgetäfel an den Umfassungswänden, auf eine gemalte Feldereinteilung an Wand- und Dachflächen, bisweilen auch auf Zierung der Dachkonstruktion. Nur in Vereinsturnhallen, welche über reichere Mittel verfügen, ist man bezüglich der inneren Ausstattung hier und da weiter gegangen; doch sind vorspringende Teile tunlichst zu vermeiden, weil sie die Staubablagerung befördern. 369. Innere Ausstattung.

22*

Damit Schaulultige dem Turnen zuſehen können, hat man in einigen Turnſälen Galerien oder Emporen angebracht; bei Feſtlichkeiten findet die Muſik-
kapelle daſelbſt Platz. Solche Galerien können der Gegenſtand reicheren archi-
tektoniſchen Schmuckes werden.

370. Einrichtung. Die innere Einrichtung der Turnſäle wird hauptſächlich von den Turngeräten
gebildet. Dieſe ſind zum Teile feſtſtehende, zum Teile verſetzbare (transportable
oder bewegliche). In einzelnen Turnhallen, welche einen gedielten Fußboden
erhalten haben, laſſen ſich ſämtliche Turngeräte verſetzen. Im Fußboden und an
der Decken-, bezw. Dachkonſtruktion befinden ſich hülſenartig oder in anderer

Fig. 340.

Turnhalle des Olmützer Turnvereins.

Weiſe geſtaltete Vorrichtungen zum Einſtellen der Geräte und zum Befeſtigen derſelben mittels Riegel, Zapfen und Bolzen. Immerhin iſt eine ſolche Einrichtung
nicht ſo ſolid, wie feſtſtehende Geräte; auch haben eingeſtellte Gerüſtpfoſten immer
eine, wenn auch geringe Beweglichkeit.

Zu den feſtſtehenden Geräten ſind zu zählen: Reckpfoſten mit Reckſtange,
wagrechte, lotrechte und ſchräge Leitern, Kletterſtangen, Taue, Strickleitern, Streck-
ſchaukel, ſchwebendes Reck, Rundlauf und eingegrabene Barren, bisweilen auch
Sturmbrett und Gerkopf. Für alle dieſe Geräte ſind die nötigen Anordnungen, entſprechend dem verfügbaren Raume, genau feſtzuſtellen, namentlich, um auch den
nötigen Raum für das Ausſchwingen der Schaukeln und Seile, ſowie für das Auf-

stellen der Turner zu erhalten. Bestimmte Regeln lassen sich hierfür nicht angeben, da sich das Bedürfnis an Raum nach der Zahl der Turnenden und nach der Zahl der zu wählenden Geräte richtet. Im allgemeinen kann man annehmen, daß die feststehenden Turngeräte ein Fünftel der Hallengrundfläche einnehmen.

Für das Befestigen der genannten Geräte werden nicht selten entsprechend starke und hohe Holzgerüste errichtet, die entweder an die Dachkonstruktion angeschlossen werden oder für welche ein oder zwei besondere wagrechte Träger, auf den Umfassungsmauern gelagert, angeordnet werden. Für diese beiden Fälle sind in Fig. 340 u. 341 zwei Innenansichten von Turnhallen beigefügt.

Fig. 341.

Turnhalle der Volksschule zu Goslar.

Fig. 340 stellt die Turnhalle des Olmützer Turnvereins dar; darin sind die neuen Verbund- oder Jochreckfäulen mit Abspannung, die Aufhängung der Schaukelringe an Galgenarmen und die Aufhängung des Rundlaufes an hochziehbarem Drahtseil ersichtlich. — Fig. 341 veranschaulicht die neue Turnhalle der Volksschule zu Goslar, bei der Decke und Dach zum Aufhängen der Turngeräte nicht benutzt werden durften. Die Eisenträger für die Schaukelgeräte und für die Rollbahn der Recke sind in 5,50 m Höhe (die Halle hat 7,00 m lichte Höhe) frei angeordnet. — Einrichtung beider Hallen und die Turngeräte rühren von der Turngerätefabrik von *Oswald Faber* in Leipzig-Lindenau her, der wir auch die beiden Innenansichten verdanken.

Zu den versetzbaren Geräten zählen: Freispringel zum Hoch- und Weitspringen mit Seil und Ledersäckchen, Sturmspringel, Stellbarren verschiedener Größe, Springpferde, Springböcke, Sprungtisch mit elastischem Schwungbrett und Gestell,

Abſprungbretter, eiſerne Hanteln, Gewichtſteine verſchiedener Größe, Steine zum Steinſtoßen, Holzkeulen, Holzſtäbe und Stangen, eiſerne Stäbe, Gerſtangen, Springſtangen, Zugſeile, Stoßbälle, Federbälle u. ſ. w., ſowie etwaige Fechtgeräte.

Nach dem „Leitfaden für den Turnunterricht in den preußiſchen Volksſchulen" vom Jahre 1895 wird für eine Turnabteilung von 40 bis 50 Schülern eine vierfache Geräteeinrichtung gefordert.

Turngeräte werden von dazu berufenen Geſchäften und Fabriken als Spezialität angefertigt. Aus dieſem Grunde und um den Umfang des vorliegenden Kapitels nicht zu vergrößern, wird auf dieſen Gegenſtand hier nicht weiter eingegangen [190]).

Alle gewählten beweglichen Geräte müſſen ſo aufzuſtellen ſein, daß zwiſchen denſelben genügender Raum für die Riegen, ſowie Raum zum Anlaufen und Abſpringen bleibt. Nur praktiſche Erfahrung und Probe an Ort und Stelle können die Frage der richtigen Aufſtellung am beſten löſen.

Jedenfalls iſt die Aufſtellung der ſämtlichen Geräte ſo zu ordnen, daß die beweglichen Geräte leicht an die Wand gebracht werden können, um für Freiübungen einen genügenden Mittelraum zu erhalten.

c) Sonſtige Räume und Beſtandteile.

371. Eingang, bezw. Vorraum. Anſchließend an die Schlußbemerkung in Art. 361 (S. 336) iſt an dieſer Stelle zunächſt vorauszuſchicken, daß es nicht zweckmäßig iſt, wenn der Eingang zum Turnſaal unmittelbar aus dem Freien herein führt. Denn bei jedem Öffnen der Eingangstür tritt Luft von außen ein, was während der kalten und rauhen Jahreszeit unangenehm iſt, ja die Geſundheit der Turnenden ſogar ſchädlich ſein kann; auch wird bei ſchmutzigem Wetter, bei Schneefall etc. der Saal von den Eintretenden verunreinigt. Zum mindeſten ſollte deshalb der Eingang in den Turnſaal mit einem Windfang verſehen ſein. Noch beſſer iſt es, einen Vorraum oder Eingangsflur anzuordnen, von dem aus nicht nur die Halle, ſondern auch der Umkleideraum, die Aborte etc. zugänglich ſein ſollten.

Bisweilen erweitert ſich der Vorraum zu einer Vorhalle. Wenn nämlich der Turnſaal von unmittelbar nacheinander turnenden Gruppen benutzt werden ſoll, ſo müſſen die ſpäter Turnenden ſich verſammeln können, was nur bei guter Jahreszeit und bei gutem Wetter im Freien geſchehen kann; für die ſonſtige Zeit iſt zu dieſem Zwecke eine geräumigere Vorhalle erforderlich. Auch empfiehlt es ſich, in einem ſolchen Falle eine Eingangs- und Ausgangstür vorzuſehen, damit der Wechſel der turnenden Gruppen ſich leicht vollziehen kann.

372. Umkleideraum. In vielen Schulturnhallen und ähnlichen einfacheren Anlagen iſt ein Umkleideraum (auch Garderobe genannt) nicht vorhanden und kann wohl auch in manchen Fällen entbehrt werden. Immerhin iſt ein ſolcher wünſchenswert, weil in Ermangelung desſelben oft, beſonders für Erwachſene, große Unbequemlichkeiten entſtehen. Bei Turnanſtalten für Mädchen iſt der Umkleideraum unentbehrlich, weil die Kleidung der Turnerinnen, welche ſie außerhalb des Turnſaales tragen, eine ſolche iſt, daß ſie ſich für das Turnen völlig umkleiden müſſen.

Der Umkleideraum ſoll vom Vorraum aus unmittelbar zugänglich ſein. In amerikaniſchen Turnſälen iſt an einer Langſeite eine größere Reihe von Umkleidezellen angeordnet, die ſich nach der Halle öffnen (ſiehe Fig. 370).

Zur Ausrüſtung eines Umkleideraumes gehören außer einigen Tiſchen, einem Spiegel etc.:

---

[190]) Über die in den Volks- und Bürgerſchulen Öſterreichs gebräuchlichen Turngeräte ſiehe: Fortſchritte auf dem Gebiete der Architektur. Nr. 12: Volksſchulhäuſer in Oſterreich-Ungarn etc. Stuttgart 1901. S. 90.

1) Kleiderhaken, an welche die abgelegten Kleidungsstücke aufgehängt werden können.

2) Sitzbänke, welche die Turner beim Umkleiden benutzen.

3) Waschtischeinrichtungen, in denen sich die Turner nach vollendeten Übungen die Hände waschen können. Über die Konstruktion derartiger Einrichtungen ist in Teil III, Band 5 dieses „Handbuches" (Abschn. 5, A, Kap. 5) das Erforderliche zu finden; doch pflegt man im vorliegenden Falle tunlichst einfache Konstruktionen zu wählen. Ganz geeignet sind lange Waschtische von Granit- oder anderen Steinplatten auf Holzgestell mit fest eingelassenen Porzellanbecken, deren eine entsprechende Anzahl sich nebeneinander befindet. Ein gemeinsames Zuleitungsrohr führt mittels einer Abzweigung jedem Waschbecken das nötige Wasser zu, und zwar am besten durch einen wenig erhabenen Druckknopf. Die Entleerung geschieht durch Ausheben eines eingeschliffenen, an einem Kettchen befindlichen Metallstöpsels. Englische Kippbecken sind ebenfalls zu empfehlen. Vorstehende Zuleitungsrohre sind zu vermeiden, damit sich der Waschende nicht daran stößt. Zum Abtrocknen dienen am besten Handtücher ohne Ende, welche über Rollen hängen.

Bisweilen wird ein besonderer Waschraum vorgesehen, den man wohl auch mit einigen Brauseeinrichtungen (Duschen) versieht.

4) Es empfiehlt sich ferner, in den Umkleideräumen der Vereinsturnhallen Schränke anzuordnen, welche in kleinere Abteilungen (je 35 bis 40 cm breit, 45 cm tief und 30 bis 35 cm hoch) geschieden sind; jede Abteilung hat ihr Türchen, das mittels besonderen Schlüssels verschließbar ist. Jedem Turner wird (in der Regel gegen eine kleine Vergütung) eine solche Abteilung überwiesen, in welcher er außer der Turnzeit seine Turnkleider und -Schuhe, während des Turnens seine Tageskleider und seine Wertsachen aufbewahrt. Jede Schrankabteilung soll eine durchbrochene Vor- und Hinterwand erhalten, um der Luft Zutritt zu gestatten; die häufig feucht eingelegten Turnkleider, -Schuhe etc. würden sonst leicht verderben.

373. Geräteraum.

Von den versetzbaren Turngeräten werden nicht alle gleichzeitig gebraucht. Vielfach finden die unbenutzten Geräte im Turnsaale Aufstellung, und bei einfachen Anlagen der fraglichen Art ist deshalb ein besonderer Geräteraum nicht vorhanden. Indes beengen selbstredend diese Geräte den Raum im Turnsaal; sie geben wohl auch Anlaß zu Störungen während der Übungen etc. Deshalb ist ein, wenn auch noch so kleiner Geräteraum erwünscht, der an den Turnsaal stoßen und von demselben unmittelbar zu erreichen sein soll.

374. Zimmer für den Turnlehrer.

Wenn es die Mittel erlauben, ist für den Turnlehrer ein kleines Zimmer vorzusehen, in welchem er seine Akten, Bücher, verschiedene Gegenstände, die stets zur Hand sein sollen, wozu auch Verbandzeug gehört, seinen Unterrichtsanzug etc. aufbewahren kann.

375. Kegelbahn.

Wie schon in Art. 356 (S. 333) gesagt worden ist, pflegen in Vereinsturnanstalten wohl auch Kegelbahnen vorgesehen zu werden. Anlage und Einrichtung von Kegelbahnen ist in Teil IV, Halbband 4, Heft 2 dieses „Handbuches" (Abt. IV, Abschn. 6, Kap. 3) eingehend besprochen worden. An dieser Stelle ist deshalb nur zu bemerken, daß die Kegelbahn im Gebäude so angeordnet werden soll, damit man gleichzeitig turnen und kegeln kann, d. h. daß die Turnenden durch das beim Kegelspiel unvermeidliche Geräusch möglichst wenig gestört werden. Hat man auf das Vermieten der Bahn an besondere Kegelgesellschaften zu rechnen, so muß erstere einen besonderen Zugang von der Straße aus erhalten.

376. Turnplatz.

Wo es irgend angeht, sollte sich an jeder Turnanstalt ein geräumiger Platz, der das Turnen im Freien gestattet, anschließen. Insbesondere ist dies für Schulturnhallen ein dringendes Erfordernis, da die Schüler meistens während der Tageszeit turnen und die Bewegung im Freien gesunder ist als im geschlossenen Raume.

Für Männerturnvereine ist ein Turnplatz zwar auch erwünscht, aber nicht unbedingt notwendig, wenn eine ausreichend große Turnhalle beschafft werden kann. Allerdings müssen sich kleinere Turnvereine nicht selten nur mit einem Turnplatz begnügen, selbstredend zum Nachteil des Vereinszweckes, da bei schlechter Witterung nicht geturnt werden kann.

Der Turnplatz soll tunlichst frei gelegen sein, namentlich nicht umgeben von Gebäuden, welche die Luft stark verunreinigen, wie rauchende Fabriken etc. Nur durch solch freie Lage kann erzielt werden, daß durch die bei den Turnübungen vermehrte Atmungstätigkeit nur frische, reine Luft, staubfrei und sauerstoffreich, eingeatmet werde.

Aus diesem Grunde ist auch die Bepflanzung des Turnplatzes mit schattigen, hochstämmigen Bäumen zu empfehlen, indes in der Art, daß in der Mitte des Platzes ein größerer freier Raum für Massenübungen bleibt. Man legt deshalb wohl am besten rings um den Platz eine einfache oder doppelte Allee von Bäumen an. Der Turnplatz muß eine wagrechte Fläche darbieten.

Auf dem Turnplatze selbst sind, außer dem Klettergerüst mit Mastbaum, Kletterseilen, Kletterstangen und Leitern, wenige feststehende Einrichtungen zu treffen, da der Turnplatz hauptsächlich dem Volks- und Freiturnen, wie Laufen, Springen und dergl., dienen sollte. Hierzu gehört namentlich ein ebener, fester Boden, und zwar fest gewalzter Sandboden mit Lehm untermischt; Grasboden wird leicht sehr glatt, ist daher nicht zu gebrauchen. Einrichtungen zum Besprengen des Platzes sollen nicht fehlen.

Für das Weit- und Hochspringen, wie auch für das Steinstoßen, sind an geeigneter Stelle mehrere Vertiefungen auf 20^{cm} Tiefe auszuheben und mit Gerberlohe oder reinem Flußsand auszufüllen. Eine solche Vertiefung wird 2 bis 3^m breit, 4 bis 6^m lang gemacht und erhält zur besseren Kennzeichnung an der Vorderseite ein eingegrabenes liegendes Holz. Statt mehrerer kleiner Vertiefungen hat man wohl auch nur eine größere von etwa 10^m Länge und 5 bis 7^m Breite angeordnet. Für das Ringen ist eine ebenso ausgegrabene und ausgefüllte Vertiefung von 5^m Durchmesser nötig.

An weiteren feststehenden, auf einem Turnplatz anzubringenden Geräten seien noch Barren, Reck, Schwebebaum, Gerkopf und etwa noch Sturmbrett und Rundlauf genannt. In Fig. 342 [101]) ist die Ausrüstung des dem Allgemeinen Turnverein zu Dresden gehörigen, an den Turnhallenbau sich anschließenden Sommerturnplatzes mit den Geräten, Springgruben, Beleuchtungseinrichtungen etc. veranschaulicht.

Im übrigen werden die Übungen am besten an versetzbaren Geräten ausgeführt, für welche ein Aufbewahrungsraum vorhanden sein muß. An geeigneten Stellen sind geruchlose Aborte und Pissoirs anzubringen, am besten in Verbindung mit der Turnhalle.

Die Größe des Turnplatzes richtet sich nach der Anzahl der gleichzeitig Turnenden; in dieser Beziehung kann ein Übermaß nicht schaden. Zum mindesten sollte für jeden Turnenden eine Grundfläche von 15 bis 20^{qm} vorhanden sein.

Über die Größe der Turn- und Spielplätze bei Schulhäusern sind bereits in Art. 99 (S. 77) die erforderlichen Angaben gemacht worden; auch bezüglich

---

[101]) Faks.-Repr. nach: Zeitschr. f. Arch. u. Ing., Wochausg., 1898, S. 849.

anderweitiger Einzelheiten fei auf diefen Artikel verwiefen. Bei ftädtifchen Vereinsturnanftalten ift man in der Regel genötigt, in Rückficht auf die hohen Preife des Grund und Bodens, die Grundfläche des Turnplatzes einzufchränken; doch follte man keinesfalls unter 350 bis 400 qm gehen, obwohl 600 qm in länglich rechteckiger Form erft einigermaßen ausreichend find.

Fig. 342.

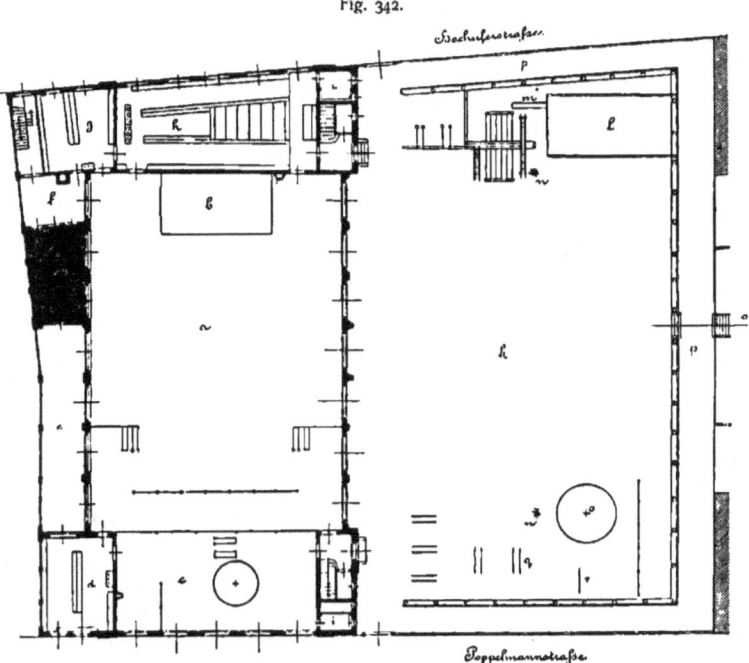

Turnhallenbau des Allgemeinen Turnvereins zu Dresden[101]).
Arch.: *Schümichen & Michel*.

- a. Haupthalle.
- b. Springgrube.
- c. Untere Nebenhalle; darüber Halle für Frauen- und Mädchenturnen.
- d und darüber: Umkleideräume.
- e. Schuppen.
- ee. Hof.
- f. Wirtfchaftsraum.
- g. Umkleidezimmer für Vorturner.
- Über f und g Hausmeifterwohnung und darüber Sitzungszimmer, fowie Bücherei.
- h. Hauptumkleideraum; darüber Fechtfaal.
- i. Aborte.
- k. Fechtfaal.
- l. Springgrube.
- m. Sturmfpringel.
- n. Bogenlampen auf Maften; eine dritte über dem Giebel der Halle.
- o. Rundlauf.
- p. Zufchauerrampen.
- q. Hoher Barren.
- r. Springreck.
- s. Vereinshäufer.
- t. Gaftzimmer.
- u. Küche.
- v. Kneipfaal.
- w. Riegenzimmer.

377. Baukoften. Die Baukoften der Turnanftalten find ziemlich verfchieden; nicht allein die örtlichen Verhältniffe, fondern auch die Anfprüche an einfachere oder reichere Geftaltung und Ausfchmückung derfelben rufen diefe Verfchiedenheit hervor.

Für Schulturnanftalten geben die "Statiftifchen Nachweifungen über die preußifchen Staatsbauten" folgende Anhaltspunkte:

1) Das Quadr.-Meter überbauter Grundfläche hat 35 bis 120 Mark gekoftet; doch find die Unkoften meiftens zwifchen 50 und 75 Mark geblieben.

2) Für 1 cbm Gebäudeinhalt fchwanken die Baukoften zwifchen 5 und 17 Mark; indes haben diefelben in den bei weitem meiften Fällen 8 bis 12 Mark betragen.

3) Die Baukoften, auf 1 Turner berechnet, belaufen fich auf 100 bis 600 Mark, find aber nur felten geringer als 210 Mark und felten höher als 260 Mark.

Zu Anfang der 90er Jahre des vorigen Jahrhunderts hat *Rowald* die Koften der in den Jahren feit 1884 errichteten ftadthannoverfchen Turnhallen zufammengeftellt; hierbei ergab fich für 1 cbm umbauten Raumes ein zwifchen 8,30 und 12,75 Mark fchwankender Einheitspreis. Zum Vergleich wurden auch einige andere Turnhallen herangezogen, bei denen fich diefer Einheitspreis auf 8,50 bis 14,20 Mark ftellte [192]).

Bezüglich der Vereinsturnhallen muß auf die nachfolgenden Beifpiele verwiefen werden.

d) Beifpiele.

378. Beifpiel I.

Die Anlage einer Turnanftalt geftaltet fich am einfachften, wenn fie nur aus dem Turnfaal befteht. Die in Fig. 343 im Grundriß dargeftellte Turnhalle der höheren Mädchenfchule zu Offenbach a. M. gibt ein Beifpiel hierfür.

Der Turnfaal ift im Lichten 16,00 m lang, 8,85 m tief und 5,00 m bis zur Fußpfette des Daches hoch. Die Fenfterbrüftungen find 2,40 m hoch, und in gleicher Höhe ift die Holztäfelung der Innenwände durchgeführt. Bezüglich des Mangels eines Vorraumes fei auf Art. 371 (S. 342) verwiefen.

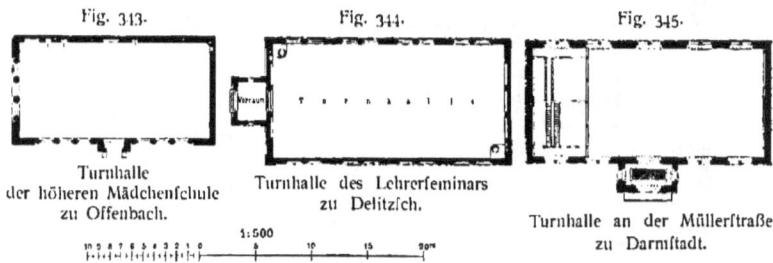

Fig. 343.
Turnhalle der höheren Mädchenfchule zu Offenbach.

Fig. 344.
Turnhalle des Lehrerfeminars zu Delitzfch.
1:500

Fig. 345.
Turnhalle an der Müllerftraße zu Darmftadt.

379. Beifpiel II.

Fügt man zweckmäßigerweife vor dem Eingang in den Turnfaal einen Vorraum oder Eingangsflur hinzu, fo ift diefer entweder an einer Stirnfeite oder an einer Langfeite gelegen. Erfteres ift bei der Turnhalle des Lehrerfeminars zu Delitzfch (fiehe Art. 351, S. 328) in Fig. 344 der Fall.

Der Turnfaal ift im Lichten 20 m lang und 10 m tief; er ift nach oben durch eine wagrechte Holzdecke abgefchloffen, welche 5,70 m über dem Fußboden angeordnet ift. Das Holzgetäfel an den Umfaffungsmauern ift 1,40 m hoch; Fenfter find nur an der einen Langfeite vorhanden. Die Heizung gefchieht durch zwei Öfen, welche in zwei einander diagonal gegenüberliegenden Ecken aufgeftellt find.

380. Beifpiel III.

Bei der durch Fig. 345 dargeftellten Turnhalle eines Volksfchulhaufes zu Darmftadt (Müllerftraße) ift der Vorraum in der Mitte der einen Langfeite angeordnet.

381. Beifpiel IV.

Auch bei der ftädtifchen Turnanftalt zu Karlsruhe, 1872 von *Lang* erbaut, ift an der einen Schmalfeite des Turnfaales ein Vorraum vorhanden, der gegen den Saal zu abgefchloffen werden kann. An der entgegengefetzten Schmalfeite ift eine

---

[192]) Siehe: Zeitfchr. d. Arch.- u. Ing.-Ver. zu Hannover 1893, S. 525.

Apfide vorgebaut, in welcher das Gerüft für die wagrechten Leitern angebracht ift (Fig. 346 u. 347 [193]).

Diefe Turnanftalt wird von den Schülern des Realgymnafiums und der höheren Bürgerfchule gemeinfchaftlich benutzt und hat eine reichere Ausftattung als die feither vorgeführten Anlagen erhalten. Der Turnfaal ift (ohne Apfis) 27 m lang, 15 m breit und 9 m hoch. In dem dem Vorraum zunächft gelegenen Drittel der Halle ift in etwa halber Höhe ein wagrechter Balken zur Befeftigung der Kletterfeile angeordnet, während der Apfis zunächft die Pfoften für die Recke aufgeftellt find.

Die Halle ift vollftändig unterkellert, teils um vom Fußboden die Grundfeuchtigkeit fernzuhalten, teils um einen Raum zu gewinnen, in welchem man die beweglichen Turngeräte unterbringen kann, wenn die Halle zu Schulfeften benutzt werden foll. Der Fußboden befteht aus zwei Schichten im Verband gelegter, 3 cm dicker Bretter; der Sockel im Inneren ift mit gefchliffenen Sandfteinplatten verkleidet; die Fenfterrahmen find aus Formeifen hergeftellt; die Dachkonftruktion und die Wände find bemalt; die Dachdeckung befteht aus Schiefer; doch ift zwifchen Schalung und Schiefer eine Lage Afphaltpappe eingelegt.

Die Faffaden find mit roten und gelben Sandfteinen verkleidet. Die Baukoften berechneten fich auf 72 000 Mark, fo daß auf 1 cbm umbauten Raumes 20 Mark entfallen.

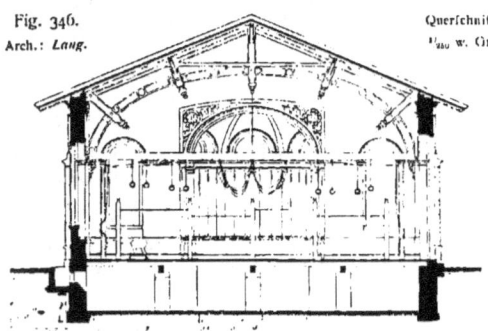

Fig. 346.
Arch.: Lang.

Querfchnitt.
1/200 w. Gr.

Fig. 347.

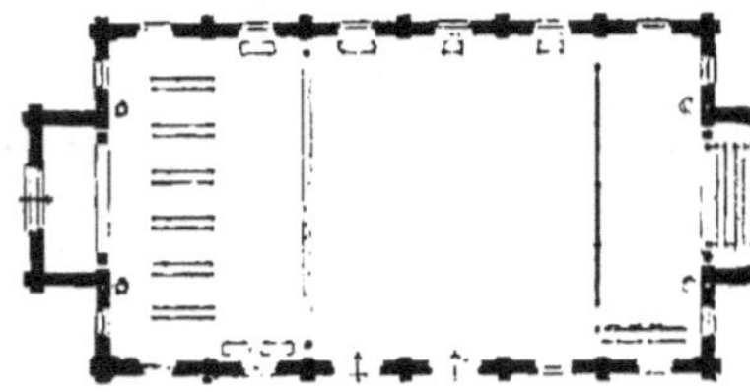

Grundriß. 1/500 w. Gr.
Städtifche Turnhalle zu Karlsruhe [103]).

Bei der ftädtifchen Turnhalle zu Darmftadt (Fig. 348 [104]) find an der einen Langfeite zwei Räume angefügt: ein Raum für die Turngeräte und ein Zimmer für den Turnlehrer.

382. Beifpiel V.

Dies ift eine äußerft einfache Anlage. Der Turnfaal ift 31 m lang und 18 m breit; an den Eingängen find keine Vorbauten vorgefehen gewefen; erft fpäter find vor die beiden äußerften Eingangstüren Windfänge in Eifen und Glas gefetzt worden.

Geht man nunmehr zu Anlagen über, bei denen an die eine Seite des Turnfaales drei Räume angebaut find, fo kann die Turnhalle des Lehrerinnenfeminars zu Saarburg (Fig. 349) hierfür als erftes Beifpiel dienen; doch nimmt der eine Raum die nach dem Dachbodenraum führende Treppe auf, fo daß nur ein Vorraum und ein Geräteraum vorhanden find.

383. Beifpiel VI.

Der Turnfaal hat eine Grundfläche von 20 × 10 m und ift 5,35 m hoch. Wie fchon angedeutet, ift eine wagrechte Balkendecke vorhanden. Für die Fußbodenkonftruktion find 8 gemauerte Pfeiler in 2 Längsreihen aufgeführt und darüber eiferne I-Träger gelegt; auf letzteren ruhen die Lagerbalken; die Dielung ift doppelt. Für die beiden an den Stirnmauern aufgeftellten eifernen Öfen find Nifchen ausgefpart.

[193]) Nach: Allg. Bauz. 1884, S. 88 u. Bl. 58.
[194]) Nach: Zeitfch. f. Bauw. 1864, S. 725 u. Bl. L.

384. Beispiel VII.

Auch der älteren württembergischen „Normal-Turnhalle" (Fig. 350 bis 352 [195]) find drei Räume angebaut, und zwar an der einen Schmalseite: dies sind eine geräumige Vorhalle, ein Umkleideraum und ein Raum mit Aborten und Pissoir; an der entgegengesetzten Stirnseite befinden sich noch zwei Steigertürme.

Im wesentlichen sind viele in Württemberg vom Staate oder von den Gemeinden erbauten Turnanstalten nach diesem Schema, bezw. nach den im untengenannten Werke [195]) niedergelegten Plänen erbaut. Eine solche Anlage läßt sich kleiner oder größer ausführen. Für kleinere Anstalten ist eine Saalgrundfläche von 20,70 × 15,30 m, für größere eine solche von 26,25 × 18,30, bei 9 bis 10 m Höhe, zu Grunde gelegt.

Diese Turnanstalten sind in Holzfachwerkbau hergestellt (vergl. Art. 361, S. 336) und im Querschnitt (Fig. 350) nach Art der Basiliken, mit einem breiten Mittelschiff und zwei schmalen Seitenschiffen, gestaltet. Die Pfosten, welche die drei Schiffe voneinander trennen, dienen zugleich auch zum Anbringen der Klettergerüste, Recke etc. Die Tageserhellung geschieht sowohl durch die Fenster der Seitenschiffe, als auch durch Fenster, welche in den Hochwänden des Mittelschiffes angeordnet sind. Die versetzbaren Turngeräte werden in Wandschränken, welche unter den Fenstern aufgestellt sind, aufbewahrt.

Die Ausrüstung eines derartigen Turnsaales ist aus Fig. 352 ersichtlich; der bezügliche Schnitt ist auch durch die Steigertürme geführt. Bei einzelnen größeren Turnanstalten befindet sich über der Vorhalle ein Saal, an den sich zu jeder Seite ein Nebenzimmer anschließt; nach dem Turnsaale zu ist ein Balkon angeordnet.

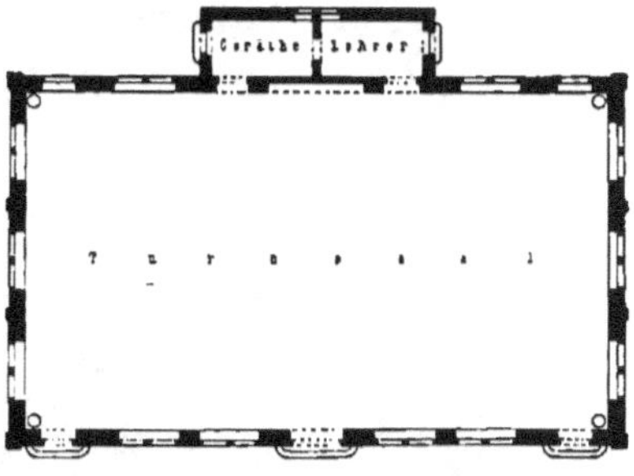

385. Beispiel VIII.

Bei den im vorliegenden und im nächsten Artikel zu besprechenden zwei Turnanstalten sind dem Turnsaal gleichfalls je drei Räume angefügt, und zwar in dem einen Falle an der Schmal-, im anderen an der Langseite. Die Kluge'sche Privatturnanstalt zu Berlin (Fig. 353 [190]) enthält außer dem Turnsaal einen Vorraum, ein Umkleide- und ein Bibliothekzimmer.

Der Turnsaal ist 21,50 m lang und 7,50 m breit; derselbe ist zwischen Nachbarhäuser eingebaut und wird bei Tage von oben beleuchtet. Um eine tunlichst große Zahl von Turnern aufnehmen zu können (50 bis 60), hat man die Geräte, soweit als irgend möglich, versetzbar eingerichtet.

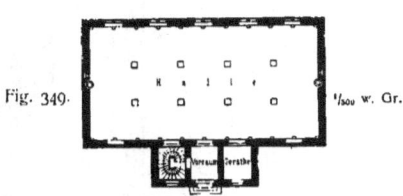

Fig. 348.

Städtische Turnhalle zu Darmstadt [191]).

Fig. 349.

Turnhalle des Lehrerseminars zu Saarburg.

386. Beispiel IX.

Bei der Turnanstalt des Gymnasiums zu Colberg (Fig. 354 u. 355) liegen an der einen Langseite ein Vor-, ein Umkleide- und ein Geräteraum.

Der Turnsaal ist 19,18 m lang, 10,04 m breit und 5,30 m bis zur Unterkante der Dachkonstruktion hoch; die hölzernen Binder der letzteren bilden Trapezsprengwerke, welche die Sparren des Holzzementdaches tragen. Die 3 angebauten Räume sind niedriger, so daß darüber noch Fenster angebracht sind, die zur Erhellung des Turnsaales dienen (Fig. 354). Letztere geschieht durch hohes Seitenlicht von nur einer Langseite aus; die Unterkante der Fenster liegt 3 m über dem Fußboden; die Fenster sind 4 m hoch. Die Heizung geschieht durch zwei Öfen, welche in zwei diagonal gegenüberstehenden Ecken angeordnet sind.

---

[195]) Nach: JÄGER & BOK. Turnhallenpläne nach Maß der Königl. Württ. Turnordnung vom Jahre 1863, im amtlichen Auftrage bearbeitet. Stuttgart 1878.
[190]) Nach: Zeitschr. f. Bauw. 1864, S. 323 u. Bl. L.

Fig. 350.

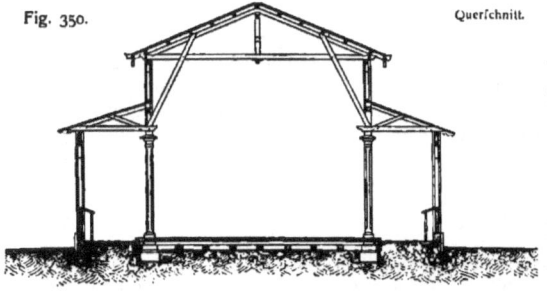

Querschnitt.

Fig. 351.

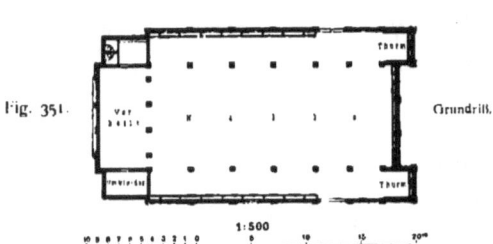

Grundriß.

Fig. 352.

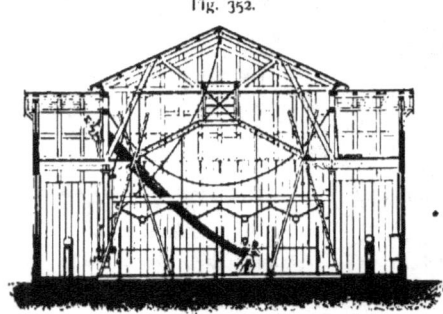

Querschnitt durch die Steigertürme.

Ältere württembergische Normal-Turnhalle[195]).

Fig. 353.

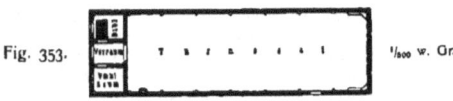

Kluge'sche Privatturnanstalt zu Berlin[196]).

Die Turnanstalt des ſtaatlichen Gymnaſiums zu Breslau (Fig. 357 u. 358) diene als Beiſpiel für die Anordnung von Nebenräumen an zwei Wänden des Turnſaales. Der Turnſaal iſt 25,00 m lang, 12,50 m breit und bis zur unterſten Sparrenpfette 6,00 m hoch; das Holzzementdach wird von in Holz und Eiſen konſtruierten Bindern getragen, welche ein Trapezſprengwerk bilden (Fig. 357); das Holzgetäfel an den Innenwänden iſt 1,71 m hoch. Der Eingang, vor dem ein kleiner Vorraum gelegen iſt, befindet ſich an der vorderen Langſeite, in welcher auch die Fenſter angebracht ſind; an der einen Schmalſeite ſind die aus Fig. 355 erſichtlichen Räume angeordnet, die indes nur 3,65 m lichte Höhe haben.

Eine eigenartige Turnhalle iſt die zur *École Monge* in Paris gehörige, von der Fig. 356[197]) eine Innenanſicht zeigt. Sie iſt eigentlich nur ein glasbedeckter Binnenhof des betreffenden Schulhauſes.

Dieſe Halle iſt 69 m lang, 24 m breit, 8,30 m bis zum Dachſaum und 15,80 m bis zum Dachfirſt hoch. Rings um die ganze Halle, in einer Höhe von 4,30 m, läuft eine 2,00 m breite Galerie, auf Konſolen ruhend. Galerie und Dachwerk ſind in Eiſen konſtruiert; die Dachflächen ſind der Laterne zunächſt mit Glas, im übrigen mit Zink gedeckt.

In Fig. 359[198]) wird

387. Beiſpiel X.

388. Beiſpiel XI.

389. Beiſpiel XII.

[197]) Nach: *Nouv. annales de la const.* 1877, S. 33 u. Pl. 13—14.
[198]) Nach: *Builder*, Bd. 74, S. 372.

Fig. 354.   Ruckwärtige Schanfeite.

Fig. 355.   Grundriß.

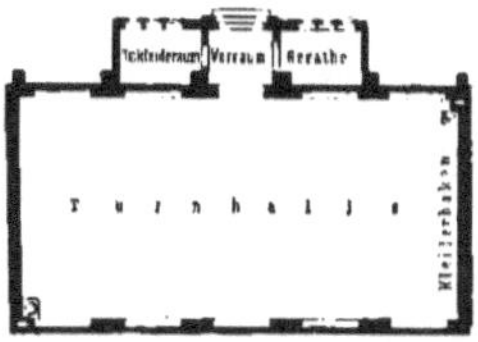

Turnanftalt des Gymnaſiums zu Kolberg.

Fig. 356.

Turnhalle der *École Monge* zu Paris [107]).

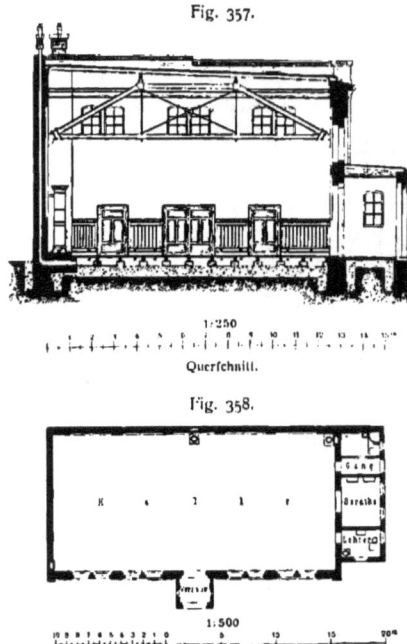

Fig. 357.
Querschnitt.

Fig. 358.

Grundriß.
Turnanstalt des Gymnasiums zu Breslau.

auch noch das Beispiel einer englischen Schulturnhalle, der zum *St. Peter's school* zu York gehörigen, 1895 nach den Plänen *Bedford*'s erbaut, dargeboten.

Das Äußere ist, anschließend an den 1850 ausgeführten Schulbau, im gotischen Stil gehalten.

390.
Beispiel
XIII.

Unter den hier aufzunehmenden Beispielen von Vereinsturnanstalten sei zunächst die vom Verfasser 1877 erbaute Turnhalle des Turnvereins zu Frankfurt a. M. (Fig. 360 bis 362), welcher 500 bis 600 Mitglieder zählt, vorgeführt.

Der Turnsaal ist 28,50 m lang, 17,00 m breit und 9,00 m hoch. Der Zugang findet von der einen (im Grundriß linken) Stirnseite statt, wo der Vorraum, der während des Turnens als Aufenthaltsort für den Vereinsdiener benutzt wird, Umkleideraum, Aborte und Pissoirs angeordnet sind. Nach dem Turnplatz führt eine breite Tür in der anderen Giebelseite des Saales und zwei kleinere Türen in der einen Langseite. Die Beleuchtung des Turnsaales geschieht durch seitliche und Giebelfenster. Für die Kletter- und Reckgeräte ist an der nach dem Turnplatz zugewendeten Giebelseite ein Balkengerüst aufgestellt.

Zwischen dem Turnsaal und dem Nachbarhause ist eine Kegelbahn mit Kegelstube gelegen. Im Obergeschoß des Vorderbaues (Fig. 361) befinden sich ein Fecht- und Beratungssaal, ein Büfettraum und das Sitzungszimmer des Vorstandes, welches zugleich als Archiv und Lesezimmer dient. Im Dachgeschoß sind die Wohnung des Vereinsdieners und ein Raum für Vereinsgeräte untergebracht.

Diese Turnanstalt hat, einschl. Einrichtung, 75 000 Mark gekostet.

Eine reicher ausgestaltete Vereinsturnanstalt ist die von *Giese* erbaute Turnhalle zu Leipzig (Fig. 363).

391.
Beispiel
XIV.

Der Turnsaal mißt 28,50 m in der Länge und 23,00 m in der Breite. In 5 m Abstand von den Umfassungsmauern sind Pfosten aufgestellt, welche eine Galerie tragen, die gleichfalls zum Turnen benutzt wird. Für die Leitern, Kletterseile etc. ist in einem Drittel der Halle ein besonderes Gerüst aufgebaut.

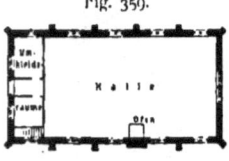

Fig. 359.

Turnhalle der *St. Peter's school* zu London.
Arch.: *Bedford*.

Vor dem Turnsaal ist ein Flur gelegen, von dem aus eine Treppe nach den oberen Räumen und der Galerie führt; ebenso ist vom Flur der Fecht- und Mädchenturnsaal zugänglich. An der entgegengesetzten Schmalseite des großen Turnsaales führt ein kleiner Flur zum Ausgang nach dem Sommerturnplatz, sowie zu einem Aufbewahrungsraum und einer Galerietreppe.

Die Baukosten haben 110800 Mark betragen; die innere Einrichtung erforderte weitere 9000 Mark.

Die jetzige Turnanstalt des Brünner Turnvereins ist durch Umbau der früheren, 1867 in bescheidenen Verhältnissen erbauten und 1877 abgebrannten Turn-

392.
Beispiel
XV.

halle entftanden. Der urfprüngliche Bau und der Umbau (Fig. 364 u. 365 [199]) rühren von *Prokop* her.

Die Dachkonftruktion über dem Turnfaal ift aus Holz konftruiert; das Saalprofil (Fig. 364) ift ziemlich reich gegliedert; über den 3 m breiten Galerien ift die Decke wagrecht gehalten, worauf fich ein vermittelnder Bogenanlauf anfchließt, von dem aus fich die große Spitzbogendecke erhebt.

Fig. 360.

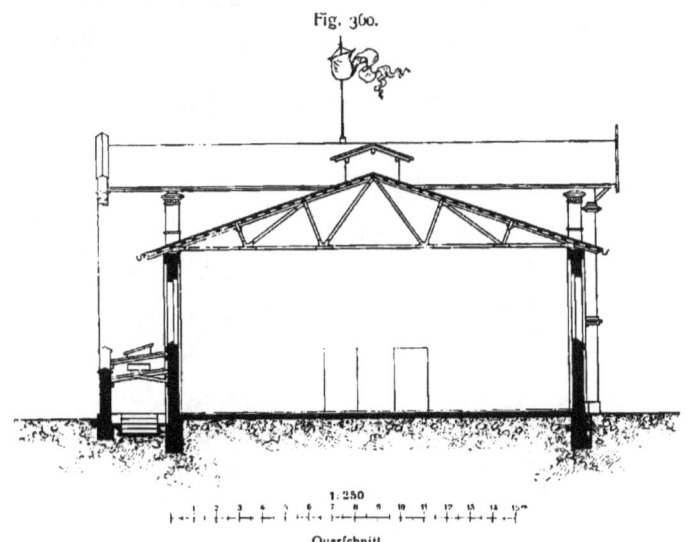

Querfchnitt.

Fig. 361.   Fig. 362.

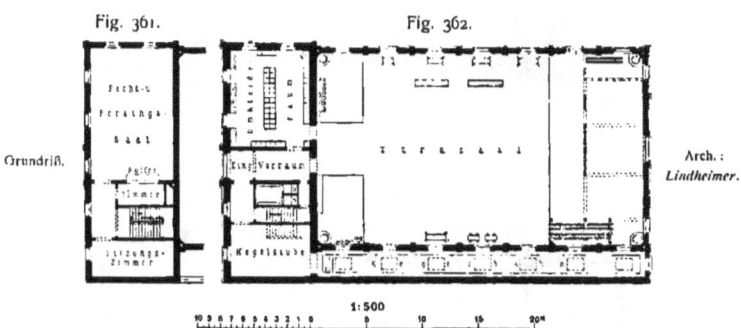

Grundriß.   Arch.: *Lindheimer.*

Turnanftalt des Frankfurter Turnvereins zu Frankfurt a. M.

Zwifchen Dach und Decke ift, der befferen Erwärmung zur Winterszeit wegen, ein größerer Zwifchenraum. Die Erwärmung der Halle gefchieht mittels Feuerluftheizung, deren Öfen im Kellergefchoß untergebracht find.

Gurten, Rippen und das fonftige Balkenwerk des Turnfaales find durch farbige Ornamente hervorgehoben, während der hell gehaltene Hintergrund der Hallenwölbung in der Mitte eines

[199] Nach: Allg. Bauz. 1883, S. 14 u. Taf. 13—15.

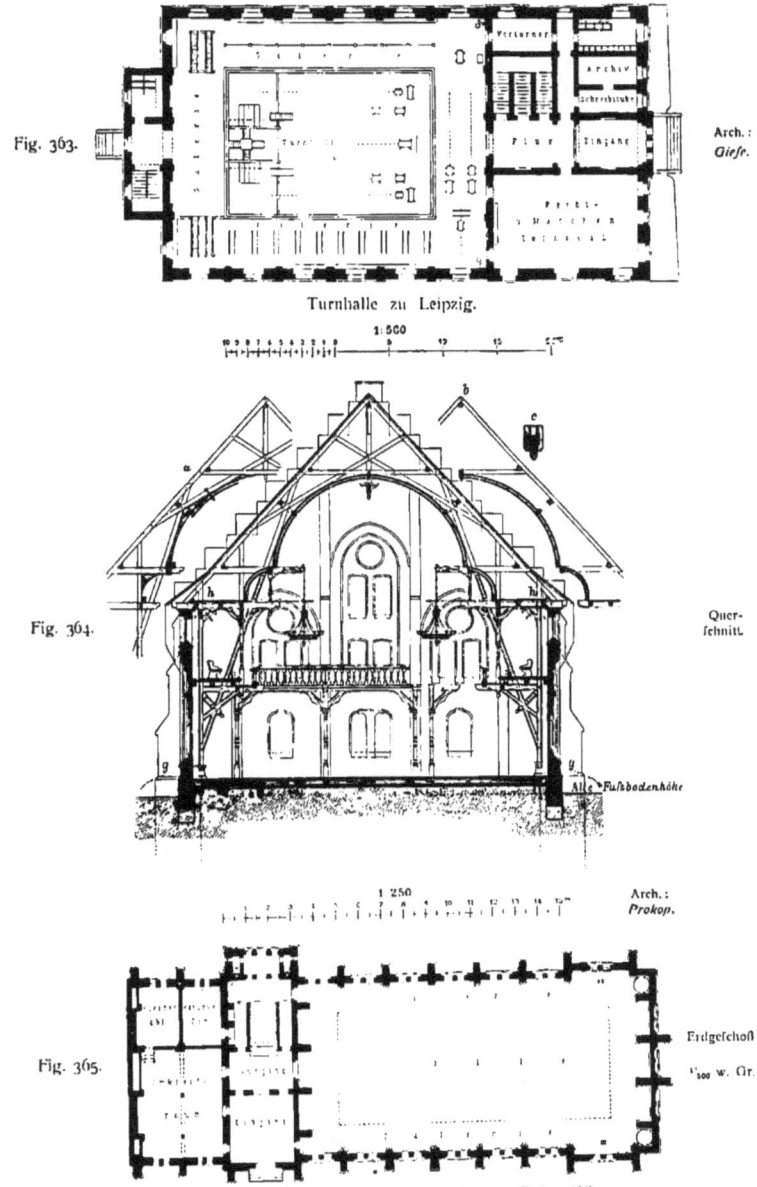

Fig. 363. Turnhalle zu Leipzig. 1:500 Arch.: Giese.

Fig. 364. Querschnitt. Alte Fußbodenhöhe.

Fig. 365. 1:250 Arch.: Prokop. Erdgeschoß 1/500 w. Gr.

Turnanstalt des Brünner Turnvereins zu Brünn[139].

Handbuch der Architektur. IV. 6, a. (2. Aufl.)

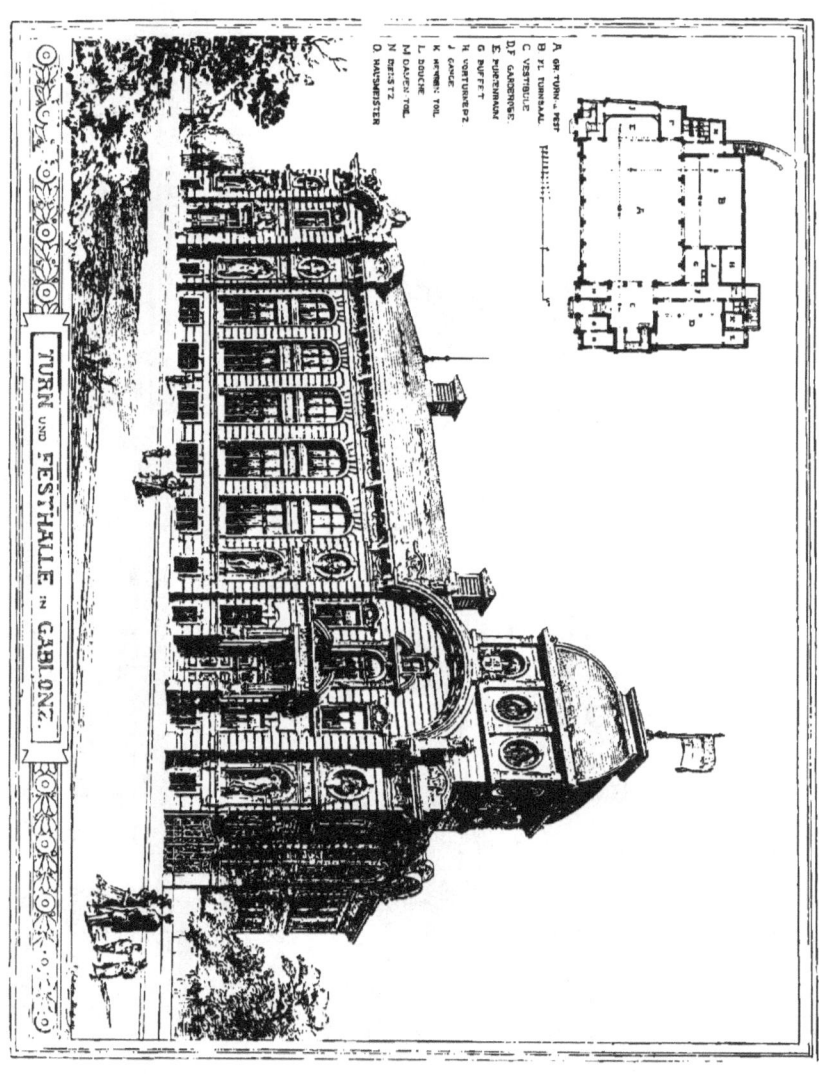

Fig. 366.

Fig. 367 [200].

Fig. 369.

Fig. 368.

Fig. 370.

Turnanstalt der *Phillips-Academy* zu Exeter[204].

Fig. 371.

Turnsaal im Haufe des *Athletic affociation* zu Bolton²⁰²).

jeden Joches teppichartig bemalt ift. Sechs große, mitten in den Saal hineinhängende Kronleuchter, zu je 24 Flammen, von Greifen getragen, und 18 dreiflammige Deckenarme dienen zur Beleuchtung des Saales. Der Saal faßt, mit Einfchluß der Galerien, 1300 Sitzplätze.

Die Räume, die fich (im Grundriß links) an den Turnfaal anfchließen, find aus Fig. 365 erfichtlich. Im Gefchoß darüber (in Galeriehöhe) befinden fich der Sitzungsfaal des Vereins, das

Fig. 372.

Schaubild.

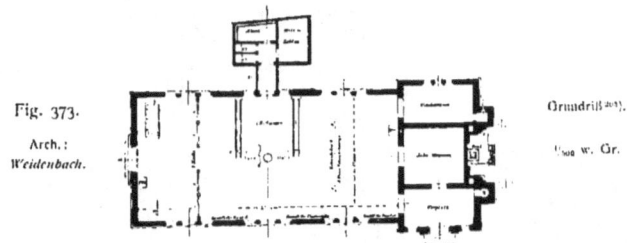

Fig. 373.

Arch.:
Weidenbach.

Grundriß[202)].

¹/₆₀₀ w. Gr.

Erinnerungs-Turnhalle über dem Grabe *Friedrich Ludwig Jahn's* zu Freyburg a. d. U.

[200)] Fakf.-Repr. nach: Der Architekt 1898, Taf. 65.
[201)] Fakf.-Repr. nach: *American architect*, Bd. 19, Nr. 543.
[202)] Fakf.-Repr. nach: *American architect*, Bd. 25, S. 693.
[203)] NEBEL, F. Die Königliche Militärturnanftalt etc. Berlin 1902.
[204)] Fakf.-Repr. nach: GORTZ, F. & H. RÜHL. Anleitung für den Bau und die Einrichtung deutfcher Turnhallen. Leipzig 1897. Taf. XVa.

Tururatszimmer und die Damentoilette, im Kellergeschoß die Wohnung des Turndieners, die Festküche mit Zubehör etc.

393. Beispiel XVI. Weiteres wäre ein Beispiel einer Vereinsturnhalle vorzuführen, welche, ähnlich wie durch Fig. 342 (S. 345) dargestellte, außer der großen Hauptturnhalle noch einen kleineren Turnsaal enthält. Fig. 366 u. 367 [200]) zeigen eine solche Ausführung, bei der die Turnhalle auch als Festhalle dient und deshalb an der einen Stirnseite eine kleine Bühne angeordnet ist.

394. Beispiel XVII. In Fig. 368 bis 370 [201]) ist die Skizze einer amerikanischen Turnhalle, jene der *Phillips-Academy* zu Exeter, aufgenommen.

Eigenartig ist die bereits erwähnte Anordnung der Umkleidezellen an der einen Langseite der Halle; an der entgegengesetzten Langseite ist die Bahn für das Kugelspiel *(Bowling alley)* vorgesehen. An den Schmalseiten befinden sich Zellen mit Wannenbädern, Wascheinrichtungen, Aborte und Pissoirs.

395. Beispiel XVIII. Wie in Art. 355 (S. 333) schon gesagt wurde, findet man in amerikanischen Klubhäusern auch Turnsäle. Fig. 371 [202]) zeigt das Innere eines solchen, im Hause der *Athletic association* zu Boston gelegen.

396. Beispiel XIX. Für eine militärische Turnanstalt ist in der untengenannten Broschüre [204]) ein Beispiel zu finden.

397. Beispiel XX. Schließlich darf wohl in einer Besprechung neuzeitlicher Turnhallen, die hauptsächlich den deutschen Anlagen dieser Art gewidmet ist, die Erinnerungsturnhalle nicht fehlen, welche 1894 über dem Grabe *Friedrich Ludwig Jahn*'s zu Freyburg a. d. U. errichtet worden ist.

Über dem auf dem Friedhofe zu Freyburg a. d. U. befindlichen Grabe *Jahn*'s, den die deutschen Turner als den Begründer und Altmeister des deutschen Turnwesens ansehen, wurde 1858 ein schlichtes Granitpostament mit einer wohlgelungenen Bronzebüste (von *Schilling*) errichtet. Später entschloß man sich, diese Büste zum Mittelpunkt eines neu zu schaffenden Denkmalbaues zu machen und unmittelbar anschließend an diesen in einer neuen Turnhalle eine Stätte zu schaffen, auf welche alltäglich deutsche Jugend und deutsche Männer Leib und Seele sollten stärken können.

Der Bau, der durch Fig. 372 u. 373 [205]) in Schaubild und Grundriß dargestellt ist, wurde nach *Weidenbach*'s Plänen ausgeführt. Das Äußere ist in Backsteinrohbau mit Hausteingliederungen aus sog. Freyburger Kalkstein hergestellt; die Dachdeckung besteht aus Ludwigshafener Falzziegeln. Den Hintergrund der Denkmalsnische ziert der deutsche Reichsadler, auf Goldgrund gemalt; der Rundbogenfries in der Nische zeigt die Worte *Jahn*'s: »Die Nachwelt setzt jeden in sein Ehrenrecht«. Im Giebel darüber befindet sich die Widmung: »Errichtet von der deutschen Turnerschaft 1894«. An den Denkmalbau schließt sich unmittelbar ein durch hohes Seitenlicht erhellter Raum an, *Jahn*-Museum genannt, worin die zahlreichen, mit dem Andenken *Jahn*'s verbundenen Erinnerungszeichen und Denkstücke untergebracht werden.

Die gesamten Baukosten betrugen etwa 30 000 Mark, was für 1 qm überbauter Grundfläche rund 76,60 Mark und für 1 cbm umbauten Raumes rund 11,60 Mark ergibt [206]).

Literatur
über „Turnanstalten".

a) Anlage und Einrichtung.

ANGERSTEIN, W. Anleitung zur Einrichtung von Turnanstalten für jedes Alter und Geschlecht etc. Berlin 1863.

Die Turnhalle. HAARMANN's Zeitschr. f. Bauhdw. 1864, S. 125.

The gymnasium and its fittings. London 1867.

JAEGER & BOK. Turnhallen-Pläne nach Maaß der Kön. Württ. Turnordnung vom Jahr 1863, im amtlichen Auftrage bearbeitet. Stuttgart 1878.

ZETTLER, M. Die Anlage und Einrichtung von Turnhallen und Turnplätzen für Volksschulen etc. Leipzig 1878.

Écoles de gymnastique. Nouv. annales de la const. 1879, S. 40.

[200]) Nach: Deutsche Bauz. 1894, S. 359.

SPIEKER. Ueber Turnhallenanlagen. Wochbl. f. Arch. u. Ing. 1880, S. 214 u. 242.
Création de types de salles de gymnastique pour 50, 100, 200 élèves. Nouv. annales de la conft. 1880, S. 3.
DUPRÉ, E. Inftallation de gymnafes. La femaine des conft., Jahrg. 5, S. 556; Jahrg. 6, S. 18, 53.
Deutfche bautechnifche Tafchenbibliothek. Heft 86: Die Turnhallen und Turnplätze der Neuzeit in Anlage und Einrichtung. Von G. OSTHOFF. Leipzig 1882.
Bau und Einrichtung von Turnhallen. HAARMANN's Zeitfchr. f. Bauhdw. 1882, S. 3, 12, 20, 27.
WAGNER, W. Ueber Turnvereins-Hallen und einige Ausführungen diefer Art am Mittelrhein. Deutfche Bauz. 1886, S. 603; 1887, S. 24.
Gymnafia. Builder, Bd. 53, S. 763.
POST, J. Mufterftätten perfönlicher Fürforge von Arbeitgebern für ihre Gefchäftsangehörigen. Bd. 1. Berlin 1889. S. 352: Turnhallen.
ROWALD. Die Koften ftädtifcher Turnhallen. Zeitfchr. d. Arch.- u. Ing.-Ver. zu Hannover 1893, S. 525.
ROWALD. Ueber den Bau einfacher Turnhallen. HAARMANN's Zeitfchr. f. Bauhdw. 1893, S. 25.
Befcheid des deutfchen Turnlehrervereins über das Ergebniß der Rundfrage, die Reinigung der Turnhallen betreffend. Zeitfchr. f. Schulgefundheitspfl. 1895, S. 605.
GOETZ, F. & H. RÜHL. Anleitung für den Bau und die Einrichtung deutfcher Turnhallen. Leipzig 1897.

β) Ausführungen und Entwürfe.

HOFFMANN, L. Turnhaus zu Königsberg.
PÖTZSCH. Die Turnhalle in Leipzig. ROMBERG's Zeitfchr. f. pract. Bauk. 1848, S. 83.
DREWITZ. Die neue Central-Turn-Anftalt für Militair und Civil in der Kirfch-Allee bei Berlin. Zeitfchr. f. Bauw. 1851, S. 79.
GERSTENBERG, A. Erfte ftädtifche Turnhalle in Berlin. Zeitfchr. f. Bauw. 1864, S. 323.
The German gymnafium, St. Pancras road, London. Builder, Bd. 24, S. 366.
THOMAS, J. G. Die ftädtifche Turnhalle in Hof. Hof 1868.
Ueber die Bauthätigkeit von Hannover im letzten Dezennium. — 1) Die neue Turnhalle des Turnklubs. Deutfche Bauz. 1868, S. 265.
MEURANT. *Gymnafe en bois, fer, et fonte. Moniteur des arch.* 1870–71, S. 56 u. Pl. 8, 11.
New public buildings at Harrow, and Harrow fchool. Builder, Bd. 33, S. 74.
École de Harrow. Gaz. des arch. et du bât. 1876, S. 28.
LEYBOLD, L. Die Central-Turnhalle zu Augsburg. Zeitfchr. d. bayer. Arch.- u. Ing.-Ver. 1876 77, S. 79.
SCHITTENHELM, F. Privat- und Gemeindebauten. Stuttgart 1876—78.
Heft 4, Bl. 1—4: Turnhalle in Eßlingen; von A. BOK.
Turnhallen in Berlin: Berlin und feine Bauten. Berlin 1877. Theil I, S. 202.
Le gymnafe couvert de l'école Monge, à Paris. Nouv. annales de la conft. 1877, S. 33.
Die kgl. Turnlehrer-Bildungsanftalt in Dresden: Die Bauten, technifchen und induftriellen Anlagen von Dresden. Dresden 1878. S. 226.
PROKOP. Ueber den Bau der neuen Brünner Turnhalle. Wochfchr. d. öft. Ing.- u. Arch.-Ver. 1878, S. 12.
MERGET, O. Neuefte Einrichtung der Turngerüfte in den Turnhallen der Gemeindefchulen Berlins. Wochbl. f. Arch. u. Ing. 1879, S. 123.
Von der Berliner Gewerbe-Ausftellung. Wochbl. f. Arch. u. Ing. 1879, S. 184.
Berliner Turn-Anftalten: BOERNER, P. Hygienifcher Führer durch Berlin. Berlin 1882. S. 181.
Die Landes-Exercitien-Anftalt in Prag. Techn. Blätter 1882, S. 88. Wochfchr. d. öft. Ing.- u. Arch.-Ver. 1882, S. 165.
PROKOP, A. Die Turnhalle zu Brünn. Allg. Bauz. 1883, S. 11.
LANG, H. Real-Gymnafium und Turnhalle in Karlsruhe (Baden). Allg. Bauz. 1884, S. 88.
Turnhallen in Berlin: VIRCHOW, R. & A. GUTTSTADT. Die Anftalten der Stadt Berlin für die öffentliche Gefundheitspflege und für den naturwiffenfchaftlichen Unterricht. Berlin 1886. S. 377.
Gymnafe et manège à Exeter. Moniteur des arch. 1886, S. 127 u. Pl. 41.
Gymnafium for Bowdoin college, Brunswick. American architect, Bd. 19, S. 43.
Sketch for gymnafium, Phillips academy, Exeter. American architect, Bd. 19, S. 246.
Gymnafe à St. Lô, Manche. La conftruction moderne, Jahrg. 3, S. 197.
LUCAS, G. Die k. k. Univerfitäts-Turnanftalt in Wien. Berlin 1888.

DAUT, F. X. Neubau einer Turnhalle in Trautenau. Deutfches Baugwksbl. 1889, S. 295.
Competitive defign for gymnafium for Brown univerfity. American architect, Bd. 26, S. 266.
Turnhalle zu Hamburg: Hamburg und feine Bauten, unter Berückfichtigung der Nachbarftädte Altona und Wandsbeck. Hamburg 1890. S. 127.
Turnwefen in Leipzig: Die Stadt Leipzig in hygienifcher Beziehung etc. Leipzig 1891. S. 243, 246.
REHATSCHEK & FOCKE. Die neue Turnhalle in Auffig. Deutfches Baugwkbl. 1891, S. 279.
Turnhallen in Leipzig: Leipzig und feine Bauten. Leipzig 1892. S. 540.
LINCKE & LITTMANN. Vereinshaus der „Turnerfchaft München" in München. Deutfche Bauz. 1892, S. 481.
KÖNIG, G. A. & F. WAWRLA. Konkurrenz-Entwurf für eine Turnhalle in Bozen. Deutfches Baugwksbl. 1893, S. 485.
Städtifche Turnhallen in Magdeburg: Magdeburg. Feftfchrift für die Theilnehmer der 19. Verfammlung des deutfchen Vereins für öffentliche Gefundheitspflege. Magdeburg 1894. S. 151.
Turnhalle des Straßburger Turnvereins: Straßburg und feine Bauten. Straßburg 1894. S. 520.
WEIDENBACH, G. Die Erinnerungs-Turnhalle über dem Grabe *Friedrich Ludwig Jahn's* zu Freyburg a. d. Unftrut. Deutfche Bauz. 1894, S. 329.
Turnhalle von HERMANN WUPPERMANN in Pinneberg. Zeitfchr. f. Arbeiter-Wohlfahrtseinrichtungen 1894, S. 51.
Die neue Turnhalle der Römerfchule in Stuttgart. Zeitfchr. f. Schulgefundheitspfl. 1894, S. 701.
Die *Jahn*-Erinnerungsturnhalle in Freyburg a. d. U. Illuftr. Ztg. 1894, Nr. 2658, S. 614.
Gymnafe municipal, Rue Huyghens, à Paris. La conftruction moderne, Jahrg. 11, S. 41.
Turnhallen in Berlin: Berlin und feine Bauten. Berlin 1896. Bd. II, S. 328.
Turnhalle des Turnvereins „Sokol" in Podgorze bei Krakau. Oeft. Monatsfchr. f. d. öff. Baudienft 1897, S. 59.
Akademifche Turn- u. Fechthalle zu Freiburg i. B.: Freiburg im Breisgau. Die Stadt und ihre Bauten. Freiburg 1898. S. 520.
Turnhalle des *Goethe*-Gymnafiums zu Frankfurt a. M. Zeitfchr. f. Bauw. 1898, S. 356.
Der Turnhallenbau des Allgemeinen Turnvereins zu Dresden. Zeitfchr. f. Arch. u. Ing. 1898, Wochausg., S. 850.
Die neue Turnhalle in Gablonz. Der Architekt 1898, S. 40 u. Taf. 65.
Die neue Turnhalle in Dresden. Zeitfchr. f. Schulgefundheitspfl. 1898, S. 618.
Gymnafium, St. Peter's fchool, York. Builder, Bd. 74, S. 372.
THYRIOT, F. Neubau des Vereinshaufes der Turngemeinde in Hanau. Centralbl. d. Bauverw. 1902, S. 621.
Entwürfe des Architekten-Vereins zu Berlin. Neue Folge.
    Jahrg. 1876, Bl. 7: Turnhalle; von HINCKELDEYN.
LAMBERT & STAHL. Privat- und Gemeindebauten. II. Serie. Stuttgart.
    Heft 8, Bl. 2, 3: Turnhalle des Karlsgymnafiums in Stuttgart; von WOLFF.
NEUMEISTER, A. & E. HÄBERLE. Die Holzarchitektur. Stuttgart 1895.
    Taf. 53: Turnhalle des Turnerbundes von 1861 in Wandsbeck; von PUTTFARCKEN & JANDA.
SCHÖNERMARK, G. Die Architectur der Hannoverfchen Schule. Hannover.
    Jahrg. 1 (1889), Taf. 5, 6, 16: Turnhalle des Turnklubs zu Hannover; von W. HAUERS & W. SCHULTZ.

Berichtigung.

S. 10, Zeile 10 v. o.: Statt „*Kofelmann*" zu lefen: „*Kotelmann*".

www.ingramcontent.com/pod-product-compliance
Lightning Source LLC
Chambersburg PA
CBHW030356230426
43664CB00007BB/613